张大群 编著

# 污水处理机械设备设计与应用

## （第三版）

化学工业出版社

·北京·

本书污水处理设备主要分为两大类，即专用设备和通用设备，总共为13章。其中专用设备10章，分别为污水处理厂设备概述、拦污设备、排砂与排泥设备、曝气设备与搅拌设备、污泥浓缩与脱水设备、投药设备与消毒设备、膜处理设备、SBR工艺的滗水器设备、污泥处置设备及节能环保的新型水处理设备；通用设备3章，分别为水泵、阀门及风机。

本书可供给排水技术人员、污水处理建设与管理人员、大专院校相关专业师生、水工业设备工作者和企业制造商学习参考。

**图书在版编目（CIP）数据**

污水处理机械设备设计与应用/张大群编著．—3版．北京：化学工业出版社，2016.11（2022.9重印）
ISBN 978-7-122-27725-1

Ⅰ.①污… Ⅱ.①张… Ⅲ.①污水处理-机械设备 Ⅳ.①X703.3

中国版本图书馆CIP数据核字（2016）第173817号

责任编辑：董　琳
责任校对：边　涛　　　　装帧设计：张　辉

出版发行：化学工业出版社（北京市东城区青年湖南街13号　邮政编码100011）
印　　装：天津盛通数码科技有限公司
787mm×1092mm　1/16　印张21　字数557千字　2022年9月北京第3版第6次印刷

购书咨询：010-64518888　　　　售后服务：010-64518899
网　　址：http://www.cip.com.cn
凡购买本书，如有缺损质量问题，本社销售中心负责调换。

定　　价：88.00元

# 前言

目前国家正在全面落实“创新、协调、绿色、开放、共享”的发展理念，有利于推动建设资源节约型、环境友好型社会，因而在环境治理上，污水处理特别是污泥处理与处置的工艺与设备得到迅猛的发展，新型污水、污泥处理和处置设备的应用日趋广泛。

新型污水、污泥处理和处置设备应充分体现人性化、环境化及现代化，这是污水处理装备和国际接轨的必备要求，也是我国城镇水处理设备今后发展的方向和目标，体现在以设备生产者、使用者、维护者为中心；体现出人的技能、知识和尊严；体现在设备自身的低碳、节能、环保；体现在设备的设计理念、材料选用、功率效率、操作运转、自控水平、产品标准、使用寿命等多个方面。

在污水处理设备中，过去一直沿用的传统“老六套”专用设备，包括拦污设备、除砂设备、排泥设备、脱水设备、加药设备、搅拌设备，以及传统的“老三套”通用设备，包括水泵、风机、阀门。近几年，我国城镇污水处理设备研发的重点放在“新六套”水处理设备上，包括污泥后处置设备、除臭设备、新型消毒设备、再生水利用设备、新工艺配套与节能设备、部分传统通用设备的改进提高，这“新六套”水处理设备概括来说，就是特种水处理的专用设备和新型水处理的通用设备。

此次编写重点集中在：污泥处理处置的新型设备；新型鼓风机、除臭及消毒设备；专用设备中增添新型曝气搅拌及膜处理设备；对污泥干化处理设备的分类进行了新的调整，提出了热干化、太阳能干化、生物干化及其他干化处理的四大类别，又将热干化分为带式、桨叶式及筒式3种类型，在此基础上列出26种不同污泥干化设备；增加了高干度压滤机、双曲面搅拌机、纳滤膜装置、磁悬浮鼓风机等众多新型、高效的污水处理设备。

参与本书编著工作的还有刘瑶、姜亦增、刘永代、王立彤、郭淑琴、张竑、梁伟等。由于节能环保型污水处理新型设备和污泥处理处置设备发展很快，有些型式的设备未能进行介绍，书中不妥之处，敬请读者批评指正。

张大群

2016年5月

# 第一版前言

我国污水处理机械设备经过近50年的发展逐渐走向完善，已形成水工业设备学科，在设备的研究、设计和应用方面都有很大发展。特别是近20年来，我国通过借、贷款项目建设了一批污水处理厂，引进了不同国别的一批新型污水处理先进设备。这些设备功能齐全、运行可靠，符合新工艺的开发，满足高新工艺水准的要求，提供了学习和借鉴的条件，这无疑对我国污水处理设备的研制和开发有促进作用。

当前，我国的水工业正处于快速发展的大好时期，需要大批多种类型的功能齐全、运行可靠的高效设备，同时由于我国是发展中国家，还要节约资金，因此，研制国产高水平、低造价的污水处理设备是当务之急。这是国内水工业工作者和设备制造商所面临的挑战和机遇。

目前，我国生产的污水处理机械设备在设计理论、材料选用、使用操作、自控水平、使用寿命等方面与世界发达国家的设备相比尚存在一定差距，提高我国污水处理产业化的水平，关键是要提高国内生产的污水处理通用和专用机械设备的水平，特别是提高专用机械的水平。

针对上述状况，本书以共11章的内容对污水处理机械设备的分类及对多种国产和部分国外设备的使用性能、技术参数、安装尺寸进行了详细的介绍，其中对近年来在污水处理厂得到推广使用的新技术、新设备，例如中心传动刮泥机（周进周出）、SBR工艺的滗水设备、单级高速离心风机、带式浓缩脱水一体机、离心浓缩脱水一体机、膜处理设备、污泥干燥和焚烧设备等也进行了一定的介绍。希望这些内容对给水排水技术人员、污水处理建设与管理者、大专院校相关专业师生、水工业设备工作者和企业制造商在研究、设计、使用污水处理机械设备方面有所帮助，共同促进我国污水处理机械设备的发展和提高，以提高我国污水处理产业化的整体水平。

本书编者都是在天津市市政工程设计研究院和天津水工业工程设备有限公司从事给水排水和水工业设备多年的技术人员。天津市市政工程设计研究院和天津水工业工程设备有限公司分别为国家水工业学会机械委员会和天津市环保产业专家委员会的挂靠单位与主任单位。天津市市政工程设计研究院和天津水工业工程设备有限公司曾完成国内数十座污水处理厂的设计及设备配置，也完成了国外毛里塔尼亚、孟加拉等国污水处理厂设计及设备配置，主编了污水处理关键设备的7项国家标准，指导了我国水处理行业设备的设计、制造与使用，是我国污水处理设备学科的重点技术牵头单位。

参加本书相关章节编著的还有赵丽君、王秀朵、张述超、王哲勇、孙玉玲、邢鹰、梁力、张蓁、范淑平、邓胜琳等。

由于本书编写时间较短、污水处理设备发展速度很快，对部分种类或型式的设备未能介绍，书中尚有不妥之处，敬请读者批评指正。

张大群

2003年5月

# 第二版前言

本书第一版自2003年出版后，污水处理设备的设计与应用状况又有了很大的变化和提高。随着国家经济建设的发展和环境治理的改善，污水处理厂已遍布城市、乡村，污水处理设备的应用已越来越广泛。

我国的污水处理设备与国外的差距大于污水处理工艺与国外的差距，污水专用设备的理论研究、制造与国外的差距又大于污水处理通用设备与国外的差距，要提高我国污水处理产业化的水平，关键是要提高污水处理的装备水平，特别是要提高污水处理专用机械设备的水平，这是我国水处理工业产业的当务之急。

新型水处理设备应充分体现人性化、环境化、现代化。这是代表水处理行业总体技术水平的关键标志，也是我国城镇水处理设备今后发展的方向和目标。人性化体现在以设备生产者、使用者、维护者为中心，要舒适、便捷、宽敞、安全，要减少或根除繁杂、狭窄、污染、危险，要充分体现人的技能、知识和尊严；环境化体现在设备自身的低碳、节能、环保功能，也体现在设备运行中对脱臭、噪声、综合利用、温差、消毒、振动、高速运转等的控制和安全防范上；现代化体现在设备的设计理念、材料选用、功率效率、操作运转、自控水平、产品标准、使用寿命等方面接近或达到国际先进水平，使水处理设备逐步达到成套化、集成化、系列化、标准化。

在水处理设备中，过去一直沿用传统“老六套”专用设备，包括拦污设备、除砂设备、排泥设备、脱水设备、加药设备、搅拌设备，以及传统的“老三套”通用设备，包括水泵、风机、阀门。在原基础上提高和不断改进是必须的，重要的是近10年来急需研发的“新六套”水处理设备，包括污泥后处置设备、除臭设备、新型消毒设备、再生水利用设备、新工艺配套与节能设备、部分传统通用设备的改进提高，这“新六套”水处理设备概括来说，就是特种水处理的专用设备和新型水处理的通用设备，这是近几年我国城镇水处理设备研发的重点。

依据上述思路和理念，本书在研发、收集各类新型污水处理设备的基础上，对节能环保设备、新工艺要求的设备、污泥后处置设备等特殊需求的设备做了大量更新，反映出最新的国际、国内的先进水平，如拦污设备从8种增至23种；污泥处理、处置设备从11种增至35种；用于水回用的膜处理设备从11种增至26种；增加一章节能环保的新型水处理设备，增加设备29种，而相应较成熟的通用机械设备却由49种减至35种。

本书污水处理设备主要分为两大类，即专用设备和通用设备，总共为13章。其中专用设备10章，分别为污水处理厂设备概述、拦污设备、排砂与排泥设备、曝气设备与搅拌设备、污泥浓缩与脱水设备、投药设备与消毒设备、膜处理设备、SBR工艺的滗水器设备、污泥处置设备及节能环保的新型水处理设备；通用设备3章，分别为水泵、阀门及风机。

本书编者都是在天津水工业工程设备有限公司和天津市市政工程设计研究院从事给排水和水工业设备多年的技术人员。天津水工业工程设备有限公司和天津市市政工程设计研究院分别为国家城镇给水排水标准化技术委员会和天津市环保产业专家委员会的主任单位和挂靠单位。天津市市政工程设计研究院和天津水工业工程设备有限公司曾完成国内数十座污水处理厂的设计及设备配置，也完成了国外毛里塔尼亚、孟加拉、安哥拉等国污水处理厂设备配置及设计，主编了污水处理关键设备的 12 项国家行业标准，很好地指导了我国水处理行业设备的设计、制造与使用，是我国污水处理设备学科的重点技术牵头单位。

负责本书各章节编著的有张大群、孙济发、王哲勇、金宏、姜亦增、张蓁。参加本书编写工作的还有张述超、王立彤、曹井国、刘瑶、梁伟、孙玉玲、邢鹰、焦云玲、李杨、陈迪海等。

由于节能环保型污水处理新型设备发展很快，对部分种类或型式的设备未能全面介绍，书中尚有不妥之处，敬请读者批评指正。

张大群

2012 年 7 月

# 目 录

## 第1篇 专用设备

## 第2篇 通用设备

# 第1篇

# 专用设备

# 第1章

# 污水处理厂设备概述

污水处理工艺与设备近20～30年来又得到了飞速的发展，针对不同的进、出水水质，污水处理工艺有多种多样，适应这些工艺所使用的设备也是种类繁多。这些工艺主要有：

① 活性污泥法　传统法工艺（$A_NO$ 法工艺、$A_PO$ 法工艺、$A^2O$ 法工艺、传统法及其变法工艺）、SBR工艺、氧化沟工艺、稳定塘工艺、MBR工艺；

② 生物膜法　生物接触氧化工艺、曝气生物滤池工艺、生物转盘工艺、高负荷生物滤池工艺等。

## 1.1 活性污泥法

### 1.1.1 传统法及其变法工艺对应设备（表1-1）

表1-1　传统法及其变法工艺对应设备

| 工艺单元 | | 处理构筑物 | | 处理设备 | |
|---|---|---|---|---|---|
| | | 名称 | 型式 | 类别 | 名称 |
| 预处理 | 拦污 | 格栅间 | 粗格栅<br>细格栅 | 格栅除污机及配套设备 | 回转式格栅除污机<br>钢丝绳式格栅除污机<br>转鼓式格栅除污机<br>阶梯式格栅除污机<br>齿耙格栅除污机<br>弧形格栅除污机<br>移动式格栅除污机<br>抓斗式格栅除污机<br>超细格栅除污机<br>高链式格栅除污机<br>螺旋压榨机<br>螺旋压榨一体机 |
| | 进水泵房 | 进水泵房 | | 进水泵 | 潜水排污泵<br>离心式潜污泵<br>混流式潜污泵 |
| | | | | 起重机 | 电动葫芦<br>电动单梁起重机<br>电动单梁悬挂起重机 |

续表

| 工艺单元 | | 处理构筑物 | | 处理设备 | |
| --- | --- | --- | --- | --- | --- |
| | | 名称 | 型式 | 类别 | 名称 |
| 预处理 | 进水泵房 | 进水泵房 | | 阀门 | 楔式闸阀<br>软密封闸阀<br>蝶阀<br>止回阀 |
| | | | | 闸门 | 圆形闸门<br>方形闸门 |
| 初次沉淀处理 | 初次沉淀 | 初次沉淀池 | 平流 | 平流式刮泥 | 行车式刮泥机<br>撇渣刮泥机 |
| | | | 辐流 | 辐流式刮泥 | 中心传动刮泥机<br>周边传动刮泥机<br>方形池扫角刮泥机 |
| | 沉砂 | 平流式沉砂池<br>旋流式沉砂池<br>曝气沉砂池 | 矩形<br>圆形 | 吸砂 | 桥式吸砂机<br>旋流式除砂机 |
| | | | | 刮砂 | 链式刮砂机 |
| | | | | 砂水分离 | 砂水分离器 |
| 生物处理 | | 生化池 | 鼓风曝气 | 鼓风机 | 罗茨鼓风机<br>离心鼓风机<br>磁悬浮鼓风机<br>空气悬浮鼓风机 |
| | | | | 盘式曝气器 | 刚玉盘式曝气器<br>橡胶微孔盘式曝气器<br>微孔陶瓷曝气器<br>动力扩散旋混曝气器 |
| | | | | 管式曝气器 | 橡胶膜管式曝气器<br>刚玉管式微孔曝气器 |
| | | | | 球形曝气器 | 球形刚玉曝气器 |
| | | | | 其他形式曝气器 | 可提管式曝气器<br>悬挂链式曝气器<br>管式盘式一体曝气器 |
| | | | 水下曝气 | 潜水曝气 | 潜水离心式曝气机<br>深水曝气机<br>深水曝气搅拌机 |
| | | | 水下推流搅拌 | 潜水搅拌 | 潜水搅拌机<br>潜水低速推流器 |
| | | | 表面曝气 | 表面曝气 | 倒伞形叶轮表面曝气机<br>高速表面曝气机<br>高强度表面曝气机 |
| 二次沉淀处理 | 二次沉淀 | 二次沉淀池 | 平流 | 平流式吸泥 | 虹吸式吸泥机<br>泵吸式吸泥机 |
| | | | 辐流 | 辐流式吸泥 | 周边传动吸泥机<br>中心传动吸泥机 |
| 消毒处理 | | 消毒设备 | | | 液氯消毒<br>二氧化氯消毒<br>次氯酸钠消毒<br>紫外线消毒<br>臭氧消毒 |

续表

| 工艺单元 | | 处理构筑物 | | 处理设备 | |
|---|---|---|---|---|---|
| | | 名称 | 型式 | 类别 | 名称 |
| 污泥处置 | 污泥浓缩 | 剩余污泥及回流污泥 | | 剩余污泥及回流污泥泵 | 螺旋离心泵<br>潜水排污泵<br>螺杆泵 |
| | | 污泥浓缩池 | 圆形 | 浓缩刮泥及污泥搅拌 | 中心传动浓缩刮泥机<br>周边传动浓缩刮泥机<br>潜水搅拌机 |
| | 污泥消化 | 污泥消化池 | 厌氧 | 消化池机械搅拌 | 桨叶式消化池搅拌机<br>叶轮式消化池搅拌机 |
| | | | | 消化池沼气搅拌 | 沼气压缩机 |
| | | | | 消化池热交换 | 管式热交换设备<br>螺旋式热交换设备 |
| | | 污泥控制间<br>沼气压缩机房<br>沼气发电机房 | 沼气利用设备 | 沼气储气 | 双膜干式球形沼气储气柜<br>湿式沼气储气柜 |
| | | | | 沼气脱硫净化 | 沼气干法脱硫塔<br>沼气湿法脱硫系统 |
| | | | | 沼气发电及沼气锅炉 | 沼气发电机<br>沼气发动机<br>沼气锅炉<br>沼气燃烧器 |
| | 污泥脱水 | 污泥脱水间 | 机械浓缩脱水设备 | 机械浓缩 | 转筒浓缩机<br>带式浓缩机<br>卧式螺旋离心浓缩机<br>螺压浓缩机 |
| | | | | 机械脱水 | 板框压滤机<br>带式压滤机<br>离心脱水机<br>螺压脱水机 |
| | | | | 浓缩脱水一体机 | 带式浓缩脱水一体机<br>转鼓带式浓缩脱水一体机<br>卧式离心浓缩脱水一体机 |
| | | | | 浓缩脱水配套设备 | 污泥切割机<br>絮凝剂投加系统 |
| | | | 污泥堆置棚 | | 污泥斗<br>运输机 |
| | | | 污泥干化 | | 污泥干化设备 |

## 1.1.2 SBR工艺对应设备（表1-2）

表1-2 SBR工艺对应设备

| 工艺单元 | | 处理构筑物 | | 处理设备 | |
|---|---|---|---|---|---|
| | | 名称 | 型式 | 类别 | 名称 |
| 预处理 | 拦污 | 格栅间 | 粗格栅<br>细格栅 | 格栅除污机及配套设备 | 回转式格栅除污机<br>钢丝绳式格栅除污机<br>转鼓式格栅除污机<br>阶梯式格栅除污机<br>齿耙格栅除污机<br>弧形格栅除污机<br>移动式格栅除污机<br>抓斗式格栅除污机<br>超细格栅除污机<br>高链式格栅除污机<br>螺旋压榨机<br>螺旋压榨一体机 |

续表

| 工艺单元 | | 处理构筑物 | | 处理设备 | |
|---|---|---|---|---|---|
| | | 名称 | 型式 | 类别 | 名称 |
| 预处理 | 进水泵房 | 进水泵房 | | 进水泵 | 潜水排污泵<br>离心式潜污泵<br>混流式潜污泵 |
| | | | | 起重机 | 电动葫芦<br>电动单梁起重机<br>电动单梁悬挂起重机 |
| | | | | 阀门 | 楔式闸阀<br>软密封闸阀<br>蝶阀<br>止回阀 |
| | | | | 闸门 | 圆形闸门<br>方形闸门 |
| | 沉砂 | 平流式沉砂池<br>旋流式沉砂池<br>曝气沉砂池 | 矩形<br>圆形 | 吸砂 | 桥式吸砂机<br>旋流式除砂机 |
| | | | | 刮砂 | 链式刮砂机 |
| | | | | 砂水分离 | 砂水分离器 |
| 生物处理 | | 生化池 | 鼓风曝气 | 鼓风机 | 罗茨鼓风机<br>离心鼓风机<br>磁悬浮鼓风机<br>空气悬浮鼓风机 |
| | | | | 盘式曝气器 | 刚玉盘式曝气器<br>橡胶微孔盘式曝气器<br>微孔陶瓷曝气器<br>动力扩散旋混曝气器 |
| | | | | 管式曝气器 | 橡胶膜管式曝气器<br>刚玉管式微孔曝气器 |
| | | | | 球形曝气器 | 球形刚玉曝气器 |
| | | | | 其他形式曝气器 | 可提管式曝气器<br>悬挂链式曝气器<br>管式盘式一体曝气器 |
| | | | 水下曝气 | 潜水曝气 | 潜水离心式曝气机<br>深水曝气机<br>深水曝气搅拌机 |
| | | | 水下推流搅拌 | 潜水搅拌 | 潜水搅拌机<br>潜水低速推流器 |
| | | | 滗水机 | | 旋转滗水机<br>虹吸滗水机<br>柔性管式滗水机<br>伸缩管滗水机 |
| 消毒处理 | | 消毒设备 | | | 液氯消毒<br>二氧化氯消毒<br>次氯酸钠消毒<br>紫外线消毒<br>臭氧消毒 |

续表

| 工艺单元 | | 处理构筑物 | | 处理设备 | |
|---|---|---|---|---|---|
| | | 名称 | 型式 | 类别 | 名称 |
| 污泥处置 | 污泥浓缩 | 剩余污泥及回流污泥 | | 剩余污泥及回流污泥泵 | 螺旋离心泵<br>潜水排污泵<br>螺杆泵 |
| | | 污泥浓缩池 | 圆形 | 浓缩刮泥及污泥搅拌 | 中心传动浓缩刮泥机<br>周边传动浓缩刮泥机<br>潜水搅拌机 |
| | 污泥消化 | 污泥消化池 | 厌氧 | 消化池机械搅拌 | 桨叶式消化池搅拌机<br>叶轮式消化池搅拌机 |
| | | | | 消化池沼气搅拌 | 沼气压缩机 |
| | | | | 消化池热交换 | 管式热交换设备<br>螺旋式热交换设备 |
| | | 污泥控制间<br>沼气压缩机房<br>沼气发电机房 | 沼气利用设备 | 沼气储气 | 双膜干式球形沼气储气柜<br>湿式沼气储气柜 |
| | | | | 沼气脱硫净化 | 沼气干法脱硫塔<br>沼气湿法脱硫系统 |
| | | | | 沼气发电及沼气锅炉 | 沼气发电机<br>沼气发动机<br>沼气锅炉<br>沼气燃烧器 |
| | 污泥脱水 | 污泥脱水间 | 机械浓缩脱水设备 | 机械浓缩 | 转筒浓缩机<br>带式浓缩机<br>卧式螺旋离心浓缩机<br>螺压浓缩机 |
| | | | | 机械脱水 | 板框压滤机<br>带式压滤机<br>离心脱水机<br>螺压脱水机 |
| | | | | 浓缩脱水一体机 | 带式浓缩脱水一体机<br>转鼓带式浓缩脱水一体机<br>卧式离心浓缩脱水一体机 |
| | | | | 浓缩脱水配套设备 | 污泥切割机<br>絮凝剂投加系统 |
| | | | 污泥堆置棚 | | 污泥斗<br>运输机 |
| | | | 污泥干化 | | 污泥干化设备 |

## 1.1.3 氧化沟工艺对应设备（表1-3）

表1-3 氧化沟工艺对应设备

| 工艺单元 | | 处理构筑物 | | 处理设备 | |
|---|---|---|---|---|---|
| | | 名称 | 型式 | 类别 | 名称 |
| 预处理 | 拦污 | 格栅间 | 粗格栅<br>细格栅 | 格栅除污机<br>及配套设备 | 回转式格栅除污机<br>钢丝绳式格栅除污机<br>转鼓式格栅除污机<br>阶梯式格栅除污机<br>齿耙格栅除污机<br>弧形格栅除污机<br>移动式格栅除污机<br>抓斗式格栅除污机<br>超细格栅除污机<br>高链式格栅除污机<br>螺旋压榨机<br>螺旋压榨一体机 |

续表

| 工艺单元 | | 处理构筑物 | | 处理设备 | |
|---|---|---|---|---|---|
| | | 名　称 | 型　式 | 类　别 | 名　称 |
| 预处理 | 进水泵房 | 进水泵房 | | 进水泵 | 潜水排污泵<br>离心式潜污泵<br>混流式潜污泵 |
| | | | | 起重机 | 电动葫芦<br>电动单梁起重机<br>电动单梁悬挂起重机 |
| | | | | 阀门 | 楔式闸阀<br>软密封闸阀<br>蝶阀<br>止回阀 |
| | | | | 闸门 | 圆形闸门<br>方形闸门 |
| | 沉砂 | 平流式沉砂池<br>旋流式沉砂池<br>曝气沉砂池 | 矩形<br>圆形 | 吸砂 | 桥式吸砂机<br>旋流式除砂机 |
| | | | | 刮砂 | 链式刮砂机 |
| | | | | 砂水分离 | 砂水分离器 |
| 生物处理 | | 生化池 | 曝气设备 | | 转刷曝气机<br>转盘曝气机 |
| | | | 水下推流设备 | | 潜水搅拌机<br>潜水低速推流器 |
| 沉淀处理 | 二次沉淀 | 二次沉淀池 | 平流 | 平流式吸泥 | 虹吸式吸泥机<br>泵吸式吸泥机 |
| | | | 辐流 | 辐流式吸泥 | 周边传动吸泥机<br>中心传动吸泥机 |
| 消毒处理 | | 消毒设备 | | | 液氯消毒<br>二氧化氯消毒<br>次氯酸钠消毒<br>紫外线消毒<br>臭氧消毒 |
| 污泥处置 | 污泥浓缩 | 剩余污泥及回流污泥 | | 剩余污泥及回流污泥泵 | 螺旋离心泵<br>潜水排污泵<br>螺杆泵 |
| | | 污泥浓缩池 | 圆形 | 浓缩刮泥及污泥搅拌 | 中心传动浓缩刮泥机<br>周边传动浓缩刮泥机<br>潜水搅拌机 |
| | 污泥消化 | 污泥消化池 | 厌氧 | 消化池机械搅拌 | 桨叶式消化池搅拌机<br>叶轮式消化池搅拌机 |
| | | | | 消化池沼气搅拌 | 沼气压缩机 |
| | | | | 消化池热交换 | 管式热交换设备<br>螺旋式热交换设备 |
| | | 污泥控制间<br>沼气压缩机房<br>沼气发电机房 | 沼气利用设备 | 沼气储气 | 双膜干式球形沼气储气柜<br>湿式沼气储气柜 |
| | | | | 沼气脱硫净化 | 沼气干法脱硫塔<br>沼气湿法脱硫系统 |
| | | | | 沼气发电及沼气锅炉 | 沼气发电机<br>沼气发动机<br>沼气锅炉<br>沼气燃烧器 |

续表

| 工艺单元 | | 处理构筑物 | | 处理设备 | |
|---|---|---|---|---|---|
| | | 名称 | 型式 | 类别 | 名称 |
| 污泥处置 | 污泥脱水 | 污泥脱水间 | 机械浓缩脱水设备 | 机械浓缩 | 转筒浓缩机<br>带式浓缩机<br>卧式螺旋离心浓缩机<br>螺压浓缩机 |
| | | | | 机械脱水 | 板框压滤机<br>带式压滤机<br>离心脱水机<br>螺压脱水机 |
| | | | | 浓缩脱水一体机 | 带式浓缩脱水一体机<br>转鼓带式浓缩脱水一体机<br>卧式离心浓缩脱水一体机 |
| | | | | 浓缩脱水配套设备 | 污泥切割机<br>絮凝剂投加系统 |
| | | | 污泥堆置棚 | | 污泥斗<br>运输机 |
| | | | 污泥干化 | | 污泥干化设备 |

## 1.1.4 稳定塘工艺对应设备（表1-4）

**表1-4 稳定塘工艺对应设备**

| 工艺单元 | | 处理构筑物 | | 处理设备 | |
|---|---|---|---|---|---|
| | | 名称 | 型式 | 类别 | 名称 |
| 预处理 | 拦污 | 格栅间 | 粗格栅<br>细格栅 | 格栅除污机及配套设备 | 回转式格栅除污机<br>钢丝绳式格栅除污机<br>转鼓式格栅除污机<br>阶梯式格栅除污机<br>齿耙格栅除污机<br>弧形格栅除污机<br>移动式格栅除污机<br>抓斗式格栅除污机<br>超细格栅除污机<br>高链式格栅除污机<br>螺旋压榨机<br>螺旋压榨一体机 |
| | 进水泵房 | 进水泵房 | | 进水泵 | 潜水排污泵<br>离心式潜污泵<br>混流式潜污泵 |
| | | | | 起重机 | 电动葫芦<br>电动单梁起重机<br>电动单梁悬挂起重机 |
| | | | | 阀门 | 楔式闸阀<br>软密封闸阀<br>蝶阀<br>止回阀 |
| | | | | 闸门 | 圆形闸门<br>方形闸门 |
| | 沉砂 | 平流式沉砂池<br>旋流式沉砂池<br>曝气沉砂池 | 矩形<br>圆形 | 吸砂 | 桥式吸砂机<br>旋流式除砂机 |
| | | | | 刮砂 | 链式刮砂机 |
| | | | | 砂水分离 | 砂水分离器 |

续表

| 工艺单元 | 处理构筑物 | | 处理设备 | |
|---|---|---|---|---|
| | 名称 | 型式 | 类别 | 名称 |
| 生物处理 | 稳定塘 | | 水下曝气 | 潜水离心式曝气机<br>深水曝气搅拌机 |
| | | | 表面曝气 | 倒伞形叶轮表面曝气机<br>高速表面曝气机 |
| 消毒处理 | 消毒设备 | | | 液氯消毒<br>二氧化氯消毒<br>次氯酸钠消毒<br>紫外线消毒<br>臭氧消毒 |

## 1.1.5 MBR工艺对应设备(表1-5)

表1-5 MBR工艺对应设备

| 工艺单元 | | 处理构筑物 | | 处理设备 | |
|---|---|---|---|---|---|
| | | 名称 | 型式 | 类别 | 名称 |
| 预处理 | 拦污 | 格栅间 | 粗格栅<br>细格栅 | 格栅除污机<br>及配套设备 | 回转式格栅除污机<br>钢丝绳式格栅除污机<br>转鼓式格栅除污机<br>阶梯式格栅除污机<br>齿耙格栅除污机<br>弧形格栅除污机<br>移动式格栅除污机<br>抓斗式格栅除污机<br>超细格栅除污机<br>高链式格栅除污机<br>螺旋压榨机<br>螺旋压榨一体机 |
| | 进水泵房 | 进水泵房 | | 进水泵 | 潜水排污泵<br>离心式潜污泵<br>混流式潜污泵 |
| | | | | 起重机 | 电动葫芦<br>电动单梁起重机<br>电动单梁悬挂起重机 |
| | | | | 阀门 | 楔式闸阀<br>软密封闸阀<br>蝶阀<br>止回阀 |
| | | | | 闸门 | 圆形闸门<br>方形闸门 |
| | 沉砂 | 平流式沉砂池<br>旋流式沉砂池<br>曝气沉砂池 | 矩形<br>圆形 | 吸砂 | 桥式吸砂机<br>旋流式除砂机 |
| | | | | 刮砂 | 链式刮砂机 |
| | | | | 砂水分离 | 砂水分离器 |

续表

| 工艺单元 | | 处理构筑物 | | 处理设备 | |
|---|---|---|---|---|---|
| | | 名称 | 型式 | 类别 | 名称 |
| 生物处理 | | 生化池 | 鼓风曝气 | 鼓风机 | 罗茨鼓风机<br>离心鼓风机<br>磁悬浮鼓风机<br>空气悬浮鼓风机 |
| | | | | 盘式曝气器 | 刚玉盘式曝气器<br>橡胶微孔盘式曝气器<br>微孔陶瓷曝气器<br>动力扩散旋混曝气器 |
| | | | | 管式曝气器 | 橡胶膜管式曝气器<br>刚玉管式微孔曝气器 |
| | | | | 球形曝气器 | 球形刚玉曝气器 |
| | | | | 膜组件 | MOTIMO 帘式膜组件 Microza MUNC-620A 膜组件 |
| | | MBR 反应器 | | | MBR 膜生物反应器 |
| 消毒处理 | | 消毒设备 | | | 液氯消毒<br>二氧化氯消毒<br>次氯酸钠消毒<br>紫外线消毒<br>臭氧消毒 |
| 污泥处置 | 污泥浓缩 | 剩余污泥及回流污泥 | | 剩余污泥及回流污泥泵 | 螺旋离心泵<br>潜水排污泵<br>螺杆泵 |
| | | 污泥浓缩池 | 圆形 | 浓缩刮泥及污泥搅拌 | 中心传动浓缩刮泥机<br>周边传动浓缩刮泥机<br>潜水搅拌机 |
| | 污泥消化 | 污泥消化池 | 厌氧 | 消化池机械搅拌 | 桨叶式消化池搅拌机<br>叶轮式消化池搅拌机 |
| | | | | 消化池沼气搅拌 | 沼气压缩机 |
| | | | | 消化池热交换 | 管式热交换设备<br>螺旋式热交换设备 |
| | | 污泥控制间<br>沼气压缩机房<br>沼气发电机房 | 沼气利用设备 | 沼气储气 | 双膜干式球形沼气储气柜<br>湿式沼气储气柜 |
| | | | | 沼气脱硫净化 | 沼气干法脱硫塔<br>沼气湿法脱硫系统 |
| | | | | 沼气发电及沼气锅炉 | 沼气发电机<br>沼气发动机<br>沼气锅炉<br>沼气燃烧器 |
| | 污泥脱水 | 污泥脱水间 | 机械浓缩脱水设备 | 机械浓缩 | 转筒浓缩机<br>带式浓缩机<br>卧式螺旋离心浓缩机<br>螺压浓缩机 |
| | | | | 机械脱水 | 板框压滤机<br>带式压滤机<br>离心脱水机<br>螺压脱水机 |

续表

| 工艺单元 | | 处理构筑物 | | 处理设备 | |
|---|---|---|---|---|---|
| | | 名称 | 型式 | 类别 | 名称 |
| 污泥处置 | 污泥脱水 | 污泥脱水间 | 机械浓缩脱水设备 | 浓缩脱水一体机 | 带式浓缩脱水一体机<br>转鼓带式浓缩脱水一体机<br>卧式离心浓缩脱水一体机 |
| | | | | 浓缩脱水配套设备 | 污泥切割机<br>絮凝剂投加系统 |
| | | | 污泥堆置棚 | | 污泥斗<br>运输机 |
| | | | 污泥干化 | | 污泥干化设备 |

# 1.2 生物膜法

## 1.2.1 生物接触氧化工艺对应设备（表 1-6）

表 1-6 生物接触氧化工艺对应设备

| 工艺单元 | | 处理构筑物 | | 处理设备 | |
|---|---|---|---|---|---|
| | | 名称 | 型式 | 类别 | 名称 |
| 预处理 | 拦污 | 格栅间 | 粗格栅<br>细格栅 | 格栅除污机及配套设备 | 回转式格栅除污机<br>钢丝绳式格栅除污机<br>转鼓式格栅除污机<br>阶梯式格栅除污机<br>齿耙格栅除污机<br>弧形格栅除污机<br>移动式格栅除污机<br>抓斗式格栅除污机<br>超细格栅除污机<br>高链式格栅除污机<br>螺旋压榨机<br>螺旋压榨一体机 |
| | 进水泵房 | 进水泵房 | | 进水泵 | 潜水排污泵<br>离心式潜污泵<br>混流式潜污泵 |
| | | | | 起重机 | 电动葫芦<br>电动单梁起重机<br>电动单梁悬挂起重机 |
| | | | | 阀门 | 楔式闸阀<br>软密封闸阀<br>蝶阀<br>止回阀 |
| | | | | 闸门 | 圆形闸门<br>方形闸门 |
| | 沉砂 | 平流式沉砂池<br>旋流式沉砂池<br>曝气沉砂池 | 矩形<br>圆形 | 吸砂 | 桥式吸砂机<br>旋流式除砂机 |
| | | | | 刮砂 | 链式刮砂机 |
| | | | | 砂水分离 | 砂水分离器 |

续表

| 工艺单元 | | 处理构筑物 | | 处理设备 | |
|---|---|---|---|---|---|
| | | 名称 | 型式 | 类别 | 名称 |
| 初次沉淀处理 | 初次沉淀 | 初次沉淀池 | 平流 | 平流式刮泥 | 行车式刮泥机<br>撇渣刮泥机 |
| | | | 辐流 | 辐流式刮泥 | 中心传动刮泥机<br>周边传动刮泥机<br>方形池扫角刮泥机 |
| 生物处理 | | 生化池 | 鼓风曝气 | 鼓风机 | 罗茨鼓风机<br>离心鼓风机<br>磁悬浮鼓风机<br>空气悬浮鼓风机 |
| | | | | 盘式曝气器 | 刚玉盘式曝气器<br>橡胶微孔盘式曝气器<br>微孔陶瓷曝气器<br>动力扩散旋混曝气器 |
| | | | | 管式曝气器 | 橡胶膜管式曝气器<br>刚玉管式微孔曝气器 |
| | | | | 球形曝气器 | 球形刚玉曝气器 |
| | | | | 一体式曝气器 | 管式盘式一体曝气器 |
| | | | | 填料 | 直管式成型填料<br>立体弹性填料<br>软性纤维束填料<br>半软性填料<br>高效流化生物载体填料<br>同步脱氮流化生物载体填料 |
| 二次沉淀处理 | 二次沉淀 | 二次沉淀池 | 平流 | 平流式吸泥 | 虹吸式吸泥机<br>泵吸式吸泥机 |
| | | | 辐流 | 辐流式吸泥 | 周边传动吸泥机<br>中心传动吸泥机 |
| 消毒处理 | | 消毒设备 | | | 液氯消毒<br>二氧化氯消毒<br>次氯酸钠消毒<br>紫外线消毒<br>臭氧消毒 |
| 污泥处置 | 污泥浓缩 | 剩余污泥及回流污泥 | | 剩余污泥及回流污泥泵 | 螺旋离心泵<br>潜水排污泵<br>螺杆泵 |
| | | 污泥浓缩池 | 圆形 | 浓缩刮泥及污泥搅拌 | 中心传动浓缩刮泥机<br>周边传动浓缩刮泥机<br>潜水搅拌机 |
| | 污泥消化 | 污泥消化池 | 厌氧 | 消化池机械搅拌 | 桨叶式消化池搅拌机<br>叶轮式消化池搅拌机 |
| | | | | 消化池沼气搅拌 | 沼气压缩机 |
| | | | | 消化池热交换 | 管式热交换设备<br>螺旋式热交换设备 |
| | | 污泥控制间<br>沼气压缩机房<br>沼气发电机房 | 沼气利用设备 | 沼气储气 | 双膜干式球形沼气储气柜<br>湿式沼气储气柜 |
| | | | | 沼气脱硫净化 | 沼气干法脱硫塔<br>沼气湿法脱硫系统 |
| | | | | 沼气发电及沼气锅炉 | 沼气发电机<br>沼气发动机<br>沼气锅炉<br>沼气燃烧器 |

续表

| 工艺单元 | | 处理构筑物 | | 处理设备 | |
| --- | --- | --- | --- | --- | --- |
| | | 名称 | 型式 | 类别 | 名称 |
| 污泥处理 | 污泥脱水 | 污泥脱水间 | 机械浓缩脱水设备 | 机械浓缩 | 转筒浓缩机<br>带式浓缩机<br>卧式螺旋离心浓缩机<br>螺压浓缩机 |
| | | | | 机械脱水 | 板框压滤机<br>带式压滤机<br>离心脱水机<br>螺压脱水机 |
| | | | | 浓缩脱水一体机 | 带式浓缩脱水一体机<br>转鼓带式浓缩脱水一体机<br>卧式离心浓缩脱水一体机 |
| | | | | 浓缩脱水配套设备 | 污泥切割机<br>絮凝剂投加系统 |
| | | | 污泥堆置棚 | | 污泥斗<br>运输机 |
| | | | 污泥干化 | | 污泥干化设备 |

### 1.2.2 曝气生物滤池工艺对应设备（表1-7）

表1-7 曝气生物滤池工艺对应设备

| 工艺单元 | | 处理构筑物 | | 处理设备 | |
| --- | --- | --- | --- | --- | --- |
| | | 名称 | 型式 | 类别 | 名称 |
| 预处理 | 拦污 | 格栅间 | 粗格栅<br>细格栅 | 格栅除污机及配套设备 | 回转式格栅除污机<br>钢丝绳式格栅除污机<br>转鼓式格栅除污机<br>阶梯式格栅除污机<br>齿耙格栅除污机<br>弧形格栅除污机<br>移动式格栅除污机<br>抓斗式格栅除污机<br>超细格栅除污机<br>高链式格栅除污机<br>螺旋压榨机<br>螺旋压榨一体机 |
| | 进水泵房 | 进水泵房 | | 进水泵 | 潜水排污泵<br>离心式潜污泵<br>混流式潜污泵 |
| | | | | 起重机 | 电动葫芦<br>电动单梁起重机<br>电动单梁悬挂起重机 |
| | | | | 阀门 | 楔式闸阀<br>软密封闸阀<br>蝶阀<br>止回阀 |
| | | | | 闸门 | 圆形闸门<br>方形闸门 |

续表

| 工艺单元 | | 处理构筑物 | | 处理设备 | |
|---|---|---|---|---|---|
| | | 名称 | 型式 | 类别 | 名称 |
| 预处理 | 沉砂 | 平流式沉砂池<br>旋流式沉砂池<br>曝气沉砂池 | 矩形<br>圆形 | 吸砂 | 桥式吸砂机<br>旋流式除砂机 |
| | | | | 刮砂 | 链式刮砂机 |
| | | | | 砂水分离 | 砂水分离器 |
| 沉淀处理 | 初次沉淀 | 初次沉淀池 | 平流 | 平流式刮泥 | 行车式刮泥机<br>撇渣刮泥机 |
| | | | 辐流 | 辐流式刮泥 | 中心传动刮泥机<br>周边传动刮泥机<br>方形池扫角刮泥机 |
| 生物处理 | | 生化池 | 鼓风曝气 | 鼓风机 | 罗茨鼓风机<br>离心鼓风机<br>磁悬浮鼓风机<br>空气悬浮鼓风机 |
| | | | | 盘式曝气器 | 刚玉盘式曝气器<br>橡胶微孔盘式曝气器<br>微孔陶瓷曝气器<br>动力扩散旋混曝气器 |
| | | | | 管式曝气器 | 橡胶膜管式曝气器<br>刚玉管式微孔曝气器 |
| | | | | 球形曝气器 | 球形刚玉曝气器 |
| | | | | 一体式曝气器 | 管式盘式一体曝气器 |
| | | | | 滤料 | 火山岩滤料<br>轻质陶粒滤料<br>轻质生物陶粒滤料 |
| | | | | 反冲洗 | 反冲洗系统 |
| 消毒处理 | | 消毒设备 | | | 液氯消毒<br>二氧化氯消毒<br>次氯酸钠消毒<br>紫外线消毒<br>臭氧消毒 |
| 污泥处置 | 污泥浓缩 | 剩余污泥及回流污泥 | | 剩余污泥及回流污泥泵 | 螺旋离心泵<br>潜水排污泵<br>螺杆泵 |
| | | 污泥浓缩池 | 圆形 | 浓缩刮泥及污泥搅拌 | 中心传动浓缩刮泥机<br>周边传动浓缩刮泥机<br>潜水搅拌机 |
| | 污泥消化 | 污泥消化池 | 厌氧 | 消化池机械搅拌 | 桨叶式消化池搅拌机<br>叶轮式消化池搅拌机 |
| | | | | 消化池沼气搅拌 | 沼气压缩机 |
| | | | | 消化池热交换 | 管式热交换设备<br>螺旋式热交换设备 |
| | | 污泥控制间<br>沼气压缩机房<br>沼气发电机房 | 沼气利用设备 | 沼气储气 | 双膜干式球形沼气储气柜<br>湿式沼气储气柜 |
| | | | | 沼气脱硫净化 | 沼气干法脱硫塔<br>沼气湿法脱硫系统 |
| | | | | 沼气发电及沼气锅炉 | 沼气发电机<br>沼气发动机<br>沼气锅炉<br>沼气燃烧器 |

续表

| 工艺单元 | | 处理构筑物 | | 处理设备 | |
|---|---|---|---|---|---|
| | | 名称 | 型式 | 类别 | 名称 |
| 污泥处置 | 污泥脱水 | 污泥脱水间 | 机械浓缩脱水设备 | 机械浓缩 | 转筒浓缩机<br>带式浓缩机<br>卧式螺旋离心浓缩机<br>螺压浓缩机 |
| | | | | 机械脱水 | 板框压滤机<br>带式压滤机<br>离心脱水机<br>螺压脱水机 |
| | | | | 浓缩脱水一体机 | 带式浓缩脱水一体机<br>转鼓带式浓缩脱水一体机<br>卧式离心浓缩脱水一体机 |
| | | | | 浓缩脱水配套设备 | 污泥切割机<br>絮凝剂投加系统 |
| | | | 污泥堆置棚 | | 污泥斗<br>运输机 |
| | | | 污泥干化 | | 污泥干化设备 |

## 1.2.3 生物转盘工艺对应设备（表1-8）

表1-8 生物转盘工艺对应设备

| 工艺单元 | | 处理构筑物 | | 处理设备 | |
|---|---|---|---|---|---|
| | | 名称 | 型式 | 类别 | 名称 |
| 预处理 | 拦污 | 格栅间 | 粗格栅<br>细格栅 | 格栅除污机<br>及配套设备 | 回转式格栅除污机<br>钢丝绳式格栅除污机<br>转鼓式格栅除污机<br>阶梯式格栅除污机<br>齿耙格栅除污机<br>弧形格栅除污机<br>移动式格栅除污机<br>抓斗式格栅除污机<br>超细格栅除污机<br>高链式格栅除污机<br>螺旋压榨机<br>螺旋压榨一体机 |
| | 进水泵房 | 进水泵房 | | 进水泵 | 潜水排污泵<br>离心式潜污泵<br>混流式潜污泵 |
| | | | | 起重机 | 电动葫芦<br>电动单梁起重机<br>电动单梁悬挂起重机 |
| | | | | 阀门 | 楔式闸阀<br>软密封闸阀<br>蝶阀<br>止回阀 |
| | | | | 闸门 | 圆形闸门<br>方形闸门 |

续表

| 工艺单元 | | 处理构筑物 | | 处理设备 | |
|---|---|---|---|---|---|
| | | 名称 | 型式 | 类别 | 名称 |
| 预处理 | 沉砂 | 平流式沉砂池<br>旋流式沉砂池<br>曝气沉砂池 | 矩形<br>圆形 | 吸砂 | 桥式吸砂机<br>旋流式除砂机 |
| | | | | 刮砂 | 链式刮砂机 |
| | | | | 砂水分离 | 砂水分离器 |
| 生物处理 | | 生物转盘 | | 生物转盘 | ROTORDISK 生物转盘<br>SP 生物转盘 |
| 沉淀处理 | 二次沉淀 | 二次沉淀池 | 平流 | 平流式吸泥 | 虹吸式吸泥机<br>泵吸式吸泥机 |
| | | | 辐流 | 辐流式吸泥 | 周边传动吸泥机<br>中心传动吸泥机 |
| 消毒处理 | | 消毒设备 | | | 液氯消毒<br>二氧化氯消毒<br>次氯酸钠消毒<br>紫外线消毒<br>臭氧消毒 |
| 污泥处置 | 污泥浓缩 | 剩余污泥及回流污泥 | | 剩余污泥及回流污泥泵 | 螺旋离心泵<br>潜水排污泵<br>螺杆泵 |
| | | 污泥浓缩池 | 圆形 | 浓缩刮泥及污泥搅拌 | 中心传动浓缩刮泥机<br>周边传动浓缩刮泥机<br>潜水搅拌机 |
| | 污泥消化 | 污泥消化池 | 厌氧 | 消化池机械搅拌 | 桨叶式消化池搅拌机<br>叶轮式消化池搅拌机 |
| | | | | 消化池沼气搅拌 | 沼气压缩机 |
| | | | | 消化池热交换 | 管式热交换设备<br>螺旋式热交换设备 |
| | | 污泥控制间<br>沼气压缩机房<br>沼气发电机房 | 沼气利用设备 | 沼气储气 | 双膜干式球形沼气储气柜<br>湿式沼气储气柜 |
| | | | | 沼气脱硫净化 | 沼气干法脱硫塔<br>沼气湿法脱硫系统 |
| | | | | 沼气发电及沼气锅炉 | 沼气发电机<br>沼气发动机<br>沼气锅炉<br>沼气燃烧器 |
| | 污泥脱水 | 污泥脱水间 | 机械浓缩脱水设备 | 机械浓缩 | 转筒浓缩机<br>带式浓缩机<br>卧式螺旋离心浓缩机<br>螺压浓缩机 |
| | | | | 机械脱水 | 板框压滤机<br>带式压滤机<br>离心脱水机<br>螺压脱水机 |
| | | | | 浓缩脱水一体机 | 带式浓缩脱水一体机<br>转鼓带式浓缩脱水一体机<br>卧式离心浓缩脱水一体机 |
| | | | | 浓缩脱水配套设备 | 污泥切割机<br>絮凝剂投加系统 |
| | | | 污泥堆置棚 | | 污泥斗<br>运输机 |
| | | | 污泥干化 | | 污泥干化设备 |

## 1.2.4 高负荷生物滤池工艺对应设备（表1-9）

表1-9 高负荷生物滤池工艺对应设备

| 工艺单元 | | 处理构筑物 | | 处理设备 | |
|---|---|---|---|---|---|
| | | 名称 | 型式 | 类别 | 名称 |
| 预处理 | 拦污 | 格栅间 | 粗格栅<br>细格栅 | 格栅除污机<br>及配套设备 | 回转式格栅除污机<br>钢丝绳式格栅除污机<br>转鼓式格栅除污机<br>阶梯式格栅除污机<br>齿耙格栅除污机<br>弧形格栅除污机<br>移动式格栅除污机<br>抓斗式格栅除污机<br>超细格栅除污机<br>高链式格栅除污机<br>螺旋压榨机<br>螺旋压榨一体机 |
| | 进水泵房 | 进水泵房 | | 进水泵 | 潜水排污泵<br>离心式潜污泵<br>混流式潜污泵 |
| | | | | 起重机 | 电动葫芦<br>电动单梁起重机<br>电动单梁悬挂起重机 |
| | | | | 阀门 | 楔式闸阀<br>软密封闸阀<br>蝶阀<br>止回阀 |
| | | | | 闸门 | 圆形闸门<br>方形闸门 |
| | 沉砂 | 平流式沉砂池<br>旋流式沉砂池<br>曝气沉砂池 | 矩形<br>圆形 | 吸砂 | 桥式吸砂机<br>旋流式除砂机 |
| | | | | 刮砂 | 链式刮砂机 |
| | | | | 砂水分离 | 砂水分离器 |
| 生物处理 | | 高负荷<br>生物滤池 | | 布水 | 布水装置 |
| | | | | 填料 | 卵石、石英石、花岗石填料<br>人工直管填料 |
| 沉淀处理 | 二次沉淀 | 二次沉淀池 | 平流 | 平流式吸泥 | 虹吸式吸泥机<br>泵吸式吸泥机 |
| | | | 辐流 | 辐流式吸泥 | 周边传动吸泥机<br>中心传动吸泥机 |
| 消毒处理 | | 消毒设备 | | | 液氯消毒<br>二氧化氯消毒<br>次氯酸钠消毒<br>紫外线消毒<br>臭氧消毒 |
| 污泥处置 | 污泥浓缩 | 剩余污泥及<br>回流污泥 | | 剩余污泥及<br>回流污泥泵 | 螺旋离心泵<br>潜水排污泵<br>螺杆泵 |
| | | 污泥浓缩池 | 圆形 | 浓缩刮泥及污泥搅拌 | 中心传动浓缩刮泥机<br>周边传动浓缩刮泥机<br>潜水搅拌机 |

续表

| 工艺单元 | | 处理构筑物 | | 处理设备 | |
|---|---|---|---|---|---|
| | | 名　称 | 型　式 | 类　别 | 名　　称 |
| 污泥处理 | 污泥消化 | 污泥消化池 | 厌氧 | 消化池机械搅拌 | 桨叶式消化池搅拌机<br>叶轮式消化池搅拌机 |
| | | | | 消化池沼气搅拌 | 沼气压缩机 |
| | | | | 消化池热交换 | 管式热交换设备<br>螺旋式热交换设备 |
| | | 污泥控制间<br>沼气压缩机房<br>沼气发电机房 | 沼气利用设备 | 沼气储气 | 双膜干式球形沼气储气柜<br>湿式沼气储气柜 |
| | | | | 沼气脱硫净化 | 沼气干法脱硫塔<br>沼气湿法脱硫系统 |
| | | | | 沼气发电及沼气锅炉 | 沼气发电机<br>沼气发动机<br>沼气锅炉<br>沼气燃烧器 |
| | 污泥脱水 | 污泥脱水间 | 机械浓缩脱水设备 | 机械浓缩 | 转筒浓缩机<br>带式浓缩机<br>卧式螺旋离心浓缩机<br>螺压浓缩机 |
| | | | | 机械脱水 | 板框压滤机<br>带式压滤机<br>离心脱水机<br>螺压脱水机 |
| | | | | 浓缩脱水一体机 | 带式浓缩脱水一体机<br>转鼓带式浓缩脱水一体机<br>卧式离心浓缩脱水一体机 |
| | | | | 浓缩脱水配套设备 | 污泥切割机<br>絮凝剂投加系统 |
| | | | 泥堆置棚 | | 污泥斗<br>运输机 |
| | | | 污泥干化 | | 污泥干化设备 |

# 第2章

# 拦污设备

## 2.1 格栅除污机

城镇自来水厂、污水处理厂；雨、污水中途加压泵站；工矿企业的给水、排水；医院、饭店、旅社、居住小区等水处理系统的进水口，为截除水体中粗大漂浮物和树枝、杂草、碎木、塑料制品废弃物和生活垃圾等杂质，均需安装一道或二道格栅拦污设备，达到保护机泵安全运行、减轻后续工序负荷的目的。

在现代水处理设施中，栅渣的清除大多采用机械清污和自动控制，既有利于保持过水栅面的洁净，又减轻工人劳动强度，改善工作环境，保障安全生产，适应城镇和工业给排水工程的要求。

格栅除污机的不同形式与用途，见表2-1。

**表2-1 格栅除污机的不同形式与用途**

| 工艺单元 | | 处理构筑物 | | 处理设备 | |
|---|---|---|---|---|---|
| | | 名称 | 形式 | 类别 | 名称 |
| 预处理 | 拦污 | 格栅间 | 粗格栅<br>细格栅 | 格栅除污机 | 回转式格栅除污机<br>钢丝绳式格栅除污机<br>转鼓式格栅除污机<br>阶梯式格栅除污机<br>弧形格栅除污机<br>移动式格栅除污机<br>抓斗式格栅除污机<br>超细格栅除污机 |

### 2.1.1 回转式格栅除污机

回转式格栅除污机，可连续自动清除污水中细小的毛发、纤维及各种悬浮物。适用于城市污水、纺织、皮革、食品、造纸、榨糖、酿酒及肉类加工等作拦污设备。该设备由电动减速机驱动，牵引不锈钢链条上设置的多排工程塑料齿片和栅条，将漂浮污物送上平台上方，然后齿片旋转过程中自行将污物挤落，属自清式清污机一类。

#### 2.1.1.1 TGS系列回转式格栅（齿耙）除污机

（1）适用范围 回转式格栅（齿耙）除污机适用于市政污水处理厂预处理工艺。当栅隙合适时，也可用于纺织、水果、水产、造纸、皮革、酿酒等行业的生产工艺中，是目前国内先进的固液筛分设备。

（2）型号意义说明

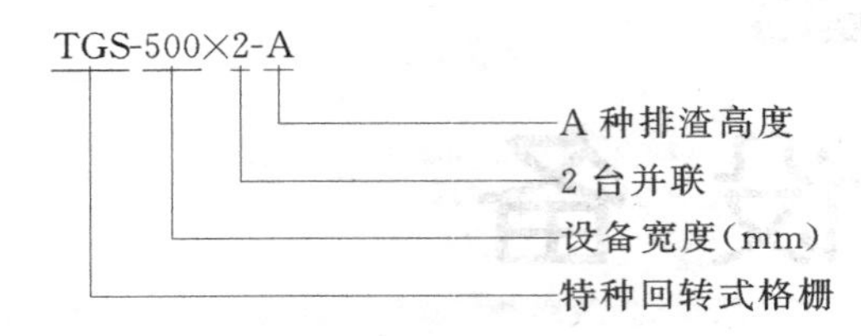


（3）结构及特点　回转式格栅除污机由动力装置、机架、耙齿链（网齿）、清污机构及电控箱等组成。动力装置采用悬挂式蜗轮蜗杆减速机。格栅系统由诸多的小齿耙相互连接成一个硕大的旋转面，在减速机的驱动下旋转运动，捞渣彻底。当筛网运转到设备的上部时，由一部分粘在耙齿上的杂物依靠清洗机构的橡胶刷的反向运动洗刷干净。该机安装角度60°～80°，耙齿间隙有5mm、10mm、15mm、20mm、30mm、40mm多种，筛网运行速度约2m/min。其最大优点是自动化程度高，耐腐蚀性能好，机壳分碳钢和不锈钢两种，零件材料为不锈钢、ABS工程塑料或尼龙。该机设有过载安全保护，自控装置可根据水中杂物多少连续或间隙运行，当发生故障时自动切断电源并报警。

（4）性能　TGS系列回转式格栅（齿耙）除污机性能见表2-2。

表2-2　TGS系列回转式格栅除污机性能

| 型号 | 电动机功率/kW | 耙齿栅宽/mm | 设备宽/mm | 设备高/mm | | 设备总宽/mm | 设备安装长/mm | 水槽最小宽度/mm | 排渣高度/mm | |
|---|---|---|---|---|---|---|---|---|---|---|
| | | | | A型 | B型 | | | | A型 | B型 |
| TGS-500 | 0.55～1.1 | 360 | 500 | 4035～11035（地面至设备顶2820，地下部分可任意加长） | 3335～11035（地面至设备顶2120，地下部分可任意加长） | 850 | 2320～11153 | 600 | 1464 | 764 |
| TGS-600 | | 460 | 600 | | | 950 | | 700 | | |
| TGS-700 | | 560 | 700 | | | 1050 | | 800 | | |
| TGS-800 | 0.75～1.5 | 660 | 800 | | | 1150 | | 900 | | |
| TGS-900 | | 760 | 900 | | | 1250 | | 1000 | | |
| TGS-1000 | | 860 | 1000 | | | 1350 | | 1100 | | |
| TGS-1100 | 1.1～1.5 | 960 | 1100 | | | 1450 | | 1200 | | |
| TGS-1200 | | 1060 | 1200 | | | 1550 | | 1300 | | |
| TGS-1300 | | 1160 | 1300 | | | 1650 | | 1400 | | |
| TGS-1400 | 1.1～2.2 | 1260 | 1400 | | | 1750 | | 1500 | | |
| TGS-1500 | | 1360 | 1500 | | | 1850 | | 1600 | | |

（5）外形及安装尺寸　TGS系列回转式格栅除污机外形及安装尺寸见图2-1、表2-3。

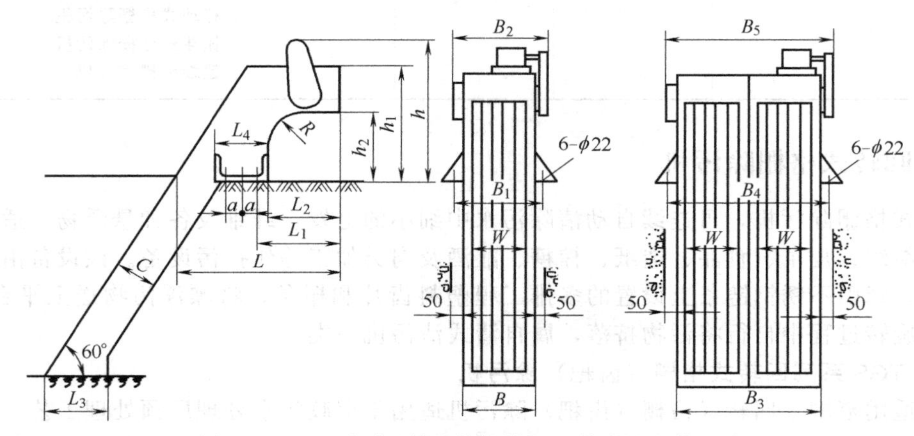


图2-1　TGS系列回转式格栅除污机外形及安装尺寸

表 2-3　TGS 系列回转式格栅除污机外形尺寸　　单位：mm

| 型　号 | $B$ | $B_1$ | $B_2$ | W | 型　号 | $B_3$ | $B_4$ | $B_5$ |
|---|---|---|---|---|---|---|---|---|
| TGS-500 | 500 | 736 | 760 | 360 | TGS-500×2 | 1000 | 1236 | 1260 |
| TGS-600 | 600 | 836 | 860 | 460 | TGS-600×2 | 1200 | 1436 | 1460 |
| TGS-700 | 700 | 936 | 960 | 560 | TGS-700×2 | 1400 | 1636 | 1660 |
| TGS-800 | 800 | 1036 | 1060 | 660 | TGS-800×2 | 1600 | 1836 | 1860 |
| TGS-900 | 900 | 1136 | 1160 | 760 | TGS-900×2 | 1800 | 2036 | 2060 |
| TGS-1000 | 1000 | 1236 | 1260 | 860 | TGS-1000×2 | 2000 | 2236 | 2260 |
| TGS-1100 | 1100 | 1336 | 1360 | 960 | TGS-1100×2 | 2200 | 2436 | 2460 |
| TGS-1200 | 1200 | 1436 | 1460 | 1060 | TGS-1200×2 | 2400 | 2636 | 2660 |
| TGS-1300 | 1300 | 1536 | 1560 | 1160 | TGS-1300×2 | 2600 | 2836 | 2860 |
| TGS-1400 | 1400 | 1636 | 1660 | 1260 | TGS-1400×2 | 2800 | 3036 | 3060 |
| TGS-1500 | 1500 | 1736 | 1760 | 1360 | TGS-1500×2 | 3000 | 3026 | 3260 |

生产厂家：浙江乐清水泵厂、无锡市通用机械厂有限公司、江苏亚太集团、江苏湖滨环保设备有限公司。

### 2.1.1.2　XHG 型回转式格栅清污机

（1）适用范围　XHG 型回转式格栅清污机是大中型给排水工程设施中水源进口处预处理的理想设备，广泛应用于城镇污水处理厂、自来水厂及城镇规划小区雨、污水的预处理，电厂、钢厂的进水中杂物的清除，以达到减轻后续工序处理负荷的目的，用于渠深 2.5～12m，安装角度 60°～80°，栅隙 10～150mm，多用作粗格栅。

（2）设备型号说明

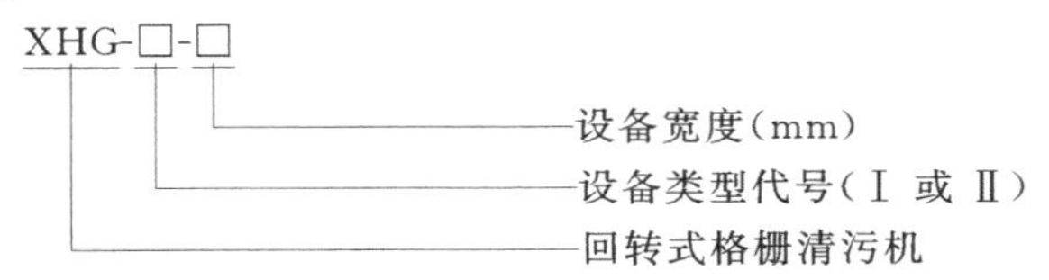


（3）设备性能及外形尺寸　XHG-Ⅰ 型回转式格栅清污机的设备外形及安装尺寸见图 2-2、图 2-3；设备技术参数及外形安装尺寸见表 2-4，过水流量见表 2-5。

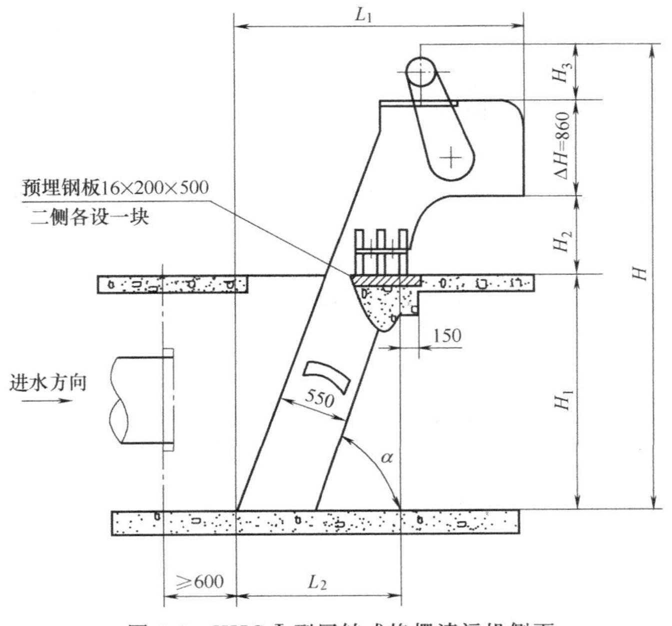


图 2-2　XHG-Ⅰ 型回转式格栅清污机侧面

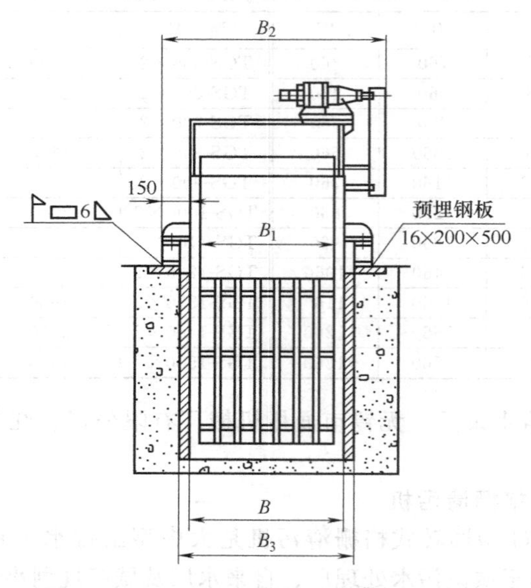


图 2-3　XHG-Ⅰ型回转式格栅清污机正面

XHG-Ⅱ型回转式格栅清污机的设备外形及安装尺寸见图 2-4；设备技术参数及外形安装尺寸见表 2-6；过水流量见表 2-7。

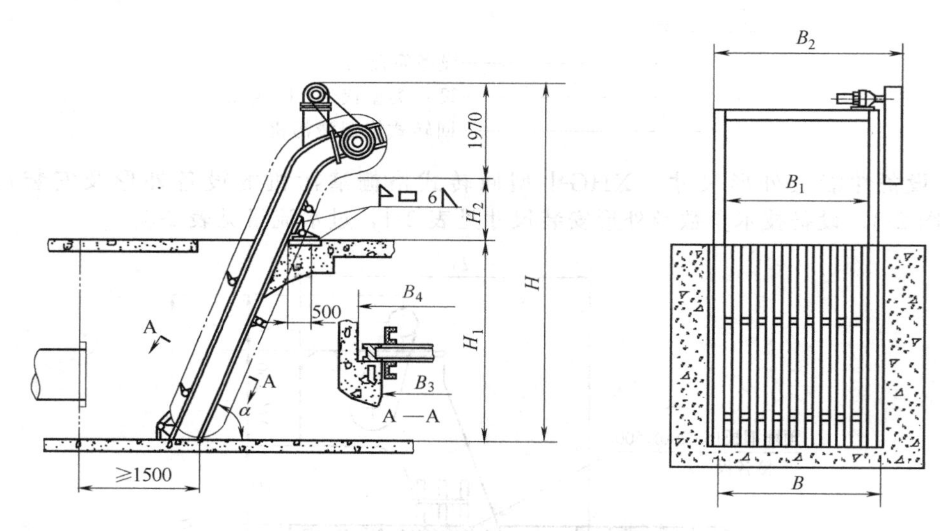


图 2-4　XHG-Ⅱ型回转式格栅清污机外形及安装尺寸

（4）规格及技术参数（表 2-4～表 2-7）

表 2-4　XHG-Ⅰ型回转式格栅清污机主要技术参数及设备外形安装尺寸

| 型　号 | XHG-Ⅰ 800 | XHG-Ⅰ 1000 | XHG-Ⅰ 1200 | XHG-Ⅰ 1400 | XHG-Ⅰ 1600 | XHG-Ⅰ 1800 | XHG-Ⅰ 2000 | XHG-Ⅰ 2200 | XHG-Ⅰ 2400 | XHG-Ⅰ 2600 | XHG-Ⅰ 2800 | XHG-Ⅰ 3000 |
|---|---|---|---|---|---|---|---|---|---|---|---|---|
| 安装角度 α/(°) | 60～85 | | | | | | | | | | | |
| 电机功率 /kW | 0.75～1.1 | | | | 1.1～2.2 | | | | | | 2.2～3.0 | |

续表

| 型号 | XHG-Ⅰ 800 | XHG-Ⅰ 1000 | XHG-Ⅰ 1200 | XHG-Ⅰ 1400 | XHG-Ⅰ 1600 | XHG-Ⅰ 1800 | XHG-Ⅰ 2000 | XHG-Ⅰ 2200 | XHG-Ⅰ 2400 | XHG-Ⅰ 2600 | XHG-Ⅰ 2800 | XHG-Ⅰ 3000 |
|---|---|---|---|---|---|---|---|---|---|---|---|---|
| 有效的栅宽 $B_1$ /mm | $B_1=B-160$ | | | | | | | | | | | |
| 齿栅运动线速度 /(m/min) | 约 3.8 | | | | | | | | | | | |
| 设备宽 $B$ /mm | 800 | 1000 | 1200 | 1400 | 1600 | 1800 | 2000 | 2200 | 2400 | 2600 | 2800 | 3000 |
| 设备总高 $H$/mm | $H=H_1+H_2+H_3+\Delta H$ | | | | | | | | | | | |
| 设备总宽 $B_2$/mm | 1150 | 1350 | 1550 | 1750 | 1950 | 2150 | 2350 | 2550 | 2750 | 2950 | 3150 | 3350 |
| 沟宽 $B_3$ /mm | 900 | 1100 | 1300 | 1500 | 1700 | 1900 | 2100 | 2300 | 2500 | 2700 | 2900 | 3100 |
| 设备安装总长 $L_1$/mm | $L_1=L_2+(H_2+860)\cot\alpha+H_3\cot\alpha+\Delta L$（$\Delta L$ 为卸料余量，订货确定） | | | | | | | | | | | |
| 导流槽总长 $L_2$/mm | $L_2=H_1\cot\alpha+550/\sin\alpha$ | | | | | | | | | | | |
| 地面至卸料口高 $H_2$/mm | 900～1500 | | | | | | | | | | | |
| 沟深 $H_1$ /mm | 2500～12000（用户选定） | | | | | | | | | | | |

注：本设备为非标系列产品，标准型按沟深 3000mm，排渣高度 900mm，安装角度 75°计。

**表 2-5　XHG-Ⅰ 型回转式格栅清污机过水流量**

| 型号 | | | XHG-Ⅰ 800 | XHG-Ⅰ 1000 | XHG-Ⅰ 1200 | XHG-Ⅰ 1400 | XHG-Ⅰ 1600 | XHG-Ⅰ 1800 | XHG-Ⅰ 2000 | XHG-Ⅰ 2200 | XHG-Ⅰ 2400 | XHG-Ⅰ 2600 | XHG-Ⅰ 2800 | XHG-Ⅰ 3000 |
|---|---|---|---|---|---|---|---|---|---|---|---|---|---|---|
| 栅前水深/m | | | 1.0 | | | | | | | | | | | |
| 过栅流速/(m/s) | | | 1.0 | | | | | | | | | | | |
| 水流量 /($10^4 m^3/d$) | 栅条间距 | 10mm | 2.6 | 3.39 | 4.18 | 4.97 | 5.76 | 6.55 | 7.34 | 8.13 | 8.92 | 9.71 | 11.29 | 12.17 |
| | | 20mm | 3.47 | 4.5 | 5.52 | 6.63 | 7.57 | 8.68 | 9.74 | 10.80 | 11.84 | 12.89 | 15.06 | 16.22 |
| | | 30mm | 3.78 | 5.0 | 6.15 | 7.45 | 8.52 | 9.78 | 10.96 | 12.15 | 13.33 | 14.51 | 16.85 | 18.27 |
| | | 40mm | 4.10 | 5.36 | 6.62 | 7.89 | 9.15 | 10.42 | 11.68 | 12.94 | 14.21 | 15.47 | 17.98 | 19.46 |
| | | 50mm | 4.26 | 5.60 | 6.90 | 8.28 | 9047 | 10.85 | 12.23 | 13.50 | 14.80 | 16.18 | 18.7 | 20.21 |
| | | 60mm | 4.40 | 5.78 | 7.10 | 8.52 | 9.94 | 11.17 | 12.55 | 13.87 | 15.25 | 16.57 | 19.4 | 20.85 |
| | | 70mm | 4.47 | 5.80 | 7.29 | 8.83 | 10.05 | 11.43 | 12.82 | 12.25 | 15.58 | 16.94 | 19.75 | 21.3 |
| | | 80mm | 4.54 | 5.99 | 7.45 | 8.94 | 10.11 | 11.55 | 13.00 | 14.52 | 15.79 | 17.24 | 20.1 | 21.63 |
| | | 90mm | 4.60 | 6.09 | 7.65 | 9.25 | 10.8 | 11.79 | 13.85 | 14.95 | 16.4 | 17.76 | 20.3 | 21.9 |
| | | 100mm | 4.65 | 6.15 | 7.75 | 9.35 | 10.94 | 12.15 | 14.1 | 15.68 | 17.1 | 18.25 | 20.57 | 22.15 |

表 2-6 XHG-Ⅱ型回转式格栅清污机主要技术参数及设备外形安装尺寸

| 型号 | XHG-Ⅱ 3000 | XHG-Ⅱ 3200 | XHG-Ⅱ 3400 | XHG-Ⅱ 3600 | XHG-Ⅱ 3800 | XHG-Ⅱ 4000 | XHG-Ⅱ 4200 | XHG-Ⅱ 4400 | XHG-Ⅱ 4600 | XHG-Ⅱ 4800 | XHG-Ⅱ 5000 |
|---|---|---|---|---|---|---|---|---|---|---|---|
| 电机功率/kW | 2.2～3.0 | | | | | | 3.0～4.0 | | | | |
| 安装角度 $\alpha$/(°) | 60～80 | | | | | | | | | | |
| 栅耙运动线速度/(m/min) | 3 | | | | | | | | | | |
| 设备宽 $B$/mm | 3000 | 3200 | 3400 | 3600 | 3800 | 4000 | 4200 | 4400 | 4600 | 4800 | 5000 |
| 有效栅宽 $B_1$/mm | 2600 | 2800 | 3000 | 3200 | 3400 | 3600 | 3800 | 4000 | 4200 | 4400 | 4600 |
| 设备总宽 $B_2$/mm | 3250 | 3450 | 3650 | 3850 | 4050 | 4250 | 4450 | 4650 | 4850 | 5050 | 5250 |
| 格栅后沟宽 $B_3$/mm | 2770 | 2970 | 3170 | 3370 | 3570 | 3770 | 3970 | 4170 | 4370 | 4570 | 4770 |
| 格栅前沟宽 $B_4$/mm | 3100 | 3300 | 3500 | 3700 | 3900 | 4100 | 4300 | 4500 | 4700 | 4900 | 5100 |
| 沟深 $H_1$/mm | 3～20(用户自定) | | | | | | | | | | |
| 排渣高度 $H_2$/mm | 900～1500 | | | | | | | | | | |
| 设备总高 $H$/mm | $H=H_1+H_2+1970$ | | | | | | | | | | |

表 2-7 XHG-Ⅱ型回转式格栅清污机过水流量

| 型号 | | | XHG-Ⅱ 3000 | XHG-Ⅱ 3200 | XHG-Ⅱ 3400 | XHG-Ⅱ 3600 | XHG-Ⅱ 3800 | XHG-Ⅱ 4000 | XHG-Ⅱ 4200 | XHG-Ⅱ 4400 | XHG-Ⅱ 4600 | XHG-Ⅱ 4800 | XHG-Ⅱ 5000 | XHG-Ⅱ 3000 |
|---|---|---|---|---|---|---|---|---|---|---|---|---|---|---|
| 栅前水深/m | | | 1.0 | | | | | | | | | | | |
| 过栅流速/(m/s) | | | 1.0 | | | | | | | | | | | |
| 水流量/($10^4m^3$/d) | 栅条间距 | 40mm | 18.6 | 19.96 | 21.39 | 22.82 | 24.24 | 25.67 | 27.1 | 28.52 | 29.95 | 31.37 | 31.37 | 32.80 |
| | | 50mm | 19.2 | 20.95 | 22.28 | 23.62 | 25.4 | 26.74 | 28.22 | 29.71 | 31.20 | 32.68 | 32.68 | 34.17 |
| | | 60mm | 19.8 | 21.39 | 23 | 24.6 | 26.2 | 27.5 | 29.03 | 30.56 | 32.09 | 33.61 | 33.61 | 35.14 |
| | | 70mm | 20.6 | 21.84 | 23.7 | 24.96 | 26.82 | 28.07 | 29.64 | 31.20 | 32.76 | 34.31 | 34.31 | 35.87 |
| | | 80mm | 20.7 | 22.1 | 23.96 | 25.66 | 27.1 | 28.52 | 30.1 | 31.69 | 33.27 | 34.68 | 34.68 | 36.44 |
| | | 90mm | 20.86 | 22.46 | 24.06 | 26 | 27.27 | 28.88 | 30.48 | 32.09 | 33.69 | 35.30 | 35.30 | 36.90 |
| | | 100mm | 21.07 | 23.17 | 24.42 | 26.29 | 27.63 | 29.17 | 30.79 | 32.41 | 34.03 | 35.65 | 35.65 | 37.27 |
| | | 110mm | 21.57 | 23.34 | 24.51 | 26.47 | 27.75 | 29.41 | 31.05 | 32.68 | 34.31 | 35.95 | 35.95 | 37.58 |
| | | 120mm | 21.92 | 23.53 | 24.6 | 26.74 | 27.97 | 29.62 | 31.26 | 32.91 | 34.55 | 36.20 | 36.20 | 37.85 |
| | | 130mm | 22.01 | 23.75 | 25.14 | 26.88 | 28.14 | 29.8 | 31.45 | 33.11 | 34.76 | 36.42 | 36.42 | 38.07 |
| | | 140mm | 22.2 | 23.9 | 24.48 | 26.95 | 28.28 | 29.95 | 31.61 | 33.27 | 34.94 | 36.60 | 36.60 | 38.27 |
| | | 150mm | 22.34 | 24.06 | 25.6 | 27.2 | 28.41 | 30.08 | 31.75 | 33.42 | 35.09 | 36.77 | 36.77 | 38.44 |

生产厂家：江苏一环集团有限公司、无锡市通用机械厂有限公司、宜兴市凌泰环保设备有限公司、宜兴泉溪环保股份有限公司、合肥国水环保设备有限公司、多元环保设备制造（廊坊）有限公司。

## 2.1.2 阶梯式格栅除污机

### 2.1.2.1 JT 型阶梯式格栅除污机

JT 型阶梯式机械格栅在结构设计上从根本上改变了以往移动齿耙只能做单向直线运动的机械格栅模式，实现了通过偏心的旋转而移动齿耙，由下至上，由后至前的曲线运动轨迹。即污物将由移动齿耙逐级从水中推至污物出口处。这种运动方式的实现大大提高了机械格栅的工作效率，解决了长期以来从设计人员到管理人员一直担心的污物卡阻及耙齿打齿等现象。同时在设计上传动结构、动力机械均设置在水面以上维修，且有效地提高了设备的使用寿命，同时具有格栅间隙准确、可调，适用于各种不同形式水位条件的特点。

JT 型阶梯式格栅除污机外形及安装尺寸见图 2-5。

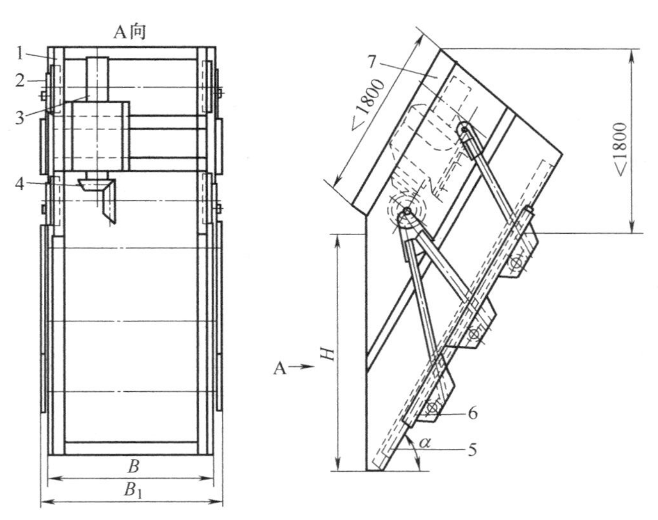


图 2-5　JT 型阶梯式格栅除污机外形及安装尺寸

1—机架；2—连杆；3—驱动装置；4—伞齿轮；5—静栅；6—动栅；7—上盖板

（1）型号说明

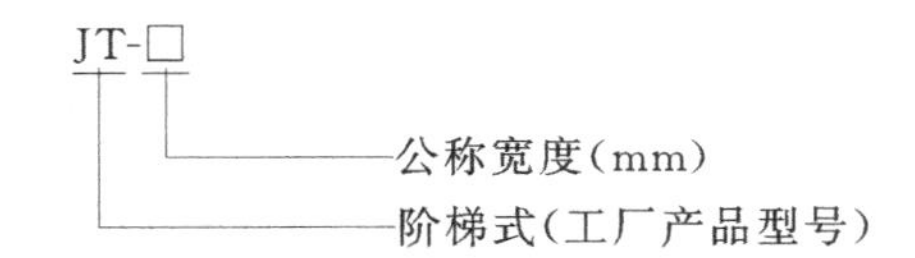


（2）规格和性能参数（表 2-8）

**表 2-8　JT 型阶梯式格栅除污机规格和性能参数**

| 公称宽度 $B$/mm | 500 600 700 800 900 1000 1100 1200 1300 1400 1500 1600 1700 1800 1900 2000 2100 2200 2300 2400 2500 2600 2700 2800 2900 3000 |
|---|---|
| 安装角度 $\alpha$/(°) | 50 55 60 |
| 栅条间隙/mm | 6 8 10 14 18 20 30 40 50 80 |
| 电机功率/kW | 0.75～3 |
| 整机质量/kg | 2000～4000 |
| 槽深 $H$/m | <3 |

生产厂家：江苏湖滨环保设备有限公司。

#### 2.1.2.2　XJT 型阶梯式格栅除污机

（1）适用范围　XJT 型阶梯式格栅除污机广泛用于城市污水及工业废水中的漂浮物和悬浮物的清除。以截取进水中较大、较粗的杂物与垃圾，保证后续处理工序的正常运转。XJT 型阶梯式格栅清污机用于渠深 1～2m，栅隙 2～15mm，多用作细格栅。

（2）设备型号说明

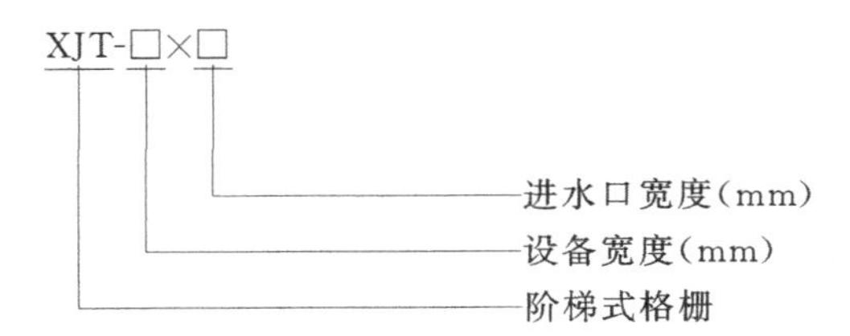


（3）设备特点　该格栅水下无转动部件，因此，在运行过程中不会有污物卡滞现象，运行可靠。设备运行时无需断流即可更换栅片，使用维护方便。

(4) 设备规格及性能　XJT 型阶梯式格栅除污机技术参数及过水流量见表 2-9、表2-10；XJT 型阶梯式格栅除污机安装尺寸见图 2-6。

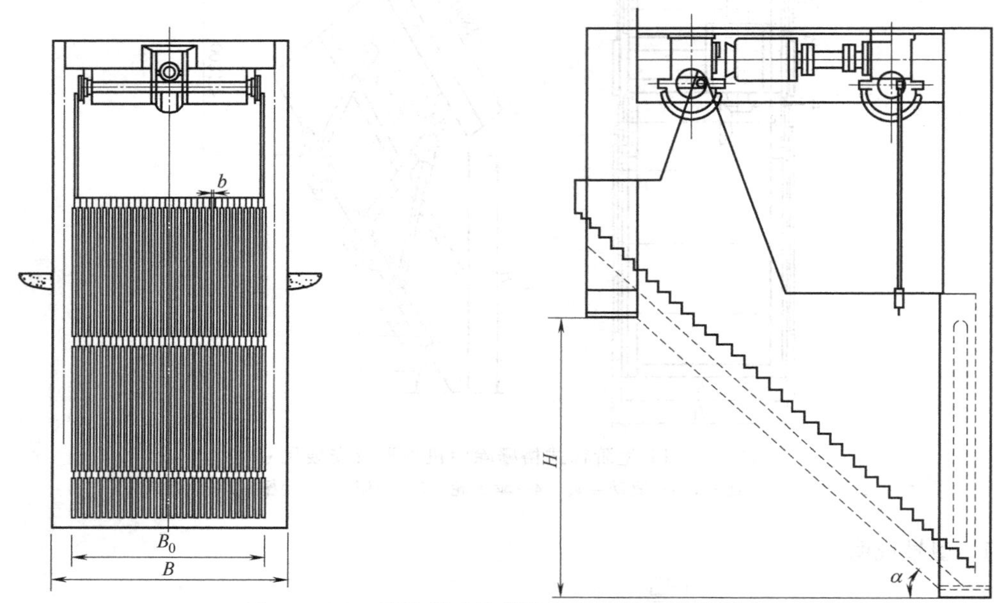


图 2-6　XJT 型阶梯式格栅除污机外形及安装尺寸

**表 2-9　XJT 型阶梯式格栅除污机主要技术参数**

| 规格型号 | 格栅有效宽度 $B_0$/mm | 设备宽 $B$/mm | 配套电机功率 $N$/kW | 进水口深度 $H$/mm | 允许流速 /(m/s) | 格栅耙齿间隙 $b$/mm |
|---|---|---|---|---|---|---|
| XJT-500 | 350 | 500 | ≤0.75 | 1000～2000 | 0.5～1.0 | 2～16 |
| XJT-600 | 450 | 600 | ≤0.75 | | 0.5～1.0 | |
| XJT-800 | 650 | 800 | ≤1.1 | | 0.5～1.0 | |
| XJT-1000 | 850 | 1000 | ≤1.1 | | 0.5～1.0 | |
| XJT-1200 | 1050 | 1200 | ≤1.1 | | 0.5～1.0 | |
| XJT-1500 | 1350 | 1500 | ≤1.5 | | 0.5～1.0 | |
| XJT-1800 | 1650 | 1800 | ≤2.2 | | 0.5～1.0 | |
| XJT-2000 | 1850 | 2000 | ≤2.2 | | 0.5～1.0 | |

**表 2-10　XJT 型阶梯式格栅除污机过水流量**　　单位：$m^3/d$

| 型　号 | | 500 | 600 | 700 | 800 | 900 | 1000 | 1100 | 1200 | 1300 | 1400 | 1500 | 1600 | 1700 | 1800 | 1900 | 2000 |
|---|---|---|---|---|---|---|---|---|---|---|---|---|---|---|---|---|---|
| 水深/m | | 0.5 | | | | | | | | | | | | | | | |
| 流速/(m/s) | | 0.5 | | | | | | | | | | | | | | | |
| 栅隙/mm | 2 | 3432 | 4464 | 5496 | 6528 | 7560 | 8568 | 9600 | 10632 | 11664 | 12696 | 13656 | 14736 | 15768 | 16800 | 17832 | 18864 |
| | 3 | 4320 | 5544 | 6864 | 8160 | 9400 | 10704 | 12024 | 13248 | 14568 | 15864 | 17112 | 18408 | 19728 | 21048 | 12272 | 23592 |
| | 4 | 4920 | 6360 | 7800 | 9360 | 10800 | 12240 | 13656 | 15216 | 16656 | 18192 | 19632 | 21072 | 22512 | 24048 | 25488 | 26928 |
| | 5 | 5400 | 6936 | 8616 | 10152 | 11808 | 13368 | 15024 | 16680 | 18240 | 19776 | 21312 | 22992 | 24648 | 26328 | 27864 | 29544 |
| | 6 | 5712 | 7392 | 9096 | 10800 | 12648 | 14328 | 16032 | 17712 | 19416 | 21264 | 22800 | 24504 | 26352 | 28056 | 29736 | 31440 |
| | 8 | 6377 | 8434 | 10285 | 12137 | 13988 | 15840 | 17691 | 19542 | 21540 | 23400 | 25270 | 27140 | 29010 | 30880 | 32750 | 34610 |
| | 10 | 6685 | 9000 | 10800 | 12857 | 14914 | 16714 | 18771 | 20828 | 22780 | 24750 | 26730 | 28710 | 30680 | 32660 | 34630 | 36610 |
| | 12 | 7097 | 9252 | 11355 | 13268 | 15428 | 17588 | 19440 | 21600 | 23690 | 25750 | 27800 | 29850 | 31910 | 33960 | 36020 | 38070 |
| | 14 | 7380 | 9576 | 11700 | 13680 | 15840 | 18000 | 20160 | 22320 | 24390 | 26500 | 28620 | 30730 | 32850 | 34960 | 37080 | 39190 |
| | 16 | 7405 | 9874 | 11931 | 13988 | 16292 | 18514 | 20571 | 22628 | 24940 | 27100 | 29260 | 31430 | 33590 | 35750 | 37920 | 40080 |

生产厂家：江苏一环集团有限公司、江苏天雨环保集团有限公司、江苏兆盛水工业装备集团有限公司、宜兴泉溪环保股份有限公司、宜兴市凌泰环保设备有限公司、江苏湖滨环保设备有限公司。

## 2.1.3 钢丝绳牵引式格栅除污机

### 2.1.3.1 SG型钢丝绳牵引式格栅除污机

（1）适用范围　SG型钢丝绳牵引式格栅除污机适用于渠深较深的市政给排水处理厂的进水渠，栅隙较大（一般为20～100mm，用作粗格栅），安装角度为75°及90°，渠宽一般不大于4m的场合，一般用于处理含泥渣的污水。

（2）设备型号说明

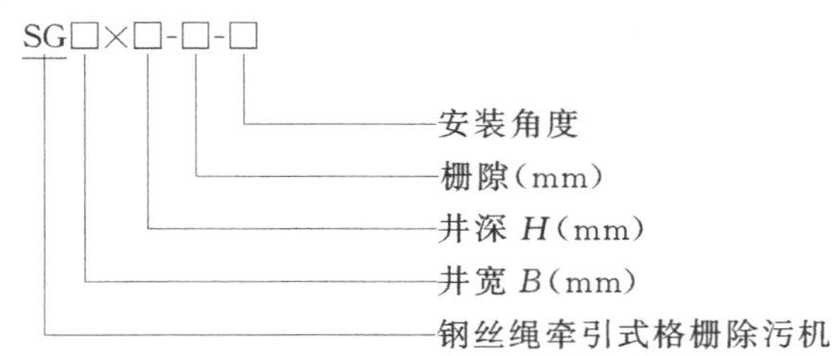


SG型钢丝绳牵引式格栅除污机的设备外形及安装尺寸见图2-7，设备技术参数及外形安装尺寸见表2-11。

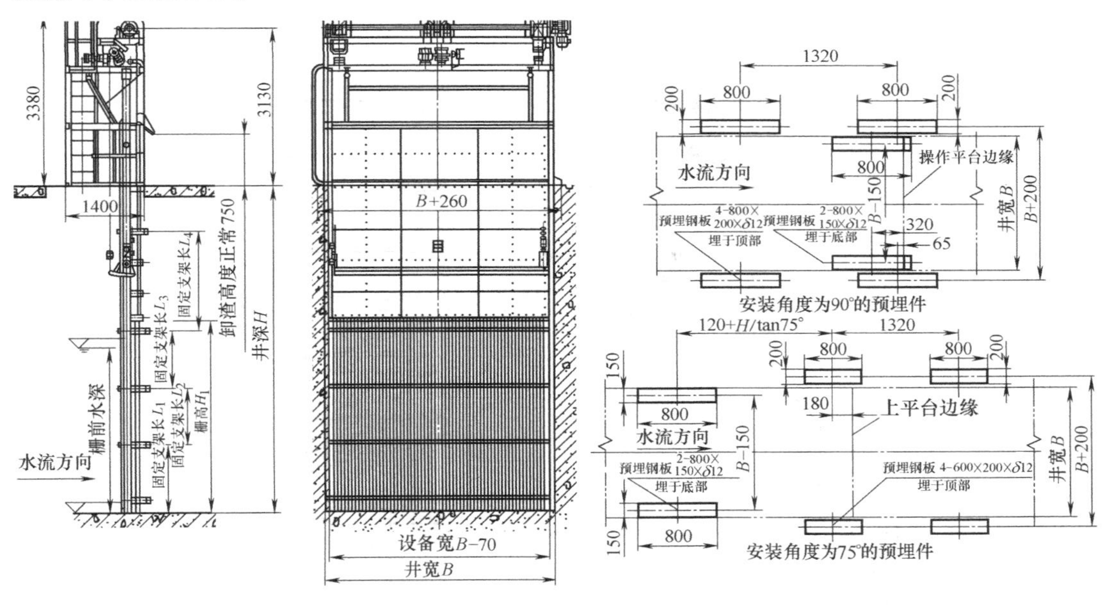


图2-7　SG型钢丝绳牵引式格栅除污机外形及安装尺寸

表2-11　SG型钢丝绳牵引式格栅除污机主要技术参数及外形安装尺寸

| 型号规格 | 井宽 B/m | 栅条间隙 b/mm | 提升功率 /kW | 抬耙功率 /kW | 过栅流速 /(m/s) | 卸渣高度 /mm |
|---|---|---|---|---|---|---|
| SG1.5 | 1.5 | 15、20、25、30、40、50、60、70、80、90、100 | 1.5 | 0.37 | ≤1 | 750(1000) |
| SG2.0 | 2.0 | | 2.2 | 0.55 | | |
| SG2.5 | 2.5 | | 2.2 | 0.75 | | |
| SG3.0 | 3.0 | | 3.0 | 0.75 | | |
| SG3.5 | 3.5 | | 4.0 | 1.1 | | |
| SG4.0 | 4.0 | | 4.0 | 1.1 | | |

注：1. 过水面有效率对应栅隙70%～85%。
2. 表中功率对应井深10m，超过10m时，功率须加大。
3. 括号内尺寸不推荐，如需应在订货时说明。

生产厂家：江苏一环集团有限公司、江苏天雨环保集团有限公司、无锡市通用机械厂有限公司、江苏兆盛水工业装备有限公司、南京远蓝环境工程设备有限公司。

#### 2.1.3.2 BLQ 型格栅除污机

（1）适用范围　BLQ 型格栅清污机是一种由钢丝绳牵引的截污设备，按不同栅槽需要分为固定式（BLQ-G 型）和移动式（BLQ-Y 型）两种形式，格栅清污机一般适用于城镇污水处理厂、自来水厂，以及各类泵站、城市防洪捞渣等设施的取水口，以截取进水中较大、较粗的杂物与垃圾，保证后续处理工序的正常运转。BLQ 型格栅清污机用于渠深 2～12m，安装角度 60°～90°，栅隙 15～100mm，多用作粗格栅。

（2）设备型号说明

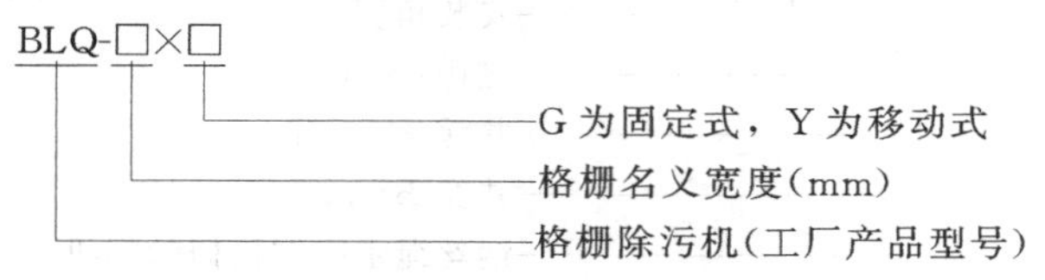


（3）设备规格及尺寸　BLQ 型格栅除污机设备规格及性能见表 2-12；BLQ-G 型格栅除污机及 BLQ-Y 型移动式格栅除污机外形见图 2-8、图 2-9。

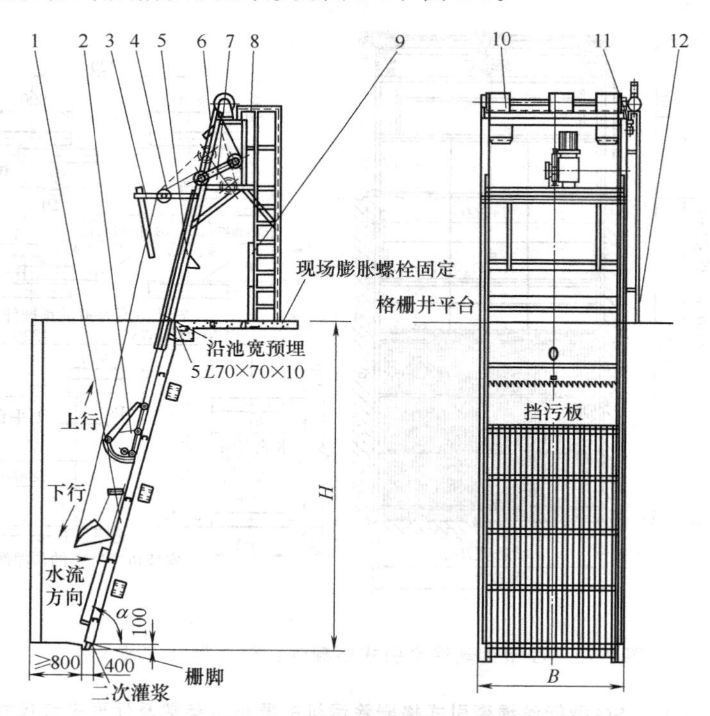


图 2-8　BLQ-G 型固定式格栅除污机外形

1—格栅；2—清污格栅；3—刮污机构；4—导向滑轮；5—门形架；6—钢丝绳张紧装置；7—开耙装置；8—栏杆；9—电器控制箱；10—钢丝绳牵引装置；11—过载保护装置；12—膨胀螺栓

生产厂家：江苏天雨环保集团有限公司、江苏一环集团有限公司、无锡市通用机械厂有限公司、江苏兆盛水工业装备有限公司、南京远蓝环境工程设备有限公司。

### 2.1.4 转鼓式格栅除污机

#### 2.1.4.1 ZG 型转鼓式格栅除污机

（1）适用范围　ZG 型转鼓式格栅除污机广泛适用于城市污水、工业废水、食品加工业、

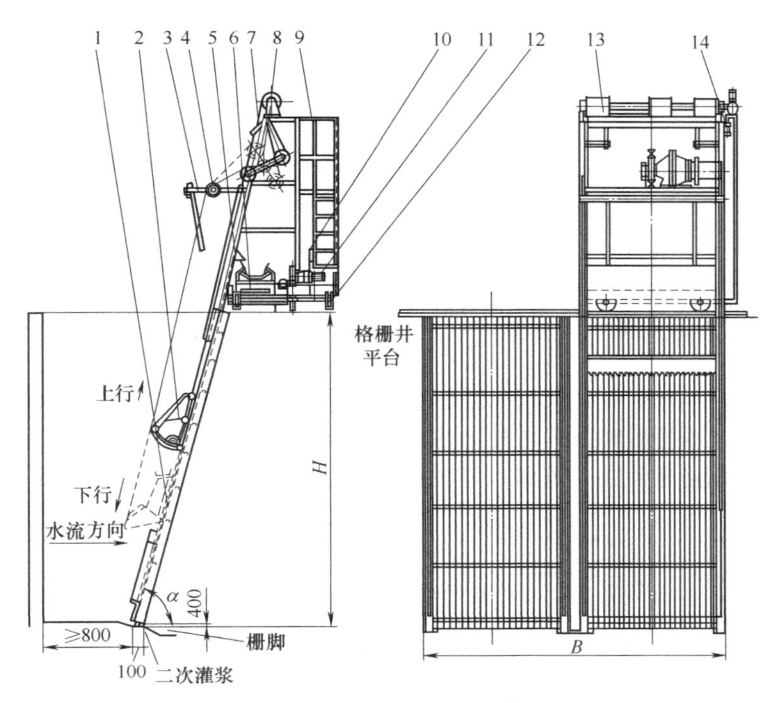


图 2-9　BLQ-Y 型移动式格栅除污机外形

1—格栅栅片；2—清污机构；3—刮污机构；4—导向滑轮；5—门形架；6—皮带输送机；7—钢丝绳张紧装置；8—开耙装置；9—栏杆；10—电器控制箱；11—行走驱动装置；12—膨胀螺栓；13—钢丝绳牵引装置；14—过载保护装置

**表 2-12　BLQ 型格栅除污机的规格及性能**

| 型　号 | 格栅宽度 /mm | 栅条有效间隙 $b$/mm | 安装角度 $\alpha$/(°) | 齿耙额定载荷 /(kg/m) | 适用井深 $H$/m | 升降电机功率 /kW | 翻耙电机功率 /kW | 行走电机功率 /kW | 流速 /(m/s) |
|---|---|---|---|---|---|---|---|---|---|
| BLQ-1000 | 1000 | 15～100 | 60～90 | 100 | 2～12 | 0.75～3.0 | 0.75～3.0 | 用于 BLQ-Y 型 0.55～0.8 | ≤1.0 |
| BLQ-1200 | 1200 | | | | | | | | |
| BLQ-1400 | 1400 | | | | | | | | |
| BLQ-1500 | 1500 | | | | | | | | |
| BLQ-1800 | 1800 | | | | | | | | |
| BLQ-2000 | 2000 | | | | | | | | |
| BLQ-2400 | 2400 | | | | | | | | |
| BLQ-2600 | 2600 | | | | | | | | |
| BLQ-3000 | 3000 | | | | | | | | |
| BLQ-3500 | 3500 | | | | | | | | |
| BLQ-4000 | 4000 | | | | | | | | |
| BLQ-4500 | 4500 | | | | | | | | |
| BLQ-5000 | 5000 | | | | | | | | |

注：格栅宽度大于 3500mm 可采用移动式格栅清污机。

造纸业等污水处理工程。该设备用于去除水源取水口漂浮物和沉积物，并将栅渣挤干脱水后排出。该设备栅隙 0.5～12mm，多用作细格栅。

(2) 设备型号说明

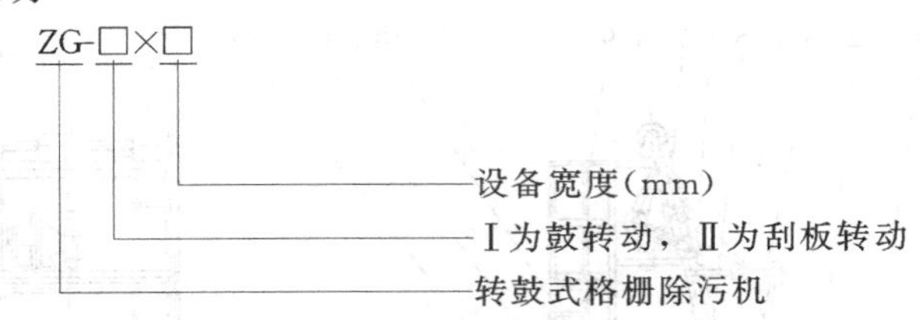


(3) 设备特点　ZG型转鼓式格栅除污机和水流形成35°角，形成的折流可使小于格栅缝隙的许多污物被分离出来；该设备设有冲洗装置，具有自净功能；圆柱形结构使该设备比传统格栅过水流量增大，水头损失减少，格栅前堆积平面减少；一般选用不锈钢材质，防腐性能强，寿命长。

(4) 设备规格性能及安装尺寸　ZG-Ⅰ型转鼓式格栅除污机技术参数及过水流量见表2-13、表2-14，ZG-Ⅱ型转鼓式格栅除污机技术参数及过水流量见表2-15、表2-16；ZG-Ⅰ型及ZG-Ⅱ型转鼓式格栅除污机安装尺寸见图2-10、图2-11。

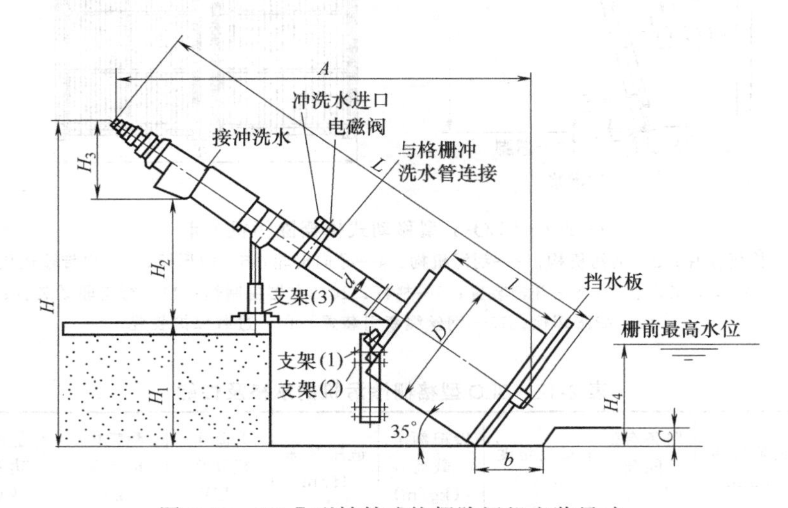


图2-10　ZG-Ⅰ型转鼓式格栅除污机安装尺寸

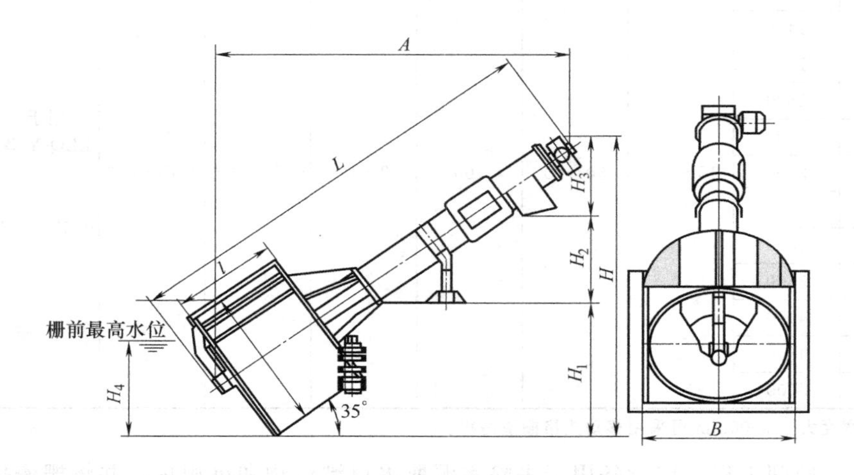


图2-11　ZG-Ⅱ型转鼓式格栅除污机安装尺寸

表 2-13　ZG-Ⅰ型转鼓式格栅除污机主要技术参数

| 型号规格 ZG-Ⅰ | 600 | 800 | 1000 | 1200 | 1400 | 1600 | 1800 | 2000 | 2200 | 2400 | 2600 | 3000 |
|---|---|---|---|---|---|---|---|---|---|---|---|---|
| 转鼓直径 $D$/mm | 600 | 800 | 1000 | 1200 | 1400 | 1600 | 1800 | 2000 | 2200 | 2400 | 2600 | 3000 |
| 输送管规格 $d$/mm | 219 | 273 | 273 | 273 | 360 | 360 | 360 | 500 | 500 | 500 | 500 | 710 |
| 栅网长 $l$/mm | 650 | 830 | 985 | 1160 | 1370 | 1500 | 1650 | 2000 | 2200 | 2200 | 2400 | 3000 |
| 最高水位 $H_3$/mm | 400 | 500 | 670 | 800 | 930 | 1100 | 1200 | 1300 | 1500 | 1680 | 1800 | 2100 |
| 转鼓与底板距离 $b$/mm | 125 | | | | | | | | | | | |
| 底板高 $C$/mm | 70 | | | | | | | | | | | |
| 安装角度 $\alpha$/(°) | 35 | | | | | | | | | | | |
| 渠深 $H_1$/mm | 600～2500 | | | | | | | | | | | |
| 排渣高度 $H_2$/mm | 按用户要求进行设计 | | | | | | | | | | | |
| 安装高度 $H$/mm | $H=H_1+H_2+H_3$ | | | | | | | | | | | |
| 安装长度 $A$/mm | $A=H\times1.43-0.48D$ | | | | | | | | | | | |
| 设备总长 $L$/mm | $L=H\times1.74-0.75D$ | | | | | | | | | | | |

表 2-14　ZG-Ⅰ型转鼓式格栅除污机过水流量

| 型号规格 ZG-Ⅰ | | | 600 | 800 | 1000 | 1200 | 1400 | 1600 | 1800 | 2000 | 2200 | 2400 | 2600 |
|---|---|---|---|---|---|---|---|---|---|---|---|---|---|
| 流体流速/(m/s) | | | 1.0 | | | | | | | | | | |
| 过水流量/($m^3$/h) | 栅条间距 | 0.5mm | 80 | 135 | 237 | 310 | 450 | 745 | 920 | 1130 | 1380 | 2080 | 2410 |
| | | 1mm | 125 | 219 | 370 | 507 | 723 | 1209 | 1494 | 1803 | 2150 | 3280 | 4120 |
| | | 2mm | 190 | 330 | 558 | 765 | 1095 | 1832 | 2260 | 2732 | 3254 | 4530 | 5600 |
| | | 3mm | 230 | 400 | 684 | 936 | 1340 | 2235 | 2756 | 3334 | 3968 | 5450 | 6780 |
| | | 4mm | 237 | 432 | 720 | 1010 | 1440 | 2700 | 3340 | 4032 | 4680 | 6230 | 7560 |
| | | 5mm | 252 | 468 | 95 | 1108 | 1576 | 2934 | 3600 | 4356 | 5220 | 6750 | 8220 |

表 2-15　ZG-Ⅱ型转鼓式格栅除污机主要技术参数

| 型号规格 ZG-Ⅱ | 600 | 800 | 1000 | 1200 | 1400 | 1600 | 1800 | 2000 | 2200 | 2400 | 2600 | 2800 | 3000 |
|---|---|---|---|---|---|---|---|---|---|---|---|---|---|
| 栅筒直径 $D$/mm | 600 | 800 | 1000 | 1200 | 1400 | 1600 | 1800 | 2000 | 2200 | 2400 | 2600 | 2800 | 3000 |
| 栅筒长度/mm | 500 | 620 | 700 | 800 | 1000 | 1150 | 1250 | 1350 | 1450 | 1650 | 1950 | 2150 | 2400 |
| 输送管直径 $d$/mm | 219 | 273 | 273 | 300 | 300 | 360 | 360 | 500 | 500 | 500 | 500 | 700 | 700 |
| 渠道宽度 $B$/mm | 650 | 850 | 1050 | 1250 | 1450 | 1650 | 1850 | 2070 | 2270 | 2470 | 2670 | 2870 | 3070 |
| 栅前最高水位 $H_4$/mm | 350 | 450 | 540 | 620 | 750 | 860 | 960 | 1050 | 1150 | 1280 | 1490 | 1630 | 1800 |
| 安装角度 $\alpha$/(°) | 35 | | | | | | | | | | | | |
| 渠深 $H_1$/mm | 600～3000 | | | | | | | | | | | | |
| 排渣高度 $H_2$/mm | 按用户要求进行设计 | | | | | | | | | | | | |
| $H_3$/mm | 根据减速机形式确定 | | | | | | | | | | | | |
| 安装高度 $H$/mm | $H=H_1+H_2+H_3$ | | | | | | | | | | | | |
| 安装长度 $A$/mm | $A=H\times1.43-0.48D$ | | | | | | | | | | | | |
| 设备总长 $L$/mm | $L=H\times1.743-0.75D$ | | | | | | | | | | | | |

表 2-16　ZG-Ⅱ型转鼓式格栅除污机过水流量

| 型号规格 ZG-Ⅱ | | | 600 | 800 | 1000 | 1200 | 1400 | 1600 | 1800 | 2000 | 2200 | 2400 | 2600 | 2800 | 3000 |
|---|---|---|---|---|---|---|---|---|---|---|---|---|---|---|---|
| 过栅流速/(m/s) | | | 1.0 | | | | | | | | | | | | |
| 过水流量/($m^3$/h) | 栅条间距 | 6mm | 314 | 590 | 962 | 1263 | 1892 | 2475 | 3105 | 3775 | 4568 | 5757 | 7765 | 9372 | 11290 |
| | | 8mm | 357 | 676 | 1080 | 1414 | 2145 | 2778 | 3505 | 4250 | 5130 | 6477 | 8773 | 10554 | 12740 |
| | | 10mm | 385 | 731 | 1172 | 1534 | 2325 | 3021 | 3787 | 4594 | 5546 | 7000 | 9482 | 11439 | 13795 |
| | | 12mm | 406 | 769 | 1238 | 1625 | 2487 | 3183 | 4000 | 4857 | 5900 | 7425 | 10042 | 12090 | 14586 |

生产厂家：江苏兆盛水工业装备集团有限公司、江苏一环集团有限公司、江苏天雨环保集团有限公司、江苏鼎泽环境工程有限公司、宜兴市凌泰环保设备有限公司、扬州牧羊环保设备工程有限公司。

#### 2.1.4.2　CXS 螺旋细格栅

集过滤、栅渣清洗及压榨功能于一体，它的过滤主体是一个沿自身轴线旋转的圆柱形滤筒。本设备可以直接装入沟渠也可以装入池子内。

(1) 适用范围　可用于 MBR 膜生产反应器的预处理、市政污水处理、供水处理、工艺用水处理、合建式雨水溢流处理、工业废水处理。

(2) 设备型号说明

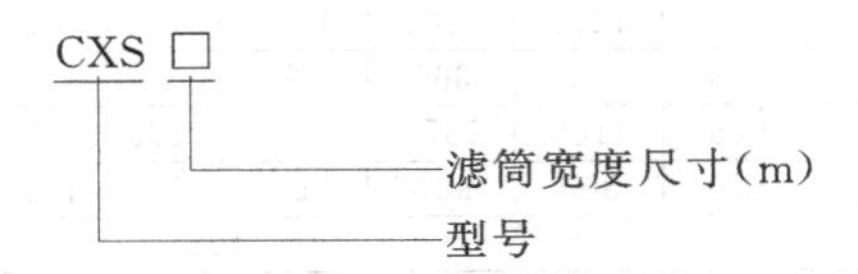


(3) 设备特点 ①分离性能高、质量优异、性能可靠；②全不锈钢制造，维护量极少；③封闭式滤筒设计，可防止栅渣外漏；④低水头损失；⑤集多功能于一体，占地面积小，节省栅渣压榨处理成本；⑥自动清洗系统；⑦安装简单、便于拆卸，可安装于室外；⑧可用于新建项目或已有项目的改建

(4) 设备主要尺寸 见图 2-12、表 2-17、表 2-18。

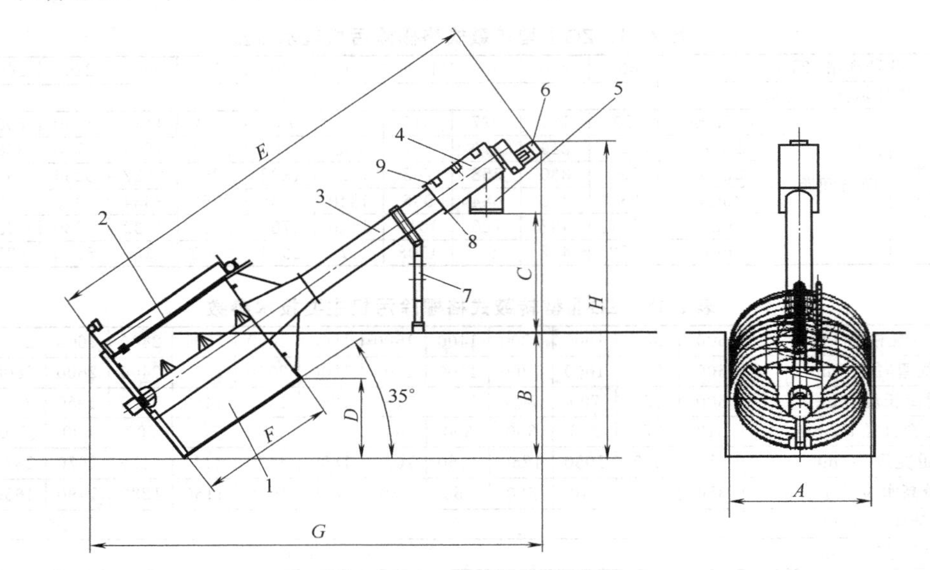


图 2-12 CXS 螺旋细格栅

1—滤筒；2—冲洗系统；3—螺旋输送机；4—压榨机；5—栅渣出口；6—齿轮电机；7—支架；8—污水出口；9—冲洗水进口

表 2-17 CXS 螺旋细格栅主要尺寸

| 型号 | CXS6 | CXS8 | CXS10 | CXS12 | CXS14 | CXS16 | CXS18 | CXS20 | CXS22 | CXS24 | CXS26 |
|---|---|---|---|---|---|---|---|---|---|---|---|
| $A$/mm | 600 | 800 | 1000 | 1200 | 1400 | 1600 | 1800 | 2000 | 2200 | 2400 | 2600 |
| $B$/mm | 800 | 1000 | 1200 | 1400 | 1600 | 1900 | 2100 | 2400 | 2600 | 2800 | 3100 |
| $C$/mm | 1600 | 1600 | 1600 | 1600 | 1600 | 1600 | 1600 | 1600 | 1600 | 1600 | 1600 |
| $D$/mm | 420 | 580 | 770 | 930 | 1050 | 1200 | 1400 | 1550 | 1700 | 1850 | 2000 |
| $E$/mm | 5100 | 5500 | 5800 | 6800 | 7300 | 7600 | 8000 | 8500 | 9000 | 9500 | 10100 |
| $F$/mm | 600 | 800 | 1000 | 1200 | 1400 | 1600 | 1800 | 2000 | 2200 | 2400 | 2600 |
| 电机功率/kW | 0.55 | | 11 | | 1.5 | | 2.2 | | 3 | 4 | 5.5 |
| 设备质量/kg | 420 | 690 | 730 | 775 | 812 | 840 | 990 | 1132 | 1222 | 1489 | 1650 |

(5) 基本技术参数 见表 2-18。

生产厂家：江苏兆盛水工业装备集团有限公司、江苏一环集团有限公司、江苏天雨环保集团有限公司、江苏鼎泽环境工程有限公司、宜兴市凌泰环保设备有限公司、扬州牧羊环保设备工程有限公司。

表 2-18　CXS 螺旋细格栅基本技术参数

| 项　目 | 单　位 | 参　数　值 |
|---|---|---|
| 流量 | L/s | 可达 2100 |
| 间隙/孔径 | mm | 0.5、1、2、3、5、7 |
| 倾斜角度 | ° | 35 |
| 滤筒直径 | mm | 600、800、1000、1200、1400、1600、1800、2000、2200、2400、2600 |
| 装机功率 | kW | 0.5、1.1、1.5、2.2、3、4、5.5 |
| 防护等级 | | IP55 |
| 电压 | V | 230/400(50Hz) |
| 螺旋转数 | 1/min | 6～8 |
| 材质 | 设备主要材质为不锈钢 304 或 316，螺旋材质为碳钢或不锈钢 304 或 316 | |

生产厂家：天津诚信环球节能环保科技有限公司。

## 2.1.5　弧形格栅

### 2.1.5.1　GH 型弧形格栅除污机

（1）适用范围　GH 型弧形格栅除污机是设在大型取水口，污水及雨水的提升泵站，污水处理厂等进水口处，是适用于浅池栅槽的一种拦污设备，用于阻挡草木、垃圾、纤维状物质等杂物进入水泵和后续设备，以确保水泵及其他设备的正常运行。

（2）结构及特点　GH 型弧形格栅主要由驱动装置、栅条组、传动轴、耙板、旋转耙臂、副耙装置等部件组成。其结构紧凑，占地少，土建费用低，自动控制，运行平稳，可靠，噪声低。

工作时，齿耙缓慢地绕着安装在弧形格栅曲率中心处的水平轴转动，去除格栅条上被拦截的污物。见图 2-13。

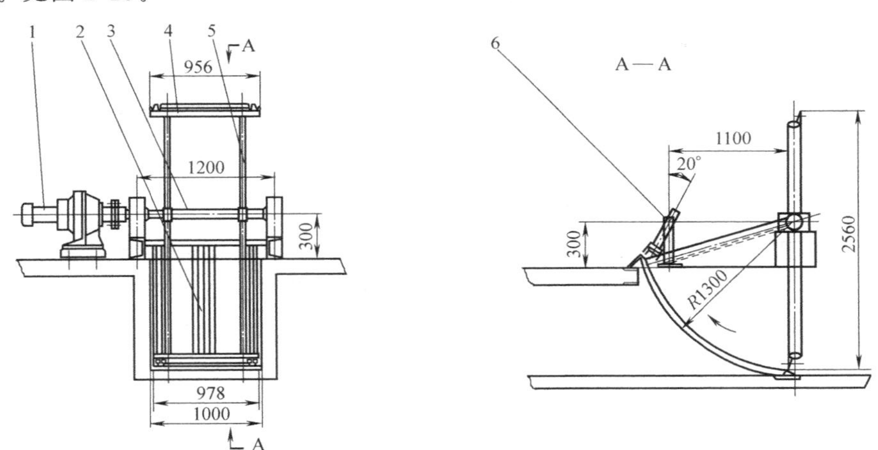


图 2-13　GH-1300 型弧形格栅除污机外形尺寸

1—驱动装置；2—栅条组；3—传动轴；4—耙板；5—旋转耙臂；6—撇渣装置

（3）性能　GH 型弧形格栅除污机性能规格见表 2-19。

表 2-19　GH 型弧形格栅除污机性能规格

| 参数<br>型号 | 格栅半径<br>/mm | 过栅流速<br>/(m/s) | 齿耙转速<br>/(r/min) | 栅条组宽<br>/mm | 电动机功率<br>/kW |
|---|---|---|---|---|---|
| GH-1300 | 1300 | 0.9 | 0.8～1.0 | 800～2000 | 0.75～1.5 |
| GH-1500 | 1500 | 0.8～1.0 | | | |
| GH-1800 | 1800 | | | | |
| GH-2000 | 2000 | | | | |

生产厂家：江苏一环集团有限公司。

2.1.5.2 摆臂式弧形格栅除污机

摆臂式弧形格栅除污机的齿耙作往复摆臂运动。整套设备由圆弧格栅、摆臂形齿耙和驱动机构所组成。

(1) 弧形格栅除污机的规格和性能见表 2-20。

表 2-20 弧形格栅除污机的规格和性能

| 转动耙类型 | 格栅宽度/mm | 槽深/mm | 栅条间距/mm | 运动速度/(r/min) | 电动机功率/kW | 质量/kg |
|---|---|---|---|---|---|---|
| 摆臂型 | 1020 | 1280 | 20 | 2.14 | 1.5 | 510 |

生产厂家：河南商城环保设备厂。

(2) 外形及安装尺寸 摆臂式弧形格栅除污机的结构外形和土建基础尺寸见图 2-14、图 2-15。

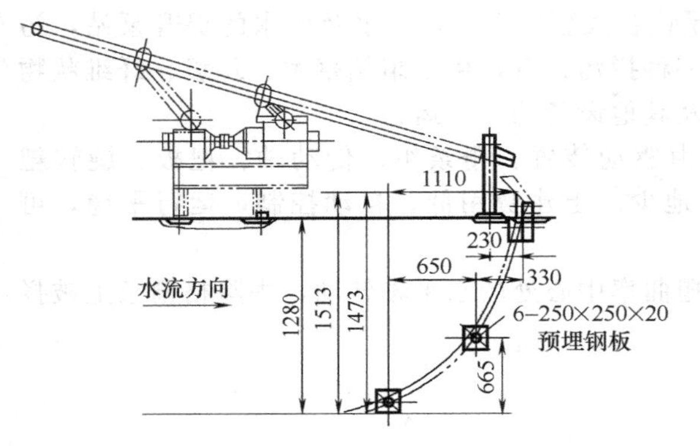


图 2-14 外形及安装尺寸（立面）

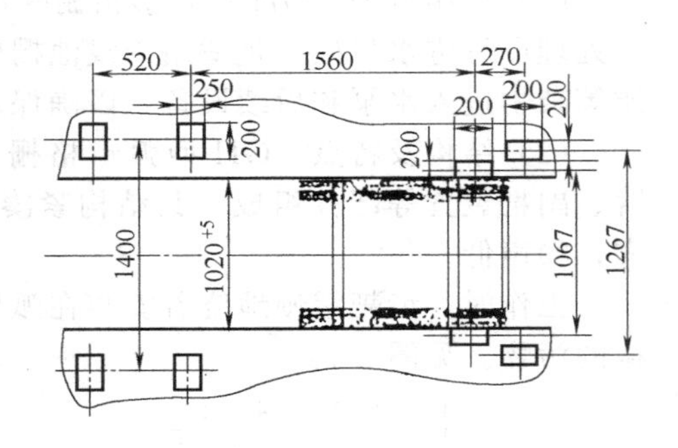


图 2-15 外形及安装尺寸（平面）

## 2.1.6 SGY 移动式格栅除污机

(1) 适用范围 SGY 移动式格栅除污机适用于多台平面格栅或超宽平面格栅，栅条间隙 40～150mm，一般作为粗格栅使用。通常布置在同一直线上或弧线上，在轨道（分侧双轨和跨双轨）上移动并定位，以一机代替多机，依次有序地逐一除污。

(2) 型号说明

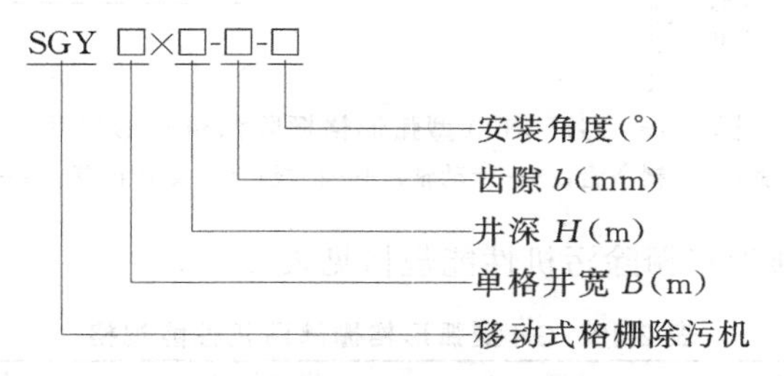


(3) 设备特点 SGY 移动式格栅除污机清污面积大，捞渣彻底，降速后甚至可去除积泥或砂；移动及停位准确可靠，效率高，投资省；水下无传动部件，使用寿命长；该设备与输送机配套可实现全自动作业；该设备有过极限及过力矩保护，使用安全；格栅的运行可按设定的时间间隔运行，也可根据格栅前后水位差自动控制。

(4) 设备规格及性能 SGY 移动式格栅除污机规格及性能见表 2-21，外形及结构见图 2-16。

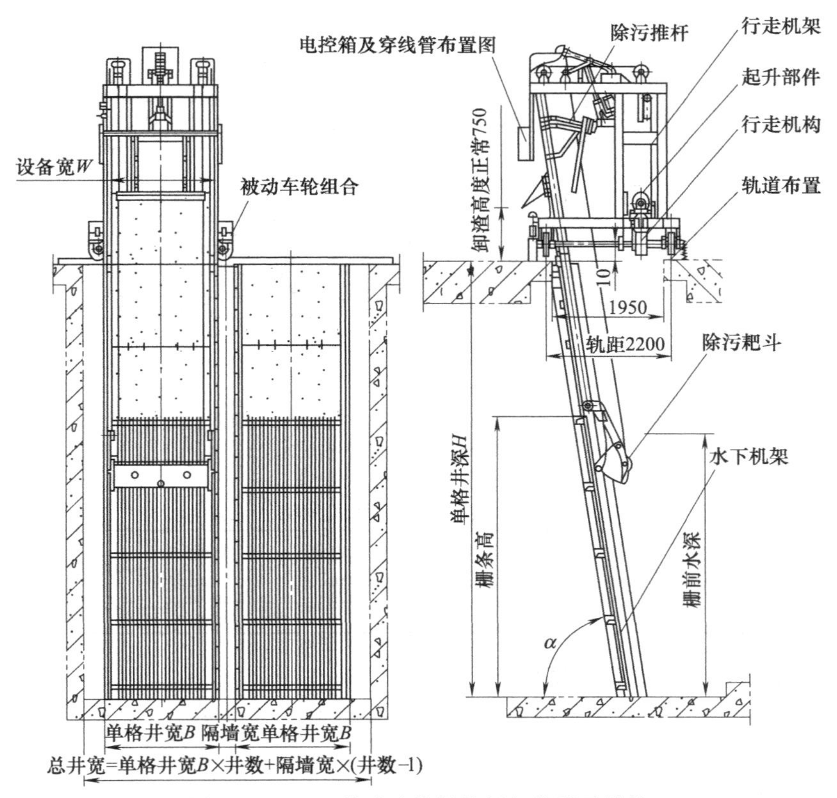

图 2-16　SGY 移动式格栅除污机外形及结构

**表 2-21　SGY 移动式格栅除污机规格及性能**

| 型号＼参数 | 井宽 $B$/m | 设备宽 $B_1$/mm | 栅条间隙 $b$/mm | 提升功率/kW | 张耙功率/kW | 行走功率/kW | 行走速度/(m/min) | 耙斗运动速度/(m/min) | 过栅流速/(m/s) | 卸料高度/mm |
|---|---|---|---|---|---|---|---|---|---|---|
| SGY2.0 | 2.0 | 1930 | 40、50、60、70、80、90、100、110、120、130、140、150 | 2.2～3.0 | 0.55～1.1 | 0.75 | 1.5 | ≤6 | 1 | 750(1000) |
| SGY2.5 | 2.5 | 2430 | | | | | | | | |
| SGY3.0 | 3.0 | 2930 | | | | | | | | |
| SGY3.5 | 3.5 | 3430 | | | | | | | | |
| SGY4.0 | 4.0 | 3930 | | 3.0～4.0 | 1.5～2.2 | 1.1 | | | | |

生产厂家：江苏天雨环保集团有限公司、江苏湖滨环保设备有限公司。

## 2.1.7　抓斗式移动格栅除污机

### 2.1.7.1　YQJ 型移动式除污机

YQJ 型移动式除污机适用于清除河道、泵站、电站等进水口格栅上的水草之类的漂浮物，该机齿耙结构为剪刀状的叉形结构。

（1）型号说明

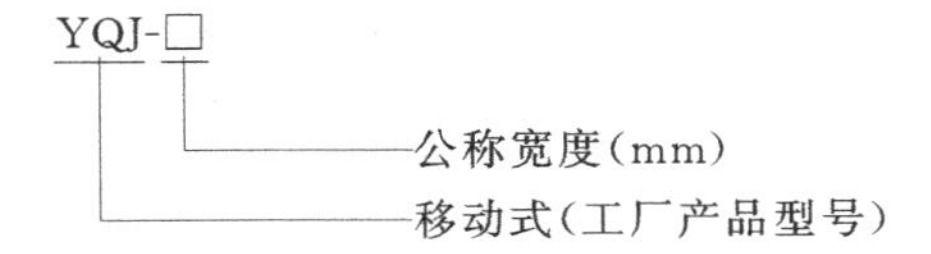


（2）规格和性能　见表 2-22。YQJ 型移动式除污机外形及安装尺寸，见图 2-17。

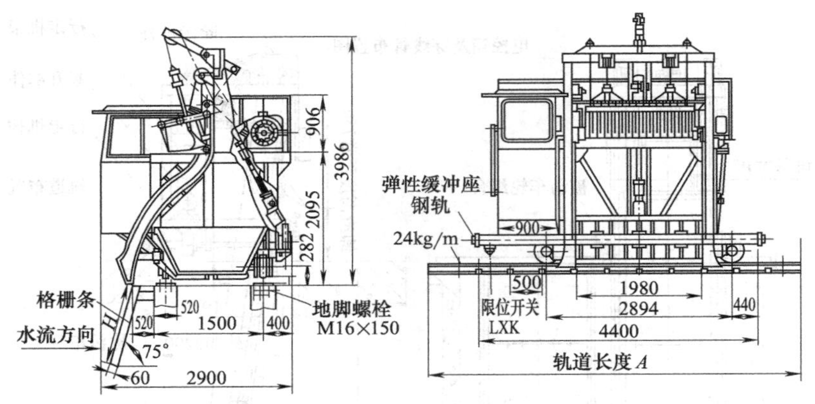


图 2-17　YQJ 型移动式除污机外形及安装尺寸

注：A 的尺寸视工程需要决定

表 2-22　YQJ 型移动式除污机规格及性能

| 型号 | 齿耙宽度/mm | 齿距/mm | 升降速度/(m/min) | 行车速度/(m/min) | 轨距/mm | 钢轨型号 | 电动机总功率/kW |
|---|---|---|---|---|---|---|---|
| YQJ-1600 | 1600 | 50～150 | 12 | 26 | 1500 | P24 | 8.4 |

### 2.1.7.2　ZDG 型液压移动式抓斗清污机

（1）适用范围　ZDG 型移动式抓斗清污机广泛用于污水处理厂、自来水厂、工业废水处理及雨水排涝等，以截取污水中的树枝、杂草、垃圾等杂物，保证后续处理工序的正常运转。

（2）型号说明

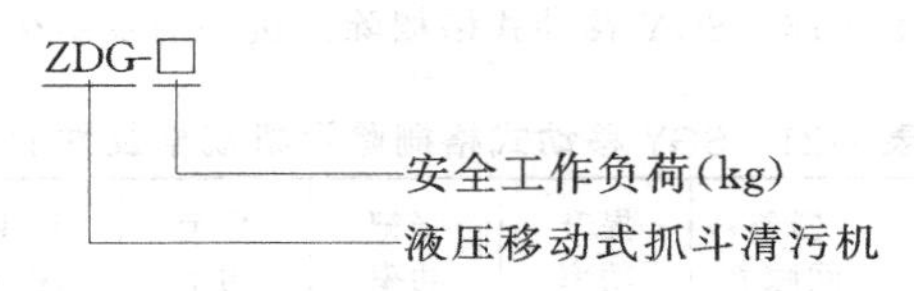


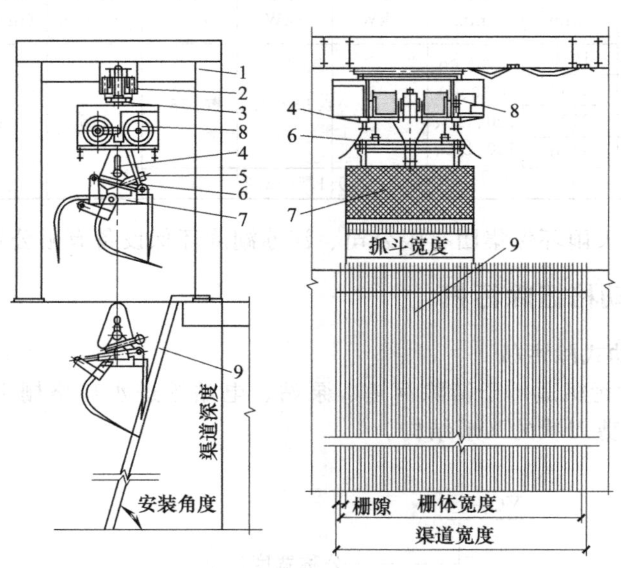


图 2-18　ZDG 型移动式抓斗清污机外形及结构

1—支撑架；2—导轨；3—移动小车；4—限位机构；5—平衡臂组件；6—液压合斗机构；7—抓斗组件；8—卷扬机构；9—格栅栅体

(3) 设备特点　ZDG型移动式抓斗清污机一机多用，省去了栅渣输送设备和卸渣设备；结构简单，土建施工费用低、无水下传动部件，维修方便；处理量大、耗电量低、安全性高。

(4) 设备规格及性能　ZDG型移动式抓斗清污机技术参数见表2-23，外形及结构见图2-18。

表2-23　ZDG型移动式抓斗清污机技术参数

| 型　号 | 250 | 500 | 3000 |
|---|---|---|---|
| 安全工作负荷/kg | 250 | 500 | 3000 |
| 抓斗最小宽度/m | 1.2 | 1.2 | 2.5 |
| 抓斗最大宽度/m | 1.5 | 2.5 | 5 |
| 格栅最大深度/m | 12 | 20 | 35 |
| 最小格栅间距/mm | 20 | 25 | 40 |
| 最大格栅间距/mm | 200 | 200 | 300 |
| 提升功率/kW | 2.2 | 4 | 7.5 |
| 提升速度/(m/min) | 10～20 | 10～20 | 10～20 |
| 移动功率/kW | 0.37 | 0.37 | 2×0.37 |
| 油泵电机功率/kW | 1.5 | 1.5 | 1.5 |
| 液压系统压力/bar | 120 | 120 | 120 |
| 轨道最小曲率半径/m | 5 | 6 | 12 |

注：1bar=$10^5$Pa。

生产厂家：江苏兆盛水工业装备集团有限公司。

## 2.1.8 SMB-Ⅰ旋转超细格栅机

(1) 适用范围　SMB-Ⅰ旋转超细格栅机广泛适用于城市污水处理、食品加工业及造纸等废水处理工程。该设备格栅栅隙小，能去除污水中的较细漂浮物、悬浮物，栅渣经传输压榨后排出。该设备用于渠深0.6～2.5m，安装角度35°，栅隙0.3～0.5mm，多用作超细格栅。

(2) 型号说明

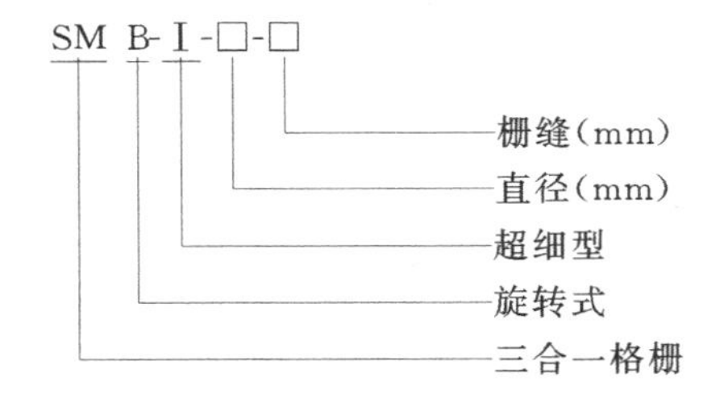


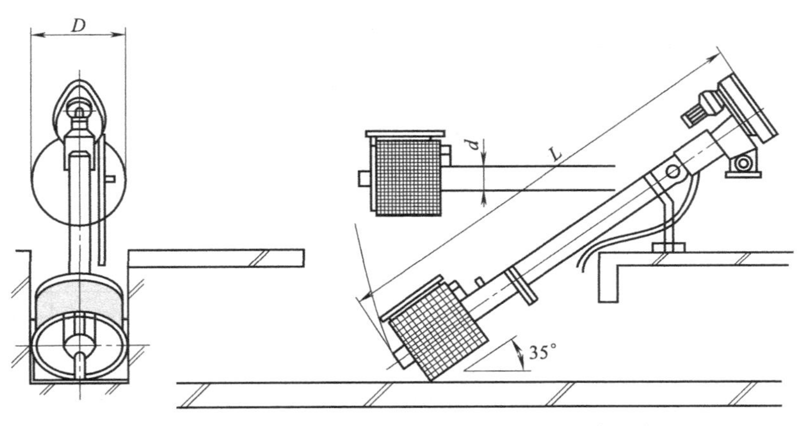


图2-19　SMB-Ⅰ旋转超细格栅机外形及安装尺寸

(3) 设备结构特点　SMB-Ⅰ旋转超细格栅机结构设计精巧，全部零部件为不锈钢材质，无高速运动件。该设备全自动控制，运转平稳，能耗低，噪声小。借助流体导流，该设备分离效率可达98%，整个设备的栅缝均可在设备运行过程中实现自清洗。

(4) 性能、技术参数及外形及安装尺寸　SMB-Ⅰ旋转超细格栅机技术参数及过水流量见表2-24、表2-25；SMB-Ⅰ旋转超细格栅机技术性能见表2-26，外形及安装尺寸见图2-19。

表2-24　SMB-Ⅰ旋转超细格栅除污机技术参数

| 型号规格 | 直径/mm | 处理量/($m^3$/d) | 重量/kg | 功率/kW |
|---|---|---|---|---|
| SMB-Ⅰ-600-2 | 600 | 4560 | 600 | 1.1 |
| SMB-Ⅰ-800-2 | 800 | 7920 | 80 | 1.1 |
| SMB-Ⅰ-1000-2 | 1000 | 13392 | 900 | 1.1 |
| SMB-Ⅰ-1200-2 | 1200 | 18360 | 1000 | 1.5 |
| SMB-Ⅰ-1400-2 | 1400 | 26280 | 1600 | 1.5 |
| SMB-Ⅰ-1600-2 | 1600 | 34632 | 2000 | 1.5 |
| SMB-Ⅰ-1800-2 | 1800 | 43968 | 2300 | 1.5 |
| SMB-Ⅰ-2000-2 | 2000 | 54240 | 3500 | 2.2 |
| SMB-Ⅰ-2200-2 | 2200 | 65586 | 3900 | 2.2 |
| SMB-Ⅰ-2400-2 | 2400 | 78096 | 4500 | 2.2 |
| SMB-Ⅰ-2600-2 | 2600 | 108450 | 6000 | 2.2 |
| SMB-Ⅰ-3000-2 | 3000 | 133350 | 9000 | 3.0 |

表2-25　SMB-Ⅰ旋转超细格栅除污机过水流量

| 型号规格 | | | SMB-Ⅰ-600 | SMB-Ⅰ-800 | SMB-Ⅰ-1000 | SMB-Ⅰ-1200 | SMB-Ⅰ-1400 | SMB-Ⅰ-1600 | SMB-Ⅰ-1800 | SMB-Ⅰ-2000 | SMB-Ⅰ-2200 | SMB-Ⅰ-2400 |
|---|---|---|---|---|---|---|---|---|---|---|---|---|
| 液体流速/(m/s) | | | 1.0 | | | | | | | | | |
| 处理水量/($m^3$/h) | 栅缝尺寸 | 1mm | 125 | 219 | 370 | 507 | 723 | 954 | 1209 | 1494 | 1803 | 2150 |
| | | 2mm | 190 | 230 | 558 | 765 | 1095 | 1443 | 1832 | 2260 | 2732 | 3254 |
| | | 3mm | 230 | 400 | 684 | 936 | 1340 | 1760 | 2235 | 2756 | 3334 | 3968 |
| | | 4mm | 237 | 432 | 720 | 1010 | 1440 | 2050 | 2700 | 3340 | 4032 | 4680 |
| | | 5mm | 252 | 468 | 795 | 1108 | 1576 | 2200 | 2934 | 3600 | 4356 | 5220 |

注：1. 处理量按栅缝为2mm计算。
2. 旋转格栅最大长度$L$达12$m^3$，旋转格栅重量总长$a$=6m计算。

表2-26　SMB-Ⅰ旋转超细格栅除污机技术性能

| 型号规格 | SMB-Ⅰ-600 | SMB-Ⅰ-800 | SMB-Ⅰ-1000 | SMB-Ⅰ-1200 | SMB-Ⅰ-1400 | SMB-Ⅰ-1600 | SMB-Ⅰ-1800 | SMB-Ⅰ-2000 | SMB-Ⅰ-2200 | SMB-Ⅰ-2400 |
|---|---|---|---|---|---|---|---|---|---|---|
| 格栅直径$D$/mm | 550 | 750 | 950 | 1150 | 1350 | 1550 | 750 | 1950 | 2150 | 2350 |
| 输送管规格$d$/mm | 219 | 273 | 273 | 273 | 360 | 360 | 360 | 500 | 500 | 500 |
| 栅网长$L$/mm | 650 | 830 | 985 | 1160 | 1370 | 1500 | 1650 | 2000 | 2200 | 2400 |

生产厂家：宜兴市凌泰环保设备有限公司。

# 2.2 旋转滤网

旋转滤网，主要用于拦截供水系统中体积较小的漂浮物，选用旋转滤网时，应在滤网前设置粗格栅或格栅除污机。按旋转滤网进水方式分为正面进水和侧面进水两种；按结构形式分为有框架、无框架、鼓形三种；按清除污物方式分为垂直式和倾角式两种。根据工作负荷大小，分为重型、中型、轻型三种。

任何规格、形式的旋转滤网可安装于室内，也可设备在露天。

## 2.2.1 ZSB 型转刷网箅式清污机

（1）适用范围　ZSB 型转刷网箅式清污机，主要用于火电厂、城市给排水和其他工业取水系统。通常设置在粗拦污栅后，能可靠地拦截和清除水中颗粒直径大于 3.6mm 的垃圾、细枝、杂草和鱼虾等悬浮物。

ZSB 型转刷网箅式清污机主要由钢架本体、细滤网和行星摆线针轮减速机组成。转刷拽引链条带动数把方毛刷由下而上移动，清扫网面并带走污物。污物输送到排污滑板时，大部分由于重力作用自行落至排污槽内，经水冲洗排除，少量附着在方毛刷上的污物，由转动圆毛刷清扫。

（2）型号说明

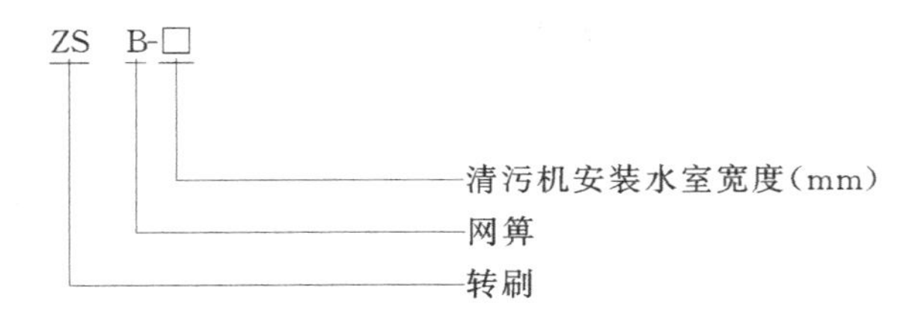


（3）规格和性能　见表 2-27。

表 2-27　ZSB 型转刷网箅式清污机规格和性能

| 型　号 | 滤网宽/mm | 每米过水流量Q/(m/s) | 流速 $v$ /(m/s) | 滤网矩形孔尺寸/mm | 方形毛刷转动速度/(m/min) | 圆毛刷转速/(r/min) | 电动机功率/kW | 安装倾角 $\alpha$/(°) | 允许网前后水位差/mm | 整体重量 | |
|---|---|---|---|---|---|---|---|---|---|---|---|
| | | | | | | | | | | 钢架本体总长/mm | 重量/kg |
| ZSB-1500 | 1256 | 0.337 | 0.8 | 3.5×56 | 6.88 | 17.9 | 2.2～5.5 | 70～80 | ≥300 | 4468 | 2000 |
| ZSB-2000 | 1730 | 0.448 | | | | | | | | 16588 | 5500 |
| ZSB-2500 | 2230 | 0.56 | | | | | | | | 4968 | 3500 |
| ZSB-3000 | 2720 | 0.67 | | | | | | | | 16588 | 8000 |
| ZSB-3500 | 3210 | 0.78 | | | | | | | | 4968 | 4500 |
| ZSB-4000 | 3712 | 1.002 | | | | | | | | 16588 | 9500 |
| ZSB-4500 | 4222 | 1.158 | | | | | 7.5 | | | 4968 | 5000 |
| ZSB-5000 | 4722 | 1.296 | | | | | | | | 16588 | 11000 |

（4）外形及安装尺寸　ZSB 型转刷网箅式清污机外形及安装尺寸见图 2-20、表 2-28。

## 2.2.2 旋转滤网

X 型旋转滤网主要用于拦截供水系统中体积较小的漂浮物，选用旋转滤网时，应在滤网前设置粗格栅除污机。按旋转滤网进水方式分为正面进水和侧面进水两种；按结构形式分为

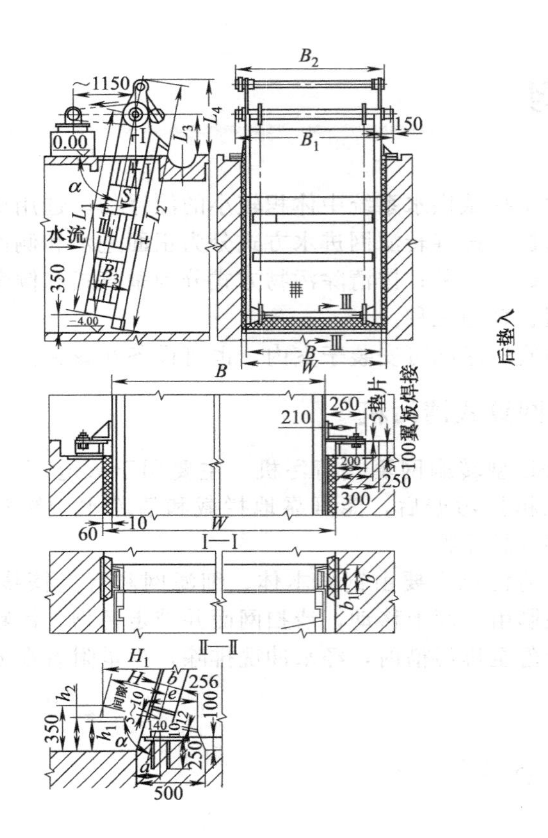

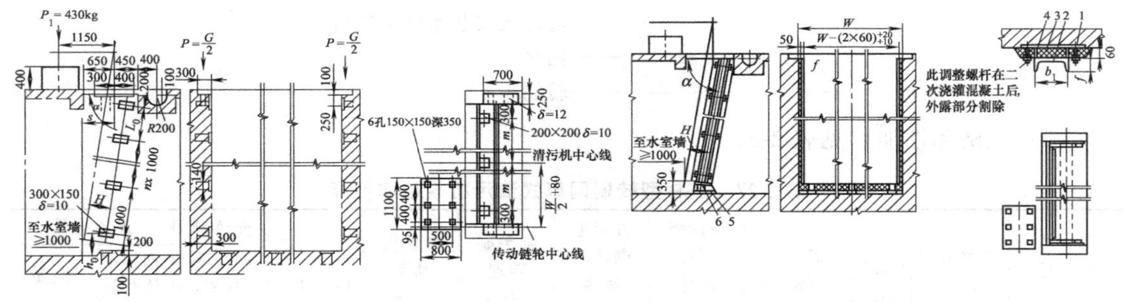

第一次预埋件　　　　第二次预埋件

图 2-20　ZSB 型转刷网箅式清污机外形及安装尺寸

**表 2-28　ZSB 型转刷网箅式清污机外形及安装尺寸**

| 型号 | 外形尺寸/mm | | | | | | | | | |
|---|---|---|---|---|---|---|---|---|---|---|
| | 钢架本体座宽 B | 钢架本体总长 | 上下曳引链轮中心距 | 滤网网面长 | 滤网宽 | $B_1$ | $B_2$ | $L_1$ | $b_1$ | S |
| ZSB-2000 | 1860 | 4468 | 3600 | 2000 | 1730 | 2280 | 2138 | 根据设备厚度及安装倾角确定大链节距(120mm)圆整 | 120 | $L_1 \times \cos\alpha$ |
| | | 16588 | 15720 | 3500 | | | | | | |
| ZSB-2500 | 2360 | 4968 | 4080 | 2500 | 2230 | 2780 | 2638 | | | |
| | | 16588 | 15720 | 4200 | | | | | | |
| ZSB-3000 | 2860 | 4968 | 4080 | 2500 | 2720 | 3280 | 3138 | | 140 | |
| | | 16588 | 15720 | 4200 | | | | | | |
| ZSB3500 | 3360 | 4968 | 4080 | 2500 | 3210 | 3780 | 3618 | | 160 | |
| | | 16588 | 15720 | 4200 | | | | | | |

续表

| 型号 | 安装尺寸/mm | | | | | | | | | | | | | |
|---|---|---|---|---|---|---|---|---|---|---|---|---|---|---|
| | 水室宽 $W$ | $B_3$ | $L_0$ | $L_2$ | $L_3$ | $L_4$ | $m$ | $h_0$ | $n$ | $f$ | $b$ | $H$ | | |
| | | | | | | | | | | | | 70° | 75° | 80° |
| ZSB-2000 | 2000 | 670 | 调整尺寸 | $L_1+994$ | $L_1\sin\alpha-(\vert y\vert-350)$ | $L_3+786\sin\alpha$ | 2×700 | $h_1+200\sin\alpha$ | 由水室深度决定 | 53 | 160 | 390 | | |
| ZSB-2500 | 2500 | | | | | | 3×633 | | | | | | | |
| ZSB-3000 | 3000 | 690 | | | | | 4×600 | | | 60 | 180 | 400 | | |
| ZSB3500 | 3500 | 710 | | | | | 5×580 | | | 65 | 200 | 410 | | |

| 型号 | 安装尺寸/mm | | | | | | | | | | | | | | |
|---|---|---|---|---|---|---|---|---|---|---|---|---|---|---|---|
| | $H_1$ | | | $h_1$ | | | $h_2$ | | | $\alpha$ | | | $e$ | | |
| | 70° | 75° | 80° | 70° | 75° | 80° | 70° | 75° | 80° | 70° | 75° | 80° | 70° | 75° | 80° |
| ZSB-2000 | 366 | 377 | 384 | 217 | 249 | 282 | 244 | 270 | 296 | 164 | 149 | 131 | 75 | 77 | 79 |
| ZSB-2500 | | | | | | | | | | | | | | | |
| ZSB-3000 | 376 | 386 | 394 | 213 | 247 | 281 | | | | 174 | 159 | 141 | 85 | 87 | 88 |
| ZSB-3500 | 385 | 396 | 404 | 210 | 244 | 279 | | | | 183 | 169 | 150 | 94 | 97 | 99 |

有框架、无框架、鼓形三种；按清除污物形式分为垂直式和倾角式两种。根据工作负荷大小，分为重型、中型、轻型三种。

（1）任何规格、形式的旋转滤网可安装于室内，也可设置在露天。

（2）型号说明

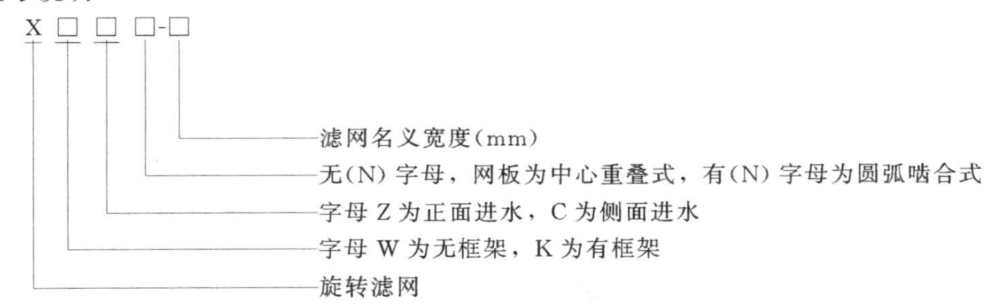


### 2.2.2.1 XWC（N）型系列无框架侧面进水旋转滤网

XWC（N）型无框架侧面进水旋转滤网为无框架网板结构，侧面进水。驱动机构采用行星摆线针轮减速机和一级链传动，驱动牵引链带动拦污网沿导轨回转。

（1）规格和性能　XWC（N）型无框架侧面进水旋转滤网规格和性能见表 2-29。

**表 2-29　XWC（N）型系列无框架侧面进水旋转滤网规格和性能**

| 序号 | 技术参数项目 | 单位 | XWC(N)-2000 | XWC(N)-2500 | XWC(N)-3000 | XWC(N)-3500 | XWC(N)-4000 |
|---|---|---|---|---|---|---|---|
| 1 | 滤网的名义宽度 | mm | 2000 | 2500 | 3000 | 3500 | 4000 |
| 2 | 单块网板名义高度(链板节距) | mm | 600 | | | | |
| 3 | 最大使用深度 | m | 10～30 | | | | |
| 4 | 标准网孔净尺寸 | mm | 6.0×6.0(也可按用户选定的网孔净尺寸确定) | | | | |
| 5 | 设计允许间隙 | mm | ≤5(也可按用户选定的间隙尺寸确定) | | | | |
| 6 | 设计允许过网流速 | m/s | 0.8(在网板100%清洁条件下) | | | | |
| 7 | 设计水位差 | mm | 600(轻型)/1000(中型)/1500(重型) | | | | |
| 8 | 冲洗运行水位差 | mm | 100～200(轻型)/200～300(中型)/300～500(重型) | | | | |
| 9 | 报警水位差 | mm | 300(轻型)/500(中型)/900(重型) | | | | |

续表

| 序号 | 技术参数项目 | | 单位 | XWC(N)-2000 | XWC(N)-2500 | XWC(N)-3000 | XWC(N)-3500 | XWC(N)-4000 |
|---|---|---|---|---|---|---|---|---|
| 10 | 滤网运行时网板上升速度 | | m/min | 3.6(单速电动机);3.6/1.8(双速电动机) | | | | |
| 11 | 电动机功率 | | kW | 4.0 | 5.5 | | 7.5 | |
| 12 | 一台滤网共有喷嘴 | | 只 | 25 | 31 | 37 | 43 | 49 |
| 13 | 喷嘴出口处冲洗水压 | | MPa | ≥0.3 | | | | |
| 14 | 一台滤网冲洗水量 | | m/h | 90 | 112 | 133 | 155 | 176 |
| 15 | 最大组件起吊高度 | | m | 4 | | | | |
| 16 | 最大组件起吊重量 | | kg | 3650 | 3950 | 4250 | 4550 | 5000 |
| 17 | 设计水深 20m 时 1 台滤网的总重量 | 海水 | kg | 13733 | 14610 | 15596 | | |
| | | 淡水 | | 14836 | 15836 | 17067 | | |
| 18 | 高度变化 1m 时滤网增加(减少)重量 | 海水 | kg | 366 | 395 | 425 | | |
| | | 淡水 | | 402 | 451 | 499 | | |
| 19 | 淹没深度 1m 的过水量 | | $m^3/h$ | 3250 | 4160 | 5050 | 6320 | 7200 |
| 20 | 预埋件图(检索号 D-SB88) | | | S6601-08-00 | S6602-08-00 | S6603-08-00 | S6604-08-00 | S6605-08-00 |

(2) 外形及安装尺寸　XWC (N) 型无框架侧面进水旋转滤网外形及安装尺寸见图 2-21。

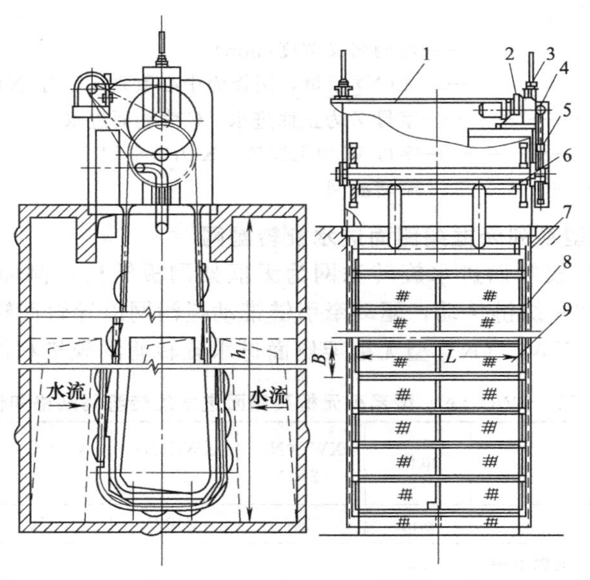


图 2-21　XWC (N) 型系列无框架侧面进水旋转滤网

1—上部机架；2—带电动机的行星摆线针轮减速器；3—拉紧装置；4—安全保护机构；5—链轮传动系统；6—冲洗水管系统；7—滚轮导轨；8—工作链条；9—网板

### 2.2.2.2　XWZ (N) 型系列无框架正面进水旋转滤网

XWZ (N) 型无框架正面进水旋转滤网为无框架网板结构，正面进水。其驱动机构与 XWC 型旋转滤网相同。

(1) 规格和性能　XWZ (N) 型无框架正面进水旋转滤网规格和性能见表 2-30。

表 2-30　XWZ（N）型系列无框架正面进水旋转滤网规格和性能

| 序号 | 技术参数项目 | | 单 位 | XWZ(N) -2000 | XWZ(N) -2500 | XWZ(N) -3000 | XWZ(N) -3500 | XWZ(N) -4000 |
|---|---|---|---|---|---|---|---|---|
| 1 | 滤网的名义宽度 | | mm | 2000 | 2500 | 3000 | 3500 | 4000 |
| 2 | 单块网板名义高度(链板节距) | | mm | 600 | | | | |
| 3 | 最大使用深度 | | m | 10～30 | | | | |
| 4 | 标准网孔净尺寸 | | mm | 6.0×6.0(也可按用户选定的网孔净尺寸确定) | | | | |
| 5 | 设计允许间隙 | | mm | ≤5(也可按用户选定的间隙尺寸确定) | | | | |
| 6 | 设计允许过网流速 | | m/s | 0.8(在网板100%清洁条件下) | | | | |
| 7 | 设计水位差 | | mm | 600(轻型)/1000(中型)/1500(重型) | | | | |
| 8 | 冲洗运行水位差 | | mm | 100～200(轻型)/200～300(中型)/300～500(重型) | | | | |
| 9 | 报警水位差 | | mm | 300(轻型)/500(中型)/900(重型) | | | | |
| 10 | 滤网运行时网板上升速度 | | m/min | 3.60(单速);3.60/1.80(双速) | | | | |
| 11 | 电动机功率 | | kW | 4.0 | 4.0 | 4.0 | 4.5 | 5.5 |
| 12 | 一台滤网共有喷嘴 | | 只 | 25 | 31 | 37 | 43 | 49 |
| 13 | 喷嘴出口处冲洗水压不低于 | | MPa | ≥0.3 | | | | |
| 14 | 一台滤网冲洗水量 | | m/h | 90 | 112 | 133 | 155 | 176 |
| 15 | 最大组件起吊高度 | | m | 4 | 4 | 4 | 4 | 4 |
| 16 | 最大组件起吊重量 | | kg | 3650 | 3950 | 4250 | 4550 | 5000 |
| 17 | 设计水深20m时1台滤网的总重量 | 海水 | kg | 13733 | 14610 | 15596 | 16396 | 18182 |
| | | 淡水 | kg | 14836 | 15836 | 17067 | 18313 | 20614 |
| 18 | 高度变化1m时滤网增加(减少)重量 | 海水 | kg | 366 | 395 | 424 | 454 | 529 |
| | | 淡水 | kg | 402 | 451 | 489 | 538 | 651 |
| 19 | 淹没深度1m的过水量 | | $m^3/h$ | 2500 | 3200 | 3850 | 4520 | 5150 |
| 20 | 预埋件图(检索号 D-SB88) | | | S6601-08-00 | S6602-08-00 | S6603-08-00 | S6604-08-00 | S6605-08-00 |

（2）外形　见图 2-22。

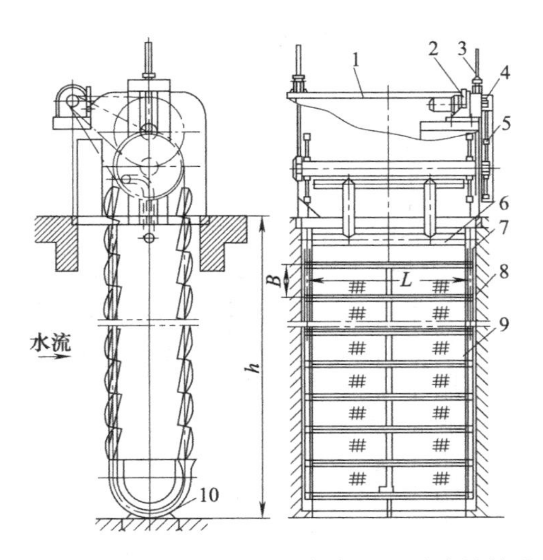


图 2-22　XWZ（N）型系列无框架正面进水旋转滤网

1—上部机架；2—带电动机的行星摆线针减速器；3—拉紧装置；4—安全保护机构；5—链轮传动系统；6—冲洗水管系统；7—滚轮导轨；8—工作链条；9—网板；10—底弧坎

注：$h$、$B$ 根据现场情况而定

### 2.2.2.3　XKZ（N）型系列有框架正面进水旋转滤网

有框架网板结构，正面进水。其驱动机构与 XWC 型旋转滤网相同。

（1）规格和性能　XKZ（N）型有框架正面进水旋转滤网规格和性能，见表 2-31。

**表 2-31 XKZ（N）型系列有框架正面进水旋转滤网规格和性能**

| 序号 | 技术参数项目 | | 单位 | 型号 | | | | | | | | |
|---|---|---|---|---|---|---|---|---|---|---|---|---|
| | | | | XWZ(N)-2000 | XWZ(N)-2500 | XWZ(N)-3000 | XWZ(N)-3500 | XWZ(N)-4000 | XWZ(N)-4500 | XWZ(N)-5000 | XWZ(N)-5500 | XWZ(N)-6000 |
| 1 | 滤网的名义宽度 | | mm | 2000 | 2500 | 3000 | 3500 | 4000 | 4500 | 5000 | 5500 | 6000 |
| 2 | 单块网板名义高度(链板节距) | | mm | 600 | | | | | | | | |
| 3 | 最大使用深度 $h$ | | m | 10～30 | | | | | | | | |
| 4 | 标准网孔净尺寸 | | mm | 6.0×6.0(也可按用户选定的网孔净尺寸确定) | | | | | | | | |
| 5 | 设计允许间隙 | | mm | ≤5(也可按用户选定的间隙尺寸确定) | | | | | | | | |
| 6 | 设计允许过网流速 | | m/s | 0.8(在网板100%清洁条件下) | | | | | | | | |
| 7 | 设计水位差 | | mm | 600(轻型)/1000(中型)/1500(重型) | | | | | | | | |
| 8 | 冲洗运行水位差 | | mm | 100～200(轻型)/200～300(中型)/300～500(重型) | | | | | | | | |
| 9 | 滤网运行时网板上升速度 | | m/min | 3.60(单速)；3.60/1.80(双速) | | | | | | | | |
| 10 | 电动机功率 | | kW | 4.0 | 4.0 | 4.0 | 4.5 | 5.5 | 7.5 | 7.5 | 11 | 11 |
| 11 | 一台滤网共有喷嘴 | | 只 | 25 | 31 | 37 | 43 | 49 | 55 | 61 | 67 | 73 |
| 12 | 喷嘴出口处冲洗水压不低于 | | MPa | ≥0.3 | | | | | | | | |
| 13 | 一台滤网冲洗水量 | | $m^3/h$ | 90 | 112 | 133 | 155 | 176 | 198 | 220 | 242 | 263 |
| 14 | 最大组件起吊高度 | | m | 4 | | | | | | | | |
| 15 | 最大组件起吊质量 | | kg | 5000 | 5300 | 5600 | 6000 | 6400 | 8000 | 8000 | 10000 | 10000 |
| 16 | 报警水位差 | | mm | 300(轻型)/1000(重型) | | | | | | | | |
| 17 | 设计水深20m时1台滤网的总质量 | 海水 | kg | 14713 | 15498 | 16340 | 17346 | 18954 | | | | |
| | | 淡水 | kg | 15713 | 16603 | 17898 | 19495 | 22360 | | | | |
| 18 | 高度变化1m时滤网增加(减少)质量 | 海水 | kg | 380 | 414 | 444 | 482 | 576 | | | | |
| | | 淡水 | kg | 434 | 476 | 530 | 583 | 701 | | | | |
| 19 | 淹没深度1m的过水量 | | $m^3/h$ | 2500 | 3200 | 3850 | 4520 | 5150 | 5850 | 6500 | 7200 | 7850 |
| 20 | 预埋件图(检索号D-SB88) | | | S6601-08-00 | S6602-08-00 | S6603-08-00 | S6604-08-00 | S6605-08-00 | | | | |

生产厂家：沈阳电力机械总厂、陕西煤炭建设公司管件设备厂。

(2) 外形及安装尺寸　XKZ（N）型有框架正面进水旋转滤网外形及安装尺寸见图 2-23。

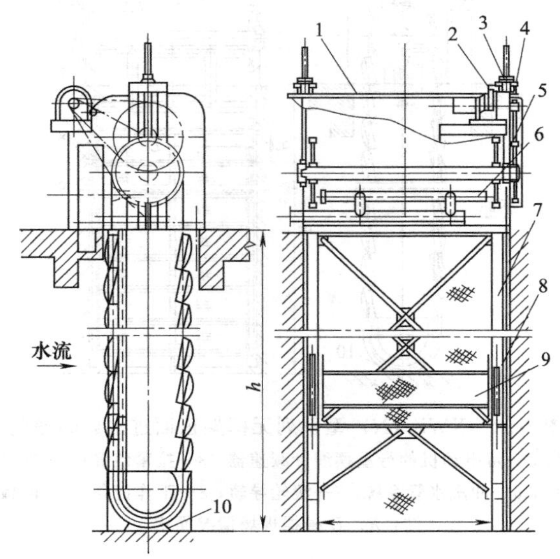


图 2-23 XKZ（N）型系列有框架正面进水旋转滤网

1—上部机架；2—带电动机的行星摆线针轮减速器；3—拉紧装置；4—安全保护机构；5—链轮传动系统；6—冲洗水管系统；7—框架与导轨；8—工作链条；9—网板；10—底弧坎

#### 2.2.2.4 GW鼓型旋转滤网

GW系列鼓型滤网用于火电厂、核电站循环水系统；冶金、石油、化工取水系统；城市供水系统及污水处理厂等。安装在格栅后边，清除比鼓网网孔大的脏污杂物。具有过水量大、密封过滤效果好、故障少、维修量小、寿命长等特点。

(1) 型号说明

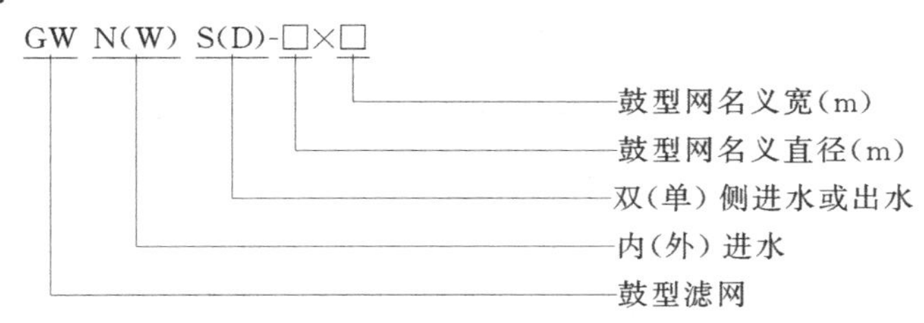


滤网外形见图2-24，滤网安装见图2-25。

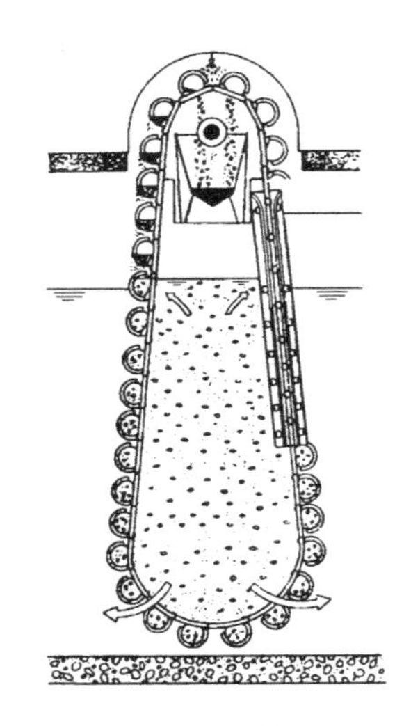

图2-24 滤网外形

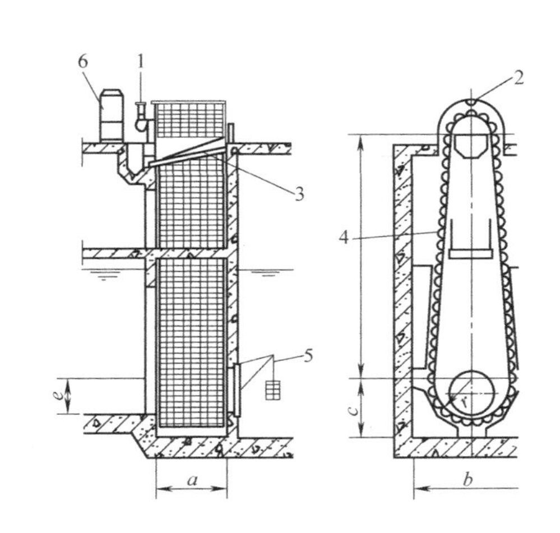


图2-25 滤网安装

1—传动装置；2—冲洗水系统；3—垃圾槽；4—筛篮/或滤板；5—紧急拍门（如需要的话）；6—水位差控制装置

(2) 规格和性能 见表2-32～表2-37。

表2-32 双侧网内进水网外出水鼓型滤网系列

| 序号 | 产品型号 | 名义直径/m | 名义宽度/m | 序号 | 产品型号 | 名义直径/m | 名义宽度/m |
|---|---|---|---|---|---|---|---|
| 1 | GWNS-6×2 | 6 | 2 | 4 | GWNS-15×4 | 15 | 4 |
| 2 | GWNS-9×2.5 | 9 | 2.5 | 5 | GWNS-19×5 | 19 | 5 |
| 3 | GWNS-12×3 | 12 | 3 | | | | |

表2-33 双侧网外进水网内出水鼓型滤网系列

| 序号 | 产品型号 | 名义直径/m | 名义宽度/m | 序号 | 产品型号 | 名义直径/m | 名义宽度/m |
|---|---|---|---|---|---|---|---|
| 1 | GWWS-6×2 | 6 | 2 | 4 | GWWS-15×4 | 15 | 4 |
| 2 | GWWS-9×2.5 | 9 | 2.5 | 5 | GWWS-19×5 | 19 | 5 |
| 3 | GWWS-12×3 | 12 | 3 | 6 | GWWS-22×8 | 22 | 8 |

**表 2-34 单侧网内进水网外出水鼓型滤网系列**

| 序号 | 产品型号 | 名义直径/m | 名义宽度/m | 序号 | 产品型号 | 名义直径/m | 名义宽度/m |
|---|---|---|---|---|---|---|---|
| 1 | GWND-1.5×1 | 1.5 | 1 | 5 | GWND-6×2 | 6 | 2 |
| 2 | GWND-2×1.2 | 2 | 1.2 | 6 | GWND-9×2.5 | 9 | 2.5 |
| 3 | GWND-3×1.4 | 3 | 1.4 | 7 | GWND-12×3 | 12 | 3 |
| 4 | GWND-4.5×1.7 | 4.5 | 1.7 | | | | |

**表 2-35 单侧网外进水网内出水鼓型滤网系列**

| 序号 | 产品型号 | 名义直径/m | 名义宽度/m | 序号 | 产品型号 | 名义直径/m | 名义宽度/m |
|---|---|---|---|---|---|---|---|
| 1 | GWWD-1.5×1 | 1.5 | 1 | 6 | GWWD-9×2.5 | 9 | 2.5 |
| 2 | GWWD-2×1.2 | 2 | 1.2 | 7 | GWWD-12×3 | 12 | 3 |
| 3 | GWWD-3×1.4 | 3 | 1.4 | 8 | GWWD-15×4 | 15 | 4 |
| 4 | GWWD-4.5×1.7 | 4.5 | 1.7 | 9 | GWWD-19×5 | 19 | 5 |
| 5 | GWWD-6×2 | 6 | 2 | | | | |

① 主要参数（表 2-36、表 2-37）

**表 2-36 双侧进水（出水）鼓型滤网主要参数**

| 产品型号 | 电机功率/kW | 网孔大小/mm | 风前后运行水位差/mm | | | 设计最大水位差/mm | 网板线速度/(m/min) | | 冲洗水压/MPa | 最大过网流速/(m/s) |
|---|---|---|---|---|---|---|---|---|---|---|
| | | | 低速 | 高速 | 报警 | | 低速 | 高速 | | |
| GWNS-6×2<br>GWWS-6×2 | 3.3/5.5 | 3×3<br>4×4<br>6.45×6.45 | 100 | 200 | 300 | 1500～2000 | 3～5 | 6～10 | 0.25～0.4 | 0.5～0.8 |
| GWNS-9×2.5<br>GWWS-9×2.5 | 4.5/7.5 | | | | | | | | | |
| GWNS-12×3<br>GWWS-12×3 | 3.3/9 | | | | | | 3～5 | 10～15 | | |
| GWNS-15×4<br>GWWS-15×4 | 4.5/11 | | | | | | | | | |
| GWNS-19×5<br>GWWS-19×5 | 5.5/13 | | | | | | | | | |
| GWWS-22×8 | 7/20 | | | | | | | | | |

**表 2-37 单侧进水（出水）鼓型滤网主要参数**

| 产品型号 | 电机功率/kW | 网孔大小/mm | 风前后运行水位差/mm | | | 设计最大水位差/mm | 网板线速度/(m/min) | | 冲洗水压/MPa | 最大过网流速/(m/s) |
|---|---|---|---|---|---|---|---|---|---|---|
| | | | 低速 | 高速 | 报警 | | 低速 | 高速 | | |
| GWND-1.5×1<br>GWWD-1.5×1 | 0.45/0.75 | 1×1<br>2×2<br>3×3<br>4×4<br>6.43×6.43 | 50 | 100 | 200 | 500～1000 | 3～5 | 6～10 | 0.25～0.3 | 0.5～0.8 |
| GWND-2×1.2<br>GWWD-2×1.2 | 0.85/1.5 | | | | | | | | | |
| GWND-3×1.4<br>GWWD-3×1.4 | 1.5/2.4 | | | | | | | | | |
| GWND-4.5×1.7<br>GWWD-4.5×1.7 | 2.2/3.3 | | 100 | 200 | 300 | 1000～1500 | 3～5 | 6～10 | 0.2～0.4 | 0.4～0.8 |
| GWND-6×2<br>GWWD-6×2 | 3/4.5 | | | | | | | | | |
| GWND-9×2.5<br>GWWD-9×2.5 | 4.5/7.5 | | | | | 1500～2000 | 3～5 | 10～15 | | |
| GWND-12×3<br>GWWD-12×3 | 3.3/9 | | | | | | | | | |
| GWWD-15×4 | 4.5/11 | | | | | | | | | |
| GWWD-19×5 | 5.5/13 | | | | | | | | | |

② 特殊参数。对于直径大于 3m 鼓型滤网，由于运输困难，制造厂在厂内组装试验合格后，拆成零部件形式发运到用户，用户按制造厂的组装图组装。

(3) 设备外形与结构尺寸　设备的最大直径尺寸，网内进水鼓型滤网比名义直径大80～320mm，网外进水鼓型滤网比名义直径大 100～400mm，设备的宽度与名义宽度一样。

(4) 选型方法　鼓型滤网分网内进水和网外进水两种形式，两种鼓型滤网各有其特点，见表 2-38。按流量选型时可参考表 2-39。

**表 2-38　两种鼓型滤网的比较**

| 序号 | 项　　目 | 网内进水网外出水鼓滤网 | 网外进水网内出水鼓滤网 |
| --- | --- | --- | --- |
| 1 | 旋转形式 | 本轴和鼓骨架一起旋转 | 本轴不动，鼓骨架绕主轴旋转 |
| 2 | 轴承形式 | 滚动轴承 | 滑动轴承 |
| 3 | 冲洗方式及特点 | 网外向网内冲洗<br>a. 冲洗污物容易<br>b. 喷嘴在网外，更换喷嘴方便<br>c. 水溅射小不需要加防护罩<br>d. 网内污物可能缠绕在辐条上 | 网内向网外冲洗<br>a. 冲洗污物稍困难<br>b. 喷嘴在网内，更换喷嘴麻烦<br>c. 水溅射厉害，需加护罩<br>d. 网内是滤后水，污物在网外 |
| 4 | 传动方式及特点 | 外齿轮啮合传动<br>a. 齿圈及小齿轮均在网外，更换方便<br>b. 小齿轮轴的轴承在网外，更换方便 | 内齿轮啮合传动<br>a. 大齿圈和小齿轮均在网内，更换不方便<br>b. 小齿轮的齿轮轴在网内，更换不方便 |
| 5 | 辐条数量 | 只能单排辐条，鼓网宽≤5m，直径及宽度大时，结构的刚度和强度较差 | 必要时，可双排辐条，鼓网宽度可达12m，宽度及直径大时鼓骨架的强度较高 |
| 6 | 水位差对载荷的影响 | 静水位差作用在网内，使主轴和鼓骨架受到附加的作用，鼓网负载增加 | 静水水位差作用在网外，此力有将鼓型滤网托起作用，使鼓网旋转轻便灵活 |

**表 2-39　双侧进水（出水）鼓型滤网流量**　　单位：$m^3/s$

| 最低水位离地面的高度 $h$/m | 鼓型滤网的直径×宽度 | | | | | |
| --- | --- | --- | --- | --- | --- | --- |
| | 6m×2m | 9m×2.5m | 12m×3m | 15m×4m | 19m×5m | 22m×8m |
| 1 | 3.9 | | | | | |
| 2 | 3.0 | 8.7 | | | | |
| 3 | 1.9 | 7.4 | | | | |
| 4 | | 6.4 | 13.4 | | | |
| 5 | | | 11.8 | | | |
| 6 | | | 10.5 | | | |
| 7 | | | 8.9 | 21.4 | | |
| 8 | | | 7.0 | 19.2 | | |
| 9 | | | 5.1 | 16.9 | | |
| 10 | | | | 14.4 | | |
| 11 | | | | 11.6 | 30.3 | |
| 12 | | | | 8.1 | 27.3 | |
| 13 | | | | | 24.2 | |
| 14 | | | | | 20.8 | 53.5 |
| 15 | | | | | 16.8 | 48.4 |
| 16 | | | | | 11.8 | 42.9 |
| 17 | | | | | | 36.8 |
| 18 | | | | | | 29.8 |
| 19 | | | | | | 20.9 |

上列表中，水流量是按编织网孔 6.43mm×6.43mm、网丝 $\phi 2$、通流面积系数 0.58 时计算得到的，如果网孔大小不是上述数值，则过水流量应另行计算。单侧进水的鼓型滤网过水流量与双侧进水一样。

## 2.2.3 水力筛网过滤机

### 2.2.3.1 固定平面式水力筛网

固定平面式水力筛网的构造如图 2-26 所示。

污水从进水管进入布水管，使流速减缓，并使进水沿筛网宽度均匀分布。水经筛网垂直落下，水中杂物沿筛网斜面落到污物箱或小车内。上海某厂安装的这种水力筛网其上口宽 1000mm，下口宽 700mm，筛网倾斜 55°安装，尼龙筛网约 80 目，处理污水量为 1000m³/d。此筛网用来过滤禽类加工污水，清除污水中的羽毛、绒毛。

### 2.2.3.2 固定曲面式水力筛网

固定曲面式水力筛网的构造，如图 2-27 所示。

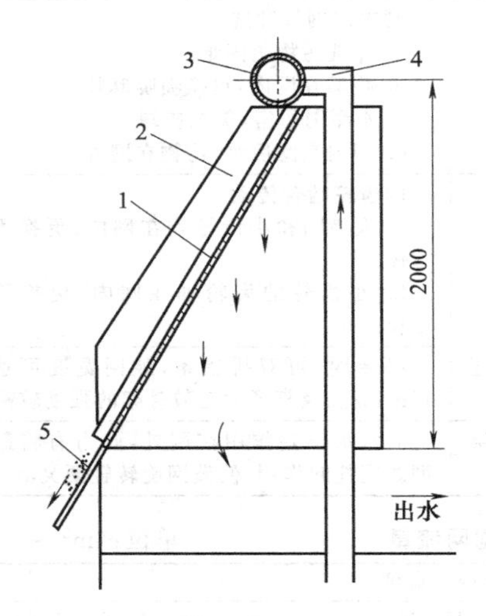


图 2-26 固定平面式水力筛网

1—筛网；2—筛网架；3—布水管；4—进水管；5—截留污物

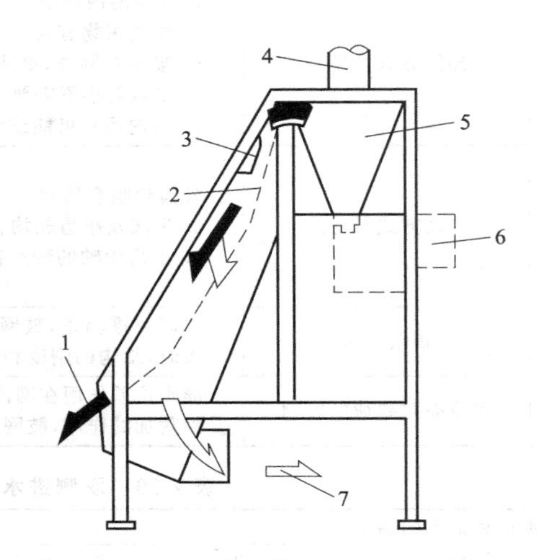


图 2-27 固定曲面式水力筛网

1—去除回收固体；2—不锈钢筛网；3—导流板；4—进水管；5—分配箱；6—另一种进口；7—出水

污水从进水管进入分配箱，另有一种进水管是从分配箱下部接入的。流速减缓的污水经分配箱沿筛网宽度分配到筛网上。导流板可防止污水的飞溅，使污水沿筛网的表面顺利地过滤。筛网用不锈钢丝网制作，曲面的形状以及筛网的孔径根据污水的不同种类而异，其规格一般为 16～100 目。出水有直接流入渠道和用法兰连接出水管两种形式。

### 2.2.3.3 HZ 型回转式过滤机

HZ 型回转式过滤机的适用条件与固定平面水力筛网相同，用于去除较细小的颗粒和纤维类的各种悬浮物。

HZ 型回转式过滤机的筛网为圆筒条筛，由电动驱动装置带动，使液体流速和圆筒回转速度叠加，增加过滤效果。

(1) 型号说明

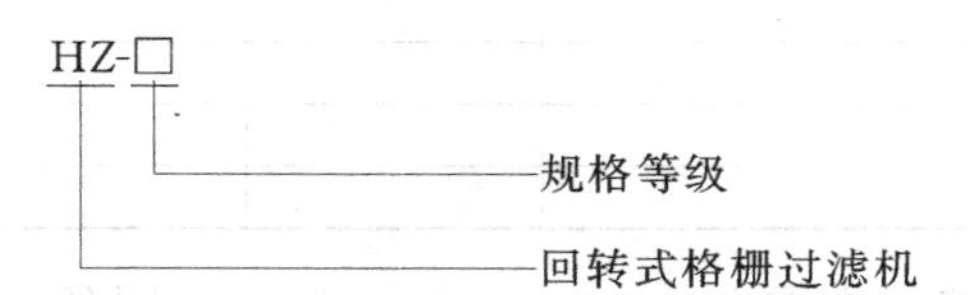


(2) 规格和性能　见表 2-40。

(3) 外形及安装尺寸　见图 2-28。

**表 2-40　HZ 型回转式过滤机规格和性能**

| 型号 | 处理水量/(m³/h) | | | | | 电动机功率/kW | 栅筒尺寸(直径×长度)/m | 外形尺寸(长×宽×高)/mm |
|---|---|---|---|---|---|---|---|---|
| | 纸浆 | 毛纺印染 | 食品加工 | 啤酒 | 豆腐水 | | | |
| HZ-Ⅰ | 50 | 100 | 120 | 120 | 160 | 1.1 | $\phi$700×1500 | 1930×1400×900 |
| HZ-Ⅱ | 25 | 50 | 60 | 60 | 80 | 1.1 | $\phi$700×800 | 1180×1400×900 |

注：产品型号 XLJ，钢筒直径 600mm，900mm，1200mm，1500mm。

生产厂家：唐山清源环保机械股份有限公司。

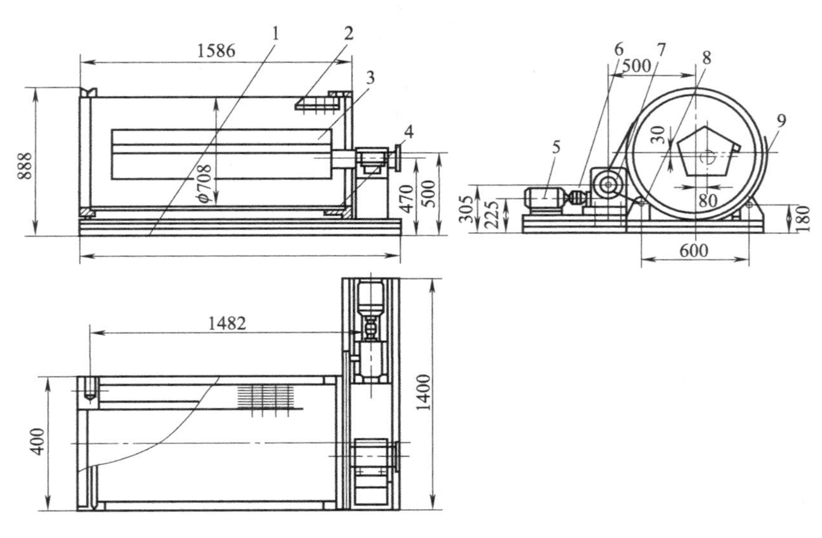


图 2-28　HZ 型回转格栅过滤机

1—机座；2—回转格栅；3—进水槽；4—支承轴承阻；5—电动机；6—联轴器；7—减速箱；8—轴；9—挡水板

## 2.2.4 螺旋压榨机

### 2.2.4.1 XLY 型螺旋压榨机

(1) 适用范围　XLY 型螺旋压榨机适用于城镇污水处理厂、自来水厂和市政污水泵站的栅渣处理。该设备将格栅清污机去除的栅渣，由螺杆带入压榨机主体，在传送过程中被压榨、脱水。最后压榨的栅渣被卸入收集器中，使废料更易于运输，填埋及焚烧。

(2) 型号说明

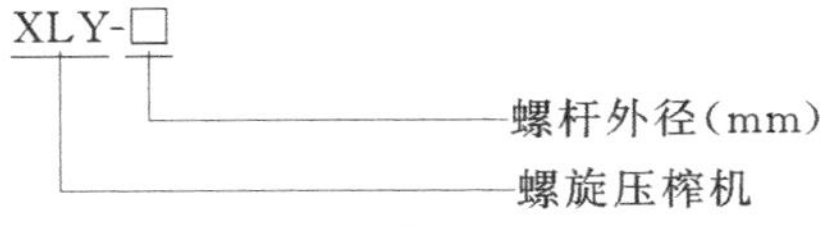


(3) 结构和工作原理　XLY 型螺旋压榨机主要由以下几部分构成：动力装置、压榨机主体、进出料装置、电气控制箱等。

XLY 型螺旋压榨机主体由压缩管和螺杆等组成，螺杆由不锈钢材质制造，强度大，耐腐蚀。压榨机具有较低的进料面，使栅渣由格栅直接进入压榨机，其进料口和螺杆的长度适宜挤压栅渣。由于设备中没有高速运转的零件，致使传输螺杆磨损低，设备能耗省，噪声低。

(4) 设备技术参数及外形结构　XLY 型螺旋压榨机主要技术参数见表 2-41，设备外形见图 2-29。

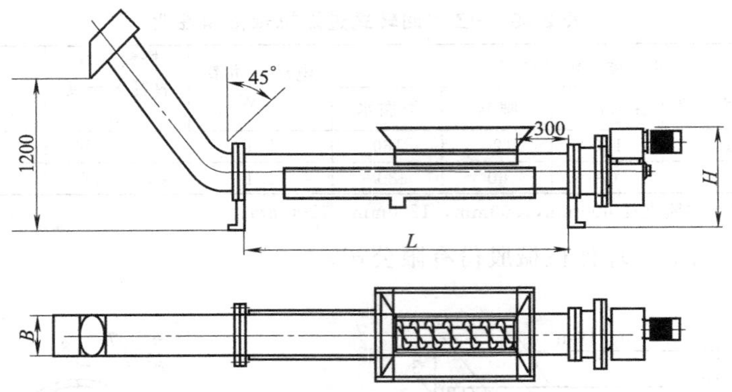


图 2-29　XLY 型螺旋压榨机外形

表 2-41　XLY 型螺旋压榨机技术参数

| 型　号 | XLY-200 | XLY-300 | XLY-400 |
|---|---|---|---|
| 螺杆外径/mm | 200 | 300 | 400 |
| 螺杆速度/(r/min) | | 6.2 | |
| 处理量/($m^3$/h) | 1.0 | 2.0 | 4.0 |
| 含水量:处理前/% | | 85～95 | |
| 含水量:处理后/% | | 40～45 | |
| 电机功率/kW | 1.1 | 2.2 | 4 |
| $L$/mm | 1500 | 1800 | 2000 |
| $H$/mm | 430 | 500 | 600 |
| $B$/mm | 360 | 430 | 560 |

生产厂家：江苏一环集团有限公司、无锡市通用机械厂有限公司、江苏天雨环保集团有限公司、江苏兆盛水工业装备集团有限公司、宜兴泉溪环保股份有限公司。

### 2.2.4.2　ZWLY 型无轴螺旋输送压榨一体机

(1) 适用范围　ZWLY 型无轴螺旋输送压榨一体机，是一种连续输送物料的短距离设备，在城市排污工程中，它与格栅清污机配套，将格栅清污机排出的物料，经脱水、压榨后，进入接料筒中。

(2) 型号说明

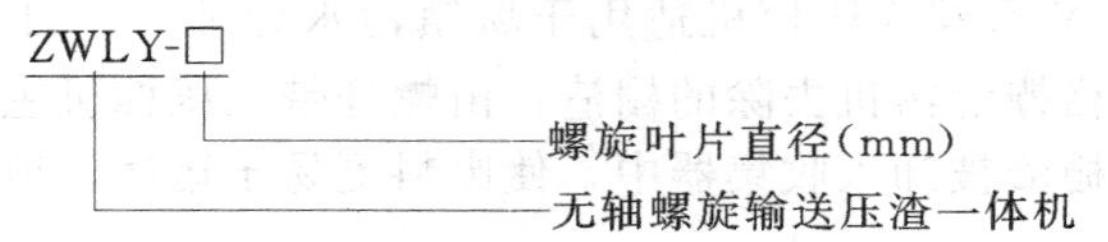


(3) 设备特点　无轴螺旋输送压渣一体机，是由驱动装置、壳体、无轴螺旋机、压榨过滤结构、尼龙衬垫、进出料口等主要部件组成。

本设备运行平稳，能耗低，安装方便，易操作维修。

螺旋体叶片由不锈钢制作，强度大，耐腐蚀。

(4) 设备规格型号　设备主要技术参数见表 2-42，设备外形结构见图 2-30。

表 2-42　ZWLY 型无轴螺旋输送压榨一体机主要技术参数

| 型　号 | 螺旋直径 $D$/mm | 输送量/(t/h) | $B$/mm |
|---|---|---|---|
| ZWLY-200 | 200 | 1.7 | 280 |
| ZWLY-260 | 260 | 3.8 | 340 |
| ZWLY-300 | 300 | 5.7 | 380 |
| ZWLY-360 | 360 | 10 | 440 |
| ZWLY-400 | 400 | 13.6 | 480 |

生产厂家：江苏兆盛水工业装备有限公司、江苏华大离心机制造有限公司。

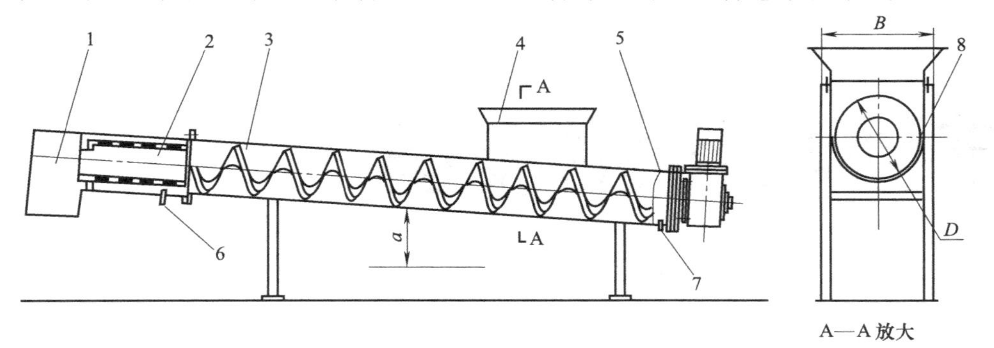


图 2-30 ZWLY 型无轴螺旋输送压榨一体机外形结构

1—出渣口；2—压榨过滤结构；3—螺旋体；4—进料口；5—驱动装置；6—出水口；7—排水口；8—尼龙衬垫

# 第3章 排砂与排泥设备

## 3.1 除砂设备

除砂设备用于沉砂池，去除污水中密度大于水的砂、石等无机颗粒。随着处理工艺的发展，除砂设备的型式构造多种多样，其集砂方式有两种：刮砂型和吸砂型。刮砂型是将沉积在池底的砂粒刮到池心，再清洗提升，脱水后输送到池外盛砂容器内，待外运处置。吸砂型则用砂泵将池底层的砂水混合液抽至池外，经脱水后的砂粒输送至盛砂容器内待外运处置。为了进一步提高除砂效果，有的沉砂池还增设了一些如旋流器、旋流叶轮等专用设备。除砂设备一览见表3-1。

表3-1 除砂设备一览

| 池型 | 集砂方式 | 设备名称 |
| --- | --- | --- |
| 平流式 | 刮砂 | 行车提板式刮砂机<br>链斗式刮输砂机、链板式刮输砂机(A、B)<br>螺旋式刮输砂机 |
| | 吸砂 | 行车泵吸式吸砂机(A、B)<br>行车双沟式吸砂机 |
| 旋流 | 吸(刮) | 钟式沉砂设备 |
| 其他 | 刮砂 | 多尔沉砂设备 |
| 其他输砂、脱水设备 | | 步进式输砂脱水机<br>无/有轴螺旋砂机分离器<br>旋流器 |

### 3.1.1 旋流沉砂设备

#### 3.1.1.1 ZXS型钟式沉砂池

(1) 使用范围　钟式沉砂池及其吸砂设备是一种新型引进技术，用于给排水工程中去除水中的砂及粘在砂上的有机物质，它可以去除直径0.2mm以上绝大部分砂。

(2) 型号说明

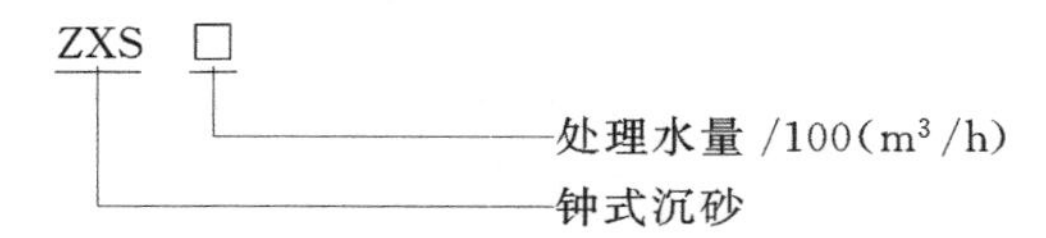


(3) 规格和性能　见表3-2。

表 3-2 ZXS 型钟式沉砂设备规格和性能

| 型号 \ 参数 | 处理水量/($m^3$/h) | 直径 A/mm | 电机功率/kW |
|---|---|---|---|
| ZXS1.8 | 180 | 1830 | 0.55 |
| ZXS3.6 | 360 | 2130 | 0.55 |
| ZXS6 | 600 | 2430 | 0.55 |
| ZXS10 | 1000 | 3050 | 0.75 |
| ZXS18 | 1800 | 3650 | 0.75 |
| ZXS30 | 3000 | 4870 | 1.1 |
| ZXS46 | 4600 | 5480 | 1.1 |
| ZXS60 | 6000 | 5800 | 1.5 |
| ZXS78 | 7800 | 6100 | 2.2 |

(4) 技术说明　ZXS 型沉砂池吸砂机的向上倾斜的叶轮旋转时，产生离心力，不仅使水中砂粒沿池周及斜坡沉于池底的砂门中，同时将砂粒上黏附的有机物撞击下来到水中沉于池底。砂门的砂粒通过高压气或砂斗提升到倾斜的螺旋砂水分离机进行砂水分离。节省能源、占地面积小，此外还有多种提升除砂方法和砂水分离方法，转速低，结构简单便于保养维护。

(5) 外形及安装尺寸　见图 3-1、表 3-3。

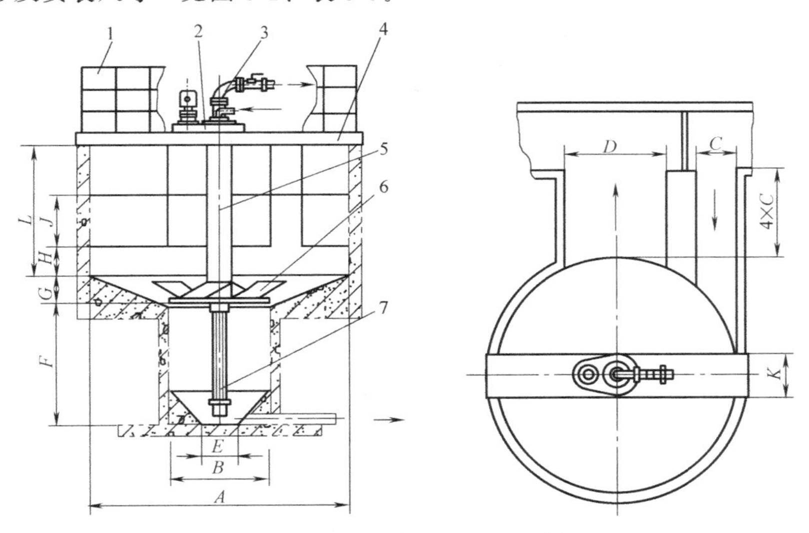


图 3-1　ZXS 型钟式沉砂池吸砂机

1—栏杆；2—驱动装置；3—除砂管；4—平台；5—驱动管轴；6—叶轮；7—吸砂系统

表 3-3 ZXS 型钟式沉砂设备外形及安装尺寸

| 型号 | 流量/($m^3$/h) | A | B | C | D | E | F | G | H | J | K | L |
|---|---|---|---|---|---|---|---|---|---|---|---|---|
| ZXS1.8 | 180 | 1.83 | 1.0 | 0.305 | 0.610 | 0.30 | 1.40 | 0.30 | 0.30 | 0.20 | 0.80 | 1.10 |
| ZXS3.6 | 360 | 2.13 | 1.0 | 0.380 | 0.760 | 0.30 | 1.40 | 0.30 | 0.30 | 0.30 | 0.80 | 1.10 |
| ZXS6 | 600 | 2.43 | 1.0 | 0.450 | 0.900 | 0.30 | 1.35 | 0.40 | 0.30 | 0.40 | 0.80 | 1.15 |
| ZXS10 | 1000 | 3.05 | 1.0 | 0.610 | 1.200 | 0.30 | 1.55 | 0.45 | 0.30 | 0.45 | 0.80 | 1.35 |
| ZXS18 | 1800 | 3.65 | 1.5 | 0.750 | 1.50 | 0.40 | 1.70 | 0.60 | 0.51 | 0.58 | 0.80 | 1.45 |
| ZXS30 | 3000 | 4.87 | 1.5 | 1.00 | 2.00 | 0.40 | 2.20 | 1.00 | 0.51 | 0.60 | 0.80 | 1.85 |
| ZXS46 | 4600 | 5.48 | 1.5 | 1.10 | 2.20 | 0.40 | 2.20 | 1.00 | 0.61 | 0.63 | 0.80 | 1.85 |
| ZXS60 | 6000 | 5.80 | 1.5 | 1.20 | 2.40 | 0.40 | 2.50 | 1.30 | 0.75 | 0.70 | 0.80 | 1.95 |
| ZXS78 | 7800 | 6.10 | 1.5 | 1.20 | 2.40 | 0.40 | 2.50 | 1.30 | 0.89 | 0.75 | 0.80 | 1.95 |

### 3.1.1.2 XLC 型旋流沉砂器

（1）适用范围　XLC 型旋流沉砂器一般用于城市生活污水处理厂的初沉池前、格栅后，分离污水中的较大无机颗粒（一般直径大于 0.5mm），多采用空气提砂，若采用砂泵提砂时一般对磨损要求较高。钢制池体适用于中小型流量使用。XLC 型旋流沉砂器的典型工艺布置见图 3-2。

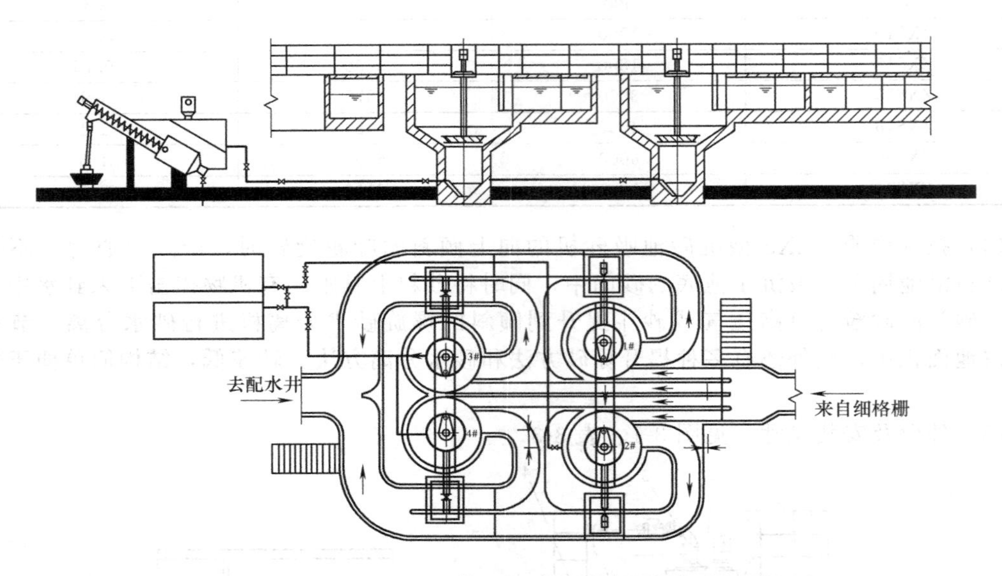


图 3-2　XLC 型旋流沉砂器典型工艺布置

（2）型号说明

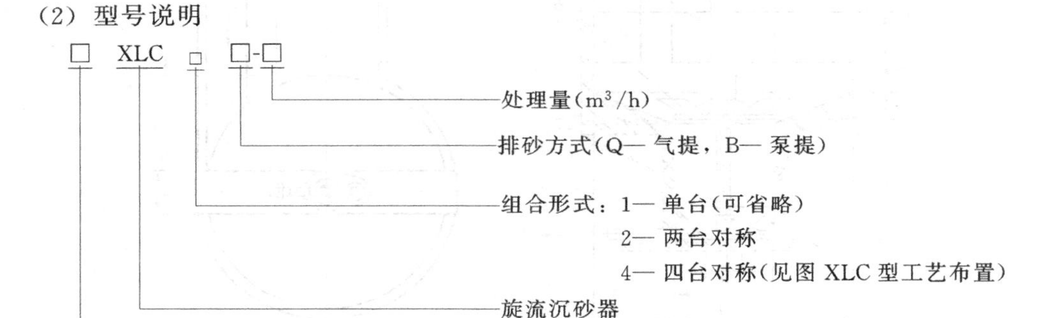


（3）工作原理　原水从切线方向进入 XLC 型旋流沉砂器，初步形成旋流，再由叶轮形成一定的流速与流态，使黏附有机物的砂，逐渐互相洗涤，且依靠重力和旋流阻力的作用沉至砂斗中心，剥离的有机物随轴随水流向上溢走。砂斗积聚的沉砂经空气提升泵提升，进入砂水分离器进行分离，分离后的沉砂排至垃圾箱（筒）外运，分离后的污水排放至格栅井。

（4）设备特点

① 结构紧凑，占地面积小，对周围环境影响很小；

② 沉砂效果受水量变化影响小，砂水分离效果好，分离出的砂子含水率低，便于运输；

③ 系统采用 PLC 自动控制除砂，运行简单，可靠。

（5）XLC 型旋流沉砂器主要技术参数见表 3-4；XLC 型旋流沉砂器单池示意见图 3-3，外形及排砂方式见图 3-4。

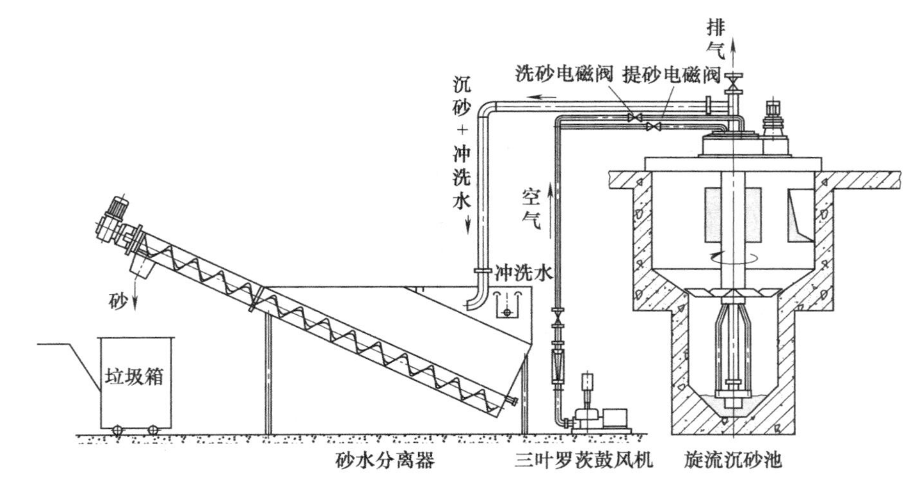


图 3-3 XLC 型旋流沉砂器单池

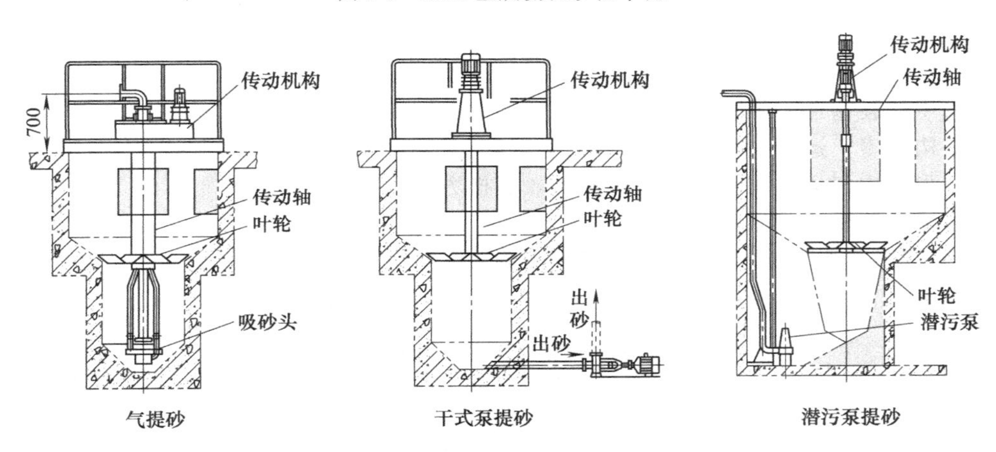


图 3-4 XLC 型旋流沉砂器外形及排砂方式

**表 3-4 XLC 型旋流沉砂器主要技术参数**

| 尺寸型号 | 处理量/(m³/h) | 叶轮转速/(r/min) | 功率/kW | 砂水排量/(m³/h) | 进水流速/(m/s) | 水力停留时间/s | 泵开启数/(次/天) | 去除砂粒属性 | 鼓风机 | | |
|---|---|---|---|---|---|---|---|---|---|---|---|
| | | | | | | | | | 风量/(m³/min) | 气压/kPa | 功率/kW |
| XLC$_B^Q$-180 | 180 | 12～20 | 0.75/1.1(进口/国产) | 18 | 0.6～1 | 0～60 | 4(每次10min) | 相对密度>2.65 粒径>0.1mm | 1.5 | 34.3 | 1.5 |
| XLC$_B^Q$-360 | 360 | | | | | | | | | 34.3 | 2.2 |
| XLC$_B^Q$-720 | 720 | | | 34 | | | | | 2 | 39.2 | 2.2 |
| XLC$_B^Q$-1080 | 1080 | | | | | | | | | | |
| XLC$_B^Q$-1980 | 1980 | 12～20 | 0.75/1.5(进口/国产) | 40 | | | | | 2.5 | 44.1 | 3 |
| XLC$_B^Q$-3170 | 3170 | | | | | | | | | 53.9 | 4 |
| XLC$_B^Q$-4750 | 4750 | | | 48 | | | | | 2.8 | | |
| XLC$_B^Q$-6300 | 6300 | | | | | | | | | 58.8 | 4 |
| XLC$_B^Q$-7200 | 7200 | | | | | | | | | | |
| XLC$_B^Q$-9000 | 9000 | | | 72 | | | | | 3 | 69 | 7.5 |
| XLC$_B^Q$-12600 | 12600 | | | | | | | | | 78 | 7.5 |
| XLC$_B^Q$-14400 | 14400 | | | | | | | | | 88 | 11 |

生产厂家：江苏天雨环保集团有限公司、江苏一环集团有限公司、宜兴泉溪环保股份有限公司、江苏兆盛水工业装备集团有限公司、江苏神洲环境工程有限公司。

## 3.1.2 砂水分离器

### 3.1.2.1 SF 型、LSF 型螺旋式砂（粗颗粒）水分离机

（1）适用范围　SF 型属于轻型砂水分离设备，主要用于对水流沉砂器等设备排除的砂水混合物的进一步分离，以利于运输，多适用于城镇污水处理工程。

LSF 型属于重型（砂量多，密度大）砂水分离设备，主要适用于钢铁厂、化工厂等工业废水处理系统，用以连续不断地分离废水中的氧化铁皮、冲洗过程产生的砂粒、沉积物等。一般采用有轴结构，螺旋直径一般大于同处理量的 SF 型。

SF 型和 LSF 型一般都采用钢制整体式结构。

（2）型号说明

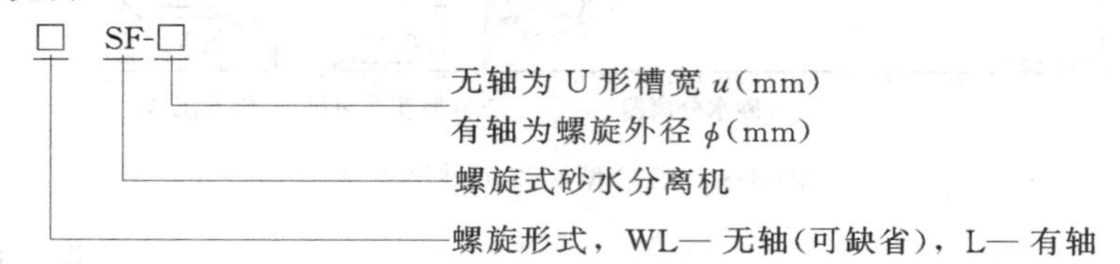


（3）设备特点

① 采用螺旋输送，无水下轴承，重量轻，维护方便；

② 结构紧凑，运行平稳，安装方便；

③ U 形槽内衬柔性耐磨衬条，噪声低，更换方便；

④ 整机安装简单，操作方便。

（4）设备技术参数及外形尺寸　SF 型螺旋式砂水分离机技术性能见表 3-5，尺寸参数见表 3-6；外形尺寸见图 3-5。

表 3-5　SF 型螺旋式砂水分离机技术性能

| 尺寸＼型号 | SF-260 | SF-320 | SF-360 | SF-420 | SF-460 |
|---|---|---|---|---|---|
| 螺旋外径/mm | 220 | 280 | 320 | 380 | 420 |
| 处理量/($m^3$/h) | 18～43 | 43～72 | 72～97 | 97～128 | 126～155 |
| 电机功率/kW | 0.37 | | 0.75 | 1.5 | 1.5 |
| 转速/(r/min) | 5 | | 4.8 | | 5 |

表 3-6　SF 型螺旋式砂水分离机尺寸参数　　单位：mm

| 型号＼尺寸 | 螺旋外径 | $L_1$ | $L_0$ | $L$ | $H$ | $H_0$ | $B$ | $B_1$ | $B_2$ | $C$ | $U$ | $DN_1$ | $n_1/n_2$ | $DN_2$ |
|---|---|---|---|---|---|---|---|---|---|---|---|---|---|---|
| SF-260 | 220 | 2800 | 3840 | 4000 | 1600 | 1550 | 1200 | 310 | 1250 | 220 | 260 | 100 | 4/8 | 150 |
| SF-320 | 280 | 2800 | 4380 | 4500 | 1700 | 1750 | 1260 | 370 | 1310 | 270 | 320 | 150 | 8/8 | 200 |
| SF-360 | 320 | 3800 | 5760 | 6000 | 2150 | 2400 | 1420 | 410 | 1470 | 320 | 360 | 200 | 8/12 | 250 |
| SF-420 | 380 | 3800 | 6150 | 6500 | 2150 | 2550 | 1720 | 470 | 1770 | 390 | 420 | 250 | 12/12 | 300 |
| SF-460 | 420 | 3800 | 6250 | 6500 | 2250 | 2560 | 1970 | 490 | 2000 | 440 | 460 | 300 | 12/12 | 350 |

生产厂家：江苏天雨环保集团有限公司、江苏兆盛水工业装备集团有限公司、南京贝特环保通用设备制造有限公司、宜兴市凌泰环保设备有限公司、江苏鼎泽环境工程有限公司。

### 3.1.2.2 无/有轴螺旋砂水分离器

（1）适用范围　LSSF 型系列砂水分离器用于污水处理厂沉砂池，将沉砂池排出的砂水混合液进行砂水分离。

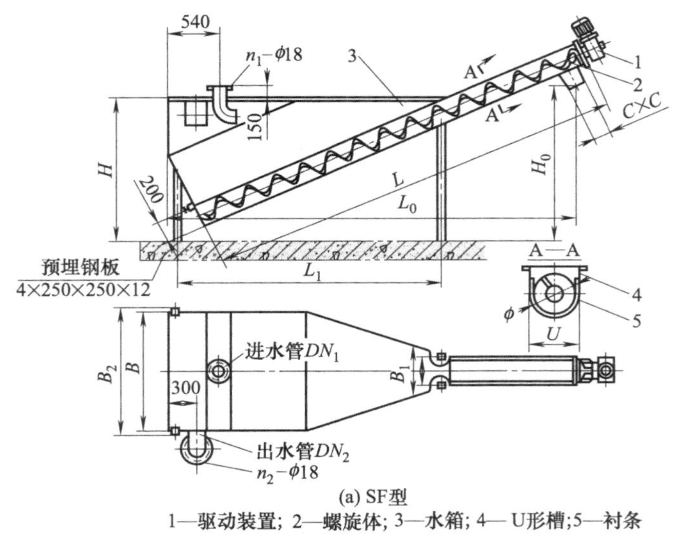


(a) SF型

1—驱动装置；2—螺旋体；3—水箱；4—U形槽；5—衬条

$A_1$

$A_2$

L

4000

25°

(b) LSF型

1—输送装置；2—架体；3—走道；4—池体；5—提升装置

图 3-5　SF 型螺旋式砂水分离机外形尺寸

（2）型号说明

LSSF-□

螺旋式砂水分离器——LSSF；□——螺旋直径(mm)

（3）结构　LSSF 型系列砂水分离器如图 3-6 所示，由无轴螺旋、U 形槽、水箱、导流板和驱动装置等组成。

砂水混合液从分离器一端顶部输入水箱，混合液中相对密度较大的如砂粒等将沉积于槽形底部，在螺旋的推动下，砂粒沿斜置的 U 形槽底提升，离开液面后继续推移一段距离，在砂粒充分脱水后经砂口卸至砂桶。而与砂分离后的水则从溢流口排出并送往厂内进水池。

（4）规格和性能　见表 3-7。

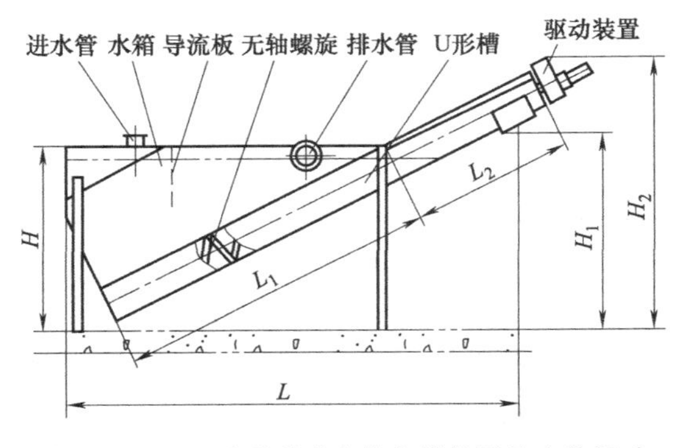


图 3-6　LSSF 型系列砂水分离器外形及安装尺寸

**表 3-7　LSSF 型系列砂水分离器规格和性能**

| 参数＼型号 | LSSF-260 | LSSF-320 | LSSF-355 | LSSF-420 |
|---|---|---|---|---|
| 处理量/(L/s) | 12 | 20 | 27 | 35 |
| 电动机功率/kW | 0.25 | 0.37 | 0.75 | |
| $L$/mm | 3840 | 4380 | 5890 | 6290 |
| 机体最大宽度/mm | 1170 | 1420 | | 1720 |
| $H$/mm | 1500 | 1700 | 2150 | |
| $H_1$/mm | 1550 | 1750 | 2400 | 2550 |
| $H_2$/mm | 2100 | 2350 | 3050 | 3250 |
| $L_1$/mm | 3000 | | 4000 | |
| $L_2$/mm | 1000 | 1500 | 2000 | 2500 |

生产厂家：南京蓝深制泵集团股份有限公司、南京贝特环保通用设备制造有限公司。

（5）技术说明

① 分离效率可达 96%～98%，可分离出粒径≥0.2mm 的颗粒；

② 采用无轴螺旋，无水中轴承，并具有自动限载作用；

③ 结构紧凑，重量轻；

④ 新型的传动装置，关键部件——减速器为先进的轴装式，不用联轴器，安装对中方便。

## 3.1.3　行车泵式吸砂机

### 3.1.3.1　PXS 型行车泵吸式吸砂机

（1）适用范围　该机型用于曝气沉砂池沉砂的排除。

（2）型号说明

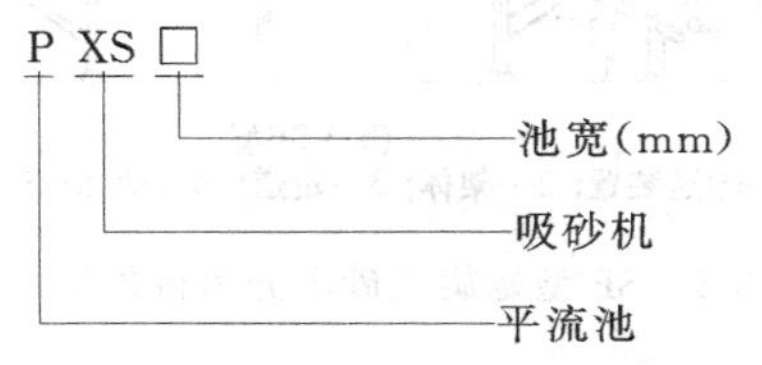


（3）结构原理　该机结构为行车式，通过液下污水泵吸砂并经管道排出池外。

（4）规格性能　见表 3-8。

**表 3-8　PXS 型行车泵吸式吸砂机规格和性能**

| 型号＼参数 | 池宽/mm | 轨距 $L$/mm | 功率/kW | 运行速度/(m/min) |
|---|---|---|---|---|
| PXS2500 | 2500 | $B+b$ | 5.15 | 1.3 |
| PXS3500 | 3500 | $B+b$ | 5.15 | 1.3 |
| PXS4400 | 4400 | $B+b$ | 5.15 | 1.3 |
| PXS8400 | 8400 | $B+b$ | 7.5 | 1.3 |

生产厂家：唐山清源环保机械股份有限公司、江苏一环集团环保工程有限公司、武汉阀门厂。

（5）技术说明　该机为行车式，液下泵排砂，动力线和信号线采用电缆卷筒或滑触线，可与微机控制联网。

（6）外形及安装尺寸　见图 3-7。

3.1.3.2 HXS型系列移动式桥式吸砂机

(1) 适用范围 HXS型系列移动式桥式吸砂机适用于污水处理厂曝气沉砂池，可将沉砂池底部沉砂和污水的混合物提升并输送至砂水分离器。

(2) 型号说明

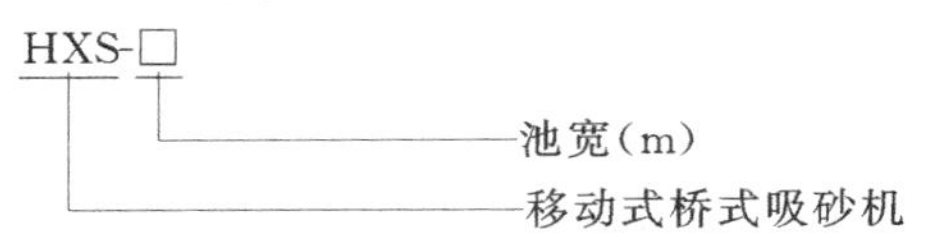


(3) 设备特点 ①技术先进，结构简单；②采用无堵塞潜污泵吸砂，安全可靠；③传动同步，运行平稳；④操作简单，维护方便。

(4) 设备主要技术参数及结构型式 HXS型桥式吸砂机主要技术参数见表3-9。结构如图3-8所示。

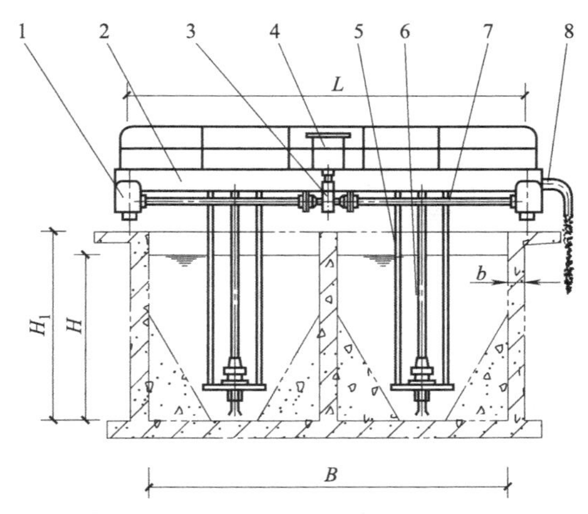


图3-7 PXS型行车泵吸式吸砂机

1—行车梁；2—行车横梁；3—驱动装置；4—电控箱；5—吸砂吊架；6—吸砂泵；7—传动轴；8—排砂管

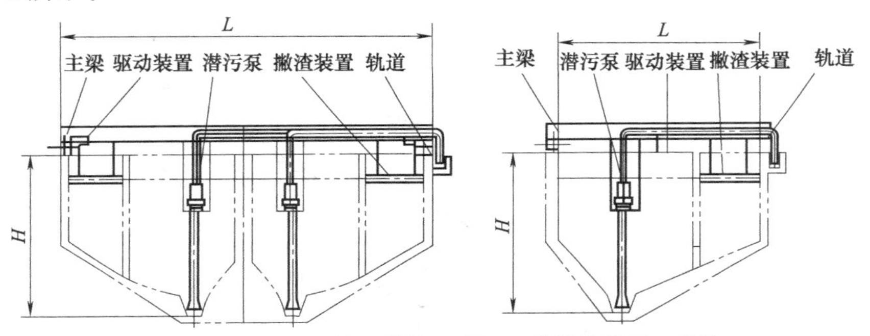


图3-8 HXS型双槽、单槽吸砂机（带撇渣装置）结构

表3-9 HXS型移动式桥式吸砂机主要技术参数

| 参数＼型号 | HXS-2 | HXS-4 | HXS-6 | HXS-8 | HXS-10 | HXS-12 |
|---|---|---|---|---|---|---|
| 池宽/m | 2 | 4 | 6 | 8 | 10 | 12 |
| 池深/m | 1～3 | | | | | |
| 潜水泵型号 | AV14-4(潜水无堵塞泵) | | | | | |
| 潜水泵特性 | 扬程5.8m 流量22m³/h 功率1.4kW | | | | | |
| 提耙装置功率/kW | 0.55(单耙) | | | | | |
| 驱动装置功率/kW | ≤2×0.37 | | | | | |
| 行驶速度/(m/min) | 2～5 | | | | | |
| 钢轨型号 | 15kg/m | | | | | |
| 轨道预埋件断面尺寸/mm | ($b_1$－20)60×10($b_1$:沉砂池墙体壁厚) | | | | | |
| 轨道预埋件间距/mm | 1000 | | | | | |

生产厂家：江苏一环集团有限公司、江苏天雨环保集团有限公司、江苏兆盛水工业装备有限公司、宜兴泉溪环保有限公司。

## 3.1.4 链板链条式刮输砂机

3.1.4.1 SG型链板式刮输砂机

(1) 适用范围 SG型链板式刮输砂机适用于污水处理厂沉砂池排除沉砂。

（2）型号说明

SG-□

刮砂机(工厂产品型号)——刮板宽度(mm)

（3）结构原理　本机由机座、减速机、主从链轮、驱动轴、传动链轮、刮板等组成，减速机经主从链轮和套桶滚子链带动驱动轴，轴上装有链轮，经传动轴，传动链带动刮板运行，刮集沉于池底的泥砂。

（4）规格和性能　见表 3-10。

表 3-10　SG 型链板式刮输砂机规格和性能

| 型号 | 刮板宽度/mm | 水平槽长/m | 斜槽长度/m | 斜槽角度/(°) | 刮板速度/(m/min) | 电动机功率/kW | 重量/kg |
|---|---|---|---|---|---|---|---|
| SG-600 | 600 | 10 | 10 | 30 | 0.6 | 0.37 | 2500 |
| SG-1200 | 1200 | 10 | 10 | 30 | 0.6 | 0.75 | 2800 |

（5）技术说明　该机为板式链条拖动多刮板，具有刮砂、提升和砂水分离功能。

（6）外形　见图 3-9。

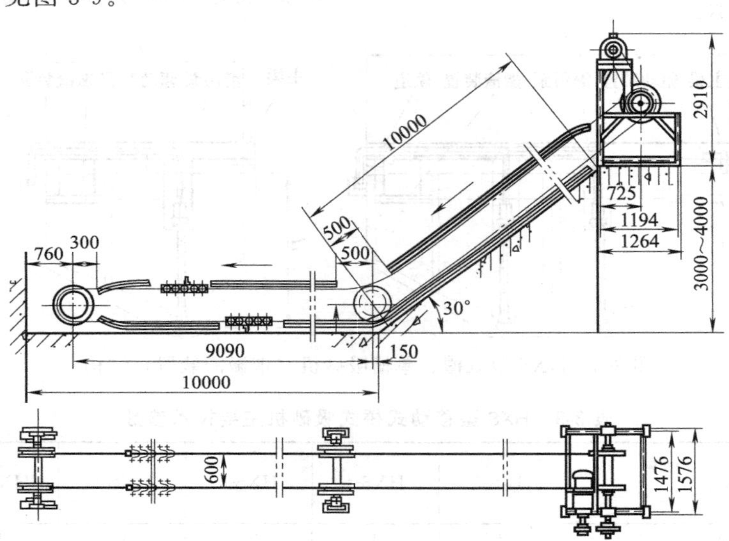


图 3-9　SG 型链板式刮输砂机外形及安装尺寸

注：未注明参数符号根据现场情况确定

### 3.1.4.2　PGS 型链板式刮输砂机

（1）适用范围　PGS 型刮输砂机适用于沉砂池中沉砂的去除。

（2）规格和性能　见表 3-11。

表 3-11　PGS 型刮输砂机规格和性能

| 型号＼参数 | 池宽/mm | 驱动功率/kW | 运行速度/(m/min) | 设备重量/kg |
|---|---|---|---|---|
| PGS3500 | 3500 | 2.2 | 0.8 | 6000 |
| PGS4000 | 4000 | 2.2 | 0.8 | 6500 |
| PGS4500 | 4500 | 2.2 | 0.8 | 7100 |
| PGS5000 | 5000 | 2.2 | 0.8 | 7600 |
| PGS5500 | 5500 | 2.2 | 0.8 | 8200 |

生产厂家：唐山清源环保机械股份有限公司、武汉阀门厂水处理机械股份有限公司等。

（3）技术说明　它是由链传动单刮板进行刮砂，返程时刮板自动抬起。

（4）外形及安装尺寸　见图 3-10。

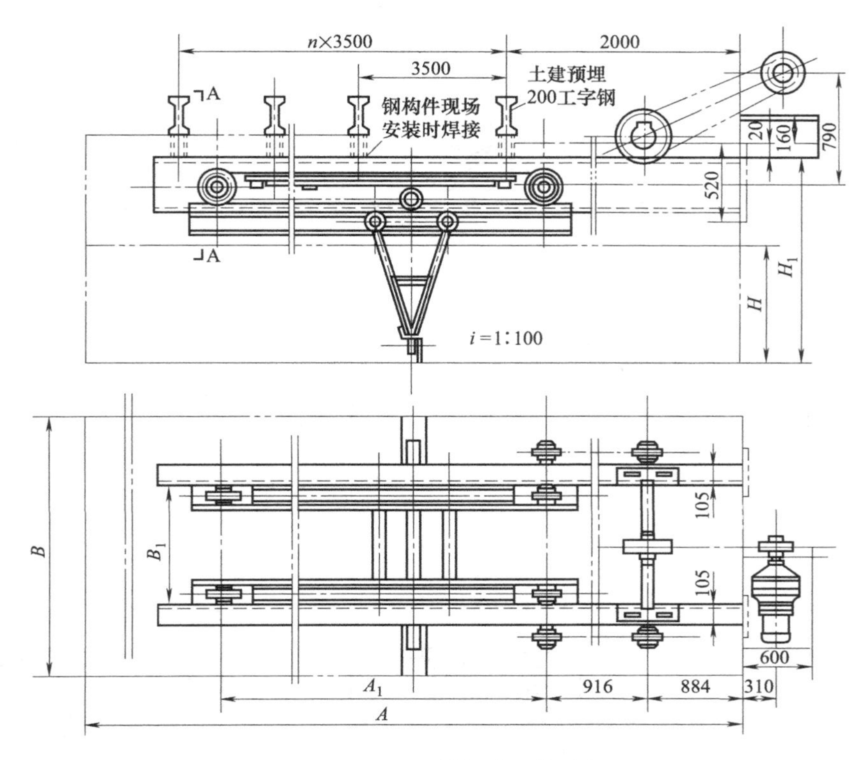


图 3-10　PGS 型链板式刮输砂机

注：未注明参数符号根据现场情况确定

### 3.1.4.3　LCS 型链条除砂机

（1）适用范围　LCS 型链条除砂机主要用于污水处理厂的平流沉砂池，该设备可将沉砂池底部的沉砂刮至池外。

（2）型号说明

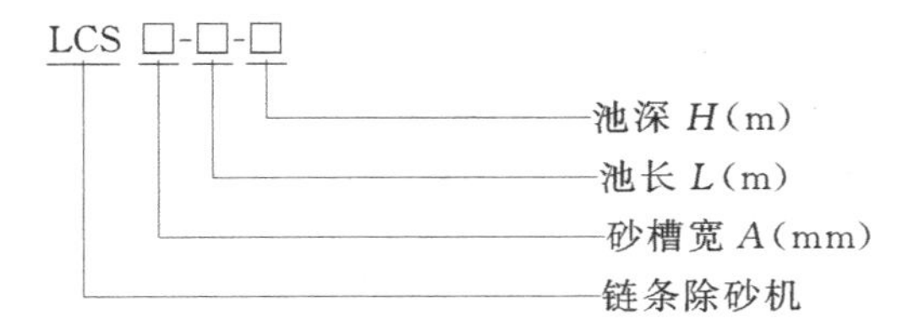


（3）特点

① 采用特制链条，传动可靠；

② 采用防水轴承，寿命长；

③ 结构合理，运行平稳；

④ 刮砂彻底，效率高；

⑤ 若采用带滚轮刮板，池底可不设轨道。

（4）设备结构　LCS 型链条除砂机技术性能见表 3-12，外形尺寸见表 3-13，预埋件参数见表 3-14；LCS 型链条除砂机结构及预埋件尺寸见图 3-11。

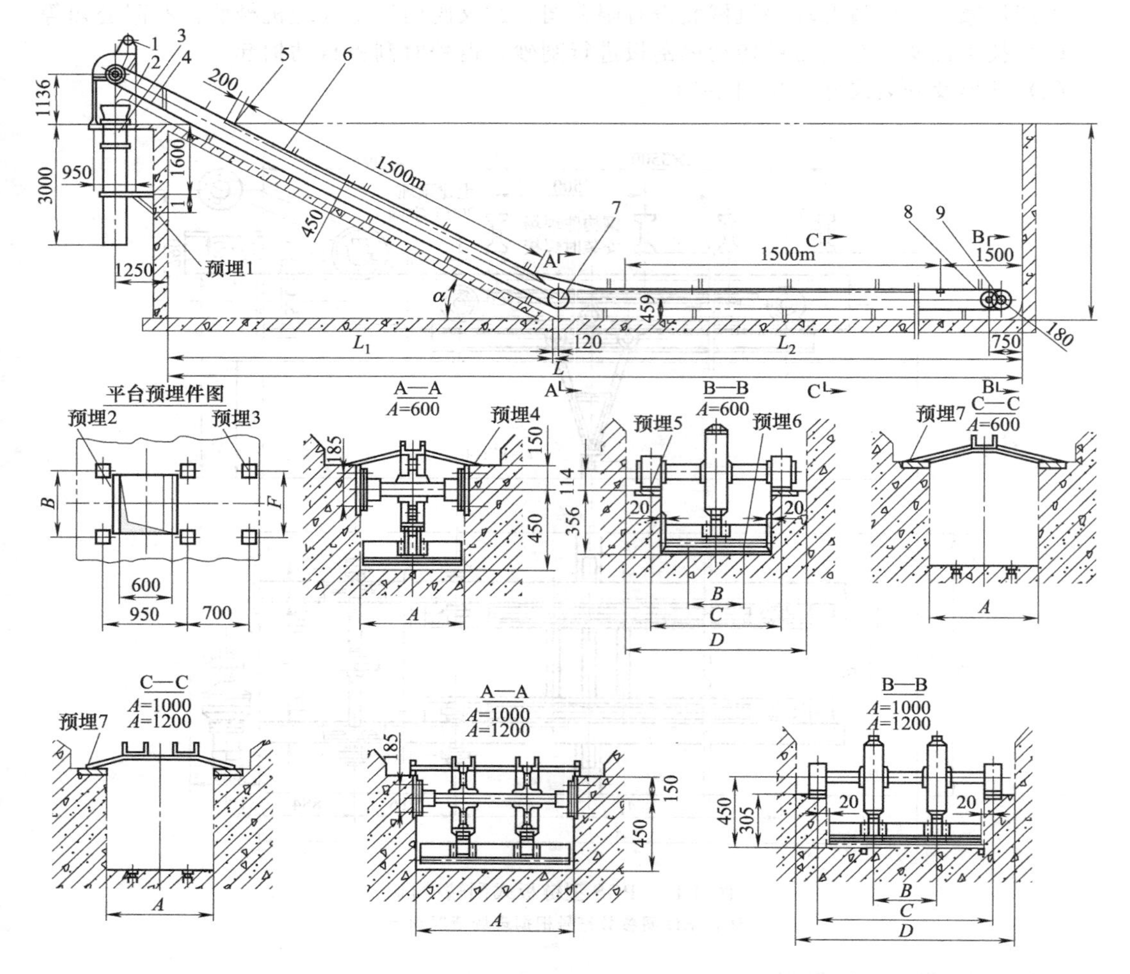


图 3-11　LCS 型链条除砂机结构及预埋件尺寸

1—传动装置；2—传动支架；3—导砂筒；4—导砂槽；5—框架及导轨；6—链条及刮板；7—换向齿轮；8—张紧装置；9—从动链轮

**表 3-12　LCS 型链条除砂机技术性能**

| 参数 / 型号 | 集砂槽净宽 /mm | 刮板线速 /(m/min) | 功率 /kW | 排砂能力 /($m^3$/h) | $L_1$ /m | $L_2$ /m | α/(°) | H /m |
|---|---|---|---|---|---|---|---|---|
| LCS600 | 600 | 约 3 | ＞0.37 | 2 | $H/\tan\alpha$ | 18(10～20 每米一档) | 30 | 3(2.5～5 每 0.5m 一档) |
| LCS1000 | 1000 | | ＞0.55 | 3.5 | | | | |
| LCS1200 | 1200 | | ＞1.5 | 4.5 | | | | |

**表 3-13　LCS 型链条除砂机外形尺寸**　　单位：mm

| 尺寸 / 型号 | A | B | C | D | E | F | G | J |
|---|---|---|---|---|---|---|---|---|
| LCS600 | 600 | 300 | 720 | 1000 | 750 | 700 | 700 | 315 |
| LCS1000 | 1000 | 700 | 1100 | 1500 | 1320 | 1068 | | |
| LCS1200 | 1200 | 900 | 1320 | 1600 | 1530 | 1400 | 1275 | 600 |

表 3-14 LCS 型链条除砂机预埋件参数 单位：mm

| 型号＼尺寸 | 1 | 2 | 3 | 4 | 5 | 6 | 7 |
|---|---|---|---|---|---|---|---|
| LCS600 | 800×150×10 上下共 2 块 | 700×50×10 共 2 块 | 150×150×12 共 2 块 | 300×300×12 共 2 块 | 970×150×12 共 2 块 | 9＃轻轨高于池底 5mm | 100×100×102 ($m+n+2$)块 |
| LCS1000 | | 1100×50×12 共 2 块 | | 350×350×12 共 2 块 | | | 150×150×102 ($m+n+2$)块 |
| LCS1200 | | 1300×50×12 共 2 块 | | 350×350×12 共 2 块 | | | 150×150×102 ($m+n+2$)块 |

注：$m$、$n$ 是两侧预埋件数量，根据池长确定，订货时由生产厂家确定。

生产厂家：江苏天雨环保集团有限公司、江苏鼎泽环境工程有限公司、江苏一环集团有限公司、宜兴泉溪环保股份有限公司。

## 3.1.5 链斗式刮输砂机

### LDGS 型链斗式刮砂机

（1）适用范围　该机适用于平流式沉砂池的排砂和提升。

（2）结构原理　该机由链条拖动砂斗实现排砂和提升。

（3）LDGS 型链斗式刮砂机规格性能　见表 3-15。

表 3-15 LDGS 型链斗式刮砂机规格性能

| 型号＼参数 | 刮斗间距/mm | 刮斗线速度/(m/min) | 池底宽度/mm |
|---|---|---|---|
| LDGS800～2000 | 1800 | 2.6 | 800～2000 |

（4）技术说明　本机为链条拖动槽门刮砂。

（5）链斗式刮输送机外形及安装尺寸　见图 3-12。

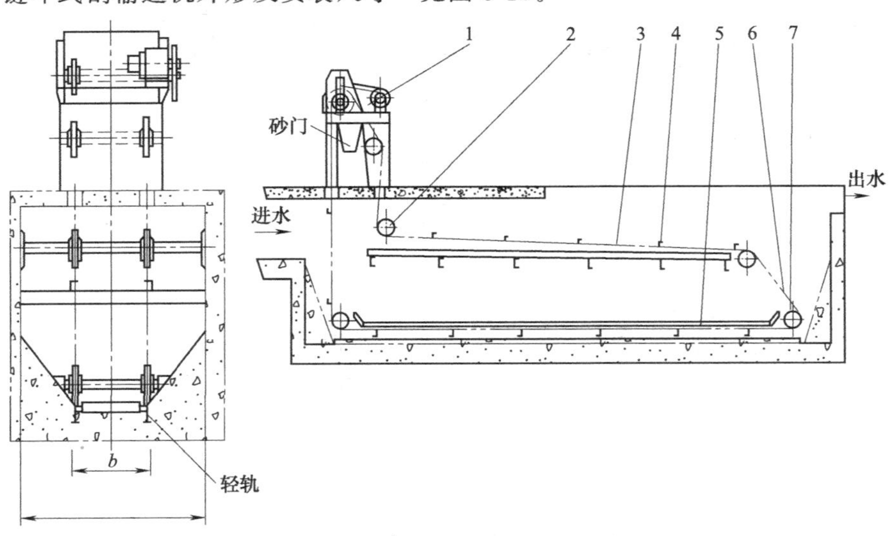


图 3-12 LDGS 型链斗式刮砂机

1—传动系统；2—从动轴；3—托架；4—刮斗；5—导向架；6—牵引链；7—从动轴

### 3.1.6 行车提板式刮砂机

**MP 系列刮油刮砂机**

(1) 适用范围　平流沉砂池在水处理中为常用构筑物，用以处理水中的悬浮砂粒及分离水中的油脂。MP 系列新型刮油刮砂机即专为平流沉淀池而设计的既可刮油又可刮砂的理想设备。

(2) 结构　MP 系列刮油刮砂机由双速电机减速机驱动一个方向刮砂，回程刮油，刮油刮砂由带制动多级电机减速机驱动，驱动方式有三种：

① 油、砂耙联动式刮油刮砂机；

② 油、砂耙分别传动式刮油刮砂机；

③ 油、砂耙一体式刮油刮砂机。

(3) 规格和性能　见表 3-16。

表 3-16　MP 系列刮油刮砂机规格和性能

| 型　号 | 池宽/m | 刮砂速度/(m/min) | 刮油速度/(m/min) | 电机功率/kW |
|---|---|---|---|---|
| 4MP | 4 | 1.5 | 3.0 | 2.6～6 |
| 6MP | 6 | | | |
| 9MP | 9 | | | |
| 10MP | 10 | | | |
| 12MP | 12 | | | |

(4) 技术说明　风对油面扰动比较大，宜选①；一般选②、③种。但对池型要求略严格。

(5) 外形及安装尺寸　见图 3-13、表 3-17。

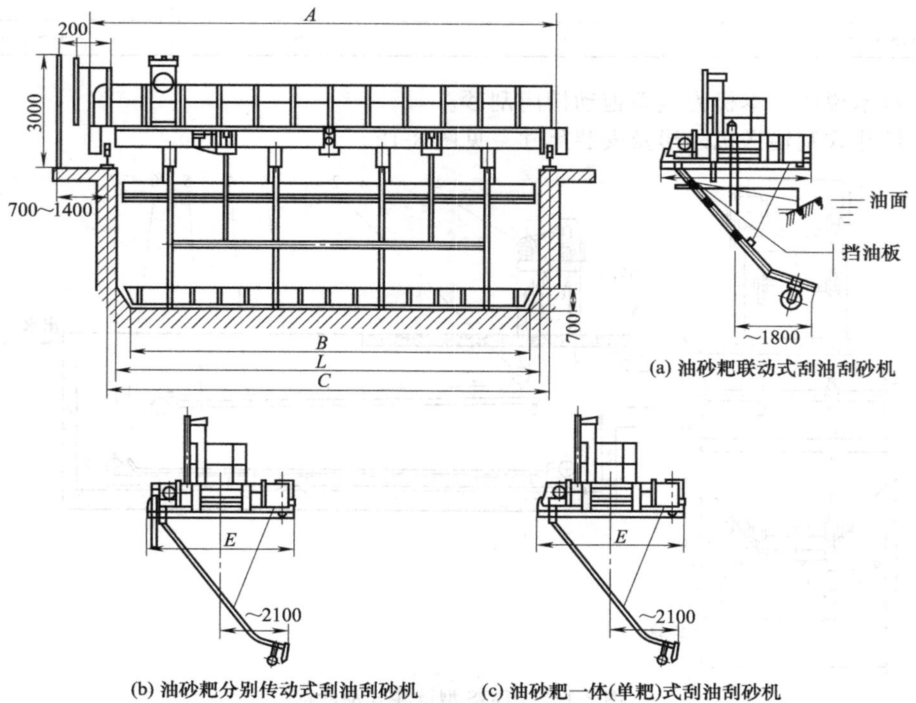


图 3-13　MP 系列刮油刮砂机外形及安装尺寸

表 3-17　MP 系列刮油刮砂机外形及安装尺寸　　单位：mm

| 型号 | 池宽 $L$ | 轮距 $C$ | $B$ | $E$ | 池深 $h$ |
|---|---|---|---|---|---|
| 4MP | 4000 | 4300 | 3300 | 3100 | 池底有坡度<br>出水端<br>3600～3700<br>进水端<br>3900～4000 |
| 6MP | 6000 | 6300 | 5300 | 3200 | |
| 8MP | 8000 | 8300 | 7300 | 3500 | |
| 10MP | 10000 | 10400 | 9300 | 3700 | |
| 12MP | 12000 | 12400 | 11300 | 4200 | |

# 3.2 排泥机械

排泥机械用于沉淀池，排除在池底的积泥以便回流或进一步脱水处理。集泥方式有刮泥型和吸泥型。

## 3.2.1 中心传动刮泥机（垂架式、悬挂式）

### 3.2.1.1 CG-A 系列辐流式沉淀池中心传动垂直架式刮泥机

（1）适用范围　该系列刮泥机适用于污水处理工程中辐流式沉淀池的污泥排除和排除浮渣。

（2）型号说明

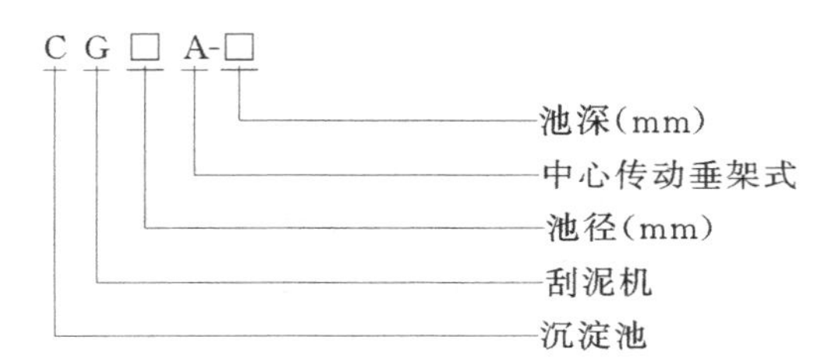


（3）规格性能　见表 3-18。

表 3-18　CG-A 系列辐流式沉淀池中心传动垂直架式刮泥机规格性能

| 型号＼参数 | 池径 $\phi$ /m | 池深 $H_1$ /mm | 周边线速度 /(m/min) | 驱动功率 /kW |
|---|---|---|---|---|
| CG8A | 8 | 2.5、3.0、3.5 | 1.0 | 0.55 |
| CG10A | 10 | 2.5、3.0、3.5 | 1.1 | 0.75 |
| CG12A | 12 | 2.5、3.0、3.5 | 1.2 | 0.75 |
| CG14A | 14 | 2.5、3.0、3.5 | 1.3 | 1.1 |
| CG16A | 16 | 2.5、3.0、3.5 | 1.4 | 1.1 |
| CG18A | 18 | 2.5、3.0、3.5 | 1.5 | 1.5 |
| CG20A | 20 | 2.5、3.0、3.5 | 1.6 | 1.5 |
| CG25A | 25 | 2.5、3.0、3.5 | 2.0 | 2.2 |
| CG30A | 30 | 2.5、3.0、3.5 | 2.5 | 2.2 |
| CG40A | 40 | 2.5、3.0、3.5 | 3.0 | 15×2 |

（4）技术说明　中大型采用多板倾斜刮板，设有浮渣刮集和排除装置，根据用户要求可设置过载保护和与微机系统联网。

（5）外形及安装尺寸　见图 3-14。

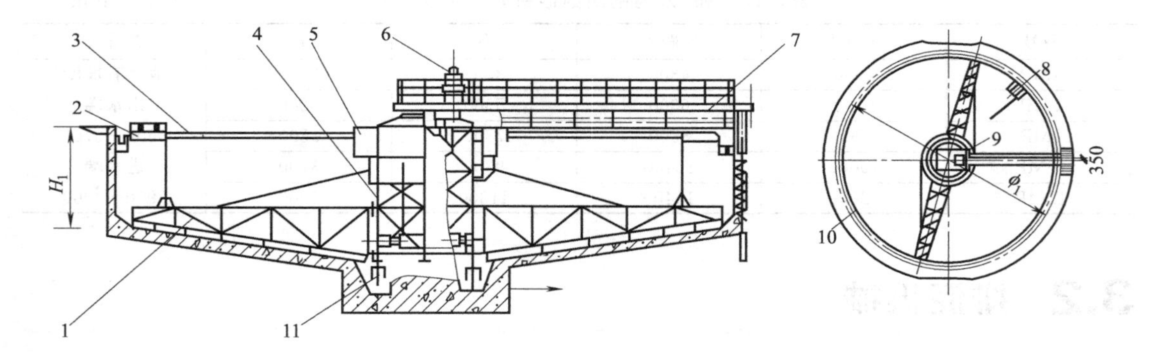


图 3-14　CG-A 系列辐流式沉淀池中心传动垂直架式刮泥机

1—刮泥桁架；2—浮渣耙板；3—浮渣刮板；4—中心架；5—稳流筒；6—传动装置

7—梁；8—浮渣漏斗；9—控制箱；10—溢流装置；11—小刮板

#### 3.2.1.2　ZXG 型中心传动悬挂式刮泥机

（1）适用范围　ZXG 型中心传动刮泥机广泛用于池径较小的给排水工程中辐流式沉淀池的刮泥。

（2）型号说明

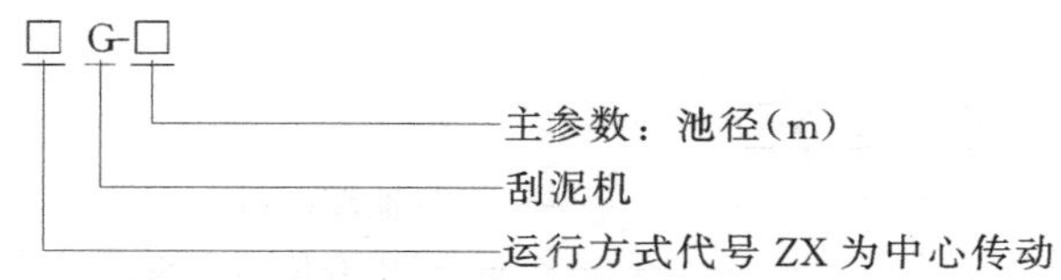


（3）结构与特点　ZXG 型中心传动刮泥机又称悬挂式中心传动刮泥机，其整机载荷都作用在工作桥中心。其结构由传动装置、工作桥、稳流筒、主轴、拉杆、刮臂、刮泥板、水下轴承等部件组成。

（4）性能　ZXG 型中心传动刮泥机性能见表 3-19。

表 3-19　ZXG 型中心传动刮泥机性能

| 型号 | 池径 $D$/m | 刮泥板外缘线速度 /(m/min) | 电动机功率 /kW | 推荐池深 $H$ /m | 工作桥高度 $h$ /mm | 重量 /kg |
|---|---|---|---|---|---|---|
| ZXG-4 | 4 | 1.80 | 0.37 | 3.5 | 250 | |
| ZXG-5 | 5 | 2.2 | | | 250 | |
| ZXG-6 | 6 | 2.0 | 0.55 | | 300 | |
| ZXG-7 | 7 | 2.0 | | | 300 | |
| ZXG-8 | 8 | 2.6 | | | 300 | |
| ZXG-10 | 10 | 2.2 | 0.75 | 4.0 | 320 | |
| ZXG-12 | 12 | 2.6 | | | 400 | |
| ZXG-14 | 14 | 2.5 | | | 400 | |
| ZXG-16 | 16 | 2.9 | | | 450 | |

生产厂家：扬州天雨给排水设备集团有限公司、江苏新纪元环保有限公司。

（5）外形及安装尺寸　ZXG 型中心传动刮泥机外形尺寸见图 3-15。

### 3.2.2　周边传动刮泥机

#### 3.2.2.1　RRN（全桥、半桥）刮泥机

（1）适用范围　RRN（全桥、半桥）刮泥机为周边传动刮泥装置。适用于污水处理、工

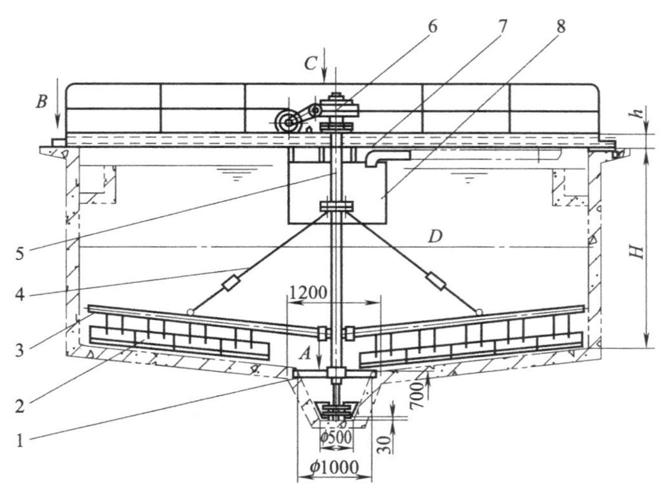


图 3-15　ZXG 型中心传动刮泥机外形尺寸

1—水下轴承；2—刮泥板；3—刮臂；4—拉杆；5—主轴；6—传动装置；7—工作桥；8—稳流筒

业废水辐流池排除污泥。

（2）型号说明

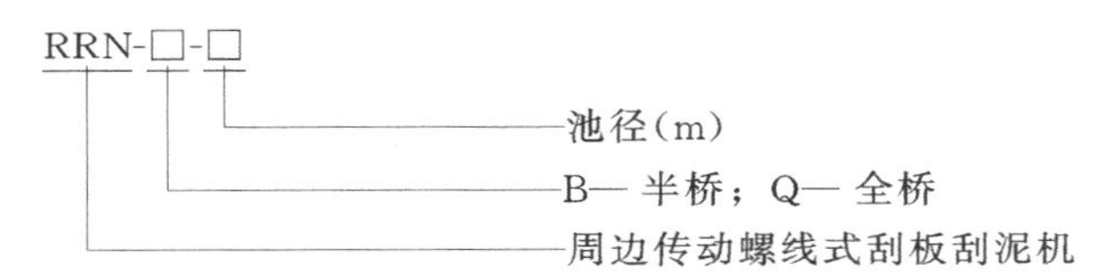


（3）结构见图 3-16。

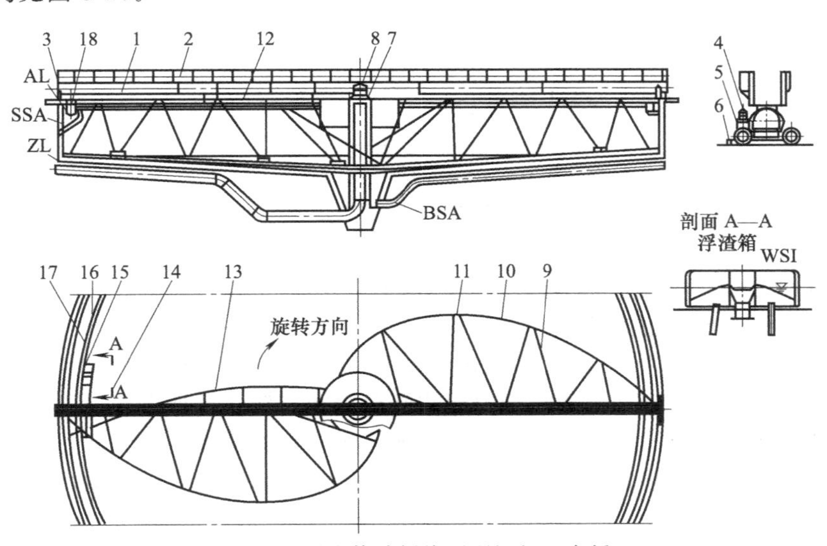


图 3-16　周边传动螺线型刮泥机（全桥）

1—管桥；2—栏杆；3—扶梯；4—驱动齿轮；5—驱动轮；6—挡板；7—旋转球形接头；8—滑动环板；9—刮泥板支架；10—刮泥板；11—刮泥板滚轴；12—浮渣板支架；13—浮渣板；14—浮渣盖板；15—浮渣箱；16—浮渣挡板；17—溢流堰；18—清洗刷；ZL—进口；AL—出口；BSA—出泥口；SSA—浮渣排出口；WSI—池水位标高

生产厂家：江苏一环集团有限公司。

#### 3.2.2.2 ZBG型周边传动刮泥机

（1）适用范围　ZBG系列刮泥机用于污水处理厂圆形沉淀池，将沉降在池底上的污泥刮到池底的集泥池并将池面浮渣撤向集渣斗，以便进一步处理。ZBG型周边传动刮泥机广泛用于给排水工程中较大直径的辐流式沉淀池排泥。

（2）型号说明

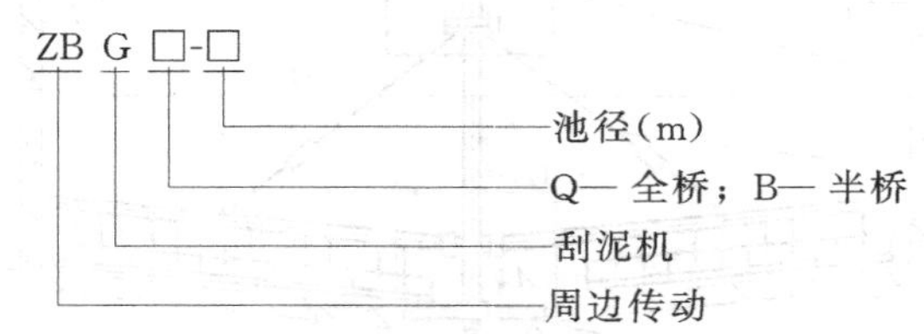


（3）结构与特点　ZBG型周边传动刮泥机由摆线针轮减速机直接带动车轮沿池周平台作圆周运动，池底污泥由刮板刮集到集泥坑后，通过池内水压将污泥排出池外。本机采用中心配水，中心排泥，液面可加设浮渣刮集装置，起刮泥撇渣两种作用。本机行走车轮分钢轮和胶轮两种，当采用钢轮时，池周需铺设钢轨，钢轨型号按刮泥机性能表中所列周边轮压值选取，并按有关规范铺设；当采用胶轮时，池周需制作成水磨石面。

（4）性能　ZBG型周边传动刮泥机性能见表3-20。

**表3-20　ZBG型周边传动刮泥机性能**

| 型号 | 池径/m | 功率/kW | 周边线速/(m/min) | 推荐池深 $H$/mm | 周边压轮/kN | 周边轮中心/m |
|---|---|---|---|---|---|---|
| ZBG$^{Q}_{B}$-14 | 14 | 1.1 | 2.14 | 3000～5000 | 18 | 14.36 |
| ZBG$^{Q}_{B}$-16 | 16 | | | | | 16.36 |
| ZBG$^{Q}_{B}$-18 | 18 | | 2.2 | | 20 | 18.36 |
| ZBG$^{Q}_{B}$-20 | 20 | 1.5 | 2.34 | | 25 | 20.36 |
| ZBG$^{Q}_{B}$-24 | 24 | | 3.0 | | 35 | 24.36 |
| ZBG$^{Q}_{B}$-28 | 28 | | | | 50 | 28.4 |
| ZBG$^{Q}_{B}$-30 | 30 | 2.2 | 3.2 | | 60 | 30.4 |
| ZBG$^{Q}_{B}$-35 | 35 | | | | 75 | 35.4 |
| ZBG$^{Q}_{B}$-40 | 40 | | 4.0 | | 80 | 40.5 |
| ZBG$^{Q}_{B}$-45 | 45 | 3.0 | 4.5 | | 86 | 45.5 |
| ZBG$^{Q}_{B}$-55 | 55 | | | | 95 | 55.5 |

生产厂家：无锡通用机械厂、沈阳水处理设备厂。

（5）ZBG型周边传动刮泥机外形　见图3-17。

#### 3.2.2.3 BG型周边传动刮泥机

（1）适用范围及工作原理　BG型周边传动刮泥机广泛应用于给水排水工程中的圆形沉淀池排泥。周边驱动装置带动工作桥沿池周边平台缓慢旋转，桥架下部设置的刮臂带动刮板将池周污泥刮向池中心集泥坑，上部浮渣通过撇渣机构刮进排渣斗排出池外。刮臂采用可自动抬起的刮板，刮泥能力强，在污泥堆积过厚或遇到池底障碍时具有自动调节功能。

（2）型号说明

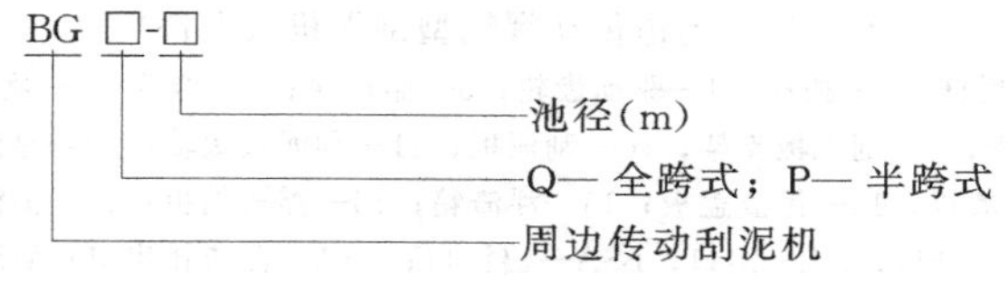


（3）设备主要技术参数、结构及安装　BG型周边传动刮泥机主要技术参数见表3-21；结构示意见图3-18。

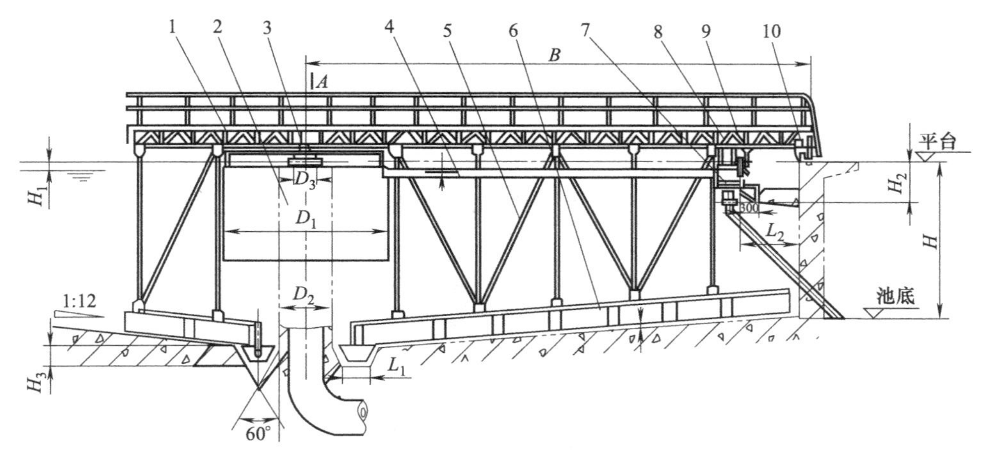


图 3-17　ZBG 型周边传动刮泥机外形

1—工作桥；2—导流筒；3—中心支座；4—浮渣刮板；5—桁架；6—刮板；7—渣斗；8—浮渣耙板；9—冲洗机构；10—驱动装置

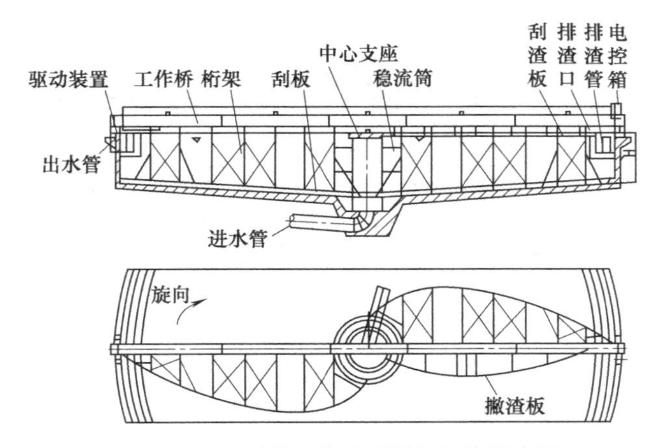


图 3-18　BG 型周边传动刮泥机结构示意图

**表 3-21　BG 型周边传动刮泥机主要技术参数**

| 参数 / 型号 | 池径 /m | 周边线速 /(m/min) | 单边功率 /kW | 周边单个轮压 /kN | 滚轮轮距 /m | 池边深 /mm |
|---|---|---|---|---|---|---|
| $BG_P^Q$-14 | 14 | 2-3 | 0.55/0.37 | 18 | 14.4 | 3000～5000 |
| $BG_P^Q$-16 | 16 | | | 18 | 16.4 | |
| $BG_P^Q$-18 | 18 | | | 20 | 18.4 | |
| $BG_P^Q$-20 | 20 | | 0.75/0.37 | 25 | 20.4 | |
| $BG_P^Q$-24 | 24 | | | 35 | 24.4 | |
| $BG_P^Q$-25 | 25 | | | 40 | 25.4 | |
| $BG_P^Q$-28 | 28 | | | 50 | 28.4 | |
| $BG_P^Q$-30 | 30 | | 1.1/0.75 | 60 | 30.4 | |
| $BG_P^Q$-35 | 35 | | | 75 | 35.4 | |
| $BG_P^Q$-40 | 40 | | | 80 | 0.4 | |
| $BG_P^Q$-42 | 42 | | 1.5/0.75 | 82 | 42.4 | |
| $BG_P^Q$-45 | 45 | | | 86 | 45.4 | |
| $BG_P^Q$-55 | 55 | | | 95 | 55.4 | |

生产厂家：宜兴泉溪环保股份有限公司、江苏天雨环保集团有限公司、江苏一环集团有限公司、无锡通用机械厂有限公司、江苏兆盛水工业装备集团有限公司、江苏鼎泽环境工程有限公司、江苏神洲环境工程有限公司、天津市市政杰诚环保工程公司。

### 3.2.3 中心传动扫角式刮泥机

（1）适用范围　中心传动扫角式刮泥机适用于方型沉淀池。在需要进行流量控制和固体沉积物收集的情况下较为适宜。

（2）技术说明　中心进水和十字形流量可以通过选择适当的溢流槽、进水井和扫角装置来完成。通过带坡度砂浆的圆角可以最有效地处理积聚在池角的固体，其刮耙臂为可伸缩的。

（3）中心传动扫角式刮泥机结构　中心传动扫角式刮泥机结构见图 3-19。

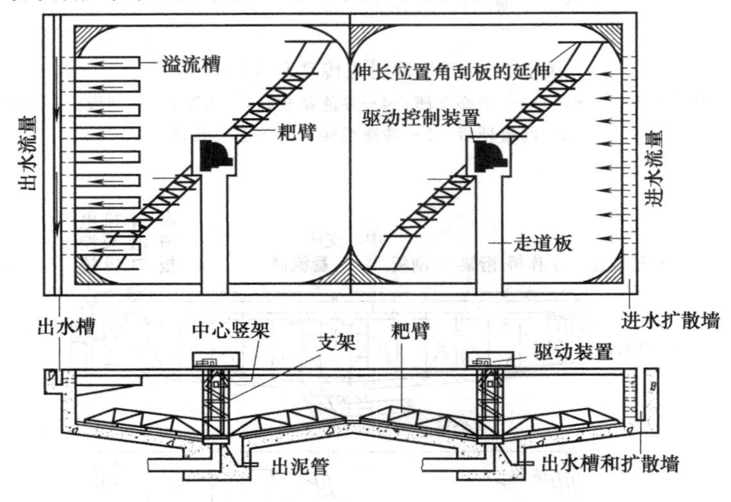


图 3-19　中心传动扫角式刮泥机结构

生产厂家：江苏新纪元环保设备有限公司。

### 3.2.4 行车式刮泥机（抬耙式刮泥撇渣机）

#### 3.2.4.1 PGT Ⅰ型抬耙式刮泥撇渣机

（1）适用范围　该机适用于同向流的平流式沉淀池、沉砂池中的污泥及浮渣的去除。

（2）规格和性能　见表 3-22。

表 3-22　PGT Ⅰ型抬耙式刮泥撇渣机规格和性能

| 参数<br>型号规格 | 池宽 $B$ /m | 池深 $H$ /m | 电机功率 /kW | 行车速度 /(m/min) |
|---|---|---|---|---|
| PGT Ⅰ　4～6 | 4～6 | 3.5～5.0 | 0.37×2 | 约 1 |
| PGT Ⅰ　7～10 | 7～10 | 3.5～5.0 | 0.75×2 | 约 1 |
| PGT Ⅰ　11～14 | 11～14 | 3.5～5.0 | 1.5×2 | 约 1 |

生产厂家：诸城联创机械有限公司、唐山市中水环保机械有限公司。

（3）技术说明　该机为同向流刮泥和刮渣，刮泥耙靠卷扬机构升降，刮浮渣耙靠电动推杆升降，达到刮泥刮渣目的。

（4）外形及安装尺寸　见图 3-20、图 3-21。

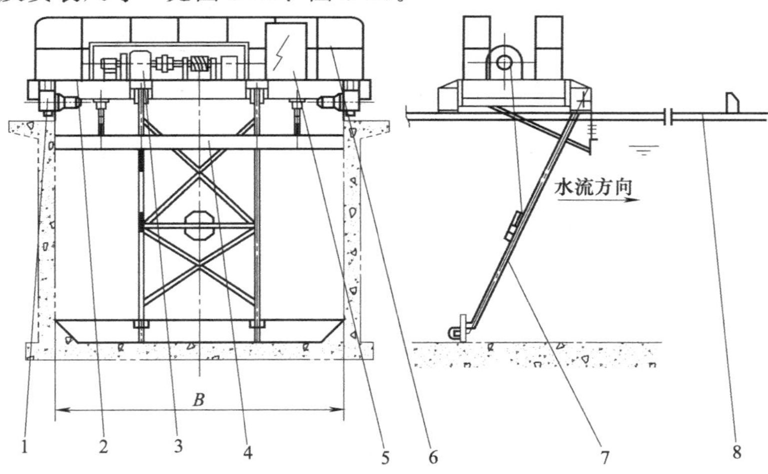


图 3-20　PGT Ⅰ型抬耙式刮泥机结构

1—驱动装置；2—行车；3—卷扬机；4—刮渣机构；5—电控箱；6—栏杆；7—刮泥耙；8—导轨组

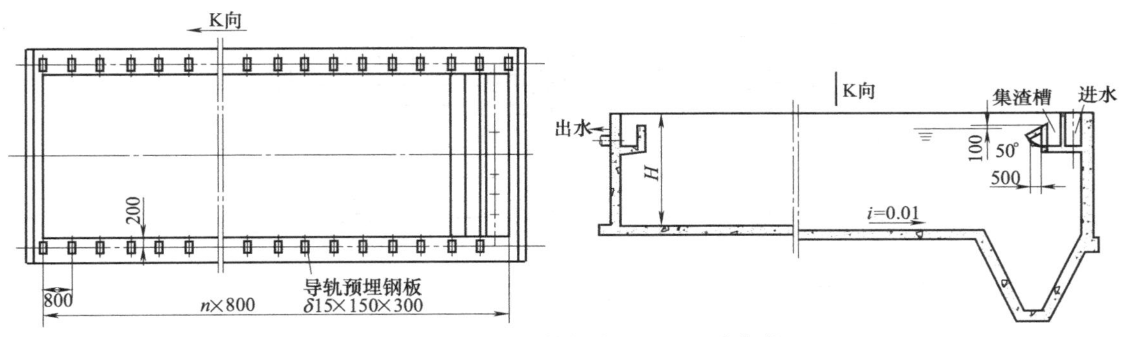


图 3-21　PGT Ⅰ型抬耙式刮泥机土建条件

### 3.2.4.2　HTG 行车式抬耙刮泥机

（1）适用范围　HTG 行车式抬耙刮泥机适用于给排水工程中平流式沉淀池，将沉降在池底的污泥刮集至集泥槽，并将池面的浮渣撇向集渣槽。

（2）设备型号说明

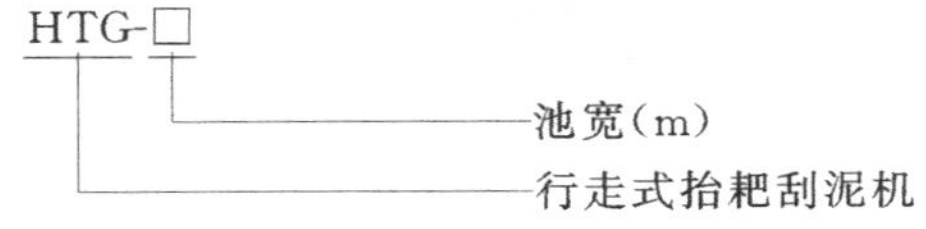


（3）设备主要技术参数及结构　HTG 行车式抬耙刮泥机主要技术参数见表 3-23 及表 3-24；HTG 行车式抬耙刮泥机结构见图 3-22，安装见图 3-23。

表 3-23　HTG 行车式抬耙刮泥机主要技术参数（一）

| 型号 | $L$ /m | $L_k$ /mm | 行走功率 /kW | 卷扬功率 /kW | 推荐池深 /mm | 基础尺寸/mm | | | 轻轨 /(kg/m) |
|---|---|---|---|---|---|---|---|---|---|
| | | | | | | $B$ | $B_1$ | $L_1$ | |
| HTG-4 | 4 | 4300 | 0.37 | 0.37 | 3500 | 2000 | 1400 | 4568 | 15 |
| HTG-5 | 5 | 5300 | 0.37 | 0.37 | | | | 5568 | |
| HTG-6 | 6 | 6300 | 0.75 | 0.37 | | | | 6568 | |
| HTG-7 | 7 | 7300 | 0.75 | 0.55 | | 2400 | 1800 | 7500 | |
| HTG-8 | 8 | 8300 | 0.75 | 0.55 | | | | 8500 | |

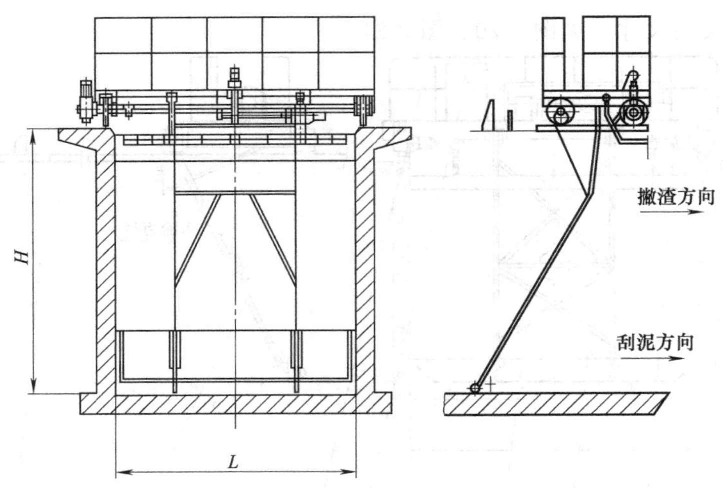


图 3-22　HTG 行车式抬耙刮泥机结构

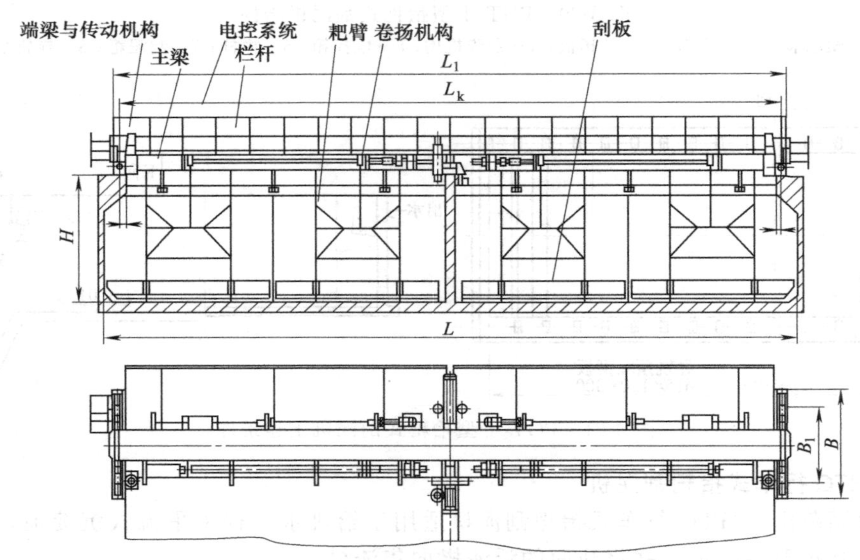


图 3-23　HTG 行车式抬耙刮泥机安装

表 3-24　HTG 行车式抬耙刮泥机主要技术参数（二）

| 型号 | L /m | $L_k$ /m | 行走功率 /kW | 卷扬功率 /kW | 行走速度 /(m/min) | 提升速度 /(m/min) | 推荐池深 /mm | 轻轨 /(kg/m) |
|---|---|---|---|---|---|---|---|---|
| HTG-10 | 10 | 10.3 | 0.55×2 | 0.55 | 1 | 0.85 | 3500 | 15 |
| HTG-12 | 12 | 12.3 | 0.55×2 | 0.75 | 1 | 0.85 | | |
| HTG-15 | 15 | 15.3 | 0.75×2 | 1.1 | 1 | 0.85 | | |
| HTG-20 | 20 | 20.3 | 0.75×2 | 1.5×2 | 1 | 0.85 | | |

生产厂家：宜兴泉溪环保股份有限公司、江苏天雨环保集团有限公司、无锡通用机械厂有限公司、南京远蓝环境工程设备有限公司。

## 3.2.5　链板式刮泥机

### 3.2.5.1　GL 型链板式刮泥机

（1）适用范围　GL 型链板式刮泥机适用于平流式沉淀池的刮泥和撇渣。

（2）型号说明

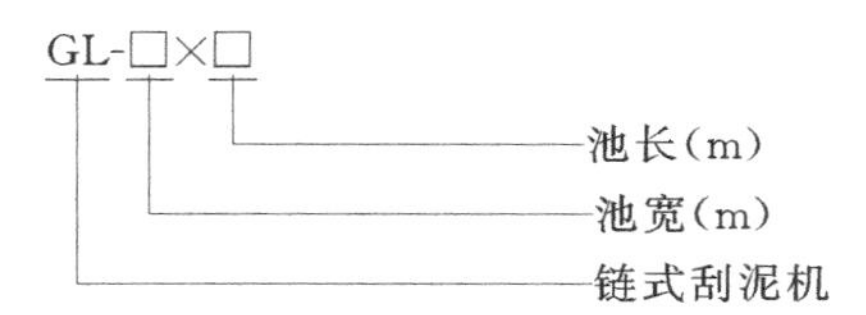


（3）结构原理　该机由链轮及保险装置、行星摆线减速机、机座、主胀紧装置、牵引胀紧装置、胀紧链轮、胀紧从动轴、驱动轴、牵引从动轴、刮板组、牵引链条等组成。

（4）规格和性能　见表 3-25。

**表 3-25　GL 型链板式刮泥机规格和性能**

| 型号 | 池宽/m | 刮板块数 | 刮泥速度/(m/min) | 电动机功率/kW | 链条破断力/t |
|---|---|---|---|---|---|
| GL-4×25 | 4 | 12 | 0.26 | 0.4 | 15 |
| GL-5×25 | 5 | 12 | 0.26 | 0.4 | 15 |
| GL-6×25 | 6 | 12 | 0.26 | 0.8 | 15 |

生产厂家：诸城联创机械有限公司。

（5）外形及安装尺寸　GL 型链板式刮泥机的外形及安装尺寸见图 3-24、表 3-26。

### 3.2.5.2　双列链牵引式刮泥机

（1）适用范围　本设备为全塑料双链组件刮泥机，用于城市污水、工业废水处理。适用于初沉池、二沉池、双层池、斜板沉淀池。

（2）构造　塑料链条系统包括有齿轮箱的驱动电机，塑料零部件包括链条，玻璃纤维刮板、耐磨块、驱动和空转齿轮，驱动和驱动母链轮、高强度玻璃纤维加强塑料套筒式管子驱动轴、空转和驱动铸尼龙的可更换的自润滑套筒轴承、玻璃纤维轨道，铸尼龙-6 的托墙支架、高分子聚乙烯导轨及地面的磨损条。见图 3-25。

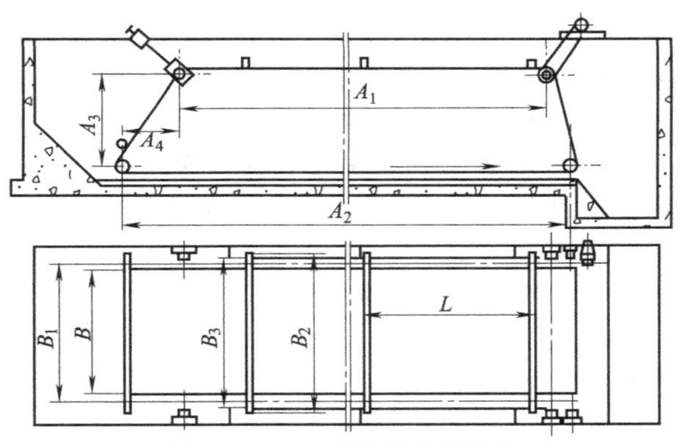


图 3-24　GL 型链板式刮泥机

**表 3-26　GL 型链板式刮泥机安装尺寸**　　单位：mm

| 型号 | $A_1$ | $A_2$ | $A_3$ | $A_4$ | $L$ | $B$ | $B_1$ | $B_2$ | $B_3$ |
|---|---|---|---|---|---|---|---|---|---|
| GL-4×25 | 19600 | 21500 | 2422 | 1400 | 4000 | 3300 | 3560 | 3888 | 3740 |
| GL-5×25 | 19600 | 21500 | 2422 | 1400 | 4000 | 3800 | 4060 | 4360 | 4246 |
| GL-6×25 | 19600 | 21500 | 2422 | 1400 | 4000 | 4000 | 5060 | 5390 | 5246 |

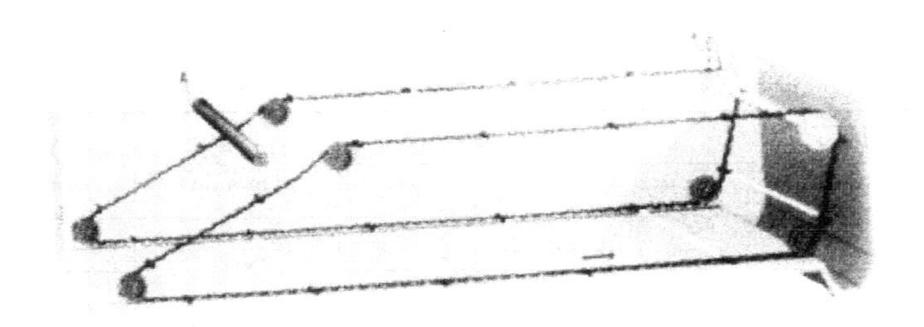

图 3-25　双列链牵引式刮泥机

（3）规格性能　池径宽：6.5m以下用标准刮板；6.5～8m用高强度刮板；8～10m用箱型超强度刮板。

参考传动转速0.94r/min；参考传动行走速度0.46m/min。

参考传动功率=3/4hp（0.56kW）

本刮泥机适用池形尺寸，池宽≤10m，池长≤100m及双层池池深≤12m。

生产厂家：宜兴市锦昌建筑环保有限公司。

### 3.2.5.3　PJ型撇渣（油）刮泥机（提板式、链条式）

（1）适用范围　PJ型撇渣（油）刮泥机主要用于平流式（矩形）沉淀池，是污水处理工程中沉砂池、初沉池、二沉池及隔油池等矩形池的常用设备，该设备在池底刮集泥砂，同时又可对沉淀池水面浮油及浮渣进行撇除。

（2）结构和工作原理　PJ型排泥撇渣机按工艺结构及工作方式分为提板式及链条牵引式两种类型。

PJ-T型提板式撇渣（油）刮泥机主要由驱动减速装置、撇渣机构、排泥机构、升落卷筒及电控装置等部分组成，该设备在电控装置的指令下，撇渣、刮泥机构随行车架沿池面敷设的轨道直线往复运行。升落卷筒定时（定程）提升或降落刮板，使撇渣、刮泥分别单项工作，将池底泥砂和沉淀池水面油渣分别刮集于集泥槽和排渣管排出池外。

PJ-L型链条牵引式撇渣（油）刮泥机主要有固定于池面的减速驱动装置及设置于池内带刮板的牵引链、传动链副及张紧装置、安全保护装置等组成。

减速驱动装置通过链轮副将动力传递于牵引链带动刮板沿池内上下轨道作定向回转连续运行，运行过程中刮板将池底泥砂、池面油渣不断分别刮集于集泥槽、排渣管排出池外。

（3）型号说明

PJ-T(L)-□
- □——池宽(m)
- T(L)——提板(链条牵引)式
- PJ——撇渣(油)刮泥机

（4）设备技术参数及外形结构及预埋件尺寸　PJ型排泥撇渣机主要技术参数见表3-27；PJ型排泥撇渣机设备外形见图3-26，PJ-L型链条牵引式撇渣（油）刮泥机结构见图3-27，PJ-L型链条牵引式撇渣（油）刮泥机预埋钢板尺寸见图3-28，PJ-T型提板式撇渣（油）刮泥机外形结构见图3-29。

图3-26　PJ型排泥撇渣机设备外形

表3-27　PJ型排泥撇渣机主要技术参数

| 型号 | 适用池子尺寸/m | | | 电机功率/kW | | 行走速度/(m/min) | 卷扬提板速度/(m/min) | 链板间距/m |
|---|---|---|---|---|---|---|---|---|
| | 宽度 | 长度 | 深度 | 行走 | 卷扬 | | | |
| PJ-T | 3～10 | 5～50 | 2～5 | 0.37～2.0 | 0.75 | <1 | <2 | |
| PJ-L | 4～6 | 5～25 | | 0.37～2.0 | | | | 1～1.5 |

生产厂家：江苏一环集团有限公司、无锡通用机械厂有限公司。

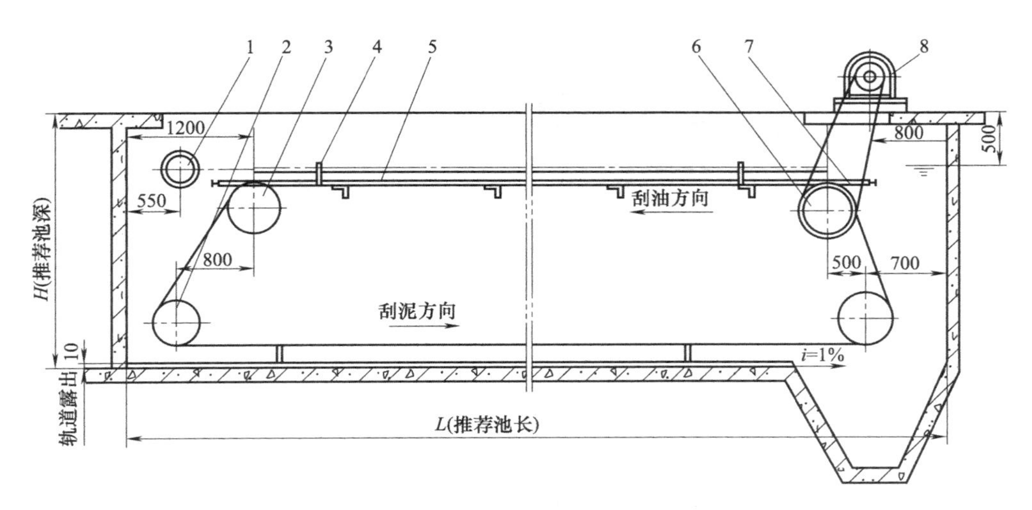


图 3-27 PJ-L 型链条牵引式撇渣（油）刮泥机结构

1—集油管；2,3—从动轮组；4—刮板组合；5—导轨及支架；6—主动轮组；7—链条张紧机构；8—驱动机构

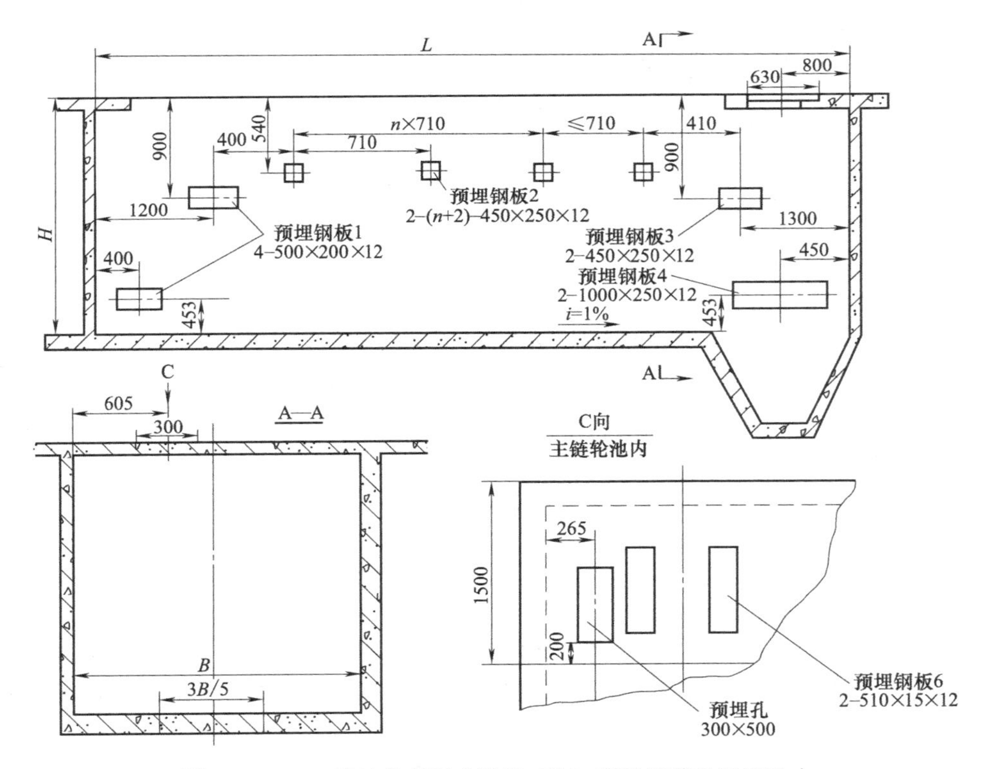


图 3-28 PJ-L 型链条牵引式撇渣（油）刮泥机预埋钢板尺寸

## 3.2.6 中心传动吸泥机

### 3.2.6.1 垂架式多吸管水位差自吸式吸泥机

（1）适用范围 该设备为中心驱动吸泥机，适用于一般工业与市政污水处理、给水处理以及高浊度水的预沉处理场合。

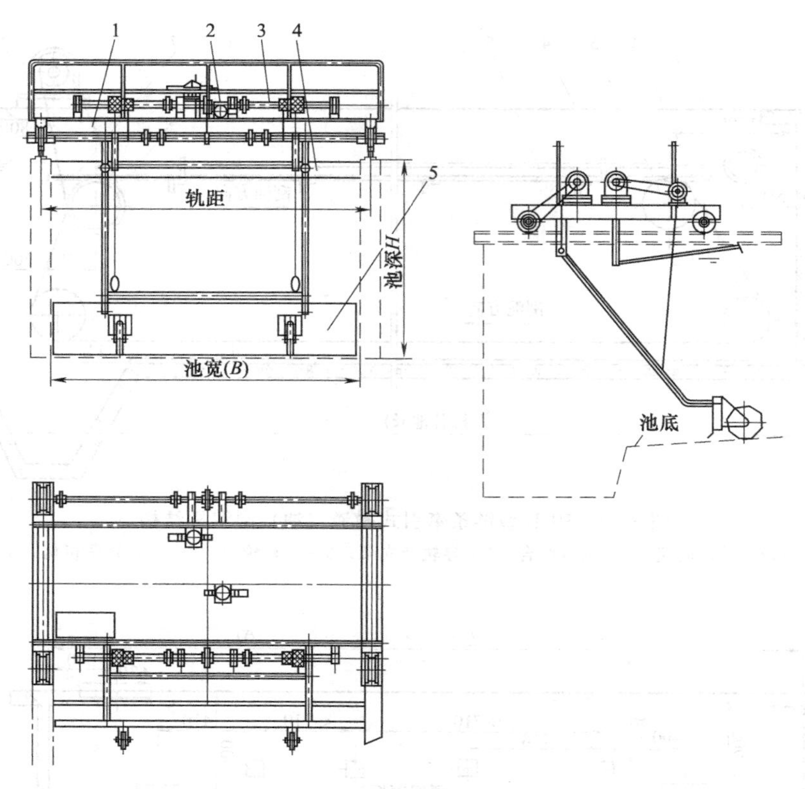


图 3-29 PJ-T 型提板式撇渣（油）刮泥机外形结构
1—桁车架；2—驱动减速装置；3—转动轴；4—撇渣机构；5—刮泥机构

（2）规格和性能 见表 3-28。

表 3-28 垂架式多吸管水位差自吸式吸泥机规格和性能

| 池径/m | 驱动头型号 | 额定扭矩/(N/m) | 电机功率/kW |
|---|---|---|---|
| 6～9 | W12 | 5426 | 0.37 |
| 9～15 | W21P | 20350 | 0.56 |

生产厂家：宜兴市中恒水工业装备有限公司。

（3）技术说明

① 工艺适应能力大大提高，中心部分可加装大直径导流板、混凝设备、搅拌设备及表面撇渣等改善固体载留能力的装置。

② 对同样的固体负荷而言，池底集污能力较周边驱动设备提高一倍，池径可相应缩小。

③ 选装提耙机构使设备具有很强的耐固体负荷冲击能力和扭矩过载保护能力，保证设备的连续稳定运行。

④ 可在气温寒冷、池水表面结冰的场合连续运行，解决了周边驱动设备冬季停产的问题。

⑤ 省去了周边驱动设备的池顶导轨及驱动轮，同时避免了由此产生的池顶运动荷载及应力。

（4）外形及安装尺寸 见图 3-30。

### 3.2.6.2 ZXX 型中心传动单（双）管式吸泥机

（1）适用范围 ZXX 型中心传动单（双）管式吸泥机作用与 ZBX 型周边传动吸泥机基

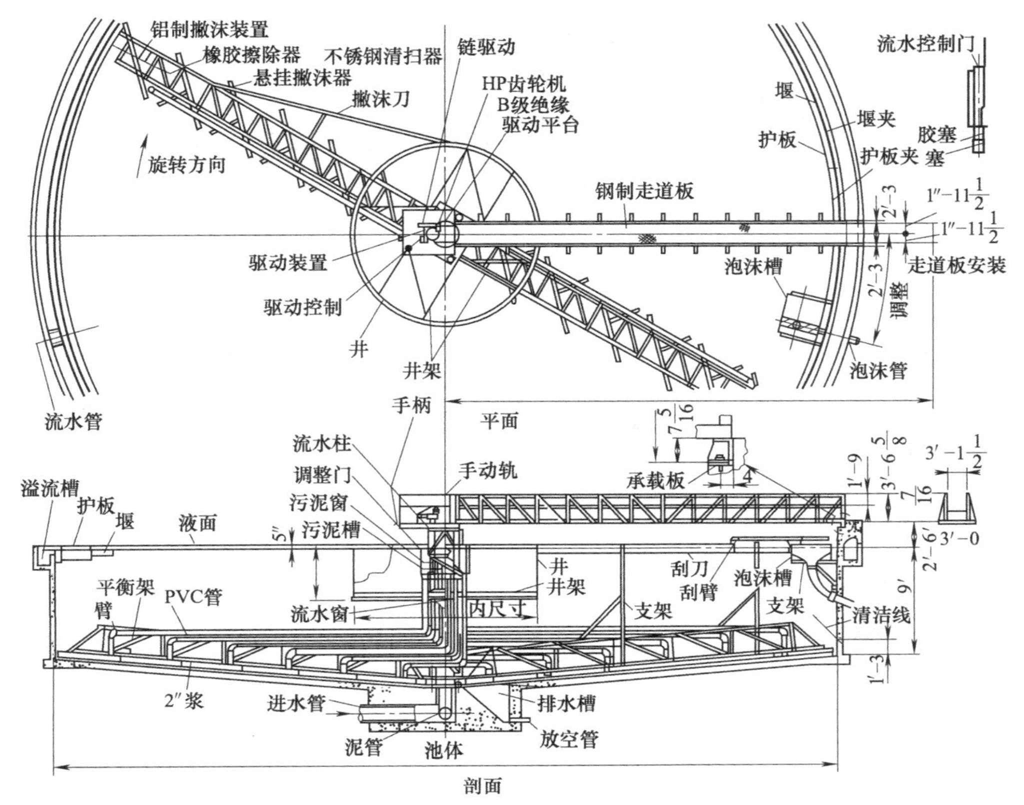


图 3-30　垂架式多吸管水位差自吸式刮泥机

本相似。工作性能优于周边传动型式，一般采用周边进水和周边出水，单管或双管吸泥至池中心，再靠池外泥阀控制排出。可带有浮渣刮集装置（包括配水槽），一般可将惰性污泥和活性污泥分层收集外排。

（2）型号说明

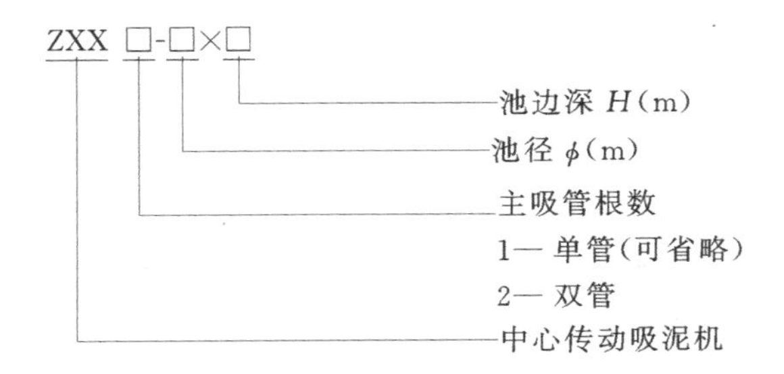


（3）设备特点

① 周边配水经过水力模型验算，布水孔按不均匀分布设计，布水合理，沉淀效率高；

② 中心支墩采用钢制结构，减少了施工难度，保证传动精度；

③ 垂架吸泥管，经合理配重，运行平稳、可靠；

④ 液位及流量可调节或控制；

⑤ 新型传动装置，传递力矩大且可控制并设置过载保护；

⑥ 集泥管及刮板系列为针对性设计，刮排泥彻底。

（4）外形结构及技术性能　ZXX 型中心传动单（双）管式吸泥机的外形结构见图 3-31，技术性能见表 3-29。

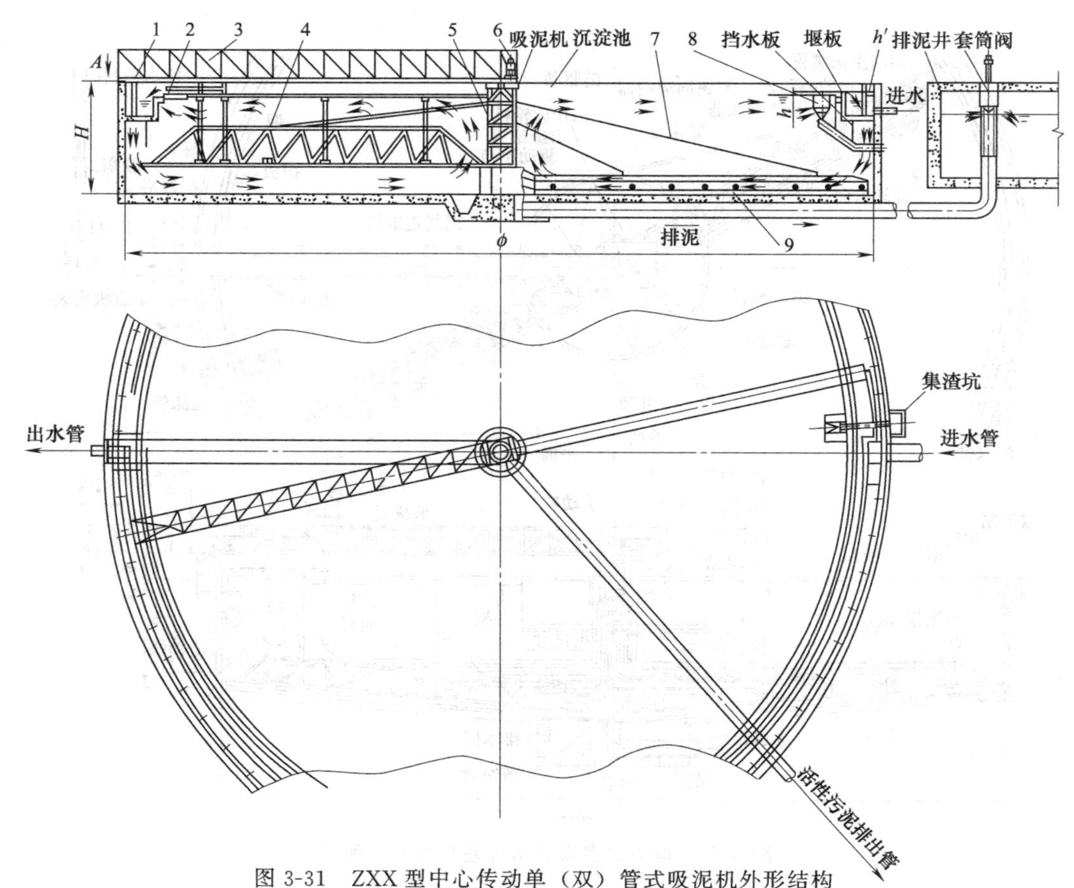


图 3-31　ZXX 型中心传动单（双）管式吸泥机外形结构

1—进水槽撇渣板；2—撇渣机构；3—工作桥；4—撇渣架；5—中心竖架；6—传动机构；7—拉杆；8—排渣斗；9—吸泥

**表 3-29　ZXX 型中心传动单（双）管式吸泥机技术性能**

| 参数<br>型号 | 池径<br>/m | 周边线速<br>/(m/min) | 电机功率<br>/kW | 推荐池深<br>/m | 最小沉速<br>(表面负荷)<br>/(mm/s) | 配水水头<br>$h$/mm | 配水内差<br>$\Delta h$/mm |
|---|---|---|---|---|---|---|---|
| ZXX-25 | 25 | 3～4.5 | 0.37 | 3.5 | 0.3～0.5 | 约 100 | ≤50 |
| ZXX-36 | 36 | | | | | | |
| ZXX-40 | 40 | | 0.55 | | | | |
| ZXX-42 | 42 | | | | | | |
| ZXX-50 | 50 | | | | | | |

注：1. 表中配水水头指配水槽平均水位与池中水位高度差。
2. 表中配水内差指配水槽内最高与最低水位差。

生产厂家：江苏天雨环保集团有限公司、宜兴泉溪环保股份有限公司、国美（天津）水务设备工程有限公司、广州市新之地环保产业有限公司、江苏兆盛水工业装备集团有限公司、余姚市浙东给排水机械设备厂。

## 3.2.7　周边传动吸泥机

### 3.2.7.1　ZBXN 型周边传动吸泥机

（1）适用范围　ZBXN 型系列吸泥机用于污水处理厂圆形二沉池。将沉降在池底上的污泥刮集至一组沿半径布置的吸泥管管口，再通过中心排泥管排出，以便污泥回流或浓缩脱水，此外，还可以撇除液面浮渣。

（2）型号说明

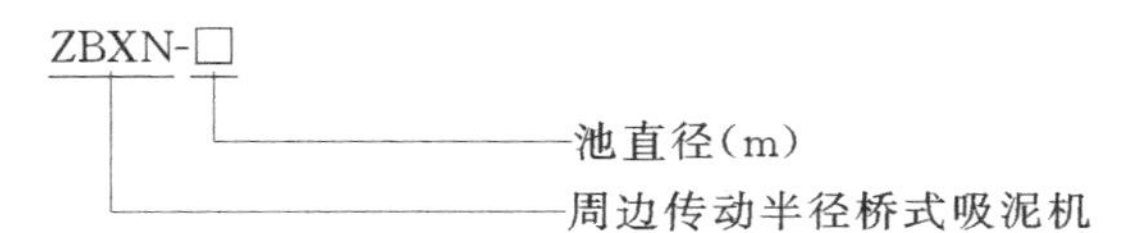


（3）结构 ZBXN型系列吸泥机为周边传动虹吸式，如图3-32所示，由兼作输泥槽的主梁、吸泥管系、虹吸抽空系统、中心泥罐、中心回转轴承、驱动装置、撇渣装置、集电器、控制柜等构成。

（4）规格和性能 见表3-30。

**表3-30 ZBXN型系列吸泥机规格和性能**

| 参数 \ 型号 | ZBXN-18 | ZBXN-20 | ZBXN-22 | ZBXN-24 | ZBXN-26 | ZBXN-28 | ZBXN-30 | ZBXN-32 | ZBXN-34 | ZBXN-36 | ZBXN-38 | ZBXN-40 |
|---|---|---|---|---|---|---|---|---|---|---|---|---|
| 池直径 $D$/m | 18 | 20 | 22 | 24 | 26 | 28 | 30 | 32 | 34 | 36 | 38 | 40 |
| 中心筒直径 $D_2$/mm | 1.25 | | | 1.55 | | | 1.90 | | | 2.10 | | |
| $D_3$/mm | 2300 | | | 2600 | | | 2950 | | | 3150 | | |
| $C$/mm | 470 | | | | 570 | | | | 670 | | | |
| $E$/mm | 770 | | | | 870 | | | | 970 | | | |
| 池边深度 $H_1$/m | 2.4 | | | 2.6 | | | 2.8 | | | 3.1 | | |
| 池顶超高 $H_2$/m | 0.45 | | | | | | 0.55 | | | | | |
| 排泥管直径/m | 0.4 | | | 0.5 | | | 0.6 | | | 0.7 | | |
| 滚动面载荷 $2\times F_1$/kN | 2×6 | | | 2×14 | | | 2×20 | | | 2×28 | | |
| 中心筒载荷 $F_2$/kN | 16 | | | 22 | | | 33 | | | 44 | | |
| 中心筒径向载荷 $F_3$/kN | 6 | | | 11 | | | 17 | | | 28 | | |
| 滚道宽度 $L$/m | 0.45 | | | | 0.5 | | | | 0.55 | | | |
| 驱动装置电机功率/kW | 0.37 | | | | | | | | | | | |
| 真空系统电机功率/kW | 0.3 | | | | | | | | | | | |

生产厂家：河南蓝污环保工程有限公司。

（5）外形及安装尺寸 见图3-32。

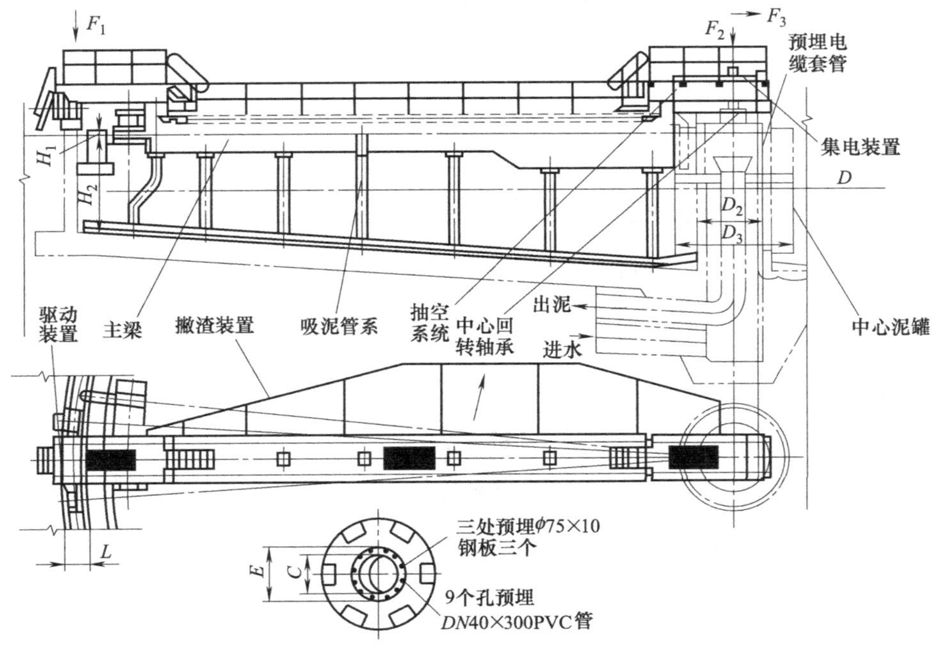


图3-32 ZBXN型系列吸泥机

### 3.2.7.2 ZBX 型周边传动吸泥机

（1）适用范围　ZBX 型周边传动吸泥机用于大型（一般指流量大于 500m³/h）污水处理工程的辐流式沉淀池，特别适用于二沉池池底污泥的刮集和外排。池形一般采用中心进水、周边出水、中心排泥，池底可不设坡度（平底结构），二沉池使用尤为广泛。水面浮渣、浮沫等杂物可由浮渣刮集装置刮排至池外渣坑或渣斗。

（2）型号说明

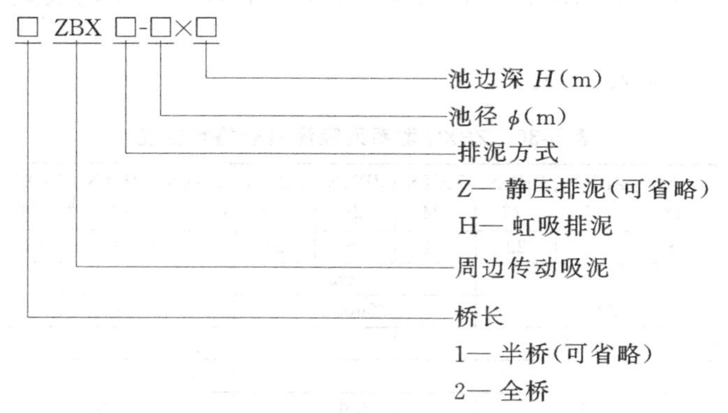


（3）设备技术性能、设备尺寸及外形结构　ZBX 型周边传动吸泥机技术性能见表 3-31，设备尺寸参数见表 3-32；设备外形结构见图 3-33。

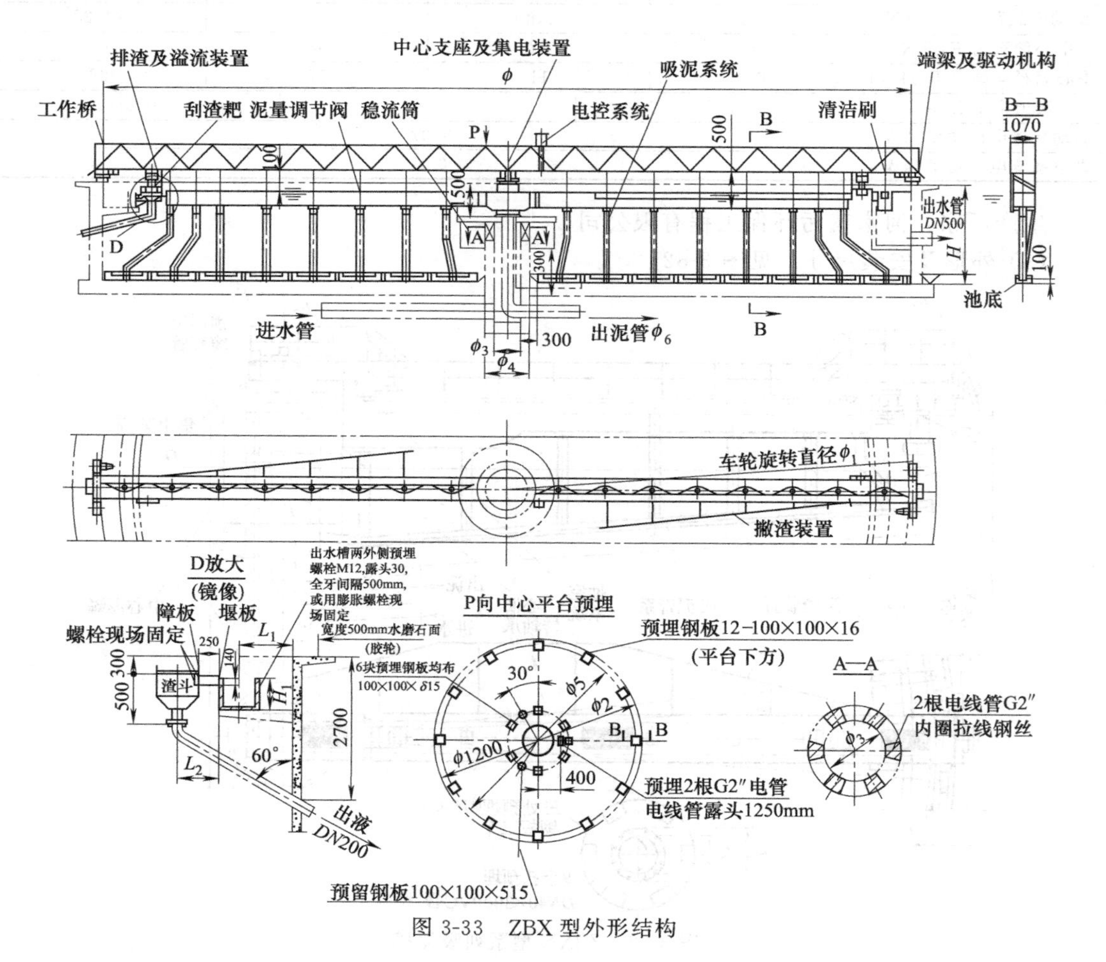


图 3-33　ZBX 型外形结构

表 3-31　ZBX 型周边传动吸泥机技术性能

| 参数 / 型号 | ZBX-20 | ZBX-25 | ZBX-30 | ZBX-35 | ZBX-40 | ZBX-45 | ZBX-50 | ZBX-55 |
|---|---|---|---|---|---|---|---|---|
| 池径 $\phi$/mm | 20000 | 25000 | 30000 | 35000 | 40000 | 45000 | 50000 | 55000 |
| 最小沉速表面负荷/(mm/s) | 0.25 | 0.25 | 0.25 | 0.22 | 0.22 | 0.22 | 0.22 | 0.22 |
| 滚轮中心直径 $\phi_1$/m | 20.4 | 25.4 | 30.4 | 35.4 | 40.4 | 45.4 | 50.4 | 55.4 |
| 周边单轮压/kN | 22.5 | 25.0 | 26.5 | 28.5 | 30.0 | 32.5 | 39.0 | 42.5 |
| 周边线速/(m/min) | 2～3 | | | | | | | |
| 单边功率/kW | 0.37 | 0.37 | 0.37/0.75 | 0.37/0.75 | 0.55/0.75 | 0.55/1.1 | 0.75/1.1 | 0.75/1.1 |
| 推荐池深/mm | 3000 | | | 3500 | | | 4000 | |

表 3-32　ZBX 型周边传动吸泥机尺寸参数　　单位：mm

| 型号 / 参数 | ZBX-20 | ZBX-25 | ZBX-30 | ZBX-35 | ZBX-40 | ZBX-45 | ZBX-50 | ZBX-55 |
|---|---|---|---|---|---|---|---|---|
| $\phi_1$ | 20000 | 25000 | 30000 | 35000 | 40000 | 45000 | 50000 | 55000 |
| $\phi_2$ | $\phi$3850 | $\phi$4050 | $\phi$4250 | $\phi$4450 | $\phi$4650 | $\phi$4850 | $\phi$5050 | $\phi$5250 |
| $\phi_3$ | $\phi$600 | $\phi$700 | $\phi$1000 | $\phi$1200 | $\phi$1300 | $\phi$1500 | $\phi$1700 | $\phi$1800 |
| $\phi_4$ | $\phi$1100 | $\phi$1200 | $\phi$1600 | $\phi$1800 | $\phi$2100 | $\phi$2300 | $\phi$2500 | $\phi$2600 |
| $\phi_5$ | $\phi$3580 | $\phi$3780 | $\phi$3980 | $\phi$4180 | $\phi$4380 | $\phi$4580 | $\phi$4780 | $\phi$4980 |
| $\phi_6$ | $\phi$300 | $\phi$350 | $\phi$400 | $\phi$450 | $\phi$500 | $\phi$600 | $\phi$600 | $\phi$700 |
| $L_1$ | 1500 | 1500 | 1500 | 2000 | 2500 | 2500 | 2500 | 2500 |
| $L_2$ | 650 | 650 | 750 | 750 | 750 | 750 | 750 | 750 |
| 排泥槽宽度 $B$ | 450 | 500 | 500 | 550 | 550 | 600 | 600 | 600 |
| $H_1$ | 500 | 500 | 500 | 600 | 600 | 700 | 700 | 700 |

生产厂家：江苏天雨环保集团有限公司、无锡通用机械厂有限公司、宜兴泉溪环保股份有限公司、南京远蓝环境工程设备有限公司、天津市市政杰诚环保工程公司。

## 3.2.8　行车式吸泥机

### 3.2.8.1　SX 型平流式沉淀池虹吸式吸泥机

（1）适用范围　SX 型平流式沉淀池虹吸式吸泥机是沉淀池常用的机械排泥装置之一，广泛适用于给排水工程设置于地表或半地下的平流沉淀池沉积污泥的刮吸排除，尤其适用于作斜管（板）矩形沉淀池的沉淀污泥排除。

（2）型号说明

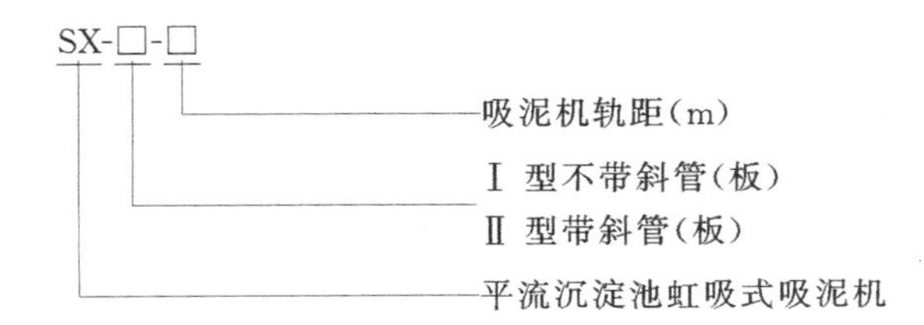


（3）特点

① 利用虹吸排泥，运行平稳，能耗省；

② 设备结构简单，并简化沉淀池结构，节省工程投资；

③ 边行走、边吸泥、往返工作，对污泥干扰小，排泥效果好；

④ 根据污泥沉淀情况，可调整工作行程和排泥次数，提高沉淀效果；

⑤ 自动化程度高，操作维护管理方便，不易发生故障。

（4）技术参数及外形结构　SX-Ⅰ型平流式沉淀池虹吸式吸泥机主要技术参数见表 3-33；外形结构见图 3-34。

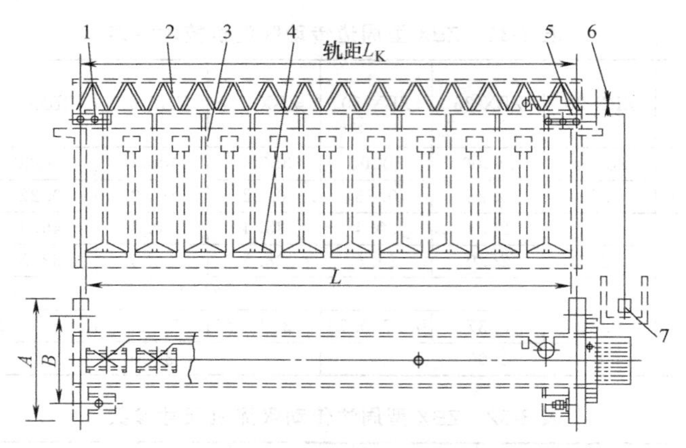


图 3-34　SX-Ⅰ型平流式沉淀池虹吸式吸泥机外形结构

1—端梁及驱动机构；2—主梁；3—虹吸系统；4—集泥器；5—钢轨；6—抽真空系统；7—水封

**表 3-33　SX-Ⅰ型平流式沉淀池虹吸式吸泥机主要技术参数**

| 型号 | 外形尺寸/mm | | | | 行走速度/(m/min) | 驱动 | | 安装轨道/(kg/m) |
|---|---|---|---|---|---|---|---|---|
| | 池宽 $L$ | 轨距 $L_K$ | $A$ | $B$ | | 功率/kW | 方式 | |
| SX-Ⅰ-4.0 | 3700 | 4000 | 2100 | 1500 | 1.0～1.5 | 0.55 | 中心驱动 | 15 |
| SX-Ⅰ-6.0 | 5700 | 6000 | 2100 | 1500 | | 0.55×2 | 两边同步驱动 | 22 |
| SX-Ⅰ-8.0 | 7700 | 8000 | 2500 | 1900 | | | | |
| SX-Ⅰ-10 | 9700 | 10000 | 2500 | 2000 | | | | |
| SX-Ⅰ-12 | 11700 | 12000 | 2600 | 2000 | | | | |
| SX-Ⅰ-14 | 13700 | 14000 | 2600 | 2000 | | | | |
| SX-Ⅰ-16 | 15700 | 16000 | 2600 | 2000 | | 0.75×2 | | |
| SX-Ⅰ-18 | 17700 | 18000 | 2600 | 2300 | | | | |
| SX-Ⅰ-20 | 19700 | 20000 | 3000 | 2300 | | | | |
| SX-Ⅰ-24 | 23700 | 24000 | 3000 | 2300 | | | | |
| SX-Ⅰ-26 | 25700 | 26000 | 3000 | 2300 | | | | |
| SX-Ⅰ-28 | 27700 | 28000 | 3200 | 2500 | | | | |
| SX-Ⅰ-30 | 29700 | 30000 | 3200 | 2500 | | | | |

生产厂家：江苏一环集团有限公司、宜兴泉溪环保股份有限公司、江苏兆盛水工业装备集团有限公司、江苏神洲环境工程有限公司、江苏天雨环保集团有限公司、南京远蓝环境工程设备有限公司。

### 3.2.8.2　SB 平流式沉淀池泵吸式吸泥机

（1）适用范围　泵吸式吸泥机是沉淀池的主要排泥设备之一，广泛适用于给排水工程，尤其适用于地面与地面相对高度较低的矩形沉淀池池底污泥的排除。

（2）型号说明

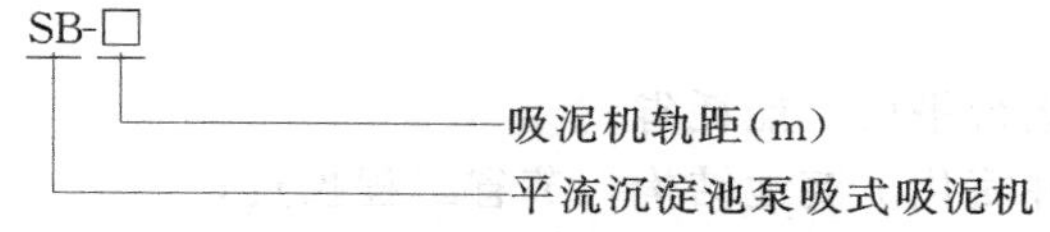


（3）特点　泵吸式吸泥机往返工作，边行走边吸泥，并可根据沉淀池池底污泥沉积情况调整排泥次数及工作行程，排泥可靠，边刮边吸，对沉积污泥干扰小，提高沉淀效果；该设备可缩减池子地面高度，简化池子结构，降低工程造价，自动化程度高，操作维护管理方便，运行安全。

（4）结构和工作原理　泵吸式吸泥机主要由行车梁、集泥装置、驱动装置及电器控制装置等部件组成。

集泥装置、吸泥装置随行车梁在驱动装置的驱动下，按池面两侧所敷设的轨道和与其组合的行程限位开关控制，作直线往复运行。集泥装置不断将池底污泥送于吸泥装置的吸口，利用泵的抽吸排出池外。

(5) 设备主要技术参数及结构　SB 型平流式沉淀池泵吸式吸泥机主要技术参数见表 3-34；外形结构见图 3-35。

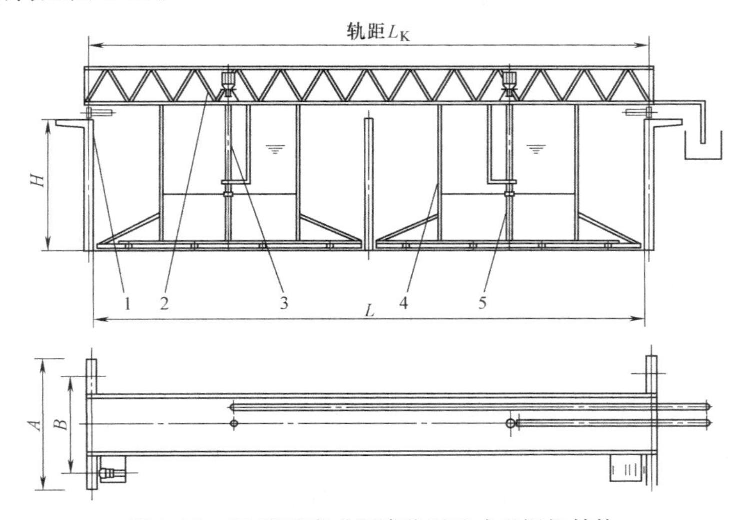


图 3-35　SB 型平流式沉淀池泵吸式吸泥机结构

1—端梁及驱动机构；2—主梁；3—泥浆泵；4—集泥架；5—泵吸系统

**表 3-34　SB 型平流式沉淀池泵吸式吸泥机主要技术参数**

| 型号 | 外形尺寸/mm | | | | 行走速度/(m/min) | 驱动 | | 安装轨道/(kg/m) |
|---|---|---|---|---|---|---|---|---|
| | 池宽 $L$ | 轨距 $L_K$ | $A$ | $B$ | | 功率/kW | 方式 | |
| SB-3.7 | 3400 | 3700 | 2100 | 1600 | 1.0～1.5 | 0.55 | 中心驱动 | 15 |
| SB-4.8 | 4500 | 4800 | 2200 | 1600 | | 0.55×2 | 两边同步驱动 | 22 |
| SB-6.3 | 6000 | 6300 | 2500 | 2250 | | | | |
| SB-8.0 | 7700 | 8000 | 2500 | 2250 | | | | |
| SB-10 | 9700 | 10000 | 3000 | 2300 | | | | |
| SB-12 | 11700 | 12000 | 3000 | 2300 | | | | |
| SB-14 | 13700 | 14000 | 3000 | 2300 | | | | |
| SB-16 | 15700 | 16000 | 3250 | 2600 | | | | |
| SB-18 | 17700 | 18000 | 3250 | 2600 | | | | |
| SB-20 | 19700 | 20000 | 3550 | 2900 | | 0.75×2 | | |
| SB-24 | 23700 | 24000 | 3700 | 3100 | | | | |
| SB-26 | 25700 | 26000 | 3920 | 3300 | | | | |
| SB-28 | 28700 | 28000 | 4120 | 3500 | | 1.10×2 | | |

生产厂家：江苏一环集团有限公司、宜兴泉溪环保股份有限公司、江苏兆盛水工业装备集团有限公司、江苏天雨环保集团有限公司、江苏神洲环境工程有限公司、南京远蓝环境工程设备有限公司。

# 第4章

# 曝气设备与搅拌设备

## 4.1 曝气设备

曝气过程是污水生化工艺的中心环节，又是污水处理过程中最大的电能消耗工序。此过程还常用于预曝气、曝气沉砂、曝气浮选和后曝气工序中。曝气方法主要有鼓风曝气和机械曝气，鼓风曝气是带有一定压力的气体通过曝气扩散器，将空气扩散至曝气池中。曝气扩散器主要分为中粗气泡曝气器、微孔曝气器、动态型曝气器、旋混曝气器等。机械曝气器主要分为表面曝气机械和水下曝气机械，在表面曝气机械中又分成垂直提升型及水平推流型。对于曝气方式、机械与装置的选择，要考虑充氧量和动力效率，也要考虑曝气机械与装置在运行中可能出现的堵塞故障，还要考虑基建费用、运转费用及维护管理是否方便。在一般情况下，当污水量较小时，采用机械曝气可减少动力费用和省去鼓风曝气所需空气管道和鼓风机设备。在氧化沟工艺中，一般采用表面曝气机械，它可起到充氧曝气和达到水平推流作用。鼓风曝气与机械曝气设备种类多、发展快，选取时要根据污水性质、处理要求、占地面积、投资和运转费用、管理方式等权衡综合比较后确定。

### 4.1.1 盘式曝气器

#### 4.1.1.1 橡胶微孔盘式曝气器

（1）适用范围　橡胶膜微孔盘式曝气器适用于污水生物处理、水源水预处理、河道水质保护及其他水体充氧、混合和搅拌。压缩空气通过具有弹性的橡胶膜时，其上孔缝张开；当停止供气时弹性恢复，其上孔缝闭合。微孔橡胶膜外观应光洁、平整、无杂质、气泡和裂纹。

（2）性能及外形尺寸　橡胶膜微孔盘式曝气器的规格与性能见表4-1，其外形尺寸见图4-1。

表4-1　橡胶膜微孔盘式曝气器的规格与性能

| 项　目 | 单位 | 技术参数 | | |
|---|---|---|---|---|
| 橡胶盘外径 | mm | 230 | 260 | 300 |
| 磨片厚度 | mm | 1.8 | 2 | 2 |
| 通气量 | $m^3/h$ | 0～3 | 1～4 | 1～6 |
| 阻力损失[通气量(标态)$1m^3/h$,水深6m] | mm | ≤250 | ≤230 | ≤230 |
| 单个曝气器服务面积 | $m^2$/个 | 0.5 | 0.7 | 0.9 |
| 气泡直径 | mm | 1～2(微孔);2～3(细孔) | | |

续表

| 项　目 | 单 位 | 技 术 参 数 | | |
|---|---|---|---|---|
| 氧利用率(清水) | % | 38(微孔);约 32(细孔) | | |
| 橡胶膜材料 | | EPDM | 硅橡胶 | 氨基甲酸酯 |
| 橡胶膜密度 | g/cm$^3$ | 1.1 | 1.2 | 1.1 |
| 橡胶膜长期工作温度 | ℃ | −5～100 | | |
| 橡胶膜扯断伸长率 | % | ≥500 | ≥500 | ≥420 |

生产厂家：宜兴市凌泰环保设备有限公司、宜兴诺庞环保有限公司、江苏菲力环保工程有限公司、宜兴泉溪环保有限公司、江苏裕隆环保有限公司、江苏神洲环境工程有限公司、王环县中兴水处理设备有限公司、山东思源水业工程有限公司、玉环县净水设备厂。

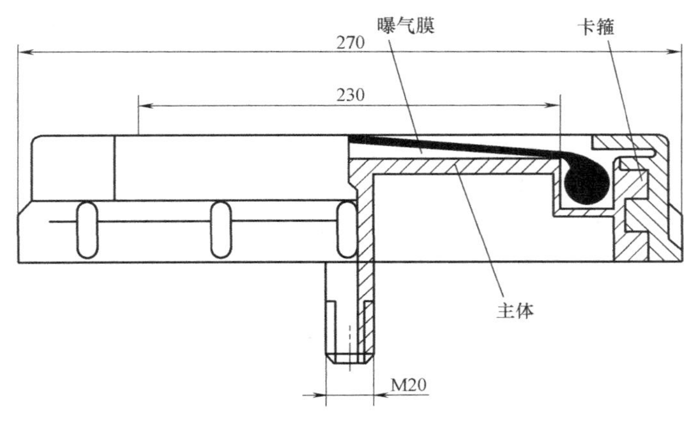


图 4-1　橡胶膜微孔盘式曝气器外形尺寸

#### 4.1.1.2　刚玉盘式曝气器

(1) 适用范围　适用于污水生物处理、水源水预处理，河道水质保护及其他水体充氧、混合和搅拌。

(2) 设备特点　刚玉盘式曝气器具有高效、阻力小、充气量大、搅动性强、运行可靠、耐老化、防腐蚀、寿命长等特点。

(3) 外形及性能参数　刚玉盘式曝气器外形见图 4-2，其技术参数见表 4-2。

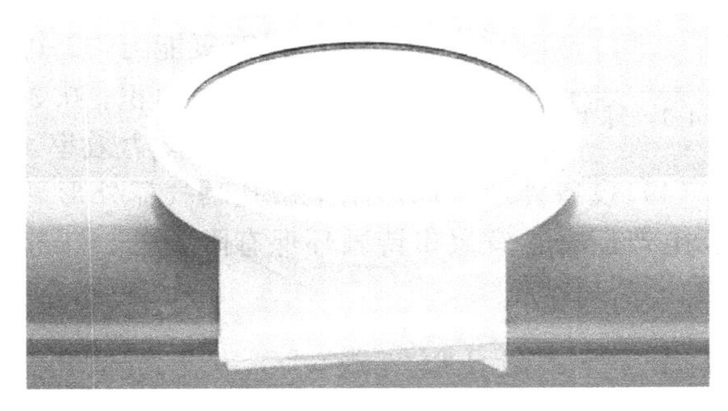

图 4-2　刚玉盘式曝气器

**表 4-2　刚玉盘式曝气器技术参数**

| 项　目 | 单　位 | 技 术 参 数 | |
|---|---|---|---|
| 直径 | mm | 230 | 260 |
| 氧吸收率(6m 水深) | % | 38 | 39 |
| 服务面积 | m$^2$/个 | ≤0.6 | ≤0.8 |
| 阻力损失 | Pa | ≤2500 | ≤2500 |
| 气孔率 | % | 60 | 60 |
| 曝气量 | m$^3$/h | 3 | 3.5 |
| 耐压强度 | kN | 8 | 8 |
| 动力效率 | kg$O_2$/(kW·h) | 7.95 | 7.9 |

生产厂家：宜兴市凌泰环保设备有限公司、江苏菲力环保工程有限公司、江苏兆盛水工业装备集团有限公司、江苏神洲环境工程有限公司、宜兴诺庞环保有限公司、浙江联池水务设备有限公司、宜兴市溢洋水工业有限公司。

## 4.1.2 球型曝气器

**球型刚玉微孔曝气器**

（1）适用范围 球型刚玉微孔曝气器单位面积充氧效率高，适用于城市污水处理的生化曝气。

（2）主要特点

① 防堵、防倒灌性好。曝气器呈球冠形，即使曝气池水质复杂，或是间歇运行时，在其表面也不易积泥，并设有止回阀，能有效阻止水体倒灌。

② 节能高效，布气均匀。球型曝气器工作表面较平板式曝气器相对增大，气泡小，布气均匀，充氧效率高，处理效果好。

③ 耐老化、抗腐蚀。球型曝气器选用刚玉材质，支承托盘及楔形插件均为工程塑料，该设备耐老化性能优良，并能够耐酸、碱和抗药剂等。

④ 球型刚玉微孔曝气器整体结构合理、工艺先进、设计新颖。该曝气器除具有优异的防堵及防水体倒流的性能外，在间歇运行工况条件下，曝气膜表面不易沉淀污泥。较平板膜片式微孔曝气器使用寿命更长，充氧效率更高。

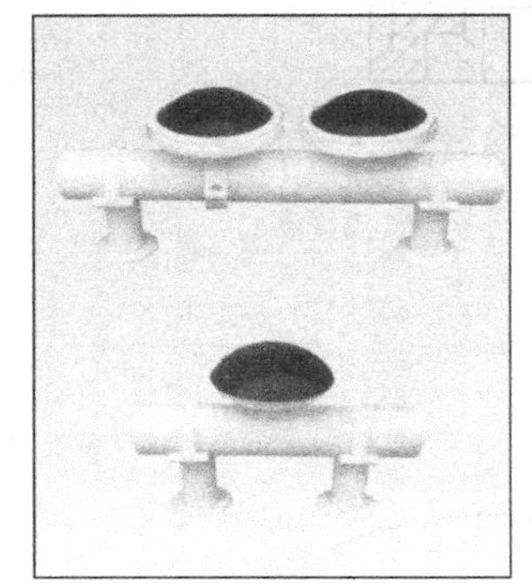

图 4-3 球型刚玉微孔曝气器

（3）主要技术参数

曝气器尺寸：$\phi$178mm

氧利用率：21%～34%

曝气器阻力损失：≤3000Pa

适用工作通气量：3～5$m^3$/(h・个)

充氧能力：＞0.22～0.27kg$O_2$/($m^3$・h)

服务面积：0.3～0.5$m^2$/个

充氧动力效率：4.5～7.5kg$O_2$/(kW・h)

（4）设备外形 球形刚玉微孔曝气器外形见图 4-3。

生产厂家：宜兴市诗画环保有限公司、江苏神洲环境工程有限公司、天津国水设备工程有限公司。

## 4.1.3 管式微孔曝气器

### 4.1.3.1 GB-Ⅲ可提升管式微孔曝气器

（1）适用范围 GB-Ⅲ可提升式微孔曝气器操作简单，维护便捷，适用于新建污水处理厂和现有污水处理厂的改造，是一种高效率的曝气装置。

（2）型号说明

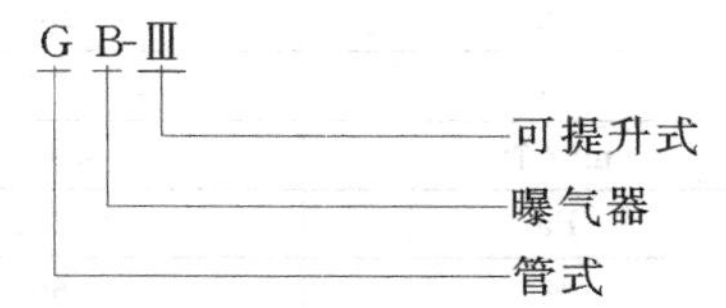


（3）设备特点 GB-Ⅲ可提升式微孔曝气器安装简单，使用寿命长；维修方便，维修成本低；容易拆卸和改装，在同一污水处理厂，对于不同的曝气要求可较为方便地对曝气管结构和部件膜进行更换和改进；在对老的污水处理厂的固定式曝气系统进行改造时，可以保留

主要通风管路。

（4）设备安装　GB-Ⅲ可提升式微孔曝气器安装示意见图 4-4。

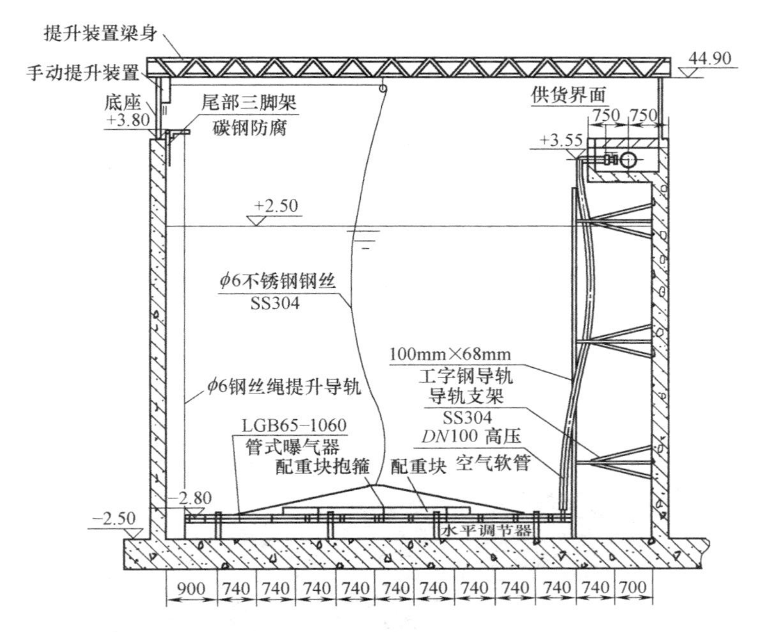


图 4-4　GB-Ⅲ可提升式微孔曝气器安装

生产厂家：宜兴市凌泰环保设备有限公司、宜兴市鹏鹞环保有限公司、玉环县中光水处理设备有限公司、山东思源水业工程有限公司、玉环县净水设备厂。

### 4.1.3.2　橡胶膜管式微孔曝气器

（1）适用范围　适用于市政污水处理、工业废水处理、水源水预处理、河道水处理等，起到对水体的充氧、混合和搅拌的作用。

（2）型号说明

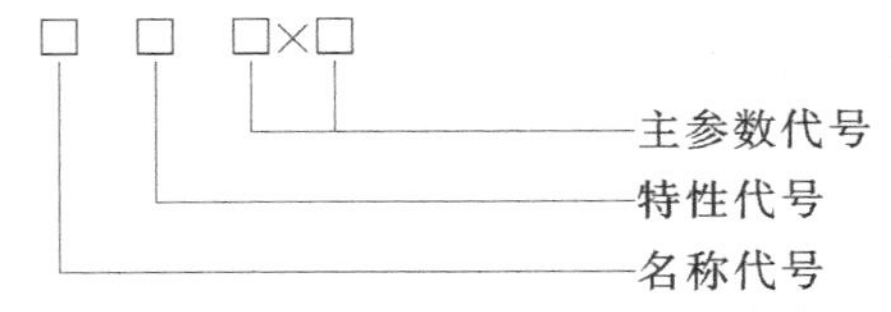


名称代号：B—微孔曝气器，XJ—橡胶

特性代号：G—管式

主参数代号：管式标出外径×长度

（3）结构及性能　橡胶膜管式微孔曝气器规格用外径×长度表示，其优点是采用三元乙丙胶为主要原料制作管式微孔橡胶膜，微孔橡胶膜外观应光洁、平整，无杂质、气泡和裂纹。橡胶膜管式微孔曝气器的技术参数见表 4-3。

**表 4-3　橡胶膜管式微孔曝气器技术参数**

| 参数 | 单位 | 产品类型 | | | | | | | | | |
|---|---|---|---|---|---|---|---|---|---|---|---|
| | | 管式橡胶膜 | | | | | | | | | |
| 直径×长度 | mm | 70×500 | | | 70×1000 | | | 100×1000 | | | |
| 通气量 | $m^3/h$ | 6 | 8 | 10 | 6 | 8 | 10 | 6 | 8 | 10 | 12 |
| 标准氧转移速率 SOTR | $kgO_2/h$ | 0.83 | 1.02 | 1.24 | 0.88 | 1.08 | 1.16 | 0.99 | 1.21 | 1.41 | 1.60 |

续表

| 参数 | 单位 | 产品类型 | | | | | | | | | |
|---|---|---|---|---|---|---|---|---|---|---|---|
| | | 管式橡胶膜 | | | | | | | | | |
| 标准氧转移效率 SOTE | % | 38 | 35 | 32 | 40 | 37 | 32 | 45 | 42 | 39 | 37 |
| 理论动力效率 | $kgO_2/(kW \cdot h)$ | 8.3 | 7.4 | 6.5 | 8.8 | 8.2 | 6.9 | 10.2 | 9.3 | 8.7 | 8.0 |
| 阻力损失 | Pa | ≤4500 | ≤5000 | | ≤4500 | ≤5000 | | ≤4500 | ≤5000 | | ≤5500 |

注：测试水深为6m，TDS≤1000mg/L，CND≤2000mS/cm。氧转移速率、氧转移效率及理论动力效率的数值不低于表中所示数值。

生产厂家：江苏神洲环境工程有限公司、苏兆盛水工业装备集团有限公司、宜兴诺庞环保有限公司、玉环县中兴水处理设备有限公司、山东思源水业工程有限公司、玉环县净水设备厂、宜兴市凌泰环保设备有限公司。

（4）设备外形　橡胶膜管式微孔曝气器外形见图4-5。

图4-5　橡胶膜管式微孔曝气器外形

在本章中介绍的其他形式的曝气器也可考虑选用。

### 4.1.4　管式盘式一体曝气器

**BPE·G高分子管式盘式一体曝气器**

（1）适用范围　BPE·G高分子管式盘式一体曝气器适用于城市污水处理厂的生化曝气。

（2）设备型号说明

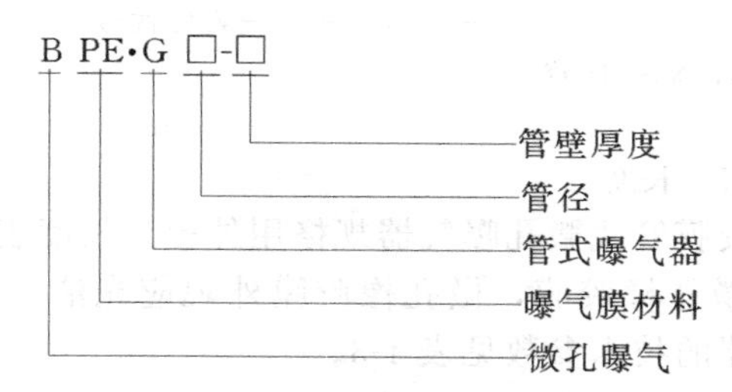


（3）设备特点　BPE·G高分子管式盘式一体曝气器曝气阻力≤$250mmH_2O$；孔隙率≥80%，空隙均匀，比橡胶膜可节能15%。氧利用率≥41%；动力效率≥$9kgO_2/(kW \cdot h)$（6m水深）；曝气孔径稳定，不随压力而变化；曝气单元下半部分时有自动排除冷凝水功能，使管线的有效通气量得到保障，并防止开启风机时产生水锤的可能。

（4）设备技术参数及外形图　BPE·G高分子管式盘式一体曝气器的技术参数见表4-4，外形及结构见图4-6、图4-7。

表 4-4　BPE·G 高分子管式盘式一体曝气器技术参数

| 项　　目 | 单　　位 | 技术参数 | |
|---|---|---|---|
| 型号 | | BPE·G100-10 | BPE·G120-12 |
| 管径×长度 | mm×mm | 100×1070 | 120×1070 |
| 管壁厚度 | mm | 10 | 12 |
| 单管通气量 | $m^3/(m \cdot h)$ | 5～25 | 10～40 |
| 设计通气量(推荐) | $m^3/(m \cdot h)$ | 8～15 | 10～20 |
| 气泡直径 | mm | 1.8～3.5 | 1.8～4.0 |
| 氧转移效率 | % | 40 | 45 |
| 长期工作温度 | ℃ | −50～100 | |
| 阻力损失 | Pa | 1300～3000 | |
| 动力效率 | $kgO_2/(kW \cdot h)$ | 8.0～10 | |
| 测试条件 | | 气量(标态)$12m^3/(m \cdot h)$,水深 6m | 气量(标态)$15m^3/(m \cdot h)$,水深 6m |

生产厂家：宜兴市凌泰环保设备有限公司、玉环县中兴水处理设备有限公司、山东思源水业工程有限公司、玉环县净水设备厂。

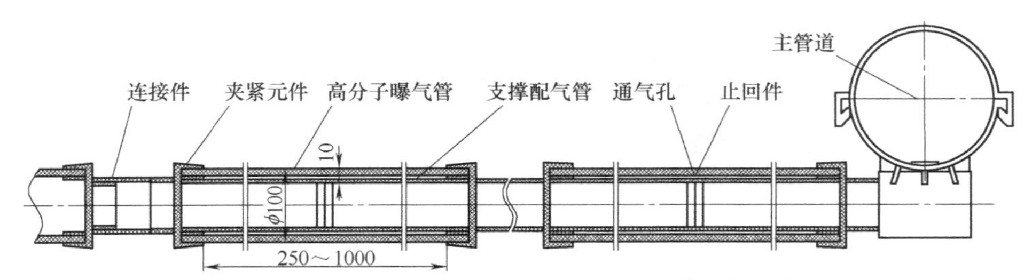


图 4-6　BPE·G100-10 高分子管式盘式一体曝气器外形

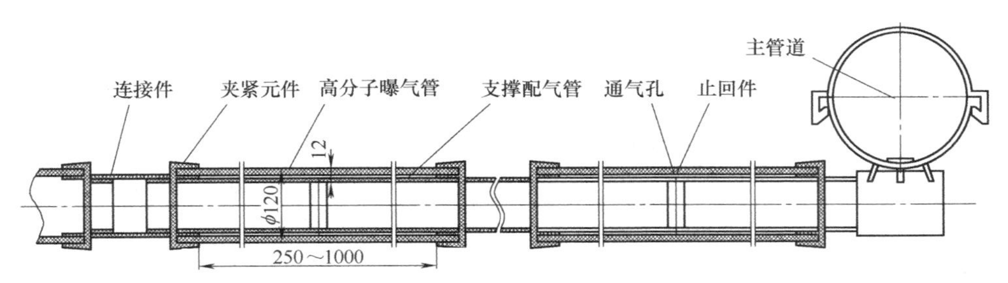


图 4-7　BPE·G120-12 高分子管式盘式一体曝气器外形

## 4.1.5　转刷曝气机

### YHG 型水平轴转刷曝气机

(1) 适用范围　YHG 型水平轴转刷曝气机是氧化沟处理系统中最主要的机械设备，兼有充氧、混合、推进等功能。广泛用于城市生活污水和各种工业废水的氧化沟处理工艺。

(2) 型号说明

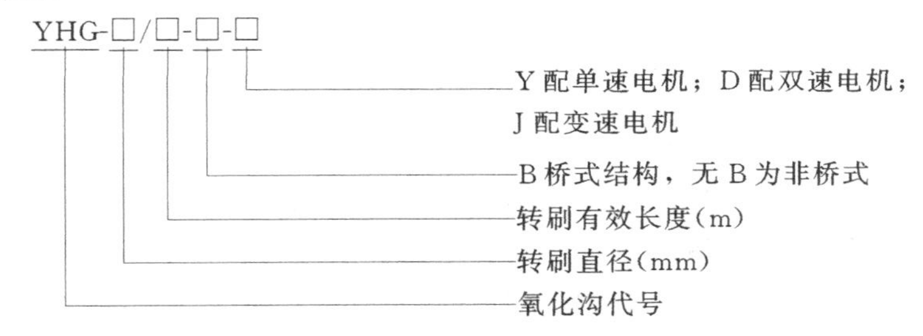

(3) 结构及特点　YHG 型水平轴转刷曝气机主要由电动机、减速装置、转刷主体及连接支承等部件组成。为满足三沟式氧化沟的工艺需要，该设备配有双速及单速两种立式三相异步电动机。YHG 型水平轴转刷曝气机主体由连接支承固定于氧化沟内，并与减速装置相连接，在电动机的驱动下定向转动，设备主体上的叶片在旋转过程中不断将空气溶于水体中，并推动水流在氧化沟内循环流动。

该设备具有结构重量轻、强度好、耐腐蚀性强；运行平稳、动力效率好、充氧效果好；安装方便、操作简单、可连续或间断运行等特点。

(4) 设备性能及外形及安装尺寸　YHG 型水平轴转刷曝气机规格、性能等参数见表 4-5、图 4-8。

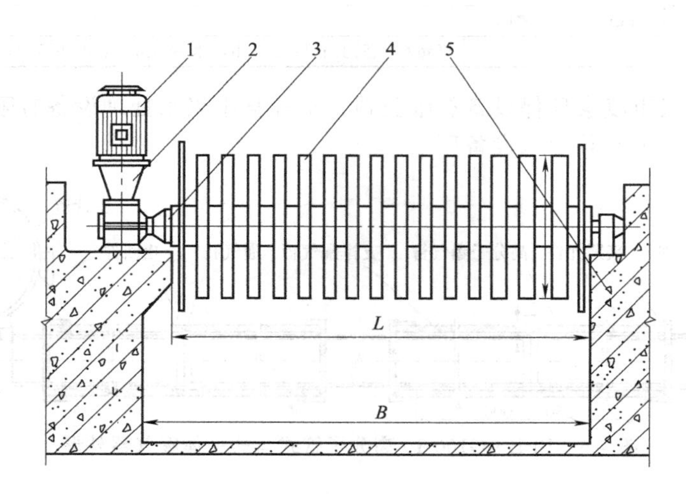


图 4-8　YHG 型水平轴转刷曝气机外形尺寸

1—电动机；2—减速装置；3—柔性联轴器；4—转刷主体；5—氧化沟池壁

**表 4-5　YHG 型水平轴转刷曝气机规格和性能**

| 水平轴转刷曝气机 | | | 电机功率/kW | 转速/(r/min) | 浸深/cm | 充氧能力/[kgO$_2$/(m·h)] | 动力效率/[kgO$_2$/(kW·h)] | 氧化沟设计有效水深/m | 推动能力/(m$^3$/h) |
|---|---|---|---|---|---|---|---|---|---|
| 规格型号 | 直径/mm | 有效长度/mm | | | | | | | |
| YHG-700/1.5-B-Y | 700 | 1500 | 7.5 | 70 | 15～30 | 4.0～4.5 | 2.0～2.5 | 2.0～2.5 | >155 |
| YHG-700/2.5-B-Y | | 2500 | 11 | | | | | | |
| YHG-700/3.5-B-J | | 3500 | 15 | 40～80 | | | | | |
| YHG-1000/4.5-B-Y | 1000 | 4500 | 22 | 70 | 15～30 | 6.5～8.5 | | 3.0～3.5 | |
| YHG-1000/4.5-B-J | | | 15 | 40～80 | 15～30 | 4.0～6.0 | | 2.5～3.0 | |
| YHG-1000/4.5-B-D | | | 18.5/22 | 48/72 | 15～30 | 6.5～8.5 | | 3.0～3.5 | |
| YHG-1000/4.5-B-Y | | | 22 | 72 | | | | | |
| YHG-1000/6.0-B-D | | 6000 | 22/28 | 48/72 | | | | | >500 |
| YHG-1000/6.0-B-Y | | | 30 | 72 | | | | | |
| YHG-1000/7.5-B-D | | 7500 | 26/32 | 48/72 | | | | | |
| YHG-1000/7.5-B-Y | | | 37 | 72 | | | | | |
| YHG-1000/9.0-B-D | | 9000 | 32/42 | 48/72 | | | | | |
| YHG-1000/9.0-B-Y | | | 45 | 72 | | | | | |

生产厂家：江苏一环集团有限公司、安徽国祯环保节能科技股份有限公司、江苏天雨环保集团有限公司、无锡通用机械厂、宜兴泉溪环保有限公司、宜兴市凌泰环保设备有限公司、宜兴市溢洋水工业有限公司、合肥国水环保设备有限公司。

## 4.1.6 转碟（盘）曝气机

**ZPQ型转盘曝气机**

（1）适用范围　转盘曝气机主要用于奥贝尔（Orbal）型氧化沟，通常称之为曝气转盘或曝气转碟。

该设备是利用安装于水平转轴上的转盘转动时，对水体产生切向水跃推动力，促进污水和活性污泥的混合液在渠道中连续循环流动，进行充氧与混合。

转盘曝气机是氧化沟的专用机械设备，在推流与充氧混合功能上，具有独特的性能。运转中可使活性污泥絮体免受强烈的剪切，SS去除率较高，充氧调节灵活。随着氧化沟技术发展，这种新型水平推流曝气机械设备，使用愈来愈广泛。它适用于各种类型的氧化沟进行曝气充氧、混和推流作用。

（2）结构组成　本设备由电机、减速机、主轴、主轴支座和曝气转盘等主要部件组成。经过减速机减速，电机带动主轴上的盘片在旋转过程不断将水扬起，增大了气液接触面积，使氧气溶于水中，同时推动沟中水流流动。

（3）规格和性能　见表4-6。

表4-6　ZPQ型转盘曝气机规格和性能

| 型号 | 转盘直径/mm | 转速/(r/min) | 盘片数量/(片/m) | 单位单盘片功率/kW | 最大浸没深度/mm | 动力效率/[kgO$_2$/(kW·h)] | 单沟跨度/m |
|---|---|---|---|---|---|---|---|
| ZPQ | 1320 | 56 | 4 | 0.5 | 460 | 2.3 | ≤1.1 |
| | 1400 | 50 | | 0.75 | 500 | | |

生产厂家：江苏天雨环保集团有限公司、宜兴市凌泰环保设备有限公司、无锡通用机械厂、江苏源泉泵业有限公司、南京远蓝环境工程设备有限公司、国美（天津）水务设备工程有限公司、合肥国水环保设备有限公司。

（4）外形及安装尺寸　见图4-9。

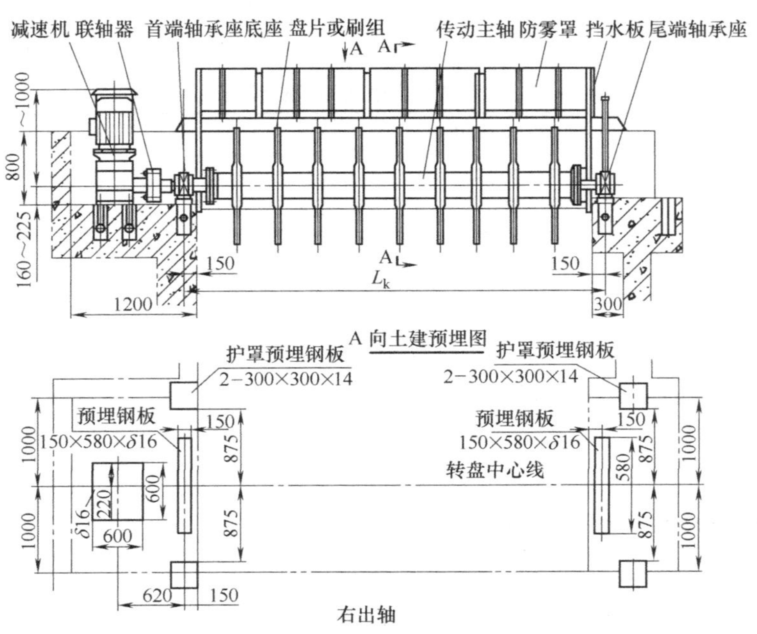


图4-9　ZPQ型转盘曝气机外形及安装

## 4.1.7 泵型叶轮表面曝气机

### PE 泵型高强度表面曝气机

(1) 适用范围　PE 泵型高强度表面曝气机适用于城市生活污水及工业废水采用活性污泥法的生化处理曝气池中，对污水进行充氧和混合。

(2) 型号说明

PE-□ □ □

- 运行方式：C 为恒速型；B 为变频调速型
- 安装方式：L 为立式；空缺为卧式
- 叶轮直径，cm
- 泵型高强度表面曝气机

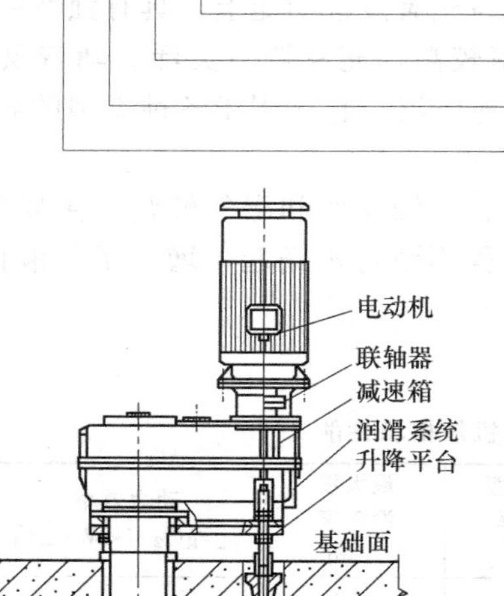


图 4-10　PE 泵型高强度表面曝气机外形

(3) PE 泵型高强度表面曝气机的工作原理

① 液面更新。由于叶轮的喷水及吸水作用，污水快速上下循环，不断地进行液面更新，缺氧的污水大面积与空气接触，从而高效高速地吸氧。

② 水跃。在叶轮叶片的强力推进作用下，水呈水幕状自轮缘喷出，形成水跃，裹进大量空气，空气中的氧气迅速溶于水中。

③ 负压吸氧。污水快速流经叶轮内部的导流锥顶时，产生负压区，从引气孔中吸入空气，进一步提高了充氧量，并降低能耗。

由于叶轮的喷水、吸水及旋转作用，水呈螺旋线状上下循环运动，对污水污泥进行充分混合，好氧菌及时获得大量氧气，加速污水进行生化作用，从而达到了快速高效净化污水的效果。

(4) 设备性能规格　PE 泵型高强度表面曝气机设备性能规格见表 4-7，设备外形见图 4-10。

表 4-7　PE 泵型高强度表面曝气机设备性能规格

| 型号 | 叶轮直径/mm | 电机功率/kW | 转速/(r/min) | 充氧量/($kgO_2$/h) | 提升力/N | 叶轮提升动程/mm | 重量/kg |
|---|---|---|---|---|---|---|---|
| PE-040LC | 400 | 1.5 | 216 | 5 | 680 | ±80 | 600 |
| PE-040LB | | 2.2 | 167～252 | 2.5～8.0 | 420～1420 | | 610 |
| PE-172LC | 1720 | 30 | 49 | 74 | 16260 | ±100 | 3400 |
| PE-172LB | | 45 | 39～57.2 | 38～102 | 8190～26160 | | 3530 |
| PE-193LC | 1930 | 45 | 44.4 | 96 | 21900 | | 3600 |
| PF-193LB | | 55 | 34.5～51.6 | 48～130 | 10370～29930 | | 3700 |

生产厂家：南京远蓝环境工程设备有限公司、安徽国祯环保节能科技股份有限公司、江苏天雨环保集团有限公司、江苏一环集团有限公司、江苏源泉泵业有限公司、合肥国水环保设备有限公司。

## 4.1.8 倒伞形叶轮表面曝气机

### DS 倒伞形立式表面曝气机

(1) 适用范围　DS 倒伞形立式表面曝气机是污水处理专用机械设备。广泛适用于活性污泥污水处理工艺的构筑物，也适用于河流曝气及氧化塘。

（2）特点　DS倒伞形立式表面曝气机采用专用立式减速机，结构紧凑、重量轻；由于采用立式结构，减速机不设置水平密封，根除了卧式结构输入轴端漏油的缺点；叶轮径向推流能力强，完全混合区域广，动力效率高，不堵塞。

（3）构造　DS倒伞形立式表面曝气机由电动机、立式减速机、机架、联轴器、主轴、叶轮和控制柜等组成。

DS倒伞形立式表面曝气机在叶轮的强力推进作用下，处理水体成幕状自叶轮边缘甩出，形成的水域裹进大量空气，使空气中氧分子迅速溶于污水中，同时由于污水上下循环，不断更新液面，使污水大量与空气接触，进而有效地吸氧，对污水进行生化和氧化作用，达到净化污水的效果。

（4）设备技术参数及外形　DS倒伞形立式表面曝气机规格和性能参数见表4-8，外形见图4-11。

**表4-8　DS倒伞形立式表面曝气机规格和性能参数**

| 参数＼型号 | DS-1.4 | DS-2.25 | DS-3 |
|---|---|---|---|
| 叶轮直径 $D$/mm | 1400 | 2250 | 3000 |
| 充氧量/($kgO_2$/h) | 18 | 38 | 75 |
| 电机功率/kW | 11 | 22 | 45 |
| $H$/mm | 1100 | 1150 | 1300 |
| 参考重量/kg | 1800 | 2500 | 3850 |

生产厂家：合肥国水环保设备有限公司。

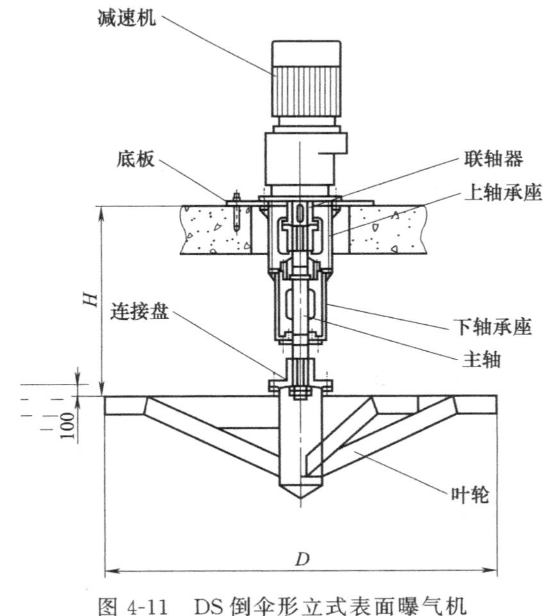


图4-11　DS倒伞形立式表面曝气机

## 4.1.9　自吸式射流曝气机

（1）总体构成与工作原理　由潜水泵和射流器组成的BER型水下射流曝气机，如图4-12所示。当潜水泵工作时，高压喷出的水流通过射流器喷嘴产生射流，通过扩散管进口处的喉管时，在气水混合室内产生负压，将液面以上的空气，由通向大气的导管吸入，经与水充分混合后，空气与水的混合液从射流器喷出，与池中的水体进行混合充氧，并在池内

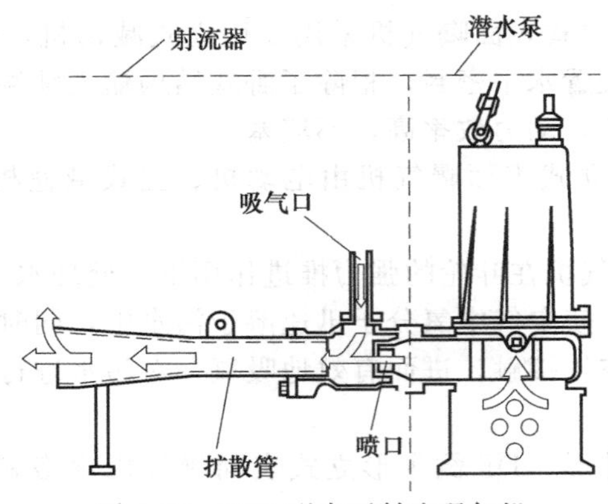

图 4-12　BER 型水下射流曝气机

形成环流。

（2）供氧量及技术性能　BER 型水下射流曝气机的技术性能参数，见表 4-9、图 4-13。

（3）适用范围　自吸式射流曝气机适用于建筑的中水处理以及工业废水处理的预曝气，通常处理水量不大。在进气管上一般装有消声器与调节阀，用于降低噪声与调节进气量。

表 4-9　BER 型水下射流曝气机技术性能参数

| 曲线序号 | 型号 | | 吸气口径/mm | 电动机功率/kW | 相位 | 启动方式 | 同步转速/(r/min) | 有效水深/m | 标准电缆长度/m |
|---|---|---|---|---|---|---|---|---|---|
| | 无滑轨 | 有滑轨 | | | | | | | |
| 1 | 8-BER4 | TOS-8BER4 | 25 | 0.75 | 3 | 直接启动 | 3000 | 1～3 | 6 |
| 2 | 15-BER3 | TOS-15BER3 | 32 | 1.5 | | | 3000 | 1～3 | |
| 3 | 22-BER5 | TOS-22BER5 | 50 | 2.2 | | | 1500 | 2～3 | |
| 4 | 37-BER5 | TOS-37BER5 | 50 | 3.7 | | | 1500 | 2～4 | |
| 5 | 55-BER5 | TOS-55BER5 | 50 | 5.5 | | | 1500 | 2～5 | |

生产厂家：合肥国水环保设备有限公司、扬州牧羊环保设备工程有限公司、山东思源水业工程有限公司。

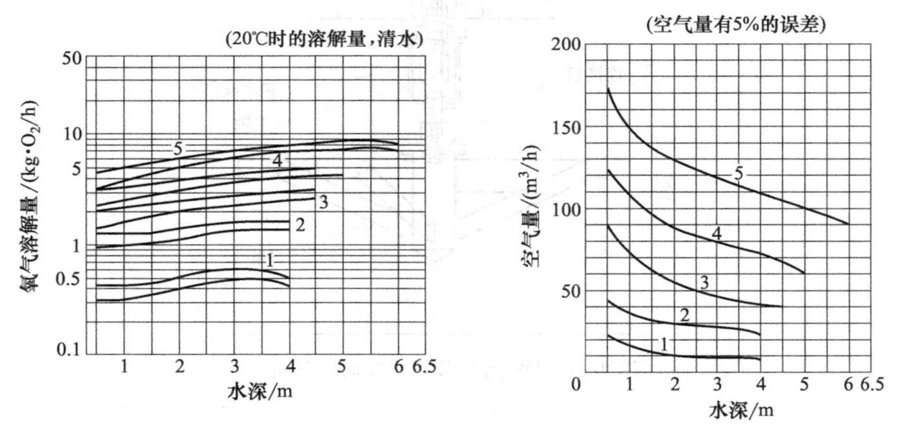

图 4-13　BER 型水下射流曝气供气曲线

## 4.1.10　供气式潜水鼓风式曝气机

### SBG 型供气式潜水鼓风式曝气机

SBG 型供气式潜水鼓风式曝气机是机械搅拌和气流搅拌的复合曝气装置，适用于工业废水及城市生活污水的生化处理。

（1）型号说明

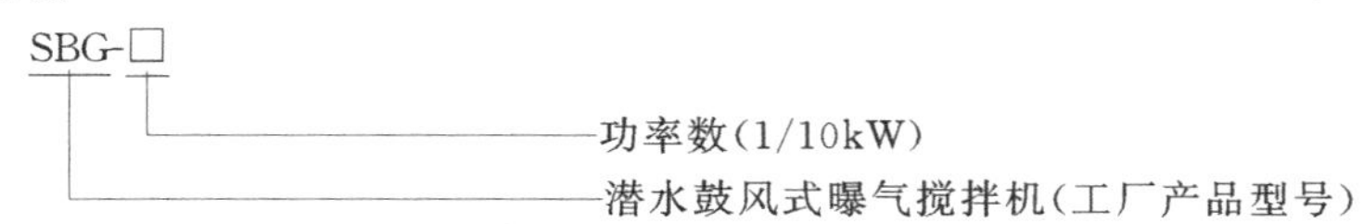


（2）规格和性能　见表 4-10。

（3）外形及安装尺寸　见图 4-14、表 4-11。

表 4-10　SBG 型供气式潜水鼓风式曝气搅拌机规格和性能

| 型号 | 电机功率/kW | 电压/V | 频率/Hz | 曝气时所需动力/kW | 送气量(标态)/($m^3$/min) | 扬水量/($m^3$/min) | | 总充氧量/($kgO_2$/h) |
|---|---|---|---|---|---|---|---|---|
| | | | | | | 不送气 | 送气 | |
| SBG-0.37 | 3.7 | 380 | 50 | 3.7～2 | 2 | 30 | 15 | 10.5 |
| SBG-0.75 | 7.5 | 380 | 50 | 7.5～5 | 4 | 60 | 30 | 22 |
| SBG-1.5 | 15 | 380 | 50 | 15～10 | 8 | 125 | 65 | 41 |
| SBG-3.0 | 30 | 380 | 50 | 30～20 | 16 | 250 | 130 | 83 |

表 4-11　SBG 型供气式潜水鼓风式曝气搅拌机外形及安装尺寸

| 型号 | 主要尺寸/mm | | | | | | | 重量/kg |
|---|---|---|---|---|---|---|---|---|
| | *A* | *B* | *C* | *D* | *E* | *F* | *G* | |
| SBG-0.37 | ϕ1150 | 1480 | 520 | 150 | ϕ65 | ϕ680 | ϕ820 | 600 |
| SBG-0.75 | ϕ1500 | 1780 | 680 | 165 | ϕ80 | ϕ1000 | ϕ1160 | 1100 |
| SBG-1.5 | ϕ2300 | 2295 | 870 | 160 | ϕ100 | ϕ1500 | ϕ1700 | 3000 |
| SBG-3.0 | ϕ3000 | 3035 | 1265 | 200 | ϕ125 | ϕ2000 | ϕ2180 | 5000 |

## 4.1.11　自吸式螺旋曝气机

自吸式螺旋式曝气机是一种小型曝气设备，其大致结构与工作原理，见图 4-15。该曝气机倾斜安装于氧化沟（池）中，利用螺旋桨转动时产生的负压吸入空气，并剪切空气呈微气泡扩散，进而对水体充氧。由于螺旋桨的作用，该曝气机同时具有混合推流的功能。

该曝气装置一般用于小型曝气系统，或者作为大中型氧化沟增强推流与曝气效果而增添的附加设施。其动力效率在 1.9$kgO_2$/(kW·h) 左右。这种类型曝气机的优点是安装容易，运行费用低，噪声小，操作也较简单。

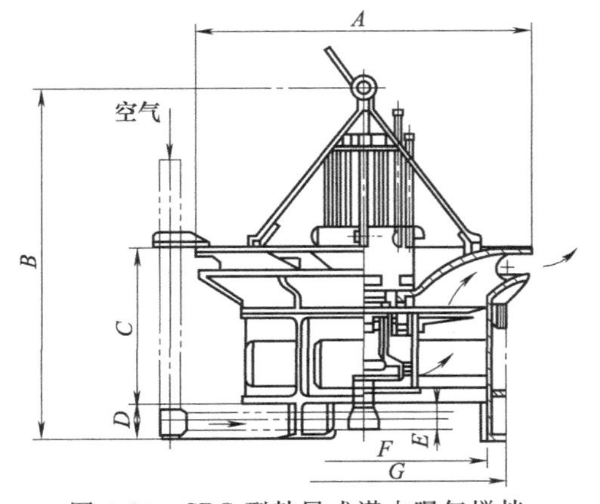


图 4-14　SBG 型鼓风式潜水曝气搅拌机外形及安装尺寸

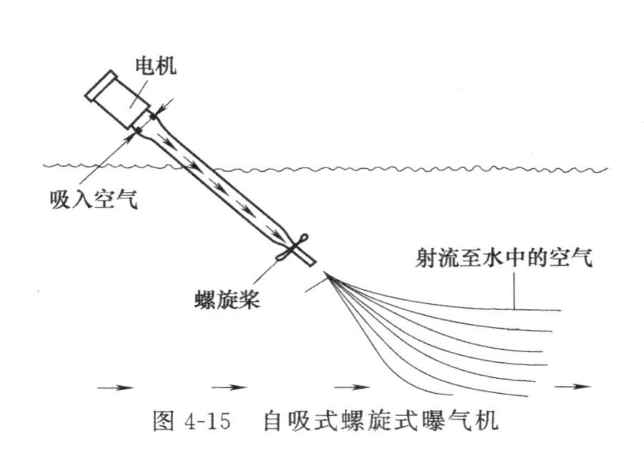


图 4-15　自吸式螺旋式曝气机

# 4.2 搅拌设备

## 4.2.1 潜水搅拌机

### 4.2.1.1 QJB 型潜水搅拌机

（1）特性　QJB 型潜水搅拌机作为水处理工艺中的关键设备之一，在水处理工艺流程中，可实现生化过程中固液二相流和固液气三相流的均质、流动的工艺要求。它由潜水电机、叶轮和安装系统等组成。潜水搅拌机为直联式结构。它与传统的大功率电机通过减速机降速相比，具有结构紧凑、能耗低、便于维护保养等优点。

（2）型号说明

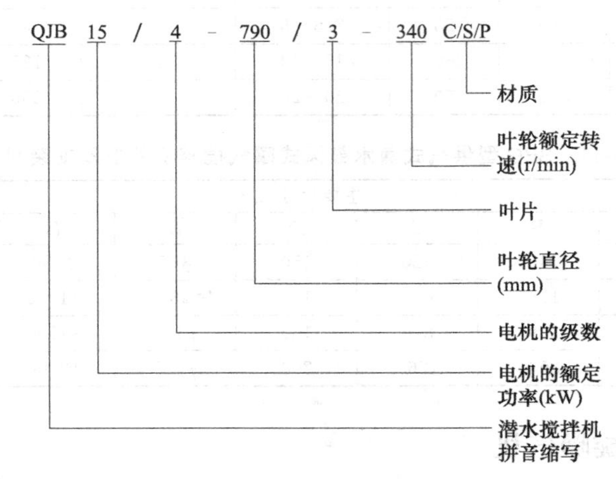


（3）QJB 型潜水搅拌机性能及外形　见图 4-16、表 4-12。

图 4-16　QJB 型潜水搅拌机外形

表 4-12　QJB 型潜水搅拌机性能

| 序号 | 型号 | 电机功率/kW | 额定电流/A | 叶轮转速/(r/min) | 直径/mm | 水推力/N | 重量/kg |
|---|---|---|---|---|---|---|---|
| 1 | QJB1.5/8-400/3-740 | 1.5 | 5.4 | 740 | 400 | 600 | 60/70 |
| 2 | QJB2.5/8-400/3-740 | 2.5 | 9 | 740 | 400 | 800 | 60/70 |
| 3 | QJB4/6-400/3-980 | 4 | 12 | 980 | 400 | 1200 | 63/73 |
| 4 | QJB4/12-615/3-480 | 4 | 14 | 480 | 615 | 1100 | 165/184 |

续表

| 序号 | 型号 | 电机功率/kW | 额定电流/A | 叶轮转速/(r/min) | 直 径/mm | 水推力/N | 重量/kg |
|---|---|---|---|---|---|---|---|
| 5 | QJB5/12-615/3-480 | 5 | 17 | 480 | 615 | 1800 | 165/184 |
| 6 | QJB5. 5/8-640/3-232<br>(曾用名:SR4650-480) | 5. 5 | 13. 5 | 232 | 640 | 750 | 389/409 |
| 7 | QJB7. 5/12-615/3-480 | 7. 5 | 27 | 480 | 615 | 2600 | 210/229 |
| 8 | QJB10/12-615/3-480 | 10 | 32 | 480 | 615 | 2900 | 210/229 |

生产厂家：南京贝特环保通用设备制造有限公司、南京蓝深制泵集团股份有限公司、苏州泽泥特泵业有限公司。

#### 4.2.1.2 QDT 型潜水搅拌机

(1) 适用范围 潜水搅拌机主要适用于市政和工业污水处理过程中的混合、搅拌和环流，也可用作景观水循环的推流设备，通过搅拌达到创建水流作用，有效阻止悬浮物沉降。

(2) 型号说明

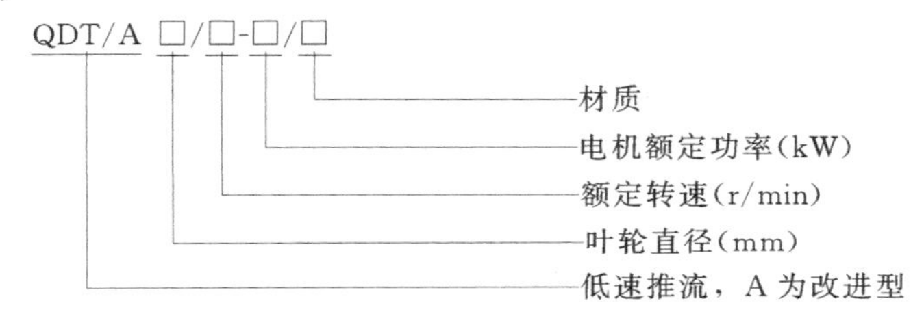


(3) 设备性能参数及外形 QDT 型潜水搅拌机性能见表 4-13，外形见图 4-17。

**表 4-13 QDT 型潜水搅拌机性能**

| 型 号 | 电机功率/kW | 额定电流/A | 叶轮转速/(r/min) | 叶轮直径/mm | 推力/N | 重量/kg |
|---|---|---|---|---|---|---|
| QDT1000/85-1. 5/P/G | 1. 5 | 4 | 85 | 1000 | 1780 | 170 |
| QDT1100/135-3/P/G | 3 | 6. 8 | 135 | 1100 | 2410 | 170 |
| QDT1400/36-1. 5/P/G | 1. 5 | 4 | 36 | 1400 | 696 | 180 |
| QDT1400/42-2. 2/P/G | 2. 2 | 4. 9 | 42 | 1400 | 854 | 180 |
| QDT1600/36-2. 2/P/G | 2. 2 | 4. 9 | 36 | 1600 | 1058 | 190 |
| QDT1600/52-3/P/G | 3 | 6. 8 | 52 | 1600 | 1386 | 190 |
| QDT1800/42-1. 5/P/G | 1. 5 | 4 | 42 | 1800 | 1480 | 198 |
| QDT1800/52-3/P/G | 3 | 6. 8 | 52 | 1800 | 1946 | 198 |
| QDT1800/63-4/P/G | 4 | 9 | 63 | 1800 | 2750 | 198 |
| QDT2000/36-2. 2/P/G | 2. 2 | 4. 9 | 36 | 2000 | 1459 | 200 |
| QDT2000/52-4/P/G | 4 | 9 | 52 | 2000 | 1960 | 200 |
| QDT2200/52-4/P/G | 4 | 9 | 52 | 2200 | 1986 | 220 |
| QDT2200/63-5/P/G | 5 | 11 | 63 | 2200 | 2590 | 220 |
| QDT2500/36-3/P/G | 3 | 6. 8 | 36 | 2500 | 1243 | 215 |
| QDT2500/42-4/P/G | 4 | 9 | 42 | 2500 | 2850 | 250 |
| QDT2500/52-5/P/G | 5 | 11 | 52 | 2500 | 3090 | 250 |
| QDT2500/63-7. 5/P/G | 7. 5 | 15 | 63 | 2500 | 4275 | 280 |
| QDT/A1800/34-3/G | 3 | 6. 8 | 34 | 1800 | 2480 | 210 |
| QDT/A2500/34-4/G | 4 | 9 | 34 | 2500 | 3620 | 245 |

生产厂家：南京贝特环保通用设备制造有限公司、南京远蓝环境工程设备有限公司。

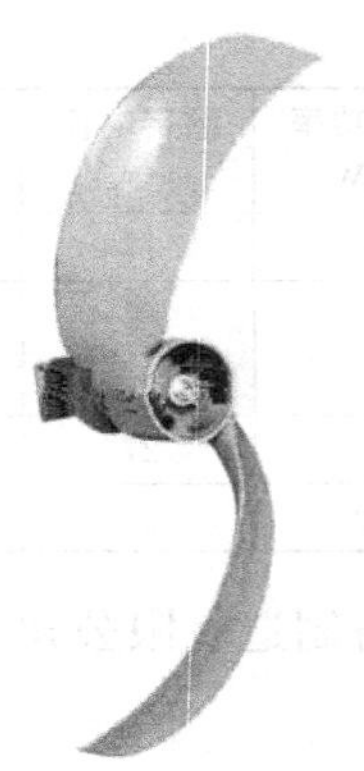

图 4-17　QDT 型潜水搅拌机外形

## 4.2.2　平叶桨式搅拌机

### 4.2.2.1　BJ 型平桨式系列搅拌机

本系列搅拌机采用平直叶式桨板，无挡板。适用于水厂和污水处理厂方形或圆形池对混凝剂、助凝剂和石灰乳液的溶药搅拌。

(1) 型号说明

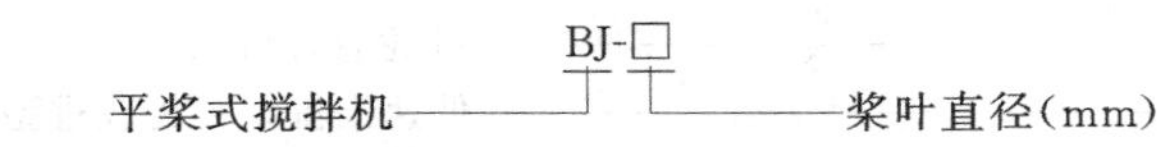


(2) 规格和性能　见表 4-14。

**表 4-14　BJ 型平桨式系列搅拌机规格和性能**

| 型　号 | 搅拌池规格 $B \times B$/m | 池深 $H$/m | 桨叶直径 $D$/mm | 桨板深度 $L$/mm |
|---|---|---|---|---|
| BJ-470 | 0.8×0.8 | 0.8 | ϕ470 | 670 |
| BJ-470 | 1.0×1.0 | 1.1 | ϕ470 | 920 |
| BJ-470 | 1.2×1.2 | 1.1 | ϕ470 | 920 |
| BJ-470 | 1.4×1.4 | 1.3 | ϕ470 | 1070 |
| BJ-750 | 1.6×1.6 | 1.5 | ϕ750 | 1200 |
| BJ-750 | 2.0×2.0 | 1.5 | ϕ750 | 1200 |
| BJ-750 | 2.4×2.4 | 1.5 | ϕ750 | 1400 |

(3) 外形及安装尺寸　见图 4-18、表 4-15。

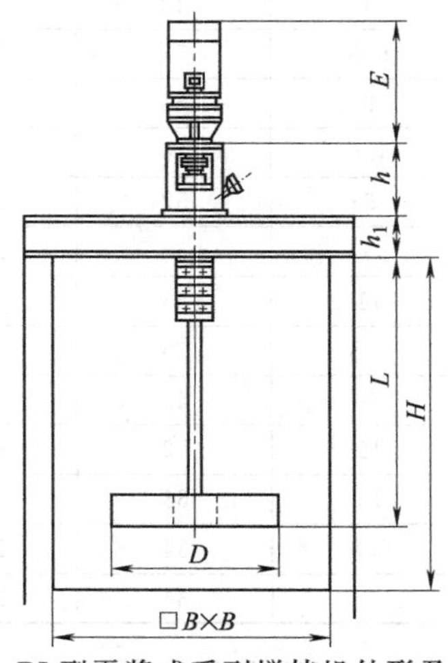


图 4-18　BJ 型平桨式系列搅拌机外形及安装尺寸

表 4-15　BJ 型平桨式系列搅拌机外形及安装尺寸

| 型号 | $h_1$ /mm | $H$ /mm | $E$ /mm | 电动机功率 /kW | 重量 /kg |
|---|---|---|---|---|---|
| BJ-470 | 100 | 186 | 289 | 0.55 | 150 |
| BJ-470 | 100 | 266 | 289 | | 150 |
| BJ-470 | 100 | 266 | 289 | | 150 |
| BJ-470 | 100 | 306 | 289 | | 150 |
| BJ-750 | 100 | 330 | | | 200 |
| BJ-750 | 100 | 330 | | | 200 |
| BJ-750 | 100 | 370 | | | 200 |

生产厂家：南京贝特环保通用设备制造有限公司、江苏一环集团环保工程有限公司。

#### 4.2.2.2　ZJ 型折桨式搅拌机

（1）适用范围　ZJ 型折桨式搅拌机其功能同可调式（多动式）搅拌机，区别是桨叶形状不同，转速不一，主要用于较大型水池，适用于无挡板水池。

（2）性能及外形尺寸　ZJ 型的桨式搅拌机性能及外形尺寸见表 4-16 和图 4-19。

表 4-16　ZJ 型折桨式搅拌机性能及外形尺寸

| 型　号 | 功率 /kW | 池形尺寸/mm | | 桨叶底距池底高 $E$/mm | 转速 /(r/min) |
|---|---|---|---|---|---|
| | | $A\times B$ | $H$ | | |
| ZJ-470 | 1.1 | 800×800 | 800 | 130 | 130 |
| | | 1000×1000 | 1000 | 180 | |
| | 1.2 | 1200×1200 | 1200 | | |
| | | 1400×1400 | 1300 | 230 | |
| ZJ-700 | 3 | 1500×1500 | 1500 | 250 | 85 |
| | | 1600×1600 | 1600 | 300 | |
| | 4 | 2000×2000 | 2000 | 300 | |
| | 5.5 | 2400×2400 | 2500 | 300 | |

生产厂家：扬州天雨给排水设备集团有限公司、江苏一环集团环保工程有限公司。

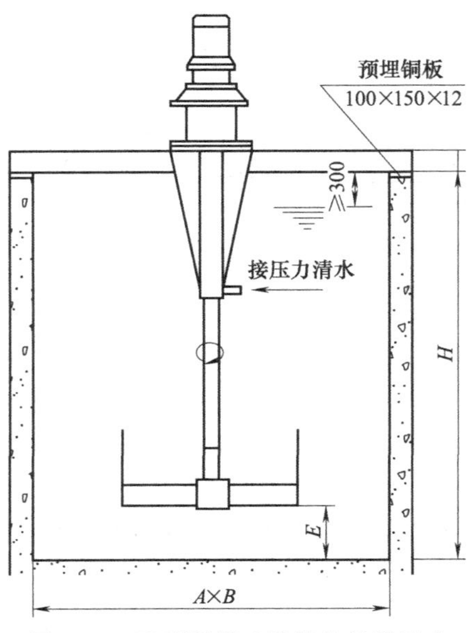


图 4-19　ZJ 型折桨式搅拌机外形尺寸

## 4.2.3 推进式搅拌机

### 4.2.3.1 JBT 型推进式搅拌机

(1) 适用范围　JBT 型推进式搅拌机适用于中型污水处理厂投加药剂的溶药搅拌。

JBT 型推进式搅拌机采用螺旋桨叶式搅拌器，并同钢制搅拌槽配套，槽内设有挡板和水下支承轴承。

(2) 型号说明

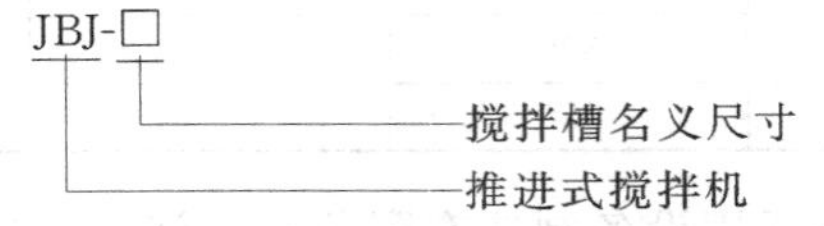


(3) 规格和性能　见表 4-17。

表 4-17　JBT 型推进式搅拌机规格和性能

| 搅拌槽直径 $D$ /mm | 搅拌槽深度 $H$ /mm | 桨叶直径 /mm | 主轴转速 /(r/min) | 功率 /kW |
|---|---|---|---|---|
| $\phi$1500～$\phi$2500 | 2000～4000 | 700 | 140 | 2.2 |

生产厂家：宜兴市锦昌建筑环保有限公司、扬州天雨给排水设备集团有限公司、合肥国瑞环保设备有限公司、合肥国水环保设备有限公司。

(4) 外形及安装尺寸　JBT 型推进式搅拌机外形及安装尺寸见图 4-20。

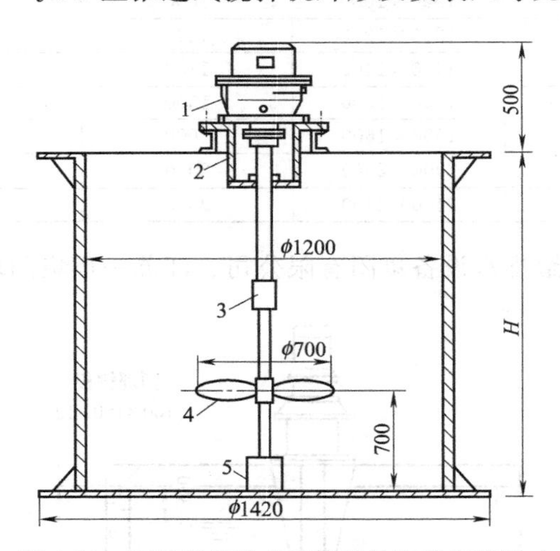


图 4-20　JBT 型推进式搅拌机外形及安装尺寸

1—减速机；2—联轴器；3—套筒联轴器；4—推进式搅拌器；5—水下轴承

### 4.2.3.2 LJB 型推进式搅拌机

(1) 适用范围　LJB 型推进式搅拌机适用于各种混合池和反应池的搅拌与混合，常用于深水搅拌。

(2) 性能及外形尺寸　LJB 型推进式搅拌机技术性能见表 4-18，外形尺寸见图 4-21。

表 4-18　LJB 型推进式搅拌机技术性能

| 型　　号 | 叶片形式 | 叶片直径 /mm | 叶片片数 | 转速 /(r/min) | 功率 /kW |
|---|---|---|---|---|---|
| LJB | 螺旋桨 | 1200 | 3 | 134 | 11 |

生产厂家：河南商城环保设备厂、唐山清源环保机械股份有限公司、合肥国瑞环保设备有限公司、合肥国水环保设备有限公司。

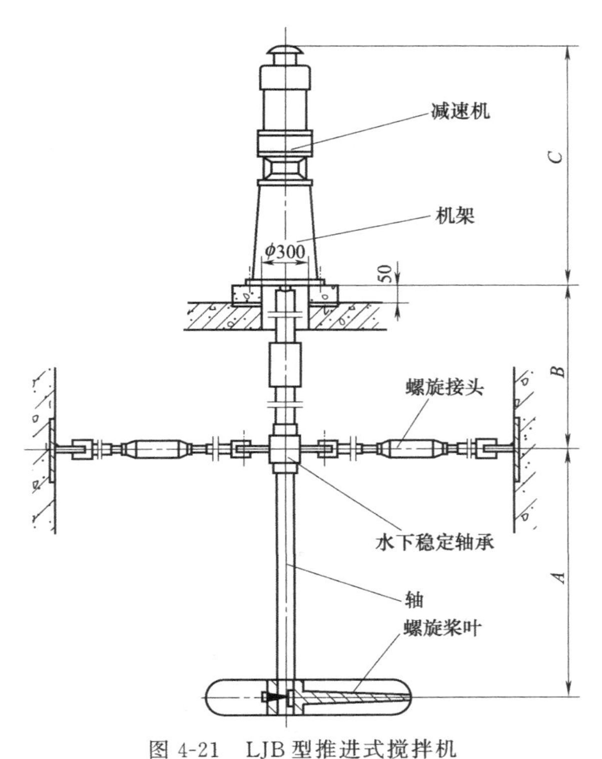


图 4-21　LJB 型推进式搅拌机

注：A、B 尺寸视池体深度而定；C 尺寸由电动机和减速机型号而定

## 4.2.4　立轴式机械混合搅拌机

### JWH 型机械混合搅拌机

（1）适用范围　JWH 型机械混合搅拌机适用于水厂和污水处理厂的溶药搅拌，双层搅拌器适用于较深容器的混合搅拌。

（2）型号说明

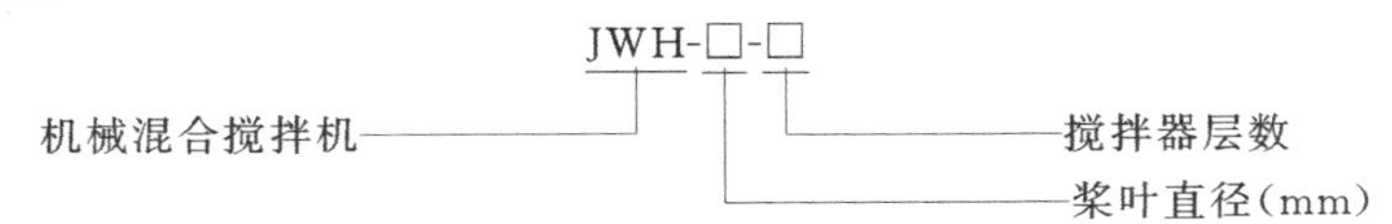


（3）规格和性能　见表 4-19。

表 4-19　JWH 型机械混合搅拌机规格和性能

| 型号 | 混合池尺寸 $L\times L(D)\times H$ /m | 桨板深度 $h$ /mm | 桨叶直径 $d$ /mm | 桨叶宽度 $b$ /mm | 搅拌器间距 $h_1$ /mm | 转速 $n$ /(r/min) | 桨叶外缘线速度 /(m/s) | 功率 /kW | 重量 /kg |
|---|---|---|---|---|---|---|---|---|---|
| JWH-310-1 | 1.5×1.5×1.3 | 1000 | 310 | 90 | 单层 | 300 | 5 | 4 | 443 |
| JWH-350-1 | 1.5×1.5×2.5 | 2000 | 350 | 40 | | 136 | 2.5 | 4 | 430 |
| JWH-400-1 | 1.5×1.5×3 | 2265 | 400 | 110 | | 300 | 6.28 | 4 | 453 |
| JWH-460-1 | 1.8×1.8×3 | 2265 | 460 | 120 | | 166 | 4 | 5.5 | 475 |
| JWH-650-1 | 2.0×2.0×2.5 | 1350 | 650 | 120 | | 136 | 4.63 | 5.5 | 462 |
| JWH-520-1 | 1.5×1.5×5.5 | 3500 | 520 | 100 | 800 | 167 | 4.65 | 7.5 | 686 |

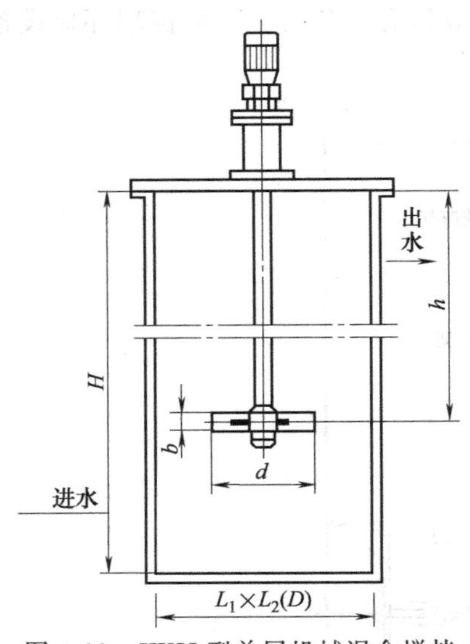


图 4-22 JWH 型单层机械混合搅拌机外形及安装尺寸

生产厂家：江苏一环集团环保工程有限公司、余姚市浙东给排水机械设备厂、江苏神洲环境工程设备有限公司、南京贝特环保通用设备制造有限公司。

(4) 外形及安装尺寸 JWH 型单层机械混合搅拌机外形及安装尺寸见图 4-22。

### 4.2.5 机械搅拌澄清池搅拌机

**JJ 型机械搅拌澄清池搅拌机**

(1) 适用范围 机械搅拌澄清也搅拌机用于给水排水处理过程中的澄清阶段。进水悬浮物含量在 1000mg/L 可不设机械刮泥装置，在 1000～5000mg/L 时必须设置机械刮泥设备，超过 5000mg/L 时澄清池前应加预沉池。

搅拌机由变速驱动装置、提升叶轮、桨叶和调流装置等组成。水池直径 20m 以上的可采用针齿盘式系列澄清池机械搅拌刮泥机，见图 4-23。

(2) 型号说明

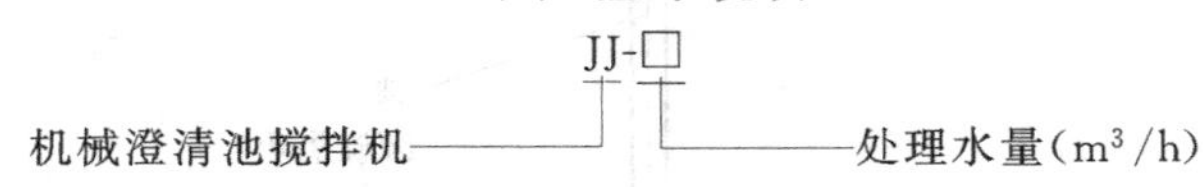


(3) 规格和性能 见表 4-20。

**表 4-20 JJ 型机械搅拌澄清池搅拌机规格和性能**

| 型号 | | JJ-200 | JJ-320 | JJ-430 | JJ-600 | JJ-800 | JJ-1000 | JJ-1330 | JJ-1800 |
|---|---|---|---|---|---|---|---|---|---|
| 标准图图号 | | S774(一) | S774(二) | S774(三) | S774(四) | S774(五) | S774(六) | S774(七) | S774(八) |
| 水量/($m^3/h$) | | 200 | 320 | 430 | 600 | 800 | 1000 | 1330 | 1800 |
| 池径/m | | 9.8 | 12.4 | 14.3 | 16.9 | 19.5 | 21.8 | 25 | 29 |
| 池深/m | | 5.3 | 5.5 | 6 | 6.35 | 6.85 | 7.2 | 7.5 | 8 |
| 总容量/$m^3$ | | 315 | 504 | 677 | 945 | 1260 | 1575 | 2095 | 2835 |
| 叶轮 | 直径/mm | 2 | | 2.5 | | 3.5 | | 4.5 | |
| | 转速/(r/min) | 4.8～14.5 | | 3.8～11.4 | | 2.86～8.57 | | 2.07～6.22 | |
| | 外缘线速/(m/s) | 0.5～1.5 | | 0.5～1.5 | | 0.5～1.5 | | 0.5～1.5 | |
| | 开度/mm | 0～110 | 0～170 | 0～245 | 0～175 | 0～290 | 0～230 | 0～300 | 0～410 |
| 搅拌桨外缘线速/(m/s) | | 0.33～1.0 | | 0.33～1.0 | | 0.33～1.0 | | 0.33～1.0 | |
| 电动机 | 型号 | JZT32-4 | | JZT41-4 | | JZT42-4 | | JZT51-4 | |
| | 功率/kW | 3 | | 4 | | 5.5 | | 7.5 | |
| | 转速/(r/min) | 120～1200 | | 120～1200 | | 120～1200 | | 120～1200 | |
| 速比 | 皮带转动速比 | 1.2 | | 1.57 | | 2 | | 2.68 | |
| | 蜗轮件速器速比 | 69 | | 67 | | 70 | | 72 | |
| | 总速比 | 82.8 | | 105.2 | | 140 | | 192.96 | |
| 重量/kg | | 1900 | | 2260 | 2255 | 3825 | 3817 | 6750 | 6780 |

生产厂家：江苏一环集团环保工程有限公司。

### 4.2.6 反应搅拌设备

#### 4.2.6.1 SJB 型双桨搅拌机

(1) 适用范围 SJB 型双桨搅拌机适用于较深罐体的药剂搅拌或絮凝反应搅拌。

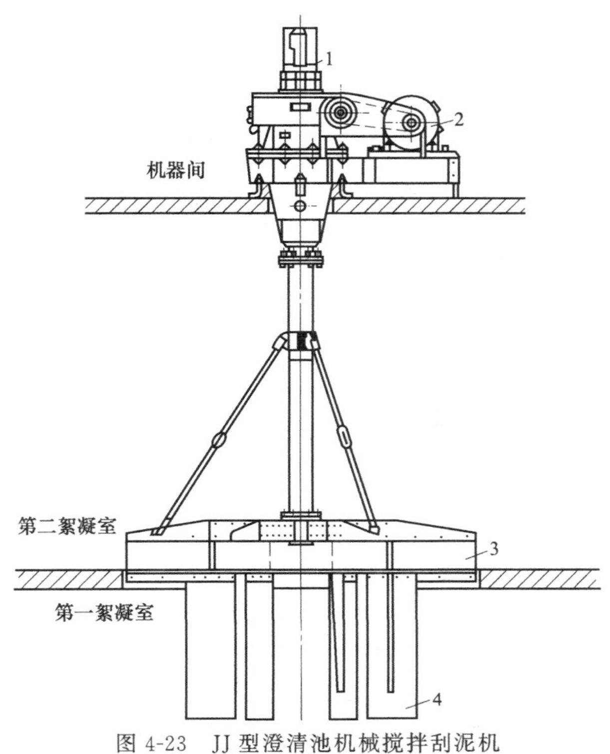

图 4-23　JJ 型澄清池机械搅拌刮泥机

1—调流装置；2—变速驱动装置；3—提升叶轮；4—桨叶

（2）性能及外形尺寸　SJB 型双桨搅拌机性能及外形尺寸见表 4-21 和图 4-24。

表 4-21　SJB 型双桨搅拌机性能

| 型　　号 | 减速机型号 | 功率 /kW | 搅拌桨转速 /(r/min) | 外形尺寸（长×宽×高）/mm | 重量 /kg |
| --- | --- | --- | --- | --- | --- |
| SJBⅠ型 | BLD0.75-2-71 | 0.75 | 20.2 | 1400×910×4940 | 544 |
| SJBⅡ型 | XLED0.37-63 | 0.37 | 8 | 1400×910×5200 | 754 |
| SJBⅢ型 | XLED0.37-63 | 0.37 | 3.9 | 1400×910×5200 | 754 |

生产厂家：唐山清源环保机械股份有限公司。

#### 4.2.6.2　WFJ、LFJ 型反应搅拌机

（1）适用范围　WFJ、LFJ 型反应搅拌机适用于给水排水工艺混凝过程的反应阶段。

（2）型号说明

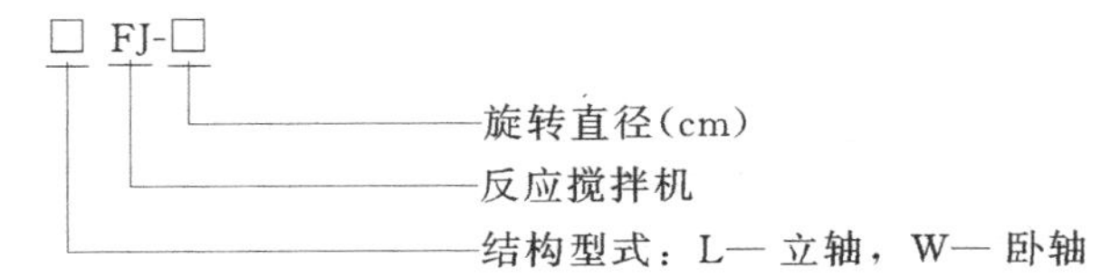


（3）结构及特点　WFJ（卧式）型和 LFJ（立式）型搅拌机均用多挡转速，使反应过程中各阶段具有所需要的搅拌强度，以适应水质水量的变化。

（4）性能、外形及安装尺寸

① WFJ 型反应搅拌机性能、外形及安装尺寸见表 4-22 和图 4-25。

② LFJ 型反应搅拌机性能、外形及安装尺寸见表 4-23 和图 4-26。

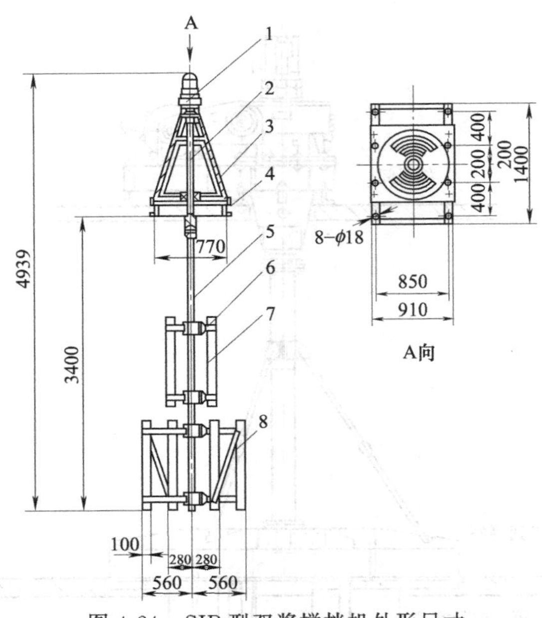

图 4-24　SJB 型双桨搅拌机外形尺寸

1—行星摆线针轮减速机；2—上端轴；3—机座；4—架子；5—下端轴；6—架铁；7—桨板；8—斜撑

**表 4-22　WFJ 型反应搅拌机性能、外形及安装尺寸**

| 参数 / 型号 | 功率/kW | | | | 转速/(r/min) | | | | $L_1$ | | | | 桨叶直径 $D$ /mm | 桨板长度 $L_2$ /mm | $H_1$ /mm | 反应池尺寸/m | | |
|---|---|---|---|---|---|---|---|---|---|---|---|---|---|---|---|---|---|---|
| | Ⅰ | Ⅱ | Ⅲ | Ⅳ | Ⅰ | Ⅱ | Ⅲ | Ⅳ | Ⅰ | Ⅱ | Ⅲ | Ⅳ | | | | $L$ | $H$ | $B$ |
| WFJ-290 | 4 | 1.5 | 0.75 | 0.75 | 5.2 | 3.8 | 2.5 | 1.8 | 1130 | 930 | 890 | 890 | 2900 | 3500 | 1700 | 11.8 | 4.3 | 3 |
| WFJ-300 | 7.5 | 3 | 1.5 | 1.5 | 5.2 | 3.8 | 2.5 | 1.8 | 1360 | 1100 | 1060 | 1150 | 3000 | 4000 | 1750 | 13.5 | 4.2 | 3.6 |

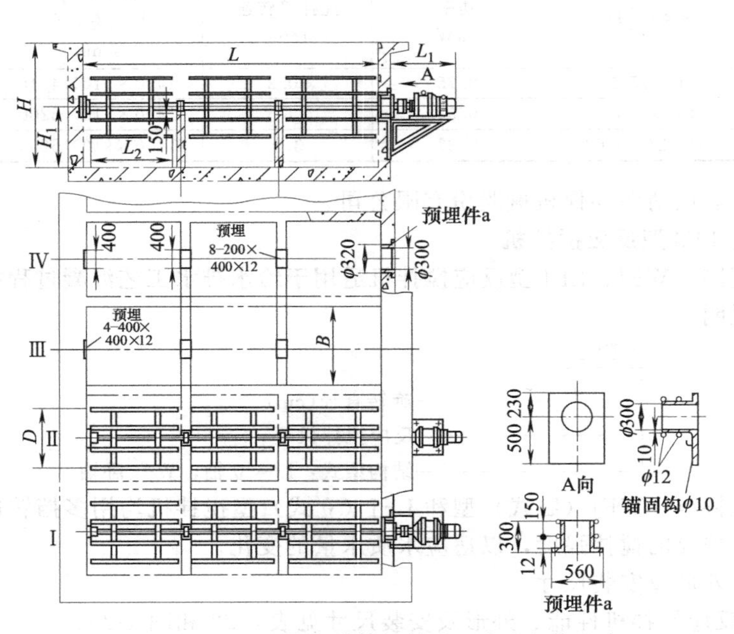

图 4-25　WFJ 型反应搅拌机外形尺寸及安装尺寸

表 4-23 LFJ 型反应搅拌机性能、外形及安装尺寸

| 型号 \ 参数 | 池子尺寸/m | 搅拌器尺寸/mm | | | | 搅拌器功率/kW | | | 搅拌器速度/(r/min) | | |
|---|---|---|---|---|---|---|---|---|---|---|---|
| | (长×宽)$A\times B$ | $H$ | $D$ | $h_0$ | $h_1$ | Ⅰ | Ⅱ | Ⅲ | Ⅰ | Ⅱ | Ⅲ |
| LFJ-170 | 2.2×2.2 | 3.4 | 1700 | 2600 | 400 | 0.75 | 0.37 | 0.37 | 8 | 5.2 | 3.9 |
| LFJ-280 | 3.25×3.25 | 4.0 | 2875 | 3500 | 350 | 0.75 | 0.37 | 0.37 | 5.2 | 3.9 | 3.2 |
| LFJ-300 | 3.5×3.5 | 3.55 | 3000 | 2200 | 550 | 0.37 | 0.25 | 0.18 | 3.9 | 0.25 | 1.8 |
| LFJ-350 | 4.3×4.3 | 3.4 | 3580 | 1200 | 550 | 1.1 | 0.75 | 0.55 | 3.9 | 0.25 | 1.5 |
| | 4.7×4.7 | 4 | 3580 | 1400 | 550 | 1.1 | 0.75 | 0.55 | 3.9 | 3.2 | 2.5 |

生产厂家：扬州天雨给排水设备集团有限公司。

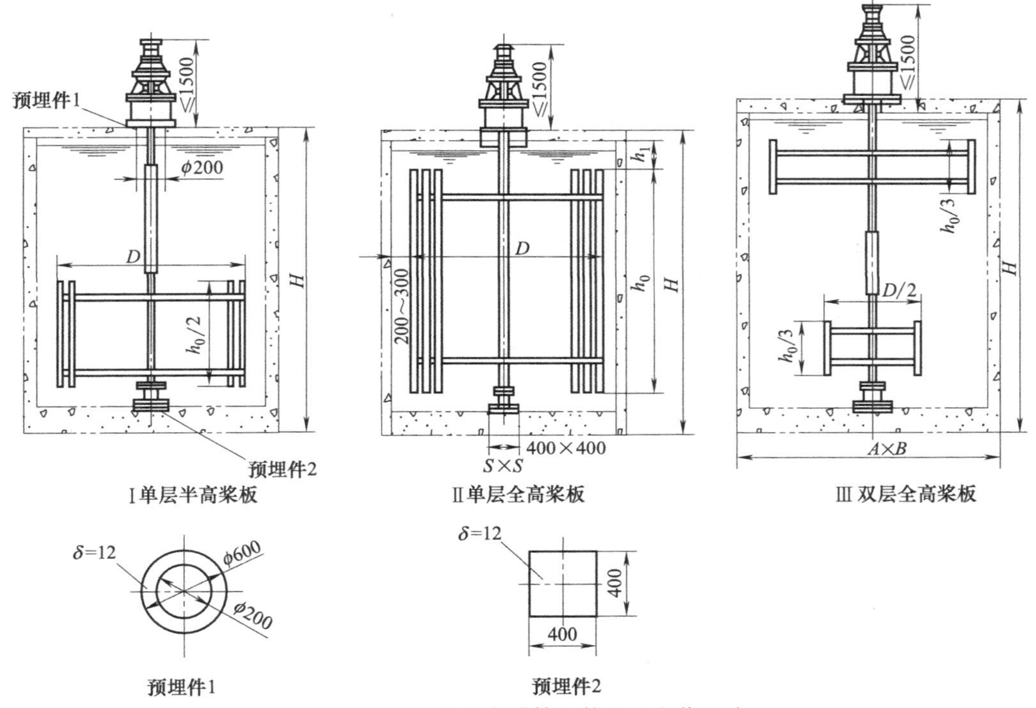


图 4-26 LFJ 型反应搅拌机外形及安装尺寸

### 4.2.6.3 JBF 型搅拌机

（1）适用范围 JBF 型搅拌机适用于污水处理厂在污泥脱水前投加混凝剂和助凝剂的搅拌，使污泥与药剂发生充分的絮凝反应作用。

（2）型号说明

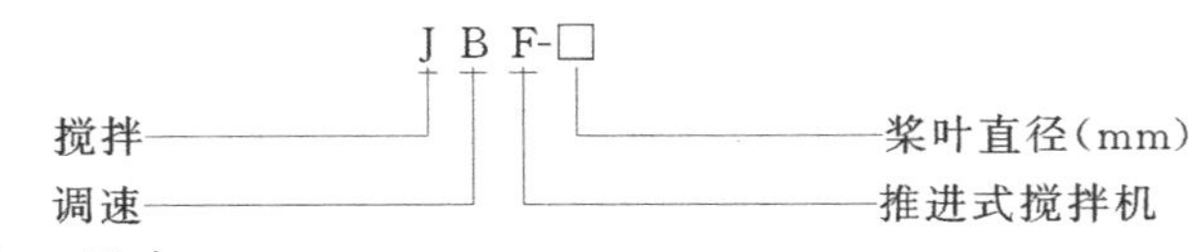


（3）规格和性能 见表 4-24。

表 4-24 JBF 型搅拌机规格和性能

| 型号 | 桨叶直径/mm | 转速/(r/min) | 桨叶外缘线速度/(m/s) | 功率/kW | 搅拌罐尺寸 $b\times H$/mm |
|---|---|---|---|---|---|
| JBF-800 | 800 | 0.99～9.9 | 0.041～0.41 | 1.1 | φ1200×1162 |

生产厂家：南京贝特环保通用设备制造有限公司、唐山市机械电子研究所。

（4）外形及安装尺寸 见图 4-27。

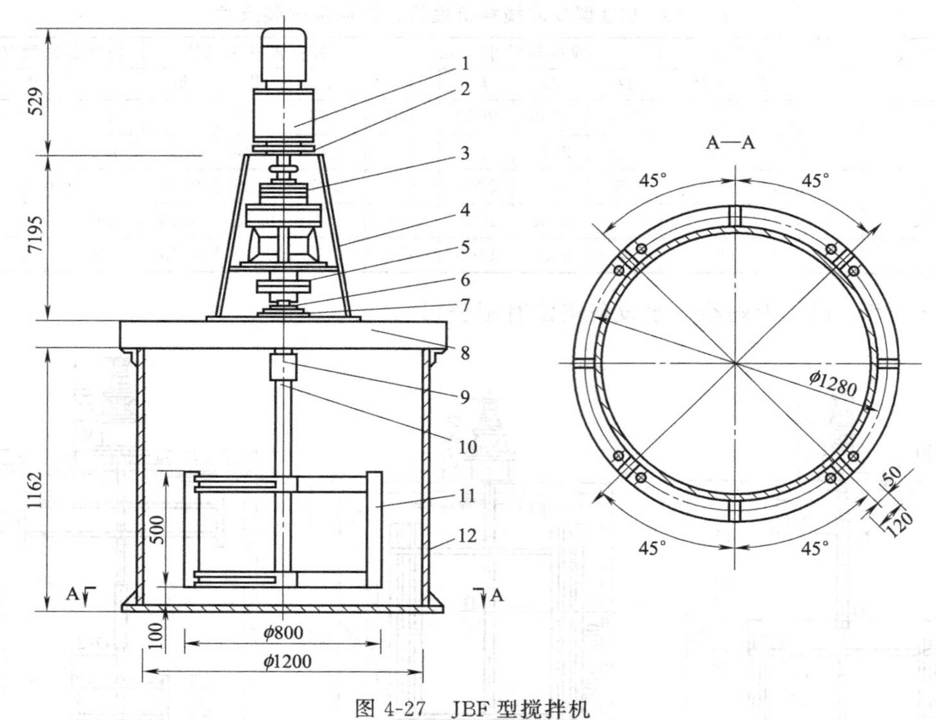


图 4-27　JBF 型搅拌机

1—电磁调速电机；2,5—联轴器；3—摆线针轮减速机；4—机架；6—短轴；7—轴承座；8—框架横梁；9—套筒联轴器；10—长轴；11—平底框式搅拌桨叶；12—壳体

## 4.2.7 双曲面搅拌机

双曲面搅拌机是一种高效混合设备，适用于低黏度液体及固、液、气体之间的混合搅拌，流线体的工作面及其表面分布的翼肋组成的双曲面结构，完全迎合流体工作特性。根据工况要求可选择潜水式或干式安装两种方法。

(1) 适用范围　广泛适用于环保、化工、能源、轻工等行业需对液体进行固、液、气搅拌混合的场合，尤其适用在污水处理工艺中的混凝池、调节池、厌氧池及其他多种水处理工艺中的水体搅拌混合。

(2) 工作原理　双曲面叶轮的曲面是方程 $xy=b$ 双曲线沿 $y$ 轴旋转而构成的曲面体，在其上均匀布有 8 条弧线型导向叶片。由驱动装置带动双曲面叶轮转动，旋转时产生的离心力形成动能及借助液体自重压力作补充获得势能的双重作用下，污水沿叶轮圆周方向作切线运动，在水池底部平行推流，遇池壁后反射，并渐渐向上形成自下而上地循环水流，故可获得在轴向和径向方向的交叉水流，达到混合、搅拌和推流的目的。

(3) 结构　双曲面搅拌机由驱动装置、轴承装置、搅拌轴、双曲面搅拌叶轮、机座、起吊装置及电控组成，结构示意图见图 4-28。

(4) 技术参数　见表 4-25。

**表 4-25　双曲面搅拌机技术参数**

| 叶轮直径 /mm | 转速 /(r/min) | 功率 /kW | 服务范围 /m | 重量 /kg |
|---|---|---|---|---|
| 800 | 40～150 | 1.1～1.5 | 1～3 | 300/360 |
| 1000 | 30～70 | 1.1～2.2 | 2～5 | 490/780 |
| 1500 | 30～60 | 1.5～3 | 3～6 | 520/880 |

续表

| 叶轮直径<br>/mm | 转速<br>/(r/min) | 功率<br>/kW | 服务范围<br>/m | 重量<br>/kg |
|---|---|---|---|---|
| 2000 | 20～45 | 2.2～4 | 4～9 | 580/1080 |
| 2500 | 20～40 | 3～5.5 | 6～14 | 650/1210 |
| 3000 | 20～30 | 4～7.5 | 10～18 | 880/1280 |

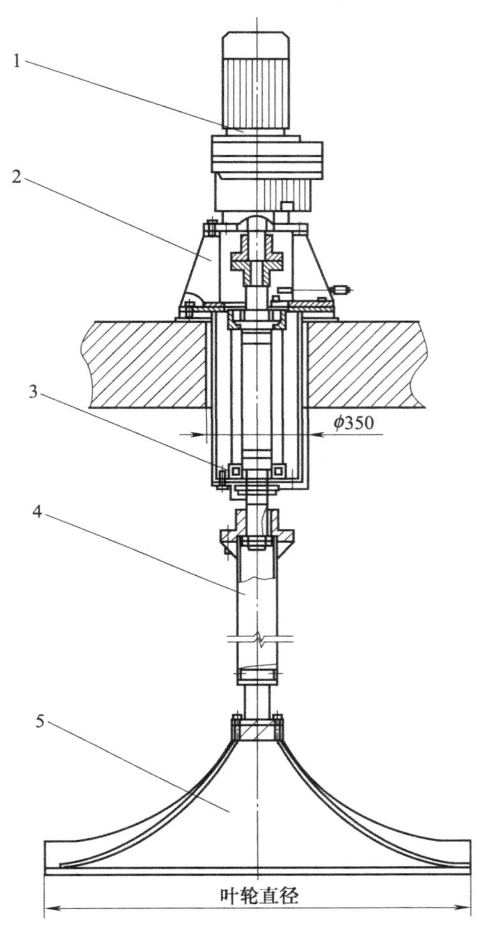


图 4-28　双曲面搅拌机

1—驱动装置；2—机座；3—轴承装置；4—搅拌轴；5—叶轮

生产厂家：江苏亚太水处理工程有限公司，江苏中兴水务有限公司。

# 第5章 污泥浓缩与脱水设备

## 5.1 污泥浓缩

水处理系统产生的污泥，含水率很高，体积很大，输送、处理或处置都不方便。污泥浓缩后可以缩小污泥的体积，从而为后续处理和处置带来方便。浓缩之后采用消化工艺时，可以减小消化池容积，并降低热量消耗；浓缩后进行脱水，可以减少脱水机台数，降低絮凝剂的投加量，节省运行成本。所以污泥浓缩是污水处理工程中必不可少的工艺过程。

污泥浓缩主要形式：重力浓缩、气浮浓缩、离心浓缩。

常用的设备有：重力式污泥浓缩池浓缩机；带式浓缩机；卧螺式离心机。

### 5.1.1 带式浓缩机

(1) 适用条件　带式浓缩机是连续运转的污泥浓缩设备，进泥含水率为99.2%，污泥经絮凝、重力脱水后含水率可降低到95%～97%，达到后续污泥处理的要求。一般带式浓缩机和带式压滤机相连接，因而污泥经浓缩后可直接进入带式压滤机进行脱水。

带式浓缩机可代替混凝土浓缩池及大型带浓缩栅耙构成的浓缩池。因而可减少占地面积，节省土建投资。目前在城市污水处理厂已被广泛使用。

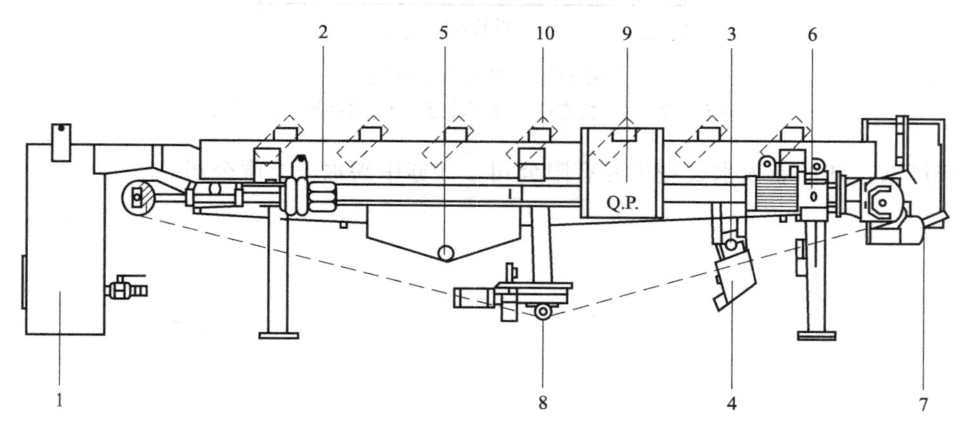


图5-1　带式浓缩机

1—絮凝反应器；2—重力脱水段；3—冲洗水进口；4—冲洗水箱；5—过滤水排出口；6—电机传动装置；7—卸料口；8—调整辊；9—气动控制箱；10—犁耙

(2) 带式浓缩机结构原理与带式压滤机结构原理相似，是根据带式压滤机的前半段即重力脱水段的原理并结合沉淀池排出的污泥含水率高的特点而设计的一种新型的污泥浓缩设备。

(3) 带式浓缩机的总体结构如图 5-1 所示。

絮凝后的污泥进入重力脱水段，由于污泥层有一定的厚度，而且含水率高，但其透水性不好。为此设置了很多犁耙，将均铺的污泥耙起很多垄沟，垄背上的污泥脱出的水分，通过垄沟处能顺利地透过滤带而分离。

(4) 规格和性能　带式浓缩机规格和性能，见表 5-1。

**表 5-1　带式浓缩机规格和性能**

| 型　　号 | | 1200 | 2000 | 3000 |
|---|---|---|---|---|
| 功率/kW | | 2.2 | 2.2 | 4 |
| 流量/($m^3$/h) | | 100 | 200 | 300 |
| 滤带宽度/mm | | 1300 | 2200 | 3200 |
| 滤带速度/(m/min) | | 3～17 | 3～17 | 3～17 |
| 电源 | 电压/V | 380 | 380 | 380 |
| | 频率/Hz | 50 | 50 | 50 |
| 重量/kg | | 1850 | 2400 | 3100 |
| 外形尺寸/m | | 5500×2490×1210 | 5500×3460×1210 | 6400×4400×1250 |

(5) 处理能力　带式浓缩机对不同类型的污泥进行浓缩，其效果参见表 5-2。

**表 5-2　不同类型污泥的浓缩效果**

| 污泥类型 | 进机污泥含固率/% | 出机污泥含固率/% | 高分子絮凝剂投量/(kg/t 干泥) |
|---|---|---|---|
| 初次沉淀池污泥 | 2.0～4.9 | 4.1～9.3 | 0.7～0.9 |
| 剩余活性污泥 | 0.3～0.7 | 5.0～6.6 | 2.0～6.5 |
| 混合污泥 | 2.8～4.0 | 6.2～8.0 | 1.6～3.5 |
| 生物膜法污泥 | 2.0～2.7 | 4.0～6.5 | 4.7～6.5 |
| 氧化沟污泥 | 0.75 | 8.1 | |
| 消化污泥 | 1.6～2.0 | 5.0～10.5 | 2.5～8.5 |
| 给水厂污泥 | 0.65 | 4.9 | |

## 5.1.2　转筒式浓缩机

### 5.1.2.1　ZN 型污泥浓缩（预脱水）机

(1) 适用范围　转筒式污泥预脱水机，也称污泥浓缩机。污泥预脱水机可完全替代浓缩池的作用，有利于带式脱水机进行污泥脱水。一般需配套絮凝搅拌装置，也可用于酒厂、毛纺厂、造纸厂等多种工业废水的糟粕分离。

(2) 型号说明

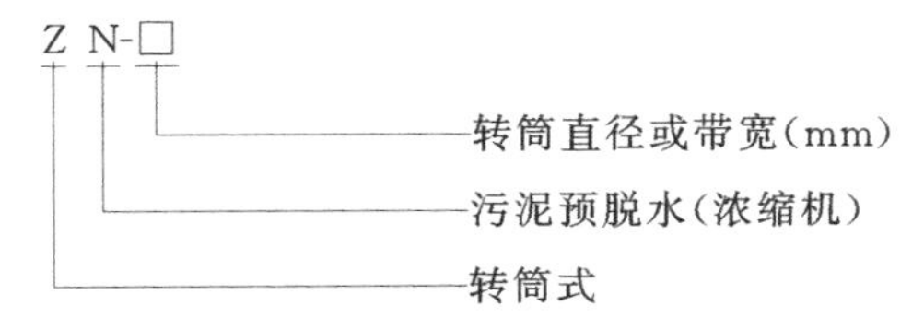


(3) 性能及规格　ZN 型污泥浓缩机性能及规格见表 5-3。

表 5-3 ZN 型污泥浓缩机性能及规格

| 型号 | 转速/(r/min) | 转动功率/kW | 反冲泵功率/kW | 处理能力/($m^3$/h) | 进口含固率/% | | | 出口含固率/% | | | 外形尺寸/m |
|---|---|---|---|---|---|---|---|---|---|---|---|
| | | | | | 二沉池污泥 | 初沉池污泥 | 消化污泥 | 二沉池污泥 | 初沉池污泥 | 消化污泥 | |
| ZN-550 | 4～15 | 0.55 | 0.75 | 10～20 | 0.5～0.8 | 2～4 | 3～5 | 3～6 | 6～8 | 5～10 | 2.5×1.0×1.4 |
| ZN-800 | 4～22 | 1.5 | 1.5 | 10～30 | | | | | | | 4.8×1.0×1.7 |
| ZN-1000 | 3.5～20 | 2.2 | 1.5 | 20～40 | | | | | | | 5.9×1.4×2.1 |
| ZN-1200 | 3～16 | 2.2 | 2.2 | 40～60 | | | | | | | 7.1×1.6×2.4 |
| ZN-1400 | 2.5～12 | 3.0 | 2.2 | 60～80 | | | | | | | 7.1×1.8×2.6 |
| ZN-1600 | 2～10 | 3.0 | 2.2 | 80～100 | | | | | | | 7.1×2.0×2.8 |

生产厂家：江苏天雨环保集团有限公司。

（4）外形结构 ZN 型污泥浓缩机外形结构见图 5-2。

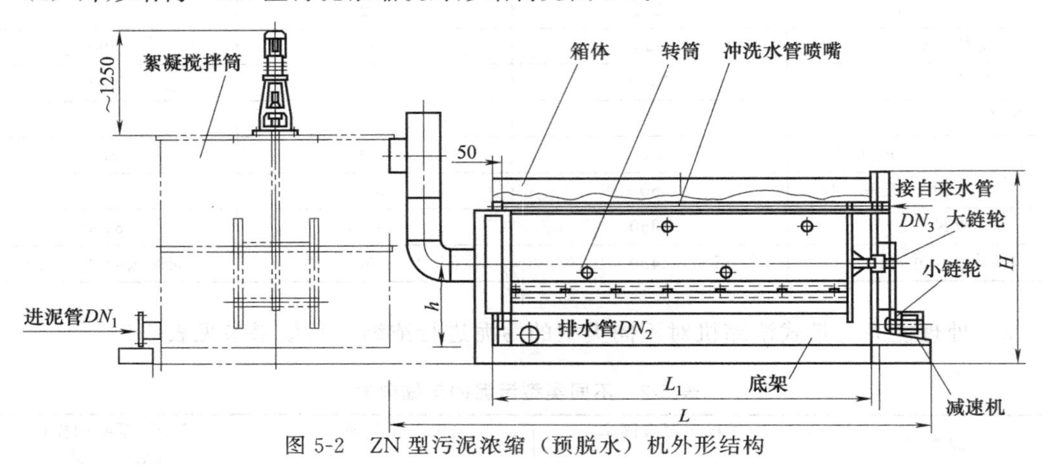


图 5-2 ZN 型污泥浓缩（预脱水）机外形结构

### 5.1.2.2 WZN 型污泥转筒浓缩机

（1）适用范围 污泥浓缩是污泥处理中的重要环节，为了提高脱水机的工作效率，在污泥脱水前一般均需进行预浓缩。WZN 型污泥转筒浓缩机可替代浓缩池的作用，将污泥经转筒浓缩后进入带式脱水机进行污泥脱水。

（2）设备特点

① 分离浓缩效率高，运行费用低，并可节省污泥处理投资费用；

② 系统可连续自动运行；

③ 全封闭运行，生产环境良好；

④ 可替代污泥浓缩池，提高脱水机的产率，减少脱水机台数；

⑤ 也可运用于啤酒厂、酒厂及酒精厂、造纸等的工业废水处理中的固液分离。

（3）性能及规格 WZN 型污泥转筒浓缩机性能及规格参数见表 5-4。

表 5-4 WZN 型污泥转筒浓缩机性能及规格参数

| 型号 | 筛滤筒直径/mm | 转速/(r/min) | 转动功率/kW | 反冲泵功率/kW | 处理能力/($m^3$/h) | 外形尺寸/m |
|---|---|---|---|---|---|---|
| WZN-8 | $\phi$800 | 4～22 | 1.5 | 1.5 | 10～30 | 4.8×1.0×1.65 |
| WZN-10 | $\phi$1000 | 3.5～20 | 2.2 | 1.5 | 20～40 | 5.9×1.32×2.1 |
| WZN-12 | $\phi$1200 | 3～16 | 2.2 | 2.2 | 40～60 | 7.1×1.55×2.4 |
| WZN-14 | $\phi$1400 | 2.5～12 | 3.0 | 2.2 | 60～80 | 7.1×1.8×2.6 |
| WZN-16 | $\phi$1600 | 2～10 | 3.0 | 2.2 | 80～100 | 7.1×2.0×2.8 |

生产厂家：江苏一环集团有限公司。

（4）设备结构　WZN 型污泥转筒浓缩机结构见图 5-3。

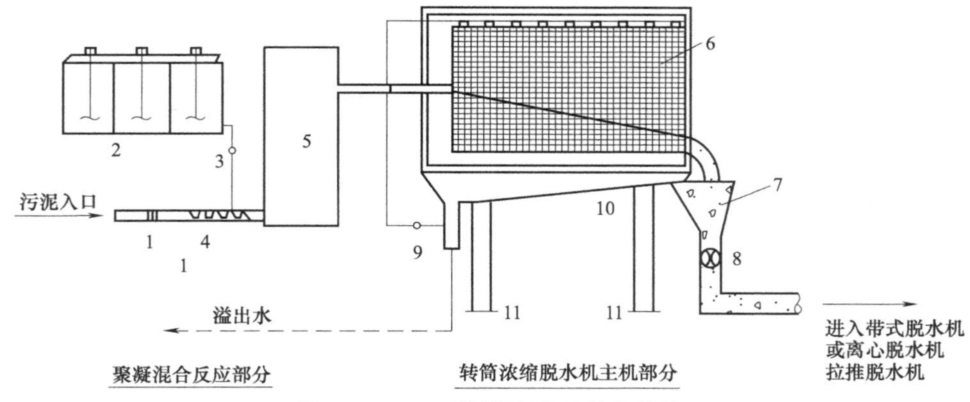


图 5-3　WZN 型污泥转筒浓缩机结构

1—污泥泵；2—聚凝剂提加装置；3—加药计量泵；4—管道混合器；5—旋流混合反应罐；6—筛滤器；7—污泥斗；8—污泥泵；9—冲洗水泵；10—集水槽；11—浓缩机支座

#### 5.1.2.3　ROS2 型螺压浓缩机

（1）特点

① 对含固量 0.5%的稀泥浆进行浓缩处理后含固量可提高到 6%～12%。絮凝剂的消耗量为 1.9‰～2.9‰。

② 设备适用的范围广，当进泥含固量在 0.7%～1.2%变化时，可以通过调节螺旋装置的转速，以适应稀泥浆中含固量的变化，使絮凝剂得到充分利用，反应完全。

③ 设备体积小、占地少、能耗低、效率高。由于整机在<12r/min 的低转速下运行，无振动和噪声，使用寿命长。

（2）工艺流程　ROS2 型螺压浓缩机处理稀泥浆的工艺流程，如图 5-4 所示。

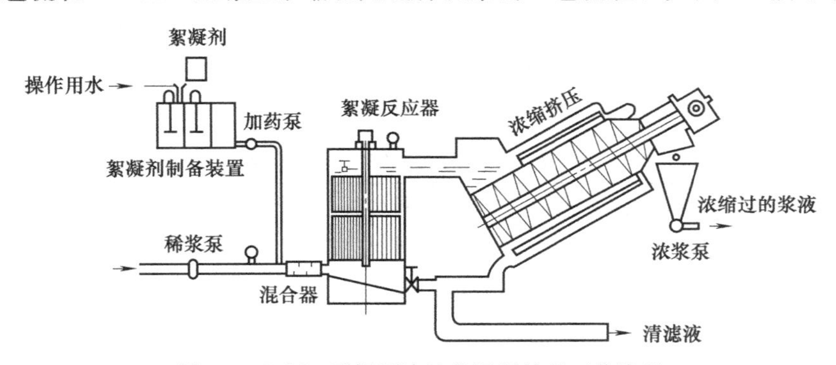


图 5-4　ROS2 型螺压浓缩机污泥处理工艺流程

含固量 0.5%干泥的稀泥浆，泵送至絮凝反应器前，由流量仪和浓度仪检测后，指令絮凝剂投加装置定量地投入粉状或液状（投加浓度可预先设定）高分子絮凝剂。通过混合器混合，进入絮凝反应器内，经缓慢反应搅拌匀后溢入 ROS2 螺压浓缩机，已絮凝的浆液，在压榨转动作用下，被缓慢提升、压榨直至浓缩，使泥浆含固量达到 6%～12%DS，污泥卸入集泥斗，进入后续处理装置。过滤液穿流筛网后外排。

本设备具有筛网运转过程中的转动自清洗装置和定时自动冲洗设施。可长期、连续、全封闭运行。

（3）规格和性能　ROS2 型螺压浓缩机规格性能，见表 5-5。

**表 5-5　ROS2 型螺压浓缩机规格性能**

| 型号 | 处理量/($m^3$/h) | 驱动电机 | | 压榨机转速/(r/min) | 反应器功率/kW | 搅拌器转速/(r/min) | 清洗系统的驱动功率/kW | 系统管径 *DN* | 运行重量/kg |
|---|---|---|---|---|---|---|---|---|---|
| | | 功率/kW | 电压/V | | | | | | |
| ROS2.1 | 8～15 | 0.55 | 380 | 0～12 | 0.55 | 0～23.5 | 0.04 | 80/100 | 3300 |
| ROS2.2 | 18～30 | 1.1 | 380 | 0～9.1 | 0.55 | 0～23.5 | 0.04 | 100/125 | 3400 |
| ROS2.3 | 35～50 | 2.2 | 380 | 0～9.7 | 0.55 | 0～23.5 | 0.04 | 100/150 | 4700 |
| ROS2.4 | 60～100 | 4.4 | 380 | 0～7.5 | 0.55 | 0～9.9 | 0.04 | 200/150 | 9000 |

生产厂家：厦门程功矿业设备有限公司、淮北一环矿山机械有限公司、北京世纪国瑞环境工程技术有限公司。

#### 5.1.2.4　叠螺污泥浓缩机

(1) 适用范围　叠螺污泥浓缩机是在叠螺污泥脱水机的基础上，研发的新型污泥浓缩设备，可用于二沉池污泥的快速连续浓缩，也可用于含水率为95%～99.8%污泥的浓缩。

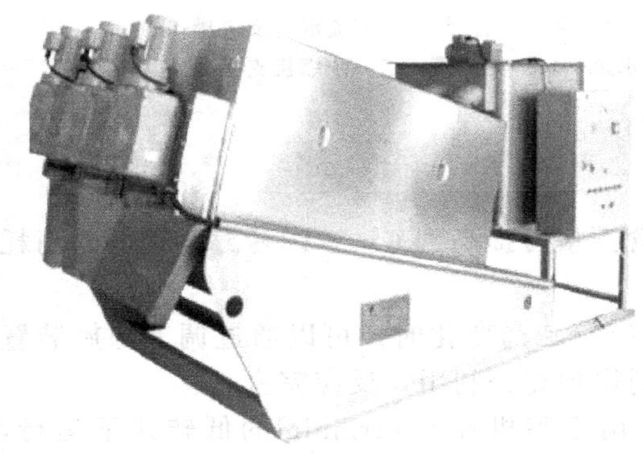

图 5-5　叠螺污泥浓缩机外形图

(2) 设备特点

① 浓缩污泥效率高，占地面积小；

② 无滤布，自清洗、无堵塞，无需高压反冲洗水；

③ 低速运转，能耗低，运行成本低，无振动，无噪声；

④ 封闭式作业，减少臭气产生；

⑤ 易损部件少，维修成本低，使用寿命长；

⑥ 全自动控制，连续运行，维护管理简单。

(3) 工作原理、性能及技术参数　叠螺污泥浓缩机的浓缩主体是由固定环和活动环相互层叠，螺旋轴贯穿其中的浓缩过滤装置，污泥随着螺旋轴的转动持续向前推移，主体腔体体积不断压缩，滤液从叠片间隙滤出，污泥含固率逐渐升高，实现污泥快速浓缩。叠螺污泥浓缩机的技术参数见表 5-6，设备的外形见图 5-5。

**表 5-6　叠螺污泥浓缩机技术参数**

| 机型 | 绝干污泥处理量/(kgDS/h) | 尺寸/mm | | | 重量/kg | | 电机功率/kW |
|---|---|---|---|---|---|---|---|
| | | 长 | 宽 | 高 | 净重 | 运行 | |
| TECN-201 | 15～30 | 2520 | 790 | 1450 | 370 | 750 | 0.5 |
| TECN-202 | 30～60 | 2570 | 1120 | 1450 | 550 | 900 | 0.9 |
| TECN-203 | 45～90 | 2610 | 1250 | 1450 | 780 | 1300 | 1.2 |
| TECN-301 | 60～120 | 3250 | 1090 | 1780 | 900 | 1300 | 1.0 |
| TECN-302 | 120～240 | 3550 | 1430 | 1750 | 1300 | 2300 | 1.5 |
| TECN-303 | 190～360 | 3550 | 1640 | 1725 | 1600 | 3000 | 2.3 |
| TECN-401 | 180～300 | 4520 | 1350 | 2000 | 1800 | 3500 | 1.9 |
| TECN-402 | 360～600 | 4954 | 1780 | 2240 | 2500 | 4500 | 3.2 |
| TECN-403 | 720～900 | 4954 | 2050 | 2240 | 3000 | 7000 | 4.3 |

生产厂家：上海同臣环保股份有限公司。

## 5.1.3 离心浓缩机

应用离心沉降原理进行泥水浓缩或脱水的机械即离心脱水机。离心沉降脱水分为立式和卧式两种。通常污泥离心沉降脱水均采用卧式。卧式螺旋沉降离心浓缩机的总体结构，见图 5-6。

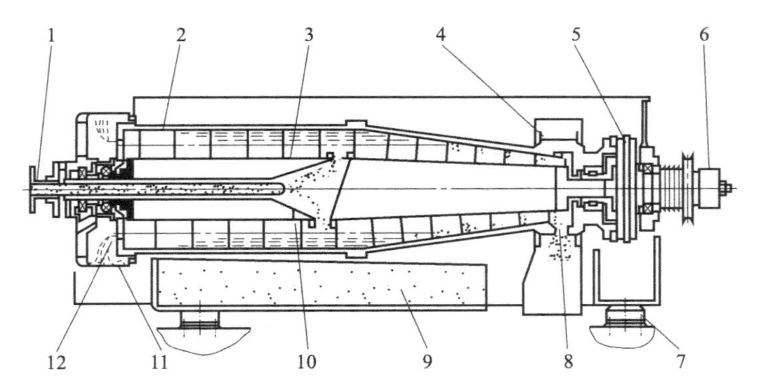


图 5-6 卧式螺旋沉降离心浓缩机

1—进料口；2—转鼓；3—螺旋输送器；4—挡料板；5—差速器；6—扭矩调节；7—减振垫；8—沉渣；9—机座；10—布料器；11—积液槽；12—分离液

离心浓缩机的分离因数是离心机分离能力的主要指标，污泥在离心力场中所受的离心力和它承受的重力的比值 Fr 称分离因数，其表达式为：

$$\mathrm{Fr}=\frac{mR\omega^2}{mg}=\frac{R\omega^2}{g}=\frac{Dn^2}{1800}$$

式中 $m$——污泥质量；

$R$——离心机转鼓的半径，m；

$\omega$——转鼓的角速度，rad/s；

$g$——重力加速度，$m^2/s$；

$n$——离心机转鼓的转速，r/min；

$D$——离心机转鼓的内径，m。

分离因数越大，污泥所受的离心力也大，分离效果越好。目前国内工业离心机分离因数 Fr 值见表 5-7。

表 5-7 工业离心机分离因数 Fr 值

| 名称 | 分离因数 | 名称 | 分离因数 |
|---|---|---|---|
| 一般三足式过滤离心机 | Fr ≤1000 | 碟片式离心机 | 5000<Fr ≤10000 |
| 卧螺沉降离心机 | Fr ≤4000 | 管式离心机 | 10000<Fr ≤250000 |

生产厂家：中国绿水分离设备有限公司、中国杭州三力机械有限公司、重庆江北机械有限责任公司、佛山安德里茨技术有限公司、阿法拉伐、贝亚雷斯技术咨询（北京）有限公司。

城镇污水处理中的污泥浓缩和污泥脱水，卧式螺旋离心浓缩机分离因数为 1000～2000。可通过离心模拟实验或直接对离心机进行调试得出。

## 5.1.4 重力浓缩池浓缩机

目前我国在城市给排水工程中污泥的浓缩方法，广泛采用重力浓缩池和浮选浓缩池，尤其重力浓缩池应用最多。

重力浓缩池径一般小于20m，池中设置污泥浓缩机。浓缩机的形式有悬挂式中心传动浓缩机（图5-7）、垂架式中心传动浓缩机（图5-8）、周边传动浓缩机（图5-9）。

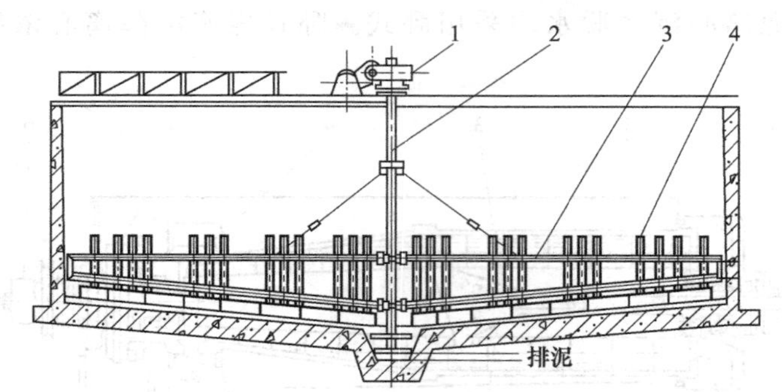


图5-7 悬挂式中心传动浓缩机

1—驱动装置；2—传动轴；3—刮臂；4—栅条

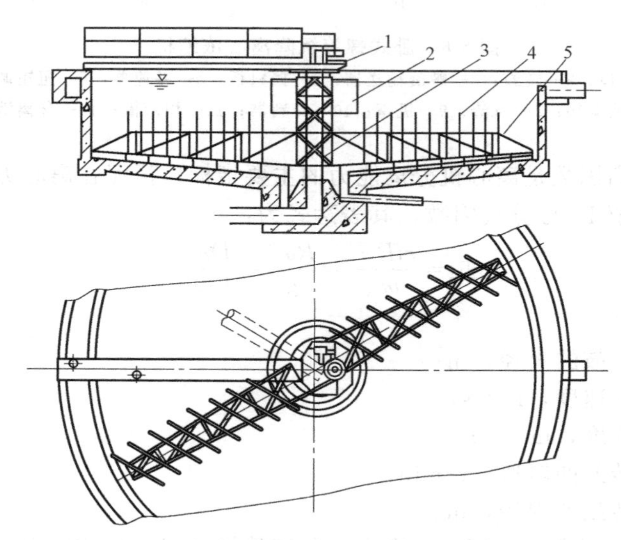


图5-8 垂架式中心传动浓缩机

1—驱动装置；2—导流筒；3—传动架；4—栅条；5—刮臂

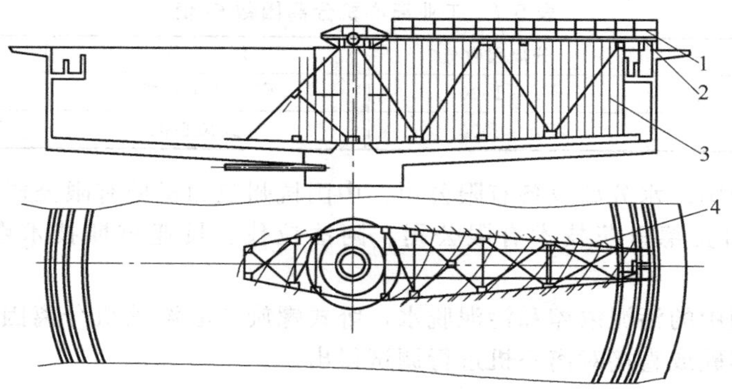


图5-9 周边传动浓缩机

1—桥架；2—驱动装置；3—栅条；4—刮臂

浓缩机刮臂外缘线速度一般均小于3.5m/min，而用于给水厂污泥浓缩机刮臂机外缘线速度均小于2m/min，中心传动浓缩机采用悬挂时，池径一般小于12m。采用垂架式时则可适用池径大于20m，甚至到50m。而国外生产的垂架式中心传动刮泥机（浓缩机）可适用于池径100m。

### 5.1.5 浮选浓缩池撇渣机

（1）适用范围　行车式撇渣机适用于池水位稳定，池面漂浮物的密度小于介质密度，介质温度在0℃以上的工况。绳索牵引式撇渣机适用范围同行车式撇渣机。

（2）结构原理　撇渣机通过钢丝绳或链条牵引循环运行撇除浮渣，结构见图5-10、图5-11。

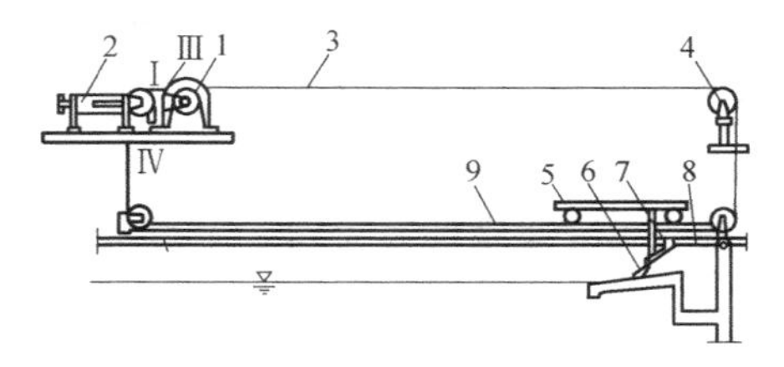

图5-10　绳索牵引式撇渣机

1—驱动装置；2—张紧装置；3—钢线绳；4—导向轮；5—撇渣小车；6—刮板；7—翻板机构；8—挡板；9—轨道；Ⅰ、Ⅱ、Ⅲ、Ⅳ表示钢绳缠绕顺序

链条牵引式撇渣机的链条是主要部件，链条的结构形式有两种，即片式牵引链和销钉链，销钉链的耐磨性和耐腐蚀性较好。在同等工况下链条牵引式撇渣机要比绳索牵引式撇渣机寿命长，由于该型撇渣机是在池上作单向直线运动，不需换向装置，电源连接和控制系统都较简单，因而减少了故障率，但造价比绳索牵引式要高。

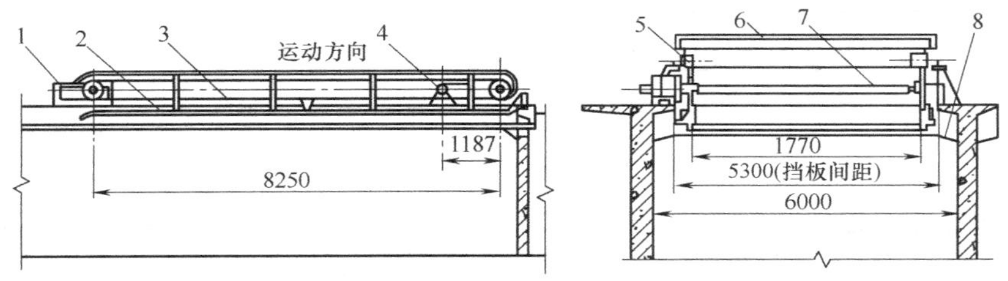

图5-11　链条牵引式撇渣机

1—张紧装置；2—导轨与支架；3—片式牵引链；4—减速装置；5—托轮组；6—刮板装置；7—轴；8—挡渣板

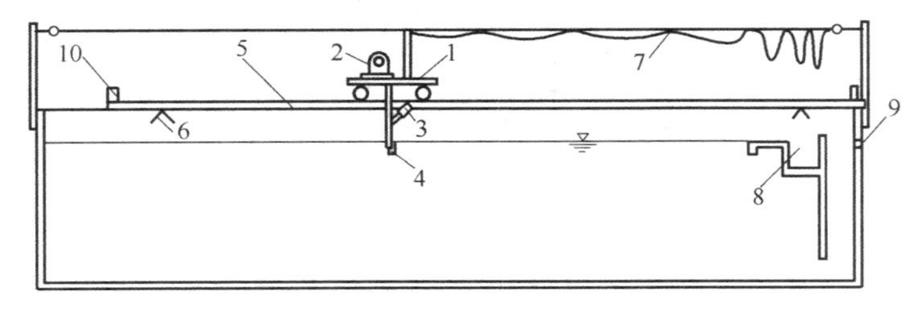

图5-12　行车式撇渣机

1—行车；2—驱动装置；3—重锤式翻板机构；4—刮板；5—导轨；6—挡块；7—电缆引线；8—排污槽；9—出水口；10—端头立柱

（3）设备型式　浮选浓缩池撇渣机，其型式有绳索牵引式撇渣机（图5-10），链条牵引式撇渣机（图5-11），行车式撇渣机（图5-12）。

## 5.2 污泥脱水机

脱水设备将浓缩后的污泥继续进行固液分离，进一步降低污泥含水率，使污泥减量化，便于污泥的运输和进行后处置。

## 5.2.1 带式压滤机

### 5.2.1.1 DY型带式压榨过滤机

（1）适用范围　该机适用于煤炭、冶金、化工、医药、轻纺、造纸和城市给排水等各行业污泥的处理。其特点是脱水效率高，处理能力大，连续过滤，性能稳定，操作简单，体积小，重量轻，节约能源，占地面积小。

（2）型号说明

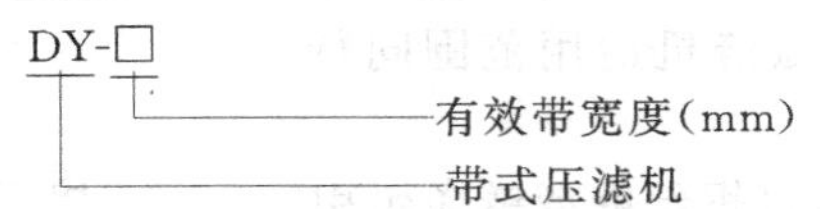


（3）性能规格　DY型带式压榨过滤机性能规格见表5-8。

表5-8　DY型带式压榨过滤机性能规格

| 型号 | 滤带宽度 $B$ /mm | 处理量 /($m^3$/h) | 功率 /kW | 冲洗水量 /($m^3$/h) | 冲洗水压力 /MPa | 冲洗水质 | 泥饼含水率 /% | 进泥含水率 /% |
|---|---|---|---|---|---|---|---|---|
| DY-500 | 500 | −4 | 1.1 | ≤4 | ≥0.5 | 普通自来水 | 78～85 | ≤97.8 |
| DY-1000 | 1000 | −8 | 1.5 | ≤7 | | | | |
| DY-1500 | 1500 | −12 | 2.2 | ≤10 | | | | |
| DY-2000 | 2000 | −15 | 3 | ≤15 | | | | |

（4）外形　DY型带式压榨过滤机外形见图5-13。

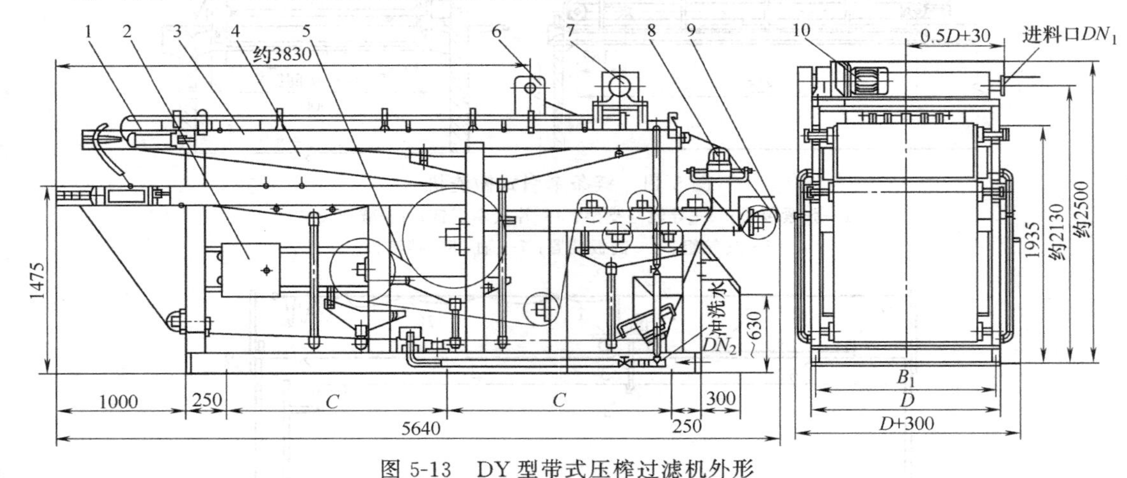


图5-13　DY型带式压榨过滤机外形

1—张紧机构；2—气柜；3—机架；4—集水斗；5—滤带；6—进料器；7—冲洗系统；8—纠偏装置；9—刮泥板；10—驱动装置

生产厂家：江苏天雨环保集团有限公司、江苏一环集团有限公司、宜兴泉溪环保有限公司、杭州创源过滤机械有限公司、上海奥德水处理科技有限公司、天津市市政杰诚环保工程公司。

### 5.2.1.2 DY□-N型带式压榨过滤机

（1）适用范围　该机适用于煤炭、冶金、化工、医药、轻纺、造纸和城市下水等各行业污水的处理。其特点脱水效率高，处理能力大，连续过滤，性能稳定，操作简单，体积小，重量轻，节约能源，占地面积小。

（2）型号说明

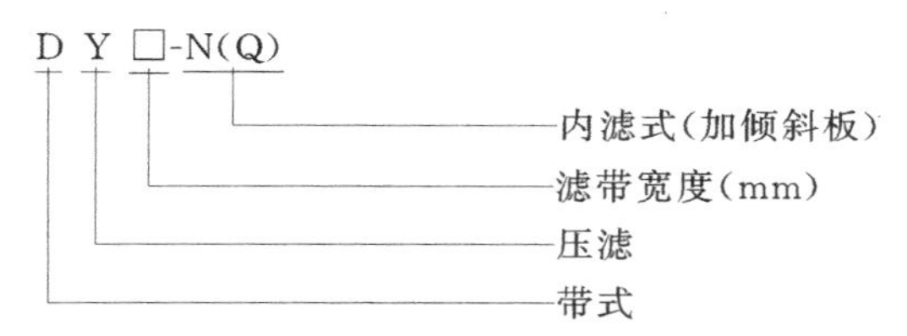


(3) 性能规格　DY□-N 型带式压榨过滤机性能规格见表 5-9。

表 5-9　DY□-N 型带式压榨过滤机性能规格

| 型号 | 滤带宽度 /mm | 处理能力 /(t/h) | 重力滤面 /$m^2$ | 压榨滤面 /$m^2$ | 电动机功率 /kW | 滤带速度 /(m/min) | 洗涤水压 /MPa | 质量 /kg | 外形尺寸/mm | | |
|---|---|---|---|---|---|---|---|---|---|---|---|
| | | | | | | | | | 长 | 宽 | 高 |
| DY500-N | 500 | | 1.95 | 2.5 | 1.1 | 0.7～5.0 | 0.705 | | 2980 | 850 | 1980 |
| DY1000-N | 1000 | | 3.90 | 5.0 | 1.1 | | 0.705 | | 2980 | 1392 | 1980 |
| DY2000-N | 2000 | | 7.8 | 10 | 2.2 | | 0.705 | | 2980 | 2490 | 1980 |
| DY3000-N | 3000 | | 10.7 | 15 | 3.0 | | 0.705 | | 2980 | 3326 | 1980 |

生产厂家：无锡通用机械厂。

(4) 外形尺寸　DY□-N 型带式压榨过滤机外形见图 5-14。

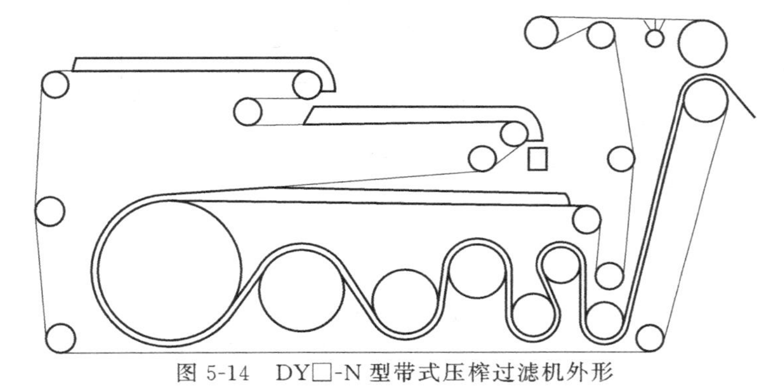

图 5-14　DY□-N 型带式压榨过滤机外形

## 5.2.2 板框压滤机

### 5.2.2.1 BAJZ 型自动板框压滤机

(1) 适用范围　自动板框压滤机是间歇操作的加压过滤设备，适用于给水排水、环境保护、化工、轻工等行业各类悬浮液分离，特别对污水污泥的脱水处理具有显著成效。它能够过滤固相粒径为 5μm 以上的悬浮液，及固相浓度为 0.1%～60%的物料，可将含水率从 97%～98%降到 70%，而且还能过滤黏度大或成胶状难过滤的物料，经脱水后可压缩成块状固体——滤饼，使体积缩小到脱水前的 1/15。

(2) 型号说明

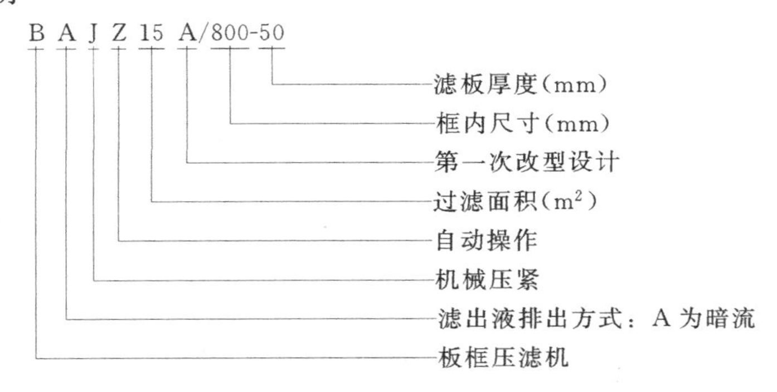

（3）性能规格及外形尺寸　BAJZ 型自动板框压滤机性能规格见表 5-10，外形尺寸见图 5-15。

**表 5-10　BAJZ 型自动板框压滤机性能规格**

| 型　　号 | 过滤面积/$m^2$ | 滤室容积/L | 框内尺寸/mm | 滤框厚度/mm | 滤板数 | 滤框数 | 滤室厚度/mm | 滤布规格/m | 过滤压力/MPa | 电动机功率/kW | 重量/kg |
|---|---|---|---|---|---|---|---|---|---|---|---|
| BAJZ15A/800-50 | 15 | 300 | 800×800 | 50 | 13 | 12 | 20 | 36×0.93 | ≤0.6 | 7.5 | 7500 |
| BAJZ20A/800-50 | 20 | 400 |  |  | 17 | 16 |  | 45×0.93 |  |  | 8900 |
| BAJZ30A/1000-60 | 30 | 750 | 1000×10000 | 60 | 16 | 15 | 25 | 51×1.13 |  | 11 | 1000 |

生产厂家：无锡通用机械厂。

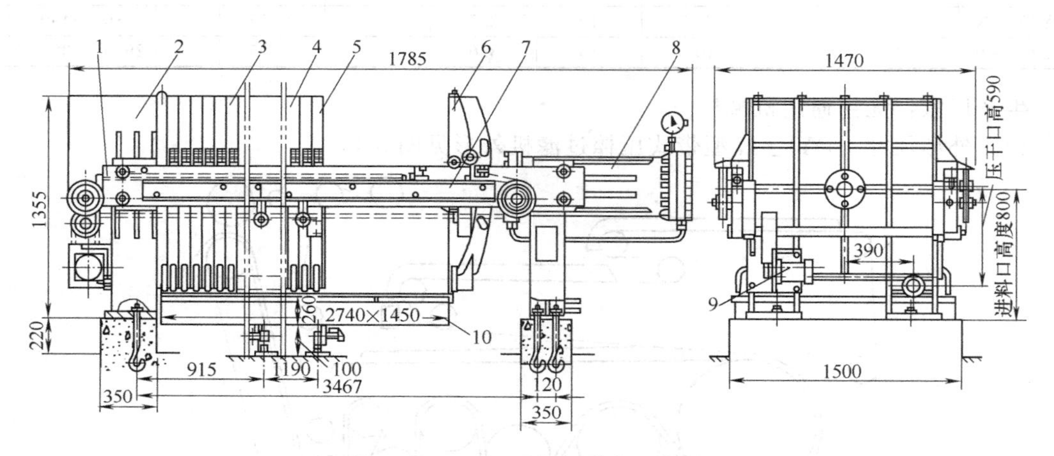


图 5-15　BAJZ 型板框脱水机外形

1—主梁；2—固定板；3—齿形滤板；4—隔膜滤板；5—橡胶隔膜；6—拉板机械手；7—活动板；8—压紧油缸；9—拉板传动机构；10—收集槽

### 5.2.2.2　程控聚丙烯高压隔膜压滤机

（1）适用范围　程控聚丙烯高压隔膜压滤机适用于城市污水处理厂污泥、工业废水处置污泥（如印染污泥、造纸污泥、电镀污泥、食品污泥等）、河道淤泥、餐厨废渣以及禽畜粪便等，以达到各种需要的固液分离，污泥减量化处理处置的目的。

（2）型号说明

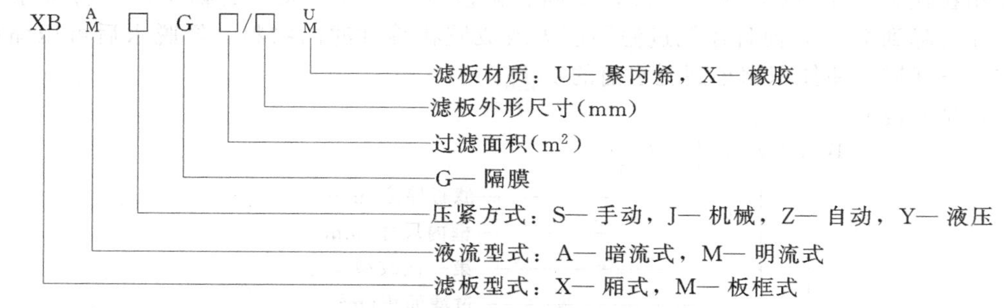


（3）设备构造、工作原理及特点　程控聚丙烯高压隔膜压滤机主要由机架部分、过滤部分、液压部分、卸料装置和电气控制部分组成。

机架部分是整套设备的基础，主要由机座、压紧板、止推板、油缸体和主梁组成；过滤部分主要由滤板和滤布组成；液压部分主要由液压站、液压缸、各种压力仪表、阀件等组成；电气控制部分是整个系统的控制中心，其主要由电控柜、PLC、变频器、触摸屏及电器元件组成。

程控聚丙烯高压隔膜压滤机是将化学调理和机械脱水相结合，可直接将含水率98%以下的污泥脱水至60%以下。其污泥压滤工作原理见图5-16。

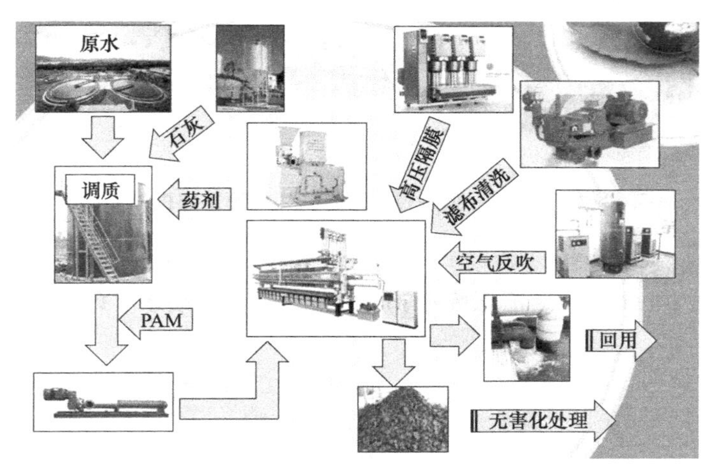


图5-16 压滤工作原理

程控聚丙烯高压隔膜压滤机与传统处理工艺相比，其污泥减量化水平有了较大提高，污泥产生量体积可大大减小，稳定性能得到改善，同时大大降低了污泥最终处置难度和处置成本，并具有以下特点。

① 技术成熟，自动化程度高，运行可靠；

② 处理量大，滤液清澈，滤饼含固量高；

③ 占地少，投资省；

④ 经济合理，运行成本低；

⑤ 脱水后污泥呈干饼状，没有恶臭产生，环境好。

（4）设备规格及性能　程控聚丙烯高压隔膜压滤机有800型、900型、1000型、1250型、1500型、1600型、1500×2000型和2000型等规格，其2000型程控聚丙烯高压隔膜压滤机技术参数见表5-11，设备外形见图5-17。

**表5-11　2000型程控聚丙烯高压隔膜压滤机技术参数**

| 型号 | 隔膜板厚95mm，厢式板厚85mm | | | | | | | | | | | |
|---|---|---|---|---|---|---|---|---|---|---|---|---|
| | 过滤面积/$m^2$ | 滤室数量/个 | 滤板规格/mm | 滤饼厚度/mm | 滤室容积/$m^3$ | 过滤压力/MPa | 地脚中心/mm | 外形尺寸/mm | | | 整机重量/kg | 电机功率/kW |
| | | | | | | | | 长 | 宽 | 高 | | |
| XMAZG560/2000-UK | 560 | 80 | | | 12.56 | | 9370 | 12170 | | | 57500 | |
| XMAZG600/2000-UK | 600 | 86 | | | 13.51 | | 9920 | 12720 | | | 59000 | |
| XMAZG630/2000-UK | 630 | 90 | | | 14.14 | | 10280 | 13080 | | | 60050 | |
| XMAZG670/2000-UK | 670 | 96 | | | 15.10 | | 11830 | 13630 | | | 61600 | |
| XMAZG710/2000-UK | 710 | 100 | | | 15.90 | | 11190 | 13990 | | | 63150 | |
| XMAZG750/2000-UK | 750 | 106 | 2000×2000 | 45 | 16.85 | 0.5～1.6 | 11740 | 14540 | 2900 | 2450 | 64600 | 11 |
| XMAZG800/2000-UK | 800 | 114 | | | 17.96 | | 12470 | 15270 | | | 66500 | |
| XMAZG850/2000-UK | 850 | 120 | | | 19.07 | | 13010 | 15810 | | | 68300 | |
| XMAZG900/2000-UK | 900 | 128 | | | 20.18 | | 13740 | 16540 | | | 70400 | |
| XMAZG950/2000-UK | 950 | 136 | | | 21.30 | | 14470 | 17270 | | | 72100 | |
| XMAZG1000/2000-UK | 1000 | 142 | | | 22.41 | | 15010 | 17810 | | | 73900 | |

生产厂家：景津环保股份有限公司。

图 5-17　2000 型程控聚丙烯高压隔膜压滤机外形

### 5.2.2.3　$\mathrm{X}^{A}_{M}\mathrm{Z}$ 自动厢式压滤机

（1）适用范围　化工废水、冶炼废水、电镀废水、皮革废水、印染废水、酿造废水、制药废水、生活废水等。

（2）设备型号说明

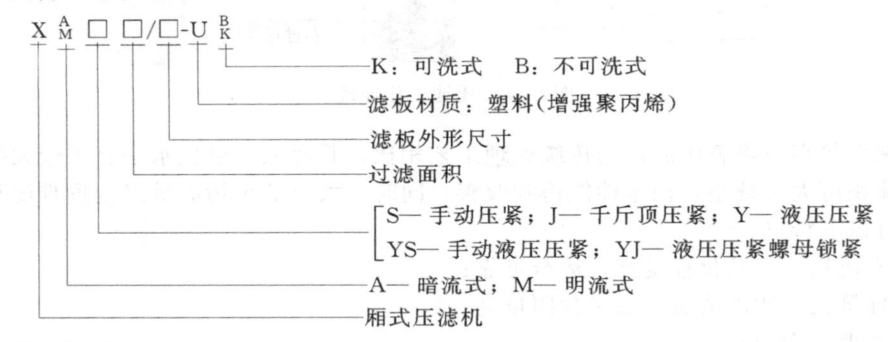


（3）设备特点

① 滤板、滤框采用增强聚丙烯一次模压成型，相对尺寸和化学性能稳定，强度高、重量轻、耐酸碱、无毒无味，所有过流面均为耐腐介质。

② 机架大多采用高强度钢结构件，安全可靠，功能稳定，经久耐用。

③ 大多机型采用液压机构压紧和放松滤板。最大压紧力高达 40MPa，采用电气控制实现保压。

④ 设备最大工作压力厢式为 2.5MPa，板框式为 1MPa，确保了各类用户能够选择到适合自身工艺要求的产品。

⑤ 设备的操作简单可靠，设备大多采用按钮控制，亦可采用非接触式的触摸屏控制，特殊工况可配备各种类型安全装置保证操作人员安全。

⑥ 自动机型采用了液压执行、PLC 控制的模式，提高了设备控制的可靠性、稳定性和安全性。

（4）设备规格及性能　厢式压滤机规格及性能见表 5-12。

**表 5-12　厢式压滤机规格及性能参数**

| 型　　号 | 过滤面积 /$m^2$ | 滤室总容量 /L | 外框尺寸 /mm | 滤板厚度 /mm | 滤室数量 (Prs) | 滤饼厚度 /mm | 外形尺寸（长×宽×高）/mm | 电机功率 /kW | 过滤压力 /MPa | 整机重量 /kg |
|---|---|---|---|---|---|---|---|---|---|---|
| $\mathrm{X}^{A}_{M}$Z32/1000-$\mathrm{U}^{B}_{K}$ | 32 | 480 | 1000×1000 | 60 | 20 | 30 | 3170×1380×1520 | 3 | 0.6 | 4730 |
| $\mathrm{X}^{A}_{M}$Z40/1000-$\mathrm{U}^{B}_{K}$ | 40 | 600 | 1000×1000 | 60 | 24 | 30 | 3410×1380×1520 | 3 | 0.6 | 5030 |
| $\mathrm{X}^{A}_{M}$Z50/1000-$\mathrm{U}^{B}_{K}$ | 50 | 750 | 1000×1000 | 60 | 30 | 30 | 3770×1380×1520 | 3 | 0.6 | 5470 |

续表

| 型　号 | 过滤面积/$m^2$ | 滤室总容量/L | 外框尺寸/mm | 滤板厚度/mm | 滤室数量(Prs) | 滤饼厚度/mm | 外形尺寸(长×宽×高)/mm | 电机功率/kW | 过滤压力/MPa | 整机重量/kg |
|---|---|---|---|---|---|---|---|---|---|---|
| $X_M^A$Z60/1000-$U_K^B$ | 60 | 900 | 1000×1000 | 60 | 36 | 30 | 4130×1380×1520 | 3 | 0.6 | 5910 |
| $X_M^A$Z70/1000-$U_K^B$ | 70 | 1050 | 1000×1000 | 60 | 42 | 30 | 4490×1380×1520 | 3 | 0.6 | 6350 |
| $X_M^A$Z80/1000-$U_K^B$ | 80 | 1200 | 1000×1000 | 60 | 48 | 30 | 4850×1380×1520 | 3 | 0.6 | 6790 |
| $X_M^A$Z90/1000-$U_K^B$ | 90 | 1350 | 1000×1000 | 60 | 54 | 30 | 5210×1380×1520 | 3 | 0.6 | 7230 |
| $X_M^A$Z100/1000-$U_K^B$ | 100 | 1500 | 1000×1000 | 60 | 60 | 30 | 5570×1380×1520 | 3 | 0.6 | 7670 |
| $X_M^A$Z110/1000-$U_K^B$ | 110 | 1650 | 1000×1000 | 60 | 66 | 30 | 5930×1380×1520 | 3 | 0.6 | 8110 |
| $X_M^A$Z120/1000-$U_K^B$ | 120 | 1650 | 1000×1000 | 60 | 72 | 30 | 6290×1380×1520 | 3 | 0.6 | 8550 |

生产厂家：杭州创源过滤机械有限公司、无锡市通用机械厂有限公司、上海奥德水处理科技有限公司。

（5）设备外形　厢式压滤机外形见图 5-18。

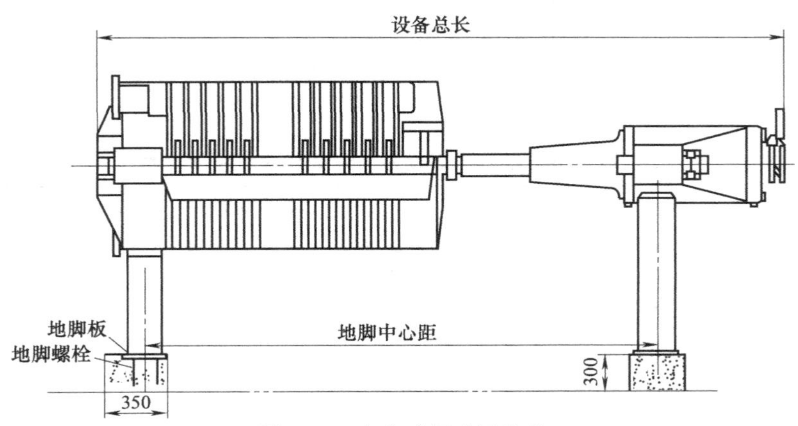


图 5-18　全自动厢式压滤机

#### 5.2.2.4　程控自动液压厢式压滤机

（1）适用范围　程控自动液压厢式压滤机适用于城市污水处理厂污泥、工业废水处置污泥（如印染污泥、造纸污泥、电镀污泥、食品污泥等）、河道淤泥、餐厨废渣以及禽畜粪便等，以达到各种需要的固液分离，污泥减量化处理处置的目的。

（2）型号说明

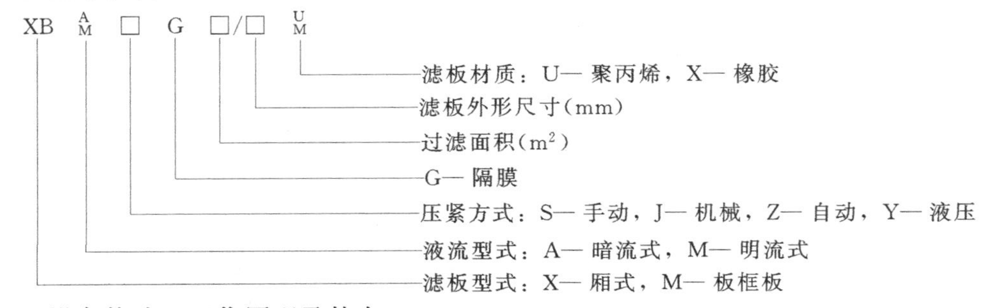


（3）设备构造、工作原理及特点

程控自动液压厢式压滤机主要由机架部分、过滤部分、液压部分、卸料装置和电气控制部分组成。

机架部分是整套设备的基础，主要由机座、压紧板、止推板、油缸体和主梁组成；过滤部分主要由滤板和滤布组成；液压部分主要由液压站、液压缸、各种压力仪表、阀件等组成；程控自动厢式压滤机的卸料装置主要由一个小功率变频减速电机和拉板器、传动轴、链轮、链条、变频器和PLC等组成；电气控制部分是整个系统的控制中心，其主要由电控柜、PLC、变频器、触摸屏及电器元件组成。

程控自动液压厢式压滤机是将化学调理和机械脱水相结合，可直接将含水率98%以下的污泥脱水至60%以下。

程控自动液压厢式压滤机与传统处理工艺相比，其污泥减量化水平有了较大提高，污泥产生量体积可大大减小，稳定性并能得到改善，同时大大降低了污泥最终处置难度和处置成本，并具有以下特点。

① 技术成熟，自动化程度高，运行可靠；

② 处理量大，滤液清澈，滤饼含固量高；

③ 占地少，投资省；

④ 经济合理，运行成本低；

⑤ 脱水后污泥呈干饼状，没有恶臭产生，环境好。

(4) 设备规格及性能　程控自动液压厢式压滤机有800型、900型、1000型、1250型、1500型、1600型和2000型等规格，其2000型的技术参数见表5-13，设备外形见图5-19。

表5-13　2000型程控自动液压厢式压滤机技术参数

| 型号 | 厢式板厚83mm | | | | | | | | | | | |
|---|---|---|---|---|---|---|---|---|---|---|---|---|
| | 过滤面积/$m^2$ | 滤室数量/个 | 滤板规格/mm | 滤饼厚度/mm | 滤室容积/$m^3$ | 过滤压力/MPa | 地脚中心/mm | 外形尺寸/mm | | | 整机重量/kg | 电机功率/kW |
| | | | | | | | | 长 | 宽 | 高 | | |
| XMAZ560/2000-UK | 560 | 80 | 2000×2000 | 40 | 11.16 | 0.5～1.6 | 8800 | 10600 | 2900 | 2450 | 56500 | 11 |
| XMAZ600/2000-UK | 600 | 86 | | | 12.01 | | 9310 | 12110 | | | 58000 | |
| XMAZ630/2000-UK | 630 | 90 | | | 12.58 | | 9640 | 12440 | | | 59000 | |
| XMAZ670/2000-UK | 670 | 96 | | | 13.43 | | 10150 | 12950 | | | 60500 | |
| XMAZ710/2000-UK | 710 | 101 | | | 14.13 | | 10570 | 13370 | | | 62000 | |
| XMAZ750/2000-UK | 750 | 107 | | | 14.98 | | 11070 | 13870 | | | 63300 | |
| XMAZ800/2000-UK | 800 | 114 | | | 15.97 | | 11660 | 14460 | | | 65200 | |
| XMAZ850/2000-UK | 850 | 121 | | | 16.96 | | 12250 | 15050 | | | 67000 | |
| XMAZ900/2000-UK | 900 | 128 | | | 17.95 | | 12840 | 15640 | | | 69000 | |
| XMAZ950/2000-UK | 950 | 135 | | | 18.94 | | 13420 | 16220 | | | 70600 | |
| XMAZ1000/2000-UK | 1000 | 142 | | | 19.92 | | 14010 | 16810 | | | 72300 | |

生产厂家：景津环保股份有限公司。

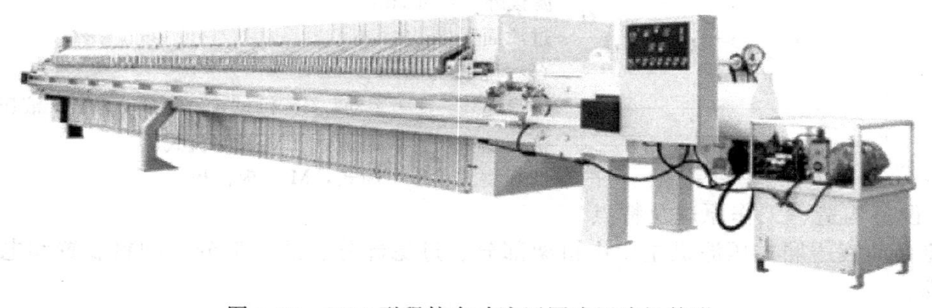

图5-19　2000型程控自动液压厢式压滤机外形

### 5.2.3 离心脱水机

#### 5.2.3.1 LWD430W 型卧螺离心式污泥脱水机组

（1）适用范围　LWD430W 型卧螺离心式污泥脱水机组是在消化吸收国外先进技术的基础上研制成功的新产品。用于城市污水处理厂中剩余污泥的脱水。

（2）型号说明

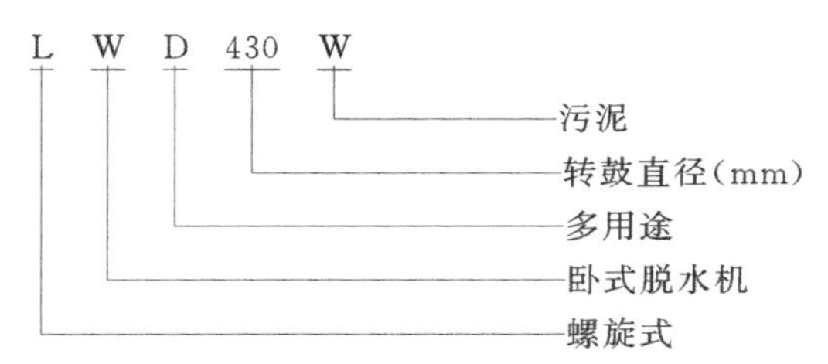


（3）结构与特点　LWD430W 型卧螺离心式污泥脱水机组是包括主机和辅助设备在内的一整套机组。主机 LWD430W 型卧螺离心脱水机，机组为全封闭结构，无泄漏，可 24h 连续运行，生产现场整洁。主机结构特点为：

① 采用较大长径比，延长了物料的停留时间，提高了固形物的去除率；

② 采用独特的螺旋结构，增强了螺旋对泥饼的挤压力度，提高了泥饼的含固率；

③ 采用先进的动平衡技术，使空载振动烈度仅为 2.8mm/s，负载振动烈度仅为 4.5mm/s，远低于 JB/T 4335—91 的 7.2mm/s 和 11.2mm/s 的标准。

④ 采用独特的差转速调节技术，增大了螺旋卸料扭矩和负载能力。

⑤ 螺旋叶片等易磨损部位采用硬质合金材料，确保设备经久耐用。

整套机组采用先进的自动化集成控制技术，转速和差转速无极可调，污泥进料泵和加药泵的流量变频控制无极可调，具有安全保护和自动报警装置，运行稳定可靠，操作方便。

（4）机组工艺流程　LWD430W 型卧螺离心式污泥脱水机组工艺流程见图 5-20。

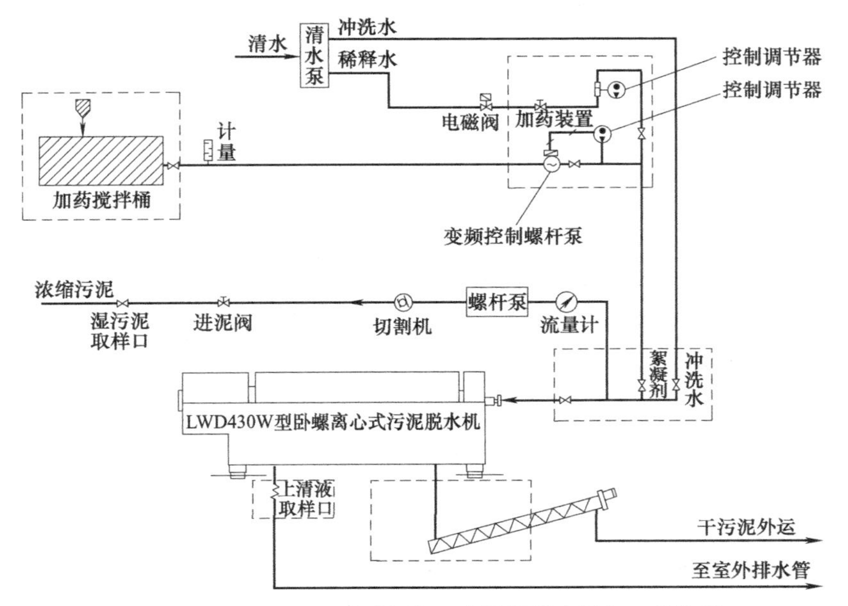


图 5-20　LWD430W 型卧螺离心式污泥脱水机组工艺流程

（5）性能　LWD430W 型卧螺离心式污泥脱水机组技术数据见表 5-14。

表 5-14　LWD430W 型卧螺离心式污泥脱水机组技术数据

| 主机 | | 辅机 | | | 机组运行效果 | |
|---|---|---|---|---|---|---|
| 项目 | 参数 | 名称 | 规格/($m^3$/h) | 功率/kW | 项目 | 参数 |
| 处理能力/($m^3$/h) | 10～18 | 污泥切割机 | 20 | 5.5 | 进泥量/($m^3$/h) | 10～12 |
| 转鼓直径/mm | 430 | 污泥进料泵 | 0～18(0.4MPa) | 5.5 | 进泥含固率/% | 约 3.37 |
| 长径比 | 4∶1 | 污泥计量泵 | 0～20 | | 泥饼含固率/% | 20～24 |
| 转鼓速度/(r/min) | 0～3200 | 絮凝剂分配系统 | 0.2～2.4 (kg/h 干粉) | | 清液含固率/% | ≤0.2 |
| 分离因数 | 2466(max) | 加药泵 | 0～0.6 | 0.5 | 固体回收率/% | 95～98 |
| 差转速/(r/min) | 2～16 | 螺旋输送机 | 3.5 | 3.0 | 加药量/‰ | 2.0～2.6 |
| 螺旋扭矩/(N·m) | 10000 | | | | 泥饼产量/($m^3$/h) | 约 1.3 |
| 电动机　功率/kW | 30 | | | | 转速/(r/min) | 2040±20 |

注：1. 污泥为初沉池和二沉池的混合污泥，有机物含量 65%左右。
2. 加药量为干粉与干泥之比，絮凝剂品种为英联胶 Zetag50。

生产厂家：江苏华大离心机制造有限公司。

(6) 外形及安装尺寸

① 主机。LWD430W 型卧螺离心式污泥脱水机外形及安装尺寸见图 5-21。

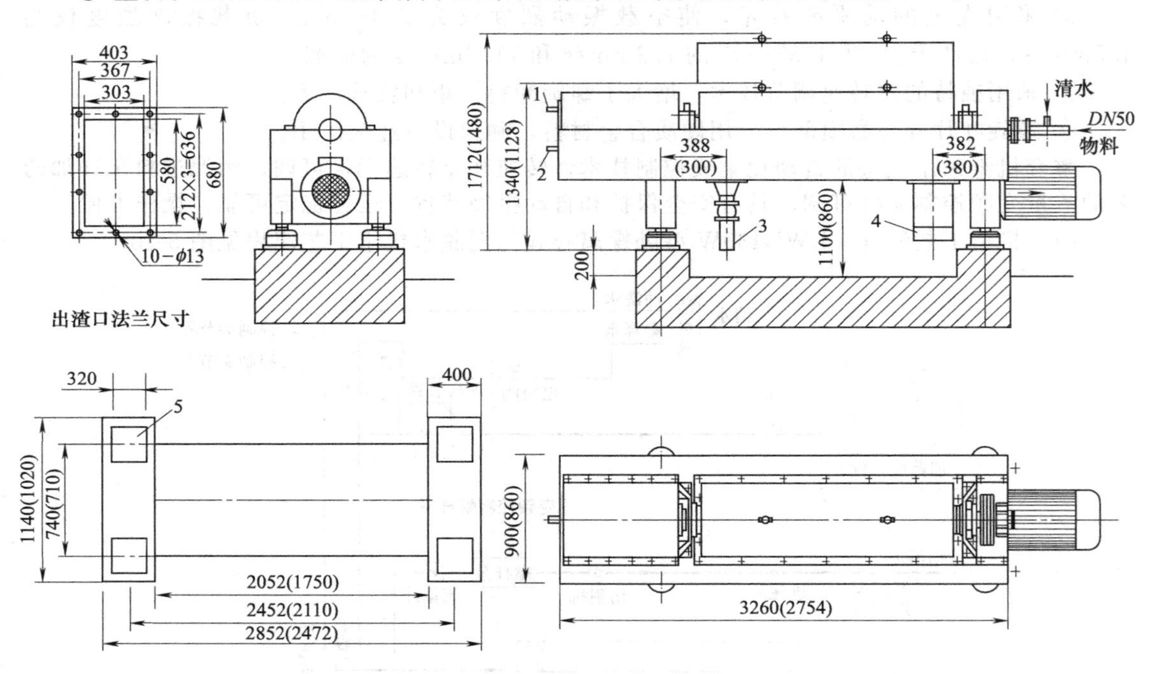


图 5-21　LWD430W 型卧螺离心式污泥脱水机外形及安装尺寸

1—冷却水出口（DN15）；2—冷却水进口（DN15）；3—出液口（DN125）；4—出渣口；5—预埋件

注：括号内数据为 LWD350W 型尺寸

② 辅机。污泥切割机外形及安装尺寸见图 5-22。

③ 辅机。进料泵（螺杆泵）外形及安装尺寸见图 5-23。

④ 切割机、进料泵及管路安装示意见图 5-24。

⑤ 辅机。螺旋输送机外形及安装尺寸见图 5-25。

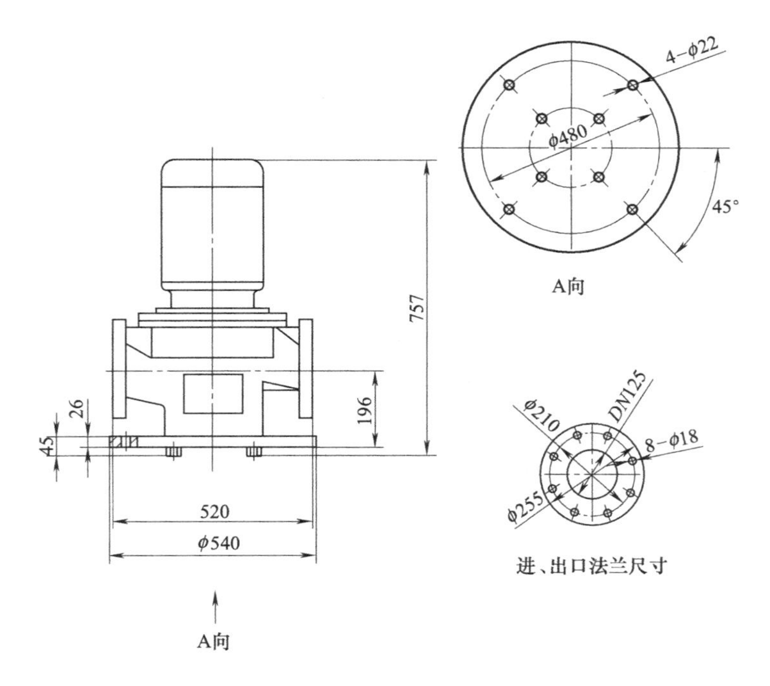


图 5-22 污泥切割机外形及安装尺寸

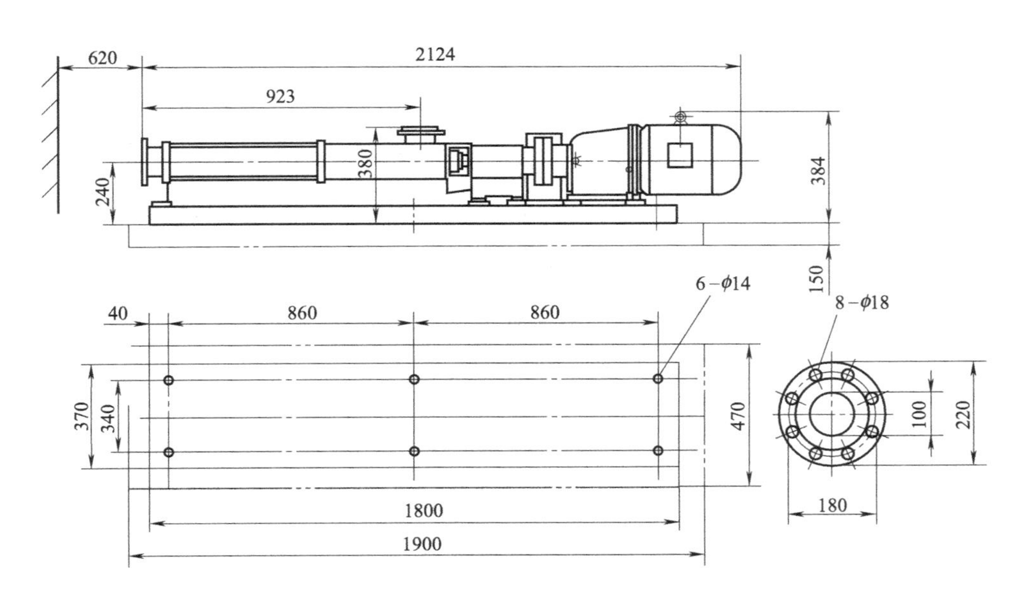


图 5-23 进料泵（螺杆泵）外形及安装尺寸

⑥ 配套设施。加药装置见图 5-26。

#### 5.2.3.2 HTS 型高干度离心脱水机

(1) 适用范围 HTS 型高干度离心脱水机是由 Flottweg 高速卧式离心机发展而来，专门用于水处理污泥的高效脱水工艺。

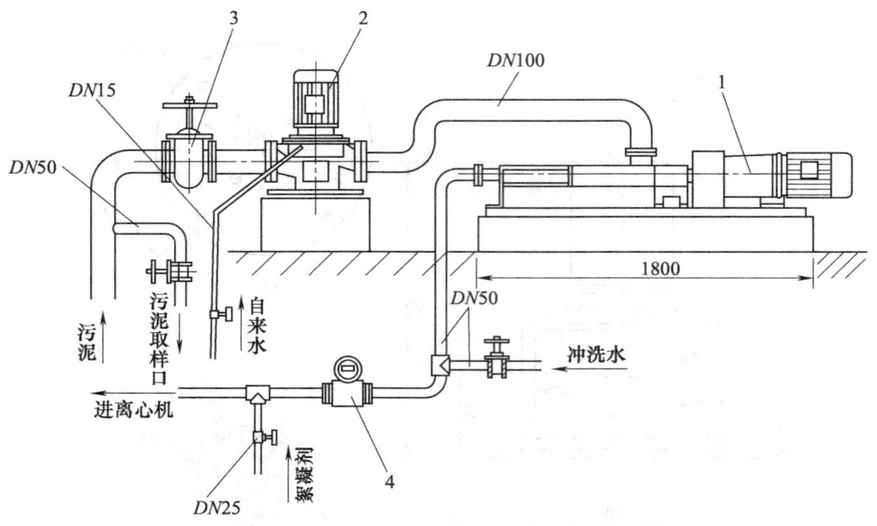


图 5-24　切割机、进料泵及管路安装示意

1—进料泵；2—切割机；3—*DN*125 闸阀；4—流量计

注：切割机与进料泵与离心机之间均经变径管过渡

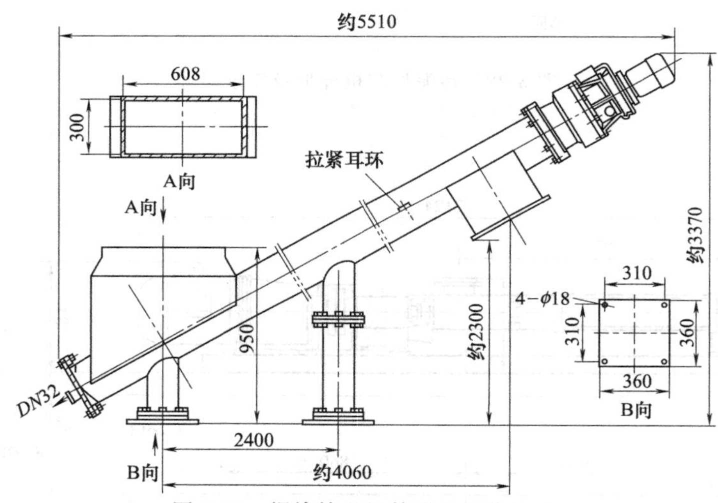


图 5-25　螺旋输送机外形及安装尺寸

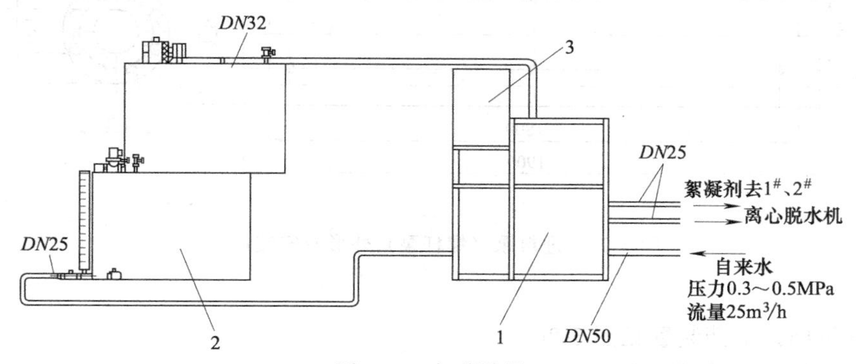


图 5-26　加药装置

1—加药装置；2—搅拌装置；3—电器控制柜

注：储罐容积 $2\times1.5m^3$，可供 2 台脱水机使用

（2）结构　见图 5-27。

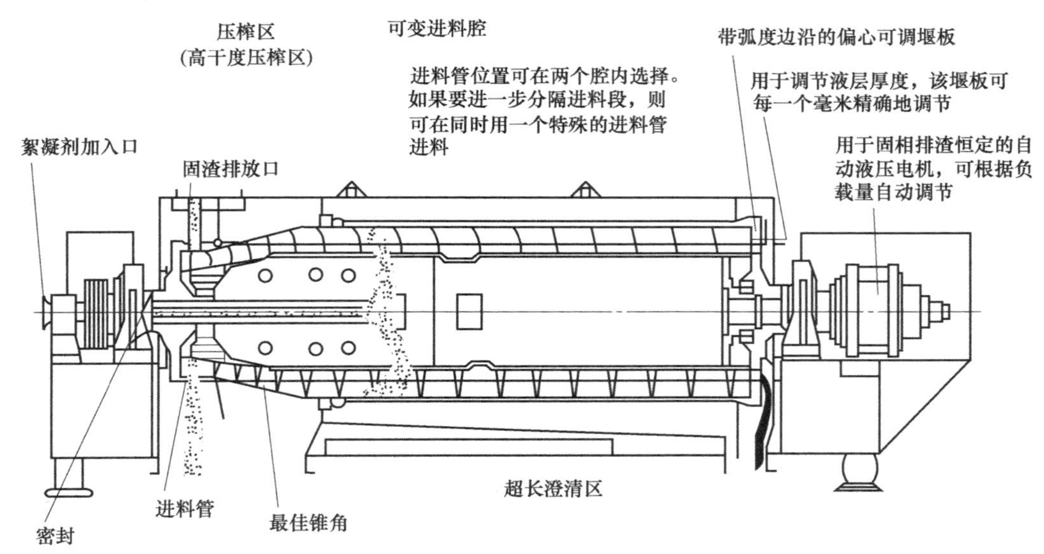

图 5-27　HTS 型高干度离心脱水机结构

离心机采用沉降原理，即比液体密度大的固体颗粒在一个预定的时间内沉淀出来；离心力使固体颗粒加速沉降，加快了固液的分离过程。

该设备由中央固定输料管、螺旋输送器的进料腔及传动装置转筒等组成。大多情况下，需在进料管前方加入絮凝剂。

（3）规格和性能　见表 5-15。

**表 5-15　HTS 型高干度离心脱水机规格和性能**

| 型号 | 最大转速/(r/min) | 主电机功率/kW | 液压驱动电机功率/kW | 型号 | 最大转速/(r/min) | 主电机功率/kW | 液压驱动电机功率/kW |
|---|---|---|---|---|---|---|---|
| Z4D(HTS) | 4500 | 22～30 | 7.5～11 | Z73(HTS) | 2500 | 55～132 | 18.5～30 |
| Z53(HTS) | 3100 | 30～55 | 11～18.5 | Z92(HTS) | 2250 | 90～250 | 18.5～55 |
| Z6E(HTS) | 3000 | 45～110 | 15～22 | | | | |

生产厂家：上海泓堡离心机有限公司。

#### 5.2.3.3　LW 型卧式螺旋卸料沉降离心机

（1）适用范围　卧式螺旋卸料沉降离心机按照物料在转鼓内的流动方式可分为逆流式和并流式两种。其作用是利用离心沉降原理将悬浮液中的固体和液体分开，或是将乳浊液中的两种互不溶解且密度不相同的液体分开。它是目前使用非常广泛的一种离心机，具有连续自动操作、处理能力大、分离效果好、性能稳定、结构紧凑、能耗低、对物料适应性好等特点，广泛应用于石油、化工、制药、食品、采矿、环保、轻工等工业行业中数百种物料的固液分离，并且新的应用范围还在不断发展之中。

适用于浓度变化范围较大、粒度细小等数百种物料的处理，固相粒度为 0.005～2mm，悬浮液浓度为 1%～40%，温度 0～90℃各种物料。

（2）技术指标　进料浓度范围 0.3%～35%；固体回收率 95%～99%；处理能力 0.3～88m$^3$/h；泥饼含水率（城市污泥）≤75%；噪声<85dB（A）；长径比 2.42～5.1；分离因数 630～4000（最大可达 4200）

（3）型号及技术参数　LW 型卧式螺旋卸料沉降离心机技术参数见表 5-16。

表 5-16　LW 型卧式螺旋卸料沉降离心机技术参数

| 型号 | 转鼓长度/mm | 转鼓转速/(r/min) | 分离因数 | 电机功率/kW | 生产能力/($m^3$/h) | 外形尺寸/mm | 整机重量/kg | 差速器 |
|---|---|---|---|---|---|---|---|---|
| LW250 | 750 | Max4500 | 2800 | 11&3.0 | 0.2～2.0 | 2200×750×1080 | 970 | 行星齿轮 |
| LW280 | 1120 | Max5050 | 4000 | 11&4.0 | 0.5～4 | 2710×790×1230 | 1350 | 行星齿轮 |
| LW320A | 1120 | Max4720 | 4000 | 15&4.0 | 3～6 | 2700×790×1270 | 1730 | 行星齿轮 |
| LW320B | 1350 | Max4720 | 4000 | 15&5.5 | 4～8 | 2950×790×1270 | 2010 | 行星齿轮 |
| LW355A | 1280 | Max4500 | 4000 | 22&5.5 | 6～13 | 2980×820×1300 | 2050 | 行星齿轮 |
| LW355B | 1490 | Max4500 | 4000 | 22&7.5 | 8～20 | 3200×820×1300 | 2580 | 行星齿轮 |
| LW400A | 1400 | Max4200 | 4000 | 30&7.5 | 8～21 | 3260×870×1380 | 3170 | 行星齿轮 |
| LW400B | 1680 | Max4200 | 4000 | 30&7.5 | 9～24 | 3500×870×1380 | 3690 | 行星齿轮 |
| LW400C | 2040 | Max4200 | 4000 | 37&11 | 10～28 | 3870×890×1380 | 4420 | 行星齿轮 |
| LW430 | 1500 | Max4100 | 4000 | 30&7.5 | 11～25 | 3650×950×1400 | 3720 | 行星齿轮 |
| LW430A | 1800 | Max4100 | 4000 | 30&11 | 12～23 | 3620×950×1400 | 4180 | 行星齿轮 |
| LW430B | 2190 | Max4100 | 4000 | 37&15 | 13～38 | 4020×950×1400 | 4950 | 行星齿轮 |
| LW450 | 1580 | Max4000 | 4000 | 37&7.5 | 14～32 | 3420×1260×1530 | 4270 | 行星齿轮 |
| LW450A | 1890 | Max4000 | 4000 | 37&11 | 15～40 | 3750×1260×1530 | 4460 | 行星齿轮 |
| LW450B | 2300 | Max4000 | 4000 | 45&11 | 16～45 | 4140×1260×1530 | 4730 | 行星齿轮 |
| LW480A | 2020 | Max3900 | 4000 | 45&11 | 18～44 | 3800×2000×1250 | 5110 | 行星齿轮 |
| LW480B | 2450 | Max3900 | 4000 | 45&15 | 20～50 | 4290×1400×1430 | 5750 | 行星齿轮 |
| LW530A | 2230 | Max3700 | 4000 | 55&15 | 20～51 | 3800×2000×1250 | 5500 | 行星齿轮 |
| LW530B | 2230 | Max3700 | 4000 | 75&15 | 20～52 | 4520×1530×1630 | 6070 | 行星齿轮 |
| LW560A | 2240 | Max3500 | 3800 | 55&15 | 22～55 | 3800×2000×1250 | 5620 | 行星齿轮 |
| LW560B | 2240 | Max3500 | 3800 | 75&15 | 22～55 | 4520×1530×1630 | 6280 | 行星齿轮 |
| LW580A | 2320 | Max3400 | 3700 | 75&15 | 25～60 | 4000×2000×1350 | 5860 | 行星齿轮 |
| LW620A | 1860 | Max2750 | 2600 | 75&15 | 25～68 | 3700×2000×1400 | 5720 | 行星齿轮 |
| LW620B | 2170 | Max2700 | 2500 | 75&15 | 30～70 | 4000×2000×1400 | 6150 | 行星齿轮 |
| LW680A | 2040 | Max2570 | 2500 | 75&18.5 | 32～72 | 3800×2100×1530 | 6760 | 行星齿轮 |
| LW680B | 2180 | Max2520 | 2400 | 75&22 | 35～76 | 4000×2100×1530 | 7210 | 行星齿轮 |
| LW750A | 2250 | Max2350 | 2300 | 90&22 | 38～78 | 4150×2200×1570 | 7930 | 行星齿轮 |
| LW750B | 2400 | Max2300 | 2200 | 90&30 | 40～81 | 4300×2200×1570 | 8140 | 行星齿轮 |
| LW820A | 2460 | Max2200 | 2100 | 110&30 | 43～83 | 4500×2400×1650 | 8760 | 行星齿轮 |
| LW820B | 2620 | Max2200 | 2100 | 110&37 | 45～88 | 4700×2400×1650 | 9350 | 行星齿轮 |

生产厂家：中国杭州三力机械有限公司、中国绿水分离设备有限公司、重庆江北机械有限责任公司、佛山安德里茨技术有限公司、贝亚雷斯技术咨询（北京）有限公司、江苏华大离心机制造有限公司。

（4）结构特点　LW 型卧式螺旋卸料沉降离心机转鼓采用双相不锈钢整体离心浇铸，进出料口使用特殊耐磨材料，强度与刚度远高于普通不锈钢，振动更小，耐腐蚀性更好，使用寿命更长；采用大长径比结构，加长了沉淀区，延长了分离时间，处理量更大、效果更好；螺旋结构设计具有针对性，既保证出泥干度又使排渣顺畅；独有的渐开线行星齿轮差速器，传动比大，差转速和扭矩可以灵活调节；特制型钢机架，承载力大、不变形、确保设备稳定运行；螺旋叶片耐磨部件为专用耐磨合金材料，保证耐磨损强度，保证无破裂故障。

（5）设备结构　LW 型卧式螺旋卸料沉降离心机结构见图 5-28。

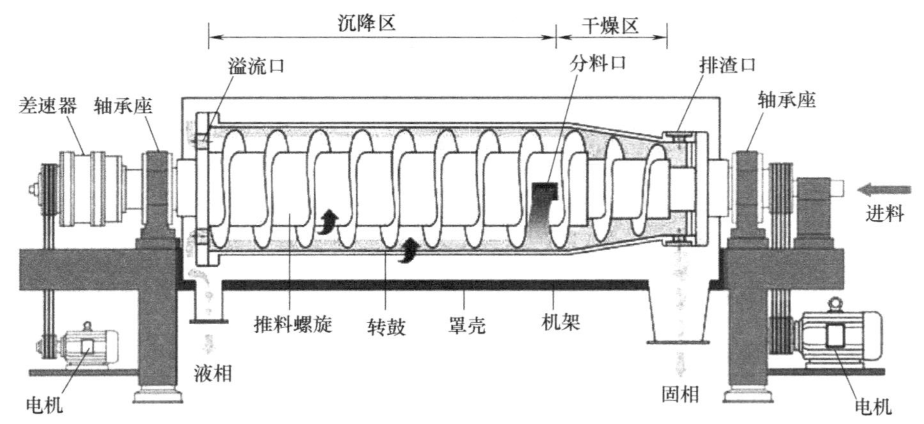


图 5-28　LW 型卧式螺旋卸料沉降离心机结构

在污泥脱水工艺中，带式压滤机和离心脱水机是污泥脱水主要的两大类型设备。带式压滤机起步较早，具有结构简单、投资成本低的特点。随着污泥处理行业的快速发展，新型污泥脱水设备不断涌现，污泥离心脱水机被推向市场，离心脱水机具有基建费用及占地面积小、现场环境条件好、污泥分离效果好的特点。本书总结了带式压滤机与离心脱水机在众多工程项目中的应用情况，从设备制造等方面对带式压滤机和离心脱水机进行比较，详见表 5-17。在项目的实施中，用户可根据情况选择污泥脱水设备的类型。

表 5-17　带式压滤机与离心脱水机的比较

| 项　　目 | 带式压滤机 | 离心脱水机 |
|---|---|---|
| 设备制造 | 材质、制造精度要求低 | 材质、制造精度要求高 |
| 设备维修 | 容易 | 难度大 |
| 设备投资成本 | 低 | 高 |
| 设备功率 | 小 | 大 |
| 基建费用及占地面积 | 大 | 小 |
| 分离效果稳定性 | 差(人为因素多) | 好(参数调节后，可自动控制) |
| 现场环境条件 | 差(敞开式，臭味大，会二次污染) | 好(密闭管道式，臭味小) |
| 生产管理 | 差(人工管理) | 好(自动化程度高) |

## 5.2.4　回转式脱水机

### 5.2.4.1　叠螺污泥脱水机

（1）适用范围　叠螺污泥脱水机可广泛用于市政污水处理工程及石化、轻工、化纤、造纸、制药、皮革工业行业的水处理系统。

（2）设备特点

① 专有旋盘预浓缩设计，适用污泥浓度 3000～50000mg/L；

② 设置的动定环取代滤布，自清洗、无堵塞，易处理含油污泥；

③ 设备低速运转，无噪声，低能耗，仅为带式机的 1/8，离心机的 1/20；

④ 可直接处理曝气池、二沉池污泥，降低基建投资成本，提升处理效果；

⑤ 全自动控制，运行管理简单。

（3）设备原理及性能参数　污泥进入滤筒后，受到螺旋轴旋片的推送向卸料口移动，由于螺旋轴旋片之间的螺距逐渐缩小，污泥受力逐渐增大，水分从固定板和活动板的过滤间隙流出，泥饼脱水后在螺旋轴的推动下从卸料口排出。叠螺污泥脱水机性能独特，其技术参数见表 5-18，设备的外形见图 5-29。

表 5-18　叠螺污泥脱水机技术参数

| 机型 | 绝干污泥处理量/(kgDS/h) | 尺寸/mm | | | 重量/kg | | 电机功率/kW |
|---|---|---|---|---|---|---|---|
| | | 长 | 宽 | 高 | 净重 | 运行 | |
| TECH-101 | 3～5 | 1904 | 962 | 1138 | 200 | 300 | 0.44 |
| TECH-102 | 6～10 | 1904 | 944 | 1138 | 300 | 450 | 0.62 |
| TECH-103 | 9～15 | 2029 | 923 | 1160 | 360 | 520 | 0.80 |
| TECH-104 | 12～20 | 1969 | 1317 | 1160 | 450 | 700 | 1.17 |
| TECH-201 | 9～15 | 2906 | 964 | 1335 | 400 | 750 | 0.70 |
| TECH-202 | 18～30 | 2906 | 1112 | 1335 | 600 | 900 | 0.95 |
| TECH-203 | 27～45 | 2956 | 1193 | 1465 | 850 | 1300 | 1.20 |
| TECH-204 | 36～60 | 3057 | 1528 | 1507 | 1100 | 1600 | 1.63 |
| TECH-301 | 30～50 | 3346 | 974 | 1949 | 1000 | 1600 | 1.38 |
| TECH-302 | 60～100 | 3576 | 1349 | 1950 | 1500 | 2300 | 2.13 |
| TECH-303 | 90～150 | 3757 | 1638 | 1950 | 2000 | 3000 | 2.88 |
| TECH-304 | 120～200 | 4230 | 2114 | 2030 | 2500 | 3800 | 3.83 |
| TECH-401 | 90～150 | 5028 | 1541 | 2264 | 2000 | 3500 | 1.93 |
| TECH-402 | 180～300 | 5028 | 1545 | 2261 | 3000 | 4500 | 3.03 |
| TECH-403 | 270～450 | 5358 | 2125 | 2361 | 4000 | 7000 | 4.13 |
| TECH-404 | 360～600 | 5432 | 2636 | 2345 | 5000 | 7500 | 5.23 |

生产厂家：上海同臣环保股份有限公司。

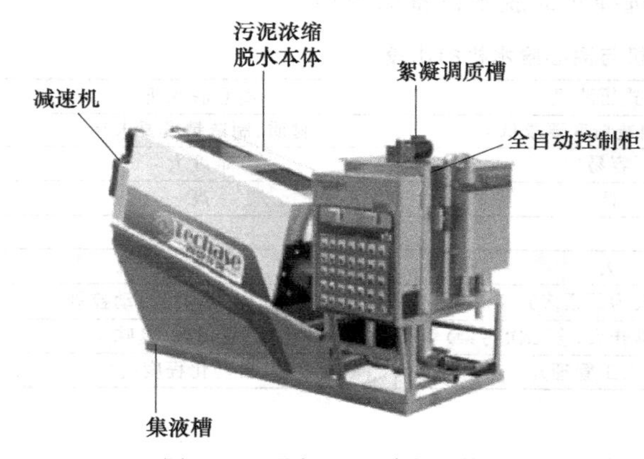


图 5-29　叠螺污泥脱水机外形

5.2.4.2　ROS3 型螺压脱水机

（1）特点

① 对含固量大于 3%的泥浆，实行一次脱水，干泥含量达 20%～30%，污泥回收率大于 80%，絮凝剂用量为 1.5～4g/kg 干泥。

② 结构紧凑，占地少，能耗低。

③ 转速为 2～6r/min，低转速运行，无振动，无噪声，可全封闭、长期连续运行。

④ 整机全部采用不锈钢制成，使用寿命长。

（2）污泥处理的工艺流程　ROS3 型螺压脱水机处理污泥脱水的工艺流程，如图 5-30 所示。

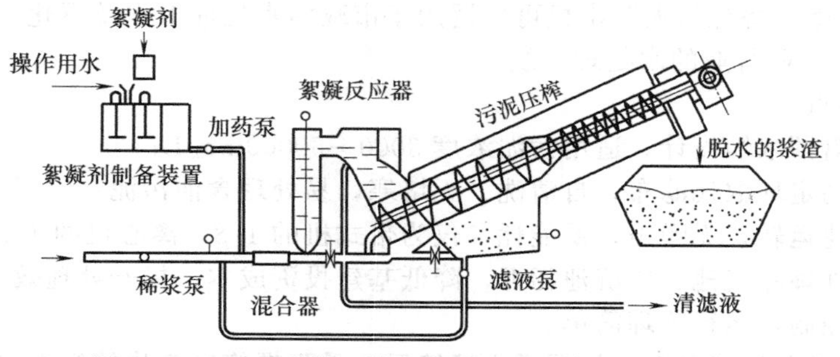


图 5-30　ROS3 型螺压脱水机处理污泥脱水工艺流程

含固量大于3%干泥左右的稀泥浆与干粉或液体状絮凝剂（浓度可预先设定）经管道混合器混合，送入絮凝反应器，反应后稀浆形成絮体，固液得到有利的分离，要脱水的稀浆进入ROS3主机过滤，被栅网截留的泥浆被螺旋提升、压榨，直至含固率达18%～25%连续排放。流经栅网的滤后外排。

为使栅网无堵塞，设备中具有喷射清洗装置，运行中清洗不影响机械脱水效果。

（3）规格和性能　ROS3型螺压脱水机规格和性能，见表5-19。

表5-19　ROS3型螺压脱水机规格和性能

| 型号 | 处理量 /($m^3$/h) | 驱动电机 | | 脱水机转速 /(r/min) | 清洗系统的驱动功率/kW | 系统管径 DN | 运行重量 /kg |
|---|---|---|---|---|---|---|---|
| | | 功率/kW | 电压/V | | | | |
| ROS3.1 | 2～5 | 3 | 380 | 0～5 | 0.04 | 100/100 | 2500 |
| ROS3.2 | 5～10 | 4.4 | 380 | 0～6 | 0.04 | 100/100 | 3700 |
| ROS3.3 | 10～20 | 8.8 | 380 | 0～6 | 0.08 | 100/100 | 7400 |

（4）外形及安装尺寸　ROS3型螺压脱水机外形及安装尺寸，见图5-31、表5-20。

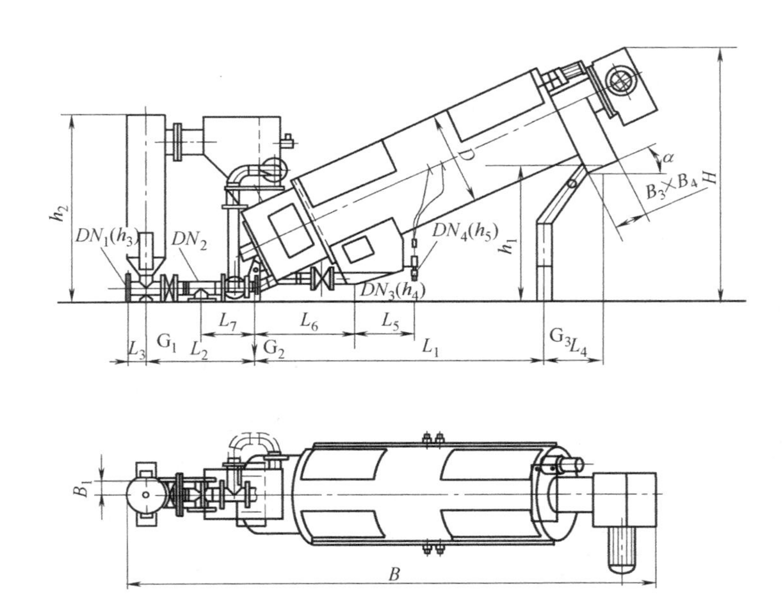


图5-31　ROS3型螺压脱水机外形尺寸

注：$G_1$为混合段，$G_2$为浓缩段，$G_3$为脱水段

表5-20　ROS3型螺压脱水机外形尺寸

| 型号 | $D$ | $L_1$ | $L_2$ | $L_3$ | $L_4$ | $L_5$ | $L_6$ | $L_7$ | $B_4$ | $B_3 \times B_4$ | $B$ | $H$ | $h_1$ | $h_2$ | $h_3$ | $h_4$ | $h_5$ | $\alpha$ | 荷载/kN | | |
|---|---|---|---|---|---|---|---|---|---|---|---|---|---|---|---|---|---|---|---|---|---|
| | | | | | | | | | | | | | | | | | | | 公称直径 | 法兰压力 | 螺孔($n$-$d$) |
| ROS3.1 | $\phi$920 | 2300 | 825 | 150 | 456 | 640 | 620 | 395 | 124 | 262×277 | 4140 | 2150 | 1057 | 1520 | 130 | 100 | 170 | 25° | 100 | PN16 | 4-$\phi$13 |
| ROS3.2 | $\phi$1060 | 3125 | 778 | 150 | 448 | 640 | 620 | 395 | 124 | 262×356 | 4935 | 2535 | 1488 | 1655 | 130 | 100 | 170 | 25° | 100 | PN16 | 4-$\phi$13 |
| ROS3.3 | $\phi$2200 | 3125 | 778 | 150 | 448 | 640 | 620 | 395 | 124 | 262×356 | 5200 | 2535 | 1488 | 1655 | 130 | 100 | 170 | 25° | 100 | PN16 | 4-$\phi$13 |

## 5.2.5 GP型转鼓真空过滤机

（1）型号说明

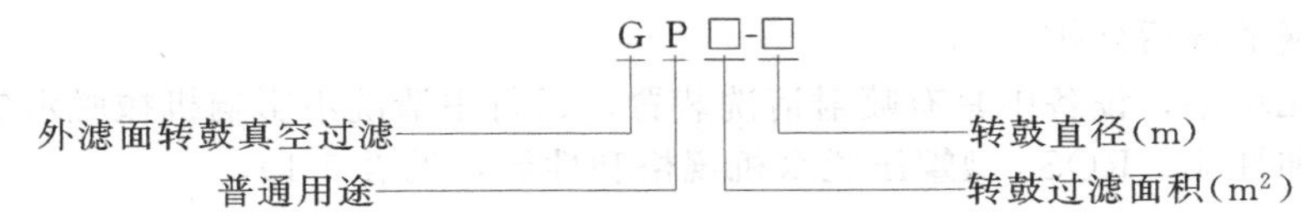


（2）规格和性能　见表5-21。

**表5-21　GP型转鼓真空过滤机规格和性能**

| 型号 | 过滤面积/$m^2$ | 直径/m | 长度/m | 在悬浮液内的浸入角 | 吸滤角 | 干燥和洗涤角 | 吹气角 | 转速/(r/min) | 电动机总功率/kW | 最大部件质量/kg | 总质量/kg |
|---|---|---|---|---|---|---|---|---|---|---|---|
| GP1-1 | 1 | 1 | 0.35 | 124° | 102° | 90° | 15° | 0.09～2 | 0.4 | | |
| GP2-1 | 2 | 1 | 0.7 | 130° | 110° | 102° | 19° | 0.13～0.26 | 1.1 | 约650 | 约1800 |
| GP5-1.75 | 5 | 1.75 | 0.98 | 130° | 104° | 160° | 12° | 0.13～0.26 | 1.5 | 2000 | 4000 |
| GP20-2.6 | 20 | 2.6 | 2.6 | 90°～133° | | | | 0.13～0.79 | 5.2 | | 14500 |
| GP40-3 | 40 | 3 | 4.4 | | | | | 0.13～1.50 | 6 | 10565 | 18726 |

生产厂家：上海化工机械厂有限公司、石家庄新生机械厂。

（3）外形尺寸

① GP1-1转鼓过滤机外形尺寸见图5-32。

② GP2-1转鼓过滤机外形尺寸见图5-33。

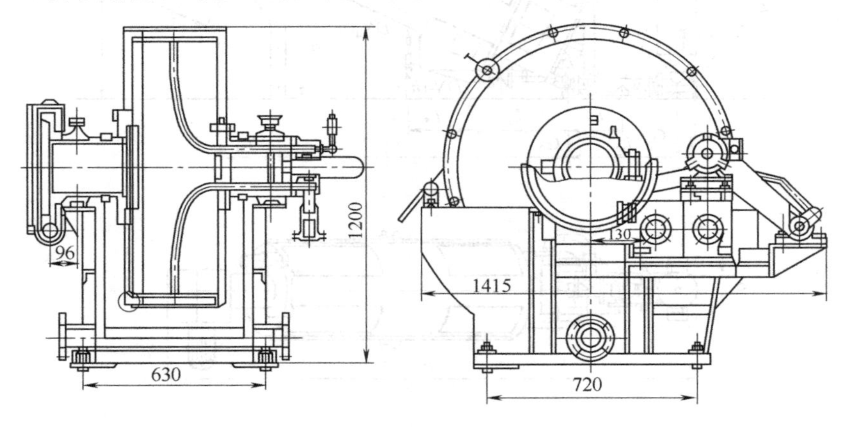


图5-32　GP1-1型转鼓真空过滤机外形尺寸

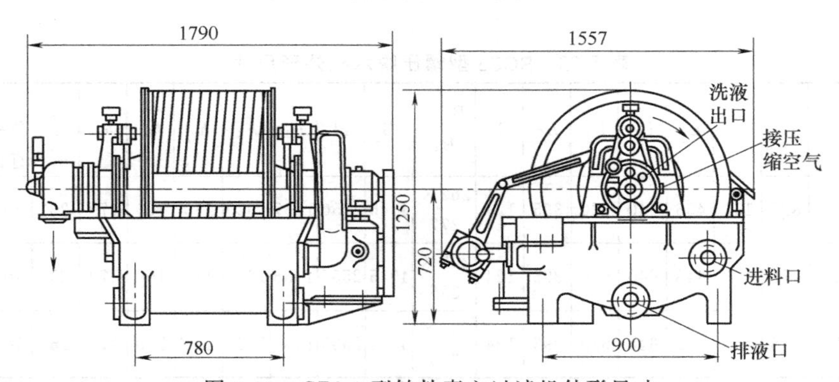


图5-33　GP2-1型转鼓真空过滤机外形尺寸

③ GP5-1.75 转鼓真空过滤机外形尺寸见图 5-34。

④ GP20-2.6 型转鼓真空过滤机外形尺寸见图 5-35。

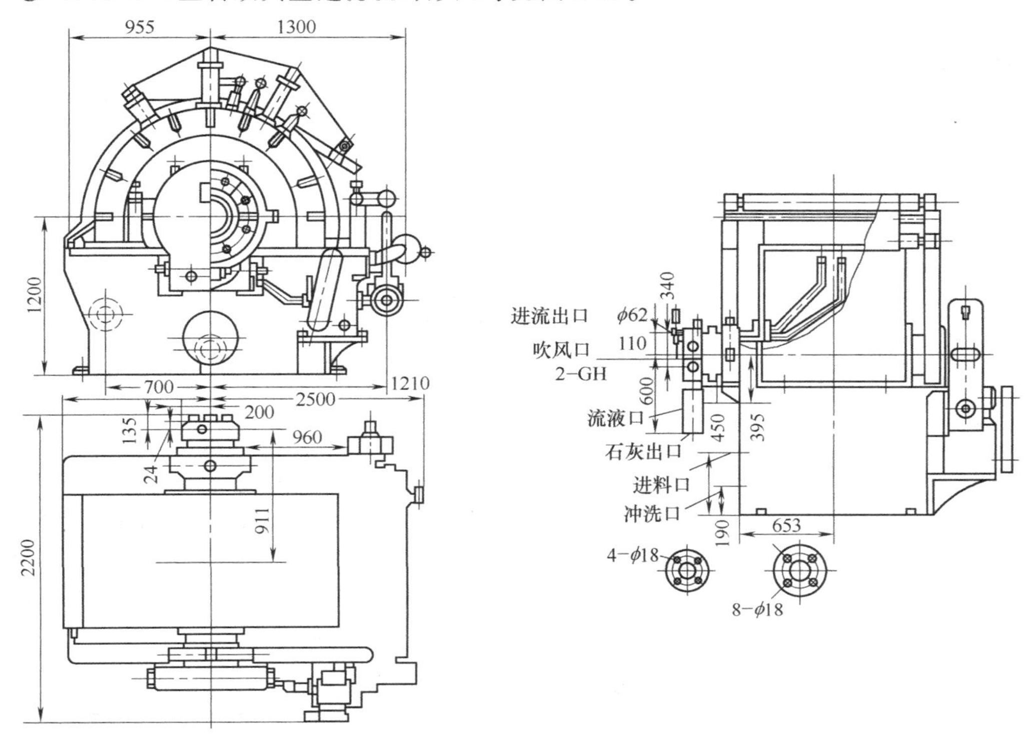


图 5-34　GP5-1.75 型转鼓真空过滤机外形尺寸

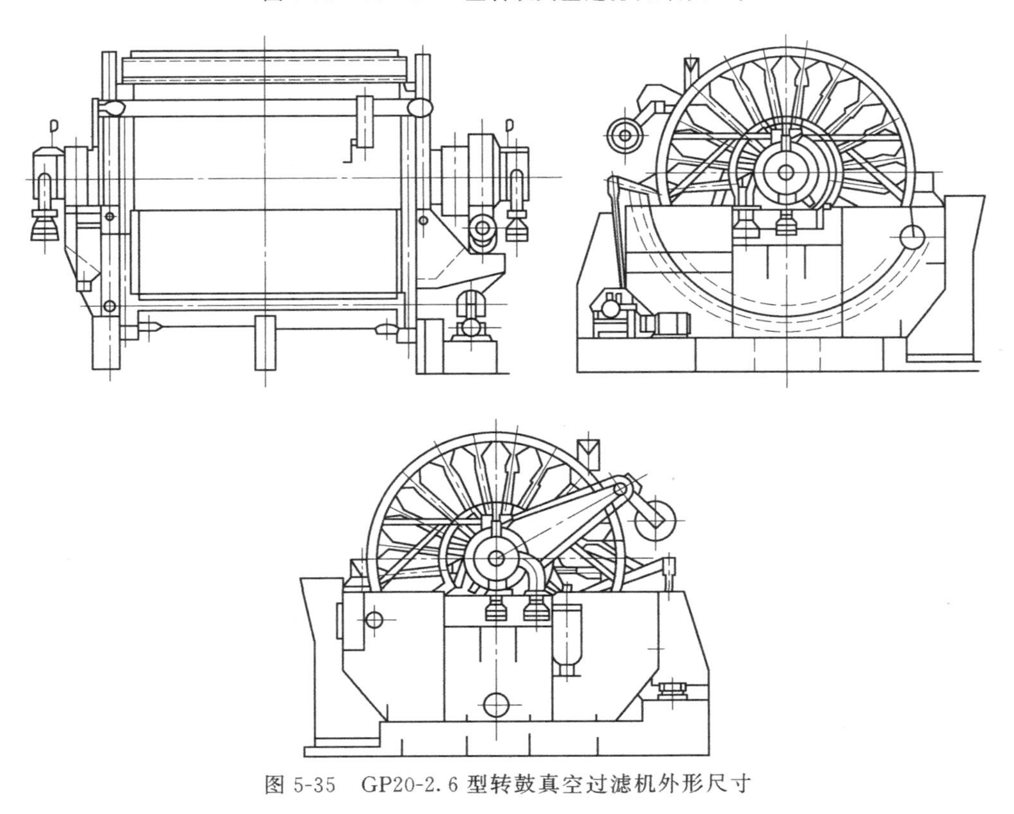

图 5-35　GP20-2.6 型转鼓真空过滤机外形尺寸

## 5.2.6 ELOSYS电渗透污泥脱水机

(1) 适用范围 ELOSYS电脱水机适用于城市用水污泥、废水污泥、化学污泥、造纸污泥等的脱水。

(2) 电脱水原理 ELOSYS电脱水机是用电脱水的新概念污泥处理设备，分4个过程完成污泥脱水：电泳、电渗、机械挤压、电加热干燥。电泳过程是带有（－）电荷的污泥挤压至正极板，电渗过程是带有（＋）电荷的结合水与表面水移向负极板，机械挤压过程是采用机械挤压的方式脱除聚集在正极板处的水分，电加热干燥过程是用电加热的方式将水分蒸发，达到污泥脱水的效果。

图5-36 滚筒连续式电脱水机外形

(3) 设备结构及技术参数 ELOSYS电脱水机分为滚筒连续式电脱水机及带式挤压一体型电脱水机，其中滚筒连续式电脱水机是滚筒与链轨以连续式组成，具有结构紧凑、安装简便、操作简单、容易管理的特点。滚筒连续式电脱水机技术参数见表5-22，设备外形见图5-36；带式挤压一体型电脱水机技术参数见表5-23，设备外形见图5-37。

表5-22 滚筒连续式电脱水机技术参数

| 型号 | | ELO-S03 | ELO-S08 | ELO-S12 | ELO-S16 | ELO-S20 | ELO-S24 |
|---|---|---|---|---|---|---|---|
| 处理容量/(t/h) | | 0.2 | 0.6 | 0.8 | 1.0 | 1.3 | 1.6 |
| 进入污泥含固率/% | | 15～25 | | | | | |
| 脱水污泥含固率/% | | 40±5 | | | | | |
| 耗电量/kW·h | | 40 | 96 | 142 | 191 | 235 | 280 |
| 洗涤用水量/(L/min) | | 12 | 16 | 20 | 28 | 32 | 36 |
| 主机重量/t | | 2.22 | 4.04 | 5.84 | 7.63 | 9.5 | 11.1 |
| 主机外形尺寸/mm | 长 | 2920 | 2920 | 3020 | 3020 | 3020 | 3020 |
| | 宽 | 2085 | 2650 | 3210 | 3800 | 4360 | 4920 |
| | 高 | 2577 | | | | | |

生产厂家：大连陆兴国际国际贸易有限公司（代理）。

表5-23 带式挤压一体型电脱水机技术参数

| 型号 | | ELO-BS03 | ELO-BS08 | ELO-BS12 | ELO-BS16 | ELO-BS20 |
|---|---|---|---|---|---|---|
| 处理容量/(t/h) | | 1.5～2.5 | 4.5～6 | 6.75～9 | 9～12 | 11～15 |
| 进入污泥含固率/% | | 1～3 | | | | |
| 脱水污泥含固率/% | | 40±5 | | | | |
| 耗电量/kW·h | | 45 | 106 | 155 | 206 | 250 |
| 洗涤用水量/(L/min) | | 13 | 18 | 24 | 34 | 40 |
| 主机重量/t | | 4.22 | 7.14 | 10.84 | 14.63 | 20.5 |
| 主机外形尺寸/mm | 长 | 6710 | 6710 | 7520 | 7540 | 7540 |
| | 宽 | 2090 | 2650 | 3210 | 3800 | 4360 |
| | 高 | 2555 | | | | |

生产厂家：大连陆兴国际国际贸易有限公司（代理）。

图 5-37　带式挤压一体型电脱机外形

## 5.2.7　污泥浓缩脱水一体机

### 5.2.7.1　3DP 型带式浓缩脱水一体化设备（压滤机）

（1）适用范围　3DP 型浓缩脱水一体化设备是改进一般带式机重力脱水段的性质、适应二级处理新工艺污泥性质的变化而设计制造的污泥浓缩脱水机。根据工艺要求，可单独作为浓缩机或脱水机来使用。取消工艺流程上单独的浓缩环节和单元操作，可将初沉池和二沉池的污泥直接打到脱水机上进行脱水。

（2）结构　见图 5-38。

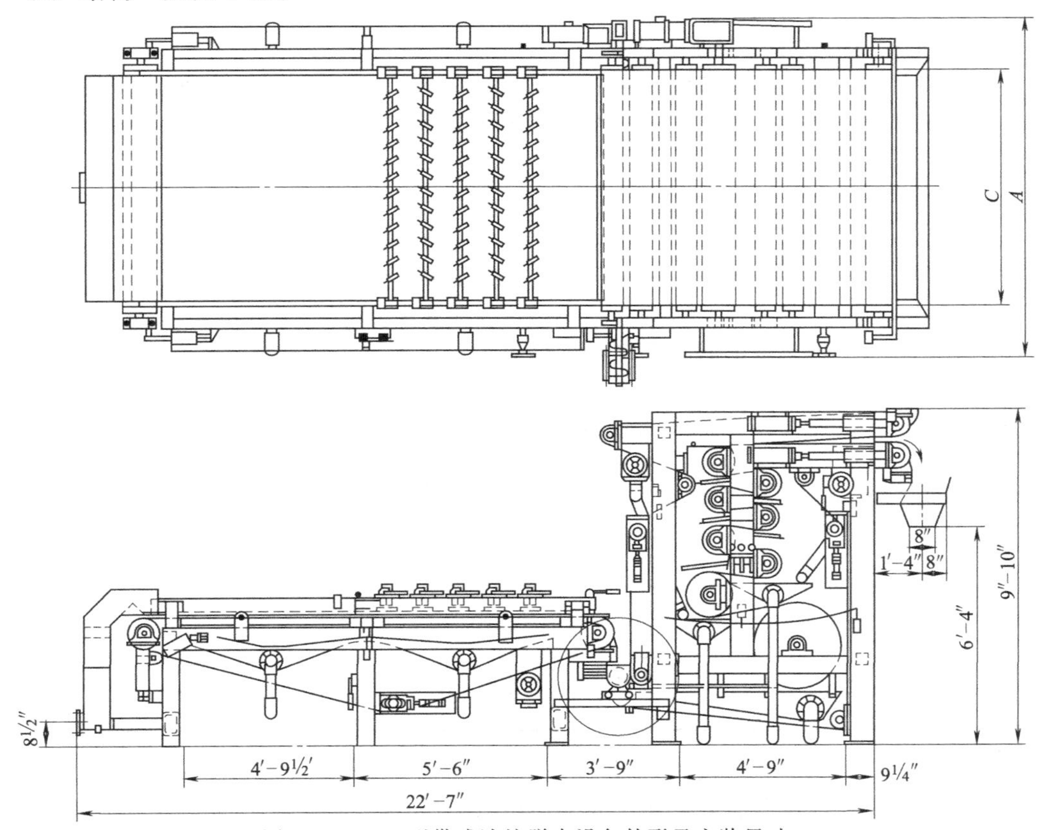


图 5-38　3DP 型带式浓缩脱水设备外形及安装尺寸

(3) 规格性能　见表5-24。3DP脱水机的设计参数如下：平均水力负荷40m³/(h·m)；平均固体负荷360～560kg/(h·m)。

(4) 技术说明　3DP脱水机既可实现浓缩脱水与压力脱水同时进行优化选择，也可实现浓缩、脱水单机运行。4.26m有效长度的浓缩机可取代传统的浓缩池，缩短污泥浓缩的停留时间，减少机械磨耗，提高浓缩效果，降低后续设备的投资和运行成本。

(5) 外形及安装尺寸　见表5-24。

**表5-24　3DP型带式浓缩脱水设备外形、安装尺寸及性能**

| 3DP尺寸参数 | 3DP带宽 | | | |
|---|---|---|---|---|
| | 1.0m | 1.5m | 2.0m | 2.5m |
| 浓缩段总面积/$m^2$ | 3.72 | 5.57 | 7.43 | 9.29 |
| 压滤段面积/$m^2$ | 4.66 | 6.97 | 9.29 | 11.61 |
| 总长/m | 6.88 | 6.88 | 6.88 | 6.88 |
| 总宽/m | 2.03 | 2.54 | 3.05 | 3.56 |
| 总高/m | 3.00 | 3.00 | 3.00 | 3.00 |
| 压力控制系统功率/kW | 2.2 | 2.2 | 2.2 | 2.2 |
| 压滤段主电机功率/kW | 2.2 | 2.2 | 3.75 | 3.75 |
| 浓缩段电机功率/kW | 1.5 | 1.5 | 2.2 | 2.2 |
| 耗水量/($m^3$/h) | 9.08 | 12.26 | 16.35 | 19.76 |
| 重量/kg | 6804 | 8618 | 10432 | 12247 |

注：冲洗水压力8.4kgf/$cm^2$。

生产厂家：美国艾姆柯（EMICO)。

#### 5.2.7.2　DNDY型带式浓缩脱水一体机

(1) 适用范围　用于未经浓缩池浓缩的污泥的处理（如A/O法、SBR法的剩余污泥），具有浓缩、脱水双重功能。浓缩段及脱水段均采用滤带，适合污泥处理量较大的场合。

(2) 型号表示

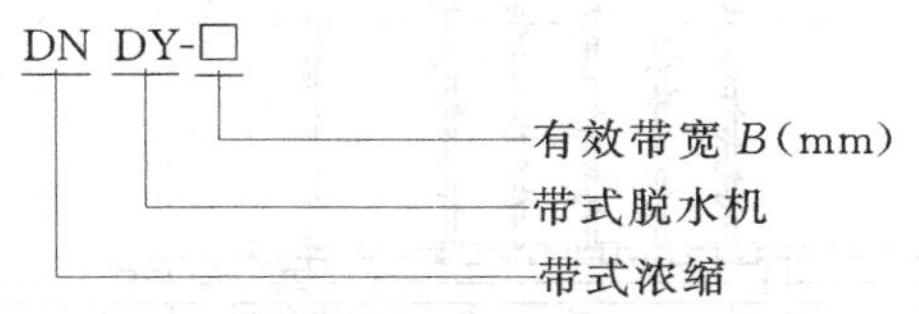


(3) 设备特点　带式浓缩脱水一体机处理量大，可连续工作；组合结构，便于运输、清洗、维护；自动控制，操作强度低，运行可靠。

(4) 设备技术性能　DNDY型浓缩脱水一体机技术性能见表5-25。

**表5-25　DNDY型浓缩脱水一体机技术性能参数**

| 脱水机类型 | 型号 | 带宽 $B$ /mm | 处理量 /($m^3$/h) | 功率 /kW | 冲洗水量 /($m^3$/h) | 冲洗水压 /MPa | 泥饼含水率/% | 进泥含水率/% |
|---|---|---|---|---|---|---|---|---|
| 带式浓缩带式脱水机 | DNDY-500 | 500 | 约8 | 0.55+0.75 | ≤7 | ≥0.5 | 75～80 | ≤99 |
| | DNDY-1000 | 1000 | 约15 | 0.75+1.1 | ≤12 | | | |
| | DNDY-1500 | 1500 | 约25 | 0.75+1.5 | ≤18 | | | |
| | DNDY-2000 | 2000 | 约40 | 1.1+2.2 | ≤23 | | | |

生产厂家：江苏天雨环保集团有限公司、杭州创源过滤机械有限公司、江苏一环集团有限公司、无锡市通用机械厂有限公司、天津市市政杰诚环保工程公司、川源股份有限公司。

(5) 外形结构　DNDY型带式浓缩脱水一体机外形结构见图5-39。

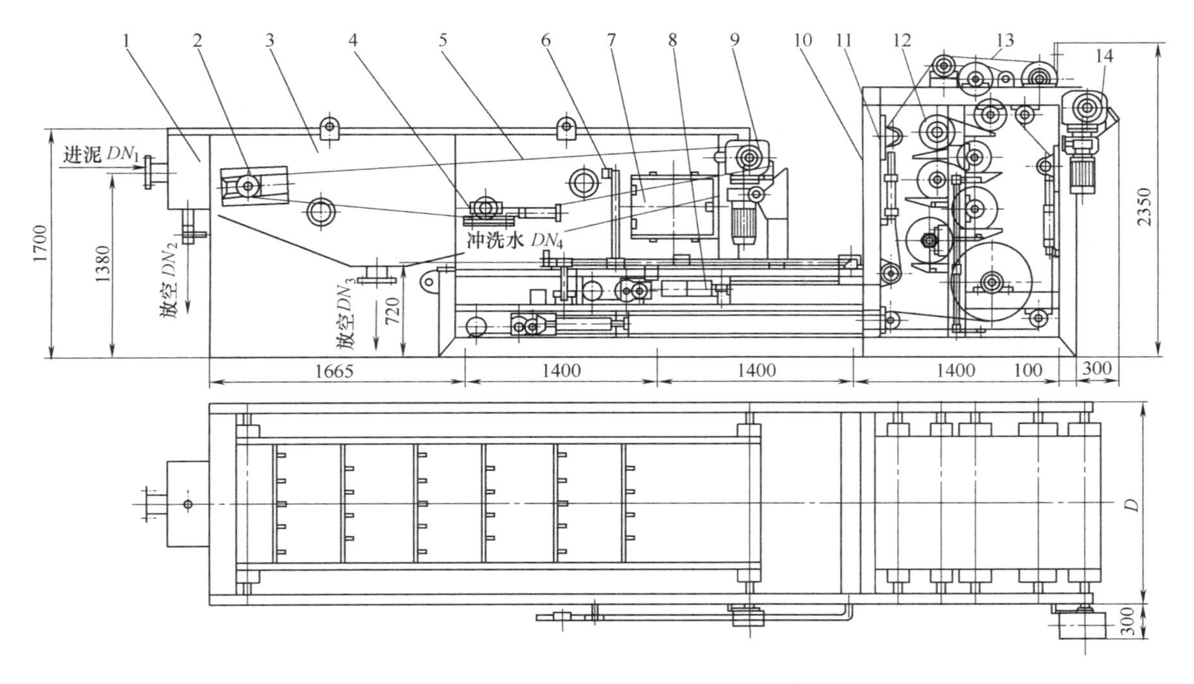


图 5-39　DNDY 型带式浓缩脱水一体机外形结构

1—进泥装置；2—浓缩张紧；3—浓缩架体；4—浓缩纠偏；5—浓缩滤带；6—冲洗装置；7—气控箱；8—脱水张紧；9—浓缩驱动；10—脱水支架；11—张紧纠偏；12—张紧滤带；13—脱水滤带；14—脱水驱动

### 5.2.7.3　转鼓浓缩脱水一体机

（1）适用范围　转鼓浓缩脱水一体机适用于城市污水处理厂及工业等污泥处理，尤其适用于进泥浓度较低而出泥要求含固率较高的污泥脱水项目。

（2）设备特点

① 采用转鼓筛网浓缩专利技术，可适用于低含固率的污泥处理，省去污泥浓缩池，减少占地面积，节省投资费用；

② 滤布驱动无级变速，可控制污泥处理量及含水率；

③ 侧板密封式结构，水切割一次成型，确保设备耐腐蚀、无侧漏；

④ 进口滤布，SUS316 接口，使用寿命长；

⑤ 超长挤压段设计，泥饼含固率高。

（3）构造及性能参数　设备由主机、调理搅拌槽、转鼓浓缩装置、电控箱、空压机等组成，其技术参数见表 5-26，设备的工作原理见图 5-40，外形见图 5-41。

**表 5-26　转鼓浓缩脱水一体机技术参数**

| 型号 | 带宽/mm | 处理量/(kgDS/h) | 功率/kW | 重量/kg | 外形尺寸/mm | | | | | 转鼓直径/mm |
|---|---|---|---|---|---|---|---|---|---|---|
| | | | | | $L$ | $W$ | $H$ | $H_1$ | $H_2$ | |
| DYH-800 | 800 | 70～125 | 0.9 | 1530 | 2360 | 1250 | 2420 | 1500 | 450 | 420 |
| DYH-1000 | 1000 | 90～230 | 1.1 | 2210 | 2940 | 1500 | 2520 | 1550 | 450 | 540 |
| DYH-1500 | 1500 | 110～300 | 1.2 | 2630 | 2940 | 2000 | 2520 | 1550 | 450 | 700 |
| DYH-2000 | 2000 | 170～450 | 1.3 | 3500 | 3300 | 3060 | 2520 | 1800 | 450 | 900 |
| DYH-2500 | 2500 | 280～680 | 1.8 | 4550 | 3300 | 3560 | 2630 | 1850 | 450 | 900 |

生产厂家：上海奥德水处理科技有限公司。

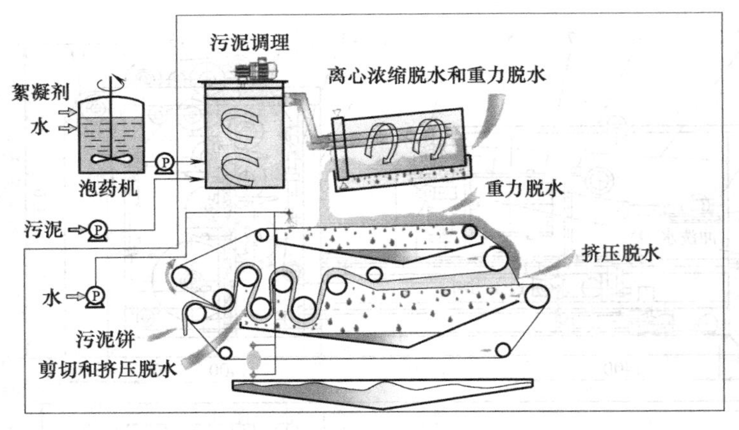


图 5-40 转鼓浓缩脱水一体机工作原理

图 5-41 转鼓浓缩脱水一体机外形图

### 5.2.7.4 转鼓浓缩带式污泥脱水机

(1) 适用范围 转鼓浓缩带式污泥脱水机适用于城市污水处理厂及工业等污泥处理。

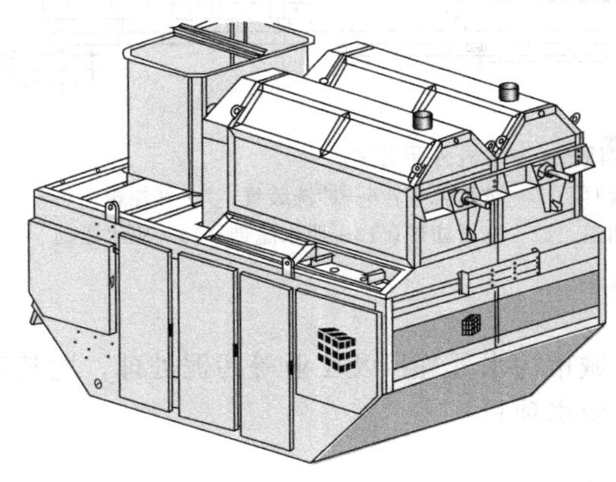

图 5-42 转鼓浓缩带式污泥脱水机外形

(2) 设备特点

① 制造精度高，使用寿命长；

② 设计合理，处理量大；

③ 专有的结构设计，脱水污泥含水率低；

④ 全封闭式设计，作业环境好；

⑤ 智能控制系统，可实现人工和智能相结合的合理化控制。

(3) 设备构成及技术参数 转鼓浓缩带式污泥脱水机主要由转鼓浓缩区、楔形预压榨区、低压压榨区、高压压榨区及智能控制系统组成，其设备外形见图 5-42，技术参数见表 5-27。

表 5-27 转鼓浓缩带式污泥脱水机技术参数

| 型号 | 绝干污泥处理量/(kgDS/h) | 带宽/mm | 使用功率/kW | 外形尺寸/mm | | | 重量/kg |
|---|---|---|---|---|---|---|---|
| | | | | 长 | 宽 | 高 | |
| NBP-R-500 | 45-90 | 500 | 0.74;0.18;0.37 | 3000 | 1250 | 2200 | 2000 |
| NBP-R-750 | 65-135 | 750 | 0.74;0.18;0.37 | 3000 | 1500 | 2200 | 2200 |
| NBP-R-1000 | 90-170 | 1000 | 1.47;0.37;0.37 | 3600 | 1750 | 3000 | 3000 |
| NBP-R-1250 | 100-220 | 1250 | 1.47;0.37;0.37 | 3600 | 2000 | 3000 | 3200 |
| NBP-R-1500 | 135-270 | 1500 | 1.47;0.37;0.74 | 3600 | 2250 | 3000 | 3400 |
| NBP-R-1750 | 150-315 | 1750 | 1.47;0.37;0.74 | 4000 | 2500 | 3500 | 3600 |
| NBP-R-2000 | 230-450 | 2000 | 2.21;0.37;1.47 | 4000 | 2750 | 3500 | 4000 |
| NBP-R-2250 | 250-500 | 2250 | 2.21;0.37;1.47 | 4400 | 3000 | 3500 | 4200 |
| NBP-R-2500 | 275-550 | 2500 | 2.21;0.37;1.47 | 4400 | 3250 | 3500 | 4400 |

生产厂家：上海仁创机械科技有限公司。

# 第 6 章

# 投药设备与消毒设备

## 6.1 投药设备

净水药剂是水厂主要消耗之一。设备是否适用，反应是否完善，直接关系到水质和运行费用。投加装置有自动投药系统、湿投加药装置和干粉投加装置。

### 6.1.1 加药装置

#### 6.1.1.1 ZJY 系列自动加药装置

ZJY 系列加药设备专供投加水质稳定剂、混凝剂、消毒剂等多种性能的水处理药剂。本设备具有结构紧凑、安装操作方便、性能稳定等特点，且能耗小，耐腐蚀，低噪声。

（1）适用范围

① 给水工程中混凝剂、助凝剂、消毒剂的溶解、搅拌及投加。

② 各种酸碱溶液的配制及投加。

③ 软化、脱盐水处理中再生液的配制及投加。

④ 循环冷却水水质稳定剂的配制及投加。

（2）ZJY 系列加药装置　见图 6-1。

（3）技术参数　见表 6-1。

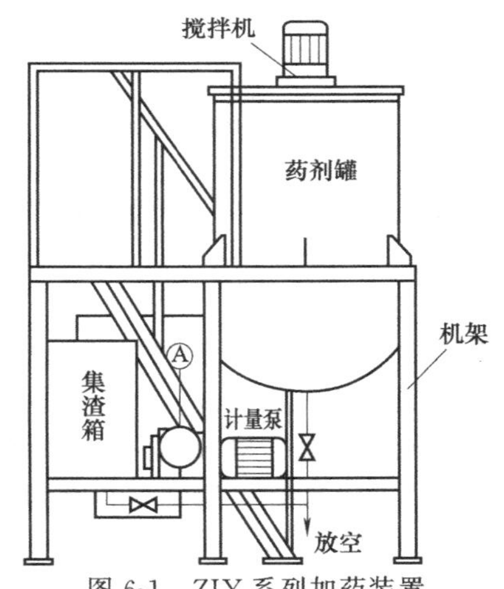

图 6-1　ZJY 系列加药装置

表 6-1　ZJY 系列加药设备技术参数

| 型号 | 投药方式 | 外形尺寸（长×宽×高）/mm | 配管管径 /mm（药剂罐给水） | 水压 /MPa | 电机容量 /kW | 适应范围 | | |
|---|---|---|---|---|---|---|---|---|
| | | | | | | 溶药量 /(kg/罐) | 水温 /℃ | 药剂性质 |
| ZJY-0.5A-Ⅰ | 计量泵 | 1500×1700 ×2650 | *DN*25 *DN*32 | 0.1 | 搅拌机 0.75 计量泵 0.37 | 25～50 浓度 5%～10% | <50 | 水质稳定剂、混凝剂、消毒剂等 |
| ZJY-0.5A-Ⅱ | 水射器附转子流量计 | 1500×1700 ×2650 | *DN*25 *DN*32 *DN*20 | 0.1～0.3 | 搅拌机 0.75 | 25～50 浓度 5%～10% | <50 | |

#### 6.1.1.2 一体式加药装置

（1）应用范围　该装置的药剂容器由高密度材料制成，具有较强耐腐性；强度高，可支持较重设备（室温下支持 60kg）；可装配各种 LMI 计量泵，mRoyA，B，maxRoyA 计量泵以及电动搅拌器等，并有标准化支撑托架，见图 6-2。主要用于水处理中漂白剂、聚电解质、石灰浆等溶液的制备和投加；各类清洁洗涤剂的投加；各类工业用添加剂的投加和制备。

（2）规格　尺寸型号有 60L、120L、250L、1000L 或更大。

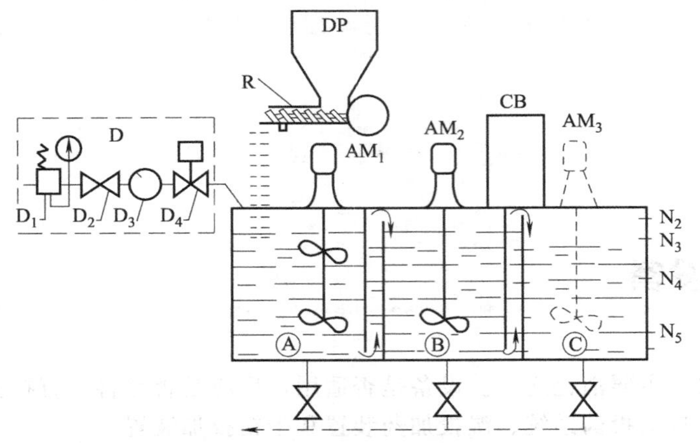


图 6-2　一体式加药装置的组成

D—进水；$D_1$—减压阀；$D_2$—进水装置；$D_3$—触点式流量计；$D_4$—电动阀；DP—干投机；CB—控制板；R—加热电缆；$AM_1$—搅拌器（两个叶轮）；$AM_2$—搅拌器（一个叶轮）；$AM_3$—搅拌器（供选）；$N_2$—极高位；$N_3$—高位；$N_4$—低位；$N_5$—极位；A、B、C—水槽

生产厂家：宜兴市力能环保设备有限公司。

### 6.1.2 干粉投加机

#### 6.1.2.1 DT 系列干粉投加机

（1）应用范围　DT 系列干粉投加机是根据国内的实际使用工况及多年的工作经验，并吸取国外同类产品先进技术而精心研究制造的，其成功解决了干粉投加过程中易结块、堵料、粉尘环境污染等难题，输送粉料准确、均匀可靠，是目前最理想的连续式干粉投加系统。

（2）特点　①集上料、收尘、送料、混合、输送投加等功能于一体，结构紧凑，配置合理，占地少，安装维护简便；②不锈钢精心制造，耐腐蚀强，适于各种粉料及粒径不大于 3.5mm 的颗粒混合物的投加；③仓内剩余物料若长期存放后，具有防结块及防堵塞的自动处理系统；④干粉投加量可任意调节，并可配置全自动控制功能系统；⑤采用全封闭式闭路收尘装置，无粉尘漂移。

（3）规格和性能　见表 6-2。

表 6-2　DT 系列干粉投加机规格和性能

| 型　　号 | DT-1 型 | DT-2 型 | DT-3 型 |
| --- | --- | --- | --- |
| 料仓容积/$m^3$ | 0.38 | 0.75 | 1.2 |
| 混合池容积/$m^3$ | 0.30 | 0.60 | 1.0 |
| 干粉投加量/(L/h) | 0～120 | 0～600 | 0～1200 |
| 主电机功率/kW | 0.55 | 0.55 | 0.75 |
| 搅拌机功率/kW | 0.37 | 0.37 | 0.55 |
| 收尘风机功率/kW | 0.25 | 0.25 | 0.37 |
| 设备总重量/kg | 500 | 750 | 1150 |

生产厂家：上海申贝泵业制造有限公司。

（4）外形和安装尺寸

外形尺寸和设备配置见图6-3。

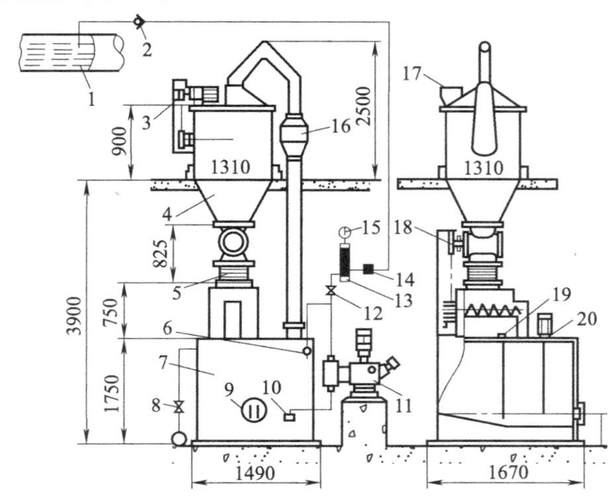


图6-3 干粉投加机尺寸及配置

1—原水总管；2—止回阀；3—碎粉装置；4—粉料仓；5—伸缩节；6—安全阀；7—混合池；8—配水总阀；9—清渣人孔；10—过滤器；11—加药泵；12—出药阀；13—均流器；14—流量计；15—压力表；16—吸尘风管；17—进料口；18—送粉机构；19—液位计；20—搅拌机

#### 6.1.2.2 DP系列干投机

（1）应用范围 适用于所有各类的干粉、颗粒和纤维状药品的投加，主要应用于溶液和悬浮液的制备，流量范围0.01～50000L/h，并可在10%～1000%进行调节，投加精度在0.5%～3%。取决于所投加药品的自身特性。

（2）结构 采用具有良好混合效果的螺杆式喂入装置以保证投加精度，在螺杆喂入器上方有搅拌混合干粉；电机标准配置：220V/240V/380V（AC）——三相——50Hz/60Hz，保护等级IP55，防护等级ClassB。

（3）规格和性能 见表6-3。

表6-3 DP系列干投机规格和性能

| 指标＼系列 | DP31 | DP32P | DP350 | DP5000 |
|---|---|---|---|---|
| 最高投加量/(L/h) | 332 | 65kg/h | 5.100 | 50.000 |
| 干粉密度/(lb/ft$^3$) | ≤1 | 0.7 | — | ≤3 |
| 干粉粒度/μm | ≤180 | ≤100 | ≤260 | ≤360 |
| 适用粉料 | 具一定黏性干粉，如染料、洗衣粉、淀粉、面粉、粗粒粉、滑石粉、糖等 | 特殊聚电解质 | 各种颗粒、淀粉、纤维状粉药品 | 各种颗粒物、纤维物、淀粉、粉状物等 |

生产厂家：宜兴市力能环保设备有限公司、上海申贝泵业制造有限公司。

# 6.2 消毒设备

## 6.2.1 加氯消毒设备

#### 6.2.1.1 瑞高系列加氯机

（1）应用范围 瑞高（REGAL）加氯机为真空运行溶解供给型。自20世纪90年代引进我国以来，使用效果良好，该机的主要特点是零部件较少、运行可靠安全，可用于自来水、工业水处理、污水处理、中水系统、游泳池等。

（2）外形及安装尺寸见图 6-4，规格和性能见表 6-4。

**表 6-4 瑞高（REGAL）系列加氯机规格和性能**

| 型　　号 | 投加量/(kg/h) | 备　　注 |
|---|---|---|
| REGAL-210 | 0～2 | 负压加氯机 |
| REGAL-220 | 0～5 | 负压加氯机 |
| REGAL-250 | 0.5～10 | 负压加氯机 |
| REGAL-2100 | 2～40 | 负压加氯机 |
| REGAL-310 | 0～2 | 负压加氯机 |
| REGAL-610 | 0～2 | 负压加氯机 |
| REGAL-710 | 0～2 | 负压加氯机 |
| REGAL-7000 | 0～10 | 全自动控制器 |

生产厂家：北京建瑞科达科技有限公司、北京威盛威科技发展有限公司。

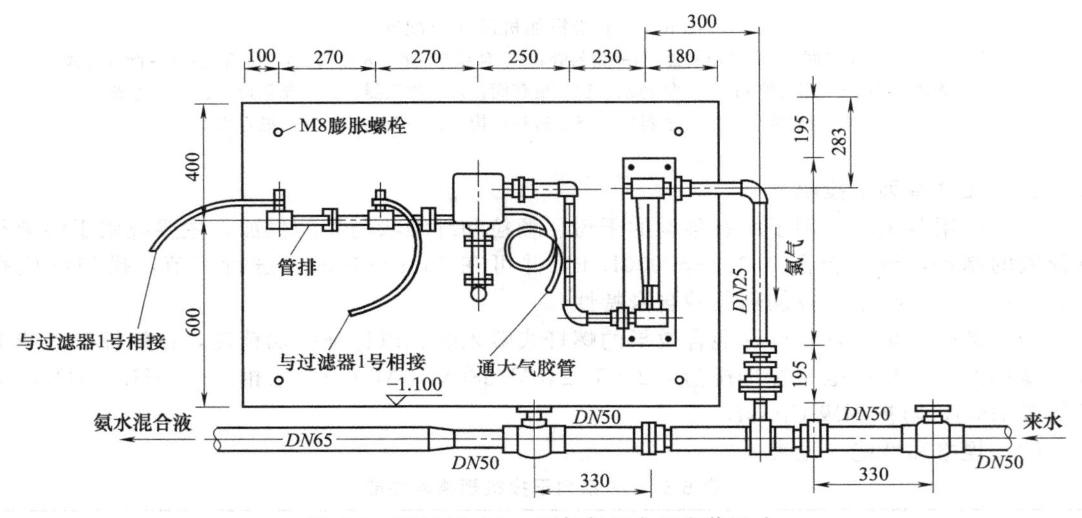


图 6-4 REGAL-2100 型加氯机主机安装尺寸

### 6.2.1.2 GS145 系列加氯机

（1）应用范围　GS145 系列加氯机为真空供给型，主要配置有真空投加系统、气体流量计、差压调节器、真空表等。该机的主要特点是零部件较少、运行可靠安全，可用于自来水处理、污水处理、中水处理、游泳池水处理等。

（2）规格及性能　GS145 系列加氯机外形及安装尺寸见图 6-5 和图 6-6，规格和性能见表 6-5。

**表 6-5 GS145 系列加氯机规格和性能**

| 型号及名称 | 投加量/(kg/h) | 真空连接管 |
|---|---|---|
| 145-200/M01 | 3.5～70 | *DN*40 |
| 145-200/M02 | 6～120 | *DN*40 |
| 145-200/M03 | 10～200 | *DN*40 |

生产厂家：安度实（上海）水处理科技有限公司。

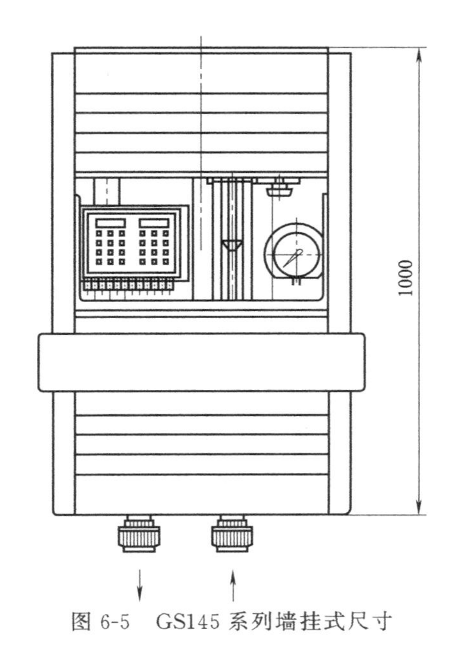


图 6-5　GS145 系列墙挂式尺寸

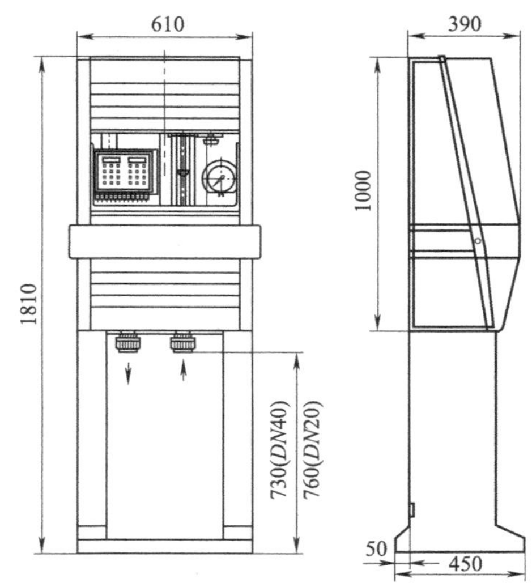


图 6-6　GS145 系列落地式尺寸

## 6.2.2　二氧化氯发生器

### 6.2.2.1　JYL 型二氧化氯发生器

JYL 型二氧化氯发生器原理是采用化学法负压曝气工艺，可制成 $ClO_2$ 水溶液，无爆炸危险。

（1）系统组成　二氧化氯发生器由反应器、吸收器及原料储存箱等部件组成。详见工作流程图 6-7。

（2）规格性能　见表 6-6。

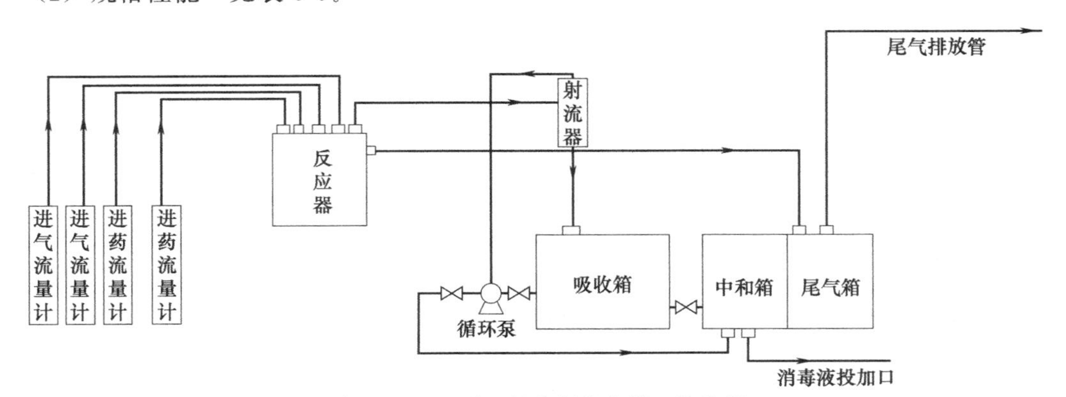


图 6-7　JYL 型二氧化氯发生器工作流程

**表 6-6　JYL 型二氧化氯发生器规格和性能**

| 型号规格 | JYL-100 | JYL-300 | JYL-500 | JYL-1000 | JYL-2000 | JYL-3000 |
|---|---|---|---|---|---|---|
| $ClO_2$ 发生量/(kg/h) | 100 | 300 | 500 | 1000 | 2000 | 3000 |
| 电源功率/kW | 0.75 | 0.75 | 1.5 | 3.00 | 3.00 | 5.5 |
| 饮用水消毒能力/($m^3$/h) | 50～100 | 100～25 | 300～400 | 500～700 | 800～1000 | 1000～1500 |
| 处理医院污水/($m^3$/h) | 5～8 | 10～20 | 20～50 | 40～100 | 80～200 | 160～300 |
| 处理游泳池水/($m^3$/h) | 20～30 | 50～250 | 100～500 | 500～1000 | 1000～2000 | 2000～3000 |
| 含氰废水处理/($m^3$/h) | 根据用户含氰废水含量计算 | | | | | |
| 外形尺寸/mm | 1200×500×1300 | 1700×1300×1500 | 1700×1500×1600 | 1800×1600×1700 | 2000×1700×1800 | 2000×1800×2000 |

生产厂家：潍坊川源环保设备有限公司、青岛金海晟环保设备有限公司、深圳欧泰华环保科技有限公司、山东山大华特科技股份有限公司、南京华源水处理工业设备厂。

#### 6.2.2.2 HRSC-Y型二氧化氯消毒剂发生器

性能规格及外形尺寸见图6-8、表6-7。

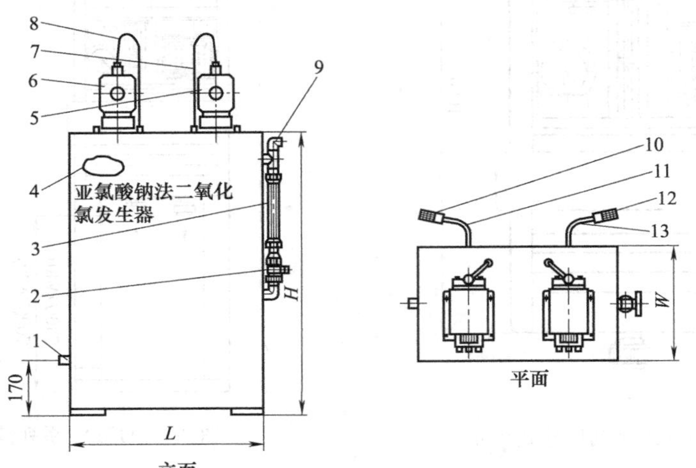


图6-8 HRSC-Y型二氧化氯消毒剂发生器外形尺寸

1—进水管；2—控制阀；3—转子流量计；4—铭牌；5,6—计量泵；7,8—出液软管；9—消毒液出口；10,12—止回阀过滤器；11,13—进液软管

表6-7 HRSC-Y型二氧化氯消毒剂发生器性能规格及外形尺寸

| 型号 | 二氧化氯产量/(g/h) | 盐酸消耗/(L/kg $ClO_2$) | 亚氯酸钠消耗/(g/$ClO_2$) | 电源功率/W | 电耗/(kW/kg$ClO_2$) | 进水管管径 $D$/mm | 尺寸(长×宽×高)/mm | 发生器重量/kg |
|---|---|---|---|---|---|---|---|---|
| HRSC-Y-1 | 56 | 7.0 | 1.7 | 0.4 | 0.6 | 15 | 520×310×820 | 75 |
| HRSC-Y-2 | 99 | | | 0.6 | | | 520×310×820 | 75 |
| HRSC-Y-3 | 141 | | | 0.8 | | | 520×310×820 | 83 |
| HRSC-Y-4 | 302 | | | 1.0 | | | 600×350×880 | 95 |
| HRSC-Y-5 | 567 | | | 1.3 | | | 600×350×880 | 110 |
| HRSC-Y-6 | 1135 | | | 2.2 | | | 600×400×970 | 124 |

生产厂家：济南科林沃德环境科技有限公司、潍坊绿思源环保设备有限公司。

#### 6.2.2.3 HSB型二氧化氯消毒剂发生器

(1) HSB型二氧化氯消毒剂发生器工艺组成见图6-9。

(2) HSB型二氧化氯消毒剂发生器性能规格见表6-8。

表6-8 HSB型二氧化氯消毒剂发生器性能规格

| 型　号 | 产气量/(g/h) | 进水压力/MPa | 进出口管径/mm | 消毒出口压力/MPa | 电耗(电动型)/kW | 设备重量/kg |
|---|---|---|---|---|---|---|
| HSB-50 | 50 | 0.25～0.4 | 20 | ≤0.4 | 0.4 | 50 |
| HSB-100 | 100 | | 20 | | 0.4 | 60 |
| HSB-200 | 200 | | 20 | | 0.4 | 60 |
| HSB-500 | 500 | | 20 | | 0.4 | 75 |
| HSB-1000 | 1000 | | 20 | | 0.4 | 80 |
| HSB-5000 | 5000 | | 32 | | 1.0 | 100 |
| HSB-10000 | 10000 | | 40 | | 4.0 | 120 |
| HSB-20000 | 20000 | | 50 | | 4.0 | 150 |

生产厂家：青岛金海晟环保设备有限公司。

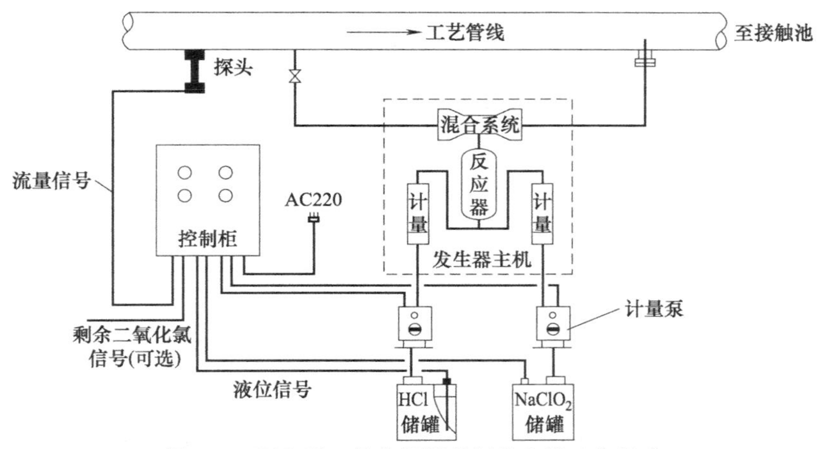


图 6-9　HSB 型二氧化氯消毒剂发生器工艺组成

### 6.2.2.4　HTSC 型二氧化氯复合消毒剂发生器

HTSC 型二氧化氯复合消毒剂发生器性能规格见表 6-9，外形尺寸见图 6-10、图 6-11。

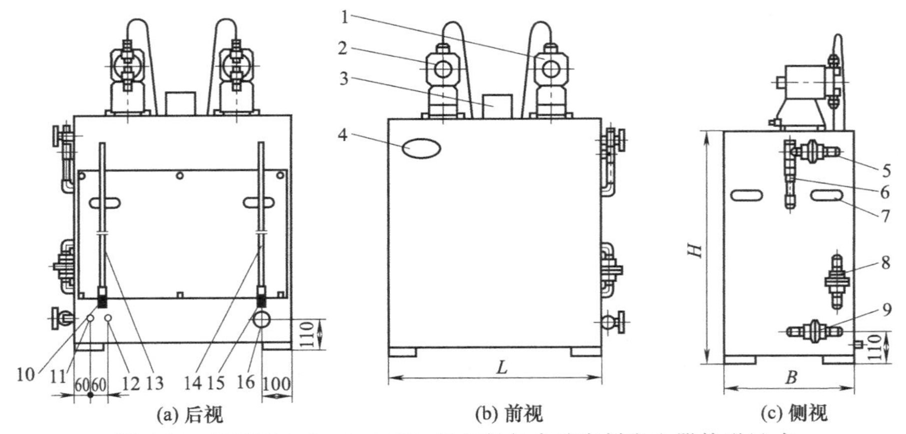


图 6-10　HTSC-0.1～2.0 型二氧化氯复合消毒剂发生器外形尺寸

1,2—计量泵；3—保护罩；4—铭牌；5—控制阀；6—液位计；7—手孔；8,9—控制阀；10—止回过滤器；11—进水管；12—二氧化氯吸出管；13,14—吸液管软管；15—单向过滤器；16—强制排风管

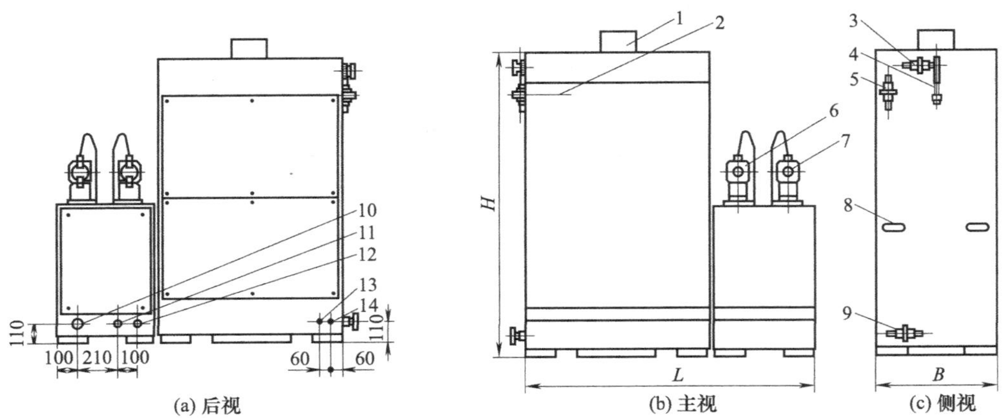


图 6-11　HTSC-5.0～50.0 型二氧化氯复合消毒剂发生器外形尺寸

1—保护罩；2—铭牌；3,5,9—控制阀；4—液位计；6,7—计量泵；8—手孔；10—强制排风管；11—$ClO_2$；12—进水管；13—盐酸吸液管；14—氯酸钠溶液吸液管

表 6-9　HTSC 型二氧化氯复合消毒剂发生器性能规格

| 型　号 | 二氧化氯产量/(kg/h) | 电压/V | 功率/kW | 氯酸钠溶解槽/($m^3$/个) | 盐酸储罐/($m^3$/个) | 主机质量/kg | 压力水管管径/mm |
|---|---|---|---|---|---|---|---|
| HTSC-0.1 | 0.1 | 220 | 0.5 | 0.05/1 | 0.05/1 | 85 | 15 |
| HTSC-0.2 | 0.2 | 220 | 0.5 | 0.05/1 | 0.05/1 | 85 | 15 |
| HTSC-0.5 | 0.5 | 220 | 1.0 | 0.2/1 | 1.5/1 | 120 | 20 |
| HTSC-1.0 | 1.0 | 220 | 1.0 | 0.3/1 | 3.0/1 | 150 | 25 |
| HTSC-2.0 | 2.0 | 220 | 1.8 | 0.4/1 | 6.0/1 | 210 | 40 |
| HTSC-5.0 | 5.0 | 380 | 3.9 | 0.8/2 | 15.0/1 | 310 | 50 |
| HTSC-10.0 | 10.0 | 380 | 7.5 | 1.7/2 | 15.0/1 | 350 | 80 |
| HTSC-20.0 | 20.0 | 380 | 14.2 | 4.5/2 | 30.0/2 | 630 | 100 |
| HTSC-50.0 | 50.0 | 380 | 34.5 | 12.5/2 | 50.0/2 | 860 | 150 |

生产厂家：东莞新长江水务科技有限公司。

## 6.2.3　TCL 系列次氯酸钠发生器

TCL 系列次氯酸钠发生器是采用无隔膜电解低浓度盐水产生氧酸钠消毒液的设备。

反应式如下：

$$NaCl + H_2O \xrightarrow{\text{电解}} NaClO + H_2$$

① 先进的电解阳极涂覆配方和工艺，寿命长，效率高。

② 电解槽的优化设计和先进合理的工作参数。运行成本低、便于清洗、维护。

③ 先进可靠的盐水自动配比装置。实现自动化运行，减轻人力，提高盐水质量和配置浓度的准确可靠性。

④ 全部不锈钢和 UPVC 材质。防腐、美观、牢固。

⑤ 成套性强（用户仅需提供房间）现场安装，调试。

经权威部门检测、各项技术指标均达到国际 GB 12176—90 中 A 级品（即优等品）规定的指标。

饮用水灭菌消毒，包括：城市自来水、农村饮用水、高楼二次供水；游泳池水，水井用水灭菌消毒；水产养殖用水灭菌消毒；医院污水处理；中水回用的灭菌消毒、除色、除臭；含氧、含硫、含酚废水无害化处理；空调水处理；发电厂冷却循环水处理；海洋船只饮用水处理；远岸石油钻探海水处理；降低 BOD。

TCL 系列次氯酸钠发生器规格型号见表 6-10。

表 6-10　TCL 系列次氯酸钠发生器规格型号

| 型号规格 | 有效氯产率/(g/h) | 成套设备组合 |
|---|---|---|
| TCL-2000A | ≥2000 | 电源柜、电解柜、盐水自动配比(包括浓盐箱、控制器)稀盐箱、储液箱、清衣机、比色计、各种管件 |
| TCL-1000A | ≥1000 | |
| TCL-500A | ≥500 | |
| TCL-300A | ≥300 | |
| TCL-200A | ≥200 | 主机、水射器及各种管件、配件 |
| TCL-100A | ≥100 | |
| TCL-60A | ≥60 | |
| TCL-30A | ≥30 | |

生产厂家：天津市二分科技开发有限公司、宜兴市锦航环保设备有限公司。

### 6.2.4 臭氧发生器

6.2.4.1 **大型臭氧发生器**（1～50kg/h）

臭氧发生器由1台臭氧放电室、1套臭氧专用中频高压电源以及控制系统组成。

臭氧放电室是安装臭氧发生单元的装置。臭氧发生单元是组成产生臭氧的最基本元件，包括电极和介质管。电极是与具有不同电导率的媒质形成导电交接面的导电部分，在臭氧发生单元中系指分布高压电场的导电体；介质管是基本电磁场性能受电场作用而极化的物质所构成的零部件，在臭氧发生单元中系指位于两电极间造成稳定的辉光放电的绝缘体。

高压电极和介质管为一体化结构，在高压电极表面烧结搪瓷介电层。每个臭氧发生单元带有独立的高压熔断器，保证了放电室整体正常、可靠、有效的工作。

臭氧电源是将输入工频电源转化为中频高压电源的装置，也称为“供电单元”，使臭氧发生装置内形成高压电场。臭氧电源装置主要包括整流逆变电路、电抗器、高压变压器、控制装置及显示操作盘等。整流逆变电路将供电电源转换成辉光放电所要求的中、高频交流电源，经过高压变压器升压后，中频高压电源输送到臭氧发生装置。

电源控制装置设计为单片机，采用CPU实行数字控制，设置自动软启动功能，臭氧电源装置按设定程序自动启动及关断。臭氧电源装置设置多重保护装置保证整机的可靠性和稳定性，并设计了用于整体保护的保护电路或安全回路。

臭氧发生器采用水冷却，通过满足质量要求的足量的冷却水有效地带走电晕放电时放出的热量，冷却水可循环使用并通过外部工艺降温。

发生器产量可根据用户实际需要进行调整，并具有多重保护功能，防止意外情况下，对发生器造成损坏。参数见表6-11、表6-12。

表6-11 空气源大型臭氧发生器参数

| 型号 | 臭氧产量/(kg/h) | 气量(标态)/($m^3$/h) | 臭氧浓度/(g/$m^3$) | 冷却水流量/($m^3$/h) | 效率/(kW·h/kg$O_3$) | 体积/mm | 重量/t |
|---|---|---|---|---|---|---|---|
| CF-G-2-1000g | 1 | 35～50 | 20～35 | 3～4 | 14.5～17 | 1900×930×1900 | 1.3 |
| CF-G-2-2000g | 2 | 70～100 | 20～35 | 6～8 | 14.5～17 | 2400×1800×1900 | 2.1 |
| CF-G-2-3000g | 3 | 105～150 | 20～35 | 9～12 | 14.5～17 | 2400×2300×1900 | 2.7 |
| CF-G-2-4000g | 4 | 140～200 | 20～35 | 12～16 | 14.5～17 | 3000×2400×2120 | 3.5 |
| CF-G-2-5000g | 5 | 175～250 | 20～35 | 15～20 | 14.5～17 | 3000×2500×2120 | 4.6 |
| CF-G-2-6000g | 6 | 210～300 | 20～35 | 18～24 | 14.5～17 | 3000×2600×2120 | 5.4 |
| CF-G-2-8000g | 8 | 280～400 | 20～35 | 24～32 | 14.5～17 | 3600×2700×2120 | 7.8 |
| CF-G-2-10000g | 10 | 350～500 | 20～35 | 30～40 | 14.5～17 | 3600×2850×2300 | 9.1 |
| CF-G-2-15000g | 15 | 525～750 | 20～35 | 45～60 | 14.5～17 | 4200×3200×2500 | 12.8 |
| CF-G-2-20000g | 20 | 700～1000 | 20～35 | 60～80 | 14.5～17 | 4900×3650×2800 | 16.5 |
| CF-G-2-25000g | 25 | 875～1250 | 20～35 | 75～100 | 14.5～17 | 4900×4000×3000 | 20.4 |

表6-12 氧气源大型臭氧发生器参数

| 型号 | 臭氧产量/(kg/h) | 气量(标态)/($m^3$/h) | 臭氧浓度/(g/$m^3$) | 冷却水流量/($m^3$/h) | 效率/(kW·h/kg$O_3$) | 体积/mm | 重量/t |
|---|---|---|---|---|---|---|---|
| CF-G-2-1000g | 1 | 10～12 | 80～120 | 1.7～2 | 8～10 | 1400×800×1700 | 0.9 |
| CF-G-2-2000g | 2 | 20～24 | 80～120 | 3.4～4 | 8～10 | 1900×930×1900 | 1.4 |
| CF-G-2-3000g | 3 | 30～36 | 80～120 | 5.4～6 | 8～10 | 1800×1800×1900 | 2.0 |
| CF-G-2-4000g | 4 | 40～48 | 80～120 | 6.8～8 | 8～10 | 2400×1900×1900 | 2.5 |
| CF-G-2-5000g | 5 | 50～60 | 80～120 | 8.5～10 | 8～10 | 2400×2200×1900 | 2.7 |

续表

| 型号 | 臭氧产量/(kg/h) | 气量(标态)/($m^3$/h) | 臭氧浓度/(g/$m^3$) | 冷却水流量/($m^3$/h) | 效率/(kW·h/kg$O_3$) | 体积/mm | 重量/t |
|---|---|---|---|---|---|---|---|
| CF-G-2-6000g | 6 | 60～72 | 80～120 | 10.2～12 | 8～10 | 2400×2400×1900 | 2.9 |
| CF-G-2-8000g | 8 | 80～96 | 80～120 | 13.6～16 | 8～10 | 3000×2500×2120 | 4.0 |
| CF-G-2-10000g | 10 | 100～120 | 80～120 | 17～20 | 8～10 | 3000×2600×2120 | 4.8 |
| CF-G-2-15000g | 15 | 150～180 | 80～120 | 25.5～30 | 8～10 | 3600×2750×2120 | 7.5 |
| CF-G-2-20000g | 20 | 200～240 | 80～120 | 34～40 | 8～10 | 3600×2900×2300 | 9.4 |
| CF-G-2-30000g | 30 | 300～360 | 80～120 | 54～60 | 8～10 | 4200×3200×2500 | 13 |
| CF-G-2-40000g | 40 | 400～480 | 80～120 | 68～80 | 8～10 | 4900×3700×2800 | 17 |
| CF-G-2-50000g | 50 | 500～600 | 80～120 | 85～100 | 8～10 | 4900×4000×3000 | 21 |

生产厂家：青岛国林实业有限责任公司、上海康福特环境科技有限公司、山东绿邦光电设备有限公司、济南三康环保科技有限公司、山东志伟电子科技有限公司、福州市新大陆环保科技有限公司、北京恒动环境技术有限公司、清华同方股份有限公司。

#### 6.2.4.2 中型臭氧发生器（50～800g/h）

（1）适用范围　自来水厂、工业水处理、循环冷却水、化工氧化、污水处理等。

（2）产品特点

① 采用DTA非玻璃放电体技术，使设备产生的臭氧浓度更高，运行更稳定。

② 电源采用中频技术，设备运行稳定，寿命长、运行能耗低，节约电能。

③ 自动化程度高，操作简单，运行时无须专人值守，系统对异常情况可以自动保护，更可根据用户需要增加PLC自动控制系统。

④ 结构紧凑，占地少，环境适应能力强。参数见表6-13、表6-14。

**表6-13　空气源中型臭氧发生器参数**

| 型号 | 臭氧产量/(g/h) | 气量/($m^3$/h) | 臭氧浓度/(g/$m^3$) | 冷却水流量/($m^3$/h) | 额定功率/kW | 体积/mm |
|---|---|---|---|---|---|---|
| CF-G-2-50g | 50 | 1.75～2.25 | 22～30 | 0.15～0.20 | 0.80～0.90 | 600×800×1600 |
| CF-G-2-80g | 80 | 2.80～3.60 | 22～30 | 0.24～0.32 | 1.28～1.44 | 1000×800×1600 |
| CF-G-2-100g | 100 | 3.50～4.50 | 22～30 | 0.3～0.4 | 1.6～1.8 | 1100×800×1700 |
| CF-G-2-200g | 200 | 7.0～9.0 | 22～30 | 0.6～0.8 | 3.2～3.6 | 1200×800×1700 |
| CF-G-2-300g | 300 | 10.5～13.5 | 22～30 | 0.9～1.2 | 4.8～5.4 | 1200×800×1700 |
| CF-G-2-500g | 500 | 17.5～22.5 | 22～30 | 1.5～2.0 | 8.0～9.0 | 1400×800×1700 |
| CF-G-2-600g | 600 | 21～27 | 22～30 | 1.8～2.4 | 9.6～10.8 | 1400×800×1700 |
| CF-G-2-800g | 800 | 28～36 | 22～30 | 2.4～3.2 | 12.8～14.4 | 1900×800×1700 |

**表6-14　氧气源中型臭氧发生器参数**

| 型号 | 臭氧产量/(g/h) | 气量/($m^3$/h) | 臭氧浓度/(g/$m^3$) | 冷却水流量/($m^3$/h) | 额定功率/kW | 体积/mm |
|---|---|---|---|---|---|---|
| CF-G-2-50g | 50 | 0.45～0.65 | 80～120 | 0.10～0.15 | 0.40～0.50 | 380×840×460 |
| CF-G-2-80g | 80 | 0.72～1.04 | 80～120 | 0.16～0.24 | 0.64～0.80 | 800×600×1600 |
| CF-G-2-100g | 100 | 0.90～1.30 | 80～120 | 0.2～0.3 | 0.80～1.0 | 800×600×1600 |
| CF-G-2-200g | 200 | 1.80～2.60 | 80～120 | 0.4～0.6 | 1.6～2.0 | 1100×800×1700 |
| CF-G-2-300g | 300 | 2.70～3.90 | 80～120 | 0.6～0.9 | 2.4～3.0 | 1100×800×1700 |
| CF-G-2-500g | 500 | 4.50～6.50 | 80～120 | 0.6～0.9 | 2.4～3.0 | 1300×800×1700 |
| CF-G-2-600g | 600 | 5.40～7.80 | 80～120 | 1.2～1.8 | 4.8～6.0 | 1300×800×1700 |
| CF-G-2-800g | 800 | 7.20～10.4 | 80～120 | 1.6～2.4 | 6.4～8.0 | 1400×800×1700 |

生产厂家：青岛国林实业有限责任公司、上海康福特环境科技有限公司、济南三康环保科技有限公司、山东志伟电子科技有限公司、福州市新大陆环保科技有限公司、北京恒动环境技术有限公司、清华同方股份有限公司。

## 6.2.5 紫外线消毒设备

紫外消毒的杀菌原理是利用紫外线光子的能量破坏水体中各种病毒、细菌以及其他致病体的DNA结构，主要使DNA中的各种结构断裂或发生光化学聚合反应，例如使DNA中胸腺嘧啶（THYMINE）二聚，从而使各种病毒、细菌以及其他致病体丧失复制繁殖能力，达到灭菌的效果见图6-12。

紫外线穿透微生物细胞壁；紫外线改变生物DNA机构（见图6-13）；紫外线灭活微生物使之不能繁殖。

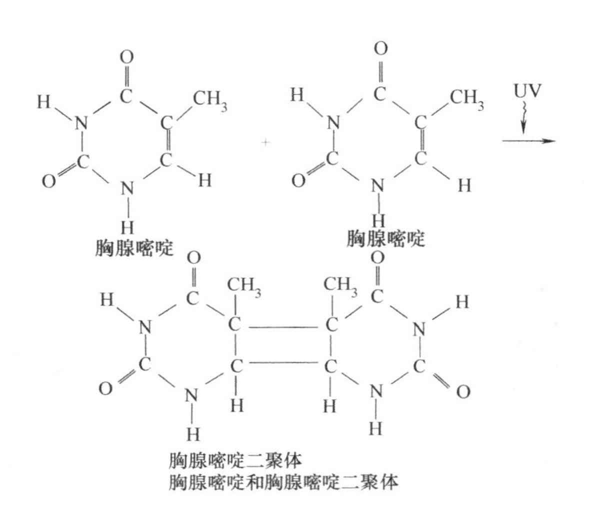


图6-12 紫外消毒杀菌原理

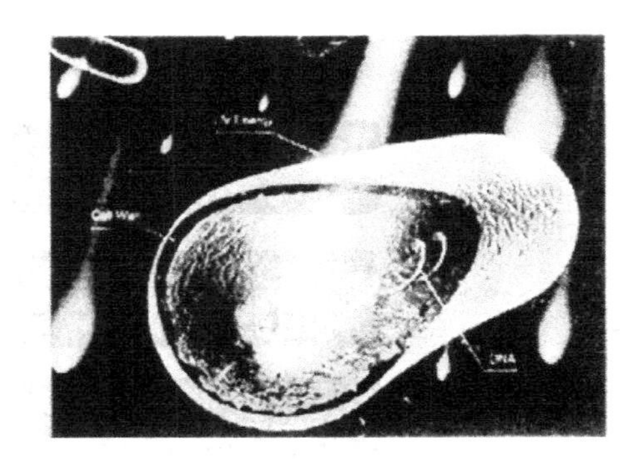

图6-13 改变生物DNA机构

### 6.2.5.1 紫外线简介

紫外线可分为几种，见表6-15。

**表6-15 紫外线**

| 类　型 | 波长范围/nm | 特性描述 |
| --- | --- | --- |
| UT-A | 400～315 | 称作近紫外线，可使皮肤变黑 |
| UT-B | 315～280 | 称作中紫外线，可导致皮肤癌 |
| UT-C | 280～200 | 远紫外线，也称灭菌紫外线 |

（1）紫外灯种类　低压灯、低压高强灯、中压灯、脉冲灯。

（2）建设部《城市供水水质标准》（CJ/T 206—2005）

细菌总数：≤80CFU/mL；

总大肠杆菌群：不检出/100mL（膜法）；

余氯：30min游离余氯≥0.3mg/L，2h总氯≥0.5mg/L，管网末梢总余氯不低于0.05mg/L；

粪型链球菌群：不检出/100mL（膜法）。

（3）《生活饮用水卫生标准》（GB 5749—2006）

细菌总数：≤100CFU/mL；

总大肠杆菌群：不检出/100mL（膜法）；

余氯：30min 游离余氯≥0.3mg/L，2h 总氯≥0.5mg/L，管网末梢总余氯不低于 0.05mg/L；

耐热大肠菌群：不检出/100mL（膜法）；

大肠埃希菌：不检出/100mL（膜法）。

（4）紫外线消毒的优点　对致病微生物有广谱效果、消毒效率高；对隐孢子虫卵囊有特效消毒作用；不产生有毒、有害副产物；不增加 AOC、BDOC 等损害管网水质生物稳定性的副产物；占地面积小、停留时间短；消毒效果受水温、pH 影响小；紫外线消毒可以达到上述两项国家标准（CJ/T 206、GB 5749）的水质要求。

（5）紫外线消毒的主要缺点　没有持续消毒效果，需与其他消毒剂配合使用；水的透光率对消毒效果影响较大。

### 6.2.5.2　饮用水紫外线消毒

（1）饮用水紫外线消毒应用情况见图 6-14、图 6-15。

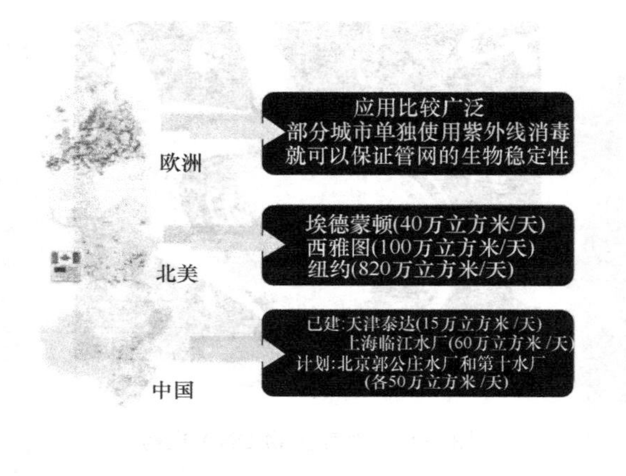


图 6-14　饮用水紫外线消毒应用情况

图 6-15　设备图

（2）紫外线消毒的经济指标

① 耗电量在不清洗时 0.0182kW·h/t；清洗时 0.0186kW·h/t。开启自动清洗装置后，电量稍有增加，但是变化也不是很明显。

② 紫外灯管寿命长，可达 12000h。

### 6.2.5.3　紫外线消毒设备

（1）适用范围　紫外线饮水消毒器适用于氯剂来源困难的小型供水工程饮用水的消毒及水中不宜留有余氯的饮料、医用、电子、纯水制备、二次供水等小型供水的消毒；也可用于工业冷却循环水、回用水等杀菌。

（2）分类、组成　紫外线饮水消毒器按水流状态分为敞开重力式和封闭压力式二种。封闭压力式紫外线消毒器由紫外线灯管、石英玻璃套管、消毒器筒体和电气控制箱等主要部分组成。敞开重力式紫外线消毒器由紫外线灯管、石英玻璃套管和电气控制箱等主要部分组成。

（1）SZX 型封闭压力式紫外线消毒器

① 性能规格。见表 6-16。

表 6-16　SZX 型封闭压力式紫外线消毒器性能规格

| 型　号 | 处理水量/($m^3$/h) | 进出水管径/mm | 工作电压/V | 灯管功率/kW | 工作压力/MPa |
|---|---|---|---|---|---|
| SZX-1 | 1.0～2.0 | 20～25 | 220 | 0.03 | ≤0.4 |
| SZX-3 | 2.5～4.0 | 32～40 | 220 | 0.09 | ≤0.4 |
| SZX-5 | 5.0～7.0 | 50 | 220 | 0.15 | ≤0.4 |
| SZX-6 | 8.0～10.0 | 65 | 220 | 0.18 | ≤0.4 |
| SZX-7 | 11.0～15.0 | 65～80 | 220 | 0.21 | ≤0.4 |
| SZX-9 | 16.0～20.0 | 80 | 220 | 0.27 | ≤0.4 |
| SZX-11 | 21.0～25.0 | 100 | 220 | 0.33 | ≤0.4 |
| SZX-A9 | 45.0～50.0 | 125 | 220 | 0.50 | ≤0.6 |

② 外形尺寸。见图 6-16、表 6-17。

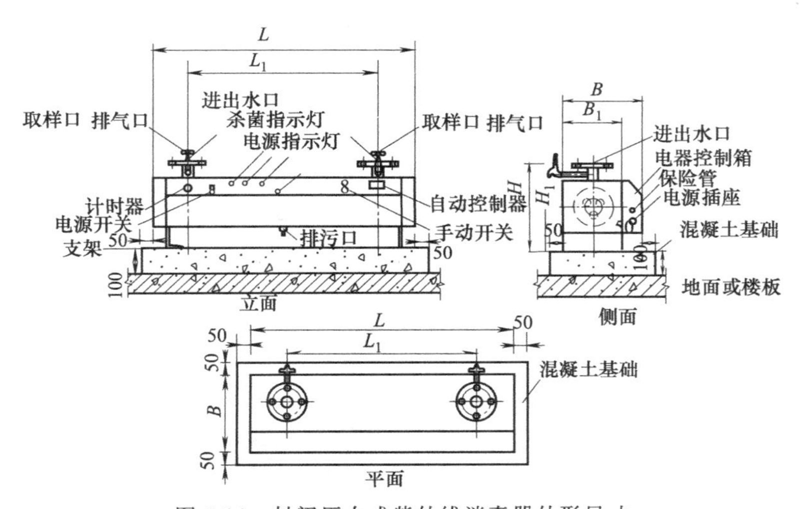


图 6-16　封闭压力式紫外线消毒器外形尺寸

表 6-17　封闭式紫外线消毒器外形尺寸

| 尺寸<br>型号 | $L$ /mm | $L_1$ /mm | $B$ /mm | $B_1$ /mm | $H$ /mm | $H_1$ /mm | 进出水管直径 /mm |
|---|---|---|---|---|---|---|---|
| SZX-1 | 1000 | 600 | 160 |  | 300 |  | 20～25 |
| SZX-3 | 1000 | 600 | 220 | 160 | 560 | 180 | 32～40 |
| SZX-5 | 1000 | 600 | 320 | 260 | 660 | 300 | 50 |
| SZX-6 | 1000 | 600 | 320 | 260 | 670 | 300 | 65 |
| SZX-7 | 1000 | 600 | 320 | 260 | 690 | 300 | 65～80 |
| SZX-9 | 1000 | 600 | 400 | 340 | 760 | 380 | 80 |
| SZX-11 | 1000 | 600 | 400 | 340 | 760 | 380 | 100 |
| SZX-A9 | 1320 | 800 | 720 | 660 | 970 | 690 | 125 |

生产厂家：深圳市海川实业股份有限公司。

(2) KUV 型淹没式紫外线消毒器

① 适应范围。淹没式紫外线消毒器安装于水箱中，保持水箱水洁净、无菌。多用于纯水、医药、电子、食品、轻工等行业。

② 性能规格及外形尺寸。见图 6-17、表 6-18。

表 6-18 KUV 型淹没式紫外线消毒器性能规格及外形尺寸

| 型　号 | 灯管功率/W | 水箱容积/L | 外形尺寸/mm | | |
| --- | --- | --- | --- | --- | --- |
| | | | $L$ | $B$ | $H$ |
| KUV-15 | 15 | ＜300 | 300 | 75 | 100 |
| KUV-20 | 20 | ＜500 | 480 | 75 | 100 |
| KUV-30 | 30 | ＜1000 | 550 | 75 | 100 |
| KUV-40 | 40 | ＜2000 | 880 | 75 | 100 |
| KUV-65 | 65 | ＜4000 | 1550 | 75 | 100 |

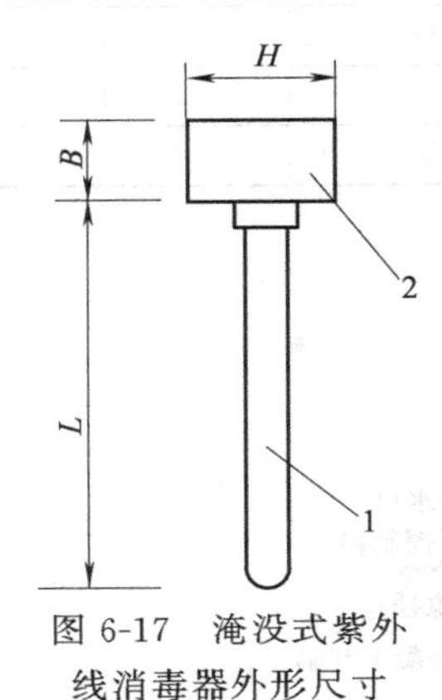

图 6-17 淹没式紫外线消毒器外形尺寸
1—灯管；2—接线盒

生产厂家：广州威固环保设备有限公司、福建新大陆环保科技有限公司。

(3) 特洁安-海川 UV 系统产品

利用 UV 技术消毒取代加氯/脱氯明显降低了其中原已含有的高浓度溶解性颗粒物（TDS），减少向污水增加化学药剂。

① 特点

a. 紫外灯模块（图 6-18）

开放式模块化结构，灯管方向与水流方向平行，模块支杆根据流体动力学原理采用流线设型设计。

紫外线灯管通过独立第三方剂量认证，即有效生物验定剂量认证。

具有灯管启动预热功能，光电转换效率高达 50%。

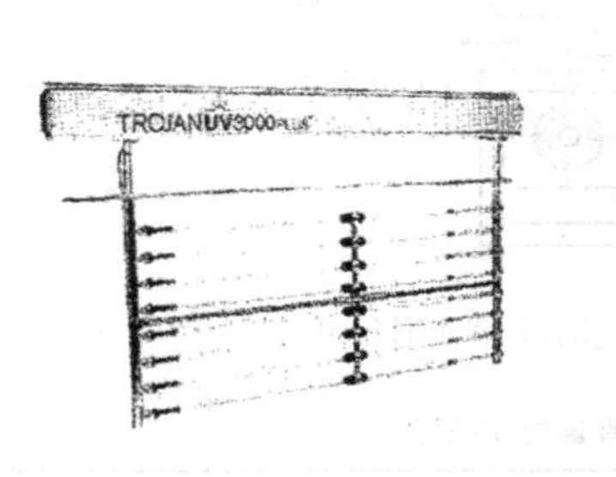

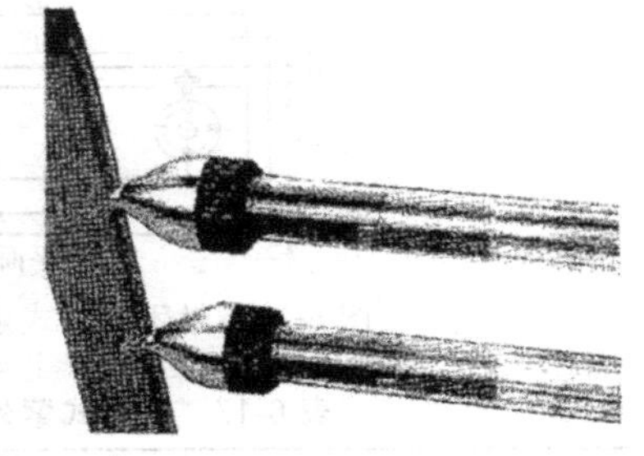

图 6-18 紫外灯模块

通过权威的 NWRI 灯管老化标准认证。

b. 电子镇流器（图 6-19）

通过空气对流主动散热，不需另外的冷却设施。

工作效率达到 98%，通过控制中心控制，可变动输出实现紫外剂量同步控制，节省电耗。

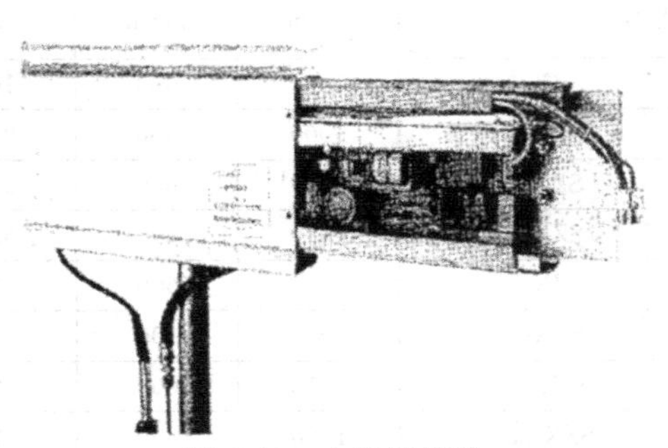

图 6-19 电子镇流器

c. 全自动机械加化学清洗 ActiClean™

通过行业内权威 NWRI 灯管结垢系数认证，认证的结垢系数大于 0.95，超过国际 GB/T 19837—2005 规定的结垢系数默认值 0.8。

根据现场水量水质情况，设定自动清洗周期，也可现场从控制面板手动清洗。

清洗剂 ActiClean™通过了 NSF 食品级认证，不会造成二次污染。

② 适用范围。UV3000PTP 系列应用于人口为 100～1500 的居民小区，主要成分为生产废物的工业排放单位。低压灯，简单、安装集成化，开放式渠道/重力自流，水位控制。

UV3000Plus 系列应用于人口为 1500～100000 之间的城镇。低压高强灯，可变功输出灯管与镇流器，可选择机械加化学式自动清洗系统中心，水位控制。

UV4000Plus 系列应用于人口为 100000 或以上的市镇。最先获得商业上成功的中压灯系统，浸没过流式反应器，专为处理大流量和低质污水以及复杂污水而设计，机械加化学式自动清洗系统，模块移出装置，可变功输出灯管与镇流器，水位控制。

③ 性能规格及外形。见图 6-20～图 6-22，表 6-19～表 6-21。

表 6-19 特洁安-海川 UV3000PTP 镇流器与密封箱主要优点

| | |
|---|---|
| UV3000PTP™系统的镇流器置于模块上 | 占地更少，减少了安装时间和费用，而不用放外部独立小屋内 |
| UV3000PTP™系统采用自然对流冷却 | 将镇流器安装在模块上，可利用对流冷却将镇流器的热量散发到空气和废/污水中<br>镇流器密封并受到保护<br>无需空调和排风散热冷却 |
| UV3000PTP™系统的镇流器密封箱提供了一个干净、受到保护的环境 | 一些供应商采用外独立小屋，并有用空气排风冷却。这会在电路板上形成灰尘和湿气，而大大降低这些构件中电子组成部分的寿命，并带来频繁的维护需求<br>内置于模块内，保证了电路板的干燥和清洁。电子器件寿命长，极少需要维护 |
| UV3000PTP™系统采用内置线缆 | 将镇流器安置在模块内部减少了悬挂导线及线缆的长度，避免其暴露于废水和紫外光中<br>内部布线保证模块的所有电线连接在出厂前均已通过检测（免去了第三方安装的顾虑） |

生产厂家：深圳市海川实业股份有限公司。

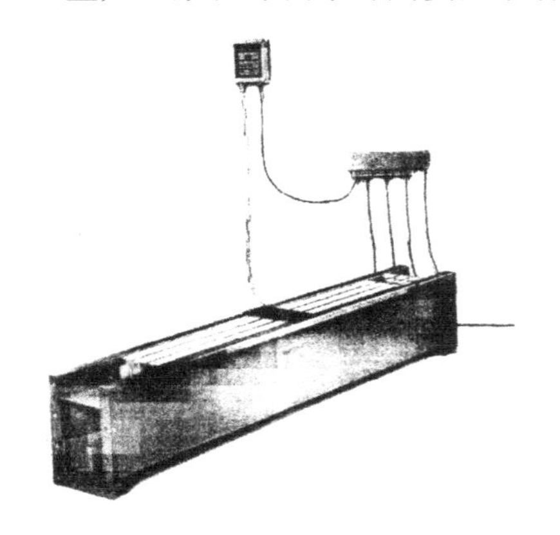

图 6-20 UV3000PTP 系列消毒器外形

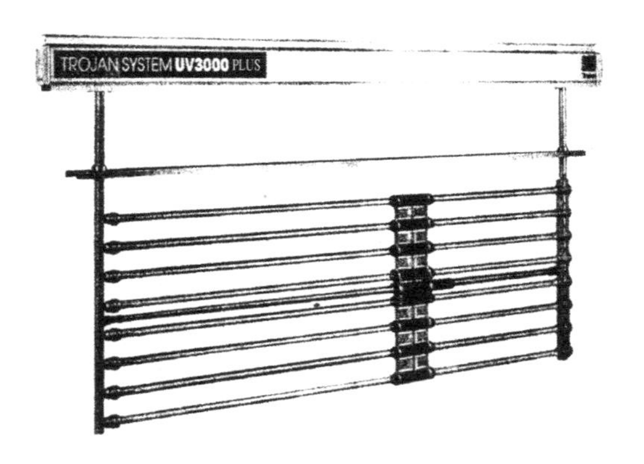


图 6-21 UV3000Plus 系列消毒器外形

表 6-20 特洁安-海川 UV3000Plus 镇流器与密封箱主要优点

| | |
|---|---|
| UV3000Plus™系统的镇流器置于模块上 | 占地更少，减少了安装时间和费用，而不用放在外部独立小屋内 |
| UV3000PTP™系统采用自然对流冷却 | 将镇流器安装在模块上，可利用对流冷却将镇流器的热量散发到空气和废/污水中<br>密封镇流器起到保护作用<br>无需空调和排风散热冷却 |
| UV3000Plus™系统的镇流器密封箱提供了一个干净、受到保护的环境 | 一些供应商采用外独立小屋，并采用空气排风冷却。这会在电路板上形成灰尘和湿气，而大大降低这些构件中电子组成部分的寿命，并带来频繁的维护需求<br>内置于模块内，保证了电路板的干燥和清洁。因而寿命长，且极少需要维护 |
| UV3000Plus™系统采用内置线缆 | 将镇流器安置在模块内部减少了悬挂导线及线缆的长度，避免其暴露于废水和紫外光中<br>内部布线保证模块的所有电线连接在出厂前均已通过检测（免去了第三方安装的顾虑） |

生产厂家：深圳市海川实业股份有限公司、福建新大陆环保科技有限公司。

图 6-22　UV4000Plus 系列消毒器外形

表 6-21　UV 型紫外线消毒器性能规格

| 型　号 | 出水消毒等级 | 出水水质 TSS /(mg/L) | 紫外线穿透率 UVT/% | 平均流量 /(USgal/d) | 峰值流量 /(USgal/d) | 每组模块采用灯管/根 | 每根灯管功率/W | 每一水渠需紫外灯/组 |
|---|---|---|---|---|---|---|---|---|
| UV3000PTP | 二级、三级 | 10～30 | ≥45 | 10000～750000 | 25000～1500000 | 2 或 4 | 44 或与 87.5 | 1 或 2 |
| UV3000Plus | 二级、三级及回用水 | 10～30 | ≥45～70 | $(0.75\sim10)\times10^6$ | $(1.5\sim20)\times10^6$ | 4、6 或 8 | 250 | 多组 |
| UV4000Plus | 一级、二级和三级及混合下水道溢流 | 10～100 | ≥15 | $\geq20\times10^6$ | $\geq20\times10^6$ | 6 到 24 | 2800 | 多组 |

生产厂家：深圳市海川实业股份有限公司。

(4) KCW-UV5000 大型明渠式紫外消毒设备

① 适用范围　市政污水、中水回用、医院污水用紫外消毒系统并提供安装工程服务和产品配置服务。大型工程承接处理量 5000～50000t/d。

KCW-UV5000 紫外线消毒设备用于明渠式（管道式）污水紫外消毒设备。

灯管品牌介绍：进口低压高强紫外灯（使用寿命≥12000h）。

② 紫外杀菌优点

a. 高效率杀菌。紫外 C（波长 253.7nm 的紫外光）消毒技术具有其他技术无可比拟的杀菌效率。紫外线对细菌、病毒的杀菌作用一般在 1s 以内。而对传统紫外、氯气以及臭氧方法来说，达到紫外线的效果一般需要 20min～1h 的时间。

b. 高效杀菌广谱性。紫外线技术在目前所有的消毒技术中，杀菌的广谱性是最高的。它对几乎所有的细菌、病毒都能高效率杀灭。并且对一些对人类危害极大的，而氯气以至臭氧无法或不能有效杀灭的寄生虫类（例如隐性包囊虫，贾第鞭毛虫等）都能有效杀灭。

c. 无二次污染。由于紫外线技术可以被控制为仅仅是杀菌，并且不加入任何化学药剂，因此它不会对水体和周围环境产生二次污染。不改变水中任何成分。

d. 运行安全、可靠。紫外线消毒是一种安全的杀菌方式，对周边环境以及操作人员相对安全可靠得多的消毒技术。

③ 紫外消毒杀菌所需要的时间　见表 6-22。

表 6-22　紫外消毒杀菌所需要的时间

| 种类 | 名称 | 100%杀灭所需时间/s | 种类 | 名称 | 100%杀灭所需时间/s |
| --- | --- | --- | --- | --- | --- |
| 细菌类 | 痢疾杆菌 | 0.15 | 细菌类 | 肠道发烧菌属 | 0.41 |
| | 钩端螺旋杆菌 | 0.2 | | 结核(分支)杆菌 | 0.41 |
| | 嗜肺军团菌属 | 0.2 | | 微球菌属 | 0.4～1.35 |
| | 白喉杆菌 | 0.25 | | 链球菌属 | 0.45 |
| | 志贺菌属 | 0.28 | | 沙门菌属 | 0.51 |
| | 炭疽杆菌 | 0.3 | | 鼠伤寒杆菌 | 0.53 |
| | 破伤风杆菌 | 33 | | 霍乱弧菌 | 0.64 |
| | 大肠杆菌 | 0.36 | | 肉毒梭菌 | 0.8 |
| | 假单孢杆菌 | 0.37 | | 葡萄球菌属 | 1.23 |
| 病毒类 | 柯萨奇病毒 | 0.08 | 病毒类 | 乙肝病毒 | 0.73 |
| | 腺病毒 | 0.1 | | 爱柯病毒 | 0.73 |
| | 噬毒胞病毒 | 0.2 | | 爱柯病毒Ⅰ型 | 0.75 |
| | 流感病毒 | 0.23 | | 脊髓灰质炎病毒 | 0.8 |
| | 轮状病毒 | 0.52 | | 烟草花叶病毒 | 16 |
| 霉菌孢子水藻类 | 毛霉菌属 | 0.23～0.467 | 霉菌孢子水藻类 | 青霉菌属 | 0.87～2.93 |
| | 软孢子 | 0.33 | | 产霉菌属 | 2.0～3.33 |
| | 曲霉菌属 | 0.73～8.80 | | 黑曲霉 | 6.67 |
| | 青霉其他功菌类 | 0.87 | | 大粪真菌 | 8 |
| | 小球藻属 | 0.93 | | 原生动物属类 | 4～6.70 |

④ 紫外与其他消毒方式的比较　见表 6-23。

表 6-23　紫外与其他消毒方式的比较

| 性　能 | 氯、漂白粉 | 氯胺 | 二氧化氯 | 臭氧 | 紫外线辐射 |
| --- | --- | --- | --- | --- | --- |
| 杀灭细菌 | 优良 | 适中、较氯差 | 优良 | 优良 | 良好 |
| 杀灭病菌 | 差 | 差 | 优良 | 优良 | 良好 |
| 水质影响因素 | 受 pH 值、水温影响大 | 受 pH 值、水温影响大 | 受 pH 值、水温影响大 | 受 pH 值、水温影响大 | 对 pH 值、水温变化不敏感 |
| 剩余消毒作用 | 有 | 有 | 有 | 无 | 无 |
| 副产品 THM | 少量 | 少量 | 少量 | 无 | 无 |
| 设备维护及安全措施 | 维护量较大安全措施多 | 维护量较大安全措施多 | 维护量较少安全措施多 | 维护量较大安全措施多 | 维护量较少安全措施多 |
| 占地面积 | 大 | 大 | 较小 | 小 | 小 |
| 投资费用 | 高 | 高 | 较高 | 高 | 低 |

生产厂家：深圳康澈净水设备有限公司。

⑤ 紫外消毒系统具体设计说明

a. 紫外 C 系统性能描述。本紫外线消毒系统为自动可变输出功率系统，可根据污水厂流量及紫外光透光率的变化来调节输出功率。

该紫外 C 消毒系统在峰值流量和紫外 C 透光率为 65%时，且在灯管保证寿命终点达到的平均有效紫外 C 剂量，即生物验定剂量不低于 16000$\mu$W · s/cm$^2$。

该紫外 C 消毒系统可以在更换灯管、石英套管、镇流器及清洗石英套管时无需关闭整个紫外消毒系统。

采用顶部溢流的可调溢流堰作为水位控制系统，该水位控制系统保证水位不低于灯管发光部分。

灯管清洗采用机械自动清洗。另外由于各种水草、垃圾等杂物和其他机械不可自动清洗掉的杂物将悬挂在紫外系统排架上，系统灯管排架可根据水质情况不定期进行人工清洗维护（一个月一次），清除杂物（按实际情况确定）。

紫外灯管排架与水流方向平行排列，无需固定地安装悬吊在水渠中污水上方，不需拴紧而固定所有紫外模块。

b. 紫外线消毒系统构造：低压高强灯系统、紫外灯排架模块及机械自动清洗系统、气源动力系统、镇流器柜、配线装置、紫外光强监测系统、模块化学清洗系统、水位控制器、维修支架、吊车。

⑥ 紫外消毒系统技术介绍

a. 紫外灯排架组件。每一个紫外灯排架组件包括紫外灯管、套管。每根紫外灯管内置在一根单独的石英套管内，套管的一端为闭口端，另一端由灯管密封结构（橡胶机械密封结构）密封；石英套管的封口端通过O形圈固定在边框内，并且后部被顶住密封，石英套管不与框架上任何钢体接触，自动清洗时石英套管不会脱出；石英套管的两端无伸出紫外灯管排架的框架两边的钢结构部分。

本紫外灯管排架从设计上考虑到工厂的操作人员方便更换灯管和石英套管、操作安装以及维修方便。

每个紫外灯管排架组件达到IP68密封等级。

所有与污水相接触的焊接金属元件均为316不锈钢。

机械自动清洗结构固定在紫外灯管排架的框架内。

b. 紫外灯管。灯管为低压高强汞灯，其额定功率为320W；单根低压高强灯管253.7nm紫外C输出功率不低于256W。灯管灯丝采用特制合金钨丝，高熔点，不易蒸发，紫外灯管在自控模式下运行时保证至少12000h寿命以上。电路连接部分在灯管一端。紫外灯管为不产臭氧类灯管。

c. 灯管端部密封和灯座。紫外消毒系统排架水下石英套管由SUS304不锈钢螺帽和紧压式O形圈与排架上钢套接口组成密封，并防止套管和钢体直接接触；排架上石英套管螺帽具有滚花面以供紧固时手握，这个套管螺帽安装或卸下时不需任何工具；灯管由一个PVC模铸灯座固定并具备双层密封；灯管、套管和排架间有二级密封硅橡胶机构，以防灯套管破裂漏水进入排架，影响其他灯管工作；灯座里面的第二级密封将灯与紫外排架和排架上的其他灯管封闭隔离开来；在石英套管发生破裂时，灯座上的双层密封能阻止水气进入灯管排架的框架和侵袭与其他灯管的线路连接；灯座具备防紫外的PVC铸模垫避免石英套管与钢管接触。

d. 石英套管。石英套管壁厚度为2.0mm；石英套管的紫外C透光率不低于90%；石英套管一端应为圆顶形封口端。

e. 紫外灯管排架框架。紫外灯管排架的框架为SUS304不锈钢，并可无需固定地安装悬吊在水渠中污水上方，不需拴紧而固定所有紫外模块；紫外灯管排架的框架必须紧密排列成矩阵结构以提供最佳灯管排列；紫外灯管排架的框架设计有一个遮光装置，防止紫外C泄漏至水渠外。

(5) 明渠紫外线

① 适用范围。大中型市政污水消毒、工业污水消毒、雨水消毒。见图6-23。

② 设备描述。KCW/V系列采用先进的高强度汞齐灯管设计用于安装在污水处理的明渠管道上。模块中的灯管成竖直安装，与水流方向垂直，每支灯管外套高透光率的石英玻璃套管。

a. 设备维护时无需将模块从水中提升出来，灯管更换时安全、简单、快捷；

b. 构紧凑，横向安装；

c. 配备对每支紫外灯管的PLC监控和控制装置；

d. 电子镇流器明显降低功率的消耗，增强整个设备的效率；

e. 紫外线传感器确保更强的操作安全性；

f. 该系列装置配备清洗装置。

③ 基本配置

a. 紫外模块。灵巧的模块化设计，设备安装与操作便捷。

模块可以单独安装在渠道上或平行排列。

每个模块都含有一可快速开启的附盖，确保灯管检查和更换时无需将模块移出水面或破坏石英套管密封性。

b. 镇流器柜。镇流器柜安装在渠道上方的紫外模块附近。高效率的电子镇流器安装在柜内。

每个紫外模块通过一对防水插头连接电子镇流器柜。每个镇流器柜都有一小型 LCD 液晶显示器。

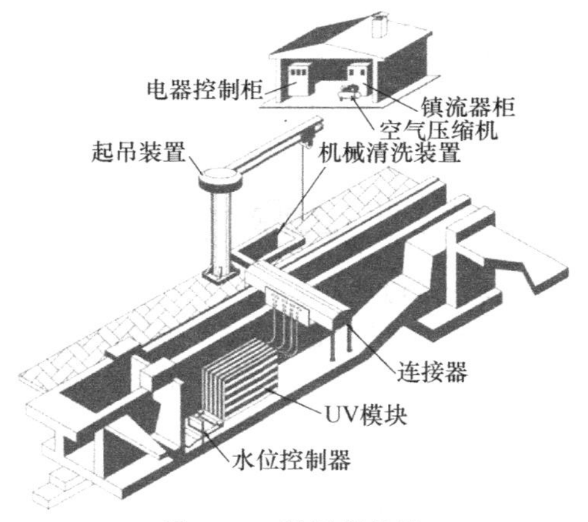


图 6-23 明渠紫外线

液晶显示器提供紫外模块的信息和每组紫外的紫外灯管运行状态。

c. 电控系统。中央控制柜通过 PLC 控制，提供人机界面，既可手动操作也可自动操作。紫外设备的所有运行数据都可通过 PLC 传送到中控系统。该控制装置整合了数据记录功能用于记录所有运行的参数。

d. 紫外强度检测仪。每组紫外设备配有紫外强度检测仪。该检测仪能测量紫外强度，将模拟信号转换为数据格式并传输到操作控制设备中。

e. 水位控制装置。每组消毒渠都配备有自动水位控制装置，由安装在渠道出水口的电动平移门、PLC 控制器和超声或可变电容的水位感应器组成。该设备保持消毒渠内在 0～100%流速变动范围内合适的水位，防止溢出并确保各种的水流经紫外模块时都能得到合适的处理。

f. 清洗装置。整套设备既可进行机械清洗，也可进行化学清洗。

g. 机械清洗装置。该装置清洗石英套管时无需将紫外模块移出渠外，在紫外灯管运行过程中可防止石英套管结垢，通过定期的机械清洗清除石英套管表面的沉淀物。清洗频率可通过 PLC 控制调整，空气压缩机含接收汽缸来驱动气/液压缸。

④ 技术参数

处理水量：500t/d 以上

灯管配置：进口灯管

处理标准：各行业标准

电压：220V/380V

功率：根据水质、水量、前处理工艺、处理标准具体配置

放置形式：明渠式

工作压力：≤0.8MPa

灭菌率：99.99%

⑤ 紫外线杀菌系统设计时必须考虑因素

a. 处理水量。包括设计水量的平均流量及流量变化系数均对处理效果产生重要影响。

b. 紫外线灯的选型：即使总的有效输出功率相当，灯管类型及数量上的差异都对杀菌效果产生重要影响。

c. 水质指标。主要指标包括原水的悬浮物浓度、悬浮物粒径、浊度、UVC 透过率、细菌含量等。

d. 其他因素。包括设备使用的环境因素（如温度，湿度）、用户其他特殊要求（如系统安装方式等）。

生产厂家：深圳康澈净水设备有限公司、福建新大陆环保科技有限公司。

（6）UVLOGIC™装置

① 适用范围　市政污水、中水回用、市政饮用水；食品、饮料、半导体、制药工程等工业工艺用水；养殖业、商业和小型民用水及环境化学污染物处理的消毒。

② 设备特点

a. 灯管老化系数 0.98，通过国外权威独立第三方认证；

b. 卓越的灯管启动预热过程，大大延长灯管使用寿命；

c. 紫外灯管电光转换率高达 50%；

d. 寿命保证 12000h，实际使用寿命为 20000h 以上；

e. 通过行业内权威的 NWRI 灯老化标准认证。

系统控制中心监控整套紫外线装置，现场通过触摸屏控制或远程监控，整个系统可在自动控制和人工控制之间切换。

③ 设备规格及性能　设备规格及性能见图 6-24、表 6-24。

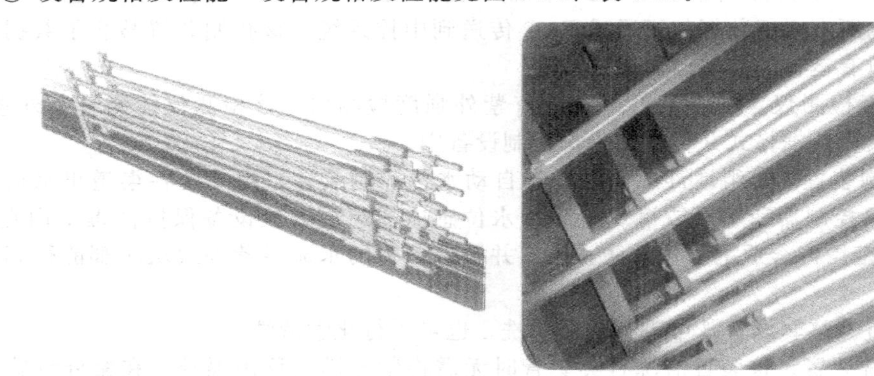

图 6-24　高效汞齐灯装置

（7）TCZW 紫外线杀菌器

紫外线杀菌设备采用紫外线杀菌灯管，利用紫外线（波长为 254nm）对细菌等致病微生物具有的高效、广谱灭菌能力。它具有高效、使用寿命长、无需添加任何物质，不产生二次污染的特点。

表 6-24　高效汞齐灯装置参数

| Trojan UVLogic | 02AS20 | 03AS20 | 04AS20 | 03AL20 | 06AS20 | 04AL20 | 08AS20 | 08AL20 | 06AL30 | 08AL30 | 12AL30 |
|---|---|---|---|---|---|---|---|---|---|---|---|
| 系统最大运行压力 | 150lbf/in$^2$ | | | | | | | | | | |
| 系统运行温度 | 水：41～104℉周围空气：34～104℉ | | | | | | | | | | |
| 灯管数量 | 2 | 3 | 4 | 3 | 6 | 4 | 8 | 8 | 6 | 8 | 12 |
| 电压 | 208～240V/60Hz 或 50Hz 单相 | | | | | | | | | | |
| 功率/W | 346 | 534 | 692 | 849 | 1007 | 1113 | 1323 | 2165 | 1639 | 2169 | 3218 |
| 进出水口尺寸/in① | 4 | 4 | 6 | 6 | 6 | 6 | 6 | 6 | 10 | 10 | 10 |
| 杀菌流量(UVT95%)/(USgal/min) | 230 | 350 | 480 | 560 | 695 | 780 | 875 | 1440 | 1750 | 2270 | 2765 |
| 杀菌流量(UVT99%)/(USgal/min) | 290 | 430 | 585 | 690 | 835 | 935 | 1010 | 1040 | 2275 | 2800 | 2800 |
| 除臭氧流量(UVT99%)/(USgal/min) | 100 | 145 | 195 | 235 | 280 | 320 | 345 | 555 | 760 | 990 | 1240 |

① 1in=0.0254m，下同。

生产厂家：深圳海川环境科技有限公司。

紫外线消毒设备是一种有效的水处理消毒设备，且运行费用低，能广泛应用于饮用水净化消毒、食品工业消毒处理及污水处理等领域。

① 适用范围

a. 食品加工、工业用水消毒，及各类罐头、冷饮制品等用水消毒；

b. 医院、各类实验室用水消毒，高含量致病体废水消毒，电子工业用超纯净水；

c. 饮用水消毒，包括居民住户大楼、小区、办公大楼、旅馆、餐馆、自来水厂等；

d. 水产加工净化消毒、贝类净化消毒、鱼类加工净化消毒等；

e. 城镇污水消毒，最大处理量可达每天 100 万吨以上；

f. 冷却水消毒，火电、核电站冷却水、工业生产冷却水、中央空调系统冷却水；

g. 生物、化学制药、化妆品生产用冷却水，军事营区、野外供水系统。

② 技术特点与优点　紫外水消毒系统与目前应用的氯气、漂白粉消毒、臭氧消毒等传统技术比较具有下列独特的优点：

a. 不加任何化学药品，不对水体、生物以及环境产生副作用；

b. 高效率杀灭各种病毒和细菌，杀灭时间 1s 左右；

c. 极好的杀菌的广效性，对几乎所有病毒、细菌以及其他致病体内均有效；

d. 对昼夜 24h 连续大水量消毒特别有效；

e. 操作保养维护简单；

f. 日常运行费用低；

g. 设备体积小，不产生噪声以及各种刺激性气体；

h. 相对的投资成本较低。

③ 技术参数

a. 过流式紫外线杀菌器的技术参数见表 6-25。

**表 6-25　过流式紫外线杀菌器技术参数**

| 型号 | 流量 /($m^3$/h) | 公称直径 /mm | 功率 /W | 系统耐压 /kgf[①] | 灯管使用寿命 /h | 重量 /kg |
|---|---|---|---|---|---|---|
| TCZW-1 | 1 | *DN*20 | 10 | 0.6 | >10000 | 30 |
| TCZW-2 | 2 | *DN*25 | 40 | | | 45 |
| TCZW-6 | 6 | *DN*32 | 80 | | | 50 |
| TCZW-8 | 8 | *DN*40 | 120 | | | 60 |
| TCZW-12 | 12 | *DN*50 | 160 | | | 70 |
| TCZW-15 | 15 | *DN*65 | 200 | | | 120 |
| TCZW-20 | 20 | *DN*65 | 240 | | | 130 |
| TCZW-25 | 25 | *DN*80 | 280 | | | 140 |
| TCZW-30 | 30 | *DN*100 | 320 | | | 150 |
| TCZW-40 | 40 | *DN*100 | 360 | | | 160 |
| TCZW-60 | 60 | *DN*125 | 420 | | | 210 |
| TCZW-80 | 80 | *DN*125 | 450 | | | 220 |
| TCZW-100 | 100 | *DN*150 | 700 | | | 275 |
| TCZW-125 | 125 | *DN*150 | 840 | | | 300 |
| TCZW-150 | 150 | *DN*200 | 1200 | | | 325 |
| TCZW-200 | 200 | *DN*200 | 1400 | | | 350 |
| TCZW-300 | 300 | *DN*250 | 2100 | | | 400 |

① 1kgf=9.80665N，下同。

b. 浸没式紫外线杀菌器（水箱专用）技术参数见表 6-26。

表 6-26　浸没式紫外线杀菌器（水箱专用）技术参数

| 型号 | 水箱容量/$m^3$ | 水箱接口尺寸/mm | 功率/W | 灯管使用寿命/h | 重量/kg |
|---|---|---|---|---|---|
| TCZW-0.5 | 0.5 | $DN$32 | 14 | >10000 | 5 |
| TCZW-1.0 | 1.0 | $DN$32 | 21 | | 7 |
| TCZW-1.5 | 1.5 | $DN$32 | 29 | | 9 |
| TCZW-2.5 | 2.5 | $DN$32 | 40 | | 11 |
| TCZW-3.5 | 3.5 | $DN$40 | 65 | | 13 |
| TCZW-4.5 | 4.5 | $DN$40 | 80 | | 15 |
| TCZW-6.0 | 6.0 | $DN$40 | 120 | | 17 |
| TCZW-8.0 | 8.0 | $DN$40 | 120 | | 19 |
| TCZW-10.0 | 10.0 | $DN$40 | 120 | | 21 |

生产厂家：天津市天磁净水机械有限公司。

# 第 7 章

# 膜处理设备

膜分离水处理设备适用于海水苦咸水淡化，自来水水质改善以及各个行业所需的任何等级的纯水、纯净水。主要设备有微滤装置、超滤装置、反渗透装置、电渗析器等。

## 7.1 微滤装置

微滤是以压力为推动力的膜分离技术，结构为筛网型，孔径范围 0.1～1$\mu$m，可去除 1～10$\mu$m 的物质及尺寸与之相近的其他物质，如细菌、藻类。微滤主要适用于去除颗粒物和微生物；与活性炭结合去除天然有机物和合成有机物；作为反渗透的预处理；用于净水厂净化工艺。

微滤的分离机理为筛孔分离过程，但膜表面的化学物质也是影响膜分离的重要因素。微滤膜对溶质的分离过程主要有：在膜表面及微孔内吸附；在孔中停留而被去除；在膜面的机械截留。

### 7.1.1 MT 系列中空纤维微滤膜

中空纤维微滤膜组件结构。见图 7-1～图 7-3，表 7-1、表 7-2。

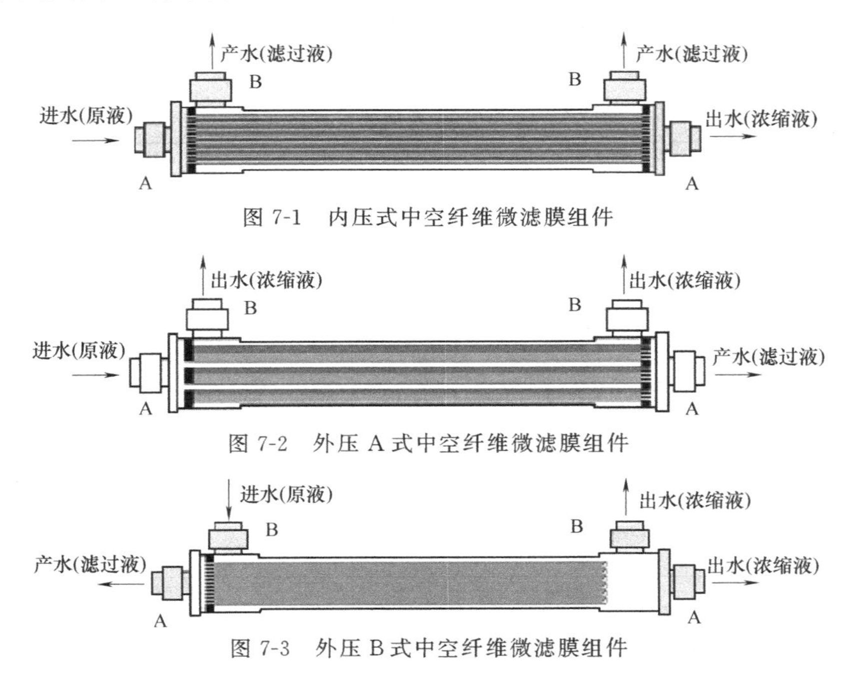


图 7-1　内压式中空纤维微滤膜组件



图 7-2　外压 A 式中空纤维微滤膜组件



图 7-3　外压 B 式中空纤维微滤膜组件

表 7-1　MT 系列中空纤维微滤膜（MF）技术指标及规格（一）普通型微滤膜

| 型号 | 外形尺寸 $\phi \times L$/mm | pH 值 | 接口方式 | | 孔径 /mm | 膜面积 /m² | 产水量 /(L/h) | 操作压力 /MPa | 纤维内/外径 /mm | 膜材质 |
|---|---|---|---|---|---|---|---|---|---|---|
| | | | A | B | | | | | | |
| MOF1616 | 160×1730 | 2～10 | Ⅵ | Ⅵ | 0.2 | 42 | 6500～7000 | ≤0.15 | 0.6/1.0 | PVDF |
| MOF910 | 90×1106 | 2～10 | Ⅰ | Ⅰ | 0.2 | 7 | 1400～1600 | ≤0.15 | 0.5/0.8 | PVDF |
| MOF905 | 90×596 | 2～10 | Ⅰ | Ⅰ | 0.2 | 4 | 700～1000 | ≤0.15 | 0.5/0.8 | PVDF |
| MOF503 | 50×386 | 2～10 | Ⅳ | Ⅳ | 0.2 | 0.2 | 180～200 | ≤0.15 | 0.5/0.8 | PVDF |
| MIF910 | 90×1106 | 2～10 | Ⅰ | Ⅰ | 0.1 | 4 | 1200～1500 | ≤0.12 | 0.8/1.4 | PVDF |
| MIF503 | 50×386 | 2～10 | Ⅳ | Ⅳ | 0.1 | 0.2 | 80～90 | ≤0.12 | 0.8/1.4 | PVDF |

注：1. 接口方式：A 为膜组件轴向进出水接口，B 为膜组件径向接口。其中Ⅰ代表 *DN*25 活接头，Ⅳ代表 $\phi$12 直管，Ⅵ代表 *DN*40 活接头。

2. 膜组件使用温度范围为 5～45℃。产水量测试条件为：25℃、0.1MPa、纯水。

3. 膜组件的操作压力是指工作时膜内外两侧的压力差。

表 7-2　MT 系列中空纤维微滤膜（MF）技术指标及规格（二）特种抗污染型微滤膜

| 型号 | 外形尺寸 $\phi \times L$/mm | pH 值 | 接口方式 | | 孔径 /mm | 膜面积 /m² | 产水量 /(L/h) | 操作压力 /MPa | 纤维内/外径 /mm | 膜材质 |
|---|---|---|---|---|---|---|---|---|---|---|
| | | | A | B | | | | | | |
| MIF910-AP | 90×1106 | 2～10 | Ⅰ | Ⅰ | 0.1 | 4 | 1200～1500 | ≤0.12 | 0.8/1.4 | PVDF |
| MIF503-AP | 50×386 | 2～10 | Ⅳ | Ⅳ | 0.1 | 0.2 | 80～90 | ≤0.12 | 0.8/1.4 | PVDF |

注：1. 接口方式：A 为膜组件轴向进出水接口，B 为膜组件径向接口。其中：Ⅰ代表 *DN*25 活接头，Ⅳ代表 $\phi$12 直管，Ⅵ代表 *DN*40 活接头。

2. 膜组件使用温度范围为 5～45℃。产水量测试条件为：25℃、0.1MPa、纯水。

3. 膜组件的操作压力是指工作时膜内外两侧的压力差。

生产厂家：天津膜天膜工程技术有限公司。

## 7.1.2　UNS-620A 系列浸没式微滤膜

（1）特点　对于高浊度原水、水质变动大的原水也可稳定运行；通过采用独特的反洗方法和组件的三角形布置设计，实现了高回收率并节省了空间；具有优良的机械强度、耐化学药品性、高透水性能、独特的高结晶度 PVDF 中空纤维膜、寿命长、性价比高的优势。

（2）规格性能　见表 7-3。

表 7-3　UNS-620A 系列浸没式微滤膜

| 膜组件型式 | | | UNS-620A |
|---|---|---|---|
| 过滤膜 | 膜材料 | | 高结晶性聚偏氟乙烯(PVDF) |
| | 有效膜面积(外表面) | m² | 50 |
| | 公称孔径 | μm | 0.1 |
| 使用条件 | 过滤方式 | | 浸没式吸引过滤 |
| | 使用最高温度 | ℃ | 40 |
| | pH 范围 | | 1～10 |
| | 设计透水量 | m³/h | 2～6 |
| 使用材料 | 膜组件端盖 | | SCS13 |
| | 封胶部 | | AVS 树脂 |
| | 黏合剂 | | 聚氨酯 |
| 膜组件尺寸 | | mm | 2164×157 |
| 膜组件重量(润湿时) | | kg | 约 22 |
| UNS-620A 单元(3 支) | 尺寸 | mm | 2343×330×350(含歧管连接器) |
| | 质量(湿润时) | kg | 约 75(含歧管连接器) |

生产厂家：日本旭化成。

### 7.1.3 E系列微滤膜

（1）适用范围　E系列EW聚砜微滤膜元件膜孔径为0.04μm，用于工艺澄清，包括悬浮物的去除。

（2）结构特点　EW4025T具有胶带外壳及标准流道设计。EW4026F、EW4040F及EW8040F膜元件具有玻璃钢外壳及标准流道。根据需要可选用其他结构材质及特殊流道设计。

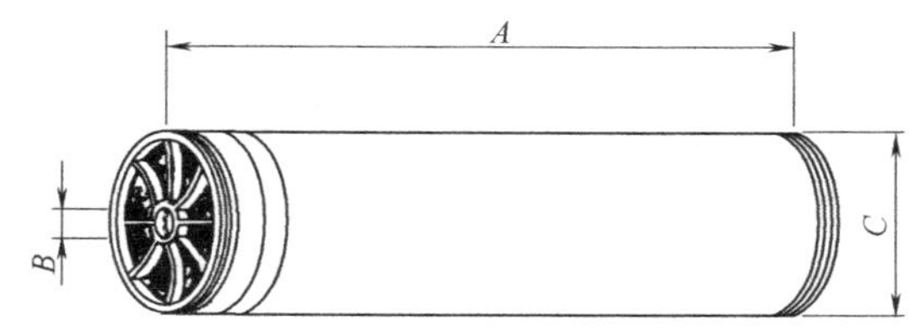


图7-4　EW4025T膜元件

（3）性能规格　见图7-4，表7-4～表7-6。

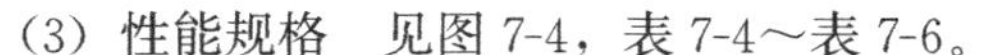

表7-4　EW4025T膜元件尺寸

| 型　号 | 尺寸/in | | | 干式包装质量/kg |
|---|---|---|---|---|
| | A | B | C | |
| EW4025T | 24.57 | 5.57 | 5.57 | 5.57 |
| EW4026T | 24.57 | 5.57 | 5.57 | 5.57 |
| EW4040T | 41.5 | 8.36 | 8.36 | 8.36 |
| EW8040T | 136.08 | 32.52 | 32.52 | 32.52 |

表7-5　标准膜元件规范

| 型　号 | 产水量/($m^3$/d) | 有效膜面积/$m^2$ |
|---|---|---|
| EW4025T | 24.57 | 5.57 |
| EW4026T | 24.57 | 5.57 |
| EW4040T | 41.5 | 8.36 |
| EW8040T | 136.08 | 32.52 |

表7-6　操作和设计参数

| 典型操作压力/MPa | 最高温度/℃ | pH值 | 余氯范围/(mg/L) |
|---|---|---|---|
| 0.207～1.034 | 50 | 操作范围2～11<br>清洗范围2～11.5 | 5000 |

生产厂家：美国通用。

## 7.2 超滤装置

超滤是以压力为推动力的膜分离技术，介于微滤和纳滤之间，且三者无明显分界线。一般额定孔径范围为0.005～0.1μm，截留分子量为100～300000，操作压力为0.1～0.5MPa。其主要去除颗粒物、大分子有机物、细菌、病毒等。超滤几乎100%对微生物截留，是去除“两虫”、除菌及病毒、除藻、除水蚤红虫等最有效的方法。

超滤的分离机理为筛孔分离过程，但膜表面的化学物质也是影响膜分离的重要因素。超滤膜对溶质的分离过程主要有：在膜表面及微孔内吸附；在孔中停留而被去除；在膜面的机械截留。

### 7.2.1 中空超滤膜组件

#### 7.2.1.1 HUF10-90中空超滤膜组件

（1）性能特点

① 壳体采用抗冲击的 ABS 料，承压能力在 $16kgf/cm^2$ 以上，并且壁厚加厚 1mm，完全可承受进水可能出现的各种压力冲击，确保在冲击水压下不会出现破裂现象，避免了超滤膜在使用的过程中长期受压，材质产生蠕变引起漏水。

② 每一支 HUF10-90 膜装填 1400 根膜丝，长度加长 100mm，增大了 15%的膜面积，有效膜面积高于国内任何一家的同种规格的产品，提高了产水量。

③ 端盖为半球凸出结构，与传统的端面平面结构相比，使进水在端面膜丝的分布更均匀，并且壁厚加厚 1mm，确保在冲击水压下不破裂。

④ 壳体与螺纹套之间的粘接，粘接长度加长了，连接间隙均匀一致。在使用过程中不会出现漏水、脱胶现象，并且完全达到卫生标准。

⑤ 端盖与壳体的连接螺纹采用锯齿型螺纹，增大了扭矩和负载，不会出现滑牙、漏水现象。

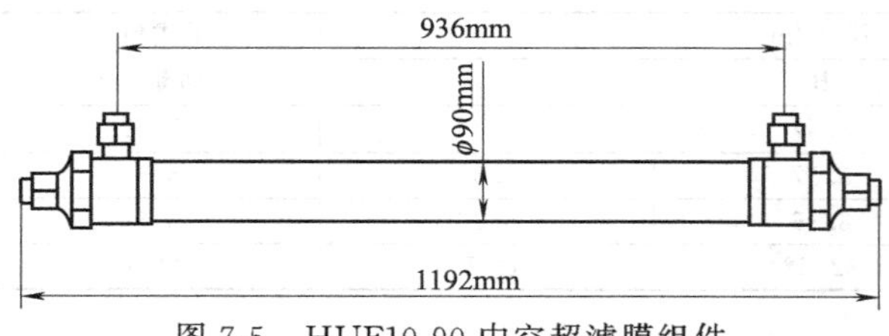

图 7-5　HUF10-90 中空超滤膜组件

⑥ 膜的有效面积大，水通量大，远高于国内同种规格产品。

⑦ 耐压与防漏结构设计，确保 HUF90 超滤膜不会出现漏水、脱胶、滑牙、暴胶等现象。

⑧ 进出水口为国标通用的直径 45mm 螺纹的活接套，可直接与 1in 的 ABS 或 PVC 饮水管粘接，无需另外安装活接头。更换 HUF90 超滤膜组件时只需将进出水口的 4 个标准直径 45mm 的活接套拧下，即可将整个超滤膜取下，再换上新的 HUF90 超滤膜组件即可。

（2）外形　见图 7-5。

（3）技术参数　见表 7-7。

表 7-7　HUF10-90 中空超滤膜组件技术参数

| 型　　号 | HUF10-90 |
|---|---|
| 膜材质 | 改性聚氯乙烯(PVC) |
| 纤维内/外径 | 0.9mm/1.5mm |
| 截留分子量 | 10 万 |
| 组件尺寸 | φ90mm×1192mm |
| 有效膜面积 | $3.58m^2$ |
| 纯水通量(0.12MPa,25℃) | 900L/h |
| 设计产水量 | $60\sim160L/(m^2 \cdot h)$ |
| 壳体材质 | ABS |
| 端封材料 | 环氧树脂 |
| 工作压力 | 0.1～0.3MPa |
| 最大进水压力 | 0.5MPa |
| 最大透膜压差 | 0.2MPa |
| 进水 pH 值 | 2～12 |
| 使用温度 | 5～45℃ |
| 产水浊度 | ＜0.1NTU |
| 污染密度指数(SDI) | ＜1 |
| 悬浮物,微粒(＞0.2μm) | 100%去除 |
| 微生物、病原体 | 99.99%去除 |
| 进水水质 | 浊度≤15NTU.(在使用地表水、河水、井水等其他水源时应增加前级处理,建议增加 100μm 以下精密过滤器使进水浊度≤15NTU) |

生产厂家：美国海德能公司。

#### 7.2.1.2 HUF10-160 中空超滤膜组件

（1）性能特点

① 不锈钢卡箍结构，承压能力更强，有效防止中型超滤系统瞬间的高压和冲击所导致的爆裂和漏水。

② 壳体选用高韧性的 UPVC 材料，该材料具有良好的抗老化、耐酸碱及化学稳定性的特点，适用广泛的工况条件。

③ 采用独特的 7 扇区装丝工艺，使壳体内布水均匀。

④ 装填膜丝 5000 根，$16m^2$ 的有效膜面积，远高于同类产品的有效膜面积，从而单支组件的水通量更大。

⑤ 进出水口均为国家标准 $DN32$ 的接口，四个活结螺纹端盖都是统一尺寸规格，安装维护方便。

⑥ 膜的有效面积大，水通量大，远高于国内同种规格产品。

（2）外形　见图 7-6。

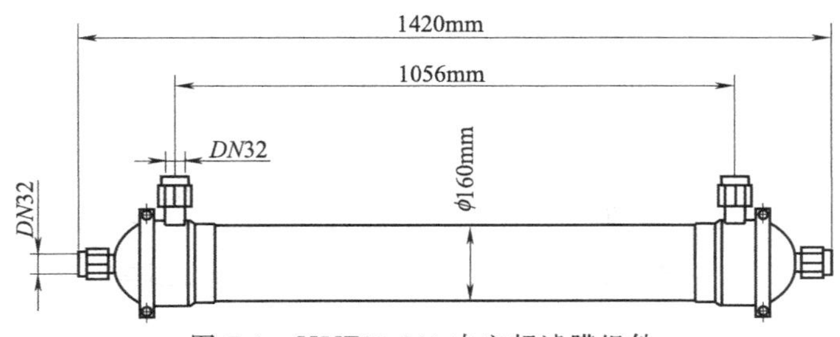


图 7-6　HUF10-160 中空超滤膜组件

（3）技术参数　见表 7-8。

表 7-8　HUF10-160 中空超滤膜组件技术参数

| 型　　号 | HUF10-160 |
|---|---|
| 膜材质 | 改性聚氯乙烯(PVC) |
| 纤维内/外径 | 0.9mm/1.5mm |
| 截留分子量 | 10 万 |
| 组件尺寸 | $\phi$160mm×1420mm |
| 有效膜面积 | 15.8$m^2$ |
| 纯水通量(0.12MPa,25℃) | 3500L/h |
| 设计产水量 | 60～160L/($m^2$·h) |
| 壳体材质 | UPVC |
| 端封材料 | 环氧树脂 |
| 工作压力 | 0.1～0.3MPa |
| 最大进水压力 | 0.5MPa |
| 最大透膜压差 | 0.2MPa |
| 进水 pH 值 | 2～12 |
| 使用温度 | 5～45℃ |
| 产水浊度 | ＜0.1NTU |
| 污染密度指数(SDI) | ＜1 |
| 悬浮物,微粒(＞0.2μm) | 100%去除 |
| 微生物、病原体 | 99.99%去除 |
| 进水水质 | 浊度≤15NTU(在使用地表水、河水、井水等其他水源时应增加前级处理,建议增加 100μm 以下精密过滤器使进水浊度≤15NTU) |

生产厂家：美国海德能公司。

### 7.2.1.3 HUF10-200 中空超滤膜组件

(1) 性能特点

① 壳体选用 100%的 ABS 材料，可达到更高的卫生指标要求。

② 壳体壁厚达到 10mm，承压能力达 1MPa。

③ 采用改良的集束分装工艺，使壳体内布水均匀，产水流道通畅。

④ 装填膜丝 8000 根，$32m^2$ 的有效膜面积，远高于同类产品的有效膜面积，从而单支组件的水通量更大。

⑤ 进出水口均为国家标准直径的 $DN50$ 接口，四个活结螺纹端盖都是统一尺寸规格，安装维护方便。

⑥ 壳体的粘接选用法国进口胶水粘接，不漏水，不脱壳，完全达到卫生标准。

⑦ 膜的有效面积大，水通量大，远高于国内同种规格产品。

(2) 外形 见图 7-7。

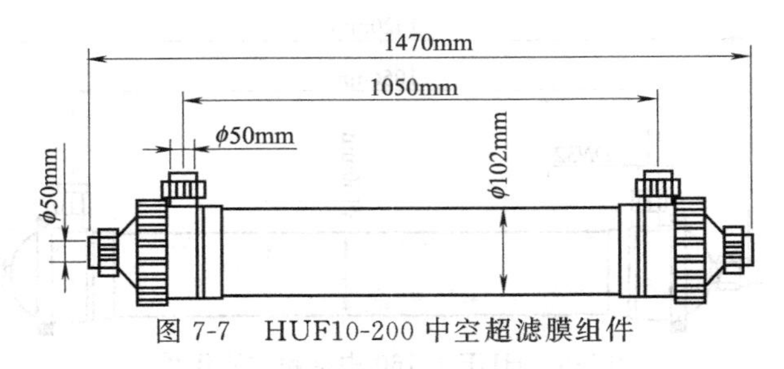


图 7-7 HUF10-200 中空超滤膜组件

(3) 技术参数 见表 7-9。

表 7-9 HUF10-200 中空超滤膜组件技术参数

| 型号 | HUF10-200 |
|---|---|
| 膜材质 | 改性聚氯乙烯(PVC) |
| 纤维内/外径 | 0.9mm/1.5mm |
| 截留分子量 | 10 万 |
| 组件尺寸 | $\phi$200mm×1470mm |
| 有效膜面积 | 31.8$m^2$ |
| 纯水通量(0.12MPa,25℃) | 5000L/h |
| 设计产水量 | 60～160L/($m^2$·h) |
| 壳体材质 | ABS |
| 端封材料 | 环氧树脂 |
| 工作压力 | 0.1～0.3MPa |
| 最大进水压力 | 0.5MPa |
| 最大透膜压差 | 0.2MPa |
| 进水 pH 值 | 2～12 |
| 使用温度 | 5～45℃ |
| 产水浊度 | <0.1NTU |
| 污染密度指数(SDI) | <1 |
| 悬浮物,微粒(>0.2μm) | 100%去除 |
| 微生物、病原体 | 99.99%去除 |
| 进水水质 | 浊度≤15NTU(在使用地表水、河水、井水等其他水源时应增加前级处理,建议增加 100μm 以下精密过滤器使进水浊度≤15NTU) |

生产厂家：美国海德能公司。

#### 7.2.1.4 HUF10-250 中空超滤膜组件

（1）性能特点

① 壳体有 UPVC 和玻璃钢两种材料可选，以满足更多的客户需求。

② 组件内中心管结构，布水更均匀，反洗效果更好。

③ 上下端出水口，可实现上下反洗，反洗效果更彻底。

④ 快装接头设计，安装方便快捷。

（2）技术参数 见表 7-10。

表 7-10 HUF10-250 中空超滤膜组件技术参数

| HUF-250A | | | | | | | | |
|---|---|---|---|---|---|---|---|---|
| 组件尺寸 | $\phi$250×1402 | | | | | | | |
| 具体型号 | HUF-250A-H 常规型 | | | | HUF-250A-R 抗污染型 | | | |
| 有效膜面积/m² | 29.7 | | | | 18 | | | |
| 截留分子量 | 6000 | 10000 | 50000 | 100000 | 6000 | 10000 | 50000 | 100000 |
| 纯水通量(0.2MPa,25℃)/(L/h) | 5400 | 7200 | 1440 | 1800 | 2700 | 3600 | 7200 | 9000 |
| 设计产水量/(L/h) | 720～2800 | 1080～3600 | 1800～4320 | 2160～5760 | 360～1440 | 540～1800 | 900～2160 | 1080～2880 |
| HUF-250B | | | | | | | | |
| 组件尺寸 | $\phi$250×1740 | | | | | | | |
| 具体型号 | HUF-250B-H 常规型 | | | | HUF-250B-R 抗污染型 | | | |
| 有效膜面积/m² | 39.1 | | | | 23.7 | | | |
| 截留分子量 | 6000 | 6000 | 10000 | 50000 | 6000 | 10000 | 50000 | 100000 |
| 纯水通量(0.2MPa,25℃)/(L/h) | 7200 | 3600 | 4800 | 9600 | 3600 | 4800 | 9600 | 12000 |
| 设计产水量/(L/h) | 960～3840 | 480～1920 | 1720～2400 | 1200～2880 | 480～1920 | 720～2400 | 1200～2880 | 1440～3840 |
| HUF-250C | | | | | | | | |
| 组件尺寸 | $\phi$250×2108 | | | | | | | |
| 具体型号 | HUF-250BC-H 常规型 | | | | HUF-250C-R 抗污染型 | | | |
| 有效膜面积/m² | 49.2 | | | | 29.8 | | | |
| 截留分子量 | 6000 | 10000 | 50000 | 100000 | 6000 | 10000 | 50000 | 100000 |
| 纯水通量(0.2MPa,25℃)/(L/h) | 7200 | 9600 | 19200 | 24000 | 4500 | 6000 | 12000 | 15000 |
| 设计产水量/(L/h) | 960～3840 | 1440～4800 | 12400～5760 | 2800～7680 | 600～2400 | 900～3000 | 1500～3600 | 1800～4800 |
| 壳体材质 | UPVC | | | | | | | |

生产厂家：美国海德能公司。

#### 7.2.1.5 MT 系列中空纤维超滤膜

外形和技术参数见图 7-8，表 7-11～表 7-14。

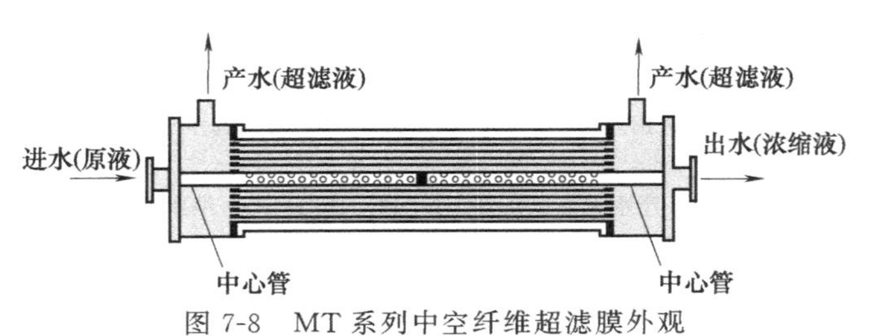


图 7-8 MT 系列中空纤维超滤膜外观

表 7-11 MT 系列中空纤维超滤膜（UF）技术指标及规格（一）热原型超滤膜、生物型超滤膜

| 型号 | 外形尺寸/mm | 接口方式 | | 截留分子量 | 产水量/(L/h) | 膜面积/$m^2$ | pH 值 | 膜材料 | 纤维内/外径/mm | 操作压力/MPa |
|---|---|---|---|---|---|---|---|---|---|---|
| | | A | B | | | | | | | |
| UEOS910 | $\phi$90×1166 | Ⅰ | Ⅰ | 6000 | 300～350 | 20 | 2～13 | PS | 0.25/0.4 | ≤0.15 |
| UEOS810 | $\phi$80×1090 | Ⅱ | Ⅲ | 6000 | 200～250 | 14 | 2～13 | PS | 0.25/0.4 | ≤0.15 |
| UEOS805 | $\phi$80×610 | Ⅱ | Ⅲ | 6000 | 120～150 | 7 | 2～13 | PS | 0.25/0.4 | ≤0.15 |
| UEOS503 | $\phi$50×386 | Ⅳ | Ⅳ | 6000 | 15～20 | 1.5 | 2～13 | PS | 0.25/0.4 | ≤0.15 |
| UEIP910 | $\phi$90×1166 | Ⅰ | Ⅰ | 10000 | 500～600 | 4.5 | 2～13 | PES | 0.8/1.2 | ≤0.15 |
| UEIP905 | $\phi$90×596 | Ⅰ | Ⅰ | 10000 | 250～300 | 2.0 | 2～13 | PES | 0.8/1.2 | ≤0.15 |
| UEIP503 | $\phi$50×386 | Ⅳ | Ⅳ | 10000 | 25～30 | 0.3 | 2～13 | PES | 0.8/1.2 | ≤0.15 |

注：1. 接口方式：A 为膜组件轴向进出水接口，B 为膜组件径向接口。其中Ⅰ代表 *DN*25 活接头，Ⅱ代表 $\phi$50 快装式法兰，Ⅲ代表 $\phi$14 直管，Ⅳ代表 $\phi$12 直管。

2. 膜组件使用温度范围为 5～45℃。表中产水量测试条件为：25℃、0.1MPa、纯水。

3. 膜组件的操作压力是指工作时膜内外两侧的压力差。

表 7-12 MT 系列中空纤维超滤膜（UF）技术指标及规格（二）内压式蛋白型超滤膜、普通型超滤膜

| 型号 | 外形尺寸/mm | 接口方式 | | 截留分子量 | 产水量/(L/h) | 膜面积/$m^2$ | pH 值 | 膜材料 | 纤维内/外径/mm | 操作压力/MPa |
|---|---|---|---|---|---|---|---|---|---|---|
| | | A | B | | | | | | | |
| UPIS8040 | $\phi$200×1400 | Ⅵ | Ⅵ | 20000～50000 | 4000～5000 | 20 | 2～13 | PS | 0.8/1.2 | ≤0.12 |
| UPIS910 | $\phi$90×1166 | Ⅰ | Ⅰ | 20000～50000 | 900～1000 | 4.5 | 2～13 | PS | 0.8/1.2 | ≤0.12 |
| UPIS905 | $\phi$90×596 | Ⅰ | Ⅰ | 20000～50000 | 400～500 | 2.0 | 2～13 | PS | 0.8/1.2 | ≤0.12 |
| UPIS503 | $\phi$50×386 | Ⅳ | Ⅳ | 20000～50000 | 40～50 | 0.3 | 2～13 | PS | 0.8/1.2 | ≤0.12 |
| UWIA8040 | $\phi$200×1400 | Ⅵ | Ⅵ | 60000～80000 | 5000～5500 | 20 | 2～10 | PAN | 0.9/1.3 | ≤0.12 |
| UWIA910 | $\phi$90×1166 | Ⅰ | Ⅰ | 60000～80000 | 1000～1200 | 4.0 | 2～10 | PAN | 0.9/1.3 | ≤0.12 |
| UWIA905 | $\phi$90×596 | Ⅰ | Ⅰ | 60000～80000 | 300～350 | 1.8 | 2～10 | PAN | 0.9/1.3 | ≤0.12 |
| UWIA503 | $\phi$50×386 | Ⅳ | Ⅳ | 60000～80000 | 60～70 | 0.3 | 2～10 | PAN | 0.9/1.3 | ≤0.12 |

注：1. 接口方式：A 为膜组件轴向进出水接口，B 为膜组件径向接口。其中Ⅰ代表 *DN*25 活接头，Ⅳ代表 $\phi$12 直管，Ⅵ代表 *DN*40 活接头。

2. 膜组件使用温度范围为 5～45℃。表中产水量测试条件为：25℃、0.1MPa、纯水。

3. 膜组件的操作压力是指工作时膜内外两侧的压力差。

表 7-13 MT 系列中空纤维超滤膜（UF）技术指标及规格（三）电泳漆型超滤膜

| 型号 | 外形尺寸/mm | 接口方式 | | 截留分子量 | 透过量/(L/h) | 膜面积/$m^2$ | pH 值 | 膜材料 | 纤维内/外径/mm | 操作压力/MPa |
|---|---|---|---|---|---|---|---|---|---|---|
| | | A | B | | | | | | | |
| UQIA910-A | $\phi$90×1126 | Ⅴ | Ⅳ | 60000 | 80～100 | 4.5 | 2～10 | PAN | 0.8/1.5 | 0.16～0.20 |
| UQIA905-A | $\phi$90×596 | Ⅴ | Ⅳ | 60000 | 40 | 2 | 2～10 | PAN | 0.8/1.5 | 0.16～0.20 |
| UQIA910-C | $\phi$90×1126 | Ⅴ | Ⅳ | 60000 | 80～100 | 4.5 | 2～10 | PAN | 0.8/1.5 | 0.16～0.20 |
| UQIA905-C | $\phi$90×596 | Ⅴ | Ⅳ | 60000 | 40 | 2 | 2～10 | PAN | 0.8/1.5 | 0.16～0.20 |

注：1. 接口方式：A 为膜组件轴向进出水接口，B 为膜组件径向接口。其中Ⅳ代表 $\phi$12，Ⅴ代表 $\phi$115 快装式法兰。

2. 膜组件使用温度范围为 5～45℃。

3. 膜组件的操作压力是指工作时膜内外两侧的压力差。

4. 透过量为处理电泳漆时的通量。

表 7-14 MT 系列中空纤维超滤膜（UF）技术指标及规格（四）抗污染型超滤膜

| 型号 | 外形尺寸/mm | 接口方式 | | 截留分子量 | 产水量/(L/h) | 膜面积/$m^2$ | pH 值 | 膜材料 | 纤维内/外径/mm | 操作压力/MPa |
|---|---|---|---|---|---|---|---|---|---|---|
| | | A | B | | | | | | | |
| UIF910-AP-a | $\phi$90×1106 | Ⅰ | Ⅰ | 80000 | 600～800 | 4.5 | 2～10 | PVDF | 0.8/1.3 | ≤0.12 |
| UIF910-AP-b | $\phi$90×1106 | Ⅰ | Ⅰ | 50000 | 1200～1500 | 4 | 2～10 | PVDF | 0.8/1.3 | ≤0.12 |

注：1. 接口方式：A 为膜组件轴向进出水接口，B 为膜组件径向接口。其中Ⅰ代表 *DN*25 活接头，Ⅳ代表 $\phi$12 直管，Ⅵ代表 *DN*40 活接头。

2. 膜组件使用温度范围为 5～45℃；产水量测试条件为：25℃、0.1MPa、纯水。

3. 膜组件的操作压力是指工作时膜内外两侧的压力差。

生产厂家：天津膜天膜工程技术有限公司。

#### 7.2.1.6 CAPFIL 系列超滤膜

(1) 基本性能　极性聚醚砜膜；毛细管膜，膜丝直径 0.8mm、1.5mm；不对称膜/多微孔的；内压式过滤；针对大型水净化工程设计；高性能，高抗污染性；膜单元可以通过反洗获得有效恢复。

(2) 应用范围　RO 和 NF 的预处理；地表水处理；饮用水和工艺用水。

(3) 组成成分　聚乙烯吡咯酮聚醚砜共混极性膜（专利产品）；M5 型膜丝；含有丙三醇保护膜孔，亚硫酸抑制微生物滋生。

(4) 运行参数　见表 7-15。

**表 7-15　CAPFIL 系列超滤膜运行参数**

| 参　数 | 单　位 | 数　值 | 备　注 |
|---|---|---|---|
| 过滤压降 | kPa | −300～+300 | |
| 最大膜孔径 | nm | 20～25 | |
| 截留分子量 | | 150000 | 1bar,PVP 质量分数 1% |
| 净水膜通量 | L/(m² · h) | 500 | 实验采用 RO 出水 |
| 入水 pH 值范围 | | 1～13 | |
| 耐氯性 | (mg · h)/L | 250000 | 0～40℃,最大浓度 50mg/L |
| 温度 | ℃ | 1～80 | |

生产厂家：荷兰诺芮特。

#### 7.2.1.7 SFP 系列超滤膜组件

产品选型见表 7-16。

**表 7-16　SFP 系列超滤膜选型**

| 产品系列 | | SFP 系列 | | |
|---|---|---|---|---|
| 适用范围 | | 工业给水预处理 | 废水、污水回用 | 饮用水处理 |
| 产品型号 | | SFP-2640<br>SFP-2660<br>SFP-2680 | SFP-2860<br>SFP-2880 | SFP-2660<br>SFP-2860<br>SFP-2880 |
| 尺寸 | 组件长度/mm | 1356,1856,2356 | 1860,2360 | 1856,1860,2360 |
| | 组件外径/mm | 165,165,165 | 225,225 | 165,225,225 |
| | 组件膜面积/m² | 20,33,44 | 52,70 | 33,52,70 |
| 基本参数 | 形式 | 中空纤维(外压式) | 中空纤维(外压式) | 中空纤维(外压式) |
| | 基础聚合物 | PVDF | PVDF | PVDF |
| | 公称孔径/μm | 0.03 | 0.03 | 0.03 |
| | 中空纤维外径/mm | 1.3 | 1.3 | 1.3 |
| | 通量/[L/(m² · h)] | 50～120 | 40～100 | 60～120 |
| | pH 值范围 | 2～11 | 2～11 | 2～11 |
| | 温度/℃ | 1～40 | 1～40 | 1～40 |
| | 进水最大压力/bar | 6.0 | 6.0 | 6.0 |
| | 清洗用 NaClO 最大浓度/(mg/L) | 5000 | 5000 | 5000 |
| 典型工艺条件 | 最大跨膜压力/bar | 2.1 | 2.1 | 2.1 |
| | 进水最大悬浮固体(TSS)含量(ppm) | 100 | 150 | 100 |
| | 进水最大颗粒直径/μm | 50 | 50 | 50 |
| | 进水最大纤维类杂质含量(ppm) | 300 | 300 | 300 |
| | 进水典型纤维类杂质含量(ppm) | 5 | 5 | 5 |
| | 最大反洗压力/bar | 2.5 | 2.5 | 2.5 |
| | 反洗流量/[L/(m² · h)] | 100～200 | 100～200 | 100～200 |
| | 反洗周期 | 每隔 15～60min 一次 | 每隔 15～60min 一次 | 每隔 15～60min 一次 |
| | 反洗时间/s | 30～60 | 30～60 | 30～60 |
| | 典型化学清洗周期 | 每年 4～12 次 | 每年 4～12 次 | 每年 4～12 次 |
| | 气洗周期 | 每天 1～12 次 | 每天 1～12 次 | 每天 1～12 次 |

生产厂家：浙江欧美环境工程有限公司。

#### 7.2.1.8 $UF_1E$型中空纤维超滤膜组件及装置

$UF_1E$型超滤装置采用中空纤维超滤膜为过滤介质，组成内、外压式膜组件，再由组件按不同处理量和要求，组成装置。广泛用于工业用水的初级纯化，工业废水处理、饮料、饮用水及医疗、医药用水的处理。

（1）主要技术指标　材质为聚砜、聚丙烯腈；截留分子量为6000～100000；工作温度≤45℃；工作压力≤0.2MPa；装置处理量为1～40t/h。

对进水水质指标的要求：混浊度<5度；颗粒<5μm；悬浮物<3～5mg/L；温度<45℃；pH值2～13；反清洗水为超滤水。

（2）参数　见表7-17。

表7-17　$UF_1E$型超滤装置主要参数

| 参数<br>规格型号 | 外形尺寸/mm | | | 配用泵 | | | | 装置进出口 | | 操作方式 |
|---|---|---|---|---|---|---|---|---|---|---|
| | 长 | 宽 | 高 | 型号 | 扬程/m | 流量/($m^3$/h) | 功率/kW | 进口 | 出口 | |
| $UF_1$EIB8-1 | 770 | 440 | 1300 | $BW_2$-20 | 20 | 3 | 0.25 | *DN*20 | *DN*20 | 手动，自动 |
| $UF_1$EIB8-2 | 810 | 570 | 1330 | $BW_2$-20 | 20 | 3 | 0.25 | *DN*25 | *DN*25 | 手动，自动 |
| $UF_1$EIB8-3 | 980 | 560 | 1310 | BAW-150 | 24 | 5 | 1.5 | *DN*25 | *DN*25 | 手动，自动 |
| $UF_1$EIB9-5 | 980 | 800 | 1720 | 40FZ-26 | 26 | 10 | 1.5 | *DN*40 | *DN*40 | 手动，自动 |
| $UF_1$EIB9-10 | 980 | 800 | 1720 | BAW-165 | 28 | 20 | 3 | *DN*50 | *DN*50 | 手动，自动 |
| $UF_1$EIB9-40 | 3200 | 2100 | 1750 | 65AFB-30 | | | | *DN*100 | *DN*100 | 手动，自动 |
| $UF_1$EIB125-20 | 1530 | 1600 | 1700 | 65AFB-30 | | | | *DN*80 | *DN*80 | 手动，自动 |
| $UF_1$EIB125-40 | 2160 | 1600 | 1700 | 65AFB-30 | | | | *DN*80 | *DN*80 | 手动，自动 |
| $UF_1$EOB9-1 | 770 | 440 | 1300 | WB-4 | 30 | 2 | 1.1 | *DN*20 | *DN*20 | 手动，自动 |
| $UF_1$EOB9-2 | 980 | 560 | 1310 | BAW-150 | 24 | 5 | 1.5 | *DN*25 | *DN*25 | 手动，自动 |
| $UF_1$EOB9-3 | 980 | 800 | 1720 | 40FZ-26 | 26 | 10 | 1.5 | *DN*40 | *DN*40 | 手动，自动 |
| $UF_1$EOB9-5 | 980 | 800 | 1720 | BAW-165 | 28 | 20 | 3 | *DN*50 | *DN*50 | 手动，自动 |
| $UF_1$EOB8-1 | 770 | 440 | 1300 | WB-4 | 30 | 2 | 1.1 | *DN*20 | *DN*20 | 手动，自动 |
| $UF_1$EOB8-2 | 980 | 560 | 1310 | BAW-150 | 24 | 5 | 1.5 | *DN*25 | *DN*25 | 手动，自动 |
| $UF_1$EOB8-3 | 980 | 800 | 1720 | 40FZ-26 | 26 | 10 | 1.5 | *DN*40 | *DN*40 | 手动，自动 |
| $UF_1$EOB8-5 | 980 | 800 | 1720 | BAW-165 | 28 | 20 | 3 | *DN*50 | *DN*50 | 手动，自动 |

生产厂家：天津天磁净水化工程有限公司、上海科劳机械设备有限公司、张家港市海达机械有限公司。

（3）外形　见图7-9。

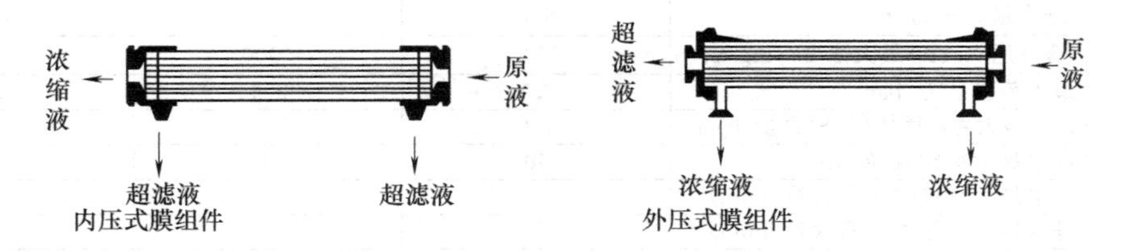


图7-9　$UF_1E$型超滤装置内、外压式膜组件

#### 7.2.1.9 ZKML型系列聚丙烯中空纤维膜式超滤装置

该产品采用先进的亲水性PP中空纤维膜材料作为终端超滤膜。它具有强度高、耐酸碱、耐细菌腐蚀、通量大、无毒无味、性能稳定等特点。膜表面经亲水化处理后，利用其膜中大量的微孔结构（平均孔径$\phi$0.02μm），在膜两侧压差的作用下，使溶液中水或小分子物

质能顺利通过微孔，而细菌、大分子有机物和杂质微粒则被截留，从而达到物质的分离、浓缩或净化。双通路循环流程设计使设备结构更合理、反冲洗更方便、有效。与其他粗滤、吸附或添加杀菌剂等净化技术相比，它具有更高的净化效率，无菌超滤后更安全可靠。可广泛应用于物质的分离、浓缩和提纯。如饮料、食品、电子、医药、发酵、化工等行业的水、酒、空气等介质的净化；生物制剂的分离、浓缩；油水分离以及有用物质的回收。

水质参数与适用范围如下。

净化水质：细菌总数（个/mL）未检出；大肠杆菌＜3 个/L；浊度＜0.2NTU；截留粒径＞0.2μm；

适用范围：水（尤其是矿泉水）、空气和酒类的无菌净化；生物制剂大分子的分离、浓缩、油水分离等；

规格：(120L～40$m^3$)/h、使用温度＜45℃（特殊要求时可达＜100℃）。

本产品有组装与集装二大系列可供选择，也可根据用户的要求特殊加工定制。

#### 7.2.1.10 ZKM 型系列聚丙烯中空纤维膜式超滤柱

该产品采用亲水性聚丙烯中空纤维膜作为终端超滤材料，与聚砜和纤维素类等其他膜材料相比，它具有强度高、耐酸碱、耐细菌腐蚀，耐温性能好；表面非极性、无任何吸附作用，微孔均匀，微孔形态为微裂纹形，在相同通量下，比圆孔形微孔膜的水通量大，性能稳定等优点。封装成超滤柱后，它可广泛地应用于各种饮用水、矿泉水、饮料配制用水，酒类、醋、空气等领域，是一种体积小，过滤面积大，效率高，能耗低，无二次污染，安全、可靠的高新技术产品。

技术参数：

微孔膜平均孔径 $\phi$0.02μm，孔隙率 35%～50%；

中空纤维破裂强度＞1.0MPa；

精滤柱外壳为 ABS 塑料（食品级），封装材料为聚氨酯树脂（医用级）；

精滤柱工作压力＜0.25MPa，使用温度＜45℃；

氮气透过速率（标态）$2.0\times10^{-2}cm^3/(cm^2\cdot s\cdot cmHg)$，水通量 60～80L/(h·$m^2$)(0.15MPa)，能有效地去除水、空气、醋、酒类等介质中一切细菌以及大于 0.2μm 的杂质微粒。经清洗或反冲洗，可继续使用。

## 7.2.2 卷式超滤膜元件

#### HDN 系列卷式超滤膜元件

HDN 系列卷式超滤膜元件是由海德能公司采用国际先进的膜工艺和膜材料开发而成，具有产水量高、性能稳定、使用寿命长等特点，是目前国内为数不多的生产厂商之一。

HDN 系列卷式超滤膜元件在分离浓度较高的料液时具有显著的优越性，可应用于工业废水处理及再利用、料液的浓缩与提纯、乳品果汁及蛋白质浓缩、电泳漆回收、矿泉水制造、医用热源、印染等领域。其技术参数见表 7-18、表 7-19。

表 7-18 HDN4040 卷式超滤膜元件技术参数

| 型号 | | HDN4040 | |
|---|---|---|---|
| | | U-1 | U-2 |
| 主要性能 | 膜片材质 | 聚砜 | |
| | 截留分子量 | ＞16 万 | 3 万～5 万 |
| | 产水量/(USgal/d) | 2700 | 2200 |
| | 产水量误差 | ±15% | |
| | 有效膜面积/$ft^2$ | 53.5 | |

续表

| 型号 | | HDN4040 | |
|---|---|---|---|
| | | U-1 | U-2 |
| 测试条件 | 操作压力/(lbf/in²) | 30 | |
| | 单支膜元件水回收率 | 10% | |
| | 温度/℃ | 25 | |
| | 测试时间 | 运行 30min 后 | |
| 使用极限条件 | 最高进水温度/℃ | 50 | |
| | 最高操作压力/(lbf/in²) | 70 | |
| | 最高进水流量/(USgal/min) | 16 | |
| | 连续运行进水 pH 范围 | 6～9 | |
| | 单支膜元件最大允许压降/(lbf/in²) | 13 | |

表 7-19　HDN8040 卷式超滤膜元件技术参数

| 型号 | | HDN8040 | |
|---|---|---|---|
| | | U-1 | U-2 |
| 主要性能 | 膜片材质 | 聚砜 | |
| | 截留分子量 | >16 万 | 3 万～5 万 |
| | 产水量/(USgal/d) | 13200 | 11100 |
| | 产水量误差 | ±15% | |
| | 有效膜面积/ft² | 267.5(25.0) | |
| 测试条件 | 操作压力/(lbf/in²) | 30(0.2) | |
| | 单支膜元件水回收率 | 10% | |
| | 温度/℃ | 25 | |
| | 测试时间 | 运行 30min 后 | |
| 使用极限条件 | 最高进水温度/℃ | 50 | |
| | 最高操作压力/(lbf/in²) | 70 | |
| | 最高进水流量/(USgal/min) | 75 | |
| | 连续运行进水 pH 范围 | 6～9 | |
| | 单支膜元件最大允许压降/(lbf/in²) | 13 | |

生产厂家：美国海德能公司。

# 7.3　纳滤装置

纳滤因能截留物质的大小约为1nm（0.001μm）而得名，纳滤的操作区间介于超滤和反渗透之间，它截留有机物的相对分子质量为200～400，截留溶解性盐的能力为20%～98%，对单价阴离子盐溶液的脱除率低于高价阴离子盐溶液，如氯化钠及氯化钙的脱除率为20%～80%，而硫酸镁及硫酸钠的脱除率为90%～98%。纳滤膜一般用于去除地表水的有机物和色度，脱除井水的硬度及放射性镭，部分去除溶解性盐，浓缩食品以及分离药品中的有用物质等，纳滤膜运行压力一般为3.5～16bar（1bar=$10^5$Pa，下同）。

纳滤膜：允许溶剂分子或某些低分子量溶质或低价离子透过的一种功能性的半透膜称为纳滤膜。

## 7.3.1　陶氏 NF270-400 纳滤膜

（1）性能特点　FILMETEC™NF270-400 纳滤膜元件面积大，产水量高，是专门为了高度脱除总有机碳（TOC）和三卤代烷（THM）前驱物而开发的产品，同时允许硬度成分中等通过，其他盐分中等或较高程度通过。

陶氏 FILMETEC™NF270-400 是脱除地表水和地下水中的有机物并进行部分软化的理想膜元件，以达到特定要求的水质硬度，保持口感，保护输水管网。该元件膜面积大，所需净驱动压低，使得 NF270-400 低压运行就可去除到水中有机物。

（2）性能参数及外形尺寸　见图 7-10，见表 7-20、表 7-21。

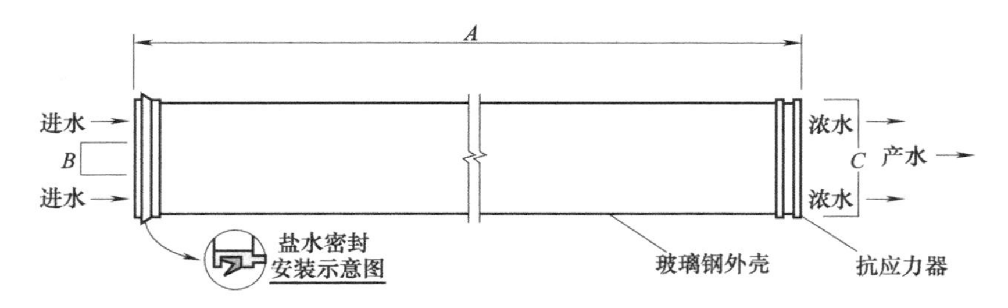


图 7-10　FILMETEC™ NF270-400 膜元件外形

表 7-20　FILMETEC™ NF270-400 膜元件尺寸

| 产品 | 单元件回收率/% | 外形尺寸/mm | | |
|---|---|---|---|---|
| | | A | B | C |
| NF270-400 | 15 | 1016 | 38 | 201 |

表 7-21　FILMETEC™ NF270-400 膜元件产品规范

| 产品 | 有效面积/$m^2$ | 产水量/($m^3$/d) | | 稳定脱盐率/% | |
|---|---|---|---|---|---|
| | | $CaCl_2$ | $MgSO_4$ | $CaCl_2$ | $MgSO_4$ |
| NF270-400 | 37 | 55.6 | 47.3 | 40～60 | 97.0 |

生产厂家：陶氏化学公司。

## 7.3.2 陶氏 NF90-400 纳滤膜

（1）性能特点　陶氏 FILMETEC™NF90-400 纳滤膜元件面积大，产水量高。特别适用于高度脱除盐分，硝酸盐、铁、杀虫剂、除草剂和 THM 前驱物等有机化合物。

NF90-400 膜面积大，所需净驱动压低，使得它在很低的运行压力下就可有效地脱除这些杂质。

（2）性能参数及外形尺寸　见图 7-11，见表 7-22、表 7-23。

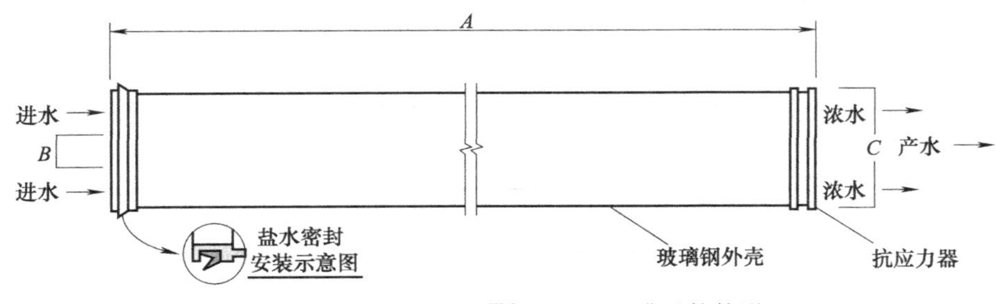


图 7-11　FILMETEC™NF90-400 膜元件外形

表 7-22　FILMETEC™ NF90-400 膜元件尺寸

| 产品 | 单元件回收率/% | 外形尺寸/mm | | |
|---|---|---|---|---|
| | | *A* | *B* | *C* |
| NF90-400 | 15 | 1016 | 38 | 201 |

表 7-23　FILMETEC™ NF90-400 膜元件产品规范

| 产品 | 有效面积/$m^2$ | 产水量/($m^3$/d) | | 稳定脱盐率/% | |
|---|---|---|---|---|---|
| | | NaCl | $MgSO_4$ | NaCl | $MgSO_4$ |
| NF90-400 | 37 | 28.4 | 36.0 | 85～95 | ＞97 |

生产厂家：陶氏化学公司。

# 7.4　反渗透水处理装置

反渗透是一种膜过滤过程。膜组件可除去99%以上的溶解固形物、颗粒、胶体、细菌及有机物。反渗透过程是自然界渗透的逆过程。在压力作用下，水分子通过渗透膜进入另一侧，而水中的不纯净物被阻止。为防止杂质在膜表面上聚集，浓水不断冲洗膜表面并将杂质带出，反渗透水利用率30%～50%（海水淡化），75%～85%（苦咸水淡化）。

## 7.4.1　陶氏反渗透膜

### 7.4.1.1　陶氏 FILMTEC™ BW30-365 反渗透元件

（1）性能特点　陶氏 FILMTEC™ BW30-365 膜元件公称有效膜面积 365$ft^2$（1$ft^2$ = 0.092903$m^2$，下同），标准测试条件下产水量为 9500USgal/d，其外径与其他标准 8in 元件相同。BW30-365 不是通过提高膜通量及增加操作压力而是通过增加膜面积来提高产水量，因此能保持很低的污堵速率，从而维持长期高产水量，延长膜元件的寿命。同时其运行压力低，提高了系统运行的经济性。BW30-365 的高有效面积可使新设计的 RO 系统使用更少的元件，从而使系统紧凑，节省安装费用。在改造旧系统时，BW30-365 可降低系统的运行压力，降低元件的污堵，延长元件的寿命。用该元件更换时，可增加原系统的产水量而无需扩建；或者可维持原产水量而缩小装置的外形尺寸。

（2）性能参数及外形尺寸　见图 7-12，表 7-24、表 7-25。

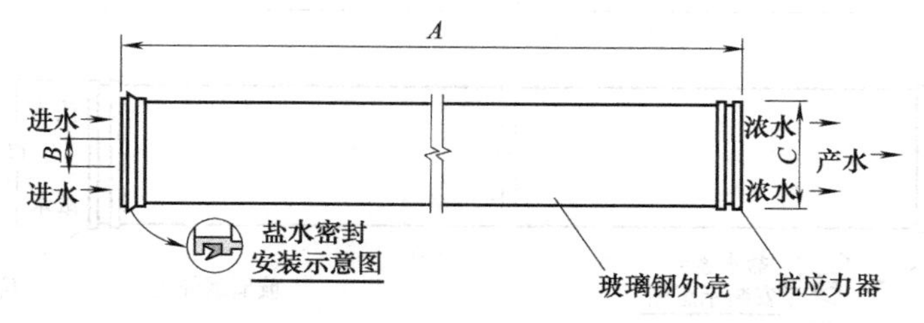


图 7-12　FILMTEC™ BW30-365 膜元件外形

表 7-24　FILMTEC™ BW30-365 膜元件尺寸

| 产　　品 | 典型回收率/% | 外形尺寸/in | | |
| --- | --- | --- | --- | --- |
| | | A | B | C |
| BW30-365 | 15 | 40 | 1.125 | 7.9 |

表 7-25　FILMTEC™ BW30-365 膜元件产品规范

| 产　　品 | 有效面积/ft | 进水流道宽度/mil | 产水量/(USgal/d) | 稳定脱盐率($Cl^-$)/% |
| --- | --- | --- | --- | --- |
| BW30-365 | 365 | 34 | 9500 | 99.5 |

注：1in=0.0254m；1mil=$10^{-3}$in，下同。

#### 7.4.1.2　陶氏 FILMTEC™ BW30-400 反渗透元件

（1）性能特点　陶氏 FILMTEC™ BW30-400 膜元件的公称有效膜面积为 400ft²，标准测试条件下的产水量 10500USgal/d（1USgal/d=3.78541×$10^{-3}$m³/d，下同），其外径与其他标准 8in 元件相同。BW30-400 通过增加膜面积，而不是通过增加膜通量及给水压力来提高产水量，故能保持很低的污堵速率，从而维持长期高产水量，延长膜元件寿命。该元件运行压力低，增加了系统运行的经济性。增加了膜面积的 BW30-400 可使新设计的 RO 系统使用更少的元件，从而使系统更紧凑，节省安装费用。

（2）性能参数及外形尺寸　见图 7-13，见表 7-26、表 7-27。

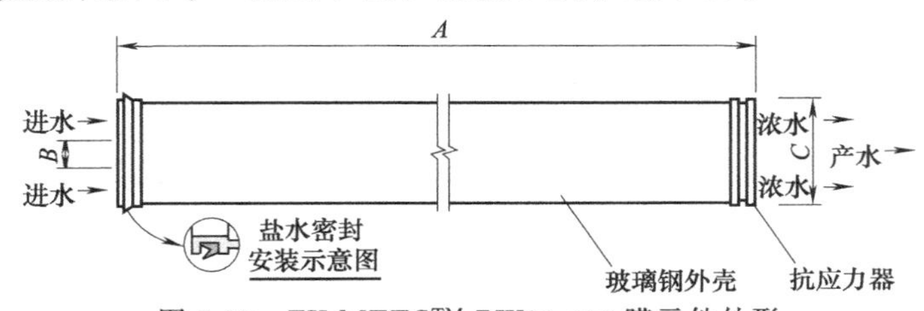


图 7-13　FILMTEC™ BW30-400 膜元件外形

表 7-26　FILMTEC™ BW30-400 膜元件尺寸

| 产　　品 | 典型回收率/% | 外形尺寸/in | | |
| --- | --- | --- | --- | --- |
| | | A | B | C |
| BW30-400 | 15 | 40 | 1.125 | 7.9 |

表 7-27　FILMTEC™ BW30-400 膜元件产品规范

| 产　　品 | 有效面积/ft² | 进水流道宽度/mil | 产水量/(USgal/d) | 稳定脱盐率/% |
| --- | --- | --- | --- | --- |
| BW30-400 | 400 | 28 | 10500 | 99.5 |

### 7.4.2　科氏反渗透膜

#### 7.4.2.1　科氏 FLUID SYSTEMS TFC® -ULP 4″反渗透膜

（1）适用范围　TFC® -ULP（ULP 即 Ultra Low Pressure）超低压系列是现有高脱盐率反渗透产品中运行压力最低的反渗透膜，常规运行压力范围在 3.5～12.0kgf/cm²（1kgf/cm²=98.0665kPa），广泛应用于市政水处理、轻工业、饮用水领域。ULP 超低压系列是经济、节能和高科技的代表产品。

（2）外形及规格性能　见图 7-14，见表 7-28～表 7-31。

表 7-28 FLUID SYSTEMS TFC® -ULP 4″反渗透膜产品说明

| 膜化学成分 | 特种专利 TFC® 聚酰胺复合膜 |
|---|---|
| 膜型号 | TFC® -ULP |
| 膜结构 | 螺旋卷式，玻璃钢外壳 |
| 应用 | 超低压力操作，应用于饮用水生产 |

表 7-29 FLUID SYSTEMS TFC® -ULP 4″反渗透膜性能参数

| 型　号 | 产水量/($m^3$/d) | 稳定脱盐率/% | 有效膜面积/$m^2$ |
|---|---|---|---|
| TFC® 4820ULP | 10.0 | 99.0 | 7.2 |

表 7-30 FLUID SYSTEMS TFC® -ULP 4″反渗透膜极限运行参数

| 常规运行压力 | 345～1200kPa |
|---|---|
| 最高运行压力 | 2400kPa |
| 最高运行温度 | 45℃ |
| 最高清洗温度 | 45℃ |
| 最高可持续耐受余氯 | ＜0.1mg/L |
| pH 值适用范围(连续运行) | 4～11 |
| pH 值适用范围(短期清洗) | 2.5～11 |
| 单支膜组件最大压差 | 69kPa |
| 单根压力容器最大压差 | 414kPa |
| 最高进水浊度 | 1NTU |
| 最高进水 SDI 值(15mm) | 5 |
| 进水流道宽度 | 0.8mm |

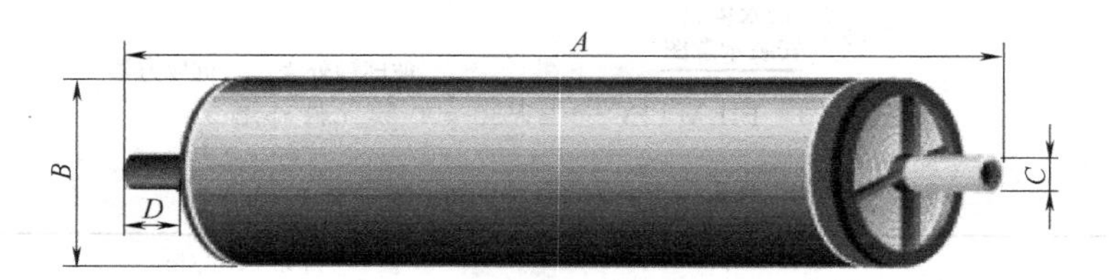

图 7-14 FLUID SYSTEMS TFC® -ULP 4″反渗透膜外形

表 7-31 FLUID SYSTEMS TFC® -ULP 4″反渗透膜型号尺寸

| 型　号 | A/in | B/in | C/in | D/in | 重量/lb |
|---|---|---|---|---|---|
| TFC® 4820ULP | 40 | 4 | 0.75 | 1.2 | 44 |

注：1lb=0.45359237kg，下同。

#### 7.4.2.2 科氏 FLUID SYSTEMS TFC® -ULP 8″反渗透膜

（1）适用范围　同 ULP 4″反渗透膜

（2）规格性能　见图 7-15，见表 7-32～表 7-35。

表 7-32 FLUID SYSTEMS TFC® -ULP 8″反渗透膜说明

| 膜化学成分 | 特种专利 TFC® 聚酰胺复合膜 |
|---|---|
| 膜型号 | TFC® -ULP |
| 膜结构 | 螺旋卷式，玻璃钢外壳 |
| 应用 | 超低压力操作，应用于饮用水生产 |
| 可选择性 | 1016mm 标准长度标准/高膜面积两种结构或 1524 长度 Magnum |

表 7-33 FLUID SYSTEMS TFC®-ULP 8″反渗透膜性能参数

| 型　　号 | 产水量/($m^3$/d) | 稳定脱盐率/% | 有效膜面积/$m^2$ |
|---|---|---|---|
| TFC® 8823 ULP-400 | 49.2 | 99.0 | 37.2 |
| TFC® 8833 ULP-575 Magnum | 70.5 | 99.0 | 53.4 |

注：测试条件：2000mg/L NaCl 溶液，压力 1000kPa，回收率 15%（Magnum 为 20%），温度 25℃，pH 值 7.5。

表 7-34 FLUID SYSTEMS TFC®-ULP8″反渗透膜极限操作参数

| | |
|---|---|
| 常规运行压力 | 345～1200kPa |
| 最高运行压力 | 2400kPa |
| 最高运行温度 | 45℃ |
| 最高清洗温度 | 45℃ |
| 最高可持续耐受余氯 | <0.1mg/L |
| pH 值适用范围(连续运行) | 4～11 |
| pH 值适用范围(短期清洗) | 2.5～11 |
| 单支膜组件 40″/60″最大压差 | 69/104kPa |
| 单根压力容器最大压差 | 414kPa |
| 最高进水浊度 | 1NTU |
| 最高进水 SDI 值(15mm) | 5 |
| 进水流道宽度　标准/高膜面积 | 0.8mm/0.7mm |

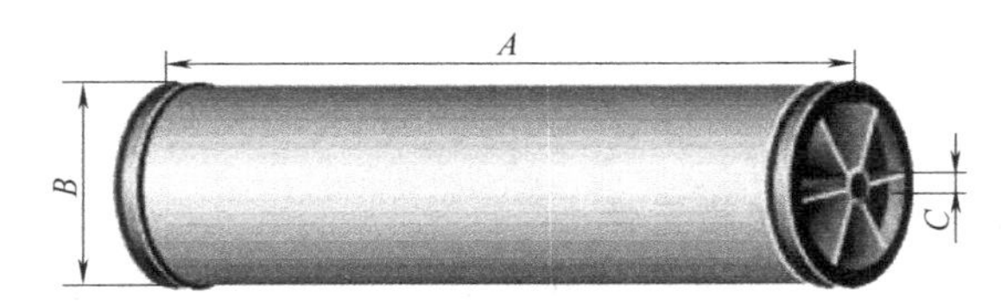

图 7-15　FLUID SYSTEMS TFC®-ULP8″反渗透膜外形

表 7-35 FLUID SYSTEMS TFC®-ULP8″反渗透膜型号尺寸

| 型　　号 | A/in | B/in | C/in | 重量/lb |
|---|---|---|---|---|
| TFC® 8823 ULP-400 | 40 | 8 | 1.50 | 44 |
| TFC® | 60 | 8 | 1.50 | 64 |

## 7.4.3　海德能反渗透膜

### 7.4.3.1　PA1-4040 超低压反渗透膜

（1）特点及适用范围　PA1-4040 膜元件是海德能公司研制开发的，主要针对的水源是低含盐量到中等含盐量的地表水、地下水等水源，它能在极低的操作压力条件下达到和常规低压膜同样的高水通量和高脱盐率。其运行压力约为常规低压复合膜运行压力的 2/3，脱盐率可达 99%。因为操作压力低，产水量高，脱盐率较高，所以经济效益明显。

PA1-4040 膜元件适用于含盐量 2000mg/L 以下的地表水、地下水、自来水、市政用水等满足生活饮用水源的脱盐水处理，主要应用于进水水温低的季节或地区，可获得更多的产水量。

（2）规格性能　见表 7-36。

### 7.4.3.2　PA1-8040 超低压反渗透膜

（1）特点及适用范围　同 PA1-4040 膜。

（2）规格性能　见表 7-37。

表 7-36　PA1-4040 膜规格性能

| 性　能 | | 测试条件 | | 使用条件 | |
|---|---|---|---|---|---|
| 膜类型 | 聚酰胺复合膜 | 测试压力 | 150psi (1.0MPa) | 最高操作压力 | 600psi(4.14MPa) |
| 平均脱盐率/% | 99 | 测试温度 | 25℃ | 最高进水流量 | 16USgal/min |
| 平均透水量/(USgal/d) | 2500 | 测试浓度 | 1500mg/L | 进水温度 | 5～45℃ |
| 有效膜面积/$ft^2$ | 85 | 测试 pH 值 | 6.5～7 | 最大进水 SDI | 5 |
| 单支膜元件回收率 | 15% | 测试时间 | 30min 后 | 进水自由氯浓度 | 0.1mg/L |
| | | 清洗 pH 范围 | 3～10 | 单支膜元件允许最大压力降 | 15psi(0.1MPa) |

注：1psi=$1lbf/in^2$，下同。

表 7-37　PA1-8040 膜规格性能

| 性　能 | | 测试条件 | | 使用条件 | |
|---|---|---|---|---|---|
| 膜类型 | 聚酰胺复合膜 | 测试压力 | 150psi (1.0MPa) | 最高操作压力 | 600psi(4.14MPa) |
| 平均脱盐率/% | 99 | 测试温度 | 25℃ | 最高进水流量 | 85USgal/min |
| 平均透水量/(USgal/d) | 1200 | 测试浓度 | 1500mg/L | 进水温度 | 5～45℃ |
| 有效膜面积/$ft^2$ | 400 | 测试 pH 值 | 6.5～7 | 最大进水 SDI | 5 |
| 单支膜元件回收率 | 15% | 测试时间 | 30min 后 | 进水自由氯浓度 | 0.1mg/L |
| | | 清洗 pH 范围 | 3～10 | 单支膜元件允许最大压力降 | 15psi(0.1MPa) |

## 7.4.4　东丽反渗透膜

### 7.4.4.1　TMG10 4in 超低压反渗透膜元件

（1）适用范围　TMG10 型号膜元件适用于含盐量约 2000mg/L 以下的给水。广泛应用于中小规模的纯水、锅炉补给水等各种工业用水，也用于市政用水、饮料水在内的多种苦咸水应用领域。

（2）规格性能　TMG10 膜元件尺寸，见图 7-16、表 7-38。

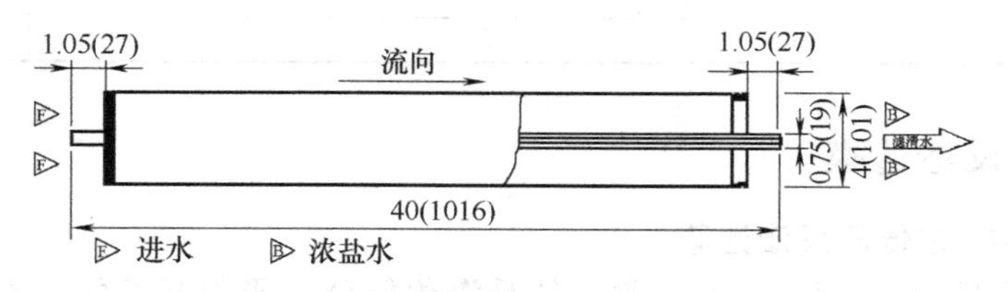


图 7-16　TMG10 4in 超低压反渗透膜元件外形

注：图中尺寸，括号外为 in，括号内为 mm

表 7-38　TMG10 4in 超低压反渗透膜元件规格性能

| 膜元件型号 | 标准脱盐率/% | 透过水量/(USgal/d) | 有效膜面积/$ft^2$ |
|---|---|---|---|
| TMG10 | 99.5 | 2400 | 82 |

运行极限条件：最高操作压力 365psi；最高进水流量 15USgal/min；最高进水温度 113°F（45℃）；最大进水 SDI 5；进水自由氯浓度检测不到；连续运行时进水 pH 范围 2～11；化学清洗时进水 pH 范围 1～12；单个膜元件最大压力损失 20psi；单个膜组件最大压力损失 60psi（1psi=$1lbf/in^2$=6894.76Pa，下同）。

#### 7.4.4.2 TMG20-400 8in 超低压反渗透膜元件

（1）适用范围　TMG20-400 超低压反渗透膜元件拥有较大的有效膜面积，较低的运行压力（在较低的操作压力下如测试压力 0.76MPa，即可达到较高的产水量），可以大大节省系统的运行费用，适合于含盐量约 2000mg/L 以下的给水。可用于大中型规模的纯水、锅炉补给水等各种工业用水，也可用于市政用水、饮料水在内的多种苦咸水应用领域。

（2）规格性能　TMG20-400 膜元件尺寸，见图 7-17、表 7-39。

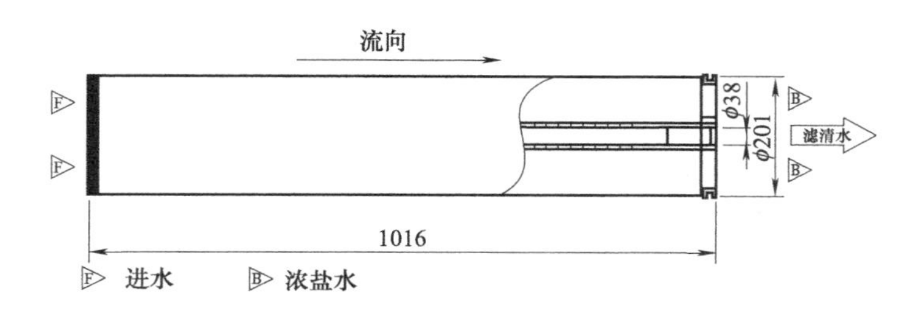


图 7-17　TMG20-400 8in 超低压反渗透膜元件外形（单位：mm）

表 7-39　TMG20-400 8in 超低压反渗透膜元件规格性能

| 膜元件型号 | 标准脱盐率/% | 透过水量/(USgal/d) | 有效膜面积/ft$^2$ |
| --- | --- | --- | --- |
| TMG 20-400 | 99.5 | 10200 | 400 |

适用极限条件：最高操作压力 365psi；最高进水流量 70USgal/min；最高进水温度 104°F（40℃）；最大进水 SDI 5；进水自由氯浓度检测不到；连续运行时进水 pH 范围 2～11；化学清洗时进水 pH 范围 1～12；单个膜元件最大压力损失 20psi（0.14MPa）；单个膜组件最大压力损失 60psi（0.42MPa）。

### 7.4.5 GE 反渗透膜

#### 7.4.5.1 SG 标准型

（1）适用范围　SG 标准型膜元件用于苦咸水脱盐。

（2）性能规格　SG4025T 采用胶带外壳，SG4026F、SG4040F 和 SG8040F 采用玻璃钢外壳。根据需要可选用其他结构材质及特殊流道设计。

膜元件重量及尺寸，见图 7-18，见表 7-40～表 7-42。

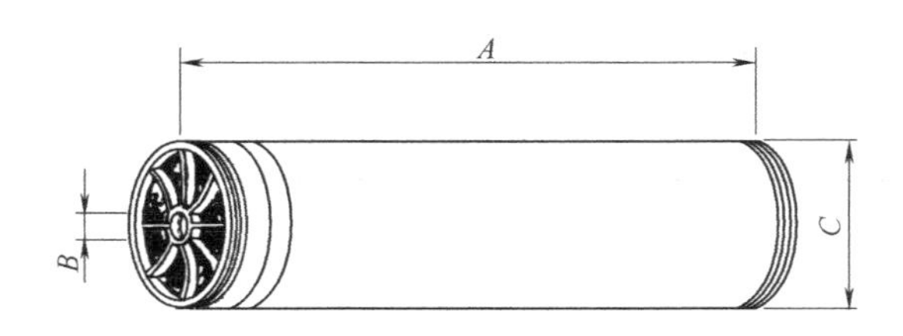


图 7-18　SG 标准型膜元件外形

表 7-40　SG 标准型膜元件尺寸

| 型　　号 | 尺寸/in | | | 湿重(干重)/kg |
| --- | --- | --- | --- | --- |
| | A | B | C | |
| SG4025T | 25.00 | 0.625 | 3.88 | 5(2.27) |
| SG4026F | 26.25 | 0.625 | 3.88 | 6(2.72) |
| SG4040F | 40.0 | 0.625 | 3.88 | 12(5.45) |
| SG8040F | 40.0 | 1.125 | 7.88 | 32(14.53) |

除 SG4025T 外，其他膜元件长度尺寸均包括 ATD，所有的膜元件采用干式运输。

表 7-41　标准膜元件规范

| 型　号 | 产水量/(USgal/d) | NaCl 脱盐率平均值(最低值) | 有效膜面积/ft² |
|---|---|---|---|
| SG4025T | 1200 | 98.5%(97%) | 55 |
| SG4026F | 1200 | | 55 |
| SG4040F | 2000 | | 90 |
| SG8040F | 7700 | | 350 |

注：1. 测试条件：NaCl 溶液浓度 2000mg/L，操作压力 225psi，温度 25℃，pH 值 6.5，回收率 15%，运行 24h 后测试。

2. 单支膜元件的通量可能在±15%的范围内变化。

3. SG4025T 最大操作压力 450psi。

表 7-42　复合膜元件操作参数和设计参数

| 典型操作压力(表压) | 最大压力(表压) | 最高温度 | pH 值 | 余氯范围 |
|---|---|---|---|---|
| 200psi | 600psi | 50℃ | 最佳 pH:5.5～7.0<br>操作范围 pH:2～11<br>清洗范围 pH:1～11.5 | 500mg/(L·h)<br>建议脱氯 |

### 7.4.5.2　SE 高脱盐型

(1) 适用范围　SE 标准型膜元件用于苦咸水脱盐。

(2) 规格性能　SE4025T 采用胶带外壳，SE4026F、SE4040F 和 SE8040F 采用玻璃钢外壳。根据需要可选用其他结构材质及特殊流道设计。

膜元件重量尺寸见图 7-19，表 7-43～表 7-45。

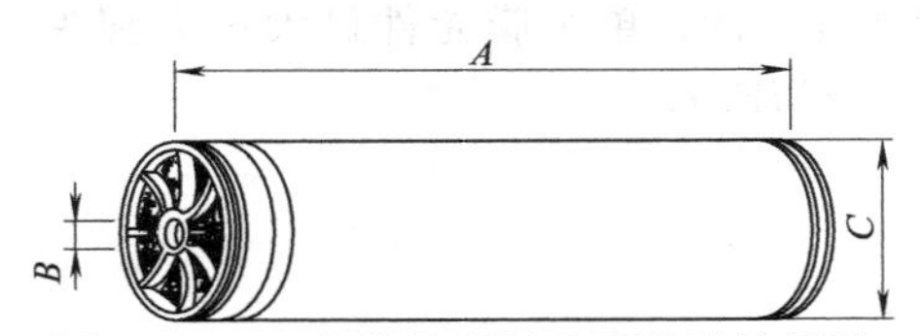


图 7-19　SE 高脱盐型标准型膜元件外形

表 7-43　SE 高脱盐型标准型膜元件尺寸

| 型　号 | 尺寸/in | | | 湿重(干重)/kg |
|---|---|---|---|---|
| | *A* | *B* | *C* | |
| SE4025T | 25.00 | 0.625 | 3.88 | 5(2.27) |
| SE4026F | 26.25 | 0.625 | 3.88 | 6(2.72) |
| SE4040F | 40.0 | 0.625 | 3.88 | 12(5.45) |
| SE8040F | 40.0 | 1.125 | 7.88 | 32(14.53) |

除 SE4025T 外，其他膜元件长度尺寸均包括 ATD，所有的膜元件采用干式运输。

表 7-44　标准膜元件规范

| 型　号 | 产水量/(USgal/d) | NaCl 脱盐率平均值/最低值 | 有效膜面积/ft² |
|---|---|---|---|
| SG4025T | 1200 | 99%(97.5%) | 55 |
| SG4026F | 1200 | | 55 |
| SG4040F | 2000 | | 90 |
| SG8040F | 7700 | | 350 |

注：1. 测试条件：NaCl 溶液浓度 2000mg/L，操作压力 425psi，温度 25℃，pH 值 6.5，回收率 15%，运行 24h 后测试。

2. 单支膜元件的通量可能在±15%的范围内变化。

3. SE4025T 最大操作压力 450psi。

表 7-45　复合膜元件极限运行参数

| 典型操作压力 | 最大压力 | 最高温度 | pH 值 | 余氯范围 |
|---|---|---|---|---|
| 300～500psi(g)<br>(2.069～3.448MPa) | 600psi(g)<br>(4.14MPa) | 50℃ | 最佳 pH:5.5～7.0<br>操作范围 pH:2～11<br>清洗范围 pH:1～11.5 | 500mg/(L·h)<br>建议脱氯 |

注：1. 进水浊度<1NTU。

2. 进水 SDI<5。

3. 最大产水流量不能超过以上规模。

## 7.5 电渗析

电渗析器是一种新兴的水处理设备，利用离子交换膜和直流电场，使溶液中电介质的离子产生选择性迁移，从而达到使溶液淡化、浓缩、纯化和精制的目的。

电渗析器技术已成为一个大规模的单元过程，广泛用于化工制药、电子、轻工、食品和冶金等工业用水，对苦咸水、海水淡化制取生活用水等。

电渗析器工作过程是：当水通过电渗析器时，水中的带电离子在直流电场的作用下定向迁移，阴离子向正极迁移，而离子交换膜具有选择透过性能，即阳膜只能透过阳离子、阴膜只能透过阴离子，结果形成了交替的淡化水室，分别得到脱盐淡水和浓缩盐水。

### 7.5.1 DX 系列电渗析器

（1）设备组成　该设备主要由阳膜、阴膜、端电极、共电极、隔板、夹紧板、多孔板、橡胶垫片等。另外，需配置硅整流器、流量计、过滤器、水箱等。

（2）设备型号及参数　DX 系列电渗析器型号及参数如表 7-46 所示。

表 7-46　DX 系列电渗析器型号及参数

| 型号 | 隔板尺寸 | 组装形式 | 膜对数/对 | 淡水产量/($m^3$/h) | 脱盐率/% | 外形尺寸/m | 本机重量/kg |
|---|---|---|---|---|---|---|---|
| DX-Ⅰ | 800×1600×0.85 | 一级一段 | 200 | 30～40 | 40～50 | 1×1.25×2.4 | 2200 |
| DX-Ⅰ | 800×1600×0.85 | 二级一段 | 300 | 40～60 | 45～50 | 1.5×1.25×2.4 | 3000 |
| DX-Ⅱ | 400×1600×0.8 | 一级一段 | 200 | 10～12 | 50～60 | 0.9×0.75×2.25 | 1500 |
| DX-Ⅱ | 400×1600×0.8 | 二级二段 | 300 | 10～15 | 60～70 | 1.25×0.75×2.25 | 1800 |
| DX-Ⅱ | 400×1600×0.8 | 三级三段 | 300 | 8～10 | 70～80 | 1.3×0.75×2.25 | 1900 |
| DX-Ⅱ | 400×1600×0.8 | 四级四段 | 400 | 15～20 | 70～80 | 1.6×0.75×2.25 | 2100 |
| DX-Ⅲ | 400×800×0.85 | 三级三段 | 240 | 3～5 | 70～80 | 1.06×0.75×1.41 | 700 |
| DX-Ⅲ | 400×800×0.85 | 三级三段 | 320 | 3～5 | >80 | 1.34×0.75×1.41 | 800 |
| DX-Ⅲ | 400×800×0.85 | 五级五段 | 400 | 3～5 | >85 | 1.62×0.75×1.41 | 900 |
| DX-Ⅲ | 300×500×0.85 | 三级三段 | 300 | 1～2 | 60～70 | 1.24×0.65×1.1 | 300 |
| DX-Ⅳ | 300×500×0.85 | 三级三段 | 300 | 1～2 | 70～80 | 1.28×0.65×1.1 | 300 |
| DX-Ⅳ | 300×500×0.85 | 一级三段 | 150 | 0.3～0.8 | 70～80 | 0.74×0.65×1.1 | 150 |
| DX-Ⅳ | 300×500×0.85 | 一级四段 | 200 | 0.3～0.6 | >85 | 0.9×0.65×1.1 | 150 |

生产厂家：上海山青水秀环境工程有限公司。

### 7.5.2 DSX 系列电渗析器

（1）简介　该设备由电离子交换膜、隔板、极板和夹具等组成。离子交换膜分阴膜、阳膜和复合膜三类。按结构分为均相膜、半均相膜、异相膜三种。水处理用的电渗析器常采用异相膜。隔板材料常采用聚氯乙烯和聚丙烯，其类型有填网式和冲膜式。电极材料有石墨电极、不锈钢电极、钛涂钌电极、钛镀铂电极及铅电极等，最常用的为钌电极和钛涂钌电极。

（2）设备型号参数　见表7-47。

**表7-47　DSX系列电渗析器型号与参数**

| 型　　号 | DSX-200 | DSX-201 | DSX-202 | DSX-203 | DSX-204 | DSX-215 | DSX-210 | DSX-216 |
|---|---|---|---|---|---|---|---|---|
| 隔板尺寸/mm | 800×1600×0.8 | 400×1600×0.8 | 400×800 | 310×800 | 150×805 | 260×520 | 200×800 | 200×600 |
| 组装方式(级-段) | 1-1 | 2-2 | 4-4 | 2-2 | 3-3 | 4-4 | 4-8 | 4-8 |
| 膜对总数/对 | 225 | 240 | 300 | 225 | 300 | 300 | 225 | 225 |
| 公称流量/($m^3$/h) | 60 | 25 | 15 | 12 | 10 | 3～5 | 1.5 | 1 |
| 进口电导率/(μS/cm) | 1000～1200 | 1000～1200 | 1000～1200 | 1000～1200 | 1000～1200 | 1000～1200 | 1000～1200 | 1000～1200 |
| 出口电导率/(μS/cm) | 720 | 480 | 120 | 480 | 240 | 60 | 50 | 40 |
| 脱盐率/% | 40 | 60 | ＞90 | 60～70 | 70～80 | 90＞95 | 90＞95 | 95 |
| 工作电压/V | 190～220 | 140 | 70～100 | 100～150 | 90～120 | 70～100 | 50～80 | 65～95 |
| 工作电流/A | 40 | 60 | 45 | 28.1 | 25 | 26.5 | 8.8 | 7 |

生产厂家：沧州市新华区天添水处理设备厂。

# 第 8 章

# SBR工艺的滗水器设备

序批式活性污泥处理法（Sequencing Batch Reactor），又称间歇式曝气，是在单一的反应池内，按照进水、曝气、沉淀、排水等工序进行活性污泥处理的工艺，其污水处理的单元操作，可按时间程序，有序反复地连续进行。每周期 6～8h。在配置了先进的测控装置后，可全自动运行。该工艺具有投资省、效率高、节省占地面积等诸多优点。滗水器是这一工艺必备机械装置。

滗水器又称滗析器、移动式出水堰，是 SBR 工艺即间歇（序批）生化法处理污水工艺的关键设备。国内目前已开发研究出多种形式的滗水器，主要有机械式、自力（浮力）式、虹吸式三种。

## 8.1 机械式滗水器

旋转式滗水器是机械式滗水器的一种，下面介绍几种典型的旋转式滗水器。

### 8.1.1 XB 型旋转滗水器

（1）适用范围　XB 型旋转滗水器适用于各种大中型城市生活污水处理及各类工业水处理。

（2）型号说明

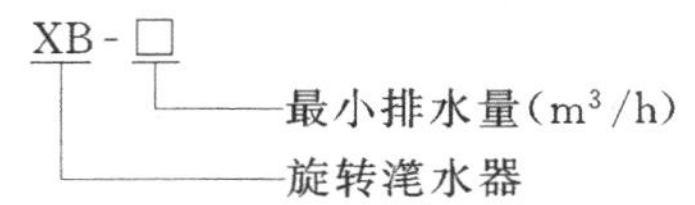


（3）结构及特点　XB 型旋转滗水器滗水范围大，滗水深度可达 3m，可调性好，工艺适应性强；根据业主的具体情况，驱动机构可以选择单机驱动或一拖二驱动；滗水器运行在最佳的堰口负荷范围内，堰口下的液面不起任何搅动，堰口处设有挡渣浮筒、挡渣板等部件，确保出水水质达到最佳；滗水装置由全不锈钢组成，使用寿命长；采用智能化控制系统，设备全自动运行。

（4）性能　XB 型单机驱动滗水器技术数据见表 8-1，XB 型一拖二驱动滗水器技术数据见表 8-2。

**表 8-1　XB 型滗水器单机驱动技术数据**

| 项目 | XB-300 | XB-400 | XB-500 | XB-600 | XB-700 | XB-800 | XB-1000 | XB-1200 |
|---|---|---|---|---|---|---|---|---|
| 最小排水量/($m^3/h$) | 300 | 400 | 500 | 600 | 700 | 800 | 1000 | 1200 |
| 堰口长度/m | 3.0 | 4.0 | 5.0 | 6.0 | 7.0 | 8.0 | 10.0 | 12.0 |

表 8-2　XB 型滗水器一拖二驱动技术数据

| 项目 | XB400×2 | XB400×2 | XB400×2 | XB400×2 | XB400×2 | XB400×2 | XB400×2 | XB400×2 |
|---|---|---|---|---|---|---|---|---|
| 最小排水量/($m^3$/h) | 800 | 1000 | 1200 | 1400 | 1600 | 1800 | 2000 | 2400 |
| 堰口长度/m | 8.0 | 10.0 | 12.0 | 14.0 | 16.0 | 18.0 | 20.0 | 24.0 |

生产厂家：天津市百阳环保设备有限责任公司、江苏鼎泽环境工程有限公司、南京远蓝环境工程设备有限公司、宜兴泉溪环保有限公司。

(5) 外形　XB 型滗水器外形见图 8-1。

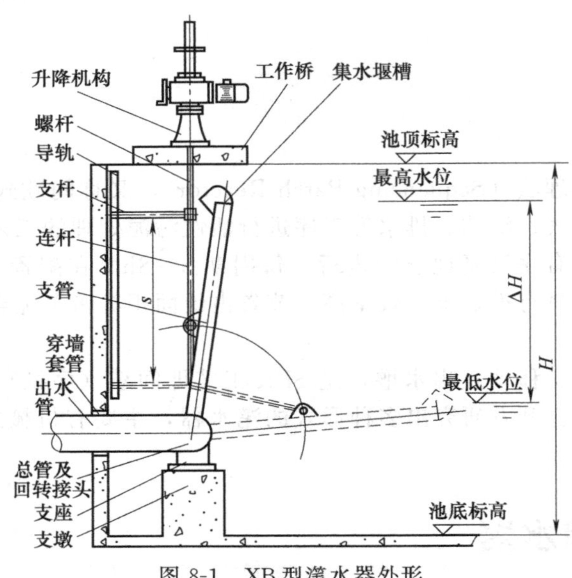


图 8-1　XB 型滗水器外形

## 8.1.2　XPS 型旋转式滗水器

(1) 适用范围　XPS 型旋转式滗水器是一种适用于各种间歇式循环活性污泥法污水处理系统（如 SBR、CASS 等）的上清液排出设备。设备设计加工中考虑了水表面浮渣和底部污泥层对排水质量的影响，设备滗水槽前设置了一浮桶，既保证将上清液收集，又保证不携带浮渣及底部污泥。

当需滗水时，电机由自动系统操作开始以较快速度通过拉杆带动滗水槽接近水面。到达水面后控制系统发出指令，电机经变频调速后，按指定的慢速推动滗水槽匀速排水。当滗水高度达到预定值后，由自控系统发出指令，滗水器以较快速度抬升恢复至原位。一般滗水高度为 0.5～3.0m，排水时间 0.6～2.0h。

(2) 设备型号说明

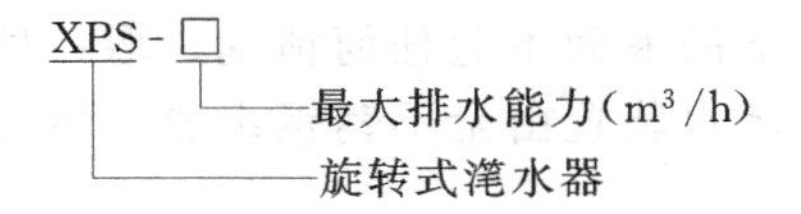


(3) 性能、特点

① 本设备自动化程度高，自开始至恢复到原始状态，运行周期内无需人工调节。

② 本设备设有自动保护功能。

③ 设备水下部分采用不锈钢材质，美观大方，耐腐性强。

④ 水下活动关节无卡阻及转动不灵活的现象。

⑤ 排水质量好，匀速下降对污泥层不产生扰动，浮渣也由于浮桶作用进不到滗水管中。

⑥ 本设备耗电小，电机功率为0.75～1.5kW。

⑦ 设备运行可靠且易于维护。

（4）XPS型旋转式滗水器技术参数及外形　外形见图8-2，技术性能见表8-3。

表8-3　XPS型旋转式滗水器技术性能

<table>
<tr><th>参数<br>型号</th><th>滗水量<br>/($m^3$/h)</th><th>堰流负荷<br>/[L/(m·s)]</th><th>$L_1$<br>/mm</th><th>$L_2$<br>/mm</th><th>DN<br>/mm</th><th>ΔH<br>/m</th><th>E<br>/mm</th></tr>
<tr><td>XPS-300</td><td>300</td><td rowspan="13">20～40</td><td rowspan="4">600</td><td rowspan="2">250</td><td rowspan="2">300</td><td rowspan="13">2<br>（1.0～3.0，<br>每0.5m<br>一档）</td><td rowspan="5">400</td></tr>
<tr><td>XPS-400</td><td>400</td></tr>
<tr><td>XPS-500</td><td>500</td><td rowspan="2">300</td><td rowspan="3">400</td></tr>
<tr><td>XPS-600</td><td>600</td></tr>
<tr><td>XPS-700</td><td>700</td><td rowspan="9">800</td><td rowspan="2">350</td></tr>
<tr><td>XPS-800</td><td>800</td><td rowspan="3">500</td><td rowspan="3">500</td></tr>
<tr><td>XPS-1000</td><td>1000</td><td rowspan="2">400</td></tr>
<tr><td>XPS-1200</td><td>1200</td></tr>
<tr><td>XPS-1400</td><td>1400</td><td rowspan="3">500</td><td rowspan="2">600</td><td rowspan="3">600</td></tr>
<tr><td>XPS-1500</td><td>1500</td></tr>
<tr><td>XPS-1600</td><td>1600</td><td rowspan="2">700</td></tr>
<tr><td>XPS-1800</td><td>1800</td><td rowspan="2">600</td><td rowspan="2">700</td></tr>
<tr><td>XPS-2000</td><td>2000</td><td>700</td></tr>
</table>

注：1. 池内最低水位要高于池外排水渠水位0.5m。

2. 堰长$L=Q_p/q$［$Q_p$为每台滗水器所排水量；$q$为堰口负荷，L/(s·m)］，结合工艺要求圆整确定。

生产厂家：江苏天雨环保集团有限公司、宜兴泉溪环保有限公司、无锡市通用机械厂有限公司。

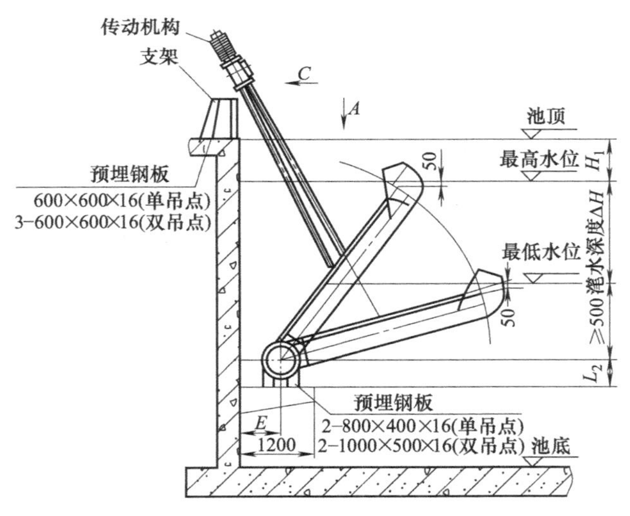


图8-2　XPS型旋转式滗水器外形

# 8.2 自力（浮动）式滗水器

### FPS型浮动式滗水器

（1）适用范围　通过浮筒上的出水口将水出池外，由浮筒、出水堰口、柔性接头、弹簧塑胶软管及气动控制拍门等组成。滗水负荷量大，滗水深度适中。

（2）型号说明

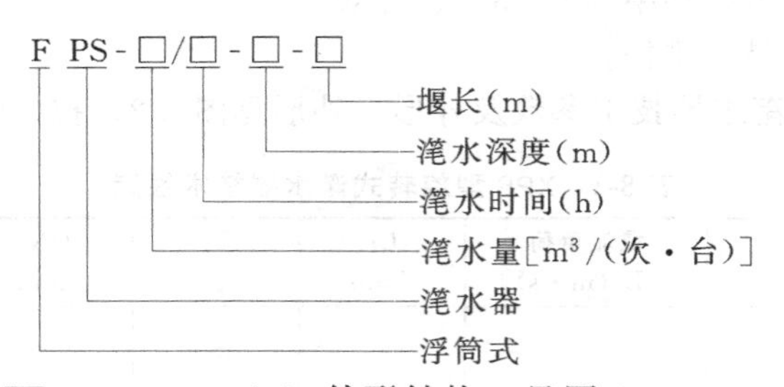


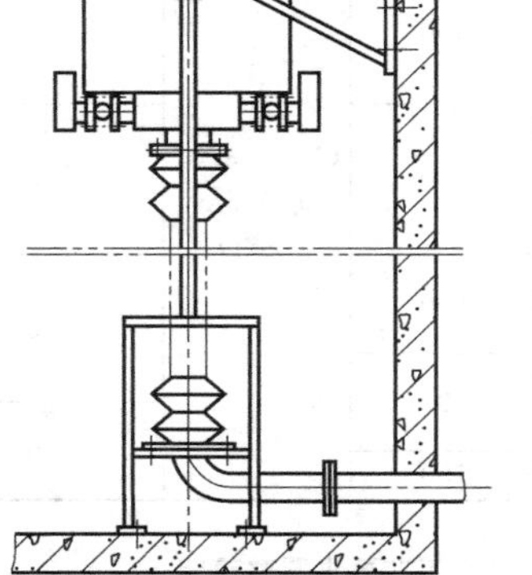

图 8-3　FPS 型系列浮动滗水器外形

（3）外形结构　见图 8-3。

（4）性能参数　见表 8-4。

**表 8-4　FPS 型滗水器技术性能参数**

| FPS 型滗水器 | | |
|---|---|---|
| 型号 | 出水管 | 出水量/($m^3$/h) |
| FPS-25 | *DN*100 | 30 |
| FPS-60 | *DN*150 | 60 |
| FPS-125 | *DN*200 | 125 |
| FPS-250 | *DN*300 | 250 |

生产厂家：江苏天雨集团、深圳中兴环保集团公司、北京徕福卓尔环境工程技术有限公司、扬州新亚环境工程有限公司。

# 8.3 虹吸式滗水器

**HPS 型虹吸滗水器**

（1）适用范围　HPS 型滗水器以虹吸方式自动排出 SBR 反应池中的上清液，当需排水时，电磁阀打开，积聚在管上部的空气被放掉，关闭电磁阀，使之形成虹吸，自动排水，直至真空破坏后，停止排水，等待下一个循环。该设备是一种对水量水质变化有很强适应性，无机械转动、无需动力驱动的高效节能污水处理设备。

（2）型号说明

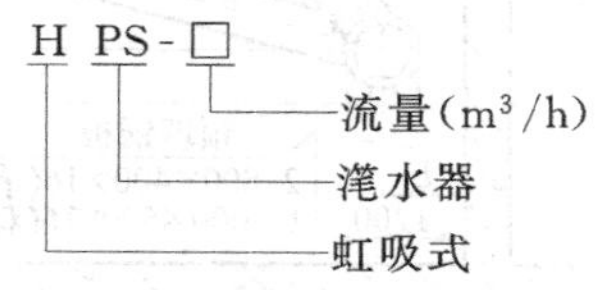


（3）性能规格及外形结构　HPS 型虹吸滗水器性能规格见表 8-5，外形结构见图 8-4。

**表 8-5　HPS 型虹吸滗水器技术性能参数**

| HPS 型滗水器 | | | | | |
|---|---|---|---|---|---|
| 型号 | 出水管 | 出水量/($m^3$/h) | 型号 | 出水管 | 出水量/($m^3$/h) |
| HPS-30 | *DN*150 | 30 | HPS-100 | *DN*250 | 100 |
| HPS-60 | *DN*200 | 60 | HPS-150 | *DN*300 | 150 |

生产厂家：江苏天雨环保集团有限公司、宜兴泉溪环保有限公司、江苏源泉泵业有限公司。

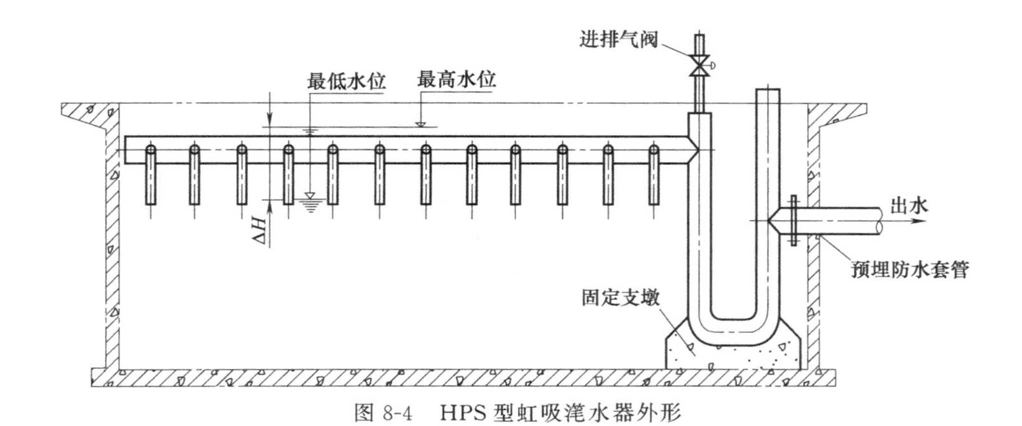

图 8-4　HPS 型虹吸滗水器外形

## 8.4 柔性管式滗水器

**调节柔性管式滗水器**

1. KRB 型可调节柔性管式滗水器

(1) 适用范围　KRB 型可调节柔性管式滗水器通过柔韧性波纹管将 T 型排水系统与收水系统相连，收水系统由浮筒及进水头组成。由于浮筒的浮力，使滗水器的进水头可随水面的变化而变化，可保证排水时水面上浮渣不会进入排水管内，开始排水时，打开闸门，浮动进水头开始排水，停止排水时，闸门关闭，滗水器不工作时，闸门处于常闭状态，本滗水器还可通过与其他装置的联合使用，实现污水厂的自动控制。

滗水器主体为不锈钢材料，连接管为高强度橡胶管。

(2) 设备主要技术参数　KRB 型可调节柔性管式滗水器主要技术参数见表 8-6。

**表 8-6　KRB 型可调节柔性管式滗水器主要技术参数**

| 名称 | 型　　号 | 最大排水能力/($m^3$/h) | 最大排水高度 ΔH/mm | 备注 |
|---|---|---|---|---|
| 柔性管式滗水器 | KRB-200<br>(—400、—600、—800、—1000) | 200<br>(400、600、800、1000) | 2500 | 排水量可调 |

生产厂家：江苏一环集团有限公司、宜兴泉溪环保有限公司。

(3) 设备外形及安装　KRB 型可调节柔性管式滗水器外形及安装图见图 8-5。

2. SSB 型伸缩管滗水器

(1) 适用范围　SSB 型伸缩管滗水器是一种污水处理的专用设备，适用于各种间歇循环活性污泥法污水处理系统，在排水阶段，可将已经处理的上清液自表面撇出，达到稳定排水的目的。

(2) 结构原理　SSB 型伸缩管滗水器由浮动进水头、特制排水伸缩管、排水弯管及控制电磁阀等组成，需排水时，进气电磁阀自动关闭，排气电磁阀自动打开，浮动进水头环形空气室内的空气排出，浮动头下沉淹没进水口，开始排水。单位时间排水量可以调节，以控制排水时间。当排水至下限水位时，水位信号器发出信号，排气电磁阀自动关闭，进气电磁阀自动打开，浮动头上浮，进水口离开水面，停止排水。进入下一循环。

(3) 性能规格及外形结构　SSB 型伸缩管滗水器性能规格见表 8-7，外形结构见图 8-6。

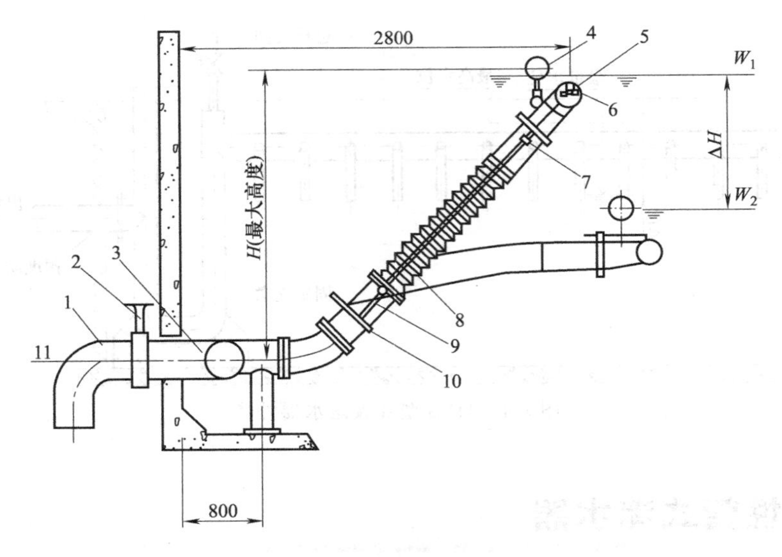


图 8-5　KRB 型可调节柔性管式滗水器安装图

1—出水弯管；2,6—闸门；3—T 形管；4—浮筒；5—浮动进水头；
7—导杆；8—波纹管；9—支撑杆；10—限位板；11—出水管

**表 8-7　SSB 型伸缩管滗水器技术性能参数**

| 型　　号 | 伸缩管内径/mm | 排水流量/($m^3$/h) | 浮头尺寸/mm |
| --- | --- | --- | --- |
| SSB-150 | 150 | 60 | $\phi$870×550 |
| SSB-200 | 200 | 150 | $\phi$1000×650 |
| SSB-250 | 250 | 200 | $\phi$1200×750 |
| SSB-300 | 300 | 300 | $\phi$1000×1000 |

生产厂家：江苏一环集团有限公司、江苏源泉泵业有限公司。

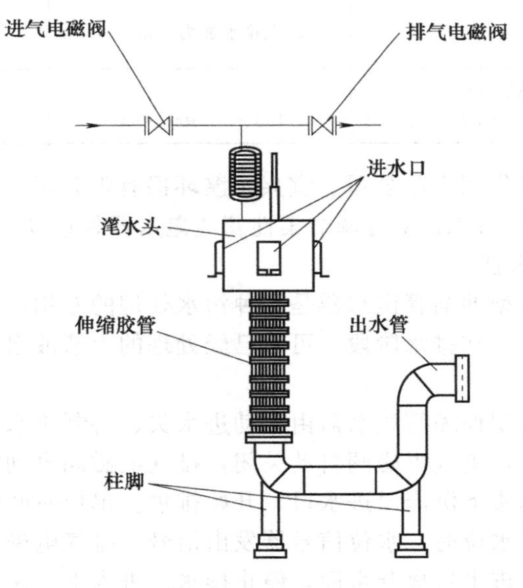


图 8-6　伸缩管滗水器外形

# 8.5 堰槽套筒式滗水器

**套筒式滗水器**

套筒式滗水器总体结构由可升降的堰槽和套筒等部件组成。缺点是：滗水深度受外套管容纳内套筒长度的限制，不能满足某些滗水深度大于 2/5 池内水深的工艺要求。双吊点螺杆传动套筒式滗水器见图 8-7。

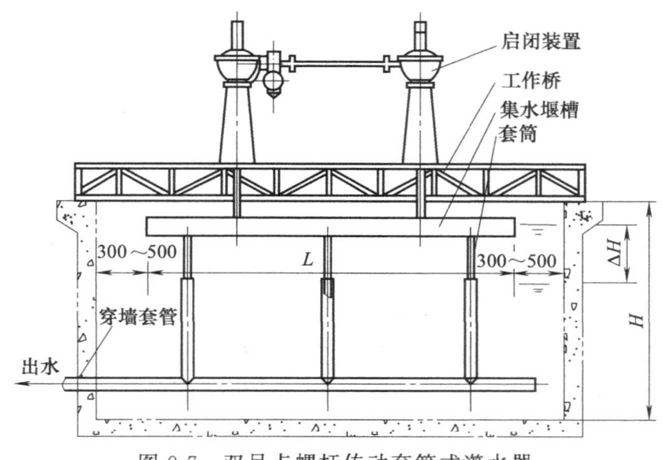


图 8-7　双吊点螺杆传动套筒式滗水器

生产厂家：宜兴泉溪环保有限公司、南通源泰环保工程设备有限公司、宜兴市平舜环保设备厂、北京徕福卓尔环境工程技术有限公司、武汉市海利水业环保有限公司。

# 第 9 章 污泥处置设备

## 9.1 污泥处置概述

### 9.1.1 污泥处理与处置的目的

（1）减少污泥最终处置前的体积，以降低污泥处理及最终处置的费用。

（2）通过处理使污泥稳定化，最终处置后不再产生污泥的进一步降解，从而避免产生二次污染。

（3）达到污泥的无害化与卫生化。

（4）在处理污泥的同时达到变害为利、综合利用、保护环境的目的，如产生沼气等。

### 9.1.2 污泥处置的一般处理工艺

典型的污泥处理工艺流程，包括四个处理或处置阶段。第一阶段为污泥浓缩，主要目的是使污泥初步减容，缩小后续处理构筑物的容积或设备容量；第二阶段为污泥消化，使污泥中的有机物分解；第三阶段为污泥脱水，使污泥进一步减容；第四阶段为污泥处置，采用某种途径将最终的污泥予以消纳。以上各阶段产生的清液或滤液中仍含有大量的污染物质，因而应送回到污水处理系统中加以处理。以上典型污泥处理工艺流程，可使污泥经处理后，实现“四化”。

（1）减量化　由于污泥含水量很高，体积很大，且呈流动性。经以上流程处理之后，污泥体积减至原来的十几分之一，且由液态转化成固态，便于运输和消纳。

（2）稳定化　污泥中有机物含量很高，极易腐败并产生恶臭。经以上流程中消化阶段的处理以后，易腐败的部分有机物被分解转化，不易腐败，恶臭大大降低，方便运输及处置。

（3）无害化　污泥中，尤其是初沉污泥中，含有大量病原菌、寄生虫卵及病毒，易造成传染病大面积传播。经过以上流程中的消化阶段，可以杀灭大部分的蛔虫卵、病原菌和病毒，大大提高污泥的卫生指标。

（4）资源化　污泥是一种资源，其中含有很多热量，其热值在 10000～15000kJ/kg（干泥）之间，高于煤和焦炭。另外，污泥中还含有丰富的氮磷钾，是具有较高肥效的有机肥料。通过以上流程中的消化阶段，可以将有机物转化成沼气，使其中的热量得以利用，同时还可进一步提高其肥效。污泥消化可分成厌氧消化和好氧消化两大类。污泥脱水可分为自然干化和机械脱水两大类，污泥浓缩常采用的工艺有重力浓缩、离心浓缩和气浮浓缩等。常用的机械脱水工艺有带式压滤脱水、离心脱水等。污泥处置的途径很多，主要有农林使用、卫生填埋、焚烧和生产建筑材料等。

以上为典型的污泥处理工艺流程，在各地得到了普遍采用。但由于各地的条件不同，具体情况也不同，尚有一些简化流程。当污泥采用自然干化方法脱水时，可采用以下工艺流程：污泥→污泥浓缩→干化场→处置。

也可进一步简化为：污泥→干化场→处置。

当污泥处置采用卫生填埋工艺时，可采用以下流程：污泥→浓缩→脱水→卫生填埋。

我国早期建成的处理厂中，尚有很多厂不采用脱水工艺，直接将湿污泥用做农肥，工艺流程如下：污泥→污泥浓缩→污泥消化→农用；污泥→污泥浓缩→农用；污泥→农用。

国外很多处理厂采用焚烧工艺，其中很多不设消化阶段，流程如下：污泥→浓缩→脱水→焚烧。

省去消化的原因，是不降低污泥的热值，使焚烧阶段尽量少耗或不耗另外的燃料。

## 9.2 污泥干化处理工艺与设备

### 9.2.1 污泥干化处理工艺概述

污泥干化是多指采用蒸汽、烟气、热油等热源通过蒸发等作用，从脱水污泥中深度去除水分的污泥处置过程。污泥干化工艺是利用热能将污泥中的水分快速蒸发去除的技术。污泥干化工艺技术的显著优点是污泥的减容，体积可减少1/5～1/3，形成颗粒和粉状稳定产品，使得污泥性能大大改善，利用价值得到提高，为后续处理创造了条件。污泥干化处置后，无臭且无病原体，减轻了污泥的负面效应，用于污泥焚烧、制砖等进行进一步处置。因此污泥采用在焚烧、制砖、农用等处置方式时，污泥干化是污泥脱水后重要的第一步。

污泥干化工艺主要可分为热干化、太阳能干化、生物干化和其他干化等。热干化工艺属于传统污泥干化法，是目前应用最广泛也是最成熟的干化技术，具有安全性、稳定性、环境友好和低成本的优点。热干化目前应用较多的工艺设备有热干化-带式设备、热干化-桨叶式设备、热干化-筒式设备等。太阳能干化技术是利用太阳能为主要能源对污泥进行干化和稳定的污泥处理技术，该工艺具有能耗低、运行管理费用低、运行稳定的优点，缺点是设备运行受天气和季节的制约。生物干化工艺是利用微生物高温好氧发酵过程中有机物降解所产生的生物能，配合强制通风，促进污泥中水分的蒸发去除，达到快速干化的目的。生物干化工艺具有投资低、设备运行稳定、能耗和成本低、产品用途相对灵活的优点。生物干化主要有机械翻垛工艺、传统静态好氧发酵工艺、新型静态好氧发酵工艺，其干化处理设备有混料机、匀翻机、移行车、污泥料仓等，还包括好氧发酵的一体化设备等。其他干化工艺主要有利用烟气余热的污泥低温干化工艺、混拌石灰干化工艺，以及其他形式的干化技术等。

### 9.2.2 污泥热干化处理设备

#### 9.2.2.1 热干化处理设备——带式

（1）热泵技术干化污泥的设备

① 适用范围。将热泵作为热源进行干燥、干化和脱水等作业，该技术已应用于各个领域，如在木材、化工产品、食品干燥、蔬菜脱水和污泥粪便干化等方面，都取得了良好的效果。针对污泥和粪便干化问题，热泵干化技术具有运行费用低和对环境无任何污染的两大优势。

热泵干燥设备由热泵的热力循环系统和热风干燥循环系统组成。热泵循环系统为热风干燥系统提供热源和降低热风湿度。热风干燥系统，通过循环热风与物料直接接触，提供蒸发水分热量，带走物料中的水分。

由于热泵干化污泥在封闭的环境中进行，在干化过程中产生的一切有臭有害气体可以做到不外泄，对周围环境可以减少到最低的污染，有利于在居民点附近进行干化操作。见图 9-1。

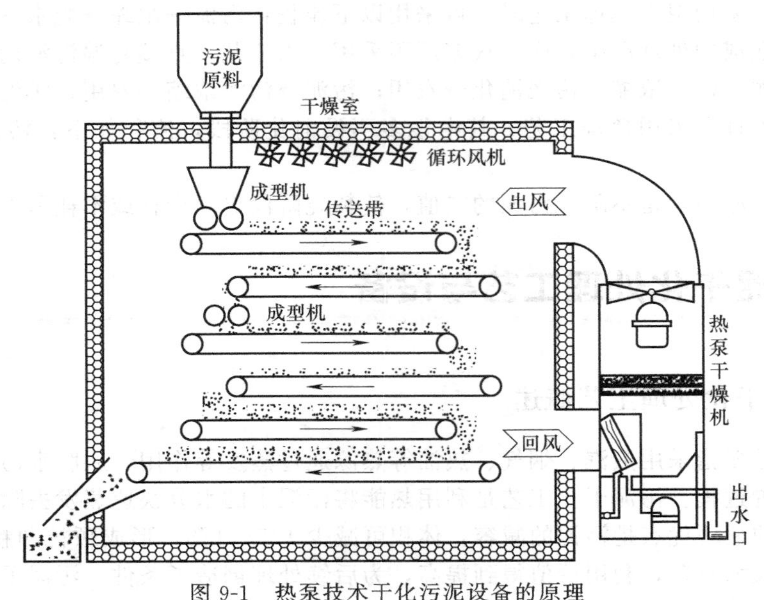


图 9-1 热泵技术干化污泥设备的原理

② 热泵技术干化污泥的特点：能耗费用低；不污染环境；污泥干化质量好。

若以处理 1t 含水率 60%污泥干化成含水率 20%的颗粒肥料为例，提供相等的干化热量，其能耗成本计算结果见表 9-1。

**表 9-1 能耗成本计算结果**

| 干燥热源 | 能源转换效率 | 干燥效率 | 处理 1t 污泥成本/元 |
|---|---|---|---|
| 煤 | $\eta_T=0.7$ | $\eta_干=0.9$ | 25 |
| 煤气 | $\eta_T=0.85$ | $\eta_干=0.9$ | 89 |
| 燃油 | $\eta_T=0.8$ | $\eta_干=0.9$ | 93 |
| 热泵 | cop=4.0 | $\eta_干=0.96$ | 41 |

由表 9-1 可见，各种热源的干燥装置，除煤外，采用热泵干燥，比燃油、煤气成本均低。但使用煤的实际成本，比表中所列要高，因为除干燥设备外，还需要投资庞大的锅炉房、锅炉设备和支付繁杂的管理费用，如增加环保设施、管理操作人员、煤的堆场，煤和渣的运输等。

将污泥干化成颗粒肥料，采用热泵除湿干燥装置与其他供热方式的干燥装置比较，其优缺点见表 9-2。

**表 9-2 干燥装置优缺点比较**

| 不同热源干燥 | 能耗成本比例 | 操作简易性 | 环境污染 | 干燥质量控制 |
|---|---|---|---|---|
| 热泵 | 1 | 易 | 无 | 好 |
| 煤 | 0.61 | 较复杂 | 较重 | 不易稳定 |
| 煤气 | 2.17 | 一般 | 较轻 | 较好 |
| 燃油 | 2.27 | 一般 | 较轻 | 较好 |

生产厂家：天津甘泉集团。

因此，随着环保要求提高，特别是人口密度较高的城市里，采用热泵来干化污泥具有独特的优势。

(2) Combi-Dry 转鼓带式污泥干化机

① 适用范围。Combi-Dry 转鼓带式污泥干化机适用于市政污泥、造纸污泥、发酵残留物质、木料和生物质垃圾、颗粒物料等的干化。

图 9-2　Combi-Dry 转鼓带式污泥干化外形

② 设备结构及工艺流程。Combi-Dry 转鼓带式污泥干化机是引进德国克莱因技术，该设备由干化转鼓、干化集装箱和技术集装箱组成。设备外形见图 9-2。

③ 技术参数。Combi-Dry 转鼓带式污泥干化机技术参数见表 9-3。

表 9-3　Combi-Dry 转鼓带式污泥干化机技术参数

| 项　　目 | 技术参数 |
|---|---|
| 水蒸发能力/(kg/h) | 100～150 |
| 进泥含固量/% | 20～35 |
| 出泥含固量/% | 90～93 |
| 热能消耗/(kW/t $H_2O$) | ～1000 |
| 电能消耗/(kW/t $H_2O$) | ～120 |

生产厂家：宜兴华都琥珀环保机械制造有限公司。

④ 设备特点。结构坚固，易保养；全自动操作运转；可利用废热能源；节省厂房，可室外安装布置；干化后污泥可作为燃料在焚烧装置水泥厂内进行能源回收。

(3) 两段式污泥干化装置系统

① 适用范围。两段式污泥干化装置系统适用于市政及工业污泥的干化。

② 装置系统工作原理。两段式污泥干化装置系统主要由薄层蒸发器、切碎机、带式干燥机组成。将 18%～30%干度的污泥连续泵入薄层蒸发器，被蒸发器的旋转叶片均匀地分布在圆筒的内壁形成薄层，在中空壳体之间循环流动的热流体对附着的污泥薄层进行加热干燥；薄层蒸发器出口的具有一定延展性的污泥落入切碎机的孔格网上，污泥经切碎机挤压形成面条状的污泥串；切碎机预成型的污泥在带式干燥机传输带上形成颗粒层，热空气逆向扫

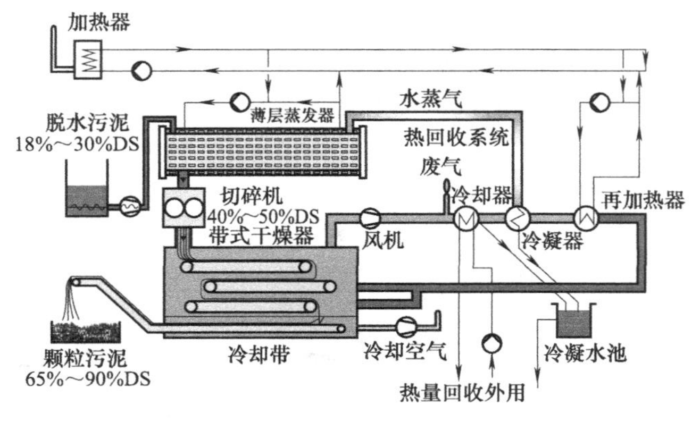


图 9-3　两段式污泥干化装置系统工作原理

过并穿透传输带上颗粒层对污泥进行加热干燥，使 40%～50%干度的污泥逐渐达到所要求的 65%～90%干度的污泥，在干燥过程中污泥保持在 90℃，最终阶段经风冷后污泥温度迅速降至 40～50℃，带式干燥机为微负压运行，以避免臭气外溢。

两段式污泥干化装置系统工作原理图见图 9-3，切碎机挤出产品见图 9-4，带式干燥机外形见图 9-5。

图 9-4　切碎机挤出产品

图 9-5　带式干燥机外形

生产厂家：得力满水处理系统（北京）有限公司。

③ 装置系统特点

a. 系统节能降耗。可节省能量 30%～40%，吨水蒸发能耗约 650～750kW·h；

b. 运行安全可靠。工作温度低，属无尘工艺，废气排放量少；

c. 产品优质稳定。无需造粒机就能达到最佳粒径，可调节成品污泥干度于 65%～90%，可调节污泥颗粒尺寸于 1～10mm；

d. 操作维护简便。系统简单，易于操作；全自动化控制；磨损件少，维护量低。

（4）低温污泥除湿干化机

① 适用范围。低温污泥除湿干化机适用于生活污泥、印染、造纸、电镀、皮革、化工等类型污泥干化系统（包括含砂量大污泥）。

② 工作原理。低温污泥除湿干化机采用热泵进行空气脱湿加热方式而达到污泥干化，除湿热泵是除湿（去湿干燥）和热泵（能量回收）的结合，其是利用制冷系统使湿热空气降温脱湿同时通过热泵原理回收空气水分凝结潜热加热空气的一种装置；空气为对流干燥的载热湿介质，利用干燥热空气作为干燥介质，低温污泥除湿干化机输送带上摊放污泥中的水分吸收空气中热量汽化至空气中，而达到污泥干化的目的。

③ 构造及技术参数。低温污泥除湿干化机主要由热泵装置和网带输送装置组成，其设备主要组成及外形见图 9-6，设备的技术参数见表 9-4。

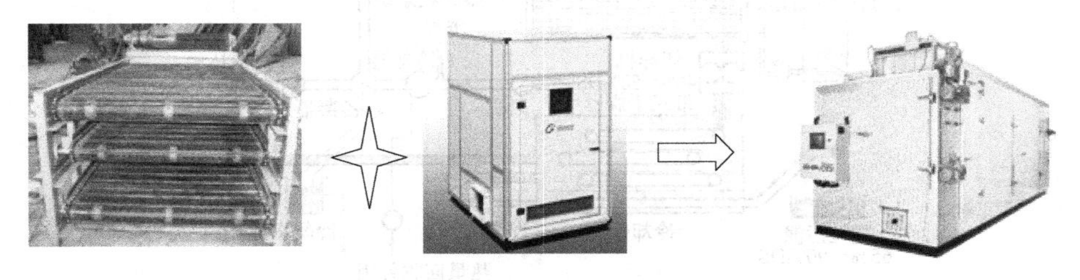

图 9-6　低温污泥除湿干化机主要组成及外形

表 9-4 低温污泥除湿干化机技术参数

| 低温污泥除湿干化机(带式、连续式) | | | | | | | |
|---|---|---|---|---|---|---|---|
| 型号 | SBDD1000FL | SBDD2000FL | SBDD4000FL | SBDD6000FL | SBDD8000FL | SBDD12000FL | SBDD16000FL |
| 去湿量/(kg/24h) | 1000 | 2000 | 4000 | 6000 | 8000 | 12000 | 16000 |
| 去湿量/(kg/h) | 42 | 83 | 166 | 249 | 333 | 500 | 667 |
| 总功率/kW | 14 | 26 | 50 | 74 | 98 | 138 | 185 |
| 热泵模块数/台 | 1 | 1 | 2 | 3 | 2 | 3 | 4 |
| 压缩机台数/台 | 2 | 4 | 8 | 12 | 8 | 12 | 16 |
| 冷却方式 | 风冷 FL | | | | 水冷 SL | | |
| 制冷剂 | R134a | | | | | | |
| 干燥温度/℃ | 48～56(回风),65～80(送风) | | | | | | |
| 控制系统 | 触摸屏＋PLC 可编程控制器 | | | | | | |
| 湿泥适用范围 | 含水率 70%～83%(或其他含水率) | | | | | | |
| 干料含水率/% | 变频调节,含水率 10～50 | | | | | | |
| 成型方式 | 切条、造粒 | | | | | | |
| 外形尺寸/mm | 2435×2190×2420 | 3760×2190×2420 | 6460×2190×2420 | 9160×2190×2420 | 7900×3110×3300 | 11150×3110×3300 | 14400×3110×3300 |
| 结构形式 | 整装 | | | | 组装 | | |

| 低温污泥除湿干化机(带式、连续式) | | | | | | |
|---|---|---|---|---|---|---|
| 型号 | SBDD20000FL | SBDD24000FL | SBDD28000FL | SBDD32000FL | SBDD36000FL | SBDD40000FL |
| 去湿量/(kg/24h) | 20000 | 24000 | 28000 | 32000 | 36000 | 40000 |
| 去湿量/(kg/h) | 833 | 1000 | 1167 | 1333 | 1500 | 1667 |
| 总功率/kW | 230 | 276 | 322 | 368 | 415 | 460 |
| 热泵模块数/台 | 5 | 6 | 7 | 8 | 9 | 10 |
| 压缩机台数/台 | 20 | 24 | 28 | 32 | 36 | 40 |
| 冷却方式 | 水冷 SL(冷却介质:空气及水) | | | | | |
| 制冷剂 | R134a | | | | | |
| 干燥温度/℃ | 48～56(回风),65～80(送风) | | | | | |
| 控制系统 | 触摸屏＋PLC 可编程控制器 | | | | | |
| 湿泥适用范围 | 含水率 70%～83%(或其他含水率) | | | | | |
| 干料含水率/% | 变频调节,含水率 10～50 | | | | | |
| 成型方式 | 切条、造粒 | | | | | |
| 外形尺寸/mm | 17650×3110×3300 | 20900×3110×3300 | 24150×3110×3300 | 27400×3110×3300 | 30650×3110×3300 | 33900×3110×3300 |
| 结构形式 | 组装 | | | | | |

| 多层干污泥化机 | | | | | | |
|---|---|---|---|---|---|---|
| 型号 | SBDD40000FL | SBDD48000FL | SBDD56000FL | SBDD64000FL | SBDD72000FL | SBDD80000FL |
| 去湿量/(kg/24h) | 40000 | 48000 | 56000 | 64000 | 72000 | 80000 |
| 去湿量/(kg/h) | 1666 | 2000 | 2334 | 2666 | 3000 | 3334 |
| 总功率/kW | 460 | 552 | 644 | 736 | 830 | 920 |
| 热泵模块数/台 | 10 | 12 | 14 | 16 | 18 | 20 |
| 压缩机台数/台 | 40 | 48 | 56 | 64 | 72 | 80 |
| 冷却方式 | 水冷 SL | | | | | |

续表

| 型号 | SBDD40000FL | SBDD48000FL | SBDD56000FL | SBDD64000FL | SBDD72000FL | SBDD80000FL |
|---|---|---|---|---|---|---|
| 制冷剂 | R134a | | | | | |
| 干燥温度/℃ | 48～56(回风),65～80(送风) | | | | | |
| 控制系统 | 触摸屏+PLC可编程控制器 | | | | | |
| 湿泥适用范围 | 含水率70%～83%(或其他含水率) | | | | | |
| 干料含水率/% | 变频调节,含水率10～50 | | | | | |
| 成型方式 | 切条、造粒 | | | | | |
| 外形尺寸/mm | 17650×3110×6600 | 20900×3110×6600 | 24150×3110×6600 | 27400×3110×6600 | 30650×3110×6600 | 33900×3110×6600 |
| 结构形式 | 组装 | | | | | |

生产厂家：广州晟启能源设备有限公司。

### 9.2.2.2 热干化处理设备——桨叶式

（1）空心桨叶干燥机（叶片干燥机）

① 适用范围。化工行业、环保行业、饲料行业、石化行业、食品行业。该机适用于处理各种膏糊状、粒状、粉状等热稳定性较好的物料，在特殊条件下也可干燥热敏性物料及在干燥过程中回收溶剂。

② 工作原理。空心桨叶干燥机主要由带有夹套的W形壳体和两根空心桨叶轴及传动装置组成。轴上排列着中空叶片，轴端装有热介质导入的旋转接头。干燥水分所需的热量由带有夹套的W形槽的内壁和中空叶片壁传导给物料。物料在干燥过程中，带有中空叶片的空心轴在给物料加热的同时又对物料进行搅拌，从而进行加热面的更新。是一种连续传导加热干燥机。

加热介质为蒸汽、热水或导热油。加热介质通入壳体夹套内和两根空心桨叶轴中，以传导加热的方式对物料进行加热干燥，不同的物料空心桨叶轴结构有所不同。

物料由加料口加入，在两根空心桨叶轴内的搅拌作用下，更新界面，同时推进物料至出料口，被干燥的物料由出料口排出。

③ 外形结构及技术参数及安装尺寸。见图9-7、表9-5。

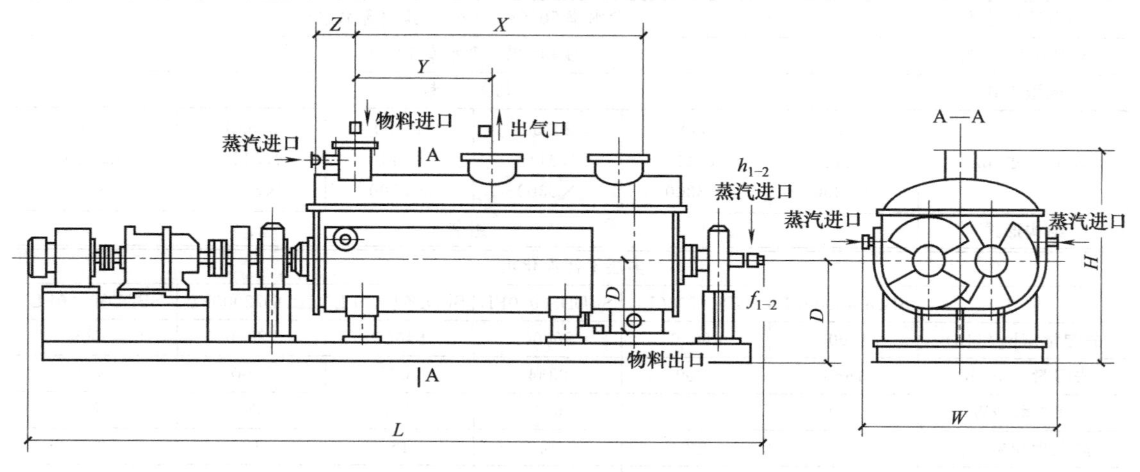


图9-7 空心桨叶干燥机外形结构及安装尺寸

**表 9-5　空心桨叶干燥机技术参数**

| 型　　号 | RD-30 | RD-80 | RD-125 | RD-250 | RD-500 |
|---|---|---|---|---|---|
| 传热面积/$m^2$ | 3 | 8 | 12.5 | 25 | 50 |
| 转速/(r/min) | 6～24 | 5～20 | 5～20 | 5～20 | 4～16 |
| 功率/kW | 1.5 | 4 | 5.5 | 11 | 55 |
| 有效容积/$m^3$ | 0.065 | 0.49 | 0.94 | 1.65 | 3.15 |
| 蒸汽压力/MPa | 0.6 | 0.6 | 0.6 | 0.6 | 0.79 |
| 水分蒸发量/[kg/($m^2$·h)] | 10～60 | 10～60 | 10～60 | 10～60 | 10～60 |
| 外形尺寸/mm | 3295×420×798 | 4823×873×1198 | 5781×1120×1479 | 6860×1468×1839 | |

（2）RD 多层多级多效污泥干燥机

RD 多层多级多效污泥干燥机是根据我国污泥处理的目的和目标，结合目前污水处理厂的规模所排出的污泥量，在原空心桨叶式污泥干燥机的基础上，开发出的一种新型干燥装置，整套装置移植了空心桨叶干燥机干燥污泥的成熟技术，另配套热泵热能回收技术，多效蒸发节能技术，通过多层结构将三种技术结合在一起，同时实现了空心桨叶干燥机的大型化制造。是一种可以大量处理物料的干燥装置。

RD 干燥装置与目前常用的干燥设备相比有着显著的特点，除了能耗低、处理量大、无二次污染等特点外，还具有突出的一个特点是 RD 多层多级多效干燥装置的可扩产特性。由于 RD 多层多级多效干燥装置在结构上是多层的，每层都可单独操作，又可叠加组合，增加层数就可加大传热面积，提高产量。一旦扩大产量，只需增加层数，无须增加设备占地面积。

① 适用范围。适应污水厂排出的污泥、化学石膏、电石渣、糟渣类的干燥处理。

② 工作原理。RD 多层多级多效干燥装置（简称 RD 干燥装置）整合了空心桨叶干燥机、各种多层干燥机和多效蒸发器的工作原理和结构形式，其工作原理与空心桨叶干燥机一样。层数可根据生产需要组合 3～5 层。根据物料在干燥过程中的粉、粒体物理性质的变化，水分蒸发速度的变化，综合传热系数的变化等变化因素，进行各级叶片的结构设计。操作参数实现最优设计和最佳选择。

③ RD 多层多级多效干燥装置技术性能及外形。见图 9-8、表 9-6。由于设备结构紧凑，且辅助装置少，散热损失也减少。用多效干燥，将干燥蒸发的二次蒸汽作为热源加以利用。

图 9-8　RD 多层多级多效干燥装置

a. 热量利用率可达 80%～90%；

b. 处理每吨污泥仅需 250～300kg 蒸汽；

c. 单台装置最大传热面积可达 800$m^2$；

d. 单台装置每小时最大可处理污泥 10t；

e. 无二次污染；

f. 不需要尾气处理装置；

g. 占地面积小。

采用多层结构，多层组装，大型化制造、运输，安装方便。

表 9-6 RD 安装尺寸 单位：mm

<table>
<tr><th>规格</th><th>A</th><th>b</th><th>c</th><th>D</th><th>E</th><th>$f_{1-2}$</th><th>$g_{1-2}$</th><th>$h_{1-2}$</th><th>x</th><th>y</th><th>z</th><th>p</th><th>q</th><th>L*W*H</th></tr>
<tr><td>RD-30</td><td>100×150</td><td>HG5010-58 Pg2.5 Dg100</td><td>HG5010-58 Pg2.5 Dg100</td><td>HG5010-58 Pg6 Dg25</td><td>120×120</td><td>ZG 1/2</td><td>HG5010-58 Pg6 Dg25</td><td>ZG 11/4</td><td>1295</td><td>595</td><td>180</td><td>650</td><td>500</td><td>3600×700×865</td></tr>
<tr><td>RD-80</td><td>220×150</td><td>GHJ45-91 25-0.25</td><td>GHJ45-91 150-0.25</td><td>HGJ45-91 25-2.6</td><td>200×200</td><td>ZG1</td><td>HGJ45-91 25-0.6</td><td>ZG1</td><td>2334</td><td>1110</td><td>250</td><td>530</td><td>273</td><td>4780×660×865</td></tr>
<tr><td>RD-250</td><td>250×300</td><td>HGJ45-91 100-0.25</td><td>HGJ45-91 400-0.25</td><td>HGJ45-91 40-0.25</td><td>300×100</td><td>ZG3</td><td>HGJ45-91 40-1.0</td><td>ZG2</td><td>2850</td><td>1560</td><td>280</td><td>867</td><td>470</td><td>6810×1620×1839</td></tr>
<tr><td>RD-300</td><td>$\phi$380</td><td rowspan="2"></td><td>HGJ45-91 150-0.25</td><td>HGJ45-91 150-0.25</td><td>$\phi$380</td><td>ZG 21/2</td><td rowspan="2">HGJ45-91 50-1.0</td><td>ZG11/2</td><td>3500</td><td>1350</td><td>250</td><td>969</td><td>645</td><td>6670×1771×1985</td></tr>
<tr><td>RD-400</td><td>300×400</td><td rowspan="2">HGJ45-91 400-0.25</td><td>HGJ45-91 50-1.0</td><td>$\phi$350</td><td>ZG2</td><td>ZG21/2</td><td>4600</td><td>2700</td><td>310</td><td>1115</td><td>600</td><td>7860×1976×2707</td></tr>
<tr><td>RD-500</td><td>300×500</td><td>HGJ45-91 100-0.25</td><td>HGJ45-91 80-1.0</td><td>HGJ 45-91 500-0.25</td><td>ZG3</td><td>GHJ45-91 80-1.0</td><td>ZG4</td><td>4500</td><td>2450</td><td>250</td><td>1239</td><td>640</td><td>9007×1950×2440</td></tr>
</table>

生产厂家：洛阳瑞岛干燥工程有限公司、三门峡瑞泰化工装备技术有限责任公司。

（3）JGZ 型桨叶式干燥机

JGZ 型桨叶式干燥机可用于物料的干燥，如污泥、合成树脂、纳米碳酸钙、氢氧化钠等；用于加热如合成树脂、酚醛树脂、烟草等；用于杀菌，如各种菌体；用于冷却，如无机药品等。

① 型号说明

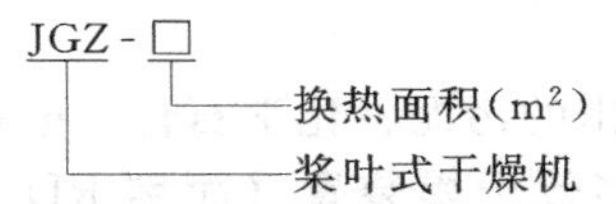


② 设备特点。JGZ 型桨叶式干燥机能处理含水率高的物料；设备紧凑，占地面积小；具有自净能力，传热系数大，热量利用率高；不仅可用于干燥，也可用于冷却。

③ 设备技术参数。JGZ 型桨叶式干燥机干燥运行状态的技术参数见表 9-7，冷却运行状态的技术参数见表 9-8。

表 9-7 JGZ 型桨叶式干燥机干燥运行状态的技术参数

<table>
<tr><th>参数<br>规格</th><th>干燥面积/$m^2$</th><th>主轴转速/(r/min)</th><th>电机功率/kW</th><th>有效容积/$m^3$</th><th>介质最高工作压力/MPa</th><th>蒸发强度/[kg/($m^2$·h)]</th><th>传热介质</th><th>外形尺寸/mm</th></tr>
<tr><td>JGZ-3</td><td>3</td><td>5～25</td><td>1.5</td><td>0.065</td><td rowspan="10">≤0.6</td><td rowspan="10">10～60</td><td rowspan="10">饱和蒸汽、导热油、热水</td><td>3600×710×865</td></tr>
<tr><td>JGZ-8</td><td>8</td><td rowspan="4">5～20</td><td>4</td><td>0.05</td><td>4780×860×1200</td></tr>
<tr><td>JGZ-13</td><td>13</td><td>5.5</td><td>1</td><td>5780×1120×1500</td></tr>
<tr><td>JGZ-25</td><td>25</td><td>11</td><td>1.65</td><td>6810×1620×1840</td></tr>
<tr><td>JGZ-40</td><td>40</td><td>18.5</td><td>3.4</td><td>7860×1970×2705</td></tr>
<tr><td>JGZ-60</td><td>60</td><td rowspan="5">5～16</td><td>45</td><td>5.3</td><td>9450×2250×2300</td></tr>
<tr><td>JGZ-80</td><td>80</td><td>55</td><td>6.4</td><td>9400×2640×2700</td></tr>
<tr><td>JGZ-100</td><td>100</td><td>70</td><td>11.6</td><td>9410×2760×2880</td></tr>
<tr><td>JGZ-125</td><td>125</td><td>90</td><td>14.2</td><td>9600×3000×3100</td></tr>
<tr><td>JGZ-200</td><td>200</td><td>180</td><td>200</td><td>10000×2500×3100</td></tr>
</table>

**表 9-8　JGZ 型桨叶式干燥机冷却运行状态的技术参数**

| 规格＼参数 | 传热面积/$m^2$ | 主轴转速/(r/min) | 电机功率/kW | 处理量/(t/h) | 有效容积/$m^3$ | 冷却水用量/(t/h) | 外形尺寸/mm |
|---|---|---|---|---|---|---|---|
| JGZ-30 | 30 | 15～30 | 15 | 10 | 1.68 | 1832 | 7000×1980×1960 |
| JGZ-50 | 50 |  | 30 | 20 | 3.2 |  | 9000×2200×2560 |
| JGZ-80 | 80 | 15～25 | 55 | 30 | 6.4 |  | 9400×2640×2700 |
| JGZ-100 | 100 |  | 75 | 40 | 11.2 |  | 9410×2760×2880 |

(4) SZ 空心桨叶搅拌干燥机

① 工作原理。SZ 空心桨叶搅拌干燥机是一种间接加热低速搅拌型干燥机，可连续操作，属于高效节能型干燥设备。设备内部有两根或四根空心转动轴，空心轴上密集排列着楔形中空桨叶，热介质经空心轴流经桨叶。热轴内流道特殊，设计巧妙，两轴反向转动，轴间产生挤压和松弛作用。借助于楔形桨叶，不断对物料进行翻动和搅拌，使物料受热面不断更新，蒸发效率大幅提高。根据干燥温度，常用热介质有蒸汽、导热油、热水、冷却水，可完成干燥、冷却、加热、反应等单元操作。见图 9-9、见图 9-10。

② 设备特点。国产化重大装备科技攻关成果；楔形桨叶传热面具有自清洁功能；设备结构紧凑，占地面积小，操作简便；全密封作业，车间很少粉尘，环境污染小；设备外壁设置保温层，能耗低，热效率可达 95%。

图 9-9　SZ 空心桨叶搅拌干燥机

图 9-10　SZ 空心桨叶搅拌干燥机轴体工作图

③ 适应物料

a. 环保行业：印染厂污泥、皮革厂污泥、市政污泥、净水厂淤泥、锅炉烟灰、药厂废渣、糖厂废渣、味精厂废渣等。

b. 石化行业：聚丙烯、聚乙烯、聚氯乙烯、聚苯硫醚、聚酯、尼龙、工程塑料、醋酸纤维等。

c. 化工行业：纯碱、活性炭、碳酸钙、白炭黑、钛白粉、硫酸钡、EDTA 钠盐、分子筛、高岭土、复合肥。

d. 饲料行业：酒糟、酱渣、醋渣、鱼粉、豆粕、饲料添加剂、苹果渣、骨基饲料、生物渣泥等。

e. 食品行业：大米、胡椒、淀粉、可可豆、玉米粒、食盐、奶粉、医药品及中间体。

f. 用于冷却：炸药、石膏、氧化铁、氢氧化钠、芒硝、食盐、尼龙粒子。

④ 技术参数。见表 9-9。

⑤ 结构原理。见图 9-11。

(5) 双向剪切楔形扇面叶片式污泥专用干燥机

① 工作原理　污泥专用干燥机是一种间接加热低速搅拌型干燥机。设备内部有两根或者四根空心转动轴，空心轴上密集并联排列着扇面楔形中空叶片，结构设计特殊巧妙。轴体

相对转动，利用角速度相同而线速度不同的原理和结构巧妙地达到了轴体上污泥的自清理作

表 9-9　SZ 空心桨叶搅拌干燥机技术参数

| 规　格 | 传热面积/$m^2$ | 电机功率/kW | 外形尺寸/mm | | |
|---|---|---|---|---|---|
| | | | 长 | 宽 | 高 |
| SZ-2.5 | 2.5 | 3～5 | 2500 | 600 | 1200 |
| SZ-8.5 | 8.5 | 5～7.5 | 3800 | 900 | 1300 |
| SZ-10 | 10 | 7.5～11 | 4000 | 1250 | 1450 |
| SZ-15 | 15 | 11～15 | 5200 | 1400 | 1720 |
| SZ-25 | 25 | 15～22 | 6000 | 1700 | 2000 |
| SZ-50 | 50 | 22～35 | 6500 | 2000 | 2200 |
| SZ-60 | 60 | 35～55 | 8150 | 2150 | 2400 |
| SZ-100 | 100 | 55～75 | 9300 | 3000 | 2700 |

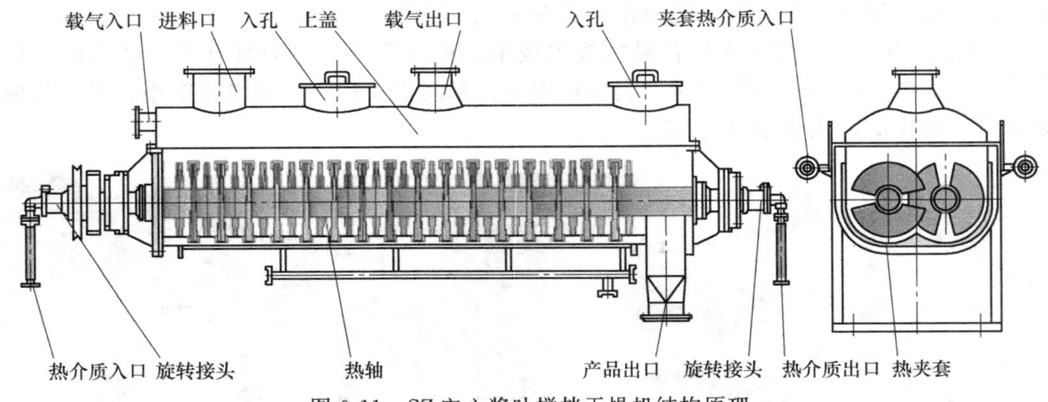


图 9-11　SZ 空心桨叶搅拌干燥机结构原理

用，最大限度地防止了污泥干化过程中的“抱轴”现象。以最快速度使得污泥在干化过程中迅速冲过“胶黏化相区域”。同时巧妙的结构使得污泥在干化过程中达到了双向剪切状态。采用夹套式壳体结构，使得污泥在机器内部各个界面均匀受热，轴体转动，污泥在设备内不断翻腾，受热面不断翻新。从而大大提高了设备的蒸发效率，既达到了污泥干化的目的，又实现了整套装置的低成本运行。见图 9-12。

图 9-12　双向剪切楔形扇面叶片式污泥专用干燥机

② 工艺技术规格

a. 污泥来源：市政污泥、工厂污泥（如印染厂、制革厂、造纸厂等）。

b. 全干化：来泥含水率 80%～85%（湿基），干化后含水率 10%（湿基）。

c. 半干化：来泥含水率 80%～85%（湿基），干化后含水率 40%（湿基）。

d. 湿泥处理量：10t/d，20t/d，30～35t/d，50～60t/d，70t/d，80t/d，100～120t/d。

③ 设备特点

a. 节能化：节能化是本设备的最大优点，节能降耗保证成套设备的低成本运行。

b. 集约化：单台机器日处理可以达到 100t 污泥，使得成套设备达到了集约化。

c. 环保化：系统设备全部密封运行，无粉尘及气味外泄。成套设备为负压运行，现场干净卫生，环保性能良好。

d. 智能化：系统设备全部采用智能检测，自动控制和手动控制两条线，更利于生产现场的稳定化作业。

e. 简单化：由于设备结构的巧妙和化整为零的思路，更利于设备的检修和维护，既降低了生产工人的劳动强度也降低了对使用现场维修设备的更高级的要求，更适合于发展中地区的使用和生产实践的需求。

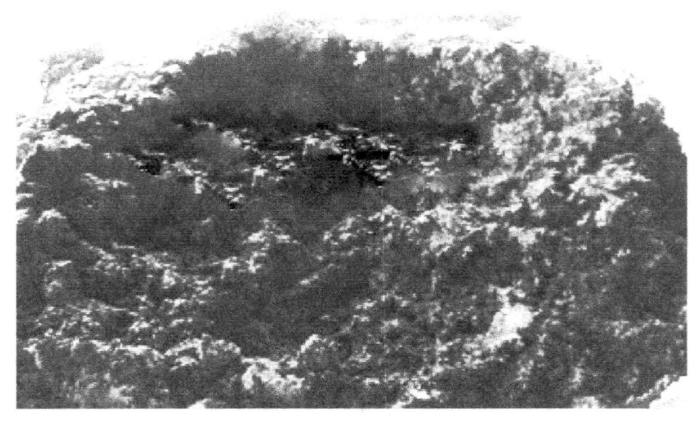

图 9-13　干化前的污泥性状

图 9-14　干化后的污泥性状

f. 减量化：干化后的污泥体积是湿污泥体积的五分之一，极大地降低了污泥的后处理费用及运输成本。干化前的污泥性状见图 9-13，干化后的污泥性状见图 9-14。结构原理见图 9-15。

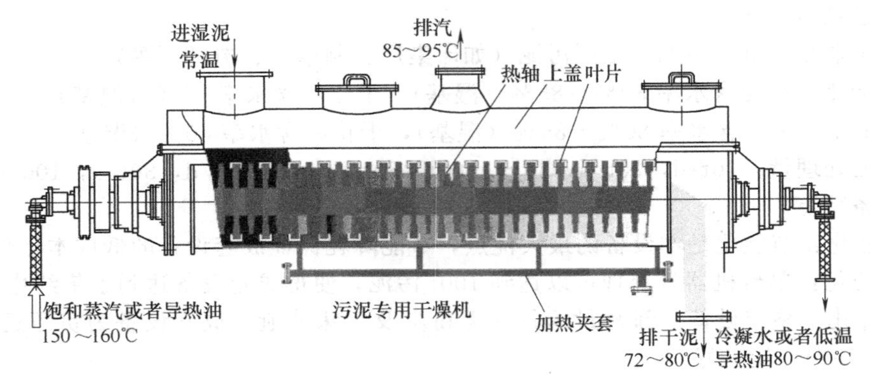


图 9-15　双向剪切楔形扇面叶片式污泥干燥机结构原理

生产厂家：广州楷诚干燥设备有限公司。

(6) KJG 系列空心桨叶干燥机

① 适用范围。桨叶干燥机用于工业污泥、食品、化工、石化、染料等领域。

② 工作原理。该产品可对膏状、颗粒状、粉状、浆状物料间接加热或冷却，可完成干燥、冷却、加热、灭菌、反应、低温煅烧等单元操作。设备中特殊的楔形搅拌传热桨叶，具有较高的传热效率和传热面自清洁功能。

空心轴上密集排列着楔形中空桨叶，热介质经空心轴流经桨叶。单位有效容积内传热面积很大，热介质温度从 40～320℃，可以是蒸汽，也可以是液体型如热水、导热油等。间接传导加热，没有空气带走热量，热量均用来加热物料。热量损失仅为通过器体保温层向环境的散热。楔形桨叶传热面具有自清洁功能。物料颗粒与楔形面的相对运动产生洗刷作用，能够洗刷掉楔形面上附着物料，使运转中一直保持着清洁的传热面。桨叶干燥机的壳体为 Ω 型，壳体内一般安排二到四根空心搅拌轴。壳体有密封端盖与上盖，防止物料粉尘外泄及收集物料溶剂蒸汽。出料口处设置一挡板，保证料位高度，使传热面被物料覆盖而充分发挥作用。传热介质通过旋转接头，流经壳体夹套及空心搅拌轴，空心搅拌轴依热介质的类型而具有不同的内部结构，以保证最佳的传热效果。见图 9-16。

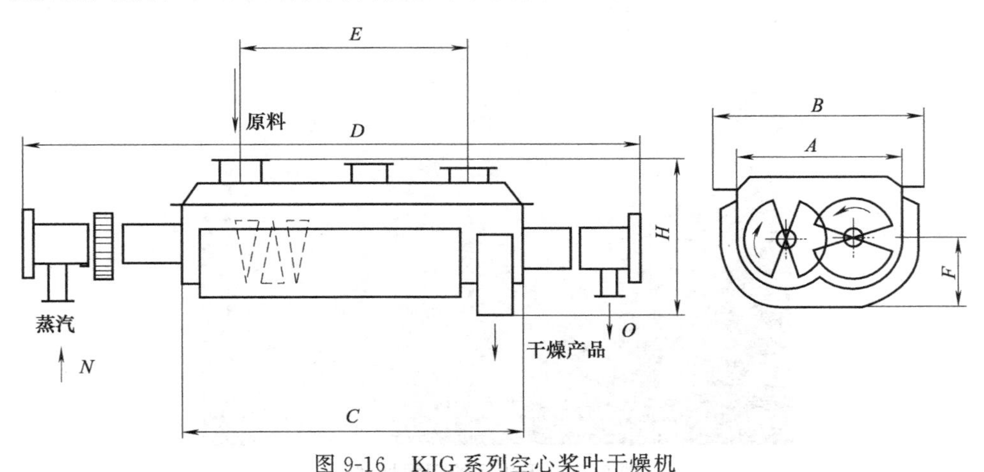


图 9-16　KJG 系列空心桨叶干燥机

③ 主要特点

a. 桨叶干燥机能耗低。由于间接加热，没有大量空气带走热量，干燥器外壁设置保温层，对浆状物料，蒸发 1kg 水仅需 1.2kg 蒸汽。

b. 桨叶干燥机系统造价低。单位有效容积内拥有巨大的传热面，缩短了处理时间；设备尺寸变小，极大地减少了建筑面积及建筑空间。

c. 处理物料范围广。使用不同热介质，既可处理热敏性物料，又可处理需高温处理的物料。常用介质有蒸汽、导热油、热水、冷却水等。既可连续操作也可间歇操作，可在很多领域应用。

d. 环境污染小。不使用携带空气，粉尘物料夹带很少。物料溶剂蒸发量很小，便于处理。对有污染的物料或需回收溶剂的工况，可采用闭路循环。

e. 操作费用低。低速搅拌及合理的结构。磨损量小，维修费用很低。

f. 操作稳定。由于楔形桨叶特殊的压缩-膨胀搅拌作用，使物料颗粒充分与传热面接触，在轴向区间内，物料的温度、湿度、混合度梯度很小，从而保证了工艺的稳定性。

④ 技术参数。见表 9-10。

**表 9-10　KJG 系列空心桨叶干燥机技术参数**

| 项目 \ 型号 | KJG-3 | KJG-9 | KJG-13 | KJG-18 | KJG-29 | KJG-41 | KJG-52 | KJG-68 | KJG-81 | KJG-95 | KJG-110 |
|---|---|---|---|---|---|---|---|---|---|---|---|
| 传热面积/$m^2$ | 3 | 9 | 13 | 18 | 29 | 41 | 52 | 68 | 81 | 95 | 110 |
| 有效容积/$m^3$ | 0.06 | 0.32 | 0.59 | 1.09 | 1.85 | 2.8 | 3.96 | 5.21 | 6.43 | 8.07 | 9.46 |
| 转速范围/(r/min) | 15～30 | 10～25 | 10～25 | 10～20 | 10～20 | 10～20 | 10～20 | 10～20 | 5～15 | 5～15 | 5～10 |
| 功率/kW | 2.2 | 4 | 5.5 | 7.5 | 11 | 15 | 30 | 45 | 55 | 75 | 95 |
| 器体宽 $A$/mm | 306 | 584 | 762 | 940 | 1118 | 1296 | 1474 | 1652 | 1828 | 2032 | 2210 |
| 总宽 $B$/mm | 736 | 841 | 1066 | 1320 | 1474 | 1676 | 1854 | 2134 | 1186 | 2438 | 2668 |
| 器体长 $C$/mm | 1956 | 2820 | 3048 | 3328 | 4114 | 4724 | 5258 | 5842 | 6020 | 6124 | 6122 |
| 总长 $D$/mm | 2972 | 4876 | 5486 | 5918 | 6808 | 7570 | 8306 | 9296 | 9678 | 9704 | 9880 |
| 进出料距 $E$/mm | 1752 | 2540 | 2768 | 3048 | 3810 | 4420 | 4954 | 5384 | 5562 | 5664 | 5664 |
| 中心高 $F$/mm | 380 | 380 | 534 | 610 | 762 | 915 | 1066 | 1220 | 1220 | 1220 | 1220 |
| 总高 $G$/mm | 762 | 838 | 1092 | 1270 | 1524 | 1778 | 2032 | 2362 | 2464 | 2566 | 2668 |
| 进汽口 $N$/in | 3/4 | 3/4 | 1 | 1 | 1 | 1 | 11/2 | 11/2 | 11/2 | 11/2 | 2 |
| 出水口 $O$/in | 3/4 | 3/4 | 1 | 1 | 1 | 1 | 11/2 | 11/2 | 11/2 | 11/2 | 2 |

生产厂家：常州市钱江干燥工程设备有限公司。

（7）WG 型污泥干化机

① 适用范围。污泥干化机是一种直接接触型污泥干化设备，它利用电厂余热作为热源，可迅速减少污泥体积，提高固体质量，且热能消耗少，工艺操作环境粉尘少，可用于市政、纺织、造纸、皮革等经沉淀处理后的污泥干化操作，为污水处理厂产生的污泥提供了理想的干化设备，WG 型污泥干化机外形见图 9-17，其工艺流程见图 9-18。

② 设备特点。楔形桨叶具有自清洁能力，设备结构紧凑，单位体积传热面积大，可处理高含水率污泥。快速降低污泥中的高含湿水分，实现污泥减量化。随桨叶的旋转，污泥被不断压缩、膨胀；传热面上的污泥不断交替更迭，使得干化机具有很高的传热效率。热效率高、处理能力大。能耗低，散热损失小，热效率高达 80%～90%，尾气处理量少，辅助设备少，配套设备简单。占地面积小，节省投资及运行成本。干化后的污泥含有一定的热值和有机质成分，具有很好的利用价值。实现污泥无害化、资源化和环境保护的要求。

③ 设备特性参数。WG 型污泥干化机技术参数见表 9-11。

图 9-17 WG 型污泥干化机外形

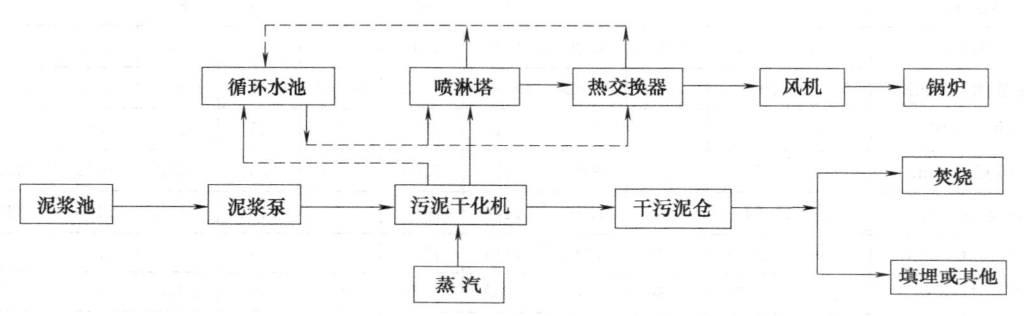


图 9-18 WG 型污泥干化机工艺流程

**表 9-11 WG 型污泥干化机技术参数**

| 型号 | 干燥面积 /$m^2$ | 水分蒸发能力 /(t/h) | 装机功率 /kW | 湿污泥处理量 (含水率为 85%→40%)/(t/d) |
|---|---|---|---|---|
| WGS-9 | 60 | 0.6～0.84 | 约 22 | 20 |
| WGS-10 | 85 | 0.85～1.20 | 约 30 | 30 |
| WGS-11 | 125 | 1.25～1.75 | 约 45 | 60 |
| WGT-10 | 160 | 1.60～2.24 | 约 75 | 70 |
| WGT-11 | 220～250 | 2.50～3.50 | 90～110 | 100 |
| WGT-14 | 480～520 | 5.70～7.20 | 150～180 | 200 |

(8) 桨叶式干燥机

① 污泥处理工艺一。应用于电厂污泥。

桨叶式干燥机是污泥燃料化即污泥干化处理的关键设备。

其工作原理为：空心轴上密集排列着楔形中空桨叶，热介质经空心轴流经桨叶，单位有效面积内传热面积很大，从－40～320℃，可以是水蒸气，也可以是液体型如热水、导热油等。间接传导加热，没有携带热空气带走热量，热量均用来加热物料。热量损失仅为通过器体保温层向环境的散热。楔形桨叶传热面具有自清洁功能。物料颗粒与楔形面的相对运动产生洗刷作用，能够洗刷掉楔形面上的附着物料，使用中一直保持着清洁的传热面。桨叶干燥机的壳体内布有四根空心搅拌轴。壳体有密封端盖与上盖，防止物料粉尘外泄及收集物料溶剂蒸气。传热介质通过旋转接头，流经壳体夹套及空心搅拌轴，空心搅拌轴依据热介质的类型而具有不同的内部结构，以保证最佳的传热效果。

该设备有以下优点：

a. 加热均匀、蒸发速度、热效率高、出料干化均匀；

b. 电力消耗低、机械磨损少；

c. 干化过程中排出的水汽中携带的污泥颗粒和空气少；

d. 可通过对其转速等的调节，任意控制污泥出料水分。

其技术参数见表 9-12。

**表 9-12 桨叶式干燥机技术参数**

| 型　　号 | 规格(21h)/(t/d) | 干燥面积/$m^2$ | 主轴数量 | 型　　号 | 规格(21h)/(t/d) | 干燥面积/$m^2$ | 主轴数量 |
|---|---|---|---|---|---|---|---|
| SY-GZJ10 | 10～15 | 32 | 2 | SY-GZJ50 | 45～50 | 160 | 4 |
| SY-GZJ20 | 15～20 | 64 | 2 | SY-GZJ60 | 55～60 | 190 | 4 |
| SY-GZJ30 | 25～30 | 95 | 2 | SY-GZJ75 | 65～75 | 240 | 4 |
| SY-GZJ40 | 35～40 | 125 | 2 | | | | |

② 污泥处理工艺二。应用于污水处理厂、印染厂等

在非电厂中处理污泥，比如印染厂、污水处理厂等，其工艺流程见图 9-19，主要有干燥机、焚烧和余热锅炉、废汽冷凝系统、干污泥输送系统、加热蒸汽或导热油系统。

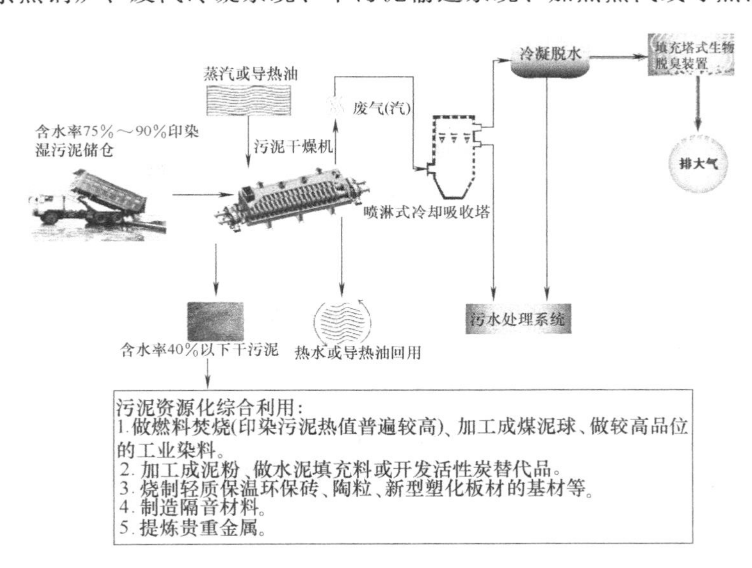


图 9-19　印染厂污泥干化综合处理工艺流程

生产厂家：绍兴市新民新能源工程技术有限公司。

#### 9.2.2.3 热干化处理设备——筒式

(1) 回转滚筒干燥机

**ZHG 直热式回转滚筒干燥机**

湿物料加入干燥机后，在筒内均匀分布的抄板器翻动下，在干燥机内均匀分布与分散，并与并流（逆流）的热空气充分接触，加快了干燥传热、传质。在干燥过程中，物料在带有物料倾斜度的抄板和热气流的作用下，可调控地运动至干燥机另一段星形卸料阀排出成品。

① 主要特点。转筒干燥器机械化程度高，生产能力较大；流体通过筒体阻力小，功耗

低；对物料特性的适应性比较强；操作稳定、操作费用较低，产品干燥的均匀性好。

② 技术参数。见表 9-13。

表 9-13 回转滚筒干燥机技术参数

| 型 式 | 直接加热顺流式 | 直接加热顺流式 | 直接加热逆流式 | 直接加热逆流式 | 复合加热 | 复合加热 |
|---|---|---|---|---|---|---|
| 物料种类 | 矿石 | HP 发泡剂 | 高炉矿渣 | 硫铵 | 磷肥 | 煤 |
| 处理量/(kg/h) | 1000 | 466 | 15000 | 20000 | 5000 | 1000 |
| 初含水量/% | 30 | 13 | 6 | 1.5 | 6.5 | 30 |
| 终含水量/% | 15 | 0.3 | 1 | 0.1 | 0.1 | 15 |
| 平均粒径/mm | 6.5 | 0.05 | 4.7 | 0.5～1.7 | 5 | 6.5 |
| 物料堆积密度/(kg/m³) | 770 | 800 | 1890 | 1100 | 750 | 770 |
| 热风量/(kg/h) | 39000 | 5400 | 10750 | 9800 | 16000 | 39000 |
| 入口气体温度/℃ | 600 | 165 | 500 | 180 | 570 | 600 |
| 物料出口温度/℃ | | 42 | 100 | 70 | 75 | |
| 加热方式 | 煤气 | 蒸汽式电加热 | 重油 | 燃煤热风炉 | 重油 | 重油 |
| 装料系数/% | | 6.3 | 7 | 7.5 | 18 | |
| 转速/(r/min) | 4 | 4 | 3.5 | 3 | 2 | 4 |
| 倾斜度/(m/m) | 0.04 | 0.005 | 0.03 | 0.05 | 0.043 | 0.04 |
| 抄板数目 | 12 | 24 | 12 | 12 | 内筒外面 8<br>外筒内面 16 | 6 12 |
| 干燥器直径/m | 2.0 | 1.5 | 2 | 2.0 | 外筒 2<br>内筒 0.84 | 外筒 2.4<br>内筒 0.95 |
| 干燥长度/m | 20 | 12 | 17 | 10 | 16 | 2.0 |
| 驱动功率/kW | 22 | 7.5 | 15 | | | |

生产厂家：天津甘泉集团、常州健达干燥设备有限公司、常州市创新干燥设备有限公司、洛阳瑞岛干燥工程有限公司。

(2) 转筒喷雾造粒机（喷浆造粒干燥机）

① 适用范围。转筒喷雾造粒机（喷浆造粒干燥机），集喷雾、造粒、干燥于一体，在复合肥生产应用中工艺已经非常成熟，随着各行业对粉粒体的性能要求的发展，该设备的技术已经向环保、饲料等行业进行了成功的移植。

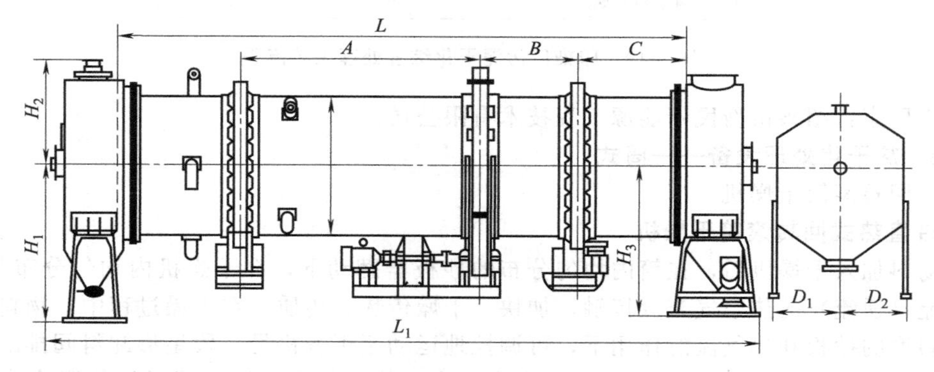


图 9-20 结构及外形尺寸技术参数及安装

② 工作原理。经粉碎的材料由炉头加入转筒内，转筒内抄板将粉体扬起，形成料幕，须干燥的液体物料由炉头喷枪喷入转筒内，雾状的液体与粉体料幕形成颗粒核心，在由炉头至炉尾运动过程中不断变大成球粒，同时热风由炉头通入，顺流干燥。干燥后的颗粒经筛分，不合格的颗粒经粉碎后再返至炉头重新进行处理。

③ 结构及外形尺寸技术参数及安装尺寸。见图 9-20、表 19-14。

**表 9-14 转筒喷雾造粒机技术参数**

| 型号 | | Ⅰ | Ⅱ | Ⅲ | Ⅳ | Ⅴ | Ⅵ | Ⅶ | Ⅷ |
|---|---|---|---|---|---|---|---|---|---|
| 规格尺寸 | | $\phi$2000×11800 | $\phi$3000×12000 | $\phi$4250×14000 | $\phi$4250×11600 | $\phi$4250×16000 | $\phi$4500×16000 | $\phi$47500×18000 | $\phi$47500×18000 |
| 容积/$m^3$ | | 37 | 85 | 195 | 223 | 215 | 254 | 300 | 360 |
| 操作压力 | | 0～50mm$H_2O$ | | | | | | | |
| 操作温度/℃ | 进口 | 350 | 350 | 400～500 | 350～500 | 350～500 | 550～600 | 530～600 | 550～600 |
| | 出口 | 90 | 100 | 90 | 80～100 | 80～100 | 90～100 | 90～115 | 90～115 |
| 填充系数 | | 造粒 15%、干燥 13% | | | | | | | |
| 转速 | | 6.1 | 5 | 4.074 | 4 | 4.13 | 4.08 | 4.039 | 4.15 |
| 倾斜度/% | | 1 | 1 | 1 | 1 | 1.5 | 1 | 2 | 2 |
| 生产能力/(t/d) | | 100 | 150 | 240 | 320 | 300 | 400 | 500 | 500 |
| 主传动 | 电动 | 30kW | Y250M-4-WF1-B355kW | Y355M1-8 132kW | Y315S-4 160kW | Y355L2-8 185kW | Y355L2-6 250kW | Y4501-8 315kW | Y4501-8 315kW |
| | 减速机 | 8LH65-20-Ⅰ | ZLH85-355-Ⅰ | ZL115-11-Ⅰ | ZL130-17-Ⅱ | ZSY450-22.4-Ⅰ | ZSY560-22.4-Ⅱ | ZSY560-22.4-Ⅱ | ZSY560-25-Ⅱ |
| 设备净重/kg | | 36980 | 66423 | 108975 | 148726 | 114371 | 198173 | 230718 | 250858 |

生产厂家：广州市德章机械设备有限公司、洛阳瑞岛干燥工程有限公司。

(3) HG 系列滚筒刮片干燥机

① 工作原理。让液体或泥浆状物料在蒸汽或其他热载体加热的旋转滚筒表面形成薄膜，滚筒转动一圈的过程中便被干燥完毕，用刮刀把产品刮下来，露出的滚筒表面再次与物料接触并形成薄膜进行干燥。见图 9-21。

② 主要特点

a. 以蒸汽或导热油为热源，受热面积大，加热均匀，热效率高。

b. 干燥速率大，筒壁上湿料膜的传热与传质过程由里向外，方向一致，温度梯度大，使料膜表面保持较高的蒸发强度。

c. 适合热敏性物料，干燥时间短，约 10～15s。

d. 操作简便，维修方便。

③ 适用范围。广泛用于食品、化工、医药等行业，黏性、膏状物料的干燥制片等工艺。

④ 技术参数。见表 9-15。

**表 9-15 HG 系列滚筒刮片干燥机技术参数**

| 规格 | $\phi$600×1200 | $\phi$900×1500 | $\phi$1000×2000 | $\phi$1200×2000 | $\phi$1400×2400 | $\phi$1600×2400 |
|---|---|---|---|---|---|---|
| 工作压力/MPa | ≤0.6 | | | | | |
| 电动功率/kW | 1.50 | 3 | 4 | 4 | 5.5 | 7.5 |
| 传热面积/$m^2$ | 2.26 | 4 | 6.2 | 7.5 | 10.5 | 12 |
| 滚筒转速/(r/min) | 0.5～5 | 0.5～5 | 0.5～5 | 0.5～5 | 0.5～5 | 0.5～5 |
| 加热介质 | 蒸汽或导热油 | | | | | |
| 加料方位 | 干燥机顶部或底部 | | | | | |

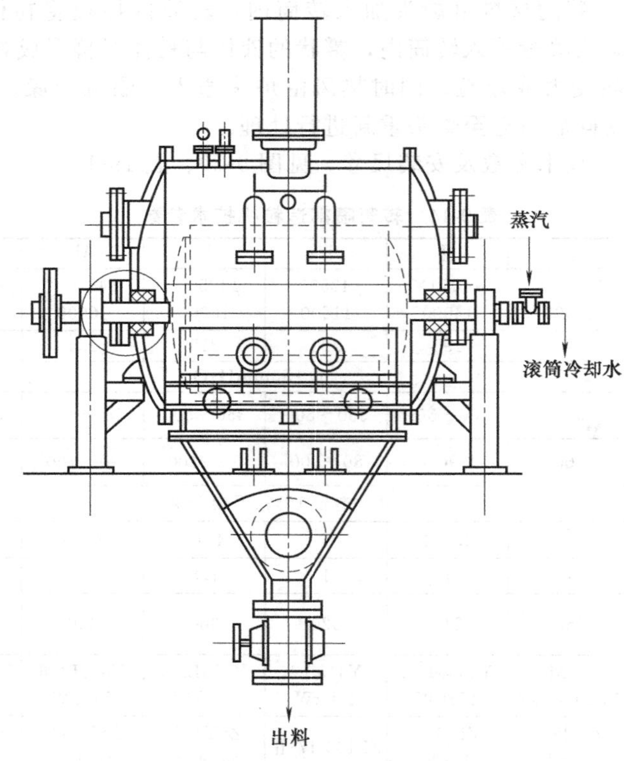

图 9-21 HG系列滚筒刮片干燥机

（4）ZPG 真空耙式干燥机

① 工作原理。被干物料从机体上方进料口加入，在不断正反转动耙齿的搅拌下，物料轴向来回转动，与壳体内壁接触的表面不断更新，受到蒸汽的间接加热，耙齿的均匀搅拌，粉碎棒的粉碎，使物料内部水分快速汽化，在真空系统的作用下，汽化的水分经除尘器、冷凝器、从真空泵出口放空。

② 主要特点。

a. 该机通过外壳夹套与内搅拌同时加热，传热面积大、热效率高。

b. 该机设有搅拌装置，使物料在筒体内形成连续循环状态，进一步提高了物料受热均匀度、提高传热传质效果。

③ 适用范围。

适用于浆状、膏状、糊状、粉状的物料；要求低温干燥的热敏性物料；易氧化、易爆、刺激性强、剧毒的物料；要求回收有机溶剂的物料。

④ 技术参数。见表 9-16。

表 9-16 ZPG 真空耙式干燥机技术参数

| 项目 \ 型号 | ZPG-500 | ZPG-750 | ZPG-1000 | ZPG-1500 | ZPG-2000 | ZPG-3000 | ZPG-5000 |
|---|---|---|---|---|---|---|---|
| 工作容积/L | 300 | 450 | 600 | 900 | 1200 | 1800 | 3000 |
| 内筒尺寸/mm | $\phi$600×1500 | $\phi$800×1500 | $\phi$800×2000 | $\phi$1000×2000 | $\phi$1000×2600 | $\phi$1200×2600 | $\phi$1400×3400 |
| 搅拌转速/(r/min) | 7～6 | | | | | | |
| 功率/kW | 4 | 5.5 | 5.5 | 7.5 | 11 | 15 | 22 |
| 夹层设计压力/MPa | 0.3 | | | | | | |
| 筒内压力/MPa | －0.096～－0.15 | | | | | | |

生产厂家：常州市常航干燥设备有限公司。

⑤ 结构示意。见图 9-22。

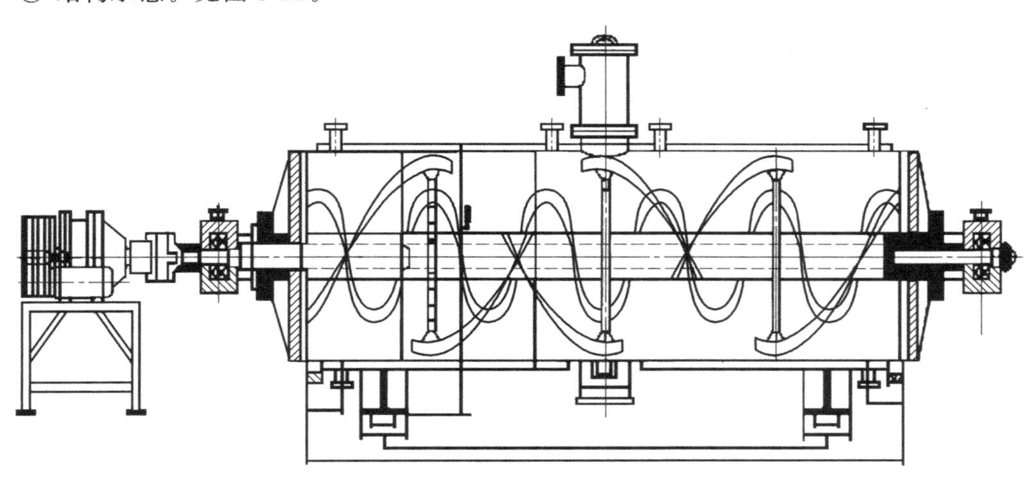

图 9-22　ZPG 真空耙式干燥机

（5）SMS 卧式薄层干化机

① 适用范围。SMS 卧式薄层干化机适用于环境能源、石油化工、医药等行业。

② 设备结构。SMS 卧式薄层干化机主要由外壳、转子和叶片、驱动装置三大部分组成；其壳体夹套间可注入蒸汽或导热油作为污泥干燥工艺的热媒，壳体材质为欧标的耐高温锅炉钢；内筒壁作为与污泥接触的传热部分，提供主要的换热面积以及形成污泥薄层的载体，Naxtra-700 高强度结构钢的内筒壁材质广泛适用于市政/化工行业污泥干化；转子和叶片具备布层、推进、搅拌、破碎的功能；在转子的转动及叶片的涂布下，进入干化机的污泥会均匀的在内壁上形成一个动态的薄层，污泥薄层不断地被更新，在向出料口推进的过程中，污泥不断地被干燥。SMS 卧式薄层干化机污泥干化原理见图 9-23。

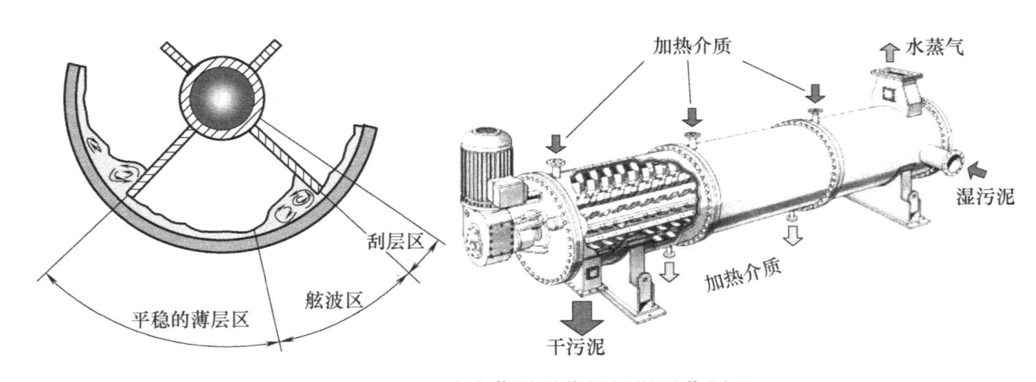


图 9-23　SMS 卧式薄层干化机污泥干化原理

③ SMS 卧式薄层干化机污泥干化工艺流程

a. 半干化工艺流程。机械脱水后的污泥达到 20%含固率，由污泥给料泵连续送入干化机，污泥给料泵变频控制，24h 连续运行。

进入卧式薄层干化机中的污泥被转子分布于热壁表面，转子上的桨叶在对热壁表面的污泥反复涂抹、翻混的同时，向前输送到出泥口。在此过程中，污泥中水分被蒸发。

卧式薄层干化机产出的含固率满足设计要求的干污泥，进入污泥冷却器，污泥产品通过冷却器壳体内流动的冷却水进行冷却。冷却后的污泥根据要求输送到干污泥料仓等待后续外运处理。

干化过程中产生的废蒸气在干化机内部与污泥逆向运动，由污泥进料口上方的蒸气管口排出，进入冷凝器。冷凝器使用喷淋水对尾气进行降温，其中一些不凝气进入液滴分离器进行分离。降温后的尾气约50℃，通过风机进入臭气处理系统进行处理。

自干化系统排出的废气由引风机排出，废气引风机使整个干化系统处于负压状态，这样可以避免臭气及粉尘的溢出。由于本工艺废气量很小，可直接通入污水场现有臭气处理装置进行处理。

卧式薄层污泥干化机设置可能漏入空气的两端轴封和干化产品出料星形阀进行氮气密封，严格控制干化系统含氧量低于4%。

可以根据污泥的性质将卧式薄层干化系统设置为全防爆。

SMS卧式薄层干化机半干化工艺流程见图9-24。

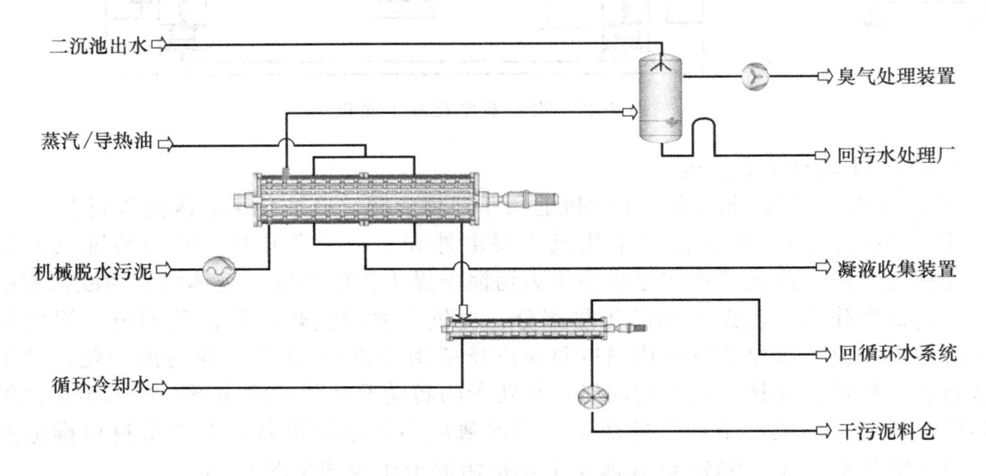


图9-24　SMS卧式薄层干化机半干化工艺流程

b. 全干化工艺流程。SMS卧式薄层干化机全干化工艺流程，是相对与半干化工艺流程而言的，是仅在卧式薄层干化机后增加线性干化机，利用线性干化机叶片转速慢的特点降低干化后污泥对干化机的磨损，可延长干化系统使用寿命。SMS卧式薄层干化机全干化工艺流程见图9-25。

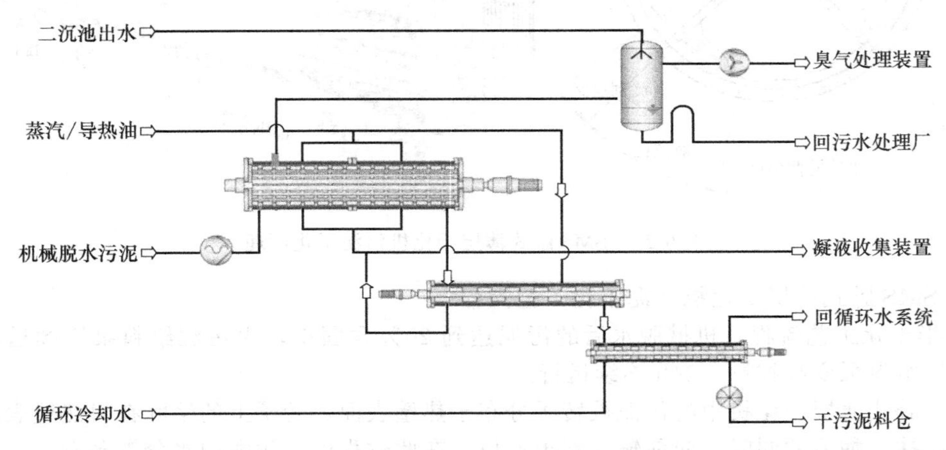


图9-25　SMS卧式薄层干化机全干化工艺流程

生产厂家：北京艺科天和环境工程技术有限公司。

④ SMS 卧式薄层干化机工艺特点

a. 安全。在 SMS 卧式薄层污泥干化工艺历史上从无任何爆炸燃烧等安全事故；除了完善的工艺设计和机械密封设计外，还可依据物料性质采用低压蒸气、氮气和喷淋水作为附加的安全措施。

b. 经济。单机蒸发水量大，单位面积蒸发效率高，可以用最小的干燥机完成设计要求，是其他间接干化设备无法比拟的；

系统热能消耗最低，系统无外加载气循环，省去载气反复冷凝、再加热的热量损失；

设备满足长寿命设计和低维护要求。

c. 灵活。适用于多种不同种类的污泥干化；不受污泥含固率限制，无需返混，产出任意含固率污泥；固体载荷低，排空时间短，启停方便。

## 9.2.3 污泥太阳能干化处理设备

### 9.2.3.1 太阳能高温双热源热泵污泥干化装置

（1）应用场合　该技术结合太阳能集热器用于污泥干化工程起到节能清洁等多种作用与效果。同样该技术还可用于其他行业干燥物料，如木材、化工原料、茶叶、种子等多种行业干燥。

（2）型号说明

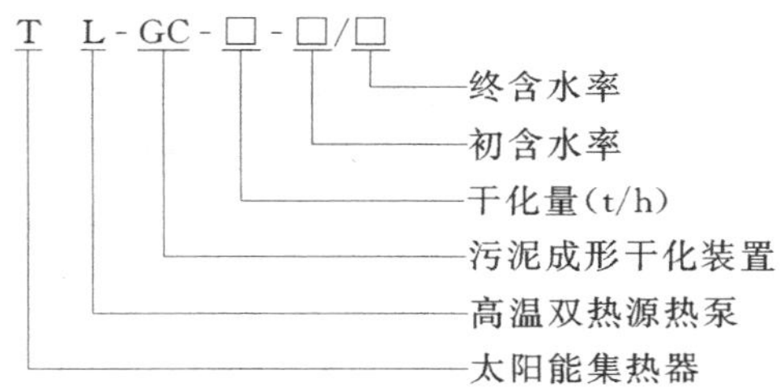


（3）设备特点　太阳能高温双热源热泵污泥干化装置采用了热泵和太阳能双重节能效果；干燥箱结构合理，干燥质量好；产品经多次试验，安全性能好；自动化程度高；采用闭环模式运行，无二次污染。

（4）工艺流程　太阳能高温双热源热泵污泥干化装置工艺流程见图 9-26。

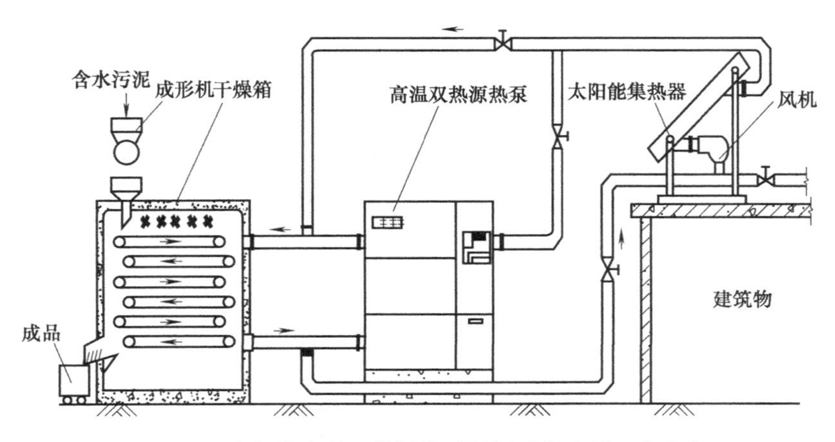


图 9-26　太阳能高温双热源热泵污泥干化装置工艺流程

生产厂家：浙江省化工研究院有限公司、江苏天雨环保集团有限公司。

9.2.3.2 **太阳能污泥干化系统**

(1) 适用范围　太阳能污泥干化系统适用于市政污水处理等污泥的干化。

(2) 工艺原理　市政污水处理含水率70%～85%机械脱水的污泥，经太阳能污泥干化系统干化后，生产含水率为20%～30%的污泥颗粒产品。太阳能污泥干化系统厂房及相关设

图 9-27　太阳能污泥干化系统厂房及相关设备

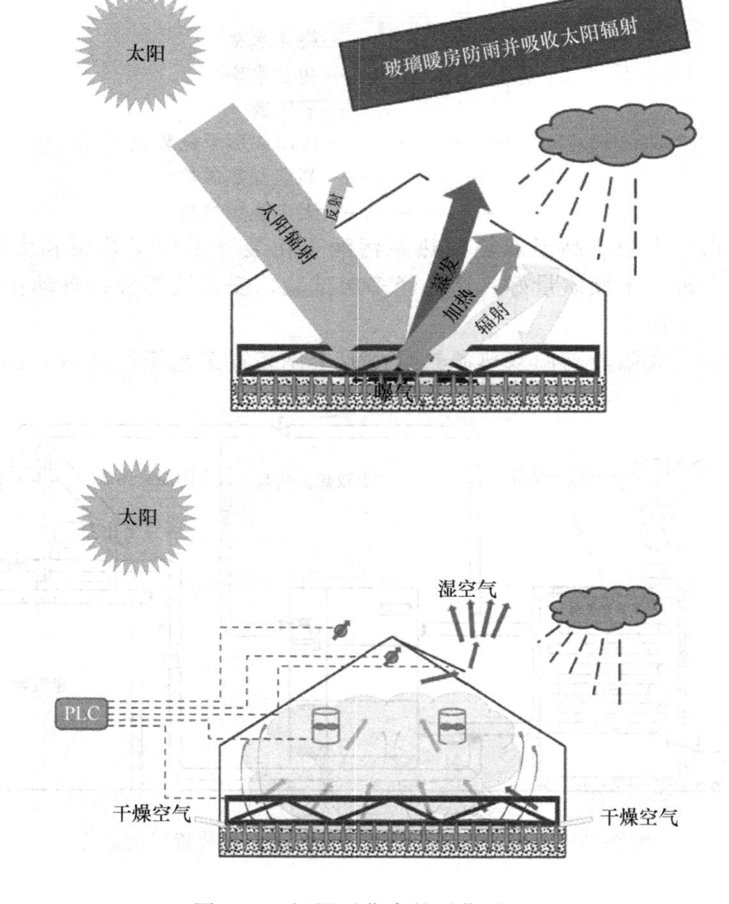


图 9-28　污泥干化床的干化原理

备见图 9-27，厂房内污泥干化床的干化原理见图 9-28，厂房内污泥干化床在曝气及翻抛作业见图 9-29，市政污水处理污泥经太阳能污泥干化系统干化后，生产的干污泥颗粒见图 9-30。

图 9-29 太阳能污泥干化系统厂房内干化床在曝气及翻抛作业

图 9-30 干化后的干污泥颗粒

(3) 工艺特点

① 不受进泥量的波动影响，连续或者批处理模式运行，进泥层厚度大于 40cm，污泥小球团储存厚度大于 80cm；

② 在整个堆场宽度方向上进行一次性翻抛和曝气操作，具有每小时大于 $400m^3$ 的耕种和曝气能力，能自动进料和出料，彻底并快速地进行整个干化床的曝气以及翻抛；

③ 干化床的曝气及翻抛功能使得厌氧区域无腐烂，污泥干化过程没有臭气产生；

④ 维护成本低；

⑤ 最终产物是无味的，容易处理和储存，是能回用的污泥颗粒；

⑥ 干化系统具有高灵活性。

(4) 产品特点　固含量 70%～80%；体积缩小；密度 $0.7～0.8t/m^3$；易处理成疏松物质；无气味（泥土味）；二次燃料（2～3kW·h/kg 干泥＝8～11MJ/kg 干泥）；保证处理或回用的可能性。

太阳能污泥干化系统的污泥颗粒产品，在污泥干化过程中，减少了诸多不利因素，保留了污泥中的可利用价值，并使产品得到了增值。太阳能污泥干化系统产品的特性见表 9-17。

**表 9-17 太阳能污泥干化系统产品的特性**

| 减少部分 | 保留部分 | 增加部分 | 运行成本 |
|---|---|---|---|
| 体积和重量 | 肥料价值 | 价值 | 比热干化运行成本的 2%还要低 |
| 病原体 | 热值 | 可选择回用 | |
| 运输成本 | 矿物质 | | |
| 倾倒费用 | | | |
| 土地利用 | | | |
| 气味 | | | |
| 昆虫 | | | |

生产厂家：昆山德沃特水工业系统设备有限公司。

## 9.2.4 污泥生物干化处理设备

### 9.2.4.1 一体化好氧发酵设备

(1) 适用范围 一体化好氧发酵设备适用于中小型污泥处理厂的污泥处置，是 CTB 智能控制好氧发酵干化工艺的集成化设备，可独立运行。还可适用于畜禽粪便、生活垃圾、土壤等松软固体废物的处理处置。

(2) 设备结构及组成 一体化好氧发酵设备主要由发酵仓体、进料布料系统、物料输送系统、匀翻系统、曝气系统、除臭系统、出料系统和智能控制系统组成。可实现连续生产、全过程智能化控制，集输送、发酵、供氧、匀翻、监测、控制、除臭等于一体。一体化好氧发酵设备的结构及组成见图 9-31，其外形见图 9-32。

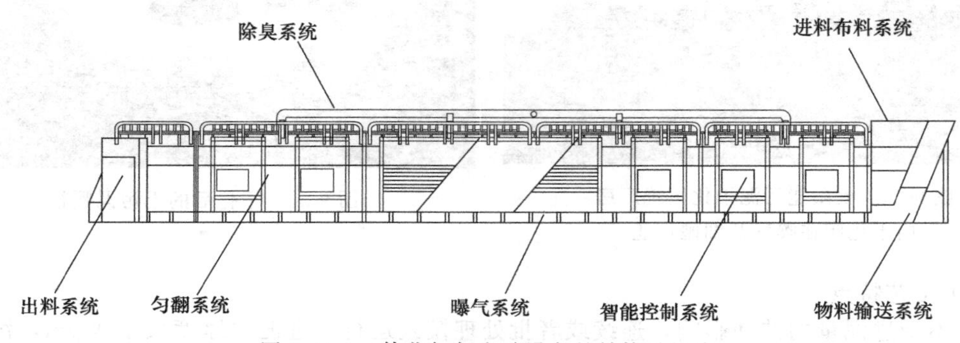


图 9-31 一体化好氧发酵设备的结构及组成

图 9-32 一体化好氧发酵设备外形

① 输送系统。物料经混料机混合后，通过皮带输送机输送至一体化设备的上方，物料由进料口进入料仓，跌落至一体化设备内。一体化设备底部设置物料输送装置，物料输送装置的移动速度根据每天生产情况确定，腐熟物料由输送装置另一端连续自动地输出。

② 发酵系统。发酵系统包括平料装置和发酵装置。通过一体化设备内部安装的平料装置，平整物料，以保证装置内部堆体高度的一致性，使料仓空间得以充分利用。发酵装置对应发酵过程升温、高温、腐熟三个阶段，分成三个发酵区间，以满足不同发酵区间的控制条件，从而保证发酵成品的稳定性。

③ 供氧系统。一体化设备底部设置有独特的曝气供氧系统，氧气监测探头采集的数据，经信号采集器输入计算机控制系统，实时反馈自动调节。

④ 匀翻系统。一体化设备内设有匀翻装置，在物料发酵高温期结束后对物料进行匀翻，以改善发酵堆体水分和温度空间上的不均匀性，使死角处的物料也能够充分发酵，提高产品质量。

⑤ 监测系统。装置内部多处设置温度、氧气等数据采集装置，实时在线监测堆体的发酵状态；堆体上方设置环境监测装置，监测堆体上方的臭气浓度。

⑥ 智能控制系统。实时在线采集发酵过程的运行参数，经信号采集器输入计算机控制系统，根据反馈的运行参数，实时调节鼓风曝气量和时间。

⑦ 除臭系统。当环境监测系统监测到有害气体达到预设危害浓度时，系统报警并启动除臭装置，及时处理产生的臭气，保证厂区及周边的环境质量。

生产厂家：北京中科博联环境工程有限公司。

(3) 设备原理　一体化好氧发酵设备为CTB智能控制好氧发酵干化工艺的集成化设备，发酵过程开始后，在鼓风机提供氧气的条件下，好氧微生物迅速增殖，堆体温度迅速升高，2～3d后堆体进入高温期。通过一体化设备自动监测和控制系统使物料在50℃以上的高温阶段维持5～7d以上，以达到充分杀灭病原菌和杂草种子，实现物料的无害化和稳定化的目的。高温期结束后，内部匀翻装置对物料进行匀翻，使不同部位的物料进一步混匀，提高产品质量。

为自动控制并优化发酵过程，一体化设备中设置有温度监测探头，探头采集的数据经信号采集器输入计算机控制系统，实时反馈控制鼓风曝气的强度和时间。设备配有除臭系统，监测有害气体浓度达到预设危害浓度时，系统报警并启动除臭装置，使产生的臭气及时得到处理，保证厂区周边的环境质量。

(4) 设备特点

a. 智能控制。发酵、除臭可实现智能控制，人工操作量小，管理方便，效果稳定。

b. 供氧高效均匀。独特的内部结构和供氧系统，保证发酵过程中充足均匀地供给氧气及高效运行。

c. 功能高度集成。实现输送、发酵、供氧、匀翻、监测、控制、除臭等功能的高度集成。

d. 发酵产品稳定。发酵装置分区设计、发酵过程智能控制、后期匀翻腐熟，保证发酵产品质量的稳定。

e. 占地面积省。工艺设备集成设置，实现了功能的高度集成，大大节省占地面积。

f. 处理规模灵活。每套装置相对独立运行，可通过增减装置数量调整处理规模。

g. 施工周期短，投资省。可取消传统厂房，减少大量基础设施建设，缩短施工周期，节省投资。

h. 无二次污染。装置全密闭生产，且内部设置通风除臭设施，可实现无臭味运行，保证厂区环境质量。

(5) 技术指标

a. 额定有功功率：115kW；实际正常进出料时工作功率约为85kW；在进出料结束后的工作功率为32kW，由曝气系统22kW，除臭系统10kW共同组成。

b. 堆体最大高度：1.5m。

c. 物料要求：城市污泥、畜禽粪便、生活垃圾、土壤等松软固体废物。

d. 进入设备的物料含水率要求：60%±2%。

e. 设备宽度：3.4m，净宽度：3.2m。

#### 9.2.4.2 混料机

(1) 适用范围　混料机广泛应用于有机固体废物好氧发酵堆肥处理工程及污染土壤修复工程，是市政污泥堆肥处置工艺中的混料设备。

(2) 设备的结构和组成　混料机主要由混料机构、传动机构和混料筒组成。其构成见图9-33。

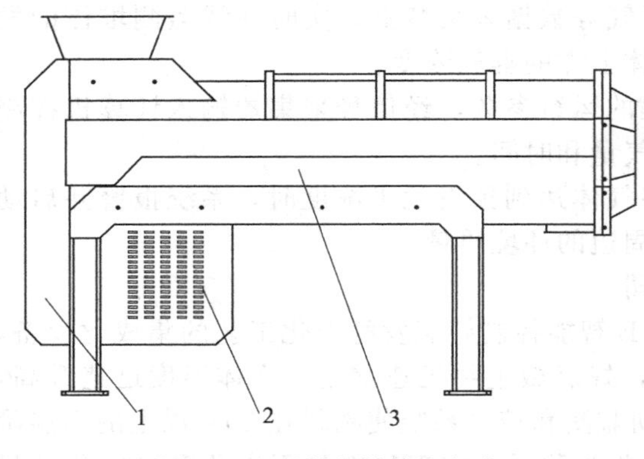


图 9-33 混料机结构和组成

1—混料机构；2—传动机构；3—混料筒

混料机构轴上的叶片适量重叠相交但互不干涉，与物料接触部分均选用不锈钢材料制造；传动机构通过链传动与混料轴连接，动力传动效率高，噪声低，运行平稳可靠。混料方式为双轴螺旋式，后掠式桨叶圆周等距均布。驱动方式采用链传动。

(3) 设备的功能、技术参数和特点

① 设备的功能。混料机适用于脱水后的市政污泥、畜禽粪便、餐厨垃圾、造纸污泥等高湿、高黏有机废弃物与有机辅料（秸秆、锯末、稻壳、花生壳、酒糟等）和回填料（腐熟料）的混合、搅匀。生产过程中以上各种物料经各自料仓计量配料后，通过皮带输送机输送进混料机进料口，并在混料机内部进行混合，搅匀后自混料机出料口排出，以保证进入发酵槽的物料具有适宜的湿度和孔隙率。混料机的外形见图 9-34；其安装尺寸见图 9-35，见表 9-18。

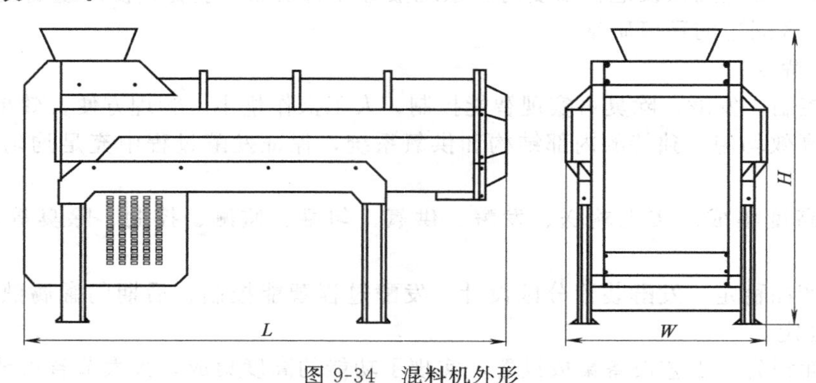


图 9-34 混料机外形

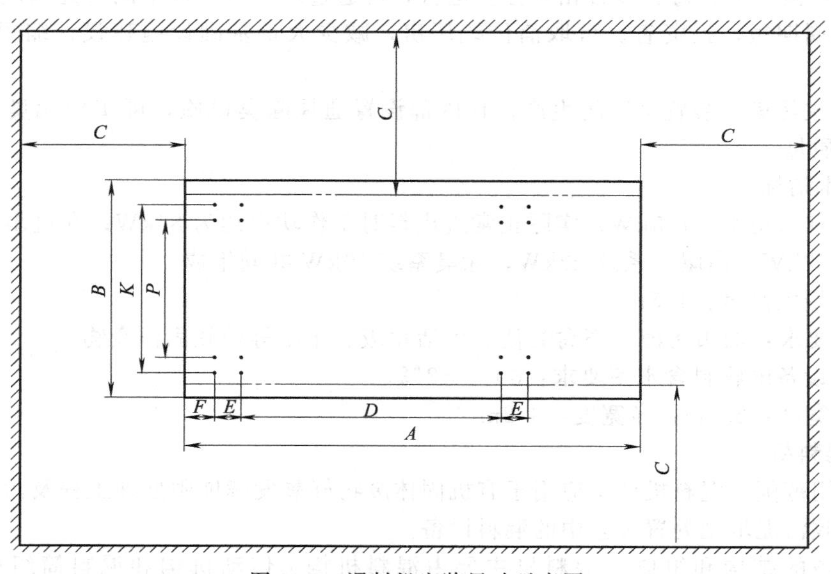


图 9-35 混料机安装尺寸示意图

表 9-18 混料机安装尺寸　　单位：mm

| 机型 | L | W | H | A | B | C | D | E | F | K | P |
|---|---|---|---|---|---|---|---|---|---|---|---|
| BLHL-90 | 4090 | 1712 | 2600 | 4000 | 2000 | 1500 | 2356 | 250 | 276 | 1550 | 1250 |
| BLHL-50 | 3500 | 1412 | 2256 | 3500 | 2000 | 1500 | 1776 | 250 | 276 | 1350 | 1050 |
| BLHL-30 | 2786 | 1128 | 1802 | 3000 | 2000 | 1500 | 1392 | 208 | 276 | 1088 | 832 |

生产厂家：北京中科博联环境工程有限公司。

混料机的技术参数如下。

a. 混料能力：5～120m$^3$/h；

b. 混料后最大粒径：≤60mm；

c. 控制方式：现场手动控制或远程自动控制；

d. 装机功率：≤22kW。

最大机型额定电流：45A。

② 设备的特点。混料机具有结构紧凑、机架轻巧、能耗低、生产效率高等优点。其特点如下。

a. 混料均匀、松散，混料效率高；

b. 防粘结、防缠绕、防异物、防堵塞；

c. 变异系数 CV≤5%，装填充满数可变范围大：0.4～0.8；

d. 壳体采用碳钢材质（Q235），有效防腐，轴和桨叶均采用不锈钢材质，使用寿命较长。

### 9.2.4.3 匀翻机

（1）适用范围　匀翻机（也称翻抛机或翻堆机）广泛应用于有机固体废物好氧发酵堆肥处理工程及污染土壤修复工程，是市政污泥堆肥处置工艺中的翻堆设备。

（2）结构和组成　匀翻机主要由滚筒、提升机构、行走机构、控制系统 4 部分组成。其结构见图 9-36。

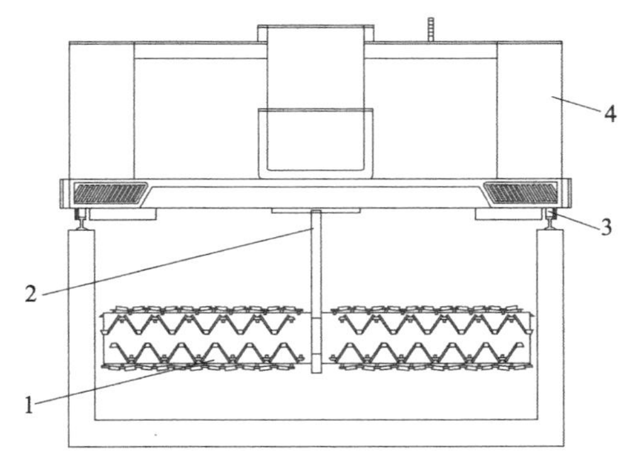

图 9-36　匀翻机结构示意图

1—滚筒；2—提升机构；3—行走机构；4—控制系统

匀翻机主要由滚筒、提升机构、行走机构、控制系统 4 部分组成。滚筒通过高速旋转翻动和抛撒物料，实现物料与氧气的充分接触；提升机构采用独立大臂实现滚筒的升降；行走机构采用 4 轮轨道行走；控制系统可采用手动控制和自动控制两种方式，通过遥控器、控制面板和人机界面进行操作，同时能实时监控设备运行的关键参数，辅助操作者正确操控设备。

（3）设备功能、技术参数和特点　匀翻机可有效翻动和抛撒物料。

① 设备功能。匀翻机适用于有机固体废物好氧发酵处理工程及污染土壤修复工程中质地均一、结构松散物料的翻动和抛撒。本设备通过滚筒的高速旋转对物料进行翻动和抛撒，可实现物料与氧气的充分接触，消除堆体层次差异，增加物料的孔隙度，促使物料充分发酵。

匀翻机通过移行车位移到槽壁轨道上，由驱动轮带动设备沿发酵槽前行，高速转动的滚筒翻动物料扬起后抛。高速旋转的滚筒能对翻动的物料进行充分的搅拌，使之疏松、透气。

匀翻机的正向及侧向安装尺寸见图 9-37、图 9-38 和表 9-19；其安装条件见表 9-20。

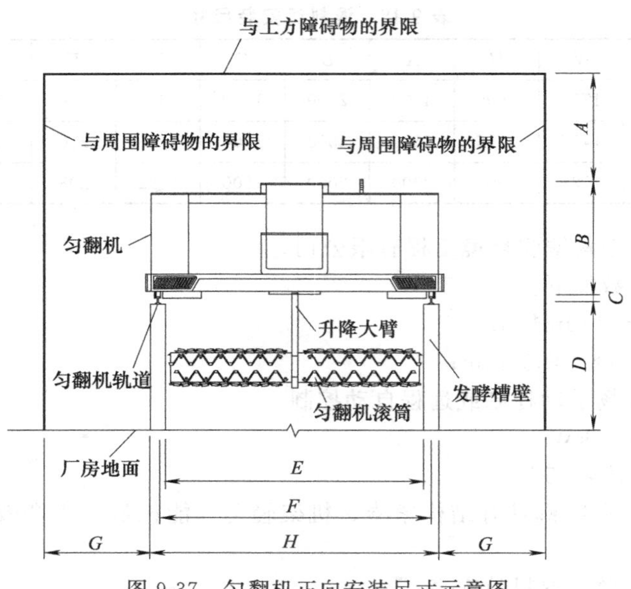


图 9-37　匀翻机正向安装尺寸示意图

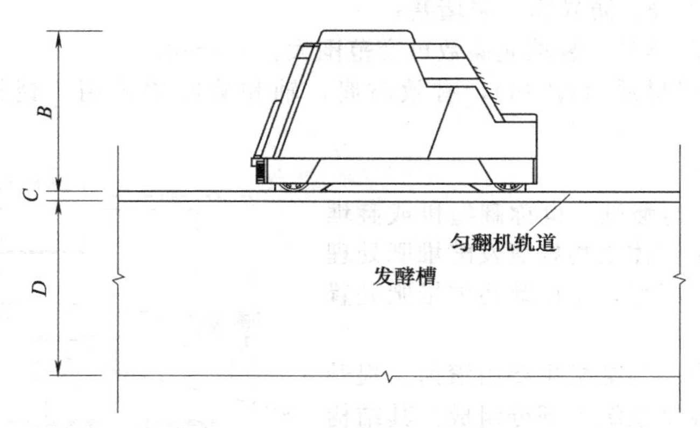


图 9-38　匀翻机侧面安装尺寸示意图

**表 9-19　匀翻机安装尺寸**

| 序号 | 标注 | 含义 | 技术参数/mm |
|---|---|---|---|
| 1 | *A* | 上方障碍物距离匀翻机最高点的高度 | 1000～1500 |
| 2 | *B* | 匀翻机设备高度 | 2265 |
| 3 | *C* | 匀翻机轨道高度 | 134 |
| 4 | *D* | 发酵槽净高 | 2200 |
| 5 | *E* | 发酵槽净宽 | 5000 |
| 6 | *F* | 发酵槽壁上方轨距 | 5300 |
| 7 | *G* | 匀翻机两侧距离障碍物距离 | ≥300 |
| 8 | *H* | 发酵槽总宽度(含槽壁) | 5600 |

生产厂家：北京中科博联环境工程有限公司。

匀翻机技术参数如下。

电源：三相 380V；电压波动<5%；

表 9-20　匀翻机安装条件

| 序号 | 项目 | 安装要求 |
| --- | --- | --- |
| 1 | 厂房条件 | 通风、散热良好 |
| 2 | 工作环境温度 | -5～55℃ |
| 3 | 发酵池宽 | 5000mm±10mm |
| 4 | 轮轨跨距 | 5300mm±5mm |
| 5 | 物料堆积高度 | ≤ 2000mm |
| 6 | 设备重量 | 12t |
| 7 | 外形尺寸 | 5750mm×4060mm×2265mm |

设计动荷载：约 30t；
静荷载：约 12t；
装备质量：约 12t；
槽壁高度：2.2m；
轨道型号：30～38kg/m；
轨道跨距：5300mm；
匀翻能力：≥1000$m^3$/h；
匀翻深度：0～2.0m；
行走速度：0～4.5m/min（变频调速）；
控制方式：手动控制和自动控制；
总功率：115kW；
工作噪声：≤70dB（A）（设备 1m 外）；
物料要求：城市污泥、畜禽粪便、生活垃圾、土壤等松软固体废物。

② 设备特点。匀翻机具有匀翻效率高、可双向翻抛、匀翻深度可调、自动定位可选、噪声低、无尾气污染、结构紧凑、传动效率高、能耗低、操作方便等特点，匀翻机的人机操作界面（HMI）可实时显示整机工作状态，进行设备故障诊断和报警提示。

#### 9.2.4.4　移行车

（1）适用范围　移行车广泛应用于有机固体废物好氧发酵堆肥处理工程及污染土壤修复工程，是市政污泥堆肥处置工艺中的翻堆设备。

（2）结构和组成　移行车主要由机架、行走机构和电气控制系统 3 大部分组成。其中，机架为整体式桁架焊接结构，在移送匀翻机时保持轨距的稳定；行走机构由变频调速电机驱动，在移送匀翻机时，能够使轨道与发酵槽轨道的精确对接；电气控制系统可实现为移行车供电的同时为匀翻机提供电力支持，通过电气控制箱仪表板，可以监控作业中匀翻机的电流、电压、电机温度、位置等工况参数。其结构见图 9-39。

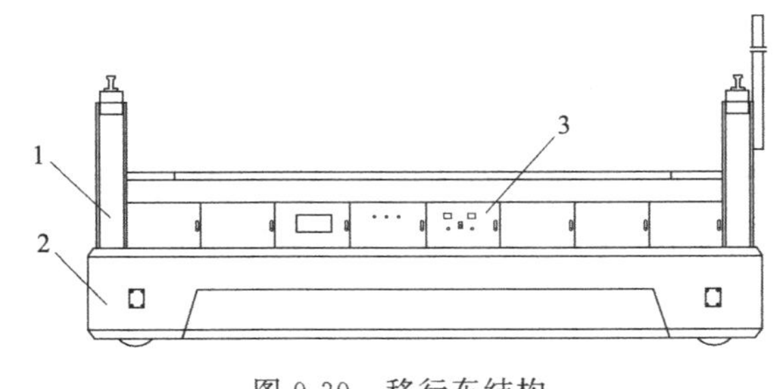

图 9-39　移行车结构
1—机架；2—行走机构；3—电气控制系统

（3）设备功能、特点和技术参数

① 设备功能。移行车为匀翻机在各个发酵槽间换槽移动的平台，为专属设备，与匀翻机配合使用，同时为匀翻机供电。工程应用中，各发酵槽的入口处外侧和移行车的上

方均安装轨道，移行车在与发酵槽顶的轨道实现对接后，匀翻机可以开到移行车上，在发酵槽的入口处外侧既定轨道上行走，通过移行车的移动，实现匀翻机在各个发酵槽间的换槽作业。

移行车与匀翻机配套使用，移行车为成套装置，配置控制箱、滑触线等安全、有效和可靠运行必需的附件。

② 设备特点。移行车具有结构合理，整体刚性好；运行平稳，动作灵敏、制动距离短；移送匀翻机时轨距稳定，轨道与发酵槽轨道可精确对接等特点。

a. 整机使用寿命在 10 年以上；

b. 设备无重大故障运行时间可达 2 年以上；

c. 运行操作方便，具有人机操作界面自动控制和远程遥控器手动控制 2 种控制模式。

③ 设备技术参数。移行车技术参数见表 9-21。

**表 9-21　移行车技术参数**

| 项　　目 | 技术参数 |
|---|---|
| 车载轨距 | 5400mm |
| 车轮轮距 | 3500mm |
| 行走速度 | 0～8.5m/min(变频调速) |
| 装机功率 | ≤8kW |
| 控制方式 | 手动控制和自动控制 |

生产厂家：北京中科博联环境工程有限公司。

## 9.2.5　其他干化设备

### 9.2.5.1　低温余热干燥机

(1) 适用范围　低温余热干燥机适用于生活污泥、印染、造纸、电镀、皮革、化工等类型污泥干化系统。

(2) 设备特点

① 节能。采用低温余热干化方式，可适合烟气热回收、蒸汽冷凝水、厌氧消化（燃气制热水）、污泥裂解气化燃烧制热水等热源。

② 安全。80℃以下低温干化过程，系统运行安全，无爆炸隐患，无需充氮运行；污泥静态摊放，与接触面无机械静电摩擦；无城市污泥干化过程“胶黏相”阶段（60%左右）；干料为颗粒状，无粉尘危险；出料温度低（<50℃），无需冷却，直接储存。

图 9-40　低温余热干燥机外形

③ 高效。可直接将 83%含水率污泥干化至 10%，无需分段处置（如：板框压滤＋热干化、薄层干化＋带式干化等）；干化过程有机分无损失，干料热值高，适合后期资源化利用。

④ 智能。全自动运行，节约大量人工成本；PLC＋触摸屏智能控制，可实现远传集中控制。

⑤ 耐用。采用不锈钢等耐腐材料、换热器采用电镀防腐处理，使用寿命长；运行过程无机械磨损，无易损、易耗件。

(3) 设备外形及技术参数　低温余热干燥机外形图见图 9-40，其技术参数见表 9-22。

**表 9-22　低温余热干燥机技术参数**

| 型　　号 | SBWHD5000 | SBWHD10000 | SBWHD15000 | SBWHD20000 | SBWHD25000 |
|---|---|---|---|---|---|
| 去水量/(kg/24h) | 5000 | 10000 | 15000 | 20000 | 25000 |
| 去水量/(kg/h) | 208 | 416 | 624 | 832 | 1040 |
| 总功率/kW | 13 | 26 | 39 | 52 | 65 |
| 标准供热功率/kW | 200 | 400 | 600 | 800 | 1000 |
| 标准供热工况/℃ | 90/70(热水等) | | | | |
| 标准冷却功率/kW | 180 | 360 | 540 | 720 | 900 |
| 冷却工况/℃ | 33/45(冷却水) | | | | |
| 热交换模块数/台 | 1 | 2 | 3 | 4 | 5 |
| 标准干燥温度/℃ | 48～60(回风),68～85(送风) | | | | |
| 热源 | 烟气余热(换热)、蒸汽冷凝水、厌氧消化(燃气制热水)、污泥裂解气化燃烧制热水等 | | | | |
| 控制系统 | 触摸屏+PLC可编程控制器 | | | | |
| 湿泥适用范围 | 含水率70%～83%(或其他含水率) | | | | |
| 干料含水率/% | 变频调节,含水率10～50 | | | | |
| 成型方式 | 切条(70%～83%) | | | | |
| 外形尺寸/mm | 4650×3110×3300 | 7900×3110×3300 | 11150×3110×3300 | 14400×3110×3300 | 17650×3110×3300 |
| 结构形式 | 整装 | 组装 | | | |
| 型号 | SBWHD30000 | SBWHD35000 | SBWHD40000 | SBWHD45000 | SBWHD50000 |
| 去水量/(kg/24h) | 30000 | 35000 | 40000 | 45000 | 5000 |
| 去水量/(kg/h) | 1248 | 1458 | 1667 | 1875 | 2083 |
| 总功率/kW | 78 | 91 | 104 | 117 | 130 |
| 标准供热功率/kW | 1200 | 1400 | 1600 | 1800 | 2000 |
| 标准供热工况/℃ | 90/70(热水等) | | | | |
| 标准冷却功率/kW | 1080 | 1260 | 1440 | 1620 | 1800 |
| 冷却工况/℃ | 33/45(冷却水) | | | | |
| 热交换模块数/台 | 6 | 7 | 8 | 9 | 10 |
| 标准干燥温度/℃ | 48～60(回风),68～85(送风) | | | | |
| 热源 | 烟气余热(换热)、蒸汽冷凝水、厌氧消化(燃气制热水)、污泥裂解气化燃烧制热水等 | | | | |
| 控制系统 | 触摸屏+PLC可编程控制器 | | | | |
| 湿泥适用范围 | 含水率70%～83%(或其他含水率) | | | | |
| 干料含水率/% | 变频调节,含水率10～50 | | | | |
| 成型方式 | 切条(70%～83%) | | | | |
| 外形尺寸/mm | 20900×3110×3300 | 24150×3110×3300 | 27400×3110×3300 | 30650×3110×3300 | 33900×3110×3300 |
| 结构形式 | 组装 | | | | |

续表

| 型号 | SBWHD60000 | SBWHD70000 | SBWHD80000 | SBWHD90000 | SBWHD100000 |
|---|---|---|---|---|---|
| 去水量/(kg/24h) | 60000 | 70000 | 80000 | 90000 | 100000 |
| 去水量/(kg/h) | 2496 | 2916 | 3334 | 3750 | 4166 |
| 总功率/kW | 156 | 182 | 208 | 234 | 260 |
| 标准供热功率/kW | 2400 | 2800 | 3200 | 3600 | 4000 |
| 标准供热工况/℃ | 90/70(热水等) | | | | |
| 标准冷却功率/kW | 2160 | 2520 | 2880 | 3240 | 3600 |
| 冷却工况/℃ | 33/45(冷却水) | | | | |
| 热交换模块数/台 | 12 | 14 | 16 | 18 | 20 |
| 标准干燥温度/℃ | 48～60(回风),68～85(送风) | | | | |
| 热源 | 烟气余热(换热)、蒸汽冷凝水、厌氧消化(燃气制热水)、污泥裂解气化燃烧制热水等 | | | | |
| 控制系统 | 触摸屏＋PLC可编程控制器 | | | | |
| 湿泥适用范围 | 含水率70%～83%(或其他含水率) | | | | |
| 干料含水率/% | 变频调节,含水率10～50 | | | | |
| 成型方式 | 切条(70%～83%) | | | | |
| 外形尺寸/mm | 20900×3110×6600 | 24150×3110×6600 | 27400×3110×6600 | 30650×3110×6600 | 33900×3110×6600 |
| 结构形式 | 组装 | | | | |

生产厂家：广州晟启能源设备有限公司。

#### 9.2.5.2 污泥快速干燥机

(1) 适用范围　主要用于污水处理厂脱水后的污泥、河道清淤污泥、工业废水排放出的污泥的处置。外形见图9-41。

图9-41　污泥快速干燥机外形

(2) 工作原理　污泥处置设备（污泥快速干燥机）有五大系统：自动控制系统、自动配料系统、搅拌系统、反应系统、除臭系统。污泥在处置中采用化学反应的方式，在不增加任何热源的情况下，可使污泥中的大肠杆菌、蛔虫卵、细菌总数下降数千倍，达到无害化、减量化、资源化的目的。

(3) 污泥处置设备工艺流程　见图9-42。

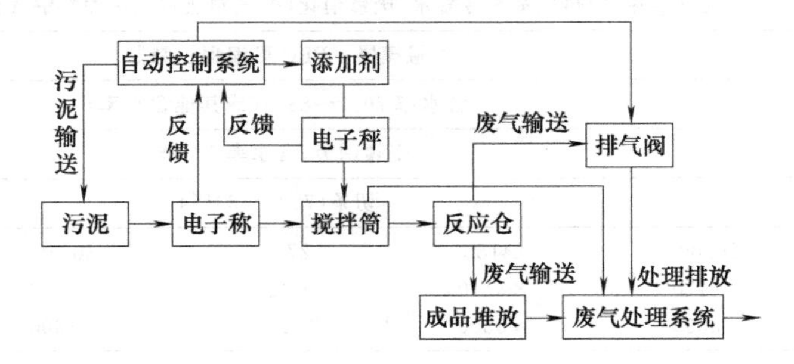


图9-42　污泥处置设备工艺流程

（4）技术性能参数及设备占地面积　见表 9-23。

表 9-23　污泥快速干燥机技术性能参数及设备占地面积

| 型　　号 | TBP-WN3-B 型 | TBP-WN5-C 型 | TBP-WN10-D 型 | TBP-WN2-E 型 |
|---|---|---|---|---|
| 总功率/kW | 24 | 26 | 35 | 15 |
| 处理量/(t/h) | 3～5 | 5～10 | 10～15 | 1～2 |
| 设备重量/t | 7.5 | 10.5 | 15 | 3.5 |
| 添加剂与污泥配比 | 添加剂 15%～20% | 添加剂 15%～20% | 添加剂 15%～20% | 添加剂 15%～20% |
| 噪声/dB | <80 | <80 | <80 | <80 |
| 无故障时间/h | 3000 | 3000 | 3000 | 3000 |
| 设备占地面积/$m^2$ | 30 | 40 | 60 | 10 |

生产厂家：天津甘泉集团、上海百利环保设备有限公司。

#### 9.2.5.3　污泥固化拌和机

**WGB 系列污泥固化拌和机**

（1）应用场合　它采用了先进的工业计算机控制系统，实现了黄土、污泥、水泥和石灰的自动配比，具有计量准确、可靠性好、搅拌均匀、操作方便、环保好、生产效率高、故障率低等特点，特别适合连续作业，是污水处理厂处理污泥的理想设备。

（2）系统基本参数　见表 9-24。

表 9-24　WGB 系列污泥固化拌和机基本参数

| 项　　目 | 单　　位 | 性能参数 | | |
|---|---|---|---|---|
| 产品型号 | | WGB-100 | WGB-200 | WGB-300 |
| 最大处理能力 | t/h | 100 | 200 | 300 |
| 总功率 | kW | 约 115 | 约 130 | 约 160 |
| 拌和骨料最大料径 | mm | 50 | 60 | 60 |
| 粉料计量精度 | % | ≤1 | ≤1 | ≤1 |
| 骨料计量精度 | % | ≤1 | ≤1 | ≤1 |
| 占地面积 | $m^2$ | 40×20=800 | | |
| 控制形式 | | 电脑全自动控制(或手动单位) | | |

（3）工艺流程　见图 9-43。

生产厂家：青州市圣洁环境设备科技有限公司。

## 9.3　污泥处置的焚烧工艺与设备

污泥处理与处置的目的与其他废弃物的处理与处置一样，都是以减量化、资源化、无害化为原则。农用和焚烧是污泥处置的几种主要方法，见表 9-25，近几年来污泥的干化焚烧及农用制肥技术已经成为处理污泥的主流，越来越受到重视。

污泥的干化焚烧法与其他方法相比，其主要优点：①焚烧可以使剩余污泥的体积减少到最小化，因而最终需要处置的物质很少，不存在重金属离子的问题，有时焚烧灰可制成有用的产品，是相对比较安全的一种污泥处置方式；②污泥处理速度快，不需要长期储存；③污泥可就地焚烧，不需要长距离运输；④可以回收能量用于发电和供热。

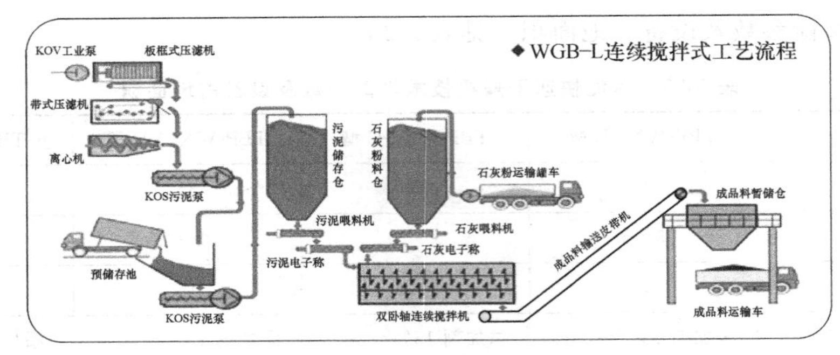


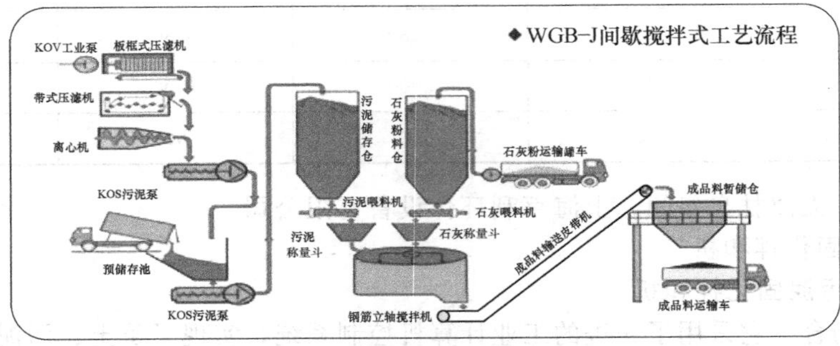


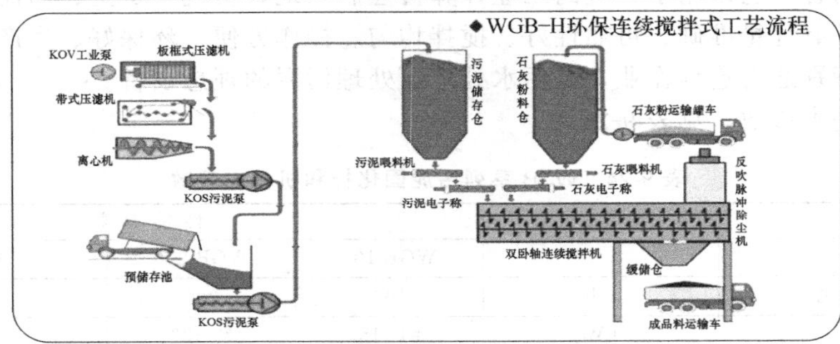


图 9-43　WGB 系列污泥固化拌和机工艺流程

**表 9-25　各国污泥处置方式所占比例**

| 污泥处置方法 | 填埋/% | 焚烧/% | 农业/% | 海洋/% |
| --- | --- | --- | --- | --- |
| 美国 | 21 | 3 | 45 | 30 |
| 日本 | 35 | 55 | 9 | |
| 丹麦 | 29 | 28 | 43 | |
| 英国 | 16 | 5 | 51 | 28 |
| 比利时 | 43 | | 57 | |
| 意大利 | 55 | 11 | 34 | |
| 德国 | 65 | 10 | 25 | |
| 瑞士 | 30 | 20 | 50 | |
| 荷兰 | 29 | 10 | 53 | 8 |
| 西班牙 | 10 | | 61 | 29 |
| 奥地利 | 35 | 37 | 28 | |
| 卢森堡 | 20 | | 80 | |
| 爱尔兰 | 34 | | 23 | 43 |
| 葡萄牙 | 12 | | 80 | 8 |
| 希腊 | 90 | | 10 | |
| 法国 | 53 | 20 | 27 | |
| 瑞典 | 40 | | 60 | |
| 平均值 | 36.3 | 11.7 | 43.3 | 8.6 |

## 9.3.1 污泥焚烧工艺概述

（1）污泥焚烧工艺的兴起与发展　污泥焚烧（热分解）是指在高温（500～1000℃）下，污泥固形物在无氧气或者低氧气氛中分解成气体、焦油以及灰等残渣这3部分的过程。污泥焚烧的对象主要是脱水泥饼。污泥脱水后的滤饼含水率为75%～80%，干燥处理后污泥含水率可降至20%～40%，焚烧处理后含水率可降至0，体积很小，便于运输与处置。

污泥焚烧的初期，其共同的特点是以回收能源为目的。脱水污泥（水分65%～85%，其固体热值为7500～15000kJ/kg）的热值低。因此，焚烧过程中必须添加辅助燃料，所以应该设计辅助燃料最少的流程。其污泥处理单元将采用焚烧工艺。

（2）污泥的干化和焚烧系统及配套设备

① 干化、焚烧设备主机；

② 湿污泥的储存和投加装置；

③ 鼓风系统；

④ 燃烧气体热量利用及回收装置；

⑤ 辅助热源（重油、沼气、天然气等）；

⑥ 自动控制系统；

⑦ 烟气灰尘净化系统，分为干式除尘（旋风除尘器、布袋除尘器等）和湿式除尘（洗涤器、喷射器等）。

## 9.3.2 污泥焚烧的主要设备

### 9.3.2.1 流化床焚烧炉

（1）系统的构成和特点　流化床焚烧炉，包括能量回收的热交换系统和废气处理系统。

焚烧炉采用流化工艺，借助上向空气流，将尺寸分级为0.5～2mm的惰性物质保持在悬浮状态。流化床的优势在于能够保证助燃气体在水平截面上的均匀分布、砂层的良好混合、污泥和燃烧气体的最佳接触。流化床技术非常适用于污泥焚烧，它可以保证污泥的良好分布，固气充分接触和温度均衡。它可以保证在较低过剩燃烧气体状况下的完全燃烧和炉内的自燃热平衡。见图9-44。

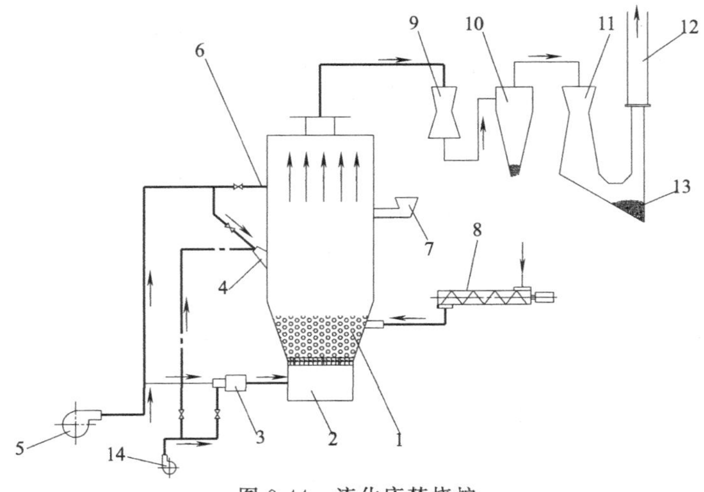


图9-44　流化床焚烧炉

1—流化床；2—通风室；3—预热器；4—辅助喷烧器；5—风机；6—补充空气；7—加砂；8—污泥泵；9—烟气调节器；10—旋风分离器；11—洗涤器；12—烟囱；13—灰；14—燃烧泵

（2）焚烧炉的结构　污泥焚烧装置自下而上，包括以下部分：风室、带喷嘴的拱顶、砂床、燃烧室以及炉顶和烟气管。风室类似于一个加压室，可以在流化床的整个水平面上分布燃烧气体。由耐热砖建造的拱顶用于隔开风室和流化床。砂层在静止状态下，高为1m，流化态时为1.5m。流化床上部设有栅渣投加装置。污泥投加温度为720℃的砂床。见图9-45。

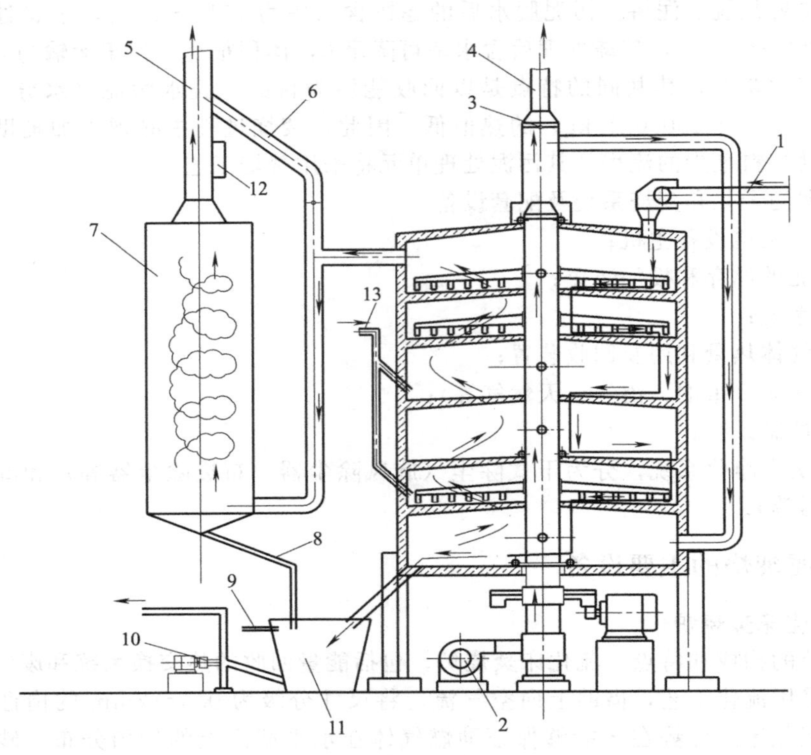


图9-45　立式流化床焚烧炉

1—湿污泥；2—冷却空气鼓风机；3—浮动风门；4—冷却空气；5—清洁空气；6—无水时旁路通道；7—旋风喷射洗涤器；8—灰浆；9—分离水；10—砂浆；11—灰斗；12—感应鼓风机；13—轻油

（3）能量回收　烟气从耐热炉顶和废气管道进入空气热交换器。通过热交换器可以实现以下功能：燃烧空气的预热，回收热量供预干化部分使用。这部分包括两个主要部件：一个是烟气/流化空气热交换器，为助燃气体提供预热；另一个是冷却器，即烟气/热媒流体热交换器，用于冷却废气，回收热量。

（4）烟气处理　烟气处理需要考虑的污染物包括灰分、酸性气体以及重金属。

通常包括以下步骤：干式静电除尘器去除固体状态的灰粉和重金属。袋式除尘器去除粉尘和由于投加化学药剂产生的副产物。烟气处理后的排放限值充分满足并严格于EEC2000年12月4日颁布的废弃物燃烧2000/76/EC指标。处理后的烟气通过工业用风机排出，保持焚烧炉内零压力，使热交换器和烟气处理的压力总是低于大气压，以防止灰尘和气体的泄露，保持焚烧厂的清洁环境。

（5）技术应用　该项目设计污泥处理量每天800t湿泥，含固率20%，热值LCV＝12560kJ/kgDS，有机物含量VSS＝52%。项目吨污泥处理成本250元，吨湿污泥电耗45kW·h，焚烧热量回收率70%，日天然气补充量约为500m³。

#### 9.2.3.2　多床炉

多床炉是用于城市污水处理厂污泥的最普遍的炉型，该多床炉炉体由一组床板和一组刮泥装置组成，炉子以逆流方式运行，因此热效率很高，气体出口温度约为400℃，上部干燥后的湿污泥超过70℃，因为气体出口用另外的燃烧器二次燃烧，所以一般没有必要脱臭。

上部的污泥干燥很慢（可使污泥的含水率降至50%～60%），然后落入燃烧床上，污泥在燃烧床上的温度为760～870℃，污泥在氧化气氛中完全燃烧。燃烧后的灰尘落入充水的熄灭水箱，单用湿式洗涤就可使含尘量降至200mg/m³。

#### 9.2.3.3 转窑（卧式滚筒烘干机）

这是以前水泥、矿山等工业上最普遍的一种装置。目前，也用于污泥的干化和焚烧。也可单独作污泥烘干用。每小时可处理含水率75%～80%的污泥1～12t/h。卧式滚筒烘干机通常是逆流操作，圆筒装置与水平成很小的角度，采用的燃烧温度为900～1000℃，污泥的气体出口温度为300℃，大部分灰尘在下部被回收，飞灰由气体出口的旋风除尘器回收，气体在离开旋风除尘器时被洗涤。见图9-46。

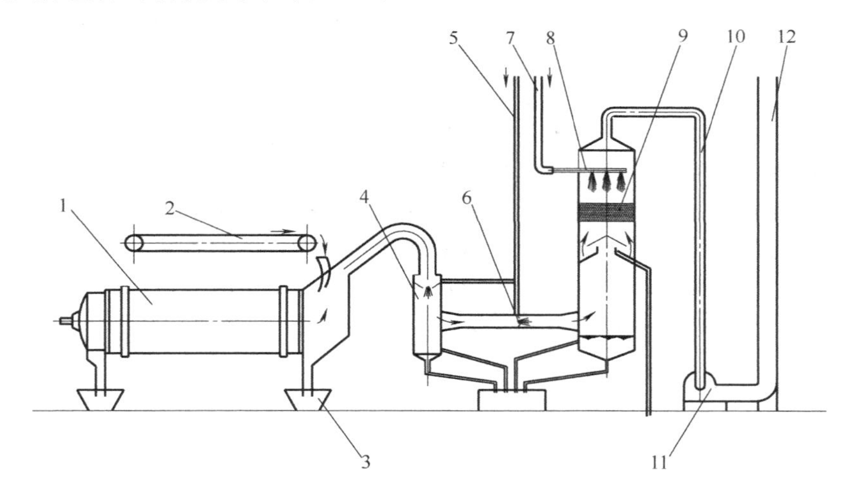


图9-46 转窑流化床焚烧炉

1—砖窑；2—加污泥；3—灰尘；4—洗涤喷洒器；5—洗涤水；6—文丘里喷射器；7—冷却水；8—喷洒器；9—浓缩部分；10—洗涤和冷却后的废气；11—风机；12—烟囱

转窑主要技术参数见表9-26。

**表9-26 转窑主要技术参数**

| 产品规格/m | 生产能力/(t/h) | 功率/kW | 筒体转速/(r/min) | 减速机型号 | 重量/t |
|---|---|---|---|---|---|
| $\phi$0.6×8 | 1.5～2.8 | 4 | 8 | JZQ 250-16-Ⅰ | 5.1 |
| $\phi$0.8×10 | 3.0 | 4 | 7.5 | JZQ 350-16-Ⅰ | 6.9 |
| $\phi$10×10 | 3.3～4.9 | 5.5 | 5.8 | JZQ 400-16-Ⅰ | 7.5 |
| $\phi$1.2×10 | 4～6 | 7.5 | 4.8 | ZL 50-16-Ⅰ | 13.5 |
| $\phi$1.5×12 | 4～6 | 10 | 4.8 | JZQ 500-Ⅲ-2F | 18.9 |
| $\phi$1.5×15 | 7～12 | 18.5 | 4.8 | ZQ 500-Ⅲ-2F | 21 |
| $\phi$1.8×12 | 7～12 | 18.5 | 4.1 | JZQ 50-16 Ⅱ-2 | 22.83 |
| $\phi$2.2×12 | 12 | 18.5 | 3.2 | JZQ 650-Ⅲ | 37.6 |
| $\phi$2.2×14 | 12 | 22 | 3.2 | JZQ 650-Ⅲ | 40 |
| $\phi$2.2×16 | 10～13 | 30 | 3.2 | JZQ 750-Ⅲ | 45 |
| $\phi$2.4×14 | 10～14 | 30 | 3 | JZQ 750-Ⅲ | 51 |
| $\phi$2.4×18 | 25 | 37 | 3 | ZL85-13-Ⅰ | 54 |
| $\phi$2.4×20 | 32～36 | 37 | 3 | ZL 85-13-Ⅰ | 54.14 |
| $\phi$3×20 | 40～50 | 55 | 2.59 | ZL 100-16-Ⅰ | 78 |
| $\phi$3×25 | 45～58 | 75 | 2.59 | ZL 100-16-Ⅰ | 104.9 |

污泥滚筒烘干机（气固逆流式）主要技术参数见表 9-27。

**表 9-27 污泥滚筒烘干机（气固逆流式）主要技术参数**

| 产品规格/m | 处理能力/(t/h) | 入料水分/% | 出料水分/% | 主机功率/kW | 燃煤热值/(kcal/kg) |
|---|---|---|---|---|---|
| φ1.2×12 | 2～3 | 75±5 | ≤30 | 5.5 | ≥6000 |
| φ1.5×14 | 5～8 | 75±5 | ≤30 | 11 | ≥6000 |
| φ1.8×16 | 9～12 | 75±5 | ≤30 | 18.5 | ≥6000 |

注：1. 产量与所用燃料成分有一定关系；
2. 建议热源配用煤气发生炉。

虽然焚烧法与其他方法相比具有突出的优点，但是另一方面随着焚烧工艺的使用，它所存在的若干问题也日渐暴露出来。其一，焚烧需要消耗大量的能源，而能源价格又不断上涨，焚烧的成本和运行费均很高；其二，存在烟气污染问题，噪声、振动、热和辐射以及产生成为环境热点的二噁英污染问题。各发达国家都在制定更严格的固体焚烧炉烟气的排放标准，这也将给剩余污泥的焚烧提出更高的要求。所以，开发热效率高，并能把环境污染控制在最小限度的焚烧工艺成为当务之急。

综上所述，目前焚烧工艺被世界各国认为是污泥处理中的最佳实用技术之一。在欧洲、美国、日本等国家广泛使用，该工艺已日渐成熟，它处理速度快，减量化程度高。世界各国的环境条件均对废弃物处理所花费的时间和所占的空间提出了更为严格的要求，因而污泥焚烧技术已逐步成为污泥处理的主流技术，越来越受到世界各国的青睐。我国在废物焚烧的研究方面起步较晚，特别是在污水厂剩余污泥焚烧这一领域更是缺乏系统的研究，因此对污泥处理中焚烧这一技术的研究就显得日益重要。

# 第10章

# 节能环保的新型水处理设备

## 10.1 诺氏废水高级氧化系统及设备

（1）高级氧化技术　高级氧化技术是指将光、电、声、化学、生物与微波等相关学科的先进技术如臭氧、紫外线、超声波、氧化剂应用于有机污染物或还原性无机污染物的氧化降解，并使之稳定化的技术。由于其高效性（对污染物有较高的降解效率）、普适性（对大多数难降解有机污染物或还原性无机物均有效）以及氧化降解的彻底性（可使绝大多数污染物完全矿化而稳定），因此被称为“高级”氧化技术。见图10-1。

图10-1　诺氏废水高级氧化系统及设备

（2）高级氧化技术的特点

① 产生大量非常活泼的HO· 自由基，其氧化能力（2.80V）仅次于氟（2.87V），HO·自由基是反应的中间产物，可诱发后面的链反应，HO·自由基的电子亲和能为569.3kJ，可将饱和烃中的H拉出来，形成有机物的自身氧化，从而使有机物得以降解，这是各类氧化剂单独使用都不能做到的；

② 反应速度快，多数有机物与羟基自由基的氧化速率常数可达$10^6$～$10^9 mol^{-1}·s^{-1}$；

③ HO·自由基无选择直接与废水中的自由基反应将其降解为二氧化碳、水和无机盐，不会产生二次污染；

④ 由于它是一种物理-化学处理过程，反应条件温和，通常对温度和压力无要求，很容易加以控制，以满足处理需要，甚至可以降解$10^{-9}$级的污染物；

⑤ 它既可作为单独处理，又可以与其他处理过程相匹配，如作为生化处理的前、后处理，可降低处理成本；

⑥ 操作简单，易于设备化管理。

（3）组合协同高级氧化法　臭氧与紫外光之间的协同作用可显著地加快有机物的降解速率，大大降低其COD和BOD的含量。当臭氧被光照时，首先产生游离氧O·，O·与水反应生成·OH。UV辐射除了可诱发·OH产生外，还能产生其他激态物质和自由基，加速链反应，而这些激态物质和自由基在单一的臭氧氧化过程中是不会产生的。在中性或碱性溶液中，$O_3$/UV过程产生较少的过氧化氢和较多的自由基·OH。有紫外光照射时反应速率比无紫外光照射时提高了3～5倍。

超声波与臭氧氧化技术结合可使臭氧充分分散与溶解，在减少臭氧的投加量同时提高其氧化能力，借助于超声空化效应及其产生的物化作用来强化臭氧的分解，产生大量的自由基；废水中的污染物也可直接在超声产生的高温高压“臭氧空化泡”中分解。超声波对$O_3$氧化能力的强化作用不只是两者的简单相加，而是质的飞跃。同时超声波可把有毒有机物降解为比原来有机物毒性小甚至无毒的小分子，降解速度快，不会造成二次污染。

臭氧、紫外线、超声波的协同作用，一方面对高难度的有机废水起到强氧化作用，对废水的COD、色度等进行降解。同时，可作为废水的预处理，其处理后的废水更容易生化处理或其他的物化絮凝处理。也可作为废水的深度处理，在废水的中水回用和达标排放中起到很好的作用。

(4) 工业废水高级氧化处理系统及设备　工业废水高级氧化处理系统采用臭氧、紫外线、超声波技术相结合，适用于处理成分复杂的工业废水，同时具有节能高效、运行稳定、操作方便的优点，具有很大的研究推广价值。

处理系统及设备可以广泛用于：制药化工废水、垃圾渗透液、食品及皮革废水等的预处理和深度处理，油田灌注水、工业冷却循环水的消毒灭菌的处理。作为废水的预处理将极大改善后段处理如生化处理、絮凝沉淀处理的效果，作为深度处理可以提高废水排放、中水回用等指标。

工业废水高级氧化处理系统原理如图10-2所示。

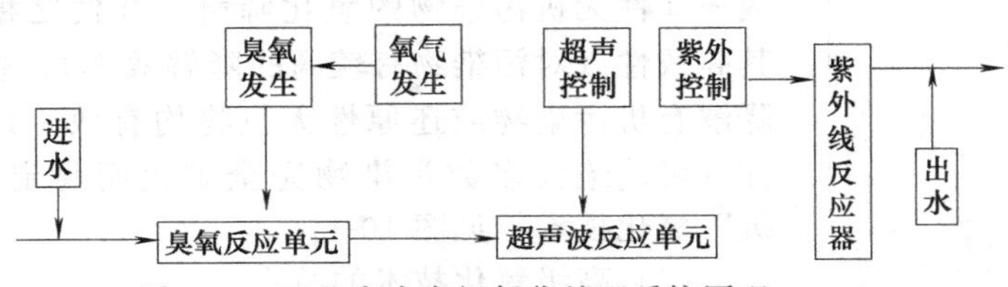


图10-2　工业废水高级氧化处理系统原理

单台工业废水高级氧化处理设备的处理量为1～20t/h，并可组合使用。5t/h处理量的设备：尺寸1500mm×900mm×600mm、功率5kW。设备采用PLC自动控制，安装运行和维护方便，也可根据实际水量设计制造。

生产厂家：上海产联科技实业集团。

## 10.2 热泵

### 10.2.1 FUERDA系列污水源热泵机组

该系列产品能回收城市污水中的热能，是一种清洁能源，同时又降低了城市废热的排放，保护了环境。机组通过消耗少量的电能，把污水中的低温热量，转化成空调或供暖所需的45～65℃左右的热水。这种供暖方式的投资比传统采暖空调系统每100万平方米节省3000万元，运行费用比燃煤系统节省30%，较燃油、燃气节省70%。使用这种机组的采暖技术，每使用1t污水，可节煤2kg，少向大气排放6kg二氧化碳，因此具有明显的环保、经济效益，符合国家节能减排的能源利用战略，具有广阔的发展前景。

(1) 适用范围　纺织、医药、烟草、冶金、化工、宾馆、医院、影剧场、体育馆、办公大楼、居民小区、学校、锅炉改造项目等附近有污水源的建筑。污水源热泵机组的外形见图10-3。

图 10-3　FUERDA 系列污水源热泵机组

（2）功能　制冷、供暖和生活用水的温度调节。

（3）能源　电、城市污水。

（4）冷量范围　76～3616kW。

（5）机组特性

① 采用特殊设计的专用耐腐蚀耐磨损高效的换热器；

② 采用特殊设计的半封闭螺杆压缩机，保证机组的运行高效、节能；

③ 精确的管道设计以及压缩机的选用，使机组运行更加可靠，延长了整机的使用寿命；

④ 采用双槽形管板孔设计和先进的胀管技术，避免相互渗透的可能；

⑤ 采用模拟量信号的传感器，对机组进行预见控制，避免了机组频繁的停机保护；

⑥ 为了使机组安全稳定的运行，设置了完善的安全保护功能；

⑦ 高品质的原材料及配件的选择，是保证机组品质的关键，机组可以稳定运行长达 15～20 年；

⑧ 水管进出口均采用国标法兰，安装方便；

⑨ 机组出厂前均通过了严格的全方位测试，使用户使用更放心、省心。

生产厂家：山东富尔达空调设备有限公司。

### 10.2.2　LTMLR 系列污水源热泵机组

污水源热泵是以污水作为冷、热源，通过电能的输入，利用热泵技术，将污水中的低含量的能量开发利用，使其产生可利用的高含量的能量。

（1）污水干渠中的污水经过“中间换热”后为机组提供冷、热源，符合机组水质要求后直接进污水源热泵机组进行换热，经换热后的污水依然排放到污水干渠下游。整个过程污水一直处在密闭的管路及设备中，只提取污水中的热量，不消耗污水。

（2）不受建筑物冷热平衡的限制，不打井，不埋管，将污水变废为宝，适用于各种类型的建筑供热，制冷及生活热水。

（3）“大温差，小流量”设计，节水节资机组运用水源温度范围广（7～30℃）。

应用场所：污水处理厂及周边、中水处理厂及周边，建筑物附近有污水干渠且污水量充足，LTMLR 系列污水源热泵机组的技术参数见表 10-1。

制冷量 400～1744kW，制热量 388～1680kW。

表 10-1 LTMLR 系列污水源热泵机组技术参数

| 机组型号 | | | LTMLR-115WS | LTMLR-130WS | LTMLR-150WS | LTMLR-175WS | LTMLR-200WS | LTMLR-230WS | LTMLR-270WS | LTMLR-320WS | LTMLR-350WS | LTMLR-400WS | LTMLR-460WS | LTMLR-510WS |
|---|---|---|---|---|---|---|---|---|---|---|---|---|---|---|
| 制冷量 | | kW | 400 | 440 | 524 | 606 | 681 | 794 | 931 | 1106 | 1212 | 1362 | 1580 | 1744 |
| | | $10^4$ kcal/h | 34 | 37 | 45 | 52 | 58 | 68 | 80 | 95 | 104 | 117 | 135 | 149 |
| 制冷量 | | kW | 388 | 429 | 508 | 585 | 656 | 762 | 895 | 1072 | 1170 | 1312 | 1524 | 1680 |
| | | $10^4$ kcal/h | 33 | 36 | 43 | 50 | 56 | 65 | 77 | 92 | 100 | 112 | 131 | 144 |
| 电器参数 | 电源 | | 3/N/PE AC380V/220V 50Hz | | | | | | 3/N/PE AC380V/220V 50Hz | | | | | |
| | 输入功率 制冷 | kW | 75 | 83 | 96 | 110 | 123 | 141 | 167 | 204 | 220 | 246 | 282 | 314 |
| | 输入功率 制热 | kW | 94 | 105 | 122 | 139 | 155 | 178 | 209 | 258 | 278 | 308 | 355 | 396 |
| | 控制系统 | | 热泵专用控制器;PID 调节;全中文彩色触摸屏 | | | | | | | | | | | |
| | 能量调节 | % | 25～100 | | | | | | 25～100 | 12.5～100 | | | | |
| | 安全保护 | | 过载、高低压、错缺相、水流、油压、防冻开关、高温等保护 | | | | | | | | | | | |
| 压缩机 | 形式 | | 进口半封闭螺杆式 | | | | | | | | | | | |
| | 数量 | 台 | 1 | 1 | 1 | 1 | 1 | 1 | 1 | 2 | 2 | 2 | 2 | 2 |
| 制冷剂 | 工质 | | 环保制冷剂 | | | | | | | | | | | |
| | 充入量 | kg | 145 | 182 | 210 | 249 | 285 | 320 | 360 | 430 | 520 | 560 | 640 | 720 |
| 蒸发器 | 形式 | | 满液式 | | | | | | | | | | | |
| | 水流量 制冷 | m³/h | 68 | 74 | 90 | 104 | 116 | 136 | 160 | 190 | 208 | 234 | 270 | 298 |
| | 水流量 制热 | m³/h | 63 | 69 | 60 | 82 | 107 | 125 | 147 | 175 | 191 | 215 | 251 | 276 |
| | 压力损失 | kPa | ≤70 | | | | | | ≤75 | | | | | |
| | 污垢系数 | m²·℃/kW | 0.086 | | | | | | | | | | | |
| | 接口尺寸(*DN*) | mm | 125 | 125 | 125 | 125 | 150 | 150 | 150 | 200 | 200 | 200 | 200 | 200 |
| 冷凝器 | 形式 | | 高效壳管式换热器 | | | | | | | | | | | |
| | 水流量 制冷 | m³/h | 102 | 112 | 133 | 153 | 172 | 201 | 236 | 281 | 307 | 345 | 400 | 442 |
| | 水流量 制热 | m³/h | 66 | 72 | 86 | 100 | 1112 | 130 | 154 | 184 | 200 | 224 | 262 | 288 |
| | 压力损失 | kPa | ≤70 | | | | | | ≤75 | | | | | |
| | 污垢系数 | m²·℃/kW | 0.086 | | | | | | | | | | | |
| | 接口尺寸(*DN*) | mm | 125 | 125 | 125 | 125 | 150 | 150 | 150 | 200 | 200 | 200 | 200 | 200 |
| 外形尺寸 | 长度 | mm | 3200 | 3560 | 3560 | 3580 | 3780 | 3780 | 3870 | 4450 | 4450 | 4460 | 4480 | 4500 |
| | 宽度 | mm | 1200 | 1200 | 1250 | 1280 | 1350 | 1380 | 1480 | 1500 | 1500 | 1500 | 1600 | 1650 |
| | 高度 | mm | 1600 | 1600 | 1650 | 1800 | 1880 | 1880 | 1950 | 1950 | 1960 | 1975 | 2150 | 2200 |
| 机组重量 | | kg | 2550 | 2680 | 2780 | 3560 | 3850 | 3900 | 3990 | 4400 | 5980 | 6300 | 7000 | 7200 |
| 噪声 | | db(A) | <78 | | | | | | <79 | <78 | | | <80 | |

生产厂家：中美合作山东绿特空调系统有限公司。

### 10.2.3 XYWH 系列专用污水管壳式换热器

(1) 产品用途　实现城市原生污水与清水的换热，该清水又称中介水，用作热泵空调机组的热源用水或冷却水，XYWH 系列污水管壳式换热器的外形见图 10-4。

(2) 产品功能　实现长时间连续地污水换热，即从污水中取热或向污水中释放，用清水为热泵空调机组提供冷、热源。

专用污水管壳式换热器的技术参数性能与尺寸（闭式系统）(XYWH)，见表 10-2。

图 10-4　XYWH 系列污水管壳式换热器外形

表 10-2　XYWH 系列污水管壳式换热器性能

| 序号 | 型号 | 流量 /($m^3$/h) | 换热量 /kW | 换热面积 /$m^2$ | 阻力 /m | 进水管径 /mm | 出水管径 /mm |
|---|---|---|---|---|---|---|---|
| 1 | XYWH-20-60 | 15 | 60 | 20 | 3 | 50 | 50 |
| 2 | XYWH-40-120 | 30 | 120 | 40 | 3 | 65 | 65 |
| 3 | XYWH-60-180 | 45 | 180 | 60 | 4 | 100 | 100 |
| 4 | XYWH-80-240 | 60 | 240 | 80 | 5 | 100 | 100 |
| 5 | XYWH-100-300 | 75 | 300 | 100 | 5 | 150 | 150 |
| 6 | XYWH-120-360 | 90 | 360 | 120 | 7 | 150 | 150 |
| 7 | XYWH-140-420 | 105 | 420 | 140 | 7 | 200 | 200 |
| 8 | XYWH-160-480 | 120 | 480 | 160 | 7 | 200 | 200 |
| 9 | XYWH-180-540 | 135 | 540 | 180 | 7 | 250 | 250 |
| 10 | XYWH-200-600 | 150 | 600 | 200 | 7 | 250 | 250 |

生产厂家：江苏联合冷热节能设备有限公司。

# 10.3 除臭装置

## 10.3.1 洗涤塔

在市政污水中，最常见的臭气为 $H_2S$、吲哚、甲基吲哚（粪臭素）和氨气等。由于它们的挥发对环境造成极大的污染，环境保护已经成为当务之急。

### 10.3.1.1 F 系列洗涤塔

F 系列洗涤塔采用卧式舱体结构，待处理气体从舱体一端进入，水平通过填料床，药剂从舱顶部向下喷洒。洗涤塔的折流板系统确保气流通过足够长的填料长度，以达到良好的处理效果。

F103 型洗涤器选型见表 10-3。

F105 型洗涤器选型见表 10-4。

表 10-3 F103 型洗涤器选型

| 型号 | 处理气量 /($ft^3$/min) | 舱体尺寸 (长×宽×高)/m | 水泵功率 /hp |
| --- | --- | --- | --- |
| F103-18S | 500 | 2.10×0.45×1.00 | 1 |
| F103-22S | 1000 | 2.10×0.55×1.10 | 1 |
| F103-28S | 2000 | 2.10×0.75×1.25 | 1 |
| F103-32S | 3000 | 2.10×0.81×1.35 | 2 |
| F103-41S | 5000 | 2.10×1.04×1.58 | 2 |
| F103-52S | 8000 | 2.10×1.32×1.85 | 2 |
| F103-58S | 10000 | 2.10×1.47×1.98 | 2 |
| F103-69S | 14000 | 2.10×1.75×2.24 | 2 |
| F103-74S | 16000 | 2.10×1.88×2.36 | 5 |
| F103-79S | 18000 | 2.10×2.00×2.46 | 5 |
| F103-84S | 20000 | 2.10×2.13×2.56 | 5 |
| F103-96S | 25000 | 2.10×2.44×2.60 | 5 |
| F103-112S | 30000 | 2.10×2.85×2.60 | 5 |
| F103-157S | 40000 | 2.10×3.98×2.60 | 7.5 |
| F103-202S | 50000 | 2.10×5.13×2.60 | 7.5 |
| F103-247S | 60000 | 2.10×6.25×2.60 | 7.5 |

注：1$ft^3$/min=0.0283168$m^3$/min，下同。

表 10-4 F105 型洗涤器选型

| 型号 | 处理气量 /($ft^3$/min) | 舱体尺寸 (长×宽×高)/m | 水泵功率 /hp |
| --- | --- | --- | --- |
| F105-18S | 500 | 2.70×0.45×1.00 | 2 |
| F105-22S | 1000 | 2.70×0.55×1.10 | 2 |
| F105-28S | 2000 | 2.70×0.75×1.25 | 2 |
| F105-32S | 3000 | 2.70×0.81×1.35 | 2 |
| F105-41S | 5000 | 2.70×1.04×1.58 | 2 |
| F105-52S | 8000 | 2.70×1.32×1.85 | 5 |
| F105-58S | 10000 | 2.70×1.47×1.98 | 5 |
| F105-69S | 14000 | 2.70×1.75×2.24 | 5 |
| F105-74S | 16000 | 2.70×1.88×2.36 | 5 |
| F105-79S | 18000 | 2.70×2.00×2.46 | 7.5 |
| F105-84S | 20000 | 2.70×2.13×2.56 | 7.5 |
| F105-96S | 25000 | 2.70×2.44×2.60 | 7.5 |
| F105-112S | 30000 | 2.70×2.85×2.60 | 7.5×2 |
| F105-157S | 40000 | 2.70×3.98×2.60 | 7.5×2 |
| F105-202S | 50000 | 2.70×5.13×2.60 | 7.5×2 |
| F105-247S | 60000 | 2.70×6.25×2.60 | 7.5×2 |

生产厂家：宜兴鹏发环保设备制造有限公司等。

#### 10.3.1.2 Purafil TS 系列槽式洗涤气器系统

Purafil（普拉费尔）的除臭技术可满足中小污水处理厂的臭气处理，免除了昂贵的设备费用。它综合了臭气处理设施，如湿式洗涤器、生化过滤器、生化洗涤器。

Purafil TS系列的槽式涤气器系列对于控制在污水处理应用上由污水产生的臭气，提供一个经济和有效的解决方案。槽式涤气器（TS）适用于较大处理气量，处理量如下：

TS-1000 型槽式涤气器　$Q$=1700$m^3$/h（1000$ft^3$/min）

TS-2000 型槽式涤气器　$Q$=3400$m^3$/h（2000$ft^3$/min）

TS-3000 型槽式涤气器　$Q$=5100$m^3$/h（3000$ft^3$/min）

TS-4000 型槽式涤气器　$Q=6800m^3/h$（$4000ft^3/min$）

TS-6000 型槽式涤气器　$Q=10200m^3/h$（$6000ft^3/min$）

Purafil TS 系列槽式洗涤气器系统能广泛有效地除去污水臭气成分中的99.5%左右。

应用地点：泵房、中途泵站、湿井、渠道工程、消化池、沉淀池、污泥脱水机房。

#### 10.3.1.3　Purafil 100/300/500/1000 型桶形洗涤气器

Purafil 环境系部（ESD）制造的100/300/500/1000 型桶形涤气器（DS100-1000）是用于泵房、中途泵站、湿井、压力干管和污水处理厂理想的除臭设备。

DS-系列桶形涤气器适用于普通标准处理气量，处理量如下：

DS-100 型槽式涤气器　$Q=170m^3/h$（$100ft^3/min$）

DS-300 型槽式涤气器　$Q=510m^3/h$（$300ft^3/min$）

DS-500 型槽式涤气器　$Q=850m^3/h$（$500ft^3/min$）

DS-1000 型槽式涤气器　$Q=1700m^3/h$（$1000ft^3/min$）

ESD 高效除臭控制系统的核心是干燥剂和空气过滤介质，DS 系列桶形涤气器中填充多层 Odorcarb 和 Odormix 介质，它能广泛有效地除去污水臭气成分中的99.5%以上。

应用地点：泵房、中途泵站、湿井、渠道工程、消化池、沉淀池、污泥脱水。

处理气体：硫化氢、氧化硫、氨、乙醛、硫醇、有机化合物。

生产厂家：北京天传海特环境发展有限公司。

### 10.3.2　生物过滤除臭装置

#### BF 系列生物过滤除臭装置

（1）适用范围　适用于污水处理、排污泵站、垃圾处理、石油化工、冶金工业、化工制药、电子工业、禽畜饲养、食品加工、烟草加工、塑料加工、皮革印染、浆纸制造、油漆喷涂。

（2）系统原理　生物过滤除臭法是利用自然界细菌和微生物对臭气的吸附、吸收、消化和降解过程来自然除臭的方法。收集的废气在适宜的条件下通过长满微生物的固体载体（填料），气味物质先被填料吸收，然后被填料上的微生物氧化分解，完成废气的除臭过程，固体载体上生长的微生物承担了物质转换的任务。因为微生物生长需要足够的有机养分，所以固体载体除需具有很高的有机成分，还要创造一个适宜的湿度、pH 值、氧气含量、温度和营养成分的良好条件来保持微生物活性。

（3）BF 系列生物过滤器选型　见表 10-5。

表 10-5　BF 系列生物过滤器选型

| 型　号 | 流　量/($m^3/h$) | 过滤器规格/mm | | 装机负荷/kW |
|---|---|---|---|---|
| | | 直径/长×宽 | 高度 | |
| BF-501C | 500 | 1500 | 2800 | 1.5 |
| BF-102C | 1000 | 2200 | 2800 | 2 |
| BF-202C | 2000 | 3000 | 3000 | 2.5 |
| BF-252C | 2500 | 4200×2200 | 3000 | 3 |
| BF-302C | 3000 | 4200×2750 | 3000 | 3.5 |
| BF-502C | 5000 | 4400×4200 | 3000 | 5.5 |
| BF-103C | 10000 | 8800×4200 | 3000 | 8 |
| BF-153C | 15000 | 13200×4200 | 3000 | 15 |
| BF-203O | 20000 | 9200×8000 | 3200 | 23 |
| BF-303O | 30000 | 12400×9000 | 3200 | 31 |
| BF-503O | 50000 | 15400×12000 | 3200 | 40 |
| BF-104O | 100000 | 20600×18000 | 3200 | 80 |

注：气量大于 $15000m^3/h$，需根据用户要求定制。型号中 C 表示封闭式，O 表示敞开式。

生产厂家：北京天传海特环境发展有限公司。

（4）生物过滤系统结构形式

① 封闭式。封闭式为生物反应舱（罐）体形式，舱体采用 FRP 材质，$H_2S$ 去除率在95%以上，最大单台处理流量 2500$m^3$/h，入口处 $H_2S$ 浓度可达 200mg/L。

② 敞开式。敞开式为半地下或全地下池体形式，池体为钢筋混凝土结构，$H_2S$ 去除率在 95%以上，处理量不限，入口处 $H_2S$ 浓度不高于 200mg/L。

（5）系统组成

① 气体收集输送系统。由构筑物封闭加盖、管路系统、风机等组成。

② 加湿控制系统。加湿器用来对较高臭气浓度气体和不满足湿度条件的气体进行预处理，降低部分气体峰值，使之达到较为理想的温度和湿度，保障微生物能有效地去除臭气。

③ 生物过滤器系统。依据过滤床面积、建造工程成本和材料等多种因素选定过滤器的结构——舱式、罐式、池式。生物过滤舱包括气流分布装置、过滤介质支撑层、给水和排水装置，管道过滤舱上装有压力、温度等相关检测设备，装有喷淋装置，舱内有介质支撑系统。为方便操作维护，舱壁周围和顶部开有进出口与检修口等。

生物过滤池内为滤料床，上部装有一定高度的滤料，下部为支撑体，配有喷淋加湿系统，用来对滤料加湿。过滤器介质以自然木质为主，配以多种其他材料，用预先培养的微生物溶液做预处理。

④ 检测控制系统。检测仪表对系统的温度、湿度、浓度、流量、pH 值、压力等参数进行在线检测。控制系统根据现场实际情况选择系统的运行模式——手动/自动控制。

（6）系统特点

① 一般处理流量范围 500～100000$m^3$/h；

② 建设成本与后期运行费用低；

③ 一级过滤处理，一体化结构，安装移动快速；

④ 使用操作简便，无需人工值守；

⑤ 滤料使用期限较长，一次配置 3～5 年；

⑥ 运行稳定性好，抗冲击负荷能力强；

⑦ 占地面积小，少许空间即可安装；

⑧ 是一种环保设备，不产生二次污染；

⑨ 能源（水、电）消耗量小，价格低廉，维护简便。

### 10.3.3 Gelor-L 系列专业异味净化装置

（1）技术特点　Gelor-L 系列专业异味净化装置是专用于垃圾转运站的专业除臭设备，该设备采用巧妙的结构，使微生物制剂混合、加压、喷洒组合成一个整体结构，将有效微生物除臭技术应用于垃圾转运站的空气净化。

（2）除臭原理　有效微生物制剂是一种高效的微生物菌群，采用特殊的技术方法使各种具有不同性质和作用的厌氧菌和好氧菌等十属八十种以上的有效微生物（主要是乳酸菌类、光合菌类、酵母菌类、发酵丝状菌类、革兰阳性放线菌类等）有机结合，每毫升 $10^8$ 个有效菌以活性状态共存于一体，协同发挥作用。

微生物界普遍存在优势主导现象。不论是有益菌也好，有害菌也好，真正起主导作用的只是极少占优势的部分；绝大部分喷洒了有效微生物制剂的地方，有益菌很快占据优势地位。其结果是：环境中的有益微生物活动增强，腐败菌类的活动减弱，臭味消失。

（3）工艺流程

Gelor-L 系列微生物除臭装置→垃圾压缩机构

↓

垃圾站地面

（4）使用场合　Gelor-L 专业异味净化装置主要适用于如下场所：污水、垃圾中转站、垃圾处理场、垃圾楼、垃圾房、垃圾堆放点等。

（5）技术参数　见表 10-6。

**表 10-6　Gelor-L 系列专业异味净化装置技术参数**

| 名称及型号 | 组成部分 | | 技术参数 |
|---|---|---|---|
| | 组件 | 数量 | |
| Gelor-L 垃圾异味净化装置 | 气动开关 | 1 | |
| | 压缩罐 | 1 | $p_{max}=0.5$MPa |
| | 高级压力泵 | 1 | $Q=40$L，$H=22$m，电压 220V，功率 220W |
| | 自动控制器 | 1 | |
| | 止回阀 | 1 | |
| | 漏电保护开关 | 1 | |
| | 分液装置 | 1 | |
| | JP-300 喷嘴 | 2～4 | 300mL/min |
| | 储液装置 | 1 | 60L |

生产厂家：北京天传海特环境发展有限公司。

## 10.3.4　全过程除臭

（1）适用范围　CYYF 城镇污水厂全过程除臭工艺可以广泛地适用于传统活性污泥、A/A/O、A/O、SBR、氧化沟等活性污泥法污水处理工艺。

（2）工艺原理　CYYF 城镇污水厂全过程除臭工艺技术是将含有组合生物填料的培养箱安装于污水处理厂生物池内，活性污泥混合液经过培养箱，其中的生物填料对除臭微生物的生长、增殖产生诱导和促进作用，增殖强化除臭微生物，将二沉池排出的活性污泥回流于污水厂进水端，除臭微生物与水中的恶臭物质发生吸附、凝聚和生物转化降解等作用，使得污水厂各构筑物恶臭物质在水中得到去除，实现污水厂恶臭的全过程控制。工艺流程见图 10-5。

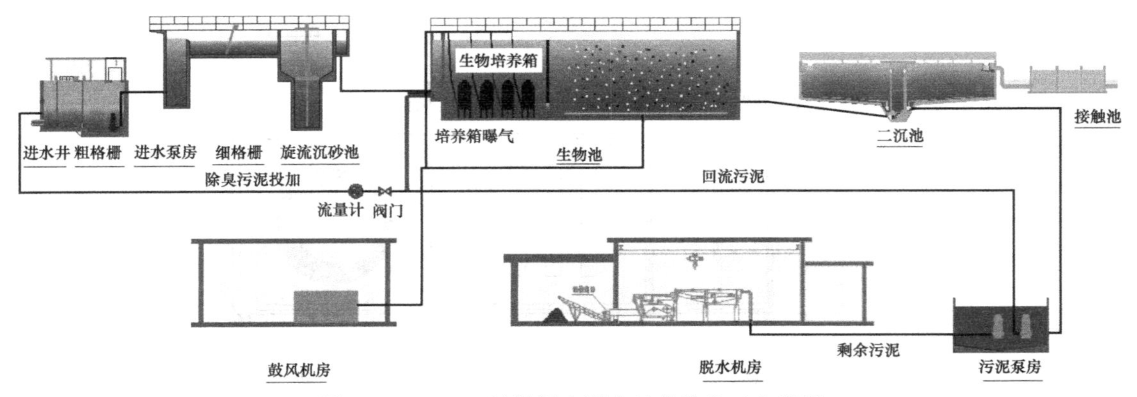


图 10-5　CYYF 城镇污水厂全过程除臭工艺流程

CYYF 除臭系统由两部分组成，包括微生物培养系统和除臭污泥投加系统。微生物培养系统为在污水处理厂生物池内安装一定数量的微生物培养箱，每台培养箱提供微量空气。除臭污泥投加系统为在污泥回流泵房安装污泥泵，铺设管道输送至污水厂进水端。除臭工艺在除臭污泥投加量为2%～10%进水量的条件下，污水厂恶臭污染源恶臭得到大幅消减，对污水厂出水水质无负面影响。

(3) 除臭效果　以某大型污水处理厂为例，CYYF城镇污水厂全过程除臭系统投入运行后，粗格栅、细格栅和沉砂池处 $H_2S$ 明显降低，改造前后 $H_2S$ 浓度均值对比见表10-7。

表10-7　改造前后 $H_2S$ 浓度均值变化　　单位：mg/L

| 项目 | 粗格栅 | 细格栅 | 沉砂池 |
|---|---|---|---|
| 改造前 $H_2S$ 均值 | 77.8 | 114.1 | 104.6 |
| 改造后 $H_2S$ 均值 | 3.7 | 6.1 | 7.9 |
| 去除率/% | 95.2 | 94.7 | 92.5 |

生产厂家：天津创业环保集团股份有限公司。

### 10.3.5　离子除臭

(1) 适用范围　污水、垃圾处理厂等市政行业（用于污水厂、污水泵站、污泥堆场、粪便处理场等），用于去除有害气体，消除悬浮物及异味，减少灰尘，杀灭病毒。

(2) 技术原理　离子除臭技术通过离子管利用高频高压静电的特殊脉冲放电方式（活性氧发射电极每秒钟可产生上千亿个高能离子）产生高密度的高能活性氧（介于氧分子和臭氧之间的一种过渡态氧），这些活性正负离子、光电子及羟基自由基等强氧化性的活性基团，迅速与污染物分子碰撞，激活有机分子，并直接将其破坏；同时，空气中的氧分子被激发产生二次活性氧，与有机分子发生一系列链式反应，并利用自身反应产生的能量维系氧化反应，进一步氧化有机物质，生成二氧化碳和水以及其他小分子。

高能活性氧可以与空气当中的有机挥发性气体分子（VOCs）接触，打开VOCs分子化学键，分解成二氧化碳和水；对硫化氢、氨同样具有分解作用；离子发生装置发射离子与空气中尘埃粒子及固体颗粒碰撞，使颗粒荷电产生聚合作用，形成较大颗粒靠自身重力沉降下来，达到净化目的；发射离子还可以与室内静电、异味等相互发生作用，同时有效地破坏空气中细菌生存的环境，降低室内细菌浓度，并将其完全消除。

(3) 离子除臭系统组成　离子除臭系统主要由气体收集系统、空气过滤器、离子发生装置、抽风机、控制装置、废气排放装置等组成。设备结构示意图见图10-6。

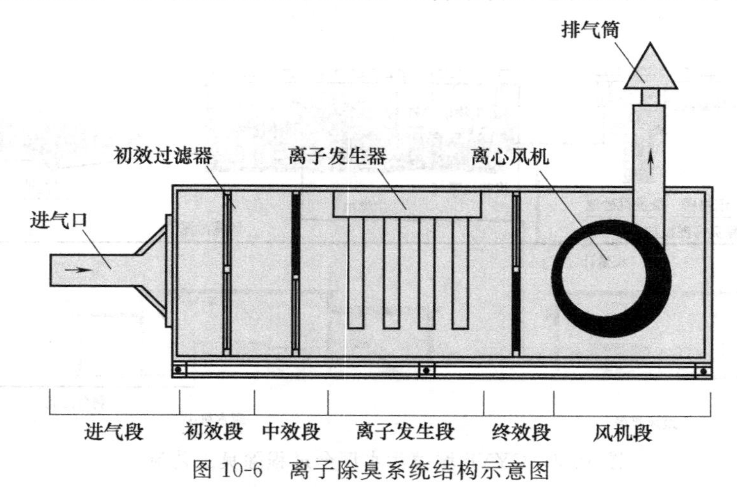


图10-6　离子除臭系统结构示意图

(4) 技术特点

① 高能离子除臭系统在所有指定除臭空间范围内的除臭达到国家规定的标准。除臭后气体排放符合国家标准GB 18918—2002及GB 3095—96中恶臭污染物厂界标准值二级。

② 高能离子除臭系统对 $H_2S$、$NH_3$ 等气体的去除率达到85%以上，对其他 VOCs 气体的去除率也能够达到 75%以上。

③ 高能离子除臭系统在额定风量下可连续工作，主机寿命 15 年以上，离子管寿命 20000h。离子除臭设备在运转时无异常噪声，离子除臭设备操作时在其 1m 半径范围内产生的噪声≤60dB。

④ 高能离子除臭系统的装机功率很低，每处理 $1000m^3/h$ 气体，功率在 1.0kW 以下。

(5) 设备参数　见表 10-8。

表 10-8　离子除臭设备参数

| 设备型号 | 建议风量/($m^3$/h) | 设备尺寸/mm | 风口尺寸/mm | 功率/kW |
|---|---|---|---|---|
| THLZ010 | ≤1000 | 2380×760×760 | 200×200 | 1.5 |
| THLZ020 | ≤2000 | 2380×960×960 | 200×200 | 1.5 |
| THLZ030 | ≤3000 | 2700×1100×1100 | 300×300 | 1.5 |
| THLZ050 | ≤5000 | 3360×1260×1260 | 360×360 | 3.0 |
| THLZ060 | ≤6000 | 3460×1300×1300 | 360×360 | 3.0 |
| THLZ080 | ≤8000 | 3460×1490×1490 | 400×400 | 4.0 |
| THLZ100 | ≤10000 | 4460×1620×1620 | 450×450 | 7.5 |
| THLZ200 | ≤20000 | 4570×2250×2250 | 630×630 | 11 |
| THLZ300 | ≤30000 | 6500×2250×2250 | 680×680 | 18 |
| THLZ500 | ≤50000 | 7500×2250×2250 | 1000×1000 | 22 |
| THLZ700 | ≤70000 | 8500×2250×2250 | 1000×1000 | 28 |

生产厂家：长春天浩环境科技有限公司。

### 10.3.6　光微波除臭

(1) 适用范围　污水处理厂、污水泵站、垃圾压缩站等场所的废气处理，市政污水厂消毒杀菌，中央空调消毒杀菌，食品加工、医疗行业消毒杀菌等。

(2) 原理介绍　光微波除臭技术采用无极光源对恶臭分子链进行净化的除臭技术，光微波采用微波发射器激发光源，发射器本身带有的辐射对恶臭气体就起到杀菌破坏作用，此为第一重处理；运用 253.7nm 波段切割、断链、燃烧、裂解臭（废）气分子链，改变分子结构，此为第二重处理；运用 185nm 波段对臭（废）气进行催化氧化，使破坏后的分子或中子与 $O_3$ 进行结合，使有机或无机高分子恶臭化合物分子链在催化氧化过程中转变成低分子化合物，使之成为 $CO_2$、$H_2O$ 等，此为第三重处理；最后根据不同臭（废）气组成配置 7 种以上相对应的惰性催化剂，惰性催化剂在 338nm 光源以下发生反应，其激发的效果类似于植物光合作用，对废气进行净化效果，此为第四重处理。通过四重处理后的臭（废）气其除臭最高可达 99%以上，净化除臭效果超过国家标准《恶臭污染物排放标准》（GB 14554—93）的要求。设备结构示意图见图 10-7。

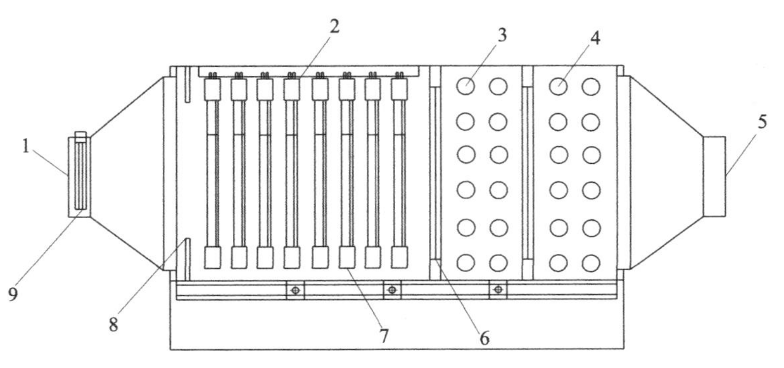


图 10-7　光微波除臭系统结构示意图

1—进气口；2—镇流器；3—恶臭催化剂；4—27 种催化剂；5—排气口；6—挡板；7—UV 光管；8—检查门；9—过滤网

(3) 技术特点

① 设备占地小、质量轻，如：处理 10 万 $m^3/h$ 风量的

废气，设备占地只需 3m$^2$，总质量仅约为 200kg。

② 设备无需添加任何易耗材料，整体设备使用寿命在 5 年以上，无需人工看管维护。

③ 设备运行过程中单台设备运行只需 1～6 度电，6 度电可以处理 10 万 m$^3$/h 风量的臭（废）气。

④ 整机所有配件均属于持续性材料，适用于 24h 不间断运行。

（4）设备参数　见表 10-9。

表 10-9　光微波除臭设备参数

| 设备型号 | 建议风量/(m$^3$/h) | 设备尺寸/mm | 风口尺寸/mm | 功率电压/(kW/V) |
|---|---|---|---|---|
| THWB-3000 | 3000 | 1700×800×1080 | 500×500 | 2/220 |
| THWB-5000 | 5000 | 1800×900×1180 | 600×600 | 2/220 |
| THWB-8000 | 8000 | 1900×1000×1280 | 700×700 | 2/220 |
| THWB-10000 | 10000 | 2000×1100×1380 | 800×800 | 3/220 |
| THWB-20000 | 20000 | 2100×1200×1480 | 900×900 | 3/220 |
| THWB-30000 | 30000 | 2200×1300×1580 | 900×900 | 3/220 |
| THWB-40000 | 40000 | 3400×1300×1580 | 1000×1000 | 4/220 |
| THWB-50000 | 50000 | 3600×1300×1580 | 1000×1000 | 4/220 |
| THWB-60000 | 60000 | 3800×1300×1580 | 1000×1000 | 4/220 |
| THWB-70000 | 70000 | 4000×1300×1580 | 1000×1000 | 4/220 |
| THWB-80000 | 80000 | 4200×1300×1580 | 1000×1000 | 6/220 |
| THWB-100000 | 100000 | 4400×1300×1580 | 1000×1000 | 6/220 |

生产厂家：长春天浩环境科技有限公司

# 10.4　一体化污水处理设备

## 10.4.1　WSZ 系列一体化地埋式生活污水处理设备

由二级池子组成，一级为钢筋混凝土结构，埋深较大，为钢结构，埋深较浅。钢结构池采用防腐涂料进行防腐。该涂料是一种橡胶网络与塑料网络互相贯穿形成互穿网络聚合物，能耐酸、碱、盐、汽油、煤油、耐老化、耐冲磨，能带锈防锈。设备一般涂刷该涂料之后，防腐寿命可达 15 年以上。设备参数见表 10-10，图 10-8。

表 10-10　WSZ 系列一体化地埋式生活污水处理设备技术参数

| 项目型号 | | WSZ-1 | WSZ-3 | WSZ-5 | WSZ-7.5 | WSZ-10 | WSZ-15 | WSZ-20 | WSZ-30 | WSZ-40 | WSZ-50 |
|---|---|---|---|---|---|---|---|---|---|---|---|
| 处理量/(m$^3$/h) | | 1 | 3 | 5 | 7.5 | 10 | 15 | 20 | 30 | 40 | 50 |
| 设备件数 | | 1 | 1 | 1 | 1 | 2 | 2 | 2 | 3 | 4 | 4 |
| 污泥吸附及初沉池/m$^3$ | | 1.8 | 5.5 | 9 | 14 | 18 | 27 | 36 | 50 | 80 | 100 |
| 接触氧化池/m$^3$ | | 5.0 | 14.5 | 24 | 36 | 44 | 63 | 80 | 130 | 170 | 200 |
| 二沉池表面负荷/[m$^3$/(m$^2$·h)] | | 1.2 | 1.3 | 1.3 | 1.3 | 1.2 | 1.2 | 1.5 | 1.5 | 1.5 | 1.6 |
| 消毒池/m$^3$ | | 0.6 | 1.8 | 2.8 | 4 | 5.5 | 8 | 10 | 15 | 20 | 25 |
| 风机 | 风量/(m$^3$/min) | 0.31 | 0.67 | 1.02 | 1.72 | 2.5 | 4.11 | 4.11 | 4.11×2 | 4.11×2 | 4.11×3 |
| | 功率/kW | 0.4 | 0.75 | 1.5 | 2.2 | 3.7 | 5.5 | 5.5 | 5.5×2 | 5.5×2 | 5.5×2 |
| | 台数 | 2 | 2 | 2 | 2 | 2 | 2 | 2 | 2 | 2 | 3 |
| 水泵 | 扬程 | 8 | | | | | 8 | | | 8 | |
| | 功率/kW | 1.0 | | | | | 1.6 | | | 2.9 | |
| 最大件数/t | | 5 | 6 | 7 | 10 | 8 | 10 | 10.5 | 10.5 | 10.5 | 12 |
| 设备总重/t | | 4.2 | 9.7 | 12.3 | 15.8 | 20.7 | 25.5 | 29.8 | 37.3 | 49.1 | 57.7 |
| 占地面积/m$^2$ | | 6 | 14 | 20 | 30 | 40 | 58 | 75 | 115 | 145 | 185 |

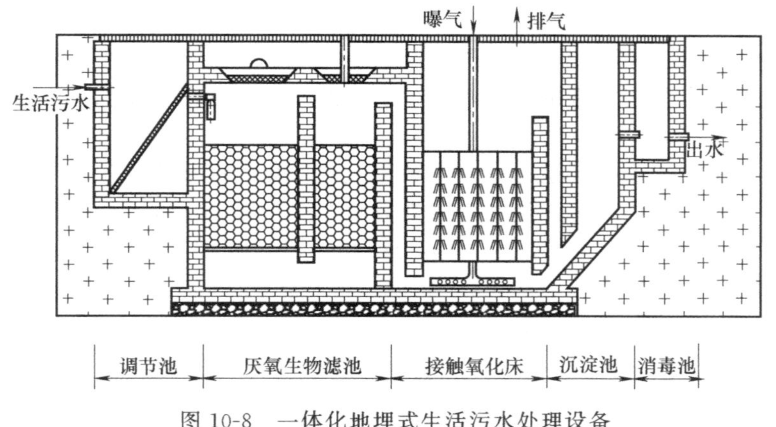

图 10-8　一体化地埋式生活污水处理设备

(1) 污水回用设备出水水质　回收利用一级水质用于普通净化使用，其指标：浊度<5，溶解性固体<1000mg/L，悬浮性固体<5mg/L，色度<5，$BOD_5$<10mg/L，$COD_{Cr}$<50mg/L，总硬度（以 $CaCO_3$ 计）<450mg/L，总大肠菌群<3 个/L。

回收利用二级水质用于普通生产使用，其指标：浊度<5，溶解性固体<100mg/L，悬浮性固体<1mg/L，色度<5，$BOD_5$<10mg/L，$COD_{Cr}$<50mg/L，总硬度（以 $CaCO_3$ 计）<200mg/L，总大肠菌群<3 个/L。

回收利用三、四级水质可用于系统生产超纯水使用水质标准（18MΩ·cm，15MΩ·cm，2MΩ·cm 和 0.5MΩ·cm 四个等级，和以自来水为原水来制备这些水没有差别）。

(2) 生活废水回用流程与构筑物

① 格栅。拦截水中较大杂物及悬浮物，保证后续设备的正常运转。

② 调节池。为保持设备持续、均匀不变和高效的运行，必须将不均匀的排水经过储存调节为均质水。为了避免污物在调节池内聚积沉淀，在池内设置预曝气。

③ 毛发聚集器。作为过滤前预处理技术，去除水中的毛发、纤维状物质、大块颗粒状杂物等，以保持系统的正常运转。

④ 一体化设备（应用接触氧化法）。该设备将生物氧气、曝气、沉淀和储存综合于一体，布局紧凑，占地少，施工便利。

⑤ 接触氧化池。由池体、填料、布水装置和曝气系统（在污水处理工艺中，向污水中强迫增氧的设备）等组成。它是使附着在填料上的生物膜吸附、氧化污水中的有机物。

⑥ 沉淀池根据絮凝沉淀原理，池内设斜管（板），投加絮凝剂后的水进入沉淀池生成絮状物，产生沉淀，水自池上部溢出，沉淀物聚积在池底，按期排除。此类分离办法效率高，占地少。

⑦ 石英砂过滤器（采取石英砂作为填料的一种过滤装置）。截留水中粗大悬浮物，进一步降低水的浊度，提高出水水质。

⑧ 活性炭吸附罐。利用活性炭的吸附作用除臭、去色、脱氯、去除无机物、重金属、分解清洗剂、病毒、有毒物质和放射性物质等。

⑨ 加药装置

a. 采取计量泵（也称定量泵或比例泵）定量投加，投加量可调，运转平稳准确，计量准确、操纵方便。

b. 投加絮凝剂。使水中的胶体物质脱稳并与其他悬浮物构成絮凝体，更有利于沉淀处理后的过滤工艺，使出水水质更好。

c. 投加消毒剂。是主要一步。废水的消毒不只需要杀灭细菌和病毒，尤其要提高废水在生产和利用全部过程中的安全性。

⑩ 生活废水回用池。经处理后的废水存于池中，调节水量均衡，同时投入消毒剂，保持一定的接触时间，以利用消毒剂有效地杀死水中的细菌，同时废水回用池作为废水回用泵的吸水池。

（3）地埋式污水处理系统　这是一种集装箱式模块化的高效污水生物处理系统。一般由厌氧生物滤池、接触氧化床、沉淀池和消毒池等顺序串接集合而成。用于净化处理分散式独立住宅或者企、事业单位的污水和粪便。系统材料可以选用玻璃钢、PVC 板、混凝土砖材料等。地埋式污水处理设备工艺流程见图 10-9。

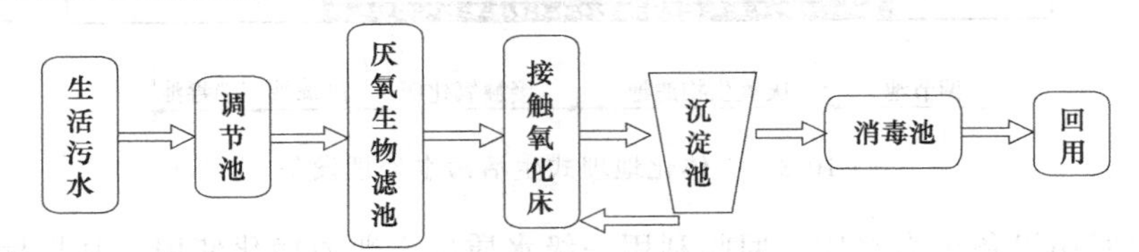


图 10-9　地埋式污水处理设备工艺流程

地埋式污水处理设备是一种模块化的高效污水生物处理设备，是一种以生物膜为净化主体的污水生物处理系统，充分发挥了厌氧生物滤池、接触氧化床等生物膜反应器具有的生物密度大、耐污能力强、动力消耗低、操作运行稳定、维护方便等特点，使得该系统具有很广的应用前景和推广价值。

（4）厌氧生物滤池的作用原理

① 过滤作用。填料截留过滤进水中的大的颗粒物和悬浮物。

② 水解作用。厌氧微生物可以将大分子的不溶性的物质水解转化为小分子的可溶性的物质。

③ 吸收作用。厌氧微生物吸附、吸收水中的有机污染物，一部分用于自身的生长繁殖，另一部分以沼气的形式通过 U 形水封排出。

④ 脱氮作用。将接触氧化床出水回流至厌氧滤池，厌氧微生物中的反硝化菌可以利用回流水中的硝态氮并将其转化为氮气，以去除污水中的氮物质。

污水经厌氧滤池处理后，降低了悬浮物、有机污染物以及氮的浓度，也降低了后续的接触氧化床的负荷。

（5）接触氧化床的作用原理

① 吸附作用。好氧微生物在填料上生长繁殖过程中相互固结形成表面积较大的、浓度较高的生物膜，可以大量吸附水中大部分的有机污染物，使污染物浓度降低。

② 摄取、分解作用。在向反应器内不断通空气的情况下，好氧微生物可以将吸附的有机污染物作为营养物质摄入体内，进行代谢，一部分用于自身的生长繁殖，另一部分转化为二氧化碳和水。

接触氧化床使污水中的有机污染物浓度进一步降低，出水 $COD_{Cr}$、$BOD_5$ 去除率达到 80%以上，可以达到国家污水排放二级标准。

（6）沉淀池的工作原理

① 利用重力作用使接触氧化床出水中密度大于水的悬浮污泥下沉至池底，从而使之从水中去除，保证较好的出水水质。

② 沉降至底部的污泥将自动返回至接触氧化床，以维持接触氧化床的污泥浓度。

（7）消毒池　通过采用固体氯对出水进行消毒，可有效杀死水中的细菌、大肠杆菌、病毒等致病微生物，处理后的水清亮透明，无臭味，细菌数和大肠杆菌数均可符合国家污水排放标准。

（8）工艺特点

① 反应器内填料上形成丰富的生物膜，具有很高的微生物浓度，种类具有多样性；

② 污水处理能力高，效率高，动力消耗低；

③ 操作运行稳定，系统维护较为方便；

④ 投资和运行成本低；

⑤ 组装灵活，可根据地势采用散装和整装的形式。

（9）地埋式生活污水处理设备特点

① 该设备能够处理生活系统综合性废水及其相类似的有机污水。

② 设备的二级生物接触氧化处理工艺均采用接触氧化工艺，比活性污泥池体积小，对水质的适应性好，出水水质稳定，不会产生污泥膨胀。

③ 设备可埋入地表以下，地表可作为绿化或广场用地，因此该设备不占地表面积，不需盖房，更不需采暖保温。

④ 全套设备施工简单、操作容易，所有机械设备均为自动化控制，全部装置设备于地表以下。

⑤ 整个处理设备一般不需要专人管理，只需适时对设备进行维护和保养。

⑥ 不需要压缩容器、空气压缩机和循环泵等设备，从而大大减少了投资费用。

⑦ 所需动力低，维修和人工操作少。

⑧ 如该设备用于寒冷地带，可把检查孔加高，使设备埋没在冻土以下。

（10）应用范围

① 工厂生活污水处理、矿山生活污水处理、部队污水处理、学校食堂污水处理、旅游点污水处理、高速公路服务区收费站污水处理、风景区污水处理。

② 宾馆污水处理、饭店污水处理、疗养院污水处理、医院污水处理。

③ 住宅小区污水处理、别墅区污水处理、商务楼污水处理、新农村污水处理、集镇生活污水处理。

④ 车站污水处理、飞机场污水处理、海港码头污水处理、船舶厂污水处理。

⑤ 水产加工厂污水处理、畜牧加工厂污水处理、鲜奶加工厂污水处理和各种工厂的生产、生活污水处理。

⑥ 与生活污水类似的各种工业污水处理。

生产厂家：湖北博士来科技有限公司。

### 10.4.2 MBR 一体化地埋式污水处理设备

膜生物反应器（简称 MBR）是膜分离技术与生物技术有机结合的新型废水处理技术之一。它利用膜分离组件的高效截留性能，进行固液分离，与传统泥水分离方式不同，膜生物反应器没有污泥膨胀的问题，所以膜生物反应器可以维持较高的污泥浓度。膜的高效截留作用，可以使硝化菌完全截留在生物反应器内，硝化反应得以顺利进行，所以能有效去除氨氮；同时可以截留一时难以降解的大分子有机物，延长这些有机物在反应器的停留时间，使之得到最大限度的降解；应用 MBR 技术后，主要污染物（COD）去除率可达 90%，产水悬浮物和浊度近于零，水质良好且稳定，可以直接回用，实现了污水资源化。

（1）MBR 工艺流程　见图 10-10。

（2）工作原理　一体式膜生物反应器（MBR）工艺是污水生物处理技术与膜分离技术的有机结合。污水在反应器中经生物处理完成对有机污染物质的分解与转化后，利用微滤膜（MF）或超滤膜（UF）的高效分离完成污水的固液分离，从而达到污水的最终净化效果。

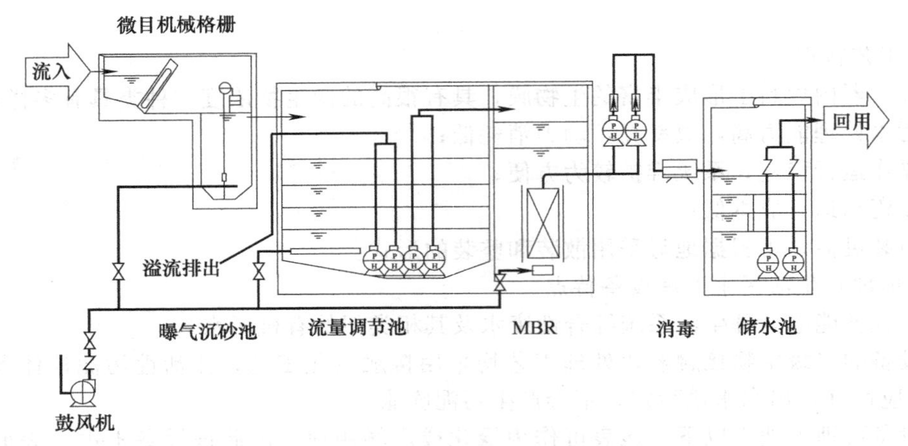

图 10-10　MBR 工艺流程

设置于反应器中的膜组件可完全取代传统工艺中的二沉池和常规过滤、吸附单元，使水力停留时间（HRT）和污泥龄（SRT）完全分离，并获得稳定、优质的出水水质。

(3) MBR 工艺技术特点　膜技术的高效分离作用，使废水中的悬浮物质、胶体物质、微生物菌群与已净化的水彻底分离，有效取代了传统工艺中沉淀、过滤、吸附等处理设备，使出水水质更加稳定、优质。

MBR 一体式膜生物反应器可以滤除细菌、病毒等有害微生物，在降低消毒费用的同时，扩大了废水回用的范围。

MBR 一体式膜生物反应器的高效截留作用，使生物菌群完全存活于反应器内，实现了水力停留时间（HRT）和污泥龄（SRT）的完全分离，在提高生化效果的同时使系统的运行控制灵活稳定。

MBR 一体式膜生物反应器的流程简单，易于集成，处理系统占地仅为传统工艺的二分之一。系统运行采用可编程控制器（PLC）控制，可有效降低人工强度和运行费用。

经 MBR 系统处理的生活污水可达到《城镇污水厂污染物　排放标准》（GB 8918—2002)、《污水综合排放标准》(GB 8978—1996) 一级标准、《城市污水再生利用　城市杂用水水质》（GB/T 18920—2002）和《城市污水再生利用　景观环境用水水质》（GB/T 18921—2002）所规定的水质标准。

生产厂家：河北石家庄博特环保公司。

### 10.4.3　MBR 一体化污水处理设备

(1) 概述　MBR 一体化设备利用膜生物反应器（MBR）进行污水处理及回用的一体化设备，其具有膜生物反应器的所有优点：出水水质好，系统抗冲击性强、污泥量少，自动化程度高等，另外，作为一体化设备，其占地面积小，便于集成。它既可以作为小型的污水回用设备，又可以作为较大型污水处理厂（站）的核心处理单元，是目前污水处理领域研究的热点之一，具有广阔的应用前景。

(2) 工作原理　膜生物反应器（MBR）工艺是膜分离技术与生物技术有机结合的新型废水处理技术。它利用膜分离设备将生化反应池中的活性污泥和大分子有机物质截留住，省掉二沉池。活性污泥浓度因此大大提高，水力停留时间（HRT）和污泥停留时间（SRT）可以有效分离，而难降解的物质在反应器中不断反应、降解。因此，膜生物反应器（MBR）工艺通过膜分离技术大大强化了生物反应器的功能。与传统的生物处理方法相比，是目前最有前途的废水处理新技术之一。

(3) 设备性能参数　MBR一体化设备的核心部件是膜生物反应器，其进水水质要求如下：COD<500mg/L，$BOD_5$<300mg/L，SS<100mg/L，$NH_3$-N<50mg/L。

一体化设备可根据原水水质灵活配置工艺流程，使该设备具有广泛的适用性。能直接将生活污水、医院污水处理达到生活杂用水标准。

出水水质达到生活杂用水标准：COD<50mg/L，$BOD_5$<10mg/L，SS<10mg/L，$NH_3$-N<10mg/L。

在其他污水处理中，可以通过增加相应的处理单元，从而达到处理要求，如增加前处理系统，以除油除渣等，以确保进入MBR的原水达到其进水要求。也可增加后处理系统，如出水需回用至生产过程中，则可以根据生产工艺要求增加反渗透除盐系统等。

生产厂家：沈阳莱特莱德净水系统有限公司。

### 10.4.4 DAT-IAT一体化污水处理设备

DAT-IAT一体化污水处理设备主要是处理生活污水和与之相类似的工业有机废水的一体化装置。DAT-IAT (Demand Aeration Tank-Intermittent Aeration Tank) 的处理方法为改进型SBR法，将传统的SBR处理方法和活性污泥法很好地相结合，集厌氧、好氧、活性污泥法回流、沉淀于一个单元反应池内即完成整个处理过程，无需另设沉淀池，生化效率大大提高。

(1) 适用范围　适用于居民小区、学校、宾馆、公寓、机关、风景区及高速公路服务区等生活污水的处理。

(2) 设备特点

① 运行方式。连续或间断进水，交错间歇曝气，完全静态沉淀，出水稳定达标。

② 运行耗能。交错用电，负荷均匀，能耗低，处理成本小。

③ 布置方式。可地上、地下布置，埋地布置时覆土可绿化。

④ 污泥特性。污泥龄长，泥量少。

(3) 进出水水质　DAT-IAT一体化污水处理设备进、出水水质见表10-11。

表10-11　DAT-IAT一体化污水处理设备进、出水水质

| 项　目 | 进水浓度 | 出水浓度 |
|---|---|---|
| $BOD_5$ | ≤200mg/L | ≤20mg/L |
| $COD_{Cr}$ | ≤500mg/L | ≤60mg/L |
| pH值 | 6～9 | 6～9 |
| SS | ≤300mg/L | ≤20mg/L |
| $NH_3$-N | ≤60mg/L | ≤15mg/L |
| 7P | ≤10mg/L | ≤0.5mg/L |

(4) 工艺说明　DAT-IAT的处理工艺主要由调节沉淀池、DAT-IAT一体化污水处理设备、污泥泵井、污泥干化场、自动控制系统组成。其中调节池、污泥泵井和污泥干化场由钢筋混凝土构造。

① 调节沉淀池。污水经格栅井去除掉大颗粒物质后自流进入调节池，本池主要是调节污水进水的水量和水质及沉淀部分颗粒物，停留时间一般为6～8h，为钢筋混凝土结构。

② DAT-IAT一体化污水处理设备。本设备为连续进水方式，由DAT池和IAT池两部分串联组成，DAT连续进水，连续曝气（也可间歇曝气）；IAT连续进水，间隙曝气，清水和剩余污泥均由IAT排出。DAT-IAT工艺具有传统活性污泥法与典型的SBR工艺的优点：既像典型的SBR工艺一样是间歇曝气的，可以根据原水水质水量的变化调整运行周期，使之处于最佳工况，也可以根据脱氮脱磷要求，调整曝气时间，造成缺氧或厌氧环境；同时

又像传统活性污泥法一样连续进水，避免了控制进水的麻烦，反应池的利用效率。

③ 污泥泵井。设备内剩余污泥和调节池内沉淀污泥均排入污泥泵井储留，上清液回流至调节池进行再处理。

④ 污泥干化场。污泥泵井内的污泥用污泥泵打到污泥干化场进行干化处理。

⑤ 自动控制系统。自控电器主要有污水泵、回流泵、污泥泵、液下曝气机和滗水器。

(5) 自控的主要内容　本系统采用时间和水位双控制，全自动控制运行。调节池设置高水位和低水位两个浮球开关，IAT池中设置高水位、中水位和低水位三个浮球开关。在正常情况下，调节池达到高水位时，提升泵启动，向DAT池输入，同时IAT和DAT池中的曝气机启动，进行曝气；当IAT池水位降至中水位时，IAT池的曝气机停止曝气，沉淀阶段开始，此时提升泵和DAT池中的曝气机仍处于运行状态；当IAT池达到高水位时，滗水器启动，将上清液排出；当IAT池水位降至中水位时，滗水器停止，同时IAT池中的曝气机开始曝气，下一个运行周期开始。污水泵带液位控制，控制调节池的水位，低水位自动停泵，正常水位自动起泵，超高水位备用水泵同时启动。曝气机同时运行。

曝气机与污水泵可联动，也可分动；曝气机与回流泵联动。

(6) 设备主要技术参数　见表10-12。

表10-12　DAT-IAT一体化污水处理设备主要技术参数

| 序号 | 型号 | 处理量/($m^3$/d) | 外形尺寸(直径×长×高)/mm | 污水泵功率/kW | 曝气机功率/kW | 滗水泵功率/kW | 污泥泵功率/kW | 装机容量/kW | 设备重量/kg |
|---|---|---|---|---|---|---|---|---|---|
| 1 | HLW3-100/247 | 3 | ϕ100×247×156 | 0.4 | 0.4×2 | 0.4 | 0.4 | 2 | 581 |
| 2 | HLW4-100/337 | 4 | ϕ100×337×156 | 0.4 | 0.4×2 | 0.4 | 0.4 | 2 | 687 |
| 3 | HLW5-110/315 | 5 | ϕ110×315×166 | 0.4 | 0.4×2 | 0.4 | 0.4 | 2 | 744 |
| 4 | HLW6-110/383 | 6 | ϕ110×383×166 | 0.4 | 0.4×2 | 0.4 | 0.4 | 2 | 832 |
| 5 | HLW8-120/399 | 8 | ϕ120×399×176 | 0.4 | 0.4×2 | 0.4 | 0.4 | 2 | 951 |
| 6 | HLW10-130/391 | 10 | ϕ130×391×186 | 0.4 | 0.75 | 0.4×2 | 0.4×2 | 2.75 | 1041 |
| 7 | HLW12-130/486 | 12 | ϕ130×486×187 | 0.4 | 0.75 | 0.4×2 | 0.4×2 | 2.75 | 1194 |
| 8 | HLW15-140/499 | 15 | ϕ140×499×196 | 0.4 | 0.75 | 0.4×2 | 0.4×2 | 2.75 | 1348 |
| 9 | HLW20-150/559 | 20 | ϕ150×559×206 | 0.4 | 1.5 | 0.75×2 | 0.4×2 | 4.2 | 1685 |
| 10 | WLW24-160/570 | 24 | ϕ160×570×216 | 0.4 | 1.5 | 0.75×2 | 0.4×2 | 4.2 | 1943 |
| 11 | HLW30-170/624 | 30 | ϕ170×624×226 | 0.4 | 1.5 | 0.75×2 | 0.4×2 | 4.2 | 2338 |
| 12 | WLW40-180/735 | 40 | ϕ180×735×236 | 0.4 | 2.2 | 1.5×2 | 0.4×2 | 6.4 | 2927 |
| 13 | HLW48-190/782 | 48 | ϕ190×782×246 | 0.4 | 2.2 | 1.5×2 | 0.4×2 | 6.4 | 3661 |
| 14 | HLW60-200/800 | 60 | ϕ200×800×256 | 0.4 | 2.2 | 1.5×2 | 0.4×2 | 6.4 | 4090 |

生产厂家：湖北洲际环保工程技术有限公司、宜兴市净化设备制造公司。

### 10.4.5 DAT-IAT工艺污水处理一体化设备

用于污水处理的SBR法的变型DAT-IAT工艺。考虑到水量较小（70$m^3$/d），整个污水处理系统采用埋地式一体化设备，地面绿化以美化。其工艺流程为：

污水→化粪池→格栅→调节池→DAT-IAT一体化设备→排放或回用

设计进水$COD_{Cr}=400mg/L$、$BOD_5=150mg/L$、$SS=300mg/L$，出水$COD_{Cr}\leqslant 100mg/L$、$BOD_5\leqslant 30mg/L$、$SS\leqslant 30mg/L$。

(1) 工艺参数

① 格栅。为防止较大的杂质（如塑料袋）堵塞水泵，设计了网孔为10mm的不锈钢提篮式格栅，置于调节池的入口处，定期清理。

② 调节池。由于排放的水量和水质不均匀，需要加以调节。因为该工艺连续进水，调节池按所需的最小容积来设计。地下式钢筋混凝土结构，尺寸 4.0m×1.5m×2.0m。内置 WQ15-10-1.0 型提升潜污泵 2 台（1 用 1 备）。

③ DAT-IAT 一体化设备。埋地式钢制设备，长宽高 2.8m×2.5m×3.3m，DAT 池的容积约占总容积的 20%。DAT 池内设 1.0kW 的水下射流曝气机 1 台；IAT 池内设排水量为 $30m^3/h$ 的滗水器 1 台、1.5kW 的水下射流曝气机 1 台。运行周期为 4h，其中曝气 2h、沉淀 0.7h、滗水和闲置共 1.3h。排放比为 1/2，剩余污泥排入化粪池，具体结构如图 10-11 所示。

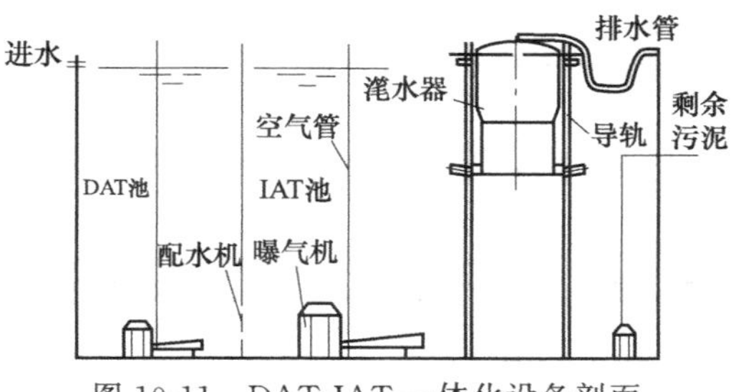

图 10-11　DAT-IAT 一体化设备剖面

DAT-IAT 工艺中最为关键的部分为上清液排出装置——滗水器。

该装置采用的滗水器属水泵式压力排水，主要由上筒体、潜水泵、浮球、下筒体、排水管、滚轮和导轨组成。上筒体起到调节浮力和防止浮渣排出的双重作用，下筒体和潜水泵始终位于水面以下，其沉入深度可以调节。为防止曝气时活性污泥进入下筒体，特设置了浮球将进水口堵塞。而在排水期，潜水泵启动，由于水流的作用，浮球下沉，将下筒体的进水口自动打开，以保证上清液被源源不断地排出池外。

④ 自控系统。采用时间和水位双控制，全自动运行。调节池设置高水位和低水位两个浮球开关，IAT 池中设置高水位、中水位和低水位三个浮球开关。在正常情况下，调节池达到高水位时，提升泵启动，向 DAT 池输水，同时 IAT 和 DAT 池中的曝气机启动，进行曝气；当 IAT 池水位达到中水位时，IAT 池中的曝气机停止曝气，沉淀阶段开始，此时提升泵和 DAT 池中的曝气机仍处于运行状态；当 IAT 池达到高水位时，滗水器启动，将上清液排出；当 IAT 池水位降到中水位时，滗水停止，同时 IAT 池中的曝气机开始曝气，下一个运行周期开始。在此项目设计中，提升泵和 DAT 池中的曝气机处于联动状态。

（2）调试运行及分析　该工程的调试比较简单，从城市污水厂取一定量的压滤后活性污泥投入一体化设备中，如温度适宜，十几天后活性污泥即可培养成熟。在培养过程中有以下一些问题必须注意。

① 化粪池要定期清掏，否则会加重一体化设备的有机负荷。

② 格栅必不可少，否则会堵塞提升泵和曝气机的喉管。

③ 由于 IAT 池停止曝气后 DAT 池仍在进水，并且没有污泥回流，因此要求 IAT 池沉淀的污泥层的厚度大于配水孔的高度。只有这样，DAT 池的活性污泥才不会发生流失，从 DAT 池进入 IAT 池的废水必须经过污泥层以截留、吸附其所含悬浮物和有机物，从而保证滗水器排出合格的处理水。

④ 在调试和运行期间发现，DAT-IAT 工艺与间歇 SBR 工艺相比，表面易形成浮渣。分析其原因如下：DAT-IAT 工艺为连续进水，半静止沉淀，要求配水孔的过水流速极低（流速<2.50m/h），水流呈层流状态，通过污泥层而不扰动水层，上下水层之间不混合。但是在实际运行时，流速的较小变化都可能引起污泥上浮。另外，当污泥中含有气体时也会引起污泥的上浮。

（3）出水水质　自 1999 年以来，DAT-IAT 系统一直稳定运行，无需专人管理。经当地环保部门多次抽查检测，出水水质良好。其出水部分回用于酒店内的花草及果树灌溉等。检测结果见表 10-13。

表 10-13　水质检测结果

| 项目 | $COD_{Cr}$/(mg/L) | $BOD_5$/(mg/L) | SS/(mg/L) | 石油类/(mg/L) | pH 值 |
| --- | --- | --- | --- | --- | --- |
| 进水 | 280.43 | 123.38 | 275 | 1.21 | 7.79 |
| 出水 | 60.87 | 96.4 | 10 | 0.13 | 7.62 |
| 去除率/% | 78.29 | 88.3 | 96.4 | 89.3 | |

注：表值为多次检测平均值。

生产厂家：金州环保集团股份有限公司。

## 10.5 沼气系统工艺描述

污泥中的有机物厌氧消化后主要产物是沼气。在顺利地进行消化时，对于含水率97%左右的投入污泥，每千克有机物产气量350～550L，产生7～10倍投入污泥量的沼气。沼气的成分因污泥的消化状态不同而异，一般沼气主要成分见表10-14。

表 10-14　污泥消化产生沼气的成分（体积分数）　　单位：%

| 甲烷 | 二氧化碳 | 氢 | 氮 | 硫化氢 |
| --- | --- | --- | --- | --- |
| 50～65 | 30～35 | 0～2 | 0～6 | 0.01～0.02 |

同时，空气中沼气含量达到一定浓度会具有毒性，沼气与空气以1∶(8.6～20.8)（体积比）混合时，如遇明火会引起爆炸。

污泥厌氧沼气系统一般分为4个子系统：沼气收集净化储存系统，沼气搅拌系统，沼气利用系统和废气燃烧系统。

为了安全可靠地使用沼气，污水处理厂除了保证污泥消化系统的正常运转，还要顺利完成沼气的收集、运输、储存和脱硫等工作。

（1）沼气收集　消化池中产生的气体从污泥表面挥发出来聚集于消化池顶部集气罩中。消化池中沼气的收集必须注意：保持消化池池顶的气密性，不得从消化池的缝隙中漏出气体，因此混凝土的接缝必须进行特殊处理；沼气为湿态气体，而且还有腐蚀性强的硫化氢，为了防止这一腐蚀作用，在污泥泥位以上的消化池内壁应结合紧密，以免脱落失去作用；池顶的入孔、管件等钢制部件要完全密封，并必须在浇灌混凝土之前预埋，以防气密性能不好；气体的捕集应考虑污泥的投加及消化污泥的排除，以及由于脱离液排出引起的产气量与气压的变化。

（2）沼气输送　从消化池出来的气体压力很低，本来可以考虑使用薄壁钢管，但是由于气体的腐蚀作用，应使用管壁较厚的钢管。尤其比较麻烦的是焊缝，必须涂上耐腐蚀沥青防腐。从安全方面考虑，气罐出口侧的气管管径以气体流速3～5m/s来确定。

（3）沼气储存　由于污泥消化过程中产气量和沼气用户的用气量不相等，必须设置储气装置——储气罐。储气罐的容量，根据处理厂的规模（日产气量）和沼气的日用气量来决定。对于用气量变化，通常只做白天调整，储气量一般为日产气量的25%～40%。大型处理厂可设置储存25%日产气量的储气罐，小型污水厂可设置储存40%日产气量的储气罐。

储气罐分有水式和无水式。有水式是用水切断沼气的方式，无水式是用橡胶等密封切断沼气的方式。储气罐分低压式和中压式，通常采用低压式，气罐内压力1.96～3.92kPa。

（4）脱硫装置　消化气中的硫化氢一般为100～200mg/L，但是根据处理的状况不同，也有达到400～600mg/L的。硫化氢是腐臭味显著的无色气体，相对密度为1.2，毒性强。特别是在潮湿状态下，含600mg/L硫化氢时，就会迅速地腐蚀金属。另外，硫化氢燃烧时会产生腐蚀性很强的亚硫酸气体。因此，沼气一般应进行脱硫。

脱硫可采用湿法工艺，采用二级逆流式洗涤吸收塔（塔径根据沼气量选定），每去除1kg $H_2S$ 约需4～8kg $Na_2CO_3$，用药量与沼气湿度有关。脱硫也可采用氧化铁干式吸附法。

脱硫要控制硫化氢在50mg/L以下。一般来说，让消化气通过碱洗涤或脱硫剂，可使消化气硫化氢含量达到20mg/L以下。

硫化氢在潮湿状态下的腐蚀性比干燥状态下强烈，所以应尽量用沉淀物捕集器去除消化气中的水滴，或者迅速地排出气体配管内的冷凝水。

# 10.6 沼气系统主要设备

## 10.6.1 沼气储气柜

1. 双膜干式球形沼气储气柜

(1) 应用范围　双膜干式球形沼气储气柜用于市政污水处理厂、农场、牧场等沼气系统。

(2) 工作原理　采用沼气专用膜材，具有良好的耐老化、抗甲烷渗透性能，适用于各种类型的沼气工程。双层膜沼气罐外形为3/4球体，由钢轨固定于水泥基座上。主体由特殊加工聚酯材质（主要成分为PVDF-聚偏氟乙烯和特殊防腐蚀配方）制成，罐体由外膜、内膜、底膜及附属设备组成，具有抗紫外线及各种微生物的能力，高度防火。内膜与底膜之间形成一个容量可变的气密空间用作储存沼气，外膜构成储存柜的球状外形。利用外膜进气鼓风机恒压，当内膜沼气量减少时，外膜通过鼓风机进气，保持内膜沼气的设计压力，当沼气量增加时，内膜正常伸张，通过安全阀将外膜多余空气排出，使沼气压力始终恒定在一个需要的设计压力。

可调节膜式沼气储气柜的保温原理：在内外膜之间充入空气，能有效阻挡外界冷空气进入。

(3) 设备主要特点　适用温度－30～＋70℃，抗风，抗雪，抗地震；气罐无水封/油封/弹簧，不怕结冰，不需加温，不需调整；没有导轨，没有升降活塞，无需配重；施工周期短：只需基本水泥基座；自重轻，整体气罐重量不大于5t，大大简化及节省基座土建费用；最高沼气压力50mbar（50cm$H_2O$），为同类型中最高；出口沼气压力恒定，进/出口沼气流量大，适用范围广。双膜干式球形沼气储气柜外形见图10-12。

(4) 规格　储气柜容积（$m^3$）：100、300、500、750、1000、1500、2000。

生产厂家：四川蒙特工程建设有限公司。

图10-12　双膜干式球形沼气储气柜

2. 湿式沼气储气柜

低压湿式储气柜是可变容积的金属柜，它主要由水槽、钟罩、塔节以及升降导向装置所组成。当沼气输入气柜内储存时，放在水槽内的钟罩和塔节依次（按直径由小到大）升高；当沼气从气柜内导出时，塔节和钟罩又依次（按直径由大到小）降落到水槽中。适用于大中型沼气站、秸秆气化站气体储存。

湿式沼气储气柜外形见图10-13。

生产厂家：济宁力扬环保设备制造有限公司、山东油罐钢结构网架安装总公司。

图 10-13 湿式沼气储气柜

## 10.6.2 沼气脱硫净化装置

### 10.6.2.1 干法脱硫

（1）工作原理　干法脱除沼气气体中硫化氢（$H_2S$）设备的基本原理是使 $H_2S$ 氧化成硫或硫氧化物的一种方法，也可称为干式氧化法。干法设备的构成是，在一个容器内放入填料，填料层有活性炭、氧化铁等。气体以低流速从一端经过容器内填料层，硫化氢（$H_2S$）氧化成硫或硫氧化物后，余留在填料层中，净化后气体从容器另一端排出。

（2）干法脱硫的特点

① 结构简单，使用方便。

② 工作过程中无需人员值守，定期换料，一用一备，交替运行。

③ 脱硫率新原料时较高，后期有所降低。

④ 与湿式相比，需要定期换料。

⑤ 运行费用偏高。

（3）沼气干式脱硫设备外形　见图 10-14。

图 10-14 沼气干法脱硫塔

### 10.6.2.2 湿法脱硫

湿法脱硫可以分为物理吸收法、化学吸收法和氧化法三种。物理和化学方法存在硫化氢再处理问题，氧化法是以碱性溶液为吸收剂，并加入载氧体为催化剂，吸收 $H_2S$，并将其氧化成单质硫，碱性溶液有氢氧化钠、氢氧化钙、碳酸钠、硫酸亚铁等。成熟的氧化脱硫法，脱硫效率可达 99.5%以上。

湿法脱硫的特点：

① 设备可长期不停地运行，连续进行脱硫。

② 用 pH 值来保持脱硫效率，运行费用低。

图 10-15 沼气湿法脱硫系统

③ 工艺复杂需要专人值守。

④ 设备需保养。

在大型的脱硫工程中，一般先用湿法进行粗脱硫，之后再通过干法进行精脱硫。沼气湿法脱硫设备外形见图 10-15。

生产厂家：济柴牌燃气机成套销售公司、山东恒能环保能源设备有限公司。

## 10.6.3 沼气发电机组

### 10.6.3.1 12V、16V 系列沼气发电机组

（1）适用范围　沼气的主要成分是甲烷，占 60%～80%。甲烷是一种理想的气

体燃料，它无色无味，与适量的空气混合后即能燃烧。沼气的来源很广，沼气产生装置规模越来越大，城市垃圾的甲烷化以及污水处理更拓宽了沼气产生的领域。

（2）设备性能参数　12V、16V系列沼气发电机组性能参数见表10-15。

**表10-15　12V、16V系列沼气发电机组性能参数**

| 型号 | 12V190系列 | 12V240系列 | 16V280系列 |
|---|---|---|---|
| 机组型号 | 500GF-T(RW、RZ、RJ、RG) | 1200GF-(RW、RZ、RJ、RG) | 2000GF-(RW、RZ、RJ、RG) |
| 额定功率/kW | 500(500、500、400、400) | 1200(1200、1200、800、800) | 2000(2000、2000、1500、1500) |
| 额定转速/(r/min) | 1000(1000、1000、1500、1500) | 1000 | 1000 |
| 额定电压/V | 400 | 400 | 400 |
| 额定电流/A | 902(902、902、722、722) | 2166(2166、2166、1625、1625) | 3610(3610、3610、2708、2708) |
| 额定频率/Hz | 50 | 50 | 50 |
| 额定功率因数 | 0.8(滞后) | 0.8(滞后) | 0.8(滞后) |
| 燃气热耗率/[MJ/(kW·h)] | 10 | 10 | 10 |
| 机油消耗率/[g/(kW·h)] | 1.5 | 2.0 | 2.0 |
| 外形尺寸/mm | 5040×1970×2278 | 6300×2200×3280 | 7000×2300×3400 |
| 机组总重量/kg | 1250 | 2500 | 3200 |

（3）设备类型　12V、16V系列沼气发电机组设备类型见表10-16。

**表10-16　12V、16V系列沼气发电机组设备类型**

| 型号 | 额定功率/kW | 额定电压/kV | 额定频率/Hz |
|---|---|---|---|
| 全系列 | 125～3250 | 0.4,6.3,11 | 50 |
| ZeNZ700 | 700 | 0.22 | 50 |
| 500GF-RZ | 500 | 0.40 | 50 |

#### 10.6.3.2　8012Z、8012CZ沼气发电机组

沼气作为一种新型再生能源燃料已越来越受到人们的重视。沼气发动机具有低排放、低污染、再生资源利用等优点。

8012Z型沼气发电机组功率660kW，转速1500r/min；

8012CZ型沼气发电机组功率450kW，转速1000r/min。

8012Z、8012CZ沼气发电机组外形见图10-16。

图10-16　沼气发动机及发电机组

沼气发动机主要性能参数见表10-17。

**表10-17　沼气机主要性能参数**

<table>
<tr><td>型号</td><td>114LZ</td><td>1012CZ</td><td>1112CZ</td><td>1512Z</td><td>1812Z</td></tr>
<tr><td>型式</td><td>四冲程、水冷、非增压火花塞点火</td><td>四冲程、水冷、中冷、增压、预燃室、火花塞点火</td><td>四冲程、水冷、非增压、预燃室、火花塞点火</td><td>四冲程、水冷、中冷、增压、火花塞点火</td><td>四冲程、水冷、中冷、增压、火花塞点火</td></tr>
<tr><td>混合方式</td><td colspan="3">机械外混式</td><td>电控外混式</td><td>机械内混式</td></tr>
<tr><td>气缸排列</td><td>直列</td><td colspan="4">V形、60°夹角</td></tr>
<tr><td>缸径×行程/mm</td><td colspan="5">190×210</td></tr>
<tr><td>活塞总排量/L</td><td>23.8</td><td colspan="4">71.5</td></tr>
<tr><td>标定转速/(r/min)</td><td>1500</td><td colspan="2">1000</td><td colspan="2">1500</td></tr>
</table>

续表

| 型号 | 114LZ | 1012CZ | 1112CZ | 1512Z | 1812Z |
| --- | --- | --- | --- | --- | --- |
| 怠速/(r/min) | 700 | | | | |
| 标定功率/kW | 190 | 500 | 450 | 660 | |
| 平均有效压力/MPa | 0.616 | 0.84 | 0.76 | 0.74 | |
| 热耗率/[kJ/(kW·h)] | ≤11340 | | | | |
| 机油消耗率/[g/(kW·h)] | ≤1.6 | | | | |
| 涡轮前排气温度/℃ | <650 | | | | |
| 稳定调速率 | ≤5% | | | | |
| 润滑方式 | 压力润滑和飞溅润滑 | | | | |
| 启动方式 | 气启动或电启动 | | 电启动(24V DC) | | |
| 曲轴转向(自飞轮端视) | 逆时针 | | | | |
| 大修期/h | ≥18000 | | | | |

注：15/2Z 为重点推荐机型。

沼气发电机组的技术规格和性能见表 10-18。

表 10-18　沼气发电机组的技术规格和性能

| 型　号 | | 8012CZ | 8012Z |
| --- | --- | --- | --- |
| 功率/kW | | 450 | 600 |
| 额定电流/A | | 328 | 1082 |
| 额定电压/V | | 400 | |
| 额定频率/Hz | | 50 | |
| 功率因数 | | 0.8(滞后) | |
| 发电机励磁方式 | | 无刷 | |
| 发电机接线方式 | | 三相四线 | |
| 发电机工作方式 | | 连续 | |
| 绝缘等级 | | F 级 | |
| 机组电气性能指标 | | | |
| 电压 | 稳态调整率/% | ≤±2.5 | |
| | 瞬态调整率/% | －15～＋20 | |
| | 稳定时间/s | ≤1.5 | |
| | 波动率/% | ≤0.5 | |
| 频率 | 稳态调整率/% | ≤5 | |
| | 瞬态调整率/% | ≤±10 | |
| | 稳定时间/s | ≤7 | |
| | 波动率/% | ≤0.5 | |
| 启动方式 | | 24V 直流电启动 | |
| 冷却水循环方式 | | 开式带热交换器 | |
| 大修期/h | | 18000 | |

生产厂家：康达机电工程有限公司、郑州载能科技发展有限公司、昆明绿橄榄环保科技有限公司、上海铁泽石油天然气技术发展有限公司（全系列）、胜动集团胜利动力机械有限公司。

### 10.6.4　立式、卧式沼气锅炉

（1）适用范围　工业、农业生产及污水处理厂污泥处理过程中会产生相当数量的废气，含有一定甲烷、甲醛、一氧化碳等可燃成分，具有燃烧热值（标态）较高（2000～6000kcal/m$^3$）、可燃性好、有害物质含量少等特点，是一种理想的清洁能源，通过焚烧不仅可以将有害物质彻底分解，而且可以产生非常好的经济效益和社会效益。

(2) 主要特点

① 节能。内肋列管式强化换热技术，高效奥妙地几乎全部将火焰热量转换到水中去。

② 智慧。微电脑自动控制，液晶显示水温，双脉冲自动点火；水温自由设定、控制主机运行、停歇、复燃。

③ 安全。高科技 IC 离子检焰，能在程序熄火与意外熄火后 2s 瞬即关闭双电磁阀，稳妥地防止燃气外溢。

④ 耐久。1mm 不锈钢外壳晶莹闪亮，2mm 铝板与型材购置炉胆经久耐蚀；不锈钢燃烧器，铜阀不锈钢件，有色金属整体。

⑤ 多用。主要功能为取暖、洗浴、开水。

⑥ 环保：燃后废气中 CO 含量低于 0.04%。

(3) 设备规格及性能　沼气锅炉规格及性能见表 10-19，立式锅炉示意图见图 10-17，卧式锅炉示意图见图 10-18。

**表 10-19　沼气锅炉规格及性能**

| 型号 | 型式 | 适用燃料 | 燃料耗量/($m^3$/h) | 适用范围 |
|---|---|---|---|---|
| RSDQ | 立式 | 各类沼气 | 1 | 取暖、洗浴 |
| CLSG0.05～2.8 | 立式 | 各类沼气 | 116 | 工业、民用 |
| WNS/LSG/CLSG/CWNS | 卧式 | 各类沼气 |  | 工业用汽、用水以及农村取暖 |
| WNS0.5～10 | 卧式 | 沼气 | 116 | 工业和民用 |
| WNS/LSG/CLSG/CWNS | 卧式 | 各类发热值的沼气 |  | 工业用汽、用水以及农村取暖 |

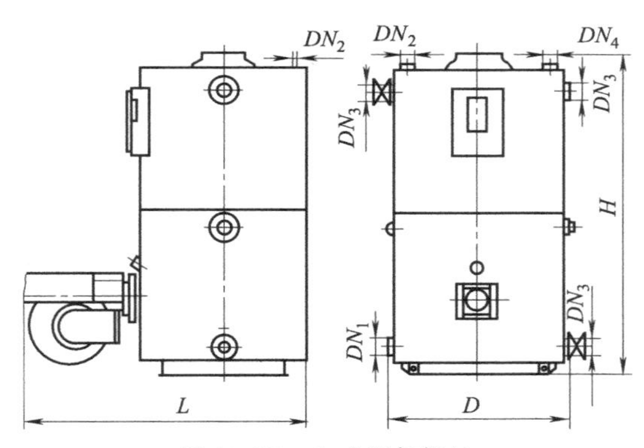


图 10-17　立式沼气锅炉

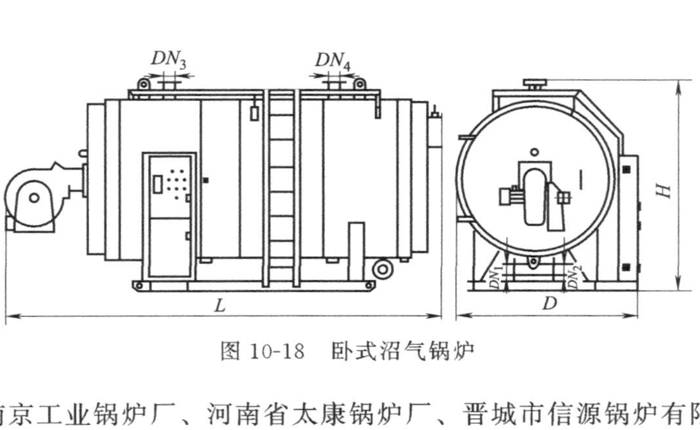

图 10-18　卧式沼气锅炉

生产厂家：南京工业锅炉厂、河南省太康锅炉厂、晋城市信源锅炉有限公司、河南省四通锅炉有限公司。

### 10.6.5 沼气火炬

沼气燃烧器自动点火监控系统由点触发信号发生源、PLC 控制单元、高能电子点火装置、火焰检测元件等五大部分构成。其外形见图 10-19。

图 10-19　沼气燃烧器外形

生产厂家：沈阳元天燃烧器厂、宜兴市高塍楠阳环保设备厂。

# 第2篇

# 通用设备

# 第11章

# 水 泵

## 11.1 潜水离心排污泵

（1）适用范围　QW（Ⅰ）型潜水排污泵，进行了型谱化设计，流量、扬程覆盖面广，能满足不同场合需要，如高楼地下排污设备；地铁排水工程；工厂废水设备；土木建筑工程施工排水；农业灌溉、喷水设备；其他积水、排水工程。

（2）型号说明

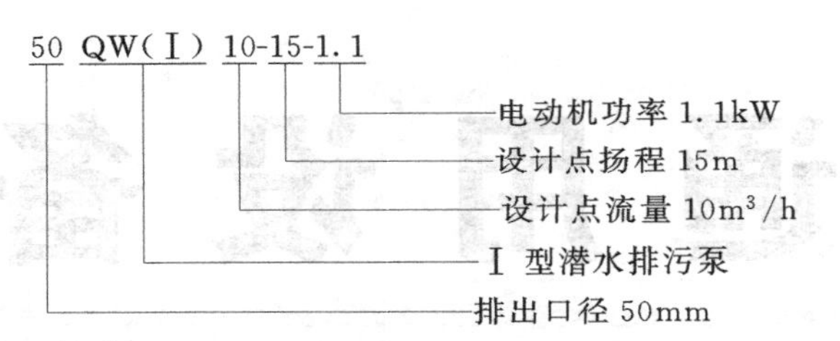


（3）设备性能参数　见表11-1。

表 11-1　设备性能参数

| 型　号 | 排出口直径 /mm | 流量 /($m^3$/h) | 扬程 /m | 转速 /(r/min) | 效率 /% | 配用功率 /kW |
|---|---|---|---|---|---|---|
| 40QW(Ⅰ)10-10-0.75 | 40 | 10 | 10 | 2820 | 61 | 0.75 |
| 50QW(Ⅰ)10-15-1.1 | 50 | 10 | 15 | 2820 | 55 | 1.1 |
| 50QW(Ⅰ)15-8-0.75 | 50 | 15 | 8 | 2820 | 62 | 0.75 |
| 50QW(Ⅰ)15-15-1.5 | 50 | 15 | 15 | 2850 | 61 | 1.5 |
| 50QW(Ⅰ)15-20-2.2 | 50 | 15 | 20 | 2860 | 61 | 2.2 |
| 50QW(Ⅰ)20-15-1.5 | 50 | 20 | 15 | 2850 | 65 | 1.5 |
| 50QW(Ⅰ)20-20-2.2 | 50 | 20 | 20 | 2860 | 64 | 2.2 |
| 50QW(Ⅰ)25-10-1.5 | 50 | 25 | 10 | 2850 | 62 | 1.5 |
| 50QW(Ⅰ)25-15-2.2 | 50 | 25 | 15 | 2860 | 64 | 2.2 |
| 50QW(Ⅰ)25-20-3 | 50 | 25 | 20 | 2880 | 67 | 3.0 |
| 65QW(Ⅰ)30-15-3 | 65 | 30 | 15 | 2880 | 69 | 3.0 |
| 65QW(Ⅰ)30-22-4 | 65 | 30 | 22 | 2900 | 66 | 4.0 |
| 65QW(Ⅰ)35-12-2.2 | 65 | 35 | 12 | 2860 | 72 | 2.2 |
| 65QW(Ⅰ)40-10-2.2 | 65 | 40 | 10 | 2860 | 69 | 2.2 |
| 65QW(Ⅰ)40-15-3 | 65 | 40 | 15 | 2880 | 71 | 3.0 |
| 65QW(Ⅰ)40-22-5.5 | 65 | 40 | 22 | 2910 | 68 | 5.5 |
| 65QW(Ⅰ)40-30-7.5 | 65 | 40 | 30 | 2910 | 67 | 7.5 |

续表

| 型　号 | 排出口直径 /mm | 流量 /(m³/h) | 扬程 /m | 转速 /(r/min) | 效率 /% | 配用功率 /kW |
|---|---|---|---|---|---|---|
| 65QW(Ⅰ)50-15-4 | 65 | 50 | 15 | 2900 | 71 | 4.0 |
| 65QW(Ⅰ)50-22-5.5 | 65 | 50 | 22 | 2910 | 70 | 5.5 |
| 80QW(Ⅰ)50-35-11 | 80 | 50 | 35 | 2930 | 67 | 11 |
| 80QW(Ⅰ)70-15-5.5 | 80 | 70 | 15 | 2910 | 68 | 5.5 |
| 100QW(Ⅰ)70-22-7.5 | 100 | 70 | 22 | 2910 | 75 | 7.5 |
| 100QW(Ⅰ)100-22-11 | 100 | 100 | 22 | 2930 | 76 | 11 |
| 100QW(Ⅰ)150-15-11 | 100 | 150 | 15 | 2930 | 75 | 11 |

生产厂家：山东双轮集团、上海东方泵业集团有限公司、上海凯泉泵业集团有限公司、宁波巨神制泵实业有限公司。

(4) 安装尺寸　见图 11-1。

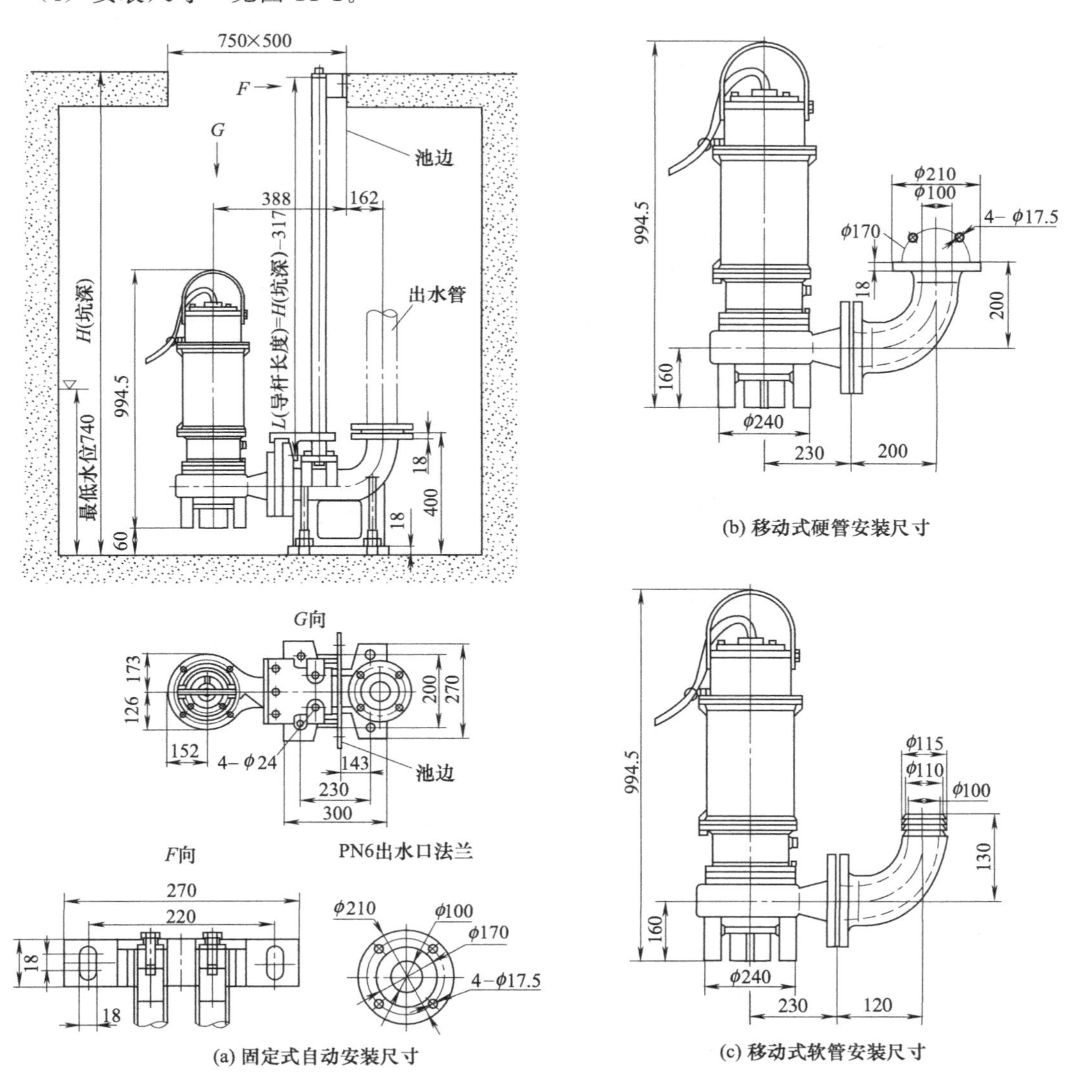


图 11-1　QW（Ⅰ）系列潜水排污泵安装尺寸

# 11.2 潜水轴流泵

## 11.2.1 QZ 系列潜水轴流泵及 QH 系列潜水混流泵

QZ 系列潜水轴流泵、QH 系列潜水混流泵是传统的水泵-电动机机组的更新换代产品。由于电机与水泵构成一体，潜入水中进行，具有传统机组无法比拟的一系列优点。操作方便、运行可靠、维护保养方便。

该泵广泛用于工农业输送水、城市给水、轻度污水排放和调水工程。

（1）型号说明

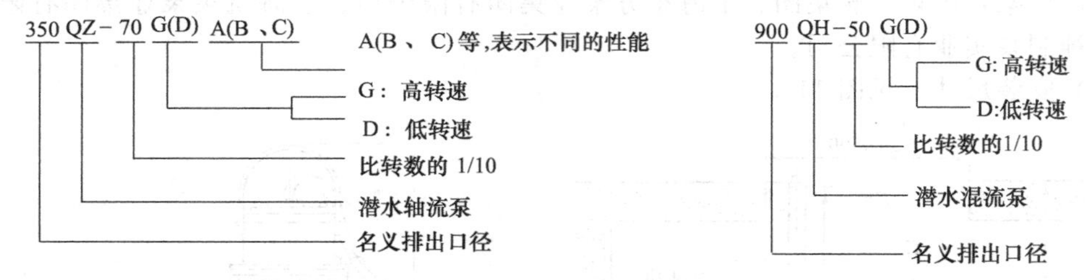


（2）规格及性能　见图 11-2～图 11-11。

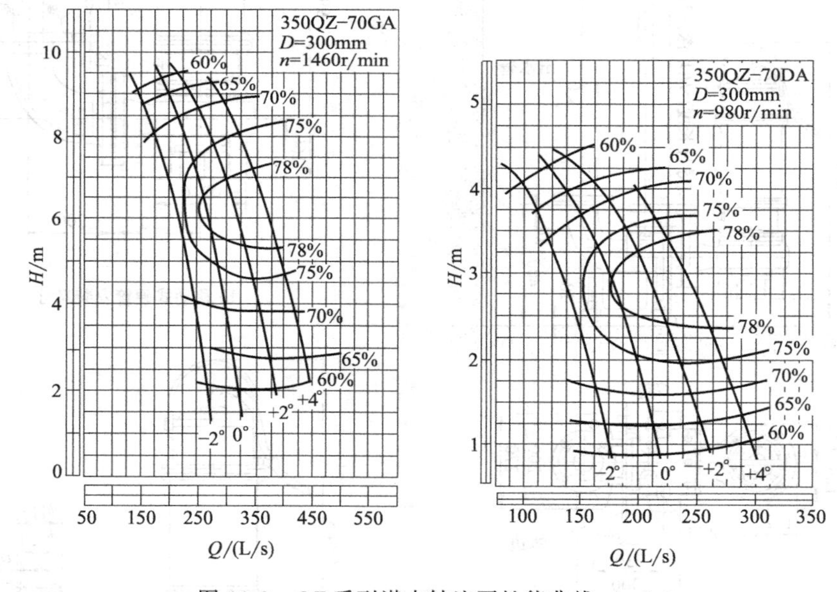


图 11-2　QZ 系列潜水轴流泵性能曲线（一）

（3）安装形式

① 悬吊式安装（图 11-12）。

② 钢制井筒式安装（图 11-13）。

③ 混凝土预制井筒式（图 11-14）。

④ QZ 高电压潜水电泵混凝土预制井筒式安装图（图 11-15）。

生产厂家：上海凯太泵业制造有限公司、南京蓝深制泵集团有限公司。

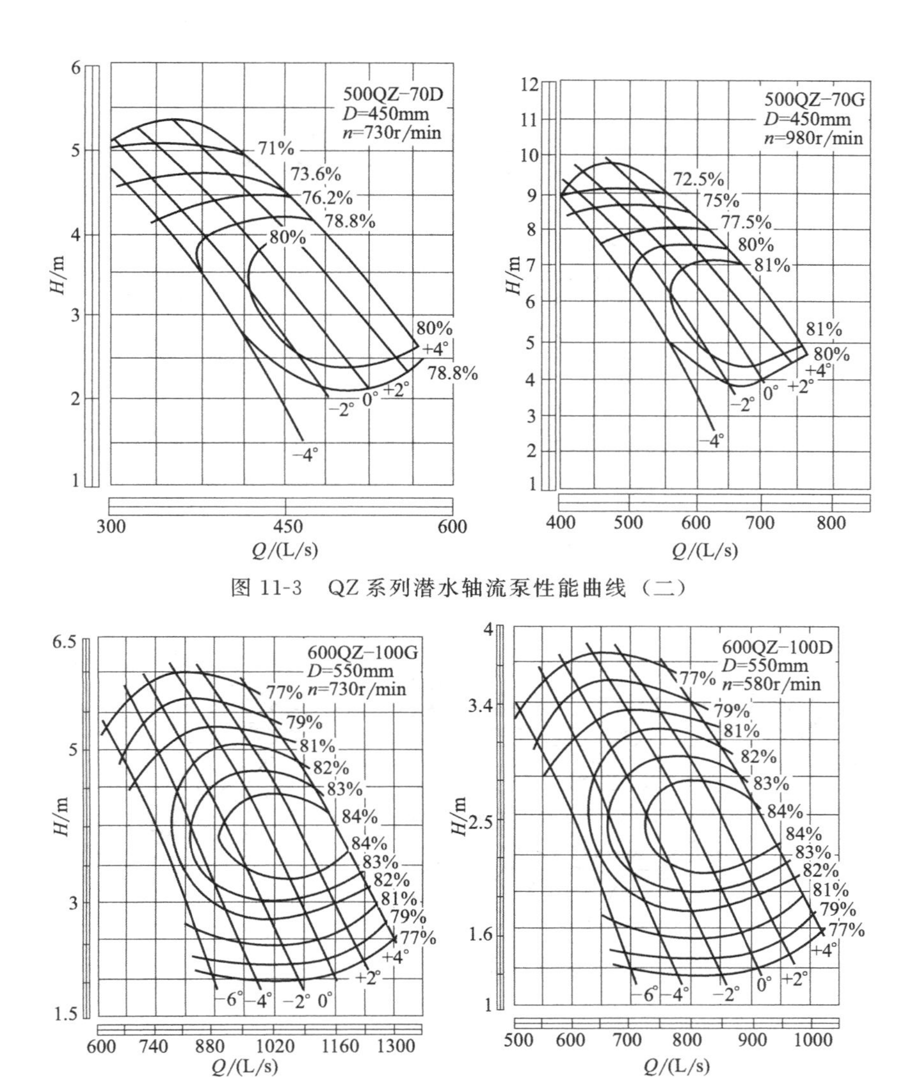


图 11-3 QZ 系列潜水轴流泵性能曲线（二）

图 11-4 QZ 系列潜水轴流泵性能曲线（三）

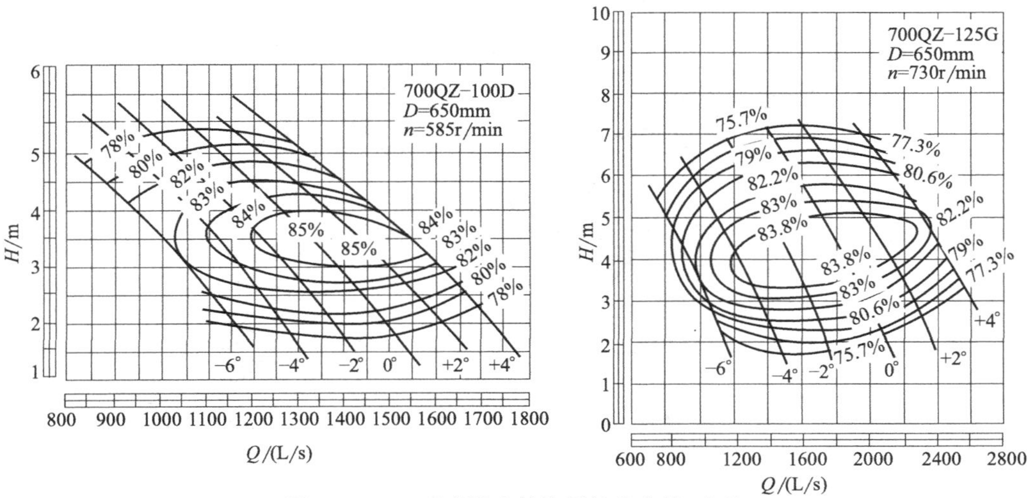


图 11-5 QZ 系列潜水轴流泵性能曲线（四）

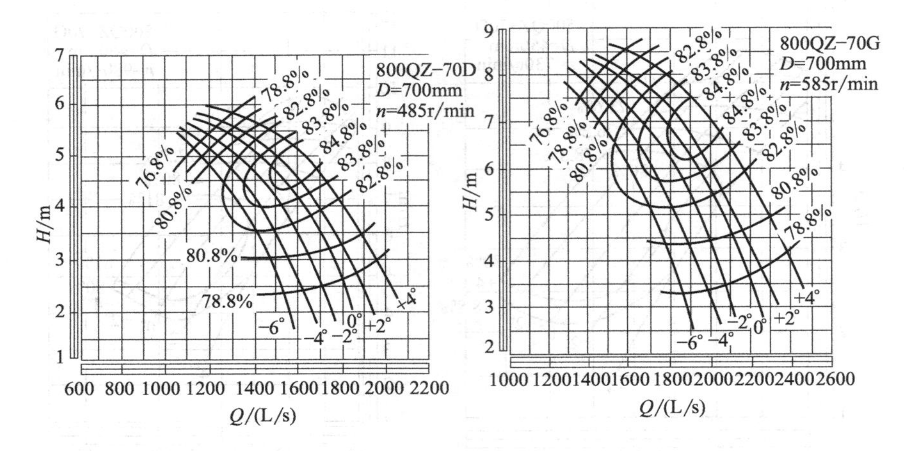


图 11-6　QZ 系列潜水轴流泵性能曲线（五）

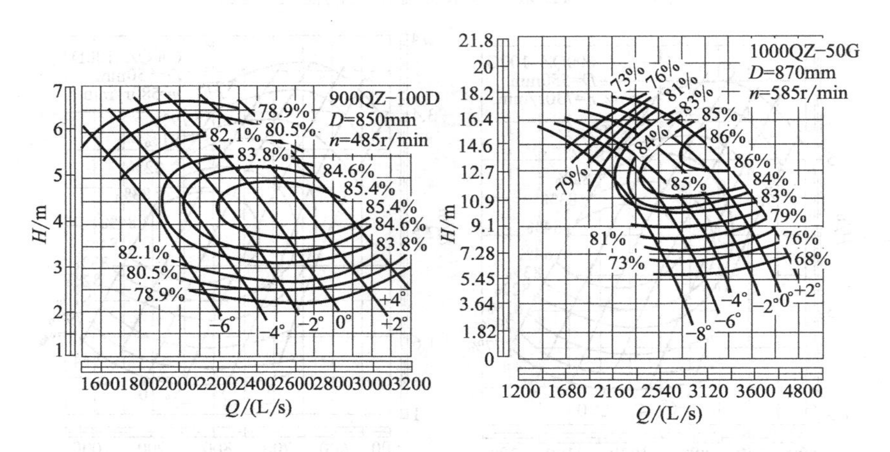


图 11-7　QZ 系列潜水轴流泵性能曲线（六）

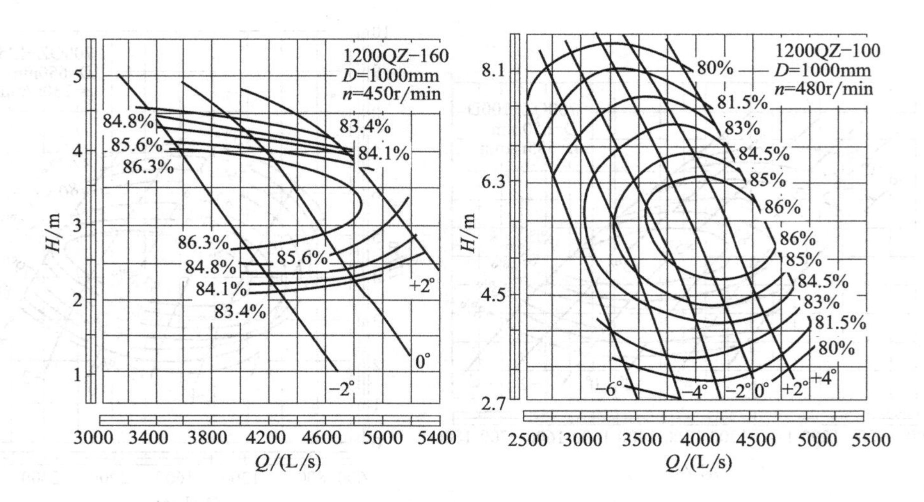


图 11-8　QZ 系列潜水轴流泵性能曲线（七）

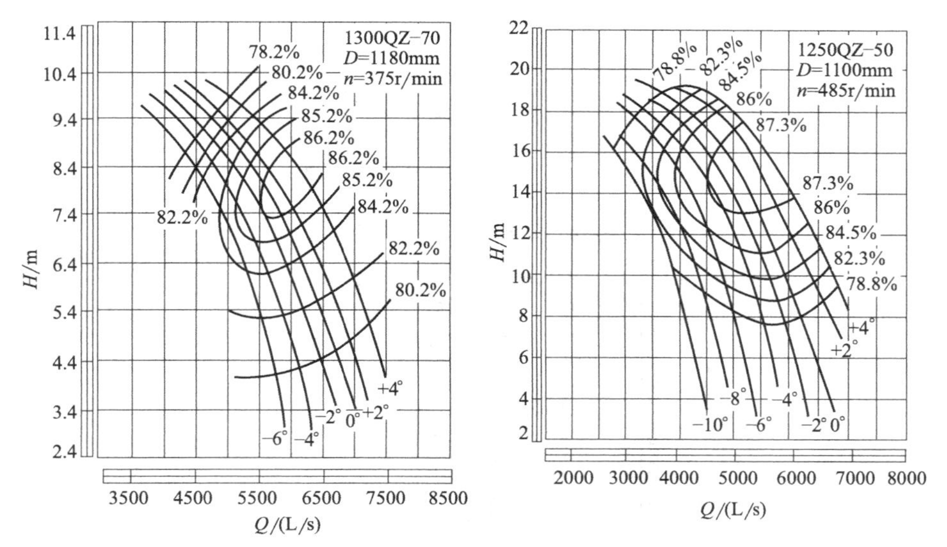


图 11-9 QZ 系列潜水轴流泵性能曲线（八）

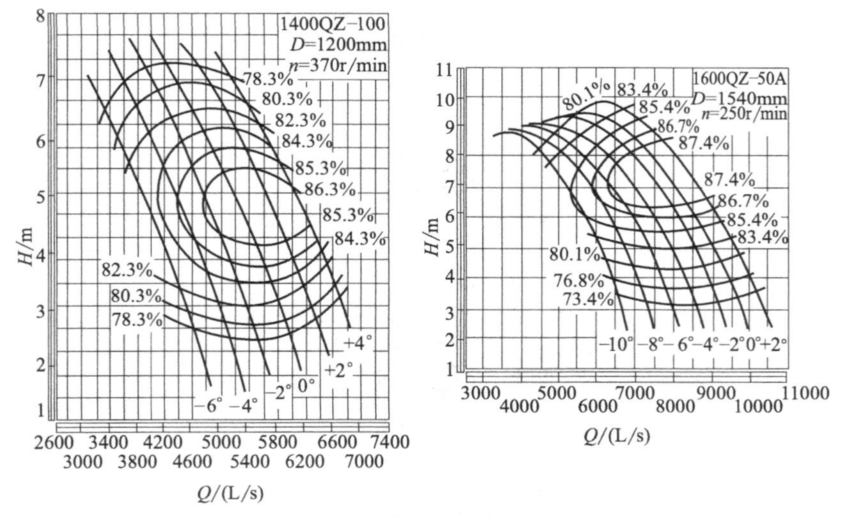


图 11-10 QZ 系列潜水轴流泵性能曲线（九）

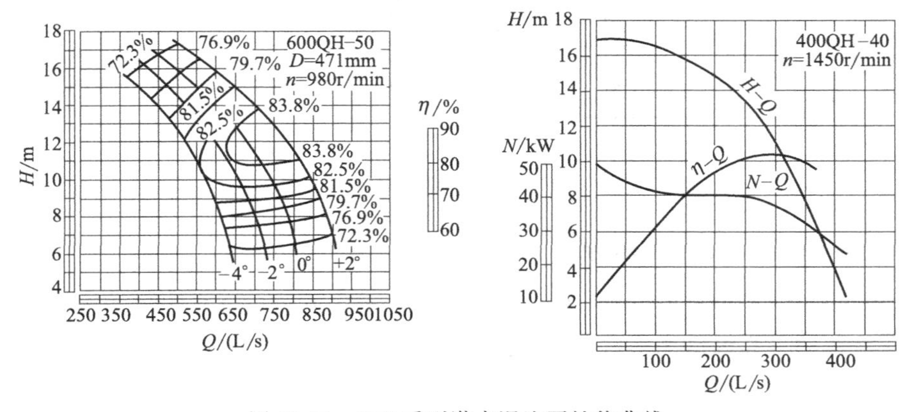


图 11-11 QH 系列潜水混流泵性能曲线

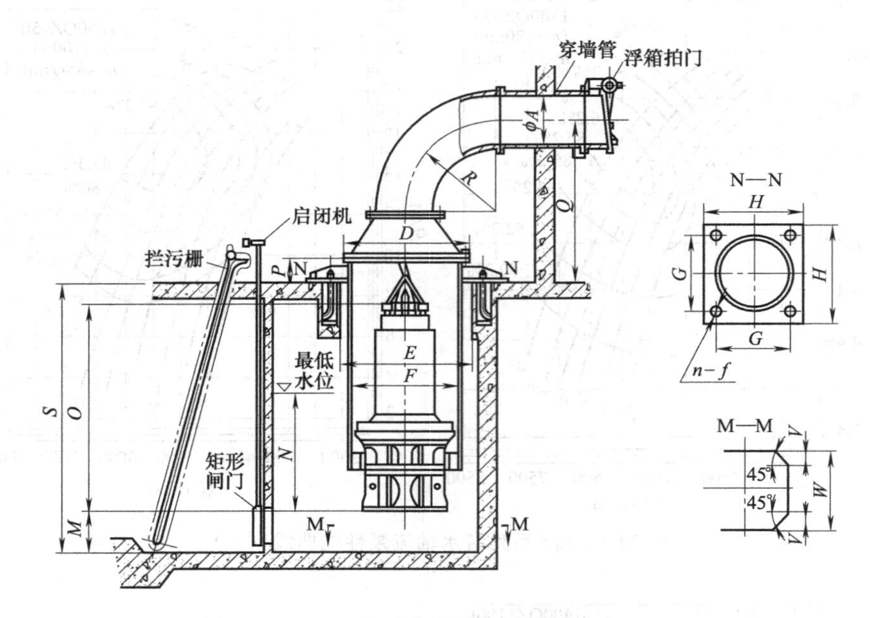


图 11-12　QH 系列潜水混流泵安装形式（一）

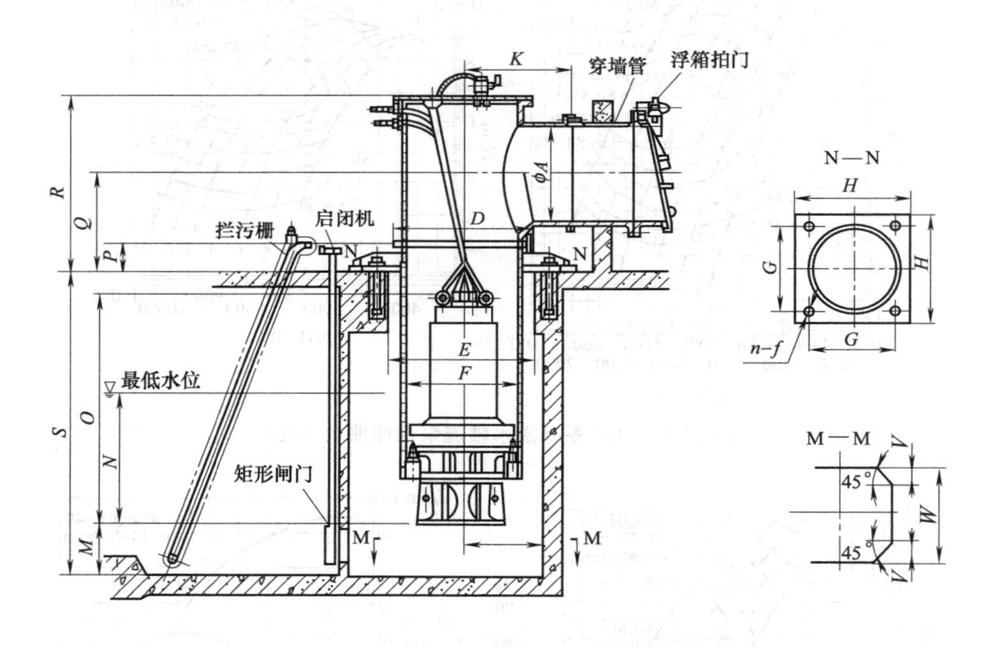


图 11-13　QH 系列潜水混流泵安装形式（二）

## 11.2.2　QZ 型轴流式潜水电泵

QZ 型泵为单级立式轴流式潜水电泵，适合于吸送清水或物理化学性质类似于水的其他液体，吸送液体的最高温度为 50℃。主要用于城市给水排水、水利、农田排灌、工业热电站输送循环水等工程，使用范围十分广泛。

(1) 型号说明

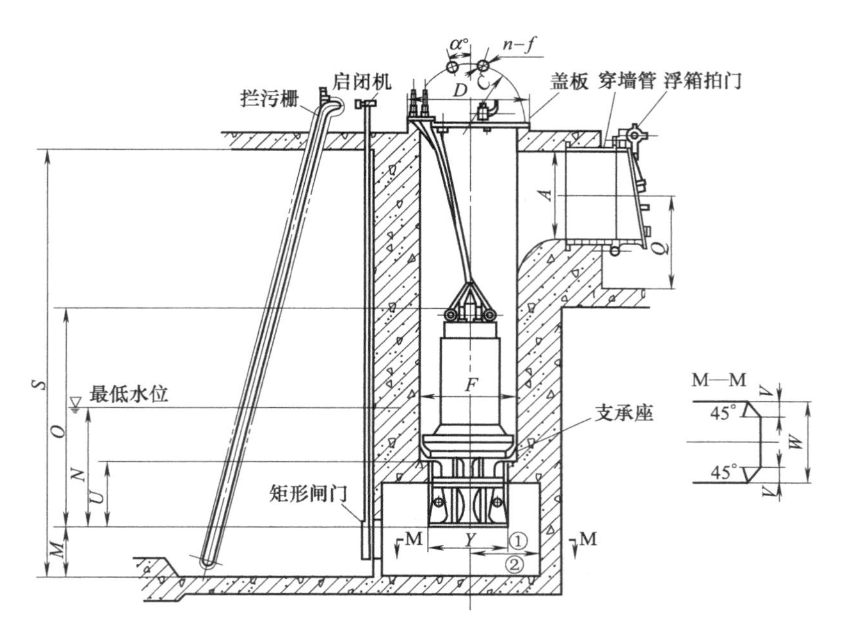


图 11-14　QH 系列潜水混流泵安装形式（三）

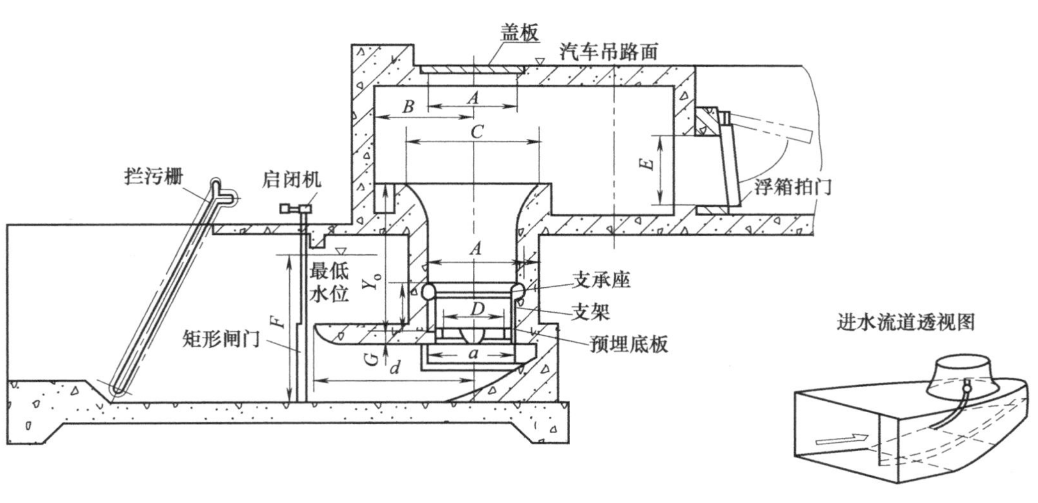


进水流道型线图

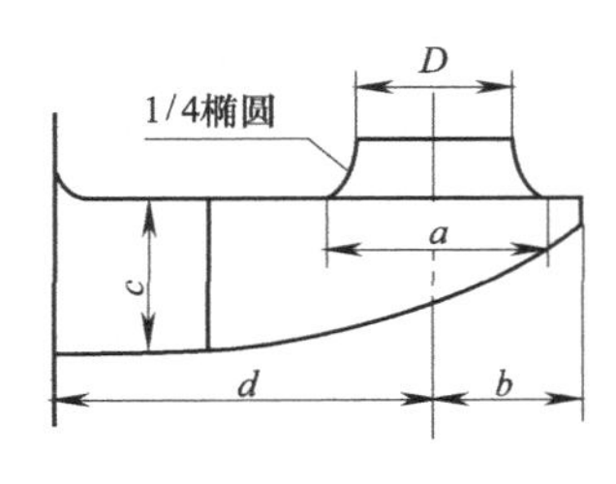


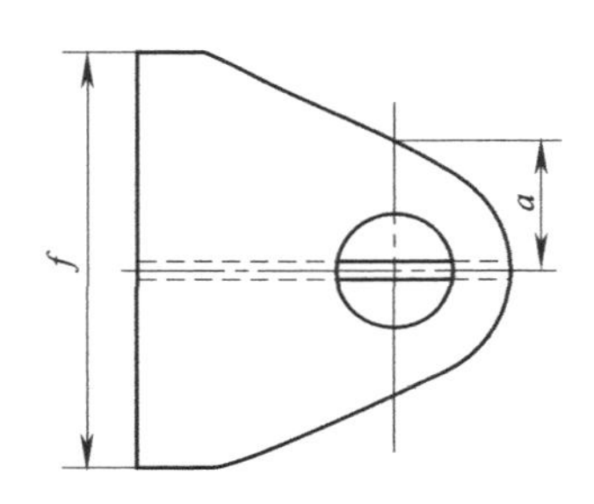


图 11-15　QH 系列潜水混流泵安装形式（四）

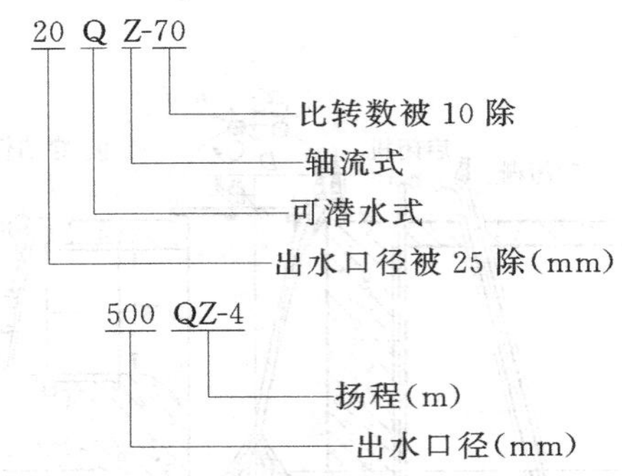


(2) 规格与性能 见表11-2。

**表11-2 QZ型潜水电泵性能参数**

| 泵型号 | 流量Q /(m³/h) | 扬程H /m | 转速 /(r/min) | 功率N/kW | | 叶轮直径 /mm | 效率η /% |
|---|---|---|---|---|---|---|---|
| | | | | 轴功率 | 配用功率 | | |
| 14QZ-70 | 882 | 5.5 | 1450 | 17.1 | 22 | 296 | 77.2 |
| | 598 | 2.45 | 980 | 5.2 | 7.5 | 296 | 77.3 |
| 350QZ-70 | 1210 | 7.22 | 1450 | 29.9 | 37 | 300 | 79.5 |
| 350 QZ-100 | 1188 | 4.21 | 1450 | 17 | 22 | 300 | 80.5 |
| 14 QZ-100 | 1145 | 2.4 | 980 | 9.45 | 11 | 300 | 79.1 |
| 20 QZ-70 | 1610 | 3.48 | 730 | 19.04 | 30 | 450 | 80.1 |
| | 2160 | 6.43 | 980 | 46.58 | 55 | 450 | 81.2 |
| 20 QZ-100 | 2646 | 4.65 | 980 | 41.1 | 55 | 450 | 81.65 |
| | 1980 | 2.55 | 730 | 17.2 | 22 | 450 | 79.7 |
| 500 QZ-85 | 2512 | 5.24 | 980 | 42.17 | 55 | 450 | 84.0 |
| 500 QZ-4 | 2365 | 3.95 | 980 | 30.6 | 45 | 430 | 83.4 |
| 500 QZ-160 | 2491.2 | 2.75 | 980 | 22.9 | 30 | 450 | 81.5 |
| 700 QZ-70 | 4500 | 6.67 | 730 | 99 | 130 | 630 | 82.6 |
| 700 QZ-100 | 5148 | 5.8 | 730 | 95.7 | 130 | 630 | 85.0 |
| | 4428 | 3.02 | 585 | 43 | 80 | 630 | 84 |
| 700 QZ-125 | 4896 | 3.60 | 730 | 57.3 | 80 | 600 | 83.8 |
| | 3852 | 2.42 | 585 | 30.3 | 45 | 600 | 83.8 |
| 700 QZ-160 | 5220 | 2.78 | 730 | 47.8 | 60 | 630 | 82.6 |
| 700 QZ-4 | 4860 | 3.96 | 730 | 60.9 | 95 | 600 | 86.0 |
| 32 QZ-100 | 3900 | 2.86 | 580 | 37.6 | 55 | 665 | 80.8 |
| | 3210 | 2.0 | 480 | 21.8 | 30 | 665 | 80.2 |
| 32 QZ-125 | 5360 | 2.12 | 480 | 38.7 | 75 | 700 | 80.8 |
| 800 QZ-70 | 6732 | 6.36 | 580 | 136.3 | 155 | 700 | 85.5 |
| 900 QZ-70 | 10080 | 6.56 | 485 | 211.5 | 250 | 850 | 85.1 |
| 900 QZ-100 | 11016 | 5.0 | 580 | 172.3 | 260 | 850 | 87.0 |
| | 8712 | 4.0 | 480 | 109.0 | 155 | 850 | 87.0 |
| 900 QZ-125 | 9180 | 3.25 | 485 | 95.7 | 130 | 850 | 84.9 |
| 40 QZ-125 | 10404 | 3.38 | 485 | 117.6 | 180 | 870 | 81.46 |
| 1000 QZ-4 | 9504 | 4.2 | 485 | 124.9 | 210 | 870 | 87.0 |
| 1000 QZ-7 | 10656 | 7.0 | 485 | 233.9 | 280 | 870 | 86.8 |

生产厂家：无锡水泵厂。

# 11.3 潜水切割泵

## 11.3.1 WQD系列潜水切割泵

（1）适用范围　对于高速公路服务区、大的建筑工地、市政建筑物的翻新重建等所产生的废水排放；对于边远地区的污水排放；工厂、商业严重污染废水的排放以及城市污水厂排放系统；医院、宾馆的废水排放；也可应用于屠宰厂、食品加工厂、造纸厂、农业及其他领域。

（2）型号说明

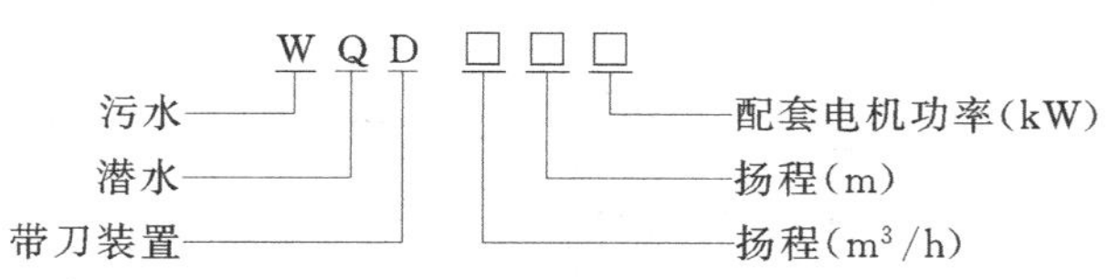


（3）性能参数　见表11-3。

表11-3　WQD系列潜水切割泵性能参数

| 型　号 | 流量/($m^3$/h) | 扬程/m | 转速/(r/min) | 功率/kW | 效率/% | 口径/mm | 自耦装置型号 | 重量/kg |
|---|---|---|---|---|---|---|---|---|
| WQD3.5-15-0.75 | 3.5 | 15 | 2820 | 0.75 | 59 | 50 | ZGA50-1 | 28 |
| WQD5.5-10-0.75 | 5.5 | 10 | 2820 | 0.75 | 60 | 50 | ZGA50-1 | 28 |
| WQD5.5-15-1.1 | 5.5 | 15 | 2820 | 1.1 | 62 | 50 | ZGA50-1 | 31 |
| WQD7.5-15-1.5 | 7.5 | 15 | 2820 | 1.5 | 62 | 50 | ZGA50-1 | 37 |
| WQD10-8-1.5 | 10 | 8 | 2820 | 1.5 | 62 | 50 | ZGA50-1 | 37 |
| WQD8-20-2.2 | 8 | 20 | 2840 | 2.2 | 63 | 50 | ZGA50-1 | 45 |
| WQD12-14-2.2 | 12 | 14 | 2840 | 2.2 | 64 | 50 | ZGA50-1 | 45 |
| WQD16-10-2.2 | 16 | 10 | 2840 | 2.2 | 64 | 50 | ZGA50-1 | 45 |
| WQD9-22-3 | 9 | 22 | 2860 | 3 | 63 | 50 | ZGA50-1 | 50 |
| WQD12-15-3 | 12 | 15 | 2860 | 3 | 64 | 50 | ZGA50-1 | 60 |
| WQD20-12-3 | 20 | 12 | 2860 | 3 | 64 | 80 | ZGA80-1 | 65 |
| WQD10-30-4 | 10 | 30 | 2860 | 4 | 62.5 | 80 | ZGA80-1 | 78 |
| WQD15-18-4 | 15 | 18 | 2860 | 4 | 64 | 80 | ZGA80-1 | 78 |
| WQD20-15-4 | 20 | 15 | 2860 | 4 | 64 | 80 | ZGA80-1 | 78 |
| WQD30-10-4 | 30 | 10 | 2860 | 4 | 63 | 80 | ZGA80-1 | 78 |
| WQD15-25-5.5 | 15 | 25 | 2860 | 5.5 | 67.5 | 100 | ZGA100-1 | 240 |
| WQD20-17-5.5 | 20 | 17 | 2860 | 5.5 | 65 | 100 | ZGA100-1 | 240 |
| WQD30-15-5.5 | 30 | 15 | 2860 | 5.5 | 67 | 100 | ZGA100-1 | 240 |
| WQD20-25-7.5 | 20 | 25 | 2860 | 7.5 | 64 | 100 | ZGA100-1 | 245 |
| WQD25-22-7.5 | 25 | 22 | 2860 | 7.5 | 64 | 100 | ZGA100-1 | 245 |
| WQD35-15-7.5 | 35 | 15 | 2860 | 7.5 | 65 | 100 | ZGA100-1 | 245 |

生产厂家：宁波巨神制泵实业有限公司、苏州泽泥特泵业有限公司、上海凯泉泵业集团有限公司。

（4）安装尺寸　见图11-16。

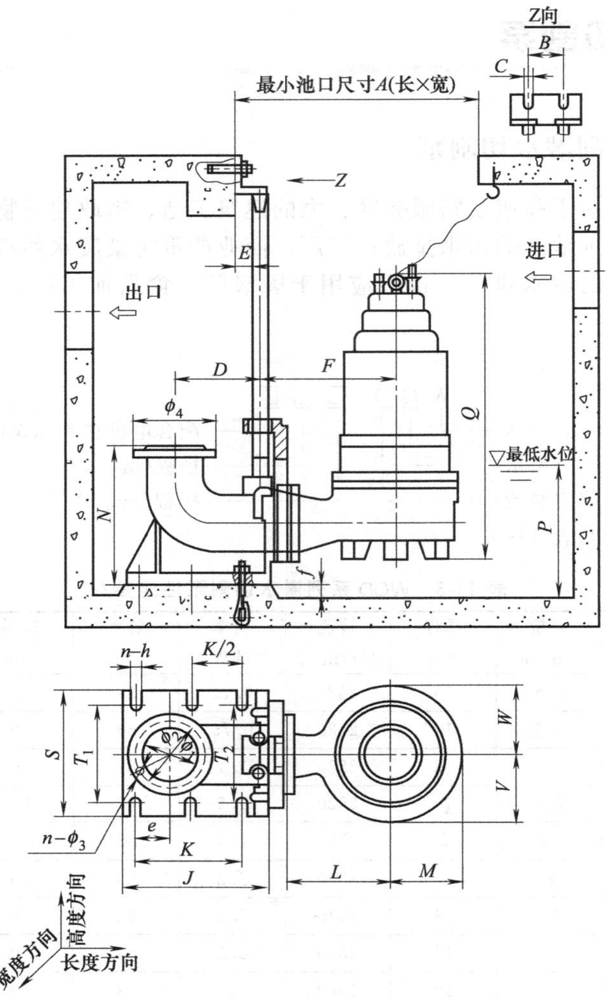


图 11-16　WQD 系列潜水切割泵安装尺寸

## 11.3.2　WQG 系列潜水切割泵

(1) 适用范围　适用于工厂、商业严重污染废水的排放以及城市污水厂排水系统及医院、宾馆的污水排放。其他领域：屠宰厂、食品加工、造纸厂、农业及其他领域。

在公用排水系列中，通过小口径排水管加压排放，性能可靠、运行经济，使潜水切割泵成为城市给排水以及污水处理厂的优选产品。

由于配加了先进的切割刀口，使切割泵在恶劣条件下能把集水坑中的浮渣、塑料制品以及纤维状物体切碎并顺利排放，无须人工去清理坑中浮渣和悬浮物，节约市政和工程开支。

(2) 型号说明

(3) 规格和性能　见表 11-4，图 11-17、图 11-18。

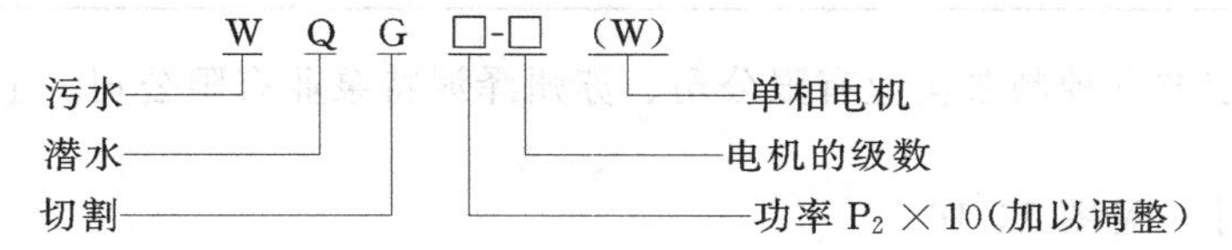

**表 11-4 WQG 切割泵技术性能**

| 规格化＼流量 | | 扬程/m | | | | | | | | | | | | | | | | | | | | |
|---|---|---|---|---|---|---|---|---|---|---|---|---|---|---|---|---|---|---|---|---|---|---|
| | | 2 | 4 | 6 | 8 | 10 | 12 | 14 | 16 | 18 | 20 | 22 | 24 | 26 | 28 | 30 | 32 | 34 | 36 | 38 | 40 | 42 |
| WQG10-2 | m³/h | 10.3 | 10.2 | 9.1 | 8 | 6.1 | 4.8 | 3.8 | 2.7 | 2.1 | 1.8 | 0.4 | | | | | | | | | | |
| | L/s | 2.9 | 2.8 | 2.5 | 2.2 | 1.7 | 1.5 | 1.1 | 0.8 | 0.6 | 0.5 | 0.1 | | | | | | | | | | |
| WQG16-2 | m³/h | 11.8 | 11.8 | 11.6 | 11.6 | 11.0 | 10.2 | 9.3 | 8.2 | 7.1 | 5.8 | 4.4 | 3.0 | 1.6 | | | | | | | | |
| | L/s | 3.3 | 3.3 | 3.2 | 3.2 | 3.0 | 2.8 | 2.5 | 2.2 | 1.9 | 1.6 | 1.21 | 0.8 | 0.4 | | | | | | | | |
| WQG22-2 | m³/h | 18.2 | 18.0 | 17.8 | 17 | 16.7 | 16.1 | 15.2 | 14.2 | 12.5 | 10.2 | 7.9 | 5.9 | 3.2 | 0.3 | | | | | | | |
| | L/s | 5.1 | 5 | 4.9 | 4.7 | 4.6 | 4.5 | 4.2 | 3.9 | 3.5 | 2.8 | 2.2 | 1.6 | 0.9 | 0.1 | | | | | | | |
| WQG30-2 | m³/h | 19.7 | 19.7 | 19.2 | 19.1 | 18.9 | 18.6 | 18.4 | 17.8 | 17.0 | 16.0 | 14.6 | 12.6 | 10.0 | 7.6 | 5.4 | 3.0 | 0.6 | | | | |
| | L/s | 5.5 | 5.5 | 5.3 | 5.2 | 5.1 | 5.1 | 5.0 | 4.9 | 4.7 | 4.4 | 4.0 | 3.4 | 2.7 | 2.1 | 1.4 | 0.8 | 0.2 | | | | |
| WQG40-2 | m³/h | | | 25.2 | 25.1 | 24.7 | 24.1 | 23.5 | 23 | 22.3 | 21.6 | 21 | 20.1 | 19.1 | 17.5 | 16.8 | 15.2 | 13.5 | 10.5 | 5.6 | 0.27 | |
| | L/s | | | 7 | 7 | 6.9 | 6.7 | 6.5 | 6.4 | 6.2 | 6 | 5.8 | 5.6 | 5.3 | 4.9 | 4.7 | 4.2 | 3.8 | 2.9 | 1.6 | 0.1 | |
| WQG55-2 | m³/h | | | | 27.1 | 26.9 | 26.7 | 26.5 | 26.1 | 25.8 | 25.5 | 25.2 | 24.9 | 24.2 | 23.4 | 22.6 | 21.4 | 17.5 | 14.3 | 10 | 6.3 | 3.2 |
| | L/s | | | | 7.5 | 7.5 | 7.4 | 7.4 | 7.3 | 7.2 | 7.1 | 7 | 6.9 | 6.7 | 6.5 | 6.3 | 6.0 | 4.9 | 4 | 2.8 | 1.8 | 0.9 |

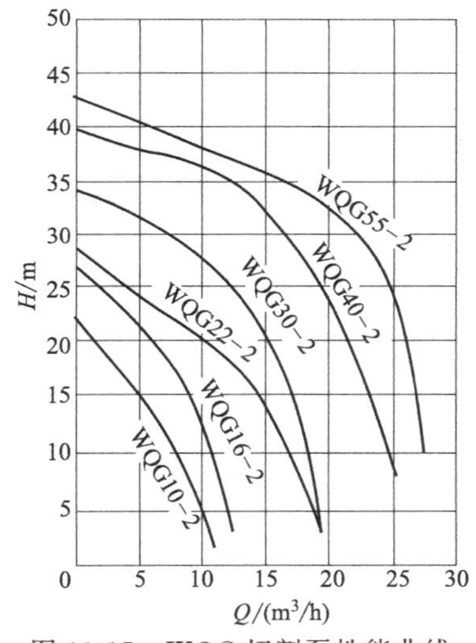


图 11-17 WQG 切割泵性能曲线

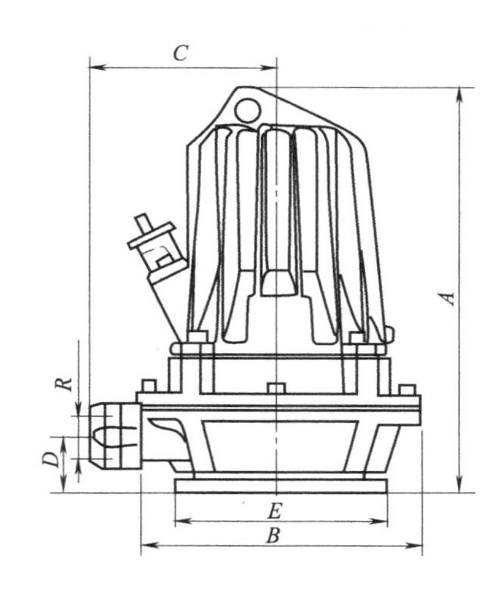


图 11-18 WQG 型泵外形尺寸

(4) 技术参数 见表 11-5、表 11-6。

**表 11-5 WQG 切割泵技术参数**

| 型　号 | 公称功率 $P_1$/kW | 实用功率 $P_2$/kW | 额定电流 /A | 额定电压 /V | 频率 /Hz | 额定转速 /(r/min) | 口径 | | 配用电控柜 | 自耦装置型号 | 重量 /kg |
|---|---|---|---|---|---|---|---|---|---|---|---|
| | | | | | | | DN /mm | R /in | | | |
| WQG10-2 | 1.5 | 1 | 2.9 | 380 | 50 | 2850 | 32 | 1.25 | Qc40-1.0 | 32GAK | 32 |
| WQG16-2 | 2.2 | 1.6 | 3.7 | 380 | 50 | 2850 | 32 | 1.25 | Qc40-1.5 | 32GAK | 33 |
| WQG22-2 | 2.9 | 2.2 | 5 | 380 | 50 | 2850 | 32 | 1.25 | Qc40-2.2 | 32GAK | 52 |
| WQG30-2 | 3.7 | 2.9 | 6.4 | 380 | 50 | 2850 | 32 | 1.25 | Qc40-3.0 | 32GAK | 53 |
| WQG40-2 | 4.8 | 4 | 8.2 | 380 | 50 | 2850 | 50 | 2 | Qc40-4.0 | 50GAK | 75 |
| WQG55-2 | 6.8 | 5.5 | 11.1 | 380 | 50 | 2850 | 50 | 2 | Qc40-5.5 | 50GAK | 150 |

表 11-6 WQG 切割泵尺寸　　单位：mm

| 具体部位＼型号 | WQG10-2 | WQG16-2 | WQG22-2 | WQG30-2 | WQG40-2 | WQG50-2 |
|---|---|---|---|---|---|---|
| $A$ | 388 | 388 | 422 | 422 | 540 | 540 |
| $B$ | 218 | 218 | 280 | 280 | 360 | 360 |
| $C$ | 162 | 162 | 187 | 187 | 235 | 235 |
| $D$ | 46 | 46 | 52 | 52 | 64 | 64 |
| $E$ | 212 | 212 | 212 | 212 | 250 | 250 |

生产厂家：上海凯泉泵业有限公司、南京蓝深制泵集团股份有限公司、江苏华大离心机制造有限公司。

# 11.4 单螺杆泵

## 11.4.1 EH 型单螺杆泵

（1）适用范围　EH 型单螺杆泵为卧式泵，供输送中性或腐蚀性、洁净或磨损性的含有气体或产生气泡的液体以及高黏度或低黏度的含有纤维和固体物质的液体，其介质允许最高温度为 200℃。适用于食品、纺织、造纸、石油、化工、冶金、矿山等行业的工业废水处理及城市污水污泥处理。

（2）型号说明

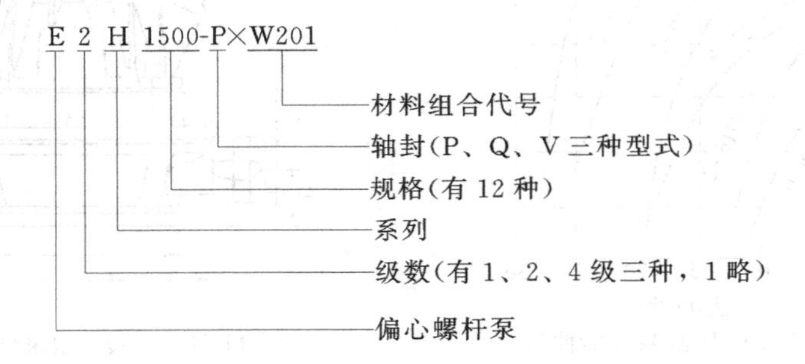


（3）选泵原则

① 转速

a. 按介质的磨损性选择 EH 型泵转速，见表 11-7。

表 11-7　介质磨损性与 EH 型泵转速

| 磨 损 性 | 介 质 名 称 | 转速/(r/min) |
|---|---|---|
| 无 | 淡水、促凝剂、油、浆汁、肉沫、油漆、肥皂水 | 400～1000 |
| 一般 | 泥浆、悬浮液、工业废水、油漆颜料、灰浆、鱼、麦麸、菜籽油过滤后的沉积物 | |
| 严重 | 石灰浆、黏土、灰泥、陶土 | |

b. 按介质黏度选择 EH 型泵转速，见表 11-8。

**表 11-8　介质黏度与 EH 型泵转速**

| 介质黏度/cSt | 1～1000 | 1000～10000 | 1000～100000 | 100000～1000000 |
|---|---|---|---|---|
| 转速/(r/min) | 400～1000 | 200～400 | ＜200 | ＜100 |

② 按磨损性选择泵压力，见表 11-9。

**表 11-9　按磨损性选择泵压力**

| 磨损性 | 一级压力/MPa | 二级压力/MPa |
|---|---|---|
| 无 | 0.6 | 1.2 |
| 一般 | 0.4 | 0.8 |
| 严重 | 0.2 | 0.4 |

（4）EH 型单螺杆泵外形　图 11-19。

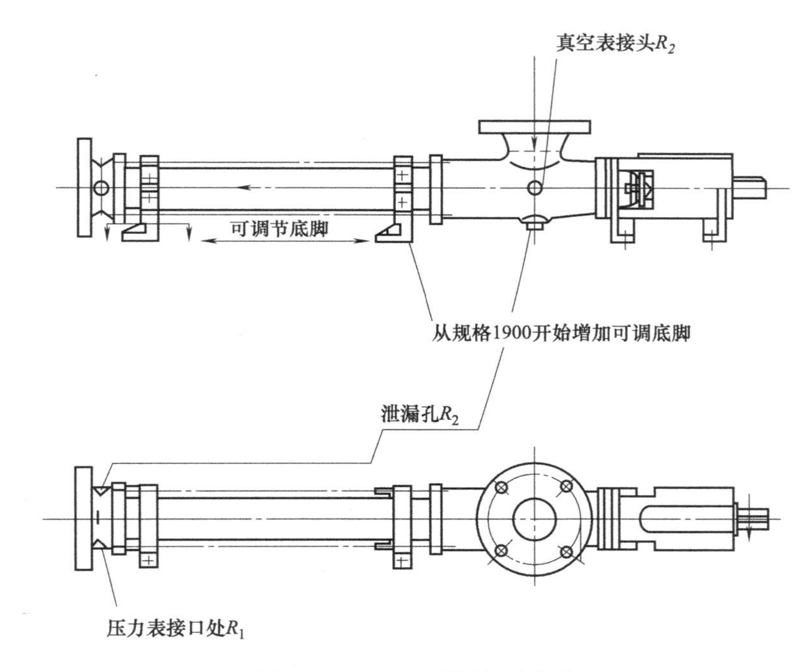


图 11-19　EH 型单螺杆泵外形

（5）性能　EH 型单螺杆泵性能见表 11-10。

**表 11-10　EH 型单螺杆泵性能**

| 型号 | 压力 | | | | | | | | | | | | | | |
|---|---|---|---|---|---|---|---|---|---|---|---|---|---|---|---|
| | 0.2MPa | | | | | 0.4MPa | | | | | 0.6MPa | | | | |
| | 流量/($m^3$/h) | 转速/(r/min) | 轴功率/kW | 电动机型号 | 电动机功率/kW | 流量/($m^3$/h) | 转速/(r/min) | 轴功率/kW | 电动机型号 | 电动机功率/kW | 流量/($m^3$/h) | 转速/(r/min) | 轴功率/kW | 电动机型号 | 电动机功率/kW |
| EH63 | 0.15 | 214 | 0.02 | YCJ71 | 0.55 | 0.14 | 214 | 0.04 | YCJ71 | 0.55 | 0.12 | 214 | 0.05 | YCJ71 | 0.55 |
| | 0.20 | 284 | 0.02 | | | 0.19 | 284 | 0.05 | | | 0.15 | 284 | 0.06 | | |
| | 0.29 | 388 | 0.03 | | | 0.27 | 388 | 0.06 | | | 0.25 | 388 | 0.08 | | |
| | 0.43 | 570 | 0.05 | | | 0.42 | 570 | 0.09 | | | 0.40 | 570 | 0.12 | | |
| | 0.54 | 710 | 0.06 | Y132S-8 | 2.2 | 0.53 | 710 | 0.11 | Y132S-8 | 2.2 | 0.50 | 710 | 0.15 | Y132S-8 | 2.2 |
| | 0.69 | 910 | 0.08 | Y90S-6 | 0.75 | 0.65 | 910 | 0.14 | Y90S-6 | 0.75 | 0.60 | 910 | 0.18 | Y90S-6 | 0.75 |

续表

| 型号 | 压力 | | | | | | | | | | | | | | |
|---|---|---|---|---|---|---|---|---|---|---|---|---|---|---|---|
| | 0.2MPa | | | | | 0.4MPa | | | | | 0.6MPa | | | | |
| | 流量/(m³/h) | 转速/(r/min) | 轴功率/kW | 电动机型号 | 电动机功率/kW | 流量/(m³/h) | 转速/(r/min) | 轴功率/kW | 电动机型号 | 电动机功率/kW | 流量/(m³/h) | 转速/(r/min) | 轴功率/kW | 电动机型号 | 电动机功率/kW |
| EH100 | 0.30 | 214 | 0.05 | YCJ71 | | 0.25 | 214 | 0.07 | YCJ71 | 0.55 | 0.20 | 214 | 0.10 | YCJ71 | 0.55 |
| | 0.40 | 284 | 0.06 | | | 0.35 | 284 | 0.10 | | | 0.30 | 284 | 0.13 | | |
| | 0.60 | 388 | 0.08 | | | 0.55 | 388 | 0.12 | | | 0.50 | 388 | 0.16 | | |
| | 0.95 | 570 | 0.11 | | | 0.90 | 570 | 0.18 | | | 0.85 | 570 | 0.22 | | |
| | 1.20 | 710 | 0.14 | Y132S-8 | 2.2 | 1.15 | 710 | 0.21 | Y132S-8 | 2.2 | 1.10 | 710 | 0.29 | Y132S-8 | 2.2 |
| | 1.55 | 910 | 0.21 | Y90S-6 | 0.75 | 1.50 | 910 | 0.26 | Y90S-6 | 0.75 | 1.45 | 910 | 0.35 | Y90S-6 | 0.75 |
| EH164 | 0.70 | 214 | 0.09 | YCJ71 | 0.55 | 0.65 | 214 | 0.14 | YCJ71 | 0.55 | 0.60 | 214 | 0.18 | YCJ71 | 0.55 |
| | 0.95 | 284 | 0.11 | | | 0.90 | 284 | 0.18 | | | 0.85 | 284 | 0.25 | | |
| | 1.30 | 388 | 0.15 | | | 1.25 | 388 | 0.23 | | | 1.20 | 388 | 0.35 | | |
| | 2.00 | 570 | 0.22 | | | 1.95 | 570 | 0.34 | | | 1.90 | 570 | 0.46 | YCJ71 | 0.75 |
| | 2.50 | 710 | 0.27 | Y132S-8 | 2.2 | 2.45 | 710 | 0.42 | Y132S-8 | 2.2 | 2.40 | 710 | 0.57 | Y132S-8 | 2.2 |
| | 3.20 | 910 | 0.35 | Y90S-6 | 0.75 | 3.15 | 910 | 0.54 | Y90S-6 | 1.1 | 3.10 | 910 | 0.73 | Y90S-6 | 1.1 |
| EH236 | 1.80 | 214 | 0.25 | YCJ71 | 0.75 | 1.70 | 217 | 0.35 | YCJ71 | 1.1 | 1.60 | 217 | 0.42 | YCJ71 | 1.1 |
| | 2.40 | 284 | 0.29 | | | 2.40 | 288 | 0.43 | | | 2.20 | 288 | 0.56 | | |
| | 3.46 | 388 | 0.39 | | | 3.40 | 393 | 0.56 | | | 3.20 | 393 | 0.76 | | |
| | 5.20 | 579 | 0.59 | YCJ71 | 1.1 | 5.10 | 579 | 0.82 | YCJ71 | 1.5 | 4.90 | 579 | 1.21 | YCJ71 | 1.5 |
| | 6.40 | 710 | 0.67 | Y132S-8 | 2.2 | 6.30 | 710 | 1.11 | Y132S-8 | 2.2 | 6.00 | 710 | 1.37 | Y132S-8 | 2.2 |
| | 8.50 | 940 | 0.84 | Y112M-6 | 2.2 | 8.40 | 940 | 1.33 | Y117M-6 | 2.2 | 8.20 | 940 | 1.81 | Y132S-6 | 3 |
| EH375 | 4.5 | 217 | 0.52 | YCJ71 | 1.5 | 4.2 | 217 | 0.67 | YCJ71 | 1.5 | 3.6 | 217 | 1.01 | YCJ71 | 1.5 |
| | 5.0 | 288 | 0.70 | | | 5.7 | 288 | 1.01 | | | 5.5 | 292 | 1.37 | YCJ71 | 3 |
| | 8.4 | 393 | 0.85 | | | 7.0 | 344 | 1.21 | YCJ71 | 2.2 | 7.9 | 399 | 1.85 | | |
| | 9.8 | 458 | 1.00 | YCJ71 | 2.2 | 9.5 | 458 | 1.56 | | | 10.2 | 504 | 2.40 | YCJ80 | 4 |
| | 12.7 | 587 | 1.33 | | | 12.43 | 587 | 2.11 | YCJ71 | 3 | 11.77 | 571 | 2.75 | | |
| | 15.4 | 710 | 1.58 | Y132M-8 | 3 | | | | | | | | | | |
| EH600 | 5.5 | 186 | 0.63 | YCJ132 | 1.5 | 5.1 | 186 | 1.00 | YCJ132 | 1.5 | 4.1 | 196 | 1.41 | YCJ132 | 2.2 |
| | 7.5 | 244 | 0.82 | YCJ71 | 2.2 | 6.9 | 244 | 1.29 | YCJ71 | 2.2 | 6.9 | 275 | 2.02 | YCJ80 | 4 |
| | 11.0 | 344 | 1.16 | | | 9.8 | 327 | 1.75 | YCJ80 | 4 | 10.7 | 383 | 2.76 | | |
| | 14.9 | 458 | 1.54 | YCJ71 | 3 | 13.8 | 442 | 2.44 | | | 14.7 | 504 | 3.63 | YCJ80 | 5.5 |
| | 19.4 | 587 | 1.97 | | | 18.4 | 571 | 3.05 | | | 18.2 | 605 | 4.35 | YCJ100 | 7.5 |
| | 24.0 | 720 | 2.42 | $Y160M_1$-8 | 4 | 23.4 | 720 | 3.81 | $Y160M_2$-8 | 5.5 | | | | | |
| EH1024 | 9.2 | 184 | 1.11 | YCJ160 | 4 | 8.3 | 184 | 1.66 | YCJ160 | 4 | 6.5 | 184 | 2.30 | YCJ160 | 4 |
| | 14.3 | 275 | 1.61 | YCJ80 | 4 | 13.2 | 275 | 2.91 | YCJ80 | 4 | 10.9 | 250 | 3.13 | YCJ100 | 5.5 |
| | 20.2 | 383 | 2.30 | | | 19.3 | 383 | 3.50 | YCJ100 | 5.5 | 16.9 | 355 | 4.26 | YCJ100 | 7.5 |
| | 23.5 | 442 | 2.68 | | | 22.6 | 442 | 4.04 | | | 23.4 | 472 | 5.76 | | |
| | 26.9 | 504 | 3.13 | | | 27.8 | 537 | 4.89 | YCJ100 | 7.5 | 27.4 | 545 | 6.65 | YCJ100 | 11 |
| EH1500 | 17.5 | 161 | 1.94 | YCJ160 | 4 | 15.2 | 161 | 3.04 | YCJ160 | 5.5 | 12.8 | 161 | 4.15 | YCJ160 | 5.5 |
| | 28.1 | 250 | 3.00 | YCJ100 | 7.5 | 26.0 | 250 | 4.72 | YCJ100 | 7.5 | 24.3 | 254 | 6.54 | YCJ112 | 11 |
| | 41.5 | 355 | 4.27 | | | 39.7 | 360 | 6.80 | YCJ100 | 11 | 37.4 | 360 | 9.27 | YCJ112 | 15 |
| | 56.5 | 479 | 5.76 | YCJ100 | 11 | 54.4 | 479 | 9.04 | YCJ112 | 15 | 51.5 | 479 | 12.33 | | |
| | 64.3 | 545 | 6.55 | | | 62.1 | 545 | 10.3 | | | | | | | |
| | 72.3 | 613 | 7.37 | | | | | | | | | | | | |
| EH1900 | 29.0 | 150 | 3.3 | YCJ160 | 5.5 | 24.3 | 144 | 5.1 | YCJ200 | 11 | 13 | 144 | 6.6 | YCJ200 | 11 |
| | 39.5 | 194 | 4.3 | YCJ180 | 7.5 | 41 | 216 | 7.6 | | | 36.5 | 216 | 9.8 | YCJ200 | 15 |
| | 51.4 | 250 | 5.4 | YCJ100 | 7.5 | 53.8 | 276 | 9.3 | YCJ200 | 15 | 43 | 245 | 11.2 | | |
| | 75.5 | 360 | 7.8 | YCJ100 | 11 | 59.5 | 305 | 10.1 | | | 57.5 | 320 | 15 | YCJ280 | 18.5 |
| | 87.5 | 417 | 9.2 | YCJ112 | 15 | 71.5 | 360 | 12 | YCJ112 | 15 | 66.5 | 356 | 17 | YCJ280 | 22 |
| | 100 | 479 | 10.6 | | | | | | | | | | | | |

续表

| 型号 | 压力 | | | | | | | | | | | | | | |
|---|---|---|---|---|---|---|---|---|---|---|---|---|---|---|---|
| | 0.2MPa | | | | | 0.4MPa | | | | | 0.6MPa | | | | |
| | 流量/(m³/h) | 转速/(r/min) | 轴功率/kW | 电动机型号 | 电动机功率/kW | 流量/(m³/h) | 转速/(r/min) | 轴功率/kW | 电动机型号 | 电动机功率/kW | 流量/(m³/h) | 转速/(r/min) | 轴功率/kW | 电动机型号 | 电动机功率/kW |
| EH2650 | 43.5 | 144 | 4.8 | YCJ200 | 11 | 37.4 | 144 | 7.4 | YCJ200 | 11 | 40 | 144 | 10.5 | YCJ200 | 15 |
| | 67.5 | 216 | 7.6 | | | 63.5 | 216 | 11.8 | YCJ200 | 15 | 62 | 224 | 18 | YCJ280 | 22 |
| | 87.5 | 276 | 9.5 | YCJ112 | 15 | 76 | 254 | 14.5 | YCJ280 | 18.5 | 72 | 254 | 19 | | |
| | 97 | 305 | 10.7 | | | 90 | 286 | 16.5 | | | 80 | 284 | 21.5 | YCJ315 | 30 |
| | 115 | 360 | 12 | | | 100 | 320 | 18 | YCJ280 | 22 | | | | | |
| EH4500 | 82 | 138 | 8.9 | YCJ280 | 18.5 | 69 | 138 | 114 | YCJ280 | 18.5 | 55[①] | 143 | 18.2 | YCJ315 | 30 |
| | 140 | 224 | 15 | | | 120 | 222 | 22.5 | YCJ315 | 30 | 105[①] | 208 | 26 | YCJ315 | 37 |
| | 155 | 254 | 17 | YCJ280 | 22 | 140 | 253 | 26 | YCJ315 | 37 | 135[①] | 253 | 32.5 | YCJ315 | 45 |
| | 175 | 286 | 18.6 | | | 156 | 284 | 28.5 | | | 153[①] | 284 | 36.5 | | |
| | 195 | 320 | 21 | YCJ315 | 30 | 180 | 304 | 31 | | | | | | | |
| | 220 | 355 | 24 | | | | | | | | | | | | |
| EH6300 | 120 | 138 | 13 | YCJ280 | 18.5 | 110 | 143 | 23 | YCJ315 | 30 | 78[①] | 143 | 26 | YCJ315 | 37 |
| | 205 | 222 | 21 | YCJ315 | 36 | 170 | 208 | 32 | YCJ315 | 37 | 155[①] | 208 | 38 | YCJ355 | 45 |
| | 235 | 253 | 25 | | | 210 | 253 | 38.5 | YCJ355 | 45 | 200[①] | 253 | 46 | YCJ355 | 55 |
| | 260 | 284 | 27 | YCJ315 | 37 | | | | | | | | | | |
| | 280 | 304 | 30 | | | | | | | | | | | | |
| | 320 | 345 | 35 | YCJ355 | 45 | | | | | | | | | | |

① $\Delta p=0.5$MPa。

生产厂家：天津市工业泵厂、江苏华大离心机制造有限公司。

### 11.4.2 奈莫 NEMO 单螺杆泵

（1）性能　流量最大可达 85m³/h，压力最高可达 6bar。

（2）说明　机构紧凑，采用法兰连接的可靠的锥齿轮驱动装置。采用具有专利的整体组装 NEMILAST 可更换定子和简单的结构可以实现较长的使用寿命和较小的维修成本。

（3）适用范围　用于环保工业领域，实现输送黏度由低到高的、含有或不含有固体物料的流体介质。

（4）示意图　见图 11-20。

生产厂家：NETZSCHN 耐驰。

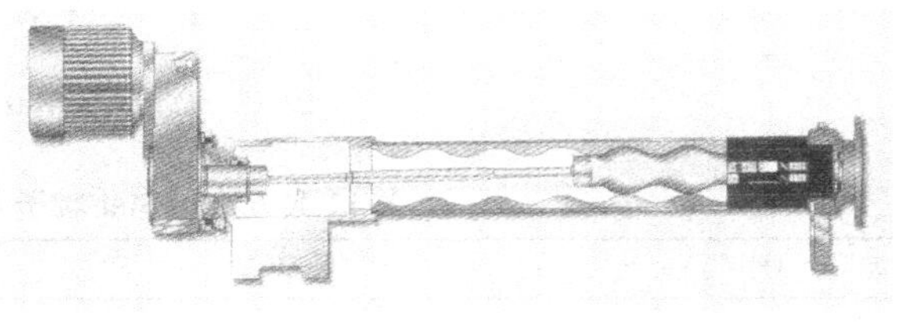

图 11-20　奈莫 NEMO 单螺杆泵

## 11.5 转子泵

LobeStar 转子泵

（1）适用范围　LobeStar 转子泵在水处理领域常用于输送各种初污泥、沉淀污泥、浓缩污泥、消化污泥、活性炭、浮渣、石灰浆、脱水泥饼等等。

LobeStar 转子泵集合离心泵和螺杆泵二者的优势，体积小，在线维护无须拆卸管路，最大自吸 8～9m，输送黏度高或含固率高物料，可通过最大 60mm 不可压缩物料，不怕干运行；可正反转，一泵多用，常用于膜处理工艺等类似工况。

（2）型号说明

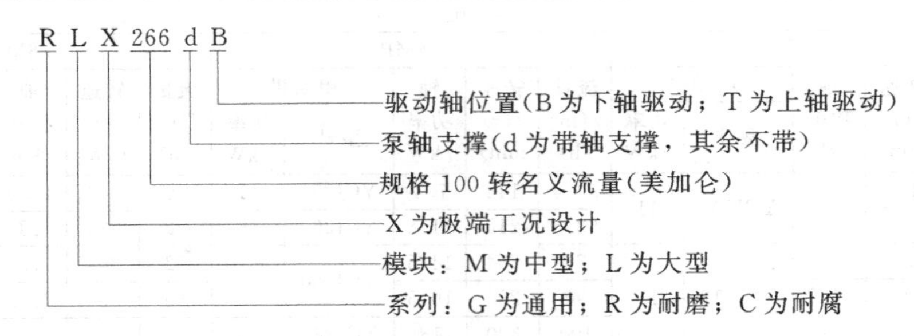


（3）设备特点　LobeStar转子泵采用螺旋形三翼或四翼转子，无脉动，振动小，效率高；采用先进的平衡式集装机封，维护方便，泵端两道密机封，双层保护运行可靠；对于磨损性强介质，除了采用耐磨材料或耐磨涂层外，把可调节泵壳和转子的间隙设计作为标准结构，耐磨板正反面使用，大大减少备件和维护成本。

模块设计，同一模块的泵型大多数配件通用，减少用户备件库存量。

（4）设备规格及性能　LobeStar转子泵转子泵流量范围0～750$m^3/h$；压力范围0～120$mH_2O$；LobeStar转子泵外形图见图11-21，安装尺寸见表11-11，规格及性能说明见表11-12。

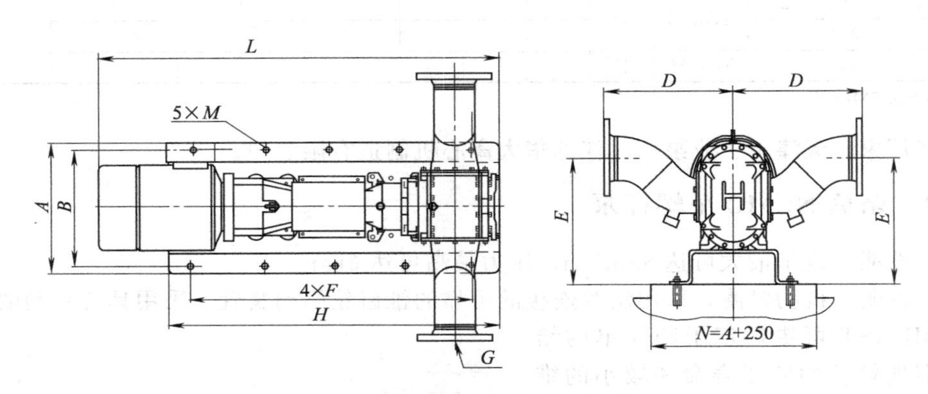


图11-21　LobeStar转子泵外形

**表11-11　LobeStar转子泵外形及安装尺寸**　　单位：mm

| 型　号 | A | B | D | E | F | G | H | M | L |
|---|---|---|---|---|---|---|---|---|---|
| RM34 | 500 | 440 | 395 | 415 | 200 | 100 | 1000 | 18 | 1250 |
| RM50 | 500 | 440 | 485 | 447 | 200 | 100 | 1000 | 18 | 1300 |
| RM68 | 500 | 440 | 485 | 447 | 200 | 125 | 1000 | 18 | 1350 |
| RM100 | 500 | 440 | 485 | 447 | 200 | 150 | 1000 | 18 | 1400 |
| RL133 | 570 | 515 | 605 | 447 | 300 | 150 | 1420 | 18 | 1600 |
| RL133d | 752 | 676 | 605 | 602 | 420 | 150 | 2000 | 22 | 1968 |
| RL266 | 570 | 515 | 605 | 602 | 300 | 200 | 1420 | 22 | 1765 |
| RL266d | 752 | 676 | 605 | 602 | 420 | 200 | 2000 | 22 | 2100 |
| RL399 | 570 | 515 | 605 | 602 | 300 | 250 | 1420 | 22 | 1945 |
| RL399d | 752 | 676 | 605 | 602 | 420 | 250 | 2000 | 22 | 2560 |
| RL531d | 752 | 676 | 605 | 602 | 420 | 300 | 2000 | 22 | 2620 |
| RL665d | 752 | 676 | 605 | 602 | 420 | 350 | 2000 | 22 | 2780 |

表 11-12　LobeStar 转子泵主要技术参数

| 型　　号 | 最大流量 /(m³/h) | 设计压力 /bar | 颗粒尺寸 /mm | 参考功率 /kW | 最大转速 /(r/min) | 建议转速 /(r/min) |
|---|---|---|---|---|---|---|
| RM34 | 46 | 10 | 40 | 3～5.5 | 600 | 100～450 |
| RM50 | 68 | 10 | 40 | 4～7.5 | 600 | 100～450 |
| RM68 | 92 | 8 | 40 | 5.5～9.2 | 600 | 150～450 |
| RM100 | 136 | 5 | 40 | 5.5～11 | 600 | 150～450 |
| RL133 | 150 | 10 | 60 | 9.2～18.5 | 500 | 150～450 |
| RL133d | 150 | 12 | 60 | 11～22 | 500 | 150～450 |
| RL266 | 300 | 5 | 60 | 15～30 | 500 | 150～450 |
| RL266d | 300 | 10 | 60 | 22～37 | 500 | 150～450 |
| RL399 | 450 | 3 | 60 | 30～45 | 500 | 150～400 |
| RL399d | 450 | 8 | 60 | 37～55 | 500 | 150～400 |
| RL531d | 600 | 6 | 60 | 45～75 | 500 | 150～400 |
| RL665d | 750 | 4.5 | 60 | 55～110 | 500 | 150～400 |

生产厂家：美国 LobeStar 泵业有限公司。

# 11.6 耐腐蚀泵

## 11.6.1 FSB 型氟塑料离心泵

FSB 型氟塑料离心泵是化工、石油、制药、印染、冶炼、造纸、食品等行业最理想的防腐蚀输送设备。

FSB 型氟塑料离心泵能在－85～200℃温度的条件下，长期输送任意浓度的不含固体颗粒的各种酸、碱、过氧化氢等腐蚀性介质，具有耐腐蚀性、机械强度高、不老化、无毒无分解。性能参数广、效率高、结构紧凑、维修简单、节约能源等优点。

技术参数见表 11-13，外形见图 11-22。

图 11-22　FSB 型氟塑料离心泵外形

表 11-13　FSB 型氟塑料离心泵技术参数

| 型　　号 | 进口 /mm | 出口 /mm | 流量 Q | | 扬程 /m | 功率/kW | | 转速 /(r/min) | 汽蚀余量 /m | 效率 /% |
|---|---|---|---|---|---|---|---|---|---|---|
| | | | m³/h | L/s | | 轴功率 | 电机功率 | | | |
| FSB50-32-125 | 50 | 32 | 12.5 | 3.47 | 20 | 1.33 | 2.2 | 2900 | 3.0 | 51 |
| FSB50-32-160 | 50 | 32 | 12.5 | 3.47 | 32 | 2.37 | 4 | 2900 | 3.0 | 46 |
| FSB50-32-200 | 50 | 32 | 12.5 | 3.47 | 50 | 4.36 | 7.5 | 2900 | 3.0 | 39 |
| FSB65-50-125 | 65 | 50 | 25 | 6.94 | 20 | 2.2 | 3 | 2900 | 3.5 | 62 |
| FSB65-50-160 | 65 | 50 | 25 | 6.94 | 32 | 3.82 | 5.5 | 2900 | 3.5 | 57 |
| FSB65-40-200 | 65 | 40 | 25 | 6.94 | 50 | 6.53 | 11 | 2900 | 3.5 | 52 |
| FSB80-65-125 | 80 | 65 | 50 | 13.88 | 20 | 3.95 | 5.5 | 2900 | 4.0 | 69 |
| FSB80-65-160 | 80 | 65 | 50 | 13.88 | 32 | 6.5 | 11 | 2900 | 4.0 | 67 |
| FSB80-50-200 | 80 | 50 | 50 | 13.88 | 50 | 10.8 | 15 | 2900 | 4.0 | 63 |
| FSB100-80-125 | 100 | 80 | 100 | 27.77 | 20 | 7.1 | 11 | 2900 | 4.5 | 77 |
| FSB100-80-160 | 100 | 80 | 100 | 27.77 | 32 | 11.9 | 15 | 2900 | 4.5 | 73 |
| FSB100-65-200 | 100 | 65 | 100 | 27.77 | 50 | 18.9 | 30 | 2900 | 4.5 | 73 |

生产厂家：上海上诚泵阀制造有限公司。

### 11.6.2 塑料管道离心泵

（1）结构与特点　FSG 系列耐腐蚀管道离心泵，采用增强聚丙烯（RPPR）、ABS，一次注塑成型，机械强度高，耐腐蚀性能强，介质不与金属接触，机械密封使用寿命长，效率高、价格便宜，是替代不锈钢和其他非金属泵的理想产品。

（2）型号说明

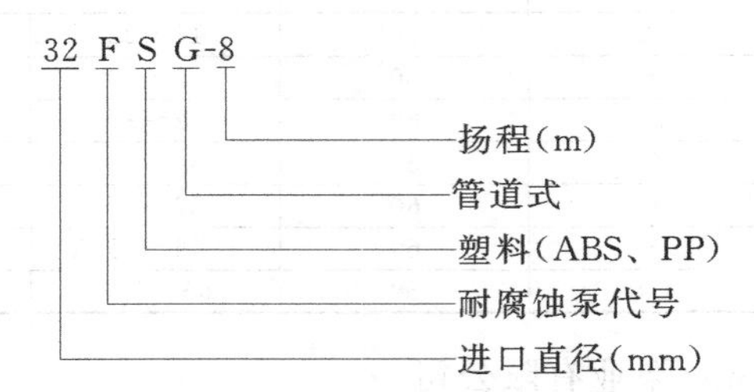


（3）管道泵规格及技术参数　见表 11-14。

表 11-14　FSG 型管道泵规格及技术参数

| 型号规格 | 流量/($m^3$/h) | 扬程/m | 转速/(r/min) | 效率/% | 吸程/m | 进出口/mm | 配套电机/kW |
|---|---|---|---|---|---|---|---|
| 25FSG-11 | 4 | 11 | 2900 | 46 | 5 | 25×25 | 0.55 |
| 32FSG-8 | 6.3 | 8 | 2900 | 47.7 | 6 | 32×25<br>32×32 | 0.75 |
| 40FSG-18 | 12 | 18 | 2900 | 54.43 | 6 | 40×40 | 1.5 |
| 50FSG-22 | 18 | 22 | 2900 | 51.74 | 6 | 50×50 | 2.2 |
| 40FSG-25 | 18 | 25 | 2900 | 55.63 | 6 | 40×40 | 3 |
| 50FSG-28 | 22 | 28 | 2900 | 53.63 | 6 | 50×50 | 4 |

（4）工程塑料管道泵性能　见图 11-23。

（5）管道泵结构　见图 11-24。

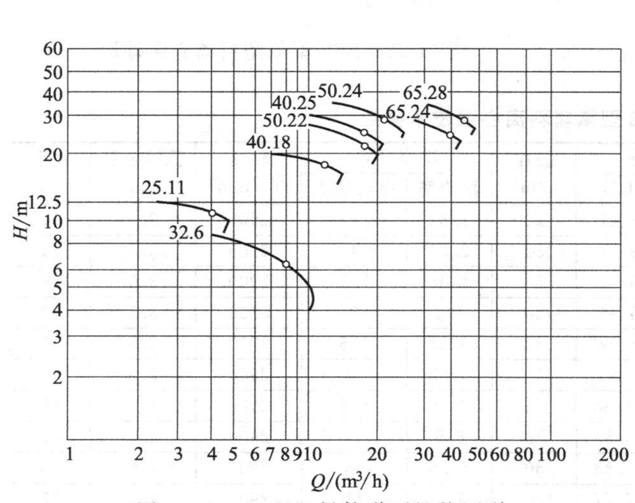


图 11-23　工程塑料管道泵性能图谱

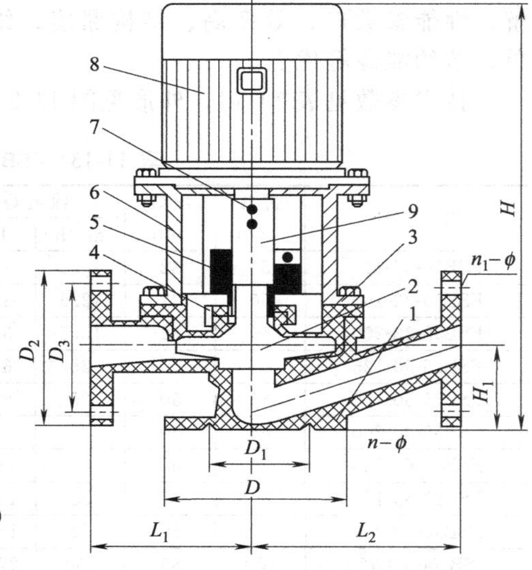


图 11-24　塑料管道离心泵结构

1—泵体；2—叶轮；3—泵盖；4—静环压盖；5—机械密封；6—托架；7—柱头螺钉；8—电机；9—叶轮轴

（6）管道泵外形安装尺寸　见表 11-15。

表 11-15　FSG 型管道泵外形安装尺寸

| 型号规格 | $DN$ | $H$ | $H_1$ | $L_1$ | $L_2$ | $D$ | $D_1$ | $n$-$\phi$ | $D_2$ | $D_3$ |
|---|---|---|---|---|---|---|---|---|---|---|
| 25FSG-11 | 25 | 430 | 70 | 110 | 130 | 115 | 85 | 4×14 | 115 | 85 |
| 32FSG-8 | 32 | 430 | 70 | 110 | 130 | 115 | 85 | 4×14 | 115 | 85 |
| 40FSG-18 | 40 | 460 | 80 | 140 | 160 | 145 | 110 | 4×14 | 145 | 110 |
| 50FSG-22 | 50 | 580 | 100 | 160 | 180 | 160 | 125 | 4×14 | 160 | 125 |
| 40FSG-25 | 40 | 660 | 80 | 140 | 160 | 145 | 110 | 4×16 | 145 | 110 |
| 50FSG-28 | 50 | 680 | 100 | 160 | 180 | 160 | 125 | 4×18 | 160 | 125 |

生产厂家：上海申贝泵业制造有限公司。

# 11.7 隔膜泵

### DBY 型电动隔膜泵

（1）适用范围　DBY 型电动隔膜泵采用 BLY 系列摆线针轮减速机传动动力，替代传统的蜗轮蜗杆减速机。同时，由于近年来隔膜材质取得了突破性的进展，使该系列泵可更广泛地取代部分离心泵、螺杆泵、潜水泵、泥浆泵和杂质泵，应用于石油、化工、冶金、陶瓷等行业。

（2）特点　①结构紧凑、体积小、重量轻、装拆方便；②传动效率高；③运转平稳、噪声低；④使用寿命长；⑤可无泄漏输送介质；⑥可承受空载运行；⑦不需灌引水，能自吸；⑧通过性能好，大颗粒杂质、泥浆等均可毫不费力地通过；⑨根据不同介质，隔膜分为氯丁橡胶、氟橡胶、丁腈橡胶、四氟乙烯，可满足不同用户的需要。过流部件也可根据用户要求，采用铁、不锈钢、铝合金；⑩电机分为普通型和防爆型。

（3）型号说明

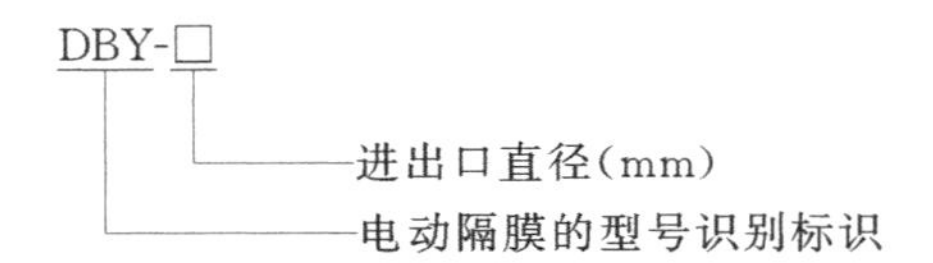


（4）性能参数　见表 11-16。

流量 0～30$m^3$/h；扬程 0～30m；自吸高度 7m；特点为无泄漏、能自吸、可空载。

表 11-16　DBY 型电动隔膜泵性能参数

| 型号 | 流量 /($m^3$/h) | 扬程 /m | 吸程 /m | 配备功率 /kW | 泵体材料 | | | | 配备减速机型号 |
|---|---|---|---|---|---|---|---|---|---|
| | | | | | 铸铁 | 铝合金 | 不锈钢 | 衬胶 | |
| DBY-10 | 0.5 | 30 | 3 | 0.55 | ☆ | ☆ | ☆ | / | BLY12-35 |
| DBY-15 | 0.75 | 30 | 3 | 0.55 | ☆ | ☆ | ☆ | / | BLY12-23 |
| DBY-25 | 3.5 | 30 | 4 | 1.5 | ☆ | ☆ | ☆ | ☆ | BLY18-35 |
| DBY-40 | 4.5 | 30 | 4 | 2.2 | ☆ | ☆ | ☆ | ☆ | BLY18-35 |
| DBY-50 | 6.5 | 30 | 4.5 | 4 | ☆ | ☆ | ☆ | ☆ | BLY18-35 |
| DBY-65 | 8 | 30 | 4.5 | 4 | ☆ | ☆ | ☆ | ☆ | BLY18-29 |
| DBY-80 | 16 | 30 | 5 | 5.5 | ☆ | ☆ | ☆ | / | BLY22-35 |
| DBY-100 | 20 | 30 | 5 | 5.5 | ☆ | ☆ | ☆ | / | BLY22-29 |

注：☆—有；/—无。

（5）DBY 型电动隔膜泵外形尺寸　见图 11-25、表 11-17。

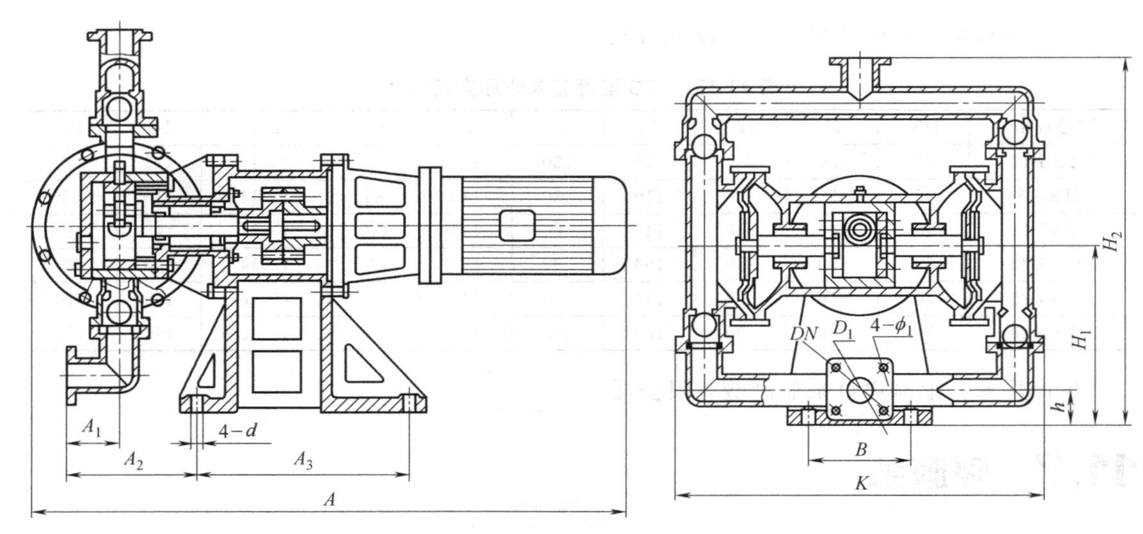


图 11-25　DBY 型电动隔膜泵外形尺寸

**表 11-17　DBY 型电动隔膜泵尺寸规格**　　单位：mm

| 型号 | $A$ | $A_1$ | $A_2$ | $A_3$ | $B$ | $K$ | DN | $D_1$ | $\phi_1$ | $d$ | $h$ | $H_1$ | $H_2$ |
|---|---|---|---|---|---|---|---|---|---|---|---|---|---|
| DBY-10 | 550 | 100 | 90 | 290 | 190 | 250 | 10 | 50 | 12.5 | $\phi$14 | 50 | 155 | 290 |
| DBY-15 | 550 | 100 | 90 | 290 | 190 | 250 | 15 | 55 | 12.5 | $\phi$14 | 50 | 155 | 290 |
| DBY-25 | 862 | 75 | 192 | 305 | 150 | 550 | 25 | 75 | 14 | $\phi$17.5 | 55 | 285 | 590 |
| DBY-40 | 862 | 75 | 192 | 305 | 150 | 550 | 40 | 100 | 14 | $\phi$17.5 | 55 | 285 | 590 |
| DBY-50 | 700 | 145 | 50 | 230 | 340 | 550 | 50 | 110 | 14 | $\phi$17.5 | 65 | 390 | 787 |
| DBY-65 | 700 | 145 | 50 | 230 | 340 | 550 | 65 | 130 | 14 | $\phi$17.5 | 65 | 390 | 787 |
| DBY-80 | 1270 | 160 | 412 | 565 | 460 | 884 | 80 | 150 | 17.5 | $\phi$22 | 100 | 468 | 1080 |
| DBY-100 | 1270 | 160 | 412 | 565 | 460 | 884 | 100 | 170 | 17.5 | $\phi$22 | 100 | 468 | 1080 |

生产厂家：上海申贝泵业制造有限公司。

## 11.8 计量泵

### SJM 型机械隔膜计量泵

（1）适用范围　计量泵是可按各种工艺流程的需要，流量可在 0～100%范围内无级调节定量输送不含固体颗粒的腐蚀性和非腐蚀性液体的一种往复式特殊容积泵，分柱塞计量泵、液压隔膜计量泵和机械隔膜计量泵。产品执行 GB/T 7782—1996 计量泵标准。

SJM 系列机械隔膜计量泵广泛应用于石油、化工、水处理、环保、食品、轻工、造纸、制药、印染、冶金、矿山等行业。

（2）型号说明

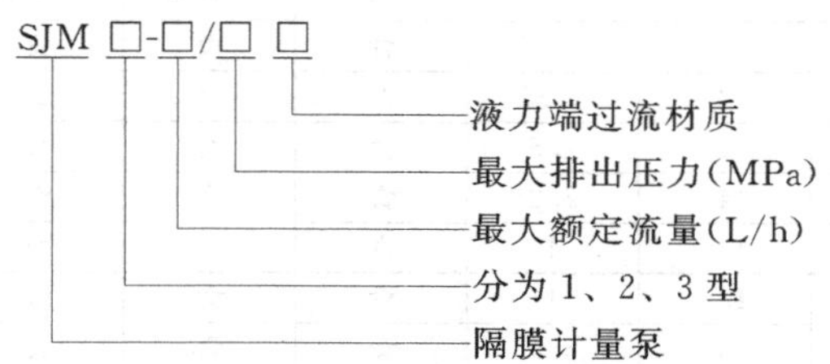


（3）设备特点　①经济型泵，最优性价比；②结构简单，方便维修；③偏心凸轮机构驱动，机构紧凑，设备安装空间小；④油浸润滑，只需定期更换润滑油，润滑系统无需专门维护。双凸轮球轴承推动，工作平稳；⑤泵运行或停止状态均可调节流量；⑥新型聚四氟乙烯

与橡胶复合材料隔膜片，耐腐蚀，寿命长，适合输送各种腐蚀性、危险性液体；⑦多种可选用的过流材料，还可按使用要求定制其他特殊材料，以适用输送各种腐蚀性和非腐蚀性液体；⑧完全不泄漏，安全性高，可输送各种易燃、易爆、剧毒、放射性、强刺激性、强腐蚀性液体；⑨高精度单相止回阀结构，具有计量精确，结构紧凑，密封性好，寿命长，互换性强，成本低，安装方便等诸多优点。

（4）主要参数

① 额定流量 4～1800L/h，最高额定压力 0.8MPa。

② 输送介质温度－30～50℃（不锈钢为 100℃）。

③ 介质黏度：0.3～800mm²/s。

④ 计量精度≤±2%。

（5）设备规格及性能　见表 11-18、图 11-26。

表 11-18　SJM 型机械隔膜计量泵规格性能

<table>
<tr><th rowspan="2">型号</th><th rowspan="2">流量/(L/h)</th><th rowspan="2">压力/MPa</th><th colspan="2">电机</th><th colspan="2">连接方式</th></tr>
<tr><th>型号</th><th>功率/kW</th><th>PVC</th><th>不锈钢</th></tr>
<tr><td>SJM1-4/0.8</td><td>4</td><td>0.8</td><td rowspan="16">YSJ6324</td><td rowspan="16">0.18</td><td rowspan="12">φ16(外径)×2 软管</td><td rowspan="12">法兰 DN10-PN10RF<br>(系列 1)<br>GB/T 9119—2000</td></tr>
<tr><td>SJM1-6/0.8</td><td>6</td><td>0.8</td></tr>
<tr><td>SJM1-8/0.8</td><td>8</td><td>0.8</td></tr>
<tr><td>SJM1-10/0.8</td><td>10</td><td>0.8</td></tr>
<tr><td>SJM1-13/0.8</td><td>13</td><td>0.8</td></tr>
<tr><td>SJM1-16/0.8</td><td>16</td><td>0.8</td></tr>
<tr><td>SJM1-21/0.8</td><td>21</td><td>0.8</td></tr>
<tr><td>SJM1-27/0.8</td><td>27</td><td>0.8</td></tr>
<tr><td>SJM1-39/0.8</td><td>39</td><td>0.8</td></tr>
<tr><td>SJM1-47/0.8</td><td>47</td><td>0.8</td></tr>
<tr><td>SJM1-64/0.8</td><td>64</td><td>0.8</td></tr>
<tr><td>SJM1-81/0.8</td><td>81</td><td>0.8</td></tr>
<tr><td>SJM1-90/0.5</td><td>90</td><td>0.5</td><td rowspan="8">Rc3/4<br>GB/T<br>7306.2—2000</td><td rowspan="8">法兰 DN15-PN10RF<br>(系列 1)<br>GB/T 9119—2000</td></tr>
<tr><td>SJM1-122/0.5</td><td>122</td><td>0.5</td></tr>
<tr><td>SJM1-154/0.5</td><td>154</td><td>0.5</td></tr>
<tr><td>SJM1-187/0.5</td><td>187</td><td>0.5</td></tr>
<tr><td>SJM2-95/0.8</td><td>95</td><td>0.8</td><td rowspan="8">YSJ7124</td><td rowspan="8">0.37</td></tr>
<tr><td>SJM2-128/0.8</td><td>128</td><td>0.8</td></tr>
<tr><td>SJM2-162/0.8</td><td>162</td><td>0.8</td></tr>
<tr><td>SJM2-196/0.8</td><td>196</td><td>0.8</td></tr>
<tr><td>SJM2-249/0.5</td><td>249</td><td>0.5</td><td rowspan="4">Rc1<br>GB/T<br>7306.2—2000</td><td rowspan="4">法兰 DN20-PN10RF<br>(系列 1)<br>GB/T 9119—2000</td></tr>
<tr><td>SJM2-302/0.5</td><td>302</td><td>0.5</td></tr>
<tr><td>SJM2-366/0.5</td><td>366</td><td>0.5</td></tr>
<tr><td>SJM2-499/0.5</td><td>499</td><td>0.5</td></tr>
<tr><td>SJM3-237/0.8</td><td>237</td><td>0.8</td><td rowspan="12">YSJ8024</td><td rowspan="12">0.75</td><td rowspan="4"></td><td rowspan="4"></td></tr>
<tr><td>SJM3-300/0.8</td><td>300</td><td>0.8</td></tr>
<tr><td>SJM3-365/0.8</td><td>365</td><td>0.8</td></tr>
<tr><td>SJM3-492/0.8</td><td>492</td><td>0.8</td></tr>
<tr><td>SJM3-556/0.5</td><td>556</td><td>0.5</td><td rowspan="8">Rc1 1/4<br>GB/T<br>7306.2—2000</td><td rowspan="8">法兰 DN32-PN10RF<br>(系列 1)<br>GB/T 9119—2000</td></tr>
<tr><td>SJM3-675/0.5</td><td>675</td><td>0.5</td></tr>
<tr><td>SJM3-910/0.5</td><td>910</td><td>0.5</td></tr>
<tr><td>SJM3-1150/0.5</td><td>1150</td><td>0.5</td></tr>
<tr><td>SJM3-1350/0.4</td><td>1350</td><td>0.4</td></tr>
<tr><td>SJM3-1500/0.3</td><td>1500</td><td>0.3</td></tr>
<tr><td>SJM3-1730/0.3</td><td>1730</td><td>0.3</td></tr>
<tr><td>SJM3-1800/0.3</td><td>1800</td><td>0.3</td></tr>
</table>

生产厂家：上海申贝泵业制造有限公司、厦门飞华器材有限公司。

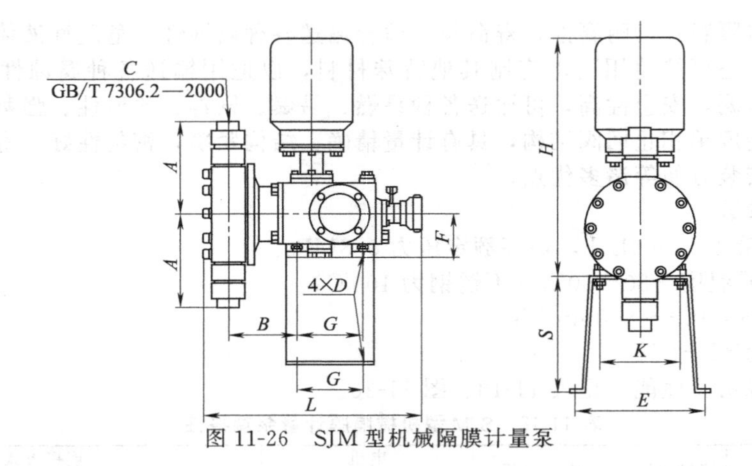

图 11-26　SJM 型机械隔膜计量泵

（6）SJM 系列机械隔膜计量泵（PVC） 见图 11-27。

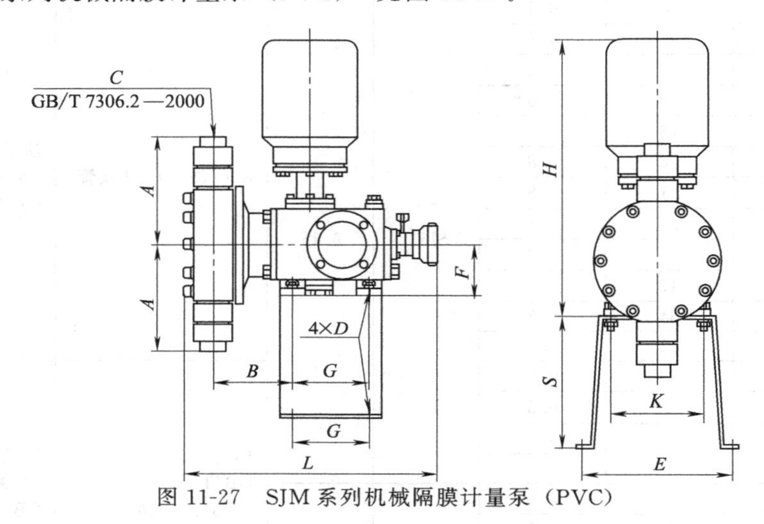

图 11-27　SJM 系列机械隔膜计量泵（PVC）

（7）SJM 系列机械隔膜计量泵（不锈钢） 见图 11-28。

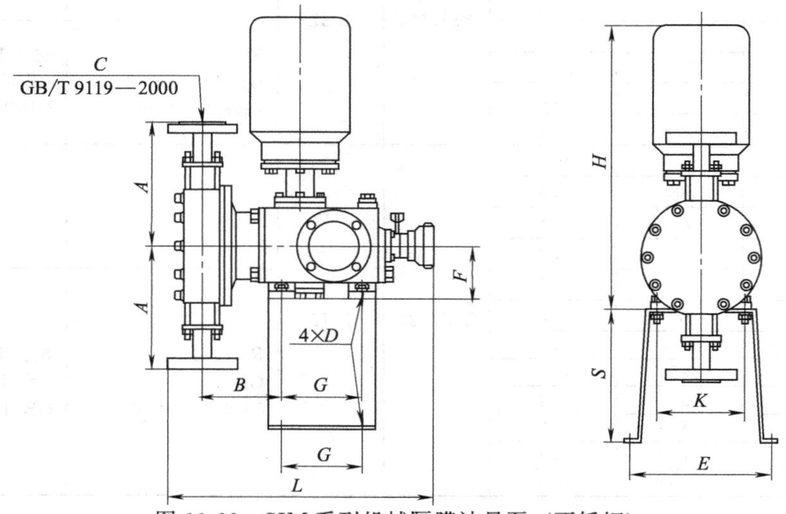

图 11-28　SJM 系列机械隔膜计量泵（不锈钢）

（8）SJM 系列机械隔膜计量泵安装表　见表 11-19。

**表 11-19　SJM 系列机械隔膜计量泵安装尺寸**　　单位：mm

<table>
<tr><th rowspan="3">型号</th><th colspan="15">安装尺寸</th></tr>
<tr><th colspan="4">PVC</th><th colspan="4">不锈钢</th><th rowspan="2">G</th><th rowspan="2">K</th><th rowspan="2">E</th><th rowspan="2">H</th><th rowspan="2">F</th><th rowspan="2">S</th><th rowspan="2">D</th></tr>
<tr><th>A</th><th>B</th><th>C</th><th>L</th><th>A</th><th>B</th><th>C</th><th>L</th></tr>
<tr><td>SJM1-4/0.8</td><td rowspan="12">101</td><td rowspan="12">103</td><td rowspan="12">ϕ16(外径)×2 软管</td><td rowspan="12">317</td><td rowspan="12">155</td><td rowspan="12">103</td><td rowspan="12">法兰 DN10-PN10RF（系列Ⅰ）</td><td rowspan="12">335</td><td rowspan="16">82</td><td rowspan="16">106</td><td rowspan="16">178</td><td rowspan="16">最大 374</td><td rowspan="16">64</td><td rowspan="16">180</td><td rowspan="16">10</td></tr>
<tr><td>SJM1-6/0.8</td></tr>
<tr><td>SJM1-8/0.8</td></tr>
<tr><td>SJM1-10/0.8</td></tr>
<tr><td>SJM1-13/0.8</td></tr>
<tr><td>SJM1-16/0.8</td></tr>
<tr><td>SJM1-21/0.8</td></tr>
<tr><td>SJM1-27/0.8</td></tr>
<tr><td>SJM1-39/0.8</td></tr>
<tr><td>SJM1-47/0.8</td></tr>
<tr><td>SJM1-64/0.8</td></tr>
<tr><td>SJM1-81/0.8</td></tr>
<tr><td>SJM1-90/0.5</td><td rowspan="8">143</td><td rowspan="4">108</td><td rowspan="8">Rc3/4</td><td rowspan="4">330</td><td rowspan="8">164</td><td rowspan="4">106</td><td rowspan="8">法兰 DN15-PN10RF（系列Ⅰ）</td><td rowspan="4">339</td></tr>
<tr><td>SJM1-122/0.5</td></tr>
<tr><td>SJM1-154/0.5</td></tr>
<tr><td>SJM1-187/0.5</td></tr>
<tr><td>SJM2-95/0.8</td><td rowspan="4">118</td><td rowspan="4">389</td><td rowspan="4">116</td><td rowspan="4">395</td><td rowspan="8">119</td><td rowspan="8">136</td><td rowspan="8">216</td><td rowspan="8">最大 431</td><td rowspan="8">81</td><td rowspan="8">200</td><td rowspan="8">12</td></tr>
<tr><td>SJM2-128/0.8</td></tr>
<tr><td>SJM2-162/0.8</td></tr>
<tr><td>SJM2-196/0.8</td></tr>
<tr><td>SJM2-249/0.5</td><td rowspan="8">174</td><td rowspan="4">124</td><td rowspan="8">Rc1</td><td rowspan="4">402</td><td rowspan="8">189</td><td rowspan="4">122</td><td rowspan="8">法兰 DN20-PN10RF（系列Ⅰ）</td><td rowspan="4">407</td></tr>
<tr><td>SJM2-302/0.5</td></tr>
<tr><td>SJM2-366/0.5</td></tr>
<tr><td>SJM2-499/0.5</td></tr>
<tr><td>SJM3-237/0.8</td><td rowspan="4">140</td><td rowspan="4">440</td><td rowspan="4">137</td><td rowspan="4">446</td><td rowspan="8">146</td><td rowspan="8">158</td><td rowspan="8">246</td><td rowspan="8">最大 508</td><td rowspan="8">100</td><td rowspan="8">250</td><td rowspan="8">14</td></tr>
<tr><td>SJM3-300/0.8</td></tr>
<tr><td>SJM3-365/0.8</td></tr>
<tr><td>SJM3-492/0.8</td></tr>
<tr><td>SJM3-556/0.5</td><td rowspan="4">222</td><td rowspan="4">148</td><td rowspan="4">Rc1 1/4</td><td rowspan="4">462</td><td rowspan="4">225</td><td rowspan="4">144</td><td rowspan="4">法兰 DN32-PN10RF（系列Ⅰ）</td><td rowspan="4">461</td></tr>
<tr><td>SJM3-675/0.5</td></tr>
<tr><td>SJM3-910/0.5</td></tr>
<tr><td>SJM3-1150/0.5</td></tr>
</table>

# 11.9 长轴泵

### LB、LK 型立式长轴泵

（1）LK、LB 型立式长轴泵适用于电厂、钢厂、自来水公司、污水处理厂、石油化工、矿山等工矿企业，以及市政给排水工程、农业灌溉、防洪排涝等工程。可以用来输送 55℃以下的清水、雨水、污水以及海水等介质，流量范围 30～70000$m^3$/h，扬程范围 7～200m。特殊设计的输送介质温度可达 90℃。

（2）型号说明

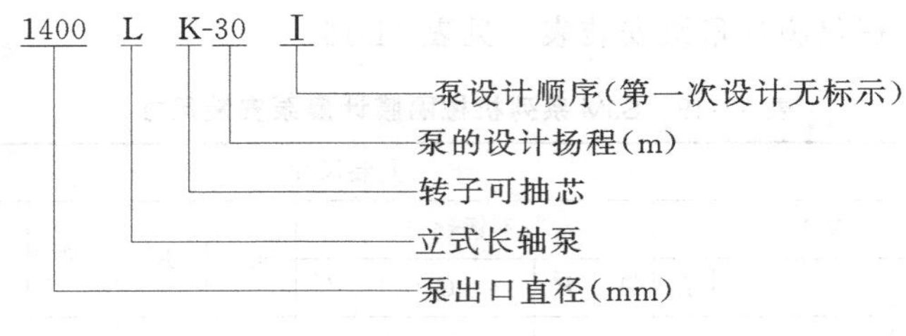


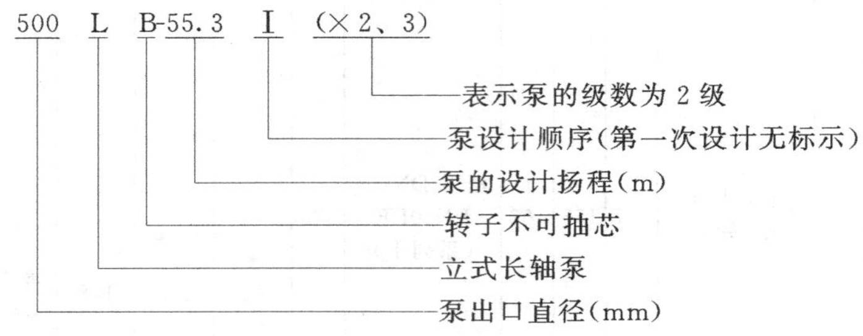


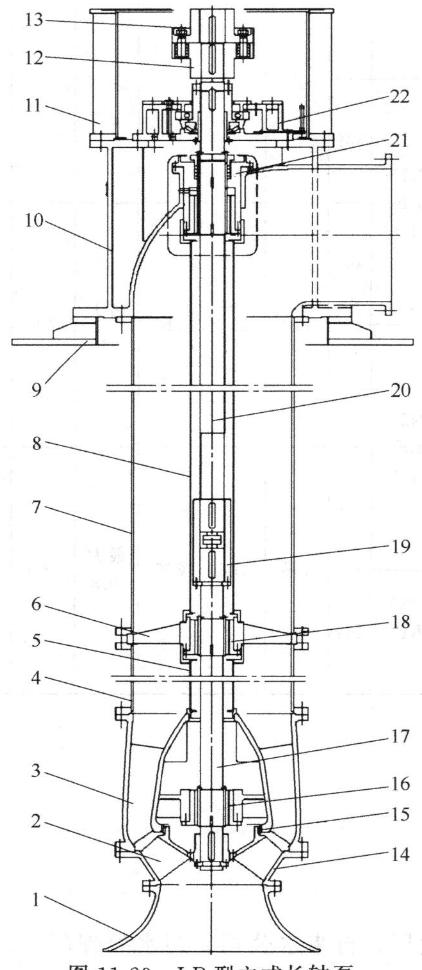


图 11-29 LB 型立式长轴泵

1—吸入喇叭口；2—叶轮；3—导叶体；4—下外接管；5—下内接管；6—轴承支架；7—上外接管；8—上内接管；9—安装垫板；10—吐出弯管；11—电机支座；12—泵联轴器；13—电机联轴器；14—叶轮室；15—密封环；16—下导轴承；17—下主轴；18—中导轴承；19—套筒联轴器部件；20—上主轴；21—填料函部件；22—推力轴承部件

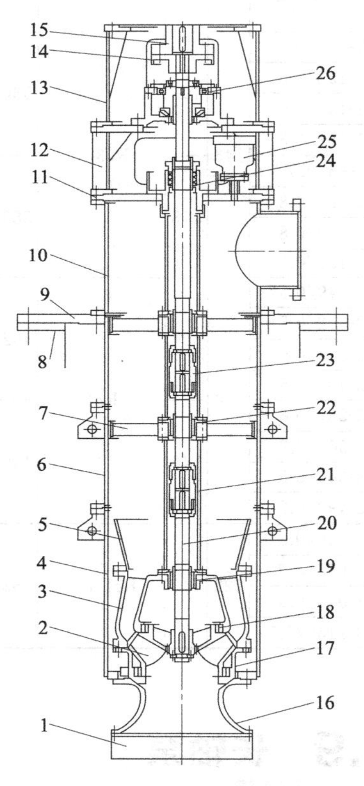


图 11-30 LK 型立式长轴泵

1—入口滤网；2—叶轮；3—导叶体；4—下外接管；5—扩散管；6—中外接管；7—轴承支架；8—安装垫板；9—泵支撑板；10—吐出弯管；11—泵盖板；12—轴承座；13—电机支座；14—泵联轴器；15—电机联轴器；16—吸入喇叭口；17—叶轮室；18—密封环；19—下导轴承；20—泵主轴；21—内接管；22—上导轴承；23—套筒联轴器部件；24—填料函部件；25—排气阀；26—推力轴承部件

（3）结构　LK、LB型泵为立式单级（多级）离心式或斜流式带导叶体结构。

泵的结构型式有泵吐出口在安装基础之上和之下（型式代号分别为S和X）、泵承受轴向力和电机承受轴向力（型式代号分别为T和D）、外接润滑水和泵自身润滑等。

泵口径在1000mm以下时，泵转子一般为不可抽形式；泵轴向水推力及转子重量一般由泵本体推力轴承承受，泵和电机之间采用弹性连接；泵吐出口位于安装面基础之上（型式代号为ST的结构型式）。如有要求，也可以由电机承受轴向水推力及转子重量；或其他结构形式的组合（型式代号为SD、XT、XD）；用户如有要求，也可以设计成可抽式结构型式。泵口径在1000mm以上时，泵转子一般为可抽型式；泵轴向水推力及转子重量一般由电机推力轴承承受，泵和电机之间采用刚性连接；泵吐出口位于安装面基础之下（型式代号为XD）。如有要求，也可以由泵承受轴向水推力及转子重量；或其他结构形式的组合（型式代号为XT、SD、ST）。用户如有要求，也可以设计成不可抽式结构型式。

泵本体承受轴向水推力及转子重量时，泵推力轴承采用稀油润滑，推力轴承部件带Pt100测温元件测轴承温度或压力式温度计测润滑油温度。

从吐出方向往泵看，电机接线盒与泵外接润滑水接管位于左侧。也可根据用户要求，布置在其他方位。

（4）性能　LB、LK型泵性能见图11-29～图11-31，表11-20。

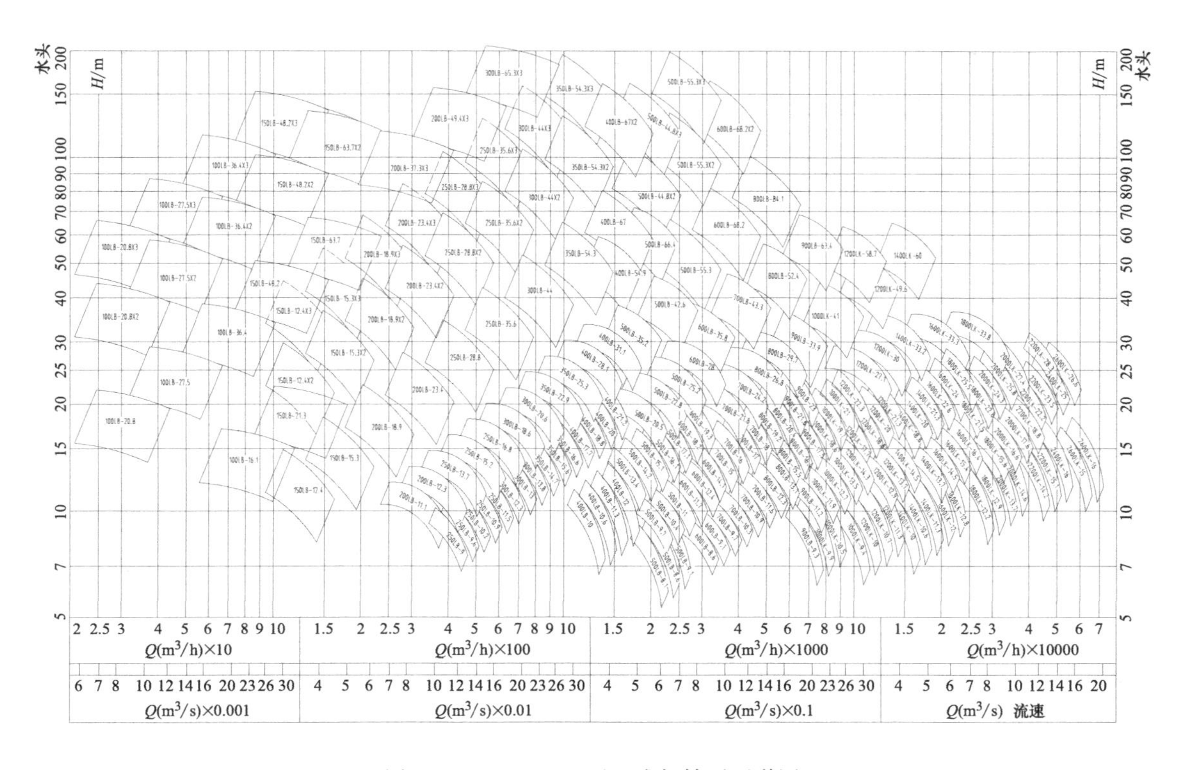


图11-31　LB、LK型立式长轴泵型谱图

**表 11-20 LB、LK 型立式长轴泵性能参数**

| 泵型号 | 流量 Q |  | 扬程 H | 转速 n | 轴功率 $P_a$ | 配套电机 |  | 效率 η | 必需汽蚀余量 | 叶轮直径 | 电机质量 |
|---|---|---|---|---|---|---|---|---|---|---|---|
|  | $m^3/h$ | L/s | /m | /(r/min) | /kW | 功率/kW | 电机型号 | /% | /m | /mm | /kg |
| 100LB-16.1 | 66.3 | 18.4 | 17.0 | 1480 | 5.0 | 11 | Y160M-4 | 60.9 | 2.2 | 237 | 123 |
|  | 94.7 | 26.3 | 16.1 |  | 6.2 |  |  | 67.1 | 2.5 |  |  |
|  | 118.4 | 32.9 | 15.1 |  | 6.9 |  |  | 70.4 | 2.9 |  |  |
| 100LB-20.8 | 24.6 | 6.8 | 22.0 | 2980 | 2.6 | 5.5 | Y132S1-2 | 56.3 | 2.8 | 137 | 64 |
|  | 35.2 | 9.8 | 20.8 |  | 3.2 |  |  | 63.2 | 3.2 |  |  |
|  | 44.0 | 12.2 | 19.4 |  | 3.5 |  |  | 66.9 | 3.7 |  |  |
| 150LB-12.4 | 108 | 30.0 | 14.9 | 1480 | 5.4 | 11 | Y132M-4 | 80.7 | 0.7 | 240 | 81 |
|  | 142 | 39.5 | 12.4 |  | 5.8 |  |  | 82.8 | 0.8 |  |  |
|  | 162 | 45.0 | 10.8 |  | 6.0 |  |  | 78.7 | 0.9 |  |  |
| 150LB-12.4×2 | 108 | 30.0 | 29.8 | 1480 | 10.9 | 15 | Y160L-4 | 80.7 | 0.7 | 240 | 144 |
|  | 142 | 39.5 | 24.8 |  | 11.6 |  |  | 82.8 | 0.8 |  |  |
|  | 162 | 45.0 | 21.6 |  | 12.1 |  |  | 78.7 | 1.0 |  |  |
| 200LB-11.1 | 252 | 69.9 | 12.0 | 1480 | 11 | 15 | Y160L-4 | 77.8 | 2.6 | 229 | 144 |
|  | 335 | 93.1 | 11.1 |  | 13 |  |  | 79.3 | 3.0 |  |  |
|  | 398 | 110.6 | 9.1 |  | 13 |  |  | 77.8 | 3.7 |  |  |
| 200LB-12.3 | 293 | 81.5 | 13.3 | 1480 | 14 | 22 | Y180L-4 | 78.1 | 2.9 | 241 | 195 |
|  | 391 | 108.6 | 12.3 |  | 17 |  |  | 79.5 | 3.3 |  |  |
|  | 464 | 129.0 | 10.0 |  | 16 |  |  | 78.1 | 4.1 |  |  |
| 250LB-9 | 361 | 100.3 | 10.2 | 1480 | 13 | 15 | Y160L-4 | 80.0 | 2.6 | 255 | 144 |
|  | 417 | 115.7 | 9.0 |  | 12 |  |  | 82.3 | 2.9 |  |  |
|  | 467 | 129.6 | 7.5 |  | 13 |  |  | 73.8 | 3.2 |  |  |
| 250LB-9.6 | 396 | 109.9 | 10.8 | 1480 | 15 | 18.5 | Y180M-4 | 80.1 | 2.8 | 262 | 180 |
|  | 456 | 126.8 | 9.6 |  | 14 |  |  | 82.4 | 3.1 |  |  |
|  | 511 | 142.0 | 7.9 |  | 15 |  |  | 74.0 | 3.4 |  |  |
| 300LB-12.3 | 570 | 158.4 | 13.8 | 1480 | 27 | 37 | Y200L-4 | 80.6 | 3.5 | 296 | 260 |
|  | 658 | 182.7 | 12.3 |  | 27 |  |  | 82.8 | 3.9 |  |  |
|  | 737 | 204.6 | 10.1 |  | 27 |  |  | 74.6 | 4.3 |  |  |
| 300LB-13 | 625 | 173.5 | 14.7 | 1480 | 31 | 37 | Y225S-4 | 80.7 | 3.8 | 305 | 305 |
| 350LB-14.7 | 750 | 208.3 | 16.6 | 1480 | 42 | 55 | Y225M-4 | 80.9 | 4.3 | 323 | 335 |
|  | 865 | 240.3 | 14.7 |  | 42 |  |  | 83.1 | 4.7 |  |  |
|  | 969 | 269.2 | 12.2 |  | 43 |  |  | 75.0 | 5.2 |  |  |
| 350LB-15.6 | 822 | 228.2 | 17.6 | 1480 | 49 | 75 | Y250M-4 | 81.0 | 4.5 | 333 | 420 |
|  | 948 | 263.3 | 15.6 |  | 49 |  |  | 83.2 | 5.0 |  |  |
|  | 1062 | 294.9 | 12.9 |  | 50 |  |  | 75.2 | 5.5 |  |  |
| 400LB-10 | 1084 | 301.1 | 11.5 | 1480 | 43 | 55 | Y250M-4 | 79.6 | 7.1 | 329 | 420 |
|  | 1232 | 342.1 | 10.0 |  | 40 |  |  | 84.7 | 7.3 |  |  |
|  | 1390 | 386.2 | 7.3 |  | 35 |  |  | 79.6 | 7.7 |  |  |
| 400LB-10.6 | 1187 | 329.9 | 12.2 | 1480 | 50 | 75 | Y250M-4 | 79.8 | 7.5 | 339 | 420 |
|  | 1349 | 374.8 | 10.6 |  | 46 |  |  | 84.8 | 7.8 |  |  |
|  | 1523 | 423.1 | 7.8 |  | 41 |  |  | 79.8 | 8.2 |  |  |
| 500LB-8.1 | 1790 | 497.1 | 9.3 | 980 | 56 | 75 | Y315S-6 | 80.8 | 5.7 | 444 | 885 |
|  | 2034 | 564.9 | 8.1 |  | 52 |  |  | 85.6 | 5.9 |  |  |
|  | 2296 | 637.7 | 5.9 |  | 46 |  |  | 80.8 | 6.2 |  |  |
| 500LB-8.6 | 1961 | 544.7 | 9.9 | 980 | 65 | 75 | Y315S-6 | 81.0 | 6.1 | 457 | 885 |
|  | 2228 | 618.9 | 8.6 |  | 61 |  |  | 85.7 | 6.3 |  |  |
|  | 2515 | 698.7 | 6.3 |  | 53 |  |  | 81.0 | 6.6 |  |  |
|  | 2094 | 581.7 | 66.4 |  | 458 |  |  | 82.7 | 11.3 |  |  |
|  | 2466 | 685.1 | 57.3 |  | 483 |  |  | 79.7 | 13.7 |  |  |

续表

| 泵型号 | 流量 Q | | 扬程 H | 转速 n | 轴功率 $P_a$ | 配套电机 | | 效率 η | 必需汽蚀余量 | 叶轮直径 | 电机质量 |
|---|---|---|---|---|---|---|---|---|---|---|---|
| | $m^3/h$ | L/s | /m | /(r/min) | /kW | 功率/kW | 电机型号 | /% | /m | /mm | /kg |
| 600LB-8.6 | 2687 | 746.3 | 9.6 | 742 | 90 | 110 | Y315L1-8 | 78.2 | 4.0 | 537 | 1150 |
| | 3094 | 859.4 | 8.6 | | 86 | | | 84.0 | 4.1 | | |
| | 3419 | 949.8 | 7.3 | | 85 | | | 79.7 | 5.5 | | |
| 600LB-9.1 | 2944 | 817.7 | 10.2 | 742 | 104 | 110 | Y315L1-8 | 78.4 | 4.2 | 554 | 1150 |
| | 3390 | 941.6 | 9.1 | | 100 | | | 84.1 | 4.4 | | |
| | 3747 | 1040.7 | 7.8 | | 99 | | | 79.8 | 5.9 | | |
| 700LB-9.7 | 3225 | 895.9 | 10.8 | 742 | 121 | 132 | Y355M2-8 | 78.5 | 4.5 | 571 | 2050 |
| | 3714 | 1031.7 | 9.7 | | 116 | | | 84.2 | 4.7 | | |
| | 4105 | 1140.3 | 8.3 | | 116 | | | 79.9 | 6.2 | | |
| 700LB-10.3 | 3534 | 981.7 | 11.5 | 742 | 141 | 160 | Y355M3-8 | 78.6 | 4.8 | 588 | 2200 |
| | 4069 | 1130.4 | 10.3 | | 135 | | | 84.3 | 4.9 | | |
| | 4498 | 1249.4 | 8.8 | | 134 | | | 80.1 | 6.6 | | |
| 800LB-12.3 | 4649 | 1291.3 | 13.8 | 742 | 221 | 250 | YL4004-8 | 79.0 | 5.7 | 643 | 2760 |
| | 5353 | 1486.9 | 12.3 | | 212 | | | 84.6 | 5.9 | | |
| | 5916 | 1643.4 | 10.5 | | 211 | | | 80.4 | 7.9 | | |
| 800LB-13.1 | 5093 | 1414.8 | 14.7 | 742 | 257 | 280 | YL4005-8 | 79.1 | 6.1 | 662 | 2890 |
| | 5865 | 1629.2 | 13.1 | | 247 | | | 84.7 | 6.3 | | |
| | 6482 | 1800.7 | 11.2 | | 245 | | | 80.6 | 8.4 | | |
| 900LB-9.3 | 6115 | 1698.6 | 10.7 | 590 | 215 | 250 | YL4502-10 | 82.9 | 6.6 | 782 | 3140 |
| | 6949 | 1930.2 | 9.3 | | 202 | | | 87.2 | 6.8 | | |
| | 7844 | 2179.0 | 6.8 | | 176 | | | 82.9 | 7.2 | | |
| 900LB-11.2 | 6396 | 1776.5 | 12.6 | 590 | 275 | 315 | YL4504-10 | 79.8 | 5.2 | 769 | 3330 |
| | 7365 | 2045.7 | 11.2 | | 264 | | | 85.1 | 5.4 | | |
| | 8140 | 2261.0 | 9.6 | | 262 | | | 81.1 | 7.2 | | |
| 1000LK-9.4 | 8877 | 2465.8 | 10.8 | 495 | 314 | 355 | YL5003-12 | 83.5 | 6.7 | 936 | 4250 |
| | 10087 | 2802.0 | 9.4 | | 295 | | | 87.7 | 6.9 | | |
| | 11387 | 3163.2 | 6.9 | | 257 | | | 83.5 | 7.3 | | |
| 1000LK-9.9 | 6700 | 1861.1 | 11.4 | 590 | 250 | 280 | YL4503-10 | 83.0 | 7.0 | 806 | 3270 |
| | 7614 | 2114.9 | 9.9 | | 235 | | | 87.3 | 7.2 | | |
| | 8595 | 2387.5 | 7.2 | | 204 | | | 83.0 | 7.7 | | |
| 1200LK-10 | 9726 | 2701.7 | 11.5 | 495 | 365 | 400 | YLT5004-12 | 83.6 | 7.1 | 964 | 4400 |
| | 11052 | 3070.1 | 10.0 | | 344 | | | 87.7 | 7.3 | | |
| | 12477 | 3465.8 | 7.3 | | 298 | | | 83.6 | 7.8 | | |
| 1200LK-10.7 | 10657 | 2960.2 | 12.2 | 495 | 424 | 450 | YLT5005-12 | 83.7 | 7.5 | 994 | 4550 |
| | 12110 | 3363.9 | 10.7 | | 400 | | | 87.8 | 7.8 | | |
| | 13671 | 3797.4 | 7.8 | | 347 | | | 83.7 | 8.3 | | |
| 1400LK-10 | 13187 | 3663.1 | 11.5 | 425 | 492 | 560 | YL560-14 | 84.1 | 7.1 | 1120 | 9000 |
| | 14985 | 4162.6 | 10.0 | | 464 | | | 88.1 | 7.3 | | |
| | 16917 | 4699.1 | 7.3 | | 402 | | | 84.1 | 7.8 | | |
| 1400LK-10.6 | 14449 | 4013.6 | 12.2 | 425 | 572 | 630 | YL630-14 | 84.2 | 7.5 | 1154 | 11800 |
| | 16419 | 4560.9 | 10.6 | | 540 | | | 88.2 | 7.8 | | |
| | 18535 | 5148.7 | 7.8 | | 468 | | | 84.2 | 8.3 | | |
| 1600LK-12 | 17346 | 4818.4 | 13.8 | 425 | 774 | 900 | YL900-14 | 84.4 | 8.5 | 1225 | |
| | 19711 | 5475.4 | 12.0 | | 731 | | | 88.3 | 8.8 | | |
| | 22252 | 6181.1 | 8.8 | | 633 | | | 84.4 | 9.3 | | |
| 1600LK-12.8 | 19006 | 5279.4 | 14.7 | 425 | 900 | 1000 | YL1000-14 | 84.5 | 9.1 | 1262 | |
| | 21598 | 5999.3 | 12.8 | | 850 | | | 88.4 | 9.4 | | |
| | 24381 | 6772.6 | 9.4 | | 736 | | | 84.5 | 9.9 | | |

续表

| 泵型号 | 流量 Q | | 扬程 H /m | 转速 n /(r/min) | 轴功率 $P_a$ /kW | 配套电机 | | 效率 η /% | 必需汽蚀余量 /m | 叶轮直径 /mm | 电机质量 /kg |
|---|---|---|---|---|---|---|---|---|---|---|---|
| | $m^3/h$ | L/s | | | | 功率 /kW | 电机型号 | | | | |
| 1800LK-12.2 | 23654 | 6570.5 | 14.0 | 367 | 1061 | 1250 | YL1250-16 | 84.9 | 8.6 | 1422 | |
| | 26879 | 7466.5 | 12.2 | | 1004 | | | 88.7 | 8.9 | | |
| | 30344 | 8428.9 | 8.9 | | 868 | | | 84.9 | 9.4 | | |
| 1800LK-12.9 | 25917 | 7199.2 | 14.9 | 367 | 1234 | 1600 | YL1600-16 | 85.0 | 9.2 | 1465 | |
| | 29451 | 8180.9 | 12.9 | | 1168 | | | 88.7 | 9.5 | | |
| | 33247 | 9235.4 | 9.5 | | 1010 | | | 85.0 | 10.0 | | |
| 2000LK-13.7 | 28397 | 7888.1 | 15.8 | 367 | 1436 | 1600 | YL1600-16 | 85.1 | 9.7 | 1510 | |
| | 32269 | 8963.7 | 13.7 | | 1359 | | | 88.8 | 10.1 | | |
| | 36428 | 10119.0 | 10.1 | | 1174 | | | 85.1 | 10.6 | | |
| 2000LK-14.6 | 31114 | 8642.8 | 16.8 | 367 | 1670 | 1800 | YL1800-16 | 85.2 | 10.3 | 1555 | |
| | 35357 | 9821.4 | 14.6 | | 1581 | | | 88.9 | 10.7 | | |
| | 39914 | 11087.2 | 10.7 | | 1366 | | | 85.2 | 11.3 | | |
| 2200LK-14.2 | 36801 | 10222.5 | 16.3 | 330 | 1911 | 2240 | YL2500-18 | 85.4 | 10.0 | 1701 | |
| | 41819 | 11616.5 | 14.2 | | 1811 | | | 89.1 | 10.4 | | |
| | 47209 | 13113.7 | 10.4 | | 1563 | | | 85.4 | 11.0 | | |
| 2200LK-15.1 | 40322 | 11200.6 | 17.3 | 330 | 2223 | 2500 | YL2500-18 | 85.5 | 10.7 | 1753 | |
| | 45821 | 12728.0 | 15.1 | | 2108 | | | 89.1 | 11.0 | | |
| | 51726 | 14368.5 | 11.0 | | 1819 | | | 85.5 | 11.7 | | |
| 2200LK-18.8 | 35655 | 9904.3 | 21.0 | 367 | 2471 | 2800 | YL3150-16 | 82.5 | 8.7 | 1575 | 25000 |
| | 41058 | 11404.9 | 18.8 | | 2405 | | | 87.2 | 9.0 | | |
| | 45380 | 12605.5 | 16.0 | | 2367 | | | 83.7 | 12.1 | | |
| 2400LK-16 | 44180 | 12272.3 | 18.4 | 330 | 2586 | 2800 | YL2800-18 | 85.6 | 11.3 | 1806 | 25000 |
| | 50205 | 13945.8 | 16.0 | | 2453 | | | 89.2 | 11.7 | | |
| | 56676 | 15743.3 | 11.7 | | 2116 | | | 85.6 | 12.4 | | |
| 2400LK-25 | 42713 | 11864.7 | 28.2 | 292 | 3776 | 4000 | YL4000-20 | 86.9 | 7.2 | 2060 | 37000 |
| | 49284 | 13690.1 | 25.0 | | 3797 | | | 88.4 | 8.0 | | |
| | 55198 | 15332.9 | 20.7 | | 3752 | | | 82.9 | 8.8 | | |
| 2600LK-15 | 51422 | 14284.0 | 17.3 | 292 | 2821 | 3150 | YL3150-20 | 85.9 | 10.7 | 1975 | 32000 |
| | 58435 | 16231.8 | 15.0 | | 2677 | | | 89.4 | 11.0 | | |
| | 65966 | 18323.9 | 11.0 | | 2308 | | | 85.9 | 11.7 | | |
| 2600LK-16 | 56343 | 15650.7 | 18.4 | 292 | 3282 | 3550 | YL3550-20 | 86.0 | 11.3 | 2035 | 35000 |
| | 64026 | 17784.9 | 16.0 | | 3116 | | | 89.5 | 11.7 | | |
| | 72278 | 20077.2 | 11.7 | | 2685 | | | 86.0 | 12.4 | | |

生产厂家：长沙耐普泵业有限公司、上海东方泵业集团有限公司。

# 第12章

# 阀门

## 12.1 闸阀

闸阀是启闭件（闸板）由阀杆带动，沿阀座密封面作升降运动的阀门。闸阀适用于给水排水、供热和蒸汽管道系统作调流、切断和截流之用。介质为水、蒸汽和油类。主要类型有明杆楔式闸阀；明杆式单闸板闸阀；橡胶闸阀；暗杆楔式闸阀；平行式双闸板闸阀；对夹式浆液阀等。

### 12.1.1 Z73Y 型刀型闸阀

Z73Y 型刀型闸阀是喷涂 EKB 的法兰式直通软密封刀形闸阀，无滞留凹腔，阀杆为明杆左旋螺丝，随着外部阀杆螺母的旋转可直观阀门开启程度；U 形弹性密封结构，密封可靠；结构可靠；结构长度短，重量轻。功能：可调节或切断含粗大颗粒，黏糊胶体，飘浮污物等各类介质的流量。驱动方式有：手轮，手动装置，电动，气动。

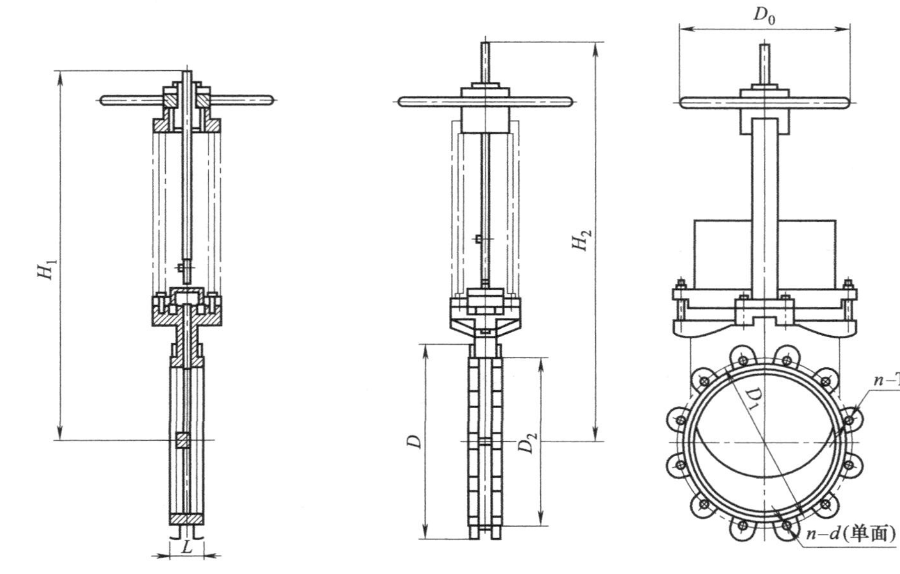


图 12-1　Z73Y 型刀型闸阀

(1) 适用范围　Z73Y 型刀型闸阀适用于废水、泥浆类的治污厂，以及电站、冶炼厂、制糖厂、黏糊颗粒的化工厂、造酒业，造纸厂。

(2) 主要外形及尺寸　见图 12-1、表 12-1。

**表 12-1　Z73Y 型刀型闸阀规格与外形尺寸**

| 公称尺寸 DN/mm | 尺寸/mm | | | | | | | | | 质量 /kg |
|---|---|---|---|---|---|---|---|---|---|---|
| | $L$ | $D$ | $D_1$ | $D_2$ | $D_0$ | $n$-Th | $d$ | $H_1$ | $H_2$ | |
| 50 | 48 | 165 | 125 | 99 | 180 | 4-M16 | 18 | 290 | 350 | 10 |
| 65 | 48 | 185 | 145 | 118 | 200 | 4-M16 | 18 | 310 | 375 | 11 |
| 80 | 51 | 200 | 160 | 132 | 220 | 8-M16 | 18 | 350 | 430 | 13.5 |
| 100 | 51 | 220 | 180 | 156 | 240 | 8-M16 | 18 | 405 | 505 | 15.5 |
| 125 | 57 | 250 | 210 | 184 | 260 | 8-M16 | 18 | 450 | 575 | 23.5 |
| 150 | 57 | 285 | 240 | 212 | 280 | 8-M20 | 23 | 510 | 660 | 29 |
| 200 | 70 | 340 | 295 | 266 | 300 | 8-M20/12-M20 | 23 | 610 | 810 | 43/43.5 |
| 250 | 70 | 395/405 | 350/355 | 319 | 340 | 12-M20/12-M24 | 23/27 | 765 | 1015 | 67.5/68 |
| 300 | 76 | 445/460 | 400/410 | 370 | 380 | 12-M20/12-M24 | 23/27 | 820 | 1120 | 100.5/101 |
| 350 | 76 | 505/520 | 460/470 | 430 | 400 | 16-M20/16-M24 | 23/27 | 970 | 1320 | 126/127 |
| 400 | 89 | 565/580 | 515/525 | 480 | 450 | 16-M24/16-M27 | 27/30 | 1024 | 1424 | 176.2/177 |
| 450 | 89 | 615/640 | 565/585 | 530/548 | 530 | 20-M24/20-M27 | 27/30 | 1235 | 1685 | 289/290 |
| 500 | 114 | 670/715 | 620/650 | 582/609 | 600 | 20-M24/20-M30 | 27/33 | 1286 | 1786 | 380/382 |
| 600 | 114 | 780/840 | 725/770 | 682/720 | 600 | 20-M27/20-M33 | 30/36 | 1486 | 2086 | 498.6/500 |
| 700 | 117 | 895/910 | 840 | 794 | 580 | 24-M27/24-M33 | 30/36 | 1710 | 2410 | 745/748 |
| 800 | 117 | 1015/1025 | 950 | 901 | 680 | 24-M30/24-M36 | 33/39 | 1940 | 2740 | 1145/1147 |
| 900 | 127 | 1115/1125 | 1050 | 1001 | | 28-M30/28-M36 | 33/39 | 2160 | 3060 | 1424/1427 |
| 1000 | 149 | 1230/1255 | 1160/1170 | 1112 | | 28-M33/28-M39 | 36/42 | 2390 | 3390 | 1900/1910 |
| 1200 | 156 | 1455/1485 | 1380/1390 | 1328 | | 32-M36/32-M45 | 39/48 | 2700 | 3900 | |
| 1400 | 171 | 1675/1685 | 1590 | 1530 | | 36-M39/36-M45 | 42/48 | 3100 | 4505 | |
| 1600 | 198 | 1915/1930 | 1820 | 1750 | | 40-M45/40-M52 | 48/55 | 3500 | 4107 | |
| 1800 | 219 | 2115/2130 | 2020 | 1950 | | 44-M45/44-M52 | 48/55 | 4105 | 5908 | |
| 2000 | 250 | 2325/2345 | 2230 | 2150 | | 48-M45/48-M56 | 48/60 | 4500 | 6520 | |

生产厂家：北京阿尔肯机械集团、铁岭阀门股份有限公司、郑州北方阀门有限公司、株洲南方阀门股份有限公司、上海冠龙阀门、机械有限公司、浙江艾迪西流体控制股份有限公司、佛山市南海永兴阀门制造有限公司。

## 12.1.2　SZ45T 型铁制地下闸阀

(1) 适用范围　SZ45T 型铁制地下闸阀适用于液、气介质管路和设备，作为接通和断流之用。

安装在地下管路、传动方式采用扳手，直通式管道，流阻小。启闭较省力，不易产生水锤现象，易于安装。适用于受限空间。

(2) 主要性能参数　见表 12-2。

**表 12-2　SZ45T 型铁制地下闸阀主要性能参数**

| 公称压力/MPa | 1.0 | 1.6 |
|---|---|---|
| 适用温度/℃ | ≤200 | ≤200 |
| 适用介质 | 水、油、气及非腐蚀性介质 | |
| 主要材料 | 灰铸铁、黄铜、碳钢镀铬、不锈钢、聚四氟乙烯 | |

执行标准：GB/T 12232—2005

试验标准：GB/T 13927—92

(3) 主要外形及尺寸　见图 12-2、表 12-3。

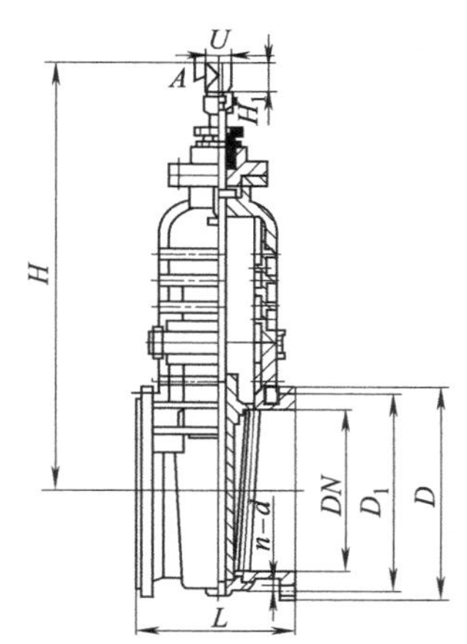


图 12-2　SZ45T 型弹性座密封地下闸阀

表 12-3　SZ45T 型弹性座密封地下闸阀主要外形及尺寸　　单位：mm

| 公称直径 | $L$ | $D$ | $D_1$ | $H(\approx)$ | $H_1$ | 上口正方形尺寸 | 锥度 | $n$-$d$ |
|---|---|---|---|---|---|---|---|---|
| 40 | 165 | 145 | 110 | 225 | 63 | 35 | 1∶20 | 4-18 |
| 50 | 178 | 160 | 125 | 336 | 63 | 35 | 1∶20 | 4-18 |
| 65 | 190 | 180 | 145 | 378 | 63 | 35 | 1∶20 | 4-18 |
| 80 | 203 | 195 | 160 | 335 | 63 | 35 | 1∶20 | 8-18 |
| 100 | 229 | 215 | 180 | 377 | 63 | 35 | 1∶20 | 8-18 |
| 125 | 254 | 245 | 210 | 426 | 63 | 35 | 1∶20 | 8-18 |
| 150 | 267 | 280 | 240 | 480 | 63 | 35 | 1∶20 | 8-22 |
| 200 | 292 | 340 | 295 | 570 | 63 | 35 | 1∶20 | 8-22/12-22 |
| 250 | 330 | 395/405 | 350/355 | 698 | 63 | 35 | 1∶20 | 12-22/12-26 |
| 300 | 356 | 445/460 | 400/410 | 760 | 63 | 35 | 1∶20 | 12-22/12-26 |
| 350 | 381 | 505/520 | 460/470 | 853 | 75 | 48 | 1∶20 | 16-22/16-26 |
| 400 | 406 | 565/580 | 515/525 | 947 | 75 | 48 | 1∶20 | 12-26/16-30 |
| 450 | 432 | 615/640 | 565/585 | 1060 | 75 | 48 | 1∶20 | 20-26/20-30 |
| 500 | 457 | 670/715 | 620/650 | 1155 | 75 | 48 | 1∶20 | 20-26/20-33 |
| 600 | 508 | 780/840 | 725/770 | 1300 | 75 | 48 | 1∶20 | 20-30/20-36 |
| 700 | 610 | 895/910 | 840 | 1430 | 75 | 48 | 1∶20 | 24-30/24-36 |
| 800 | 660 | 1015/1025 | 950 | 1890 | 75 | 48 | 1∶20 | 24-33/24-39 |
| 900 | 711 | 1115/1125 | 1050 | 2070 | 75 | 48 | 1∶20 | 28-33/28-39 |
| 1000 | 811 | 1230/1255 | 1160/1170 | 2259 | 75 | 48 | 1∶20 | 28-36/28-42 |

生产厂家：天津塘沽阀门有限责任公司。

# 12.2 对夹式蝶阀

## 12.2.1 A 型对夹式蝶阀

(1) 型号　手柄传动型号 YQD71X-10Q、YQD71X-16Q；电动型号 YQD971X-10Q、YQD971X-16Q；蜗轮传动型号 YQD371X-10Q、YQD371X-16Q；气动型号 YQD671X-10Q、YQD671X-16Q。

（2）主要外形尺寸、连接尺寸　见图 12-3、见表 12-4。

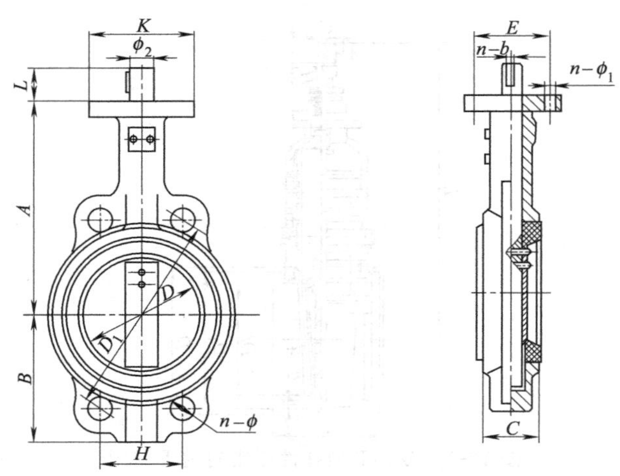


图 12-3　A 型对夹式蝶阀主要外形尺寸

**表 12-4　PN1.0MPa/PN1.6MPa　A 型对夹式蝶阀主要外形尺寸**

| 规格/mm | A | B | C | D | L | H | $D_1$ | n-φ | K | E | n-$\phi_1$ | $\phi_2$ | n-b |
|---|---|---|---|---|---|---|---|---|---|---|---|---|---|
| 40 | 110 | 65 | 33 | 40 | 32 | 77.78 | 110 | 4-φ18 | 77 | 57.15 | 4-φ6.7 | 10 | 1-2.5 |
| 50 | 161 | 80 | 42 | 51 | 32 | 84.85 | 120 | 4-φ23 | 77 | 57.15 | 4-φ6.7 | 12.7 | 1-3 |
| 65 | 175 | 89 | 44.7 | 62.8 | 32 | 96.2 | 136.2 | 4-φ26.5 | 77 | 57.15 | 4-φ6.7 | 12.7 | 1-3 |
| 80 | 181 | 95 | 45.2 | 77.3 | 32 | 113.14 | 160 | 8-φ18 | 77 | 57.15 | 4-φ6.7 | 12.7 | 1-3 |
| 100 | 200 | 114 | 52.1 | 102.7 | 32 | 70.8 | 185 | 4-φ24.5 | 92 | 69.85 | 4-φ10.3 | 15.8 | 1-5 |
| 125 | 213 | 127 | 54.4 | 121.8 | 32 | 82.28 | 218 | 4-φ23 | 92 | 69.85 | 4-φ10.3 | 19.05 | 1-5 |
| 150 | 226 | 139 | 55.8 | 154.5 | 32 | 91.08 | 238 | 4-φ25 | 92 | 69.85 | 4-φ10.3 | 19.05 | 1-5 |
| 200 | 260 | 175 | 60.6 | 200.9 | 45 | 112.89 | 295 | 4-φ25 | 115 | 88.9 | 4-φ14.3 | 22.2 | 1-5 |
| 250 | 292 | 203 | 65.6 | 248.9 | 45 | 92.4 | 357 | 4-φ29 | 115 | 88.9 | 4-φ14.3 | 28.6 | 1-8 |
| 300 | 337 | 242 | 76.9 | 299.9 | 45 | 105.34 | 407 | 4-φ29 | 140 | 107.95 | 4-φ14.3 | 31.8 | 1-8 |
| 350 | 368 | 267 | 76.5 | 331.7 | 45 | 91.11<br>121.64 | 467<br>470 | 4-φ30 | 140 | 107.95 | 4-φ14.3 | 31.8 | 1-8 |
| 400 | 400 | 301 | 86.5 | 387.5 | 52 | 100.48<br>102.43 | 515<br>525 | 4-φ26 | 140 | 158.75 | 4-φ20.6 | 33.34 | 1-10 |
| 450 | 422 | 327 | 105.6 | 438.4 | 52 | 88.39<br>91.52 | 565<br>585 | 4-φ26 | 197 | 158.75 | 4-φ20.6 | 38 | 1-10 |
| 500 | 480 | 361 | 131.8 | 489 | 64 | 96.98<br>101.68 | 620<br>650 | 4-φ26 | 197 | 158.75 | 4-φ20.6 | 41.15 | 1-10 |
| 600 | 562 | 459 | 152 | 590.1 | 76 | 113.42<br>120.45 | 725<br>770 | 20-φ30 | 276 | 215.9 | 4-φ22.2 | 50.65 | 2-16 |
| 700 | 629 | 527 | 2165 | 691.7 | 66 | 109.65 | 840 | 24-φ30 | 308 | 254 | 8-φ18 | 55 | 2-16 |
| 800 | 666 | 594 | 190 | 792.1 | 66 | 124 | 950 | 24-φ33 | 308 | 254 | 8-φ18 | 55 | 2-16 |
| 900 | 722 | 653 | 205 | 3861 | 130 | 117.57 | 1050 | 28-φ33 | 310 | 254 | 8-φ18 | 75 | 2-20 |
| 1000 | 800 | 718 | 218 | 961 | 130 | 129.89 | 1160 | 28-φ33 | 310 | 254 | 8-φ18 | 85 | 2-22 |

注：*DN*40～600 A 型蝶阀适用于 1.0MPa，1.6MPa 二种压力级，同一规格中有上下两个尺寸的，上为 1.0MPa，下为 1.6MPa 级连接尺寸。*DN*700～1000 A 型蝶阀适用于 1.0MPa 的压力级，蝶阀上法兰可用于手动、蜗轮蜗杆传动、电动、气动等。侧法兰连接尺寸，可提供各国标准尺寸。

生产厂家：佛山市南海永兴阀门制造有限公司、株洲南方阀门股份有限公司、上海冠龙阀门机械有限公司、浙江艾迪西流体控制股份有限公司，美国亨利普安公司、郑州市郑蝶阀门有限公司。

## 12.2.2 LT型对夹式蝶阀

（1）型号　手柄传动型号 YQD7$_{L}$1X-10Q、YQD7$_{L}$1X-16Q；电动型号 YQD97$_{L}$1X-10Q、YQD97$_{L}$1X-16Q；蜗轮传动型号 YQD37$_{L}$1X-10Q、YQD37$_{L}$1X-16Q；气动型号 YQD67$_{L}$1X-10Q、YQD67$_{L}$1X-16Q。

（2）主要外形尺寸、连接尺寸　见图 12-4、见表 12-5。

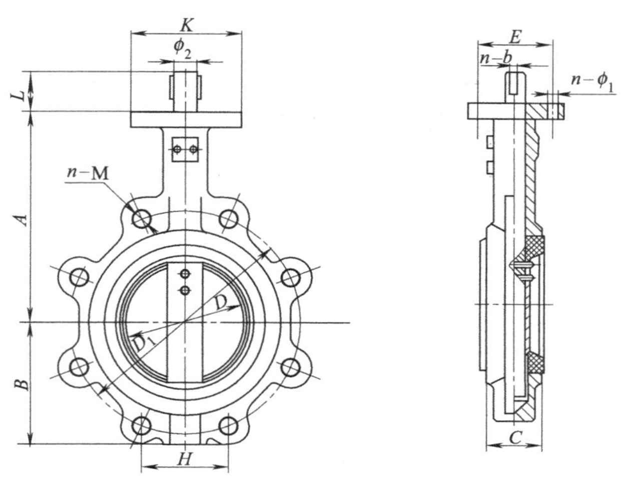


图 12-4　LT 型对夹式蝶阀主要外形尺寸

表 12-5　PN1.0MPa/PN1.6MPa　LT 型对夹式蝶阀主要外形尺寸　　单位：mm

| 规格 /mm | $A$ | $B$ | $C$ | $D$ | $L$ | $H$ | $D_1$ | $n$-M | $K$ | $E$ | $n$-$\phi_1$ | $\phi_2$ | $n$-$b$ |
|---|---|---|---|---|---|---|---|---|---|---|---|---|---|
| 50 | 161 | 80 | 42 | 51 | 32 | 88.39 | 125 | 4-M16 | 77 | 57.15 | 4-$\phi$6.7 | 12.7 | 1-3 |
| 65 | 175 | 89 | 44.7 | 62.8 | 32 | 102.54 | 145 | 4-M16 | 77 | 57.15 | 4-$\phi$6.7 | 12.7 | 1-3 |
| 80 | 181 | 95 | 45.2 | 77.3 | 32 | 113.14 | 160 | 4-M16 | 77 | 57.15 | 4-$\phi$6.7 | 12.7 | 1-3 |
| 100 | 200 | 114 | 52.1 | 102.7 | 32 | 68.88 | 180 | 8-M16 | 92 | 69.85 | 4-$\phi$10.3 | 15.8 | 1-5 |
| 125 | 213 | 127 | 54.4 | 121.8 | 32 | 80.36 | 210 | 8-M16 | 92 | 69.85 | 4-$\phi$10.3 | 19.05 | 1-5 |
| 150 | 226 | 139 | 55.8 | 154.5 | 32 | 91.84 | 240 | 8-M20 | 92 | 69.85 | 4-$\phi$10.3 | 19.05 | 1-5 |
| 200 | 260 | 175 | 60.6 | 200.9 | 45 | 122.89 | 295 | 8-M20 | 115 | 88.9 | 4-$\phi$14.3 | 22.2 | 1-5 |
| 250 | 292 | 203 | 65.6 | 248.9 | 45 | 90.59 | 350 | 12-M20 | 115 | 88.9 | 4-$\phi$14.3 | 28.6 | 1-8 |
| 300 | 337 | 242 | 76.9 | 299.9 | 45 | 103.52 | 400 | 12-M20 | 140 | 107.95 | 4-$\phi$14.3 | 31.8 | 1-8 |
| 350 | 368 | 267 | 76.5 | 331.7 | 45 | 89.74 | 460 | 16-M20 | 140 | 107.95 | 4-$\phi$14.3 | 31.8 | 1-8 |
|  |  |  |  |  |  | 91.69 | 470 | 16-M22 |  |  |  |  |  |
| 400 | 400 | 301 | 86.5 | 387.5 | 52 | 100.48 | 515 | 16-M22 | 140 | 158.75 | 4-$\phi$20.6 | 33.34 | 1-10 |
|  |  |  |  |  |  | 102.43 | 525 | 16-M27 |  |  |  |  |  |
| 450 | 422 | 327 | 105.6 | 438.4 | 52 | 88.39 | 565 | 20-M22 | 197 | 158.75 | 4-$\phi$20.6 | 38 | 1-10 |
|  |  |  |  |  |  | 91.52 | 585 | 20-M27 |  |  |  |  |  |
| 500 | 480 | 361 | 131.8 | 489 | 64 | 96.98 | 620 | 20-M22 | 197 | 158.75 | 4-$\phi$20.6 | 41.15 | 1-10 |
|  |  |  |  |  |  | 101.68 | 650 | 20-M30 |  |  |  |  |  |
| 600 | 562 | 459 | 152 | 590.1 | 76 | 113.42 | 725 | 20-M27 | 276 | 215.9 | 4-$\phi$22.2 | 50.65 | 2-16 |
|  |  |  |  |  |  | 120.45 | 770 | 20-M36 |  |  |  |  |  |

注：*DN*50～600 LT 型蝶阀适用于 1.0MPa，1.6MPa 二种压力级，同一规格中有上下两个尺寸的，上为 1.0MPa，下为 1.6MPa 级连接尺寸。蝶阀上法兰可通用于手动、电动、气动等。侧法兰连接尺寸，可提供各国标准尺寸。A 型与 LT 型主要区别：LT 型蝶阀的结构、性能、与零件的材质与 A 型均相同，区别在于 A 型可通过双头螺柱（或加长六角螺栓）对夹连接在管法兰之间（即对夹式）。LT 型除通过两组普通六角螺栓连接在两管路之间外，还可以安装在空管端（即对夹式）作为排空阀使用，但需在订货合同是注明管端使用。

生产厂家：佛山市南海永兴阀门制造有限公司、株洲南方阀门股份有限公司、江南阀门、上海冠龙阀门机械有限公司、浙江艾迪西流体控制股份有限公司、美国亨利普安公司、郑州市郑蝶阀门有限公司。

### 12.2.3 A 型、LT 型对夹式蝶阀可选驱动装置

（1）手柄传动装置

① 手柄传动装置外形尺寸见图 12-5，外形尺寸及重量见表 12-6。

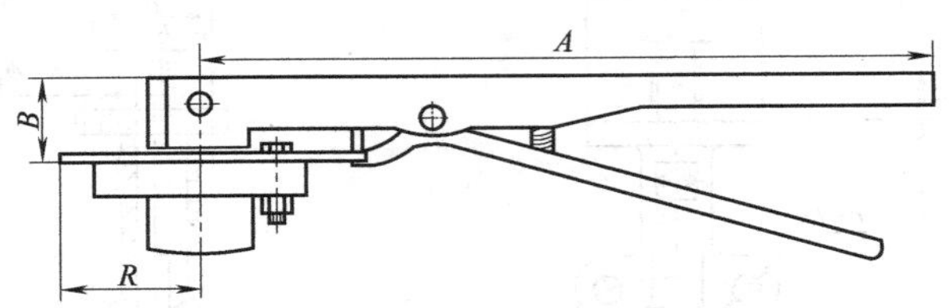


图 12-5 手柄传动装置外形尺寸

表 12-6 手柄传动装置外形尺寸及重量 单位：mm

| 适用蝶阀规格 | A | B | R | 总重/kg |
|---|---|---|---|---|
| 50～150 | 266.7 | 32 | 52 | 0.9 |
| 200～300 | 359 | 50 | 75.2 | 2.3 |

② 蜗轮蜗杆传动装置外形尺寸及重量见图 12-6、表 12-7。

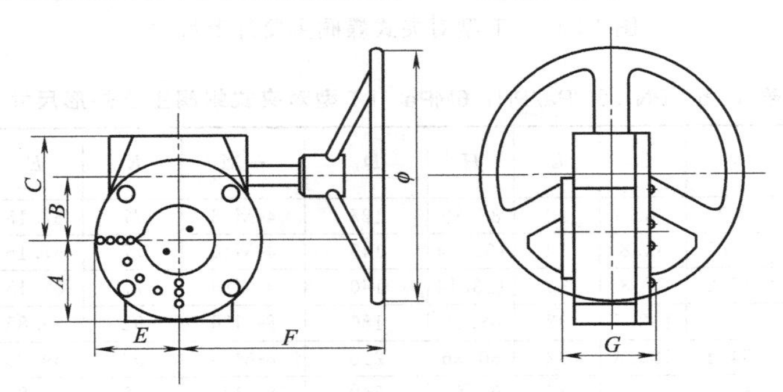


图 12-6 蜗轮蜗杆传动装置外形尺寸

表 12-7 蜗轮蜗杆传动装置外形尺寸及重量 单位：mm

| 型号 | 规格 | A | B | C | E | F | G | ϕ | 总重/kg |
|---|---|---|---|---|---|---|---|---|---|
| $3D_B$-15 | 50～150 | 52 | 45 | 74 | 52 | 152.5 | 75 | 150 | 5.2 |
| $3D_B$-50 | 200～250 | 75 | 62.75 | 101 | 75 | 250 | 86 | 300 | 13 |
| $3D_B$-120 | 300～350 | 81 | 80 | 118 | 81 | 227 | 83 | 300 | 13 |

③ 二级蜗轮蜗杆传动装置外形尺寸及重量见图 12-7、表 12-8。

表 12-8 二级蜗轮蜗杆传动装置外形尺寸及重量 单位：mm

| 型号 | 规格 | A | B | C | D | E | F | H | L | ϕ | 总重/kg |
|---|---|---|---|---|---|---|---|---|---|---|---|
| 3D-30/250 | 400～500 | 56.5 | 178.5 | 121 | 115 | 104 | 174 | 125.5 | 66 | 300 | 56.9 |
| 3D-30/400 | 600 | 56.5 | 197.5 | 142 | 144 | 130 | 174 | 145.5 | 66 | 300 | 72.37 |
| 3D-60/800 | 700～800 | 67 | 244 | 183 | 189 | 162 | 165 | 157 | 88 | 400 | 124 |
| 3D-120/1500 | 900～1000 | 76 | 270 | 215 | 220 | 196 | 215 | 235 | 126 | 300 | 158 |

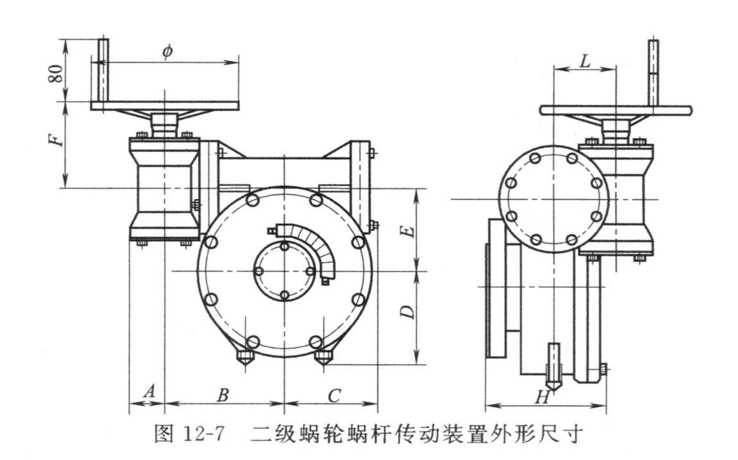

图 12-7　二级蜗轮蜗杆传动装置外形尺寸

④“LQA”系列电动装置性能参数外形尺寸及重量见图 12-8、表 12-9。

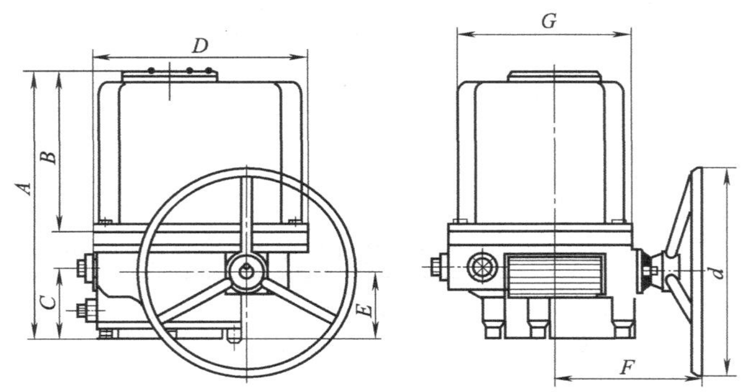

图 12-8　“LQA”系列电动装置性能参数外形尺寸

**表 12-9　“LQA”系列电动装置性能参数外形尺寸及重量**　　单位：mm

| 型　　号 | LQA5-1 | LQA10-1 | LQA20-1 | LQA40-1 | LQA80-1 |
|---|---|---|---|---|---|
| 规格 | 50～80 | 100 | 125～150 | 200 | 250～300 |
| 最大输出转矩/(N·m) | 50 | 100 | 200 | 400 | 800 |
| 输出转速/(r/min) | 1 | 1 | 1 | 1 | 1 |
| 电机功率/W | 16 | 30 | 60 | 90 | 180 |
| 90°旋转时间/s | 15 | 15 | 15 | 15 | 15 |
| $A$ | 255 | 255 | 255 | 302 | 302 |
| $B$ | 154 | 154 | 154 | 171 | 171 |
| $C$ | 70 | 70 | 70 | 96 | 96 |
| $D$ | 191 | 191 | 191 | 240 | 240 |
| $E$ | 65 | 65 | 65 | 86 | 86 |
| $F$ | 126 | 126 | 126 | 175 | 175 |
| $G$ | 160 | 160 | 160 | 198 | 198 |
| $d$ | 200 | 200 | 200 | 300 | 300 |
| 总重/kg | 17 | 17 | 17 | 35 | 35 |

生产厂家：佛山市南海永兴阀门制造有限公司。

(2) 802 系列电动装置　802 系列电动装置性能参数外形尺寸及重量见图 12-9、表12-10。

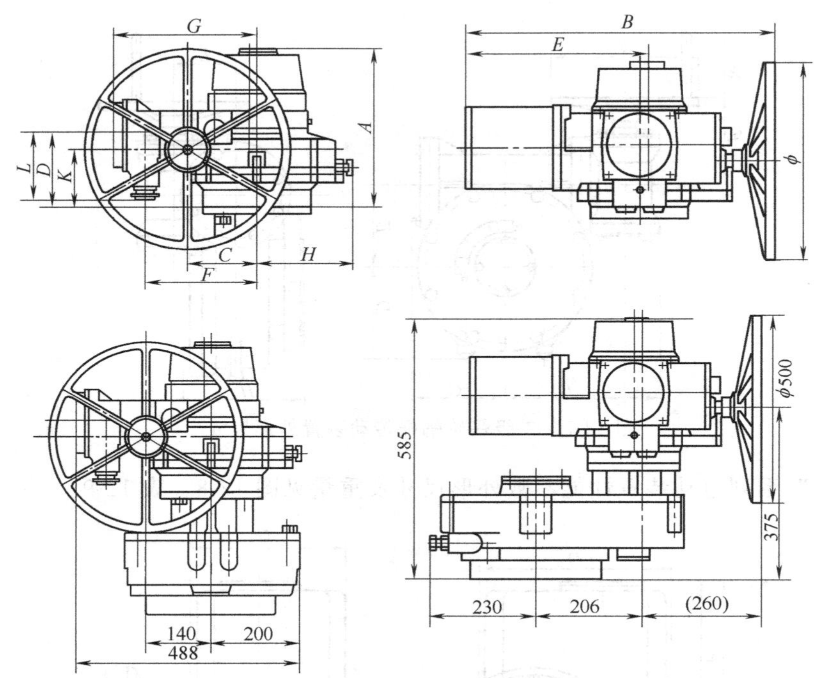


图 12-9　802 系列电动装置性能参数外形尺寸

**表 12-10　802 系列电动装置性能参数外形尺寸及重量**　　单位：mm

| 型号 | 规格 | | 最大输出转矩/(N·m) | 输出转速/(r/min) | 电机功率/W | 90°旋转时间/s | $A$ | $B$ | $C$ | $D$ | $E$ | $F$ | $G$ | $H$ | $L$ | $K$ | $\phi$ | 重量/kg |
|---|---|---|---|---|---|---|---|---|---|---|---|---|---|---|---|---|---|---|
| | PN1.0 | PN2.0 | | | | | | | | | | | | | | | | |
| 802.10-1 | 50～100 | 50～100 | 100 | 1 | 25 | 15 | 250 | 420 | 79 | 82 | 253 | 156 | 213 | 110 | 132 | 62 | 220 | 22 |
| 802.20-1 | 125～150 | 125～150 | 200 | 1 | 45 | 15 | | | | | | | | | | | | |
| 802.60-1 | 200～300 | 200～300 | 600 | 1 | 180 | 15 | 287 | 552 | 110 | 101 | 330 | 196 | 254 | 156 | 134 | 86 | 360 | 42 |
| 802.150-0.5 | 350～450 | 300～350 | 1500 | 0.5 | 370 | 30 | | | | | | | | | | | | |
| 802.10-1 | 500 | 400～450 | 2500 | 1 | 750 | 15 | 330 | 625 | 140 | 152 | 365 | 230 | 288 | 185 | 134 | 120 | 500 | 90 |
| 802.500-05 | 600 | 500～600 | 5000 | 0.5 | 750 | 30 | | | | | | | | | | | | |
| 802.1000-0.2 | 700～800 | 700～800 | 10000 | 0.2 | 1100 | 75 | 具体尺寸请看 802.1000-0.2 外形图 | | | | | | | | | | | |

生产厂家：佛山市南海永兴阀门制造有限公司。

# 12.3　偏心法兰蝶阀

**软密封单偏心法兰蝶阀**

短结构符合 GB/T 12221—2005《金属阀门　结构长度》中对夹蝶阀长度系列尺寸规定。

长结构符合 GB/T 12221—2005《金属阀门　结构长度》中双法兰连接蝶阀长度系列尺寸规定。

(1) 主要性能参数　见表 12-11。

**表 12-11　软密封单偏心法兰蝶阀主要性能参数**

| 公称压力/MPa | | 1.0 | 0.6 |
|---|---|---|---|
| 公称通径 $DN$/mm | | 1400～2000 | 2200～2600 |
| 试验压力/MPa | 壳体 | 1.5 | 0.9 |
| | 密封 | 1.1 | 0.66 |
| 适用温度/℃ | | －15～＋80 | |
| 适用介质 | | 淡水、污水、海水、空气等 | |

(2) 规格与外形尺寸　见图 12-10、图 12-11、表 12-12、表 12-13。

表 12-12　D342X-6/10 *DN*1400～2600 软密封单偏心蜗轮蜗杆传动法兰蝶阀主要外形尺寸及重量

单位：mm

| 规格 DN | D | $D_1$ | d | b | h | 短结构 | | 长结构 | H | $H_1$ | $H_2$ | B | A | | L | | 4-S | $L_1$ | $L_2$ | $L_3$ | $L_4$ | $L_5$ | $\phi$ | 总重/kg | |
|---|---|---|---|---|---|---|---|---|---|---|---|---|---|---|---|---|---|---|---|---|---|---|---|---|---|
| | | | | | | $n$-$d_0$ | 4-M | $n$-$d_0$ | | | | | 短结构 | 长结构 | 短结构 | 长结构 | | | | | | | | 短结构 | 长结构 |
| 1400 | 1675 | 1590 | 1530 | 62 | 960 | 32-$\phi$42 | 4-M39 | 36-$\phi$42 | 2996 | 1668 | 1078 | 1500 | 200 | 475 | 390 | 710 | 4-$\phi$33 | 1270 | 598 | 1089 | 387 | 414 | 500 | 3863 | 4280 |
| 1600 | 1915 | 1820 | 1750 | 68 | 1050 | 36-$\phi$48 | 4-M45 | 40-$\phi$48 | 3246 | 1778 | 1218 | 1600 | 260 | 530 | 440 | 790 | 4-$\phi$33 | 1270 | 598 | 1089 | 387 | 414 | 500 | 4367 | 4953 |
| 1800 | 2115 | 2020 | 1950 | 70 | 1197 | 40-$\phi$48 | 4-M45 | 44-$\phi$48 | 3720 | 2044 | 1426 | 1900 | 300 | 570 | 490 | 870 | 4-$\phi$33 | 1625 | 745 | 1399 | 387 | 602 | 500 | 6621 | 7416 |
| 2000 | 2325 | 2230 | 2150 | 74 | 1320 | 44-$\phi$48 | 4-M45 | 48-$\phi$48 | 3851 | 2115 | 1486 | 2000 | 350 | 750 | 540 | 950 | 4-$\phi$36 | 1630 | 750 | 1430 | 417 | 602 | 500 | 8324 | 9372 |
| 2200 | 2475 | 2390 | 2335 | 60 | 1377 | — | — | 52-$\phi$42 | 4300 | 2400 | 1650 | 2110 | — | 750 | — | 1000 | 4-$\phi$45 | 1630 | 750 | 1430 | 417 | 602 | 500 | — | 10590 |
| 2400 | 2685 | 2600 | 2545 | 62 | 1477 | — | — | 56-$\phi$42 | 4551 | 2515 | 1786 | 2310 | — | 750 | — | 1100 | 4-$\phi$45 | 1630 | 750 | 1430 | 417 | 602 | 500 | — | 12320 |
| 2600 | 2905 | 2810 | 2750 | 64 | 1675 | — | — | 60-$\phi$48 | 5016 | 2735 | 2031 | 2640 | — | 800 | — | 1200 | 4-$\phi$45 | 1630 | 750 | 1430 | 417 | 602 | 500 | — | 14028 |

表 12-13　D942X-6/10 *DN*1400～2600 软密封单偏心电动法兰蝶阀主要外形尺寸及重量

单位：mm

| 规格 DN | D | $D_1$ | d | b | h | 短结构 | | 长结构 | H | $H_1$ | $H_2$ | B | A | | L | | 4-S | $L_1$ | $L_2$ | $L_3$ | $L_4$ | $L_5$ | $\phi$ | 总重/kg | |
|---|---|---|---|---|---|---|---|---|---|---|---|---|---|---|---|---|---|---|---|---|---|---|---|---|---|
| | | | | | | $n$-$d_0$ | 4-M | $n$-$d_0$ | | | | | 短结构 | 长结构 | 短结构 | 长结构 | | | | | | | | 短结构 | 长结构 |
| 1400 | 1675 | 1590 | 1530 | 62 | 960 | 32-$\phi$42 | 4-M39 | 36-$\phi$42 | 2861 | 1472 | 1078 | 1500 | 200 | 475 | 390 | 710 | 4-$\phi$33 | 1274 | 672 | 1289 | 280 | 414 | 360 | 4425 | 4008 |
| 1600 | 1915 | 1820 | 1750 | 68 | 1050 | 36-$\phi$48 | 4-M45 | 40-$\phi$48 | 3111 | 1582 | 1218 | 1600 | 260 | 530 | 440 | 790 | 4-$\phi$33 | 1274 | 672 | 1289 | 280 | 414 | 360 | 5095 | 4509 |
| 1800 | 2115 | 2020 | 1950 | 70 | 1197 | 40-$\phi$48 | 4-M45 | 44-$\phi$48 | 3585 | 1848 | 1426 | 1900 | 300 | 570 | 490 | 870 | 4-$\phi$33 | 1629 | 819 | 1682 | 410 | 602 | 360 | 7576 | 6781 |
| 2000 | 2325 | 2230 | 2150 | 74 | 1320 | 44-$\phi$48 | 4-M45 | 48-$\phi$48 | 3672 | 1875 | 1486 | 2000 | 350 | 750 | 540 | 950 | 4-$\phi$36 | 1805 | 995 | 1442 | 410 | 602 | 360 | 8471 | 9519 |
| 2200 | 2475 | 2390 | 2335 | 60 | 1377 | — | — | 52-$\phi$42 | 4121 | 2160 | 1650 | 2110 | — | 750 | — | 1000 | 4-$\phi$45 | 1805 | 995 | 1442 | 410 | 602 | 360 | — | 10737 |
| 2400 | 2685 | 2600 | 2545 | 62 | 1477 | — | — | 56-$\phi$42 | 4372 | 2275 | 1786 | 2310 | — | 750 | — | 1100 | 4-$\phi$45 | 1805 | 955 | 1442 | 410 | 602 | 360 | — | 12467 |
| 2600 | 2905 | 2810 | 2750 | 64 | 1675 | — | — | 60-$\phi$48 | 4837 | 2495 | 2031 | 2640 | — | 800 | — | 1200 | 4-$\phi$45 | 1805 | 955 | 1442 | 410 | 602 | 360 | — | 14175 |

生产厂家：天津塘沽阀门有限责任公司、美国沃兹水工业集团、天津国际机械集团有限公司、广东佛山南海永兴阀门制造有限公司、郑州市郑蝶阀门有限公司。

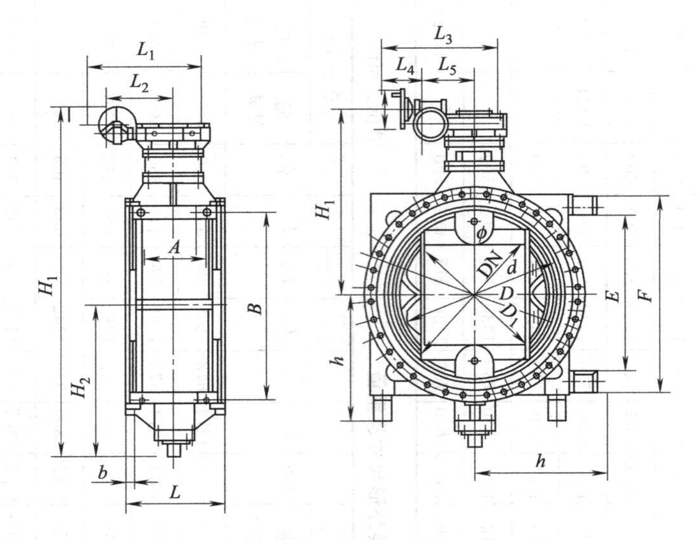


图 12-10 D342X 型软密封单偏心法兰蝶阀

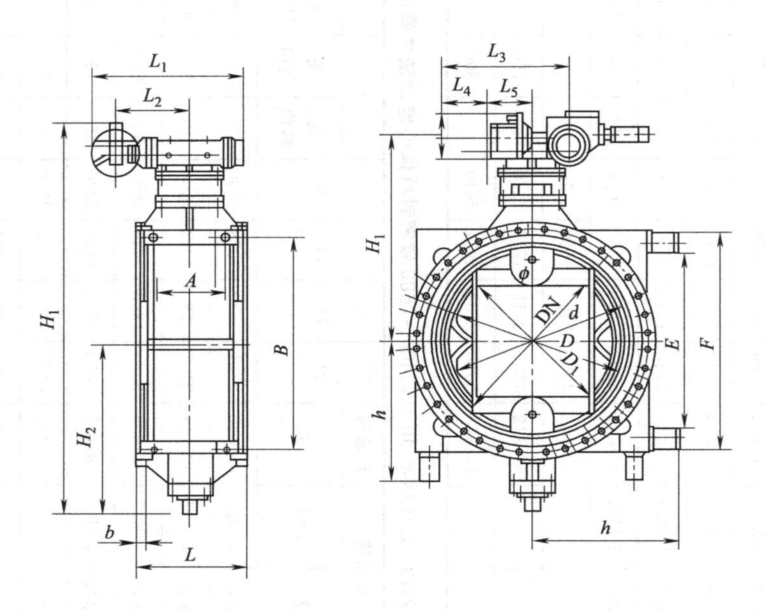


图 12-11 D942X 型软密封单偏心法兰蝶阀

# 12.4 止回阀

## 12.4.1 HH44X 型微阻缓闭消声止回阀

HH44X 型微阻缓闭消声止回阀适用于石油、化工、食品、医药、给排水、能源系统中，安装在水泵出口，停泵时，阀板能有效地防止破坏性水锤，保证管线安全运行。

(1) 主要性能参数 见表 12-14。

表 12-14　HH44X 型微阻缓闭消声止回阀主要性能参数

| 公称压力/MPa | | 1.0 | 1.6 |
|---|---|---|---|
| 公称通径/mm | | 50～800 | 50～800 |
| 试验压力/MPa | 壳体 | 1.5 | 2.4 |
| | 密封 | 1.1 | 1.76 |
| 适用温度/℃ | | ≤85 | |
| 适用介质 | | 淡水、污水、海水等介质 | |

(2) 性能、外形和连接尺寸　见图 12-12、表 12-15。

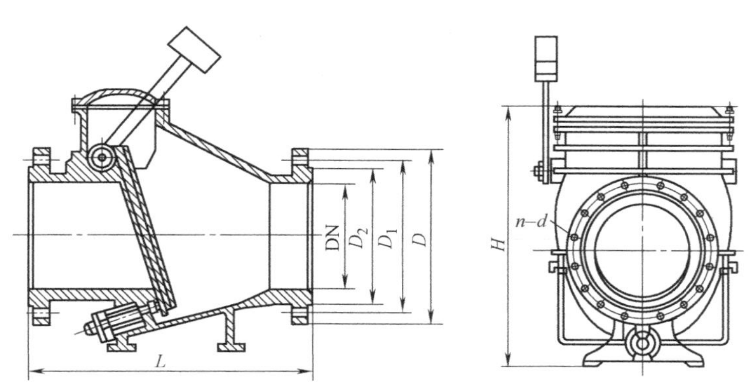


图 12-12　HH44X 型微阻缓闭消声止回阀

表 12-15　HH44X-10/16 *DN*50～800 主要外形尺寸　　单位：mm

| 型号 | *DN* /mm | *D* 1.0MPa | *D* 1.6MPa | $D_1$ 1.0MPa | $D_1$ 1.6MPa | $D_2$ 1.0MPa | $D_2$ 1.6MPa | *n-d* 1.0MPa | *n-d* 1.6MPa | *L* | *H* |
|---|---|---|---|---|---|---|---|---|---|---|---|
| HH44X-1.0<br>HH44X-1.6 | 50 | 16 | 16 | 125 | 125 | 100 | 100 | 4-$\phi$18 | 4-$\phi$18 | 230 | 260 |
| | 65 | 185 | 185 | 145 | 145 | 120 | 120 | 4-$\phi$18 | 4-$\phi$18 | 290 | 320 |
| | 80 | 200 | 200 | 160 | 160 | 135 | 135 | 8-$\phi$18 | 8-$\phi$18 | 310 | 254 |
| | 100 | 220 | 220 | 180 | 180 | 155 | 155 | 8-$\phi$18 | 8-$\phi$18 | 350 | 288 |
| | 125 | 250 | 250 | 210 | 210 | 185 | 185 | 8-$\phi$18 | 8-$\phi$18 | 400 | 325 |
| | 150 | 285 | 285 | 240 | 240 | 210 | 210 | 8-$\phi$23 | 8-$\phi$23 | 480 | 400 |
| | 200 | 340 | 340 | 295 | 295 | 265 | 265 | 12-$\phi$23 | 12-$\phi$23 | 500 | 460 |
| | 250 | 395 | 405 | 350 | 355 | 320 | 320 | 12-$\phi$23 | 12-$\phi$28 | 600 | 510 |
| | 300 | 445 | 460 | 400 | 410 | 375 | 370 | 12-$\phi$23 | 12-$\phi$28 | 700 | 590 |
| | 350 | 505 | 520 | 460 | 470 | 435 | 429 | 16-$\phi$23 | 16-$\phi$28 | 800 | 650 |
| | 400 | 565 | 580 | 515 | 525 | 482 | 480 | 16-$\phi$28 | 16-$\phi$31 | 900 | 750 |
| | 500 | 670 | 715 | 620 | 650 | 608 | 608 | 20-$\phi$28 | 20-$\phi$34 | 1100 | 860 |
| | 600 | 780 | 840 | 725 | 770 | 718 | 720 | 20-$\phi$31 | 20-$\phi$37 | 1300 | 1030 |
| | 700 | 895 | 910 | 840 | 840 | 788 | 794 | 24-$\phi$30 | 24-$\phi$37 | 1400 | 1270 |
| | 800 | 1015 | 1025 | 950 | 950 | 898 | 901 | 24-$\phi$33 | 24-$\phi$41 | 1500 | 1510 |

生产厂家：天津塘沽阀门有限公司，西安济源水用设备制造公司、郑州北方阀门有限公司、北京阿尔肯机械集团、天津国际机械集团有限公司、郑州市郑蝶阀门有限公司、上海冠龙阀门机械有限公司、浙江艾迪西流体控制股份有限公司。

## 12.4.2　鸭嘴式橡胶止回阀

(1) 适用范围　安装在管线末端，用于污水排放系统，以及城市排洪、雨水排放、沿海排放等，起止回作用。当阀门内管线压力大于阀门外背压力时，管线内压力迫使鸭嘴打开进行排放。当阀门外背压力大于阀门内管线压力时，鸭嘴自动关闭，防止倒流。

（2）设备特点　100%全橡胶结构，可满足各种防腐要求；不堵塞、密封好；没有活动部件和机械部件，无需电信号及人工操作，无噪声。开启压力小，大于0.01m的水头就能打开。

（3）结构尺寸　见图12-13、表12-16。

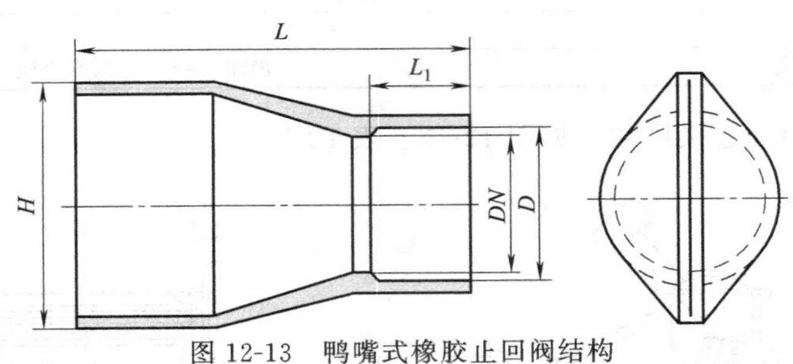


图12-13　鸭嘴式橡胶止回阀结构

**表12-16　鸭嘴式橡胶止回阀结构尺寸**　　单位：mm

| 公称通径 | 插口内径 $D$ | 插口长度 $L_1$ | 高度 $H$ | 总长 $L$ |
|---|---|---|---|---|
| $DN$50 | 57 | 38 | 98 | 135 |
| $DN$65 | 76 | 60 | 117 | 190 |
| $DN$80 | 89 | 60 | 150 | 230 |
| $DN$100 | 108 | 65 | 188 | 290 |
| $DN$125 | 133 | 65 | 222 | 330 |
| $DN$150 | 159 | 100 | 267 | 380 |
| $DN$200 | 219 | 100 | 350 | 432 |
| $DN$250 | 273 | 100 | 432 | 527 |

生产厂家：株洲南方阀门股份有限公司、天津国际机械集团有限公司、郑州市郑蝶阀门有限公司。

## 12.5 排气阀

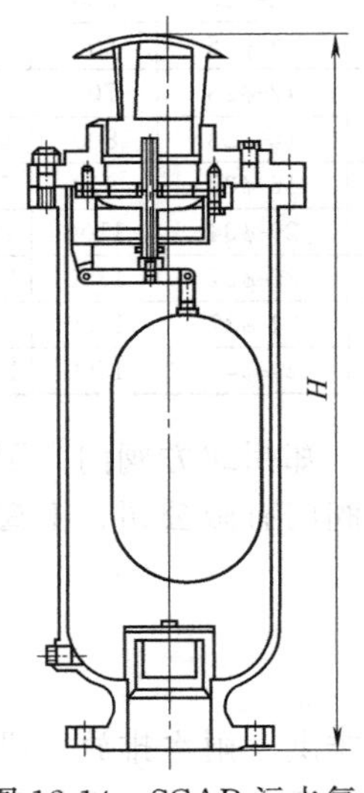


图12-14　SCAR污水复合式排气阀规格和外形

**SCAR污水复合式排气阀**

SCAR污水排气阀阀体为圆桶状，阀门内件包括不锈钢浮球、阀杆及阀瓣。本阀安装在泵出口处或送配水管线中，用来排除集积在管中的空气，以提高管线及水泵的使用效率，当管内一旦产生负压时，此阀迅速吸入外界空气，以防止管线因负压而损坏。

适用温度0～80℃。压力1.0MPa。

其外形和连接尺寸见图12-14、表12-17。

**表12-17　SCAR污水复合式排气阀规格和外形尺寸**

| 公称尺寸 $DN$/mm | 50 | 80 | 100 | 150 | 200 |
|---|---|---|---|---|---|
| $H$/mm | 590 | 680 | 760 | 900 | 918 |

生产厂家：北京阿尔肯机械集团、郑州市郑蝶阀门有限公司、株洲南方阀门股份有限公司、天津国威给排水设备有限公司。

# 12.6 浆液阀

### SZ73X 型疏齿式浆液阀

SZ73X 型疏齿式浆液阀，阀门开启后过水孔与管道内径相同，保证疏通面积最大，小流阻，疏齿形结构可防止介质中的沉淀物在阀内淤积。其传动装置有手动、电动、气动等方式。

SZ73X-$\substack{0.6\\1.0\\1.6}$型手动疏齿式浆液阀规格与外形尺寸见图 12-15、表 12-18。

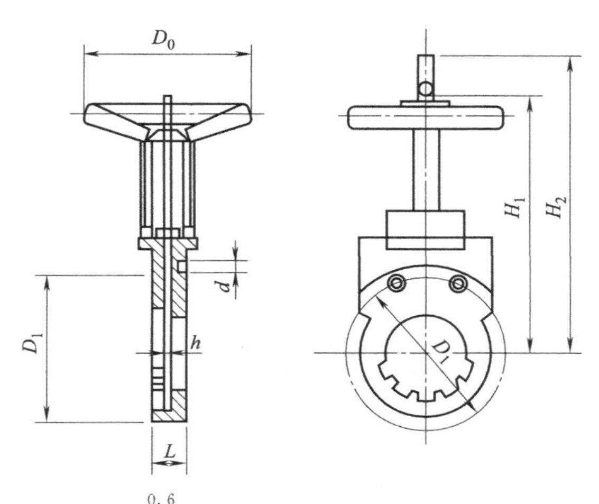


图 12-15　SZ73X-$\substack{0.6\\1.0\\1.6}$型手动疏齿式浆液阀规格与外形尺寸

**表 12-18　SZ73X-$\substack{0.6\\1.0\\1.6}$型手动疏齿式浆液阀规格与外形尺寸**

| 公称尺寸 | 外形尺寸/mm | | | | | | | 重量 |
|---|---|---|---|---|---|---|---|---|
| *DN* | *L* | $D_1$ | *d* | *h* | $D_0$ | $H_1$ | $H_2$ | /kg |
| 50 | 52 | 125 | M16 | 10 | 240 | 289 | 353 | 8 |
| 65 | 52 | 145 | M16 | 10 | 240 | 324 | 403 | 9 |
| 80 | 52 | 160 | M16 | 12 | 240 | 365 | 460 | 11 |
| 100 | 52 | 180 | M16 | 14 | 300 | 397 | 512 | 13 |
| 125 | 52 | 210 | M16 | 14 | 300 | 475 | 615 | 17 |
| 150 | 60 | 240 | M20 | 15 | 360 | 543 | 709 | 26 |
| 200 | 60 | 295 | M20 | 15 | 360 | 630 | 843 | 33 |
| 250 | 70 | 350 | M20 | 16 | 360 | 715 | 973 | 50 |
| 300 | 80 | 400 | M20 | 18 | 400 | 865 | 1175 | 67 |
| 350 | 92 | 460 | M20 | 18 | 400 | 965 | 1325 | 98 |
| 400 | 120 | 515 | M24 | 22 | 400 | 1055 | 1465 | 118 |
| 450 | 132 | 565 | M24 | 22 | 400 | 1169 | 1629 | 186 |
| 500 | 132 | 620 | M24 | 22 | 400 | 1245 | 1745 | 195 |
| 600 | 132 | 725 | M27 | 25 | 400 | 1470 | 2080 | 327 |

生产厂家：北京阿尔肯机械集团。

## 12.7 球阀

### Q941 型电动球阀

Q941 型电动球阀规格与外形尺寸见图 12-16、表 12-19。

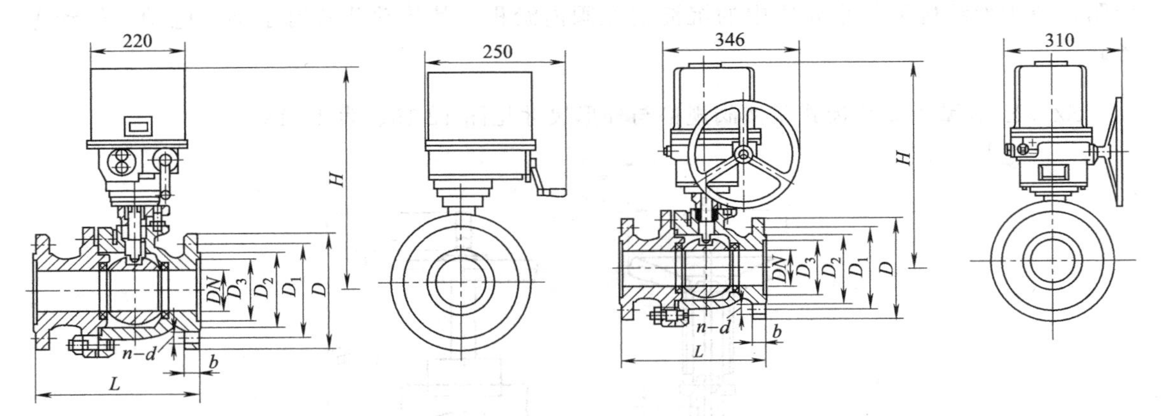


图 12-16　Q941 型电动球阀外形尺寸

表 12-19　Q941 型电动球阀规格与外形尺寸

| 公称尺寸 | | 公称压力/MPa | 外形尺寸/mm | | | | | | | n-d | 重量/kg |
|---|---|---|---|---|---|---|---|---|---|---|---|
| DN | in | | L | D | $D_1$ | $D_2$ | $D_3$ | b | H | | |
| 15 | 1/2 | 10 | 80 | 95 | 65 | | | 13 | 348.5 | | |
| 20 | | 10 | 96 | 105 | 75 | | | 13 | 351.5 | | |
| 25 | 1 | 10 | 112 | 115 | 85 | | | 15 | 367.5 | | |
| | | 16 | 140 | 115 | 85 | 65 | | 14 | | 4-$\phi$14 | |
| | | 25 | 160 | 115 | 85 | 65 | | 16 | | 4-$\phi$14 | |
| | | 40 | 160 | 115 | 85 | 65 | 58 | 16 | | 4-$\phi$14 | |
| 32 | $1\frac{1}{4}$ | 10 | 120 | 135 | 100 | | | 16 | 367.5 | | |
| | | 16 | 165 | 135 | 100 | 78 | | 16 | | 4-$\phi$18 | |
| | | 25 | 180 | 136 | 100 | 78 | | 18 | | 4-$\phi$18 | |
| | | 40 | 180 | 135 | 100 | 78 | 66 | 18 | | 4-$\phi$18 | |
| 40 | $1\frac{1}{2}$ | 10 | 130 | 145 | 110 | | | 16 | 383.5 | | |
| | | 16 | 180 | 145 | 110 | 85 | | 16 | | 4-$\phi$18 | |
| | | 25 | 200 | 145 | 110 | 85 | | 18 | | 4-$\phi$18 | |
| | | 40 | 200 | 145 | 110 | 85 | 76 | 18 | | 4-$\phi$18 | |
| 50 | 2 | 10 | 150 | 160 | 125 | | | 18 | 398 | | |
| | | 16 | 200 | 160 | 125 | 100 | | 16 | 420 | 4-$\phi$18 | |
| | | 25 | 220 | 160 | 125 | 100 | | 20 | 420 | 4-$\phi$18 | |
| | | 40 | 220 | 160 | 125 | 100 | 88 | 20 | 420 | 4-$\phi$18 | |
| 65 | $2\frac{1}{2}$ | 10 | 160 | 180 | 145 | | | 18 | 410 | | |
| | | 16 | 220 | 180 | 145 | 120 | | 18 | 425 | 4-$\phi$18 | |
| | | 25 | 250 | 180 | 145 | 120 | | 22 | 425 | 6-$\phi$18 | |
| | | 40 | 250 | 180 | 145 | 120 | 110 | 22 | 425 | 6-$\phi$18 | |
| 80 | 3 | 10 | 255 | 195 | 160 | | | 22 | 446.5 | | |
| | | 16 | 250 | 195 | 160 | 135 | | 20 | 445 | 8-$\phi$18 | |
| | | 25 | 280 | 195 | 160 | 135 | | 22 | 445 | 8-$\phi$18 | |
| | | 40 | 280 | 195 | 160 | 135 | 121 | 22 | 445 | 8-$\phi$18 | |

续表

| 公称尺寸 | | 公称压力 | 外形尺寸/mm | | | | | | | n-d | 重量 |
|---|---|---|---|---|---|---|---|---|---|---|---|
| DN | in | /MPa | L | D | $D_1$ | $D_2$ | $D_3$ | b | H | | /kg |
| 100 | 4 | 10 | 310 | 230 | 190 | | | 28 | 529 | | |
| | | 16 | 280 | 215 | 180 | 155 | | 20 | 480 | 8-ϕ18 | |
| | | 25 | 320 | 230 | 190 | 160 | | 24 | 480 | 8-ϕ23 | |
| | | 40 | 320 | 230 | 190 | 160 | 150 | 24 | 540 | 8-ϕ23 | |
| 125 | 5 | 16 | 320 | 245 | 210 | 185 | | 22 | 570 | 8-ϕ18 | |
| | | 25 | 320 | 270 | 220 | 188 | | 28 | 540 | 8-ϕ25 | |
| | | 64 | 450 | 295 | 240 | 202 | 176 | 36 | | 8-ϕ30 | |
| 150 | 6 | 16 | 360 | 280 | 240 | 210 | | 24 | 550 | 8-ϕ23 | |
| | | 25 | 360 | 300 | 250 | 218 | | 30 | 540 | 8-ϕ25 | |
| | | 64 | 500 | 340 | 280 | 240 | 204 | 38 | 675 | 8-ϕ34 | |
| 200 | 8 | 16 | 550 | 335 | 295 | 265 | | 26 | 716 | 12-ϕ23 | |
| | | 25 | 500 | 360 | 310 | 278 | | 34 | 716 | 12-ϕ25 | |
| | | 64 | 600 | 405 | 345 | 300 | 260 | 44 | 830 | 12-ϕ34 | |
| 250 | 10 | 16 | 600 | 405 | 355 | 320 | | 30 | 701 | 12-ϕ25 | |
| | | 25 | 600 | 425 | 370 | 332 | | 36 | 701 | 12-ϕ30 | |
| | | 64 | 700 | 470 | 400 | 352 | 313 | 48 | 788 | 12-ϕ41 | |

生产厂家：天津市仪表专用设备厂、天津国际机械集团有限公司、郑州市郑蝶阀门有限公司。

## 12.8 排泥阀

**膜片式快开排泥阀**

(1) 适用范围　安装在各类污水池体外，用于排除池底泥沙及污物。

(2) 特点

① 采用全衬胶阀板，密封效果好，无泄漏。经久耐用，使用寿命长。

② 在双室隔膜的膜片压板装1个节流装置，承启关闭、打开的作用。

③ 采用双室隔膜传动机构，阀门开启平稳快捷，比活塞式阀门具有以下优点：

a. 无运动磨损；b. 对泥沙淤积不敏感；c. 不需要润滑，无机械磨损，无定期更换的橡胶制品，使用寿命长；d. 驱动介质压力水可直接采用自来水或本水池上部清水（压力≥0.05MPa），操作方便；e. 自动化程度高，可实现远距离自动控制和集中控制。

(3) 技术参数

① 公称压力：0.6MPa、1.0MPa

② 适用介质：水、油品

③ 最低启闭动作压力：0.05MPa

④ 适用温度：0～80℃

电磁功率：14W

型号：DF1-15P（常闭）

电源：AC 220V、DC 24V

功率：14W

(4) 结构尺寸　见图12-17、表12-20。

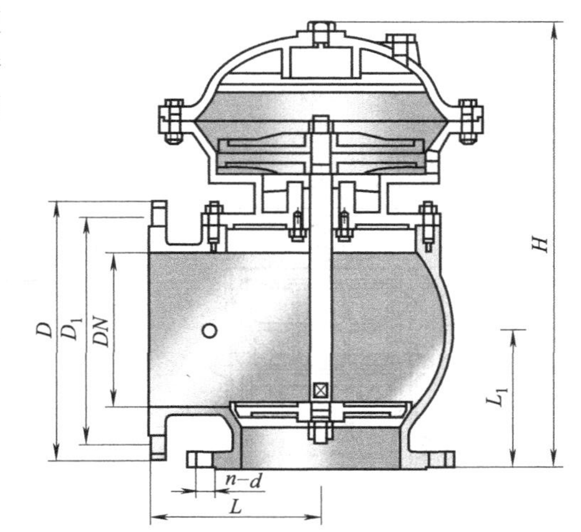

图12-17　膜片式快开排泥阀结构

表 12-20　膜片式快开排泥阀结构尺寸　　　单位：mm

| 公称通径 DN | L | $L_1$ | H | D | | $D_1$ | | n-d | |
|---|---|---|---|---|---|---|---|---|---|
| | | | | 0.6MPa | 1.0MPa | 0.6MPa | 1.0MPa | 0.6MPa | 1.0MPa |
| 100 | 160 | 120 | 450 | 210 | 220 | 170 | 180 | 4-19 | 8-19 |
| 150 | 190 | 150 | 450 | 265 | 285 | 225 | 240 | 8-19 | 8-23 |
| 200 | 215 | 180 | 630 | 320 | 340 | 280 | 295 | 8-19 | 8-23 |
| 250 | 275 | 230 | 720 | 375 | 395 | 335 | 350 | 12-19 | 12-23 |
| 300 | 280 | 260 | 870 | 440 | 445 | 395 | 400 | 12-23 | 12-23 |
| 350 | 320 | 300 | 950 | 490 | 505 | 445 | 460 | 12-23 | 16-23 |
| 400 | 360 | 340 | 1160 | 540 | 565 | 495 | 515 | 16-23 | 16-23 |

生产厂家：株洲南方阀门股份有限公司。

## 12.9 可调节堰（闸）

调节式堰门主要用于控制和调节水位，也可用于配水排水等场合。

**TY 型、TYX 型和 TYG 型可调节堰**

TY 型由铸铁制成，耐腐蚀性好，结构简单，价格便宜，在关闭状态有较高密封要求时，可在门框上镶铜密封面，宽度一般不超过 2m。

TYX 型密封效果好，几乎达到“零泄漏”状态，适用宽度可达 5m 以上，但调节水位一般在 800mm 以下，特别适用于交替运行的氧化沟排水，或大型配水井配水，配套专用启闭装置，仅需注明手动或电动即可，无需另外选用启闭机。

TYG 型与启闭机直联配合，常用于给水排水工程中水堰水池的水位调节和流量控制。具有结构简单，止水性好，调节范围广，维护管理方便等特点。

（1）型号说明

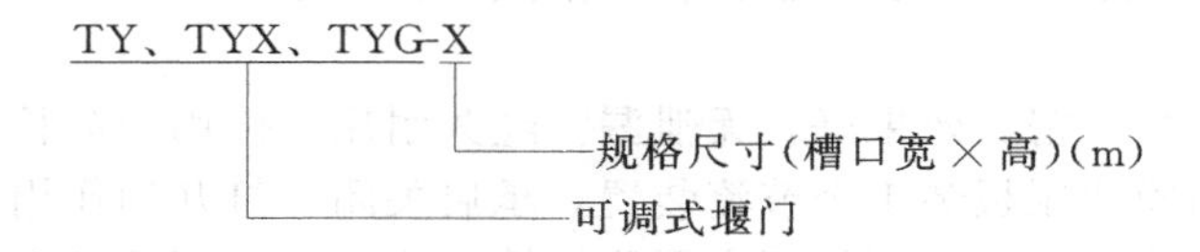


（2）外形及技术性能参数　见图 12-18～图 12-20。

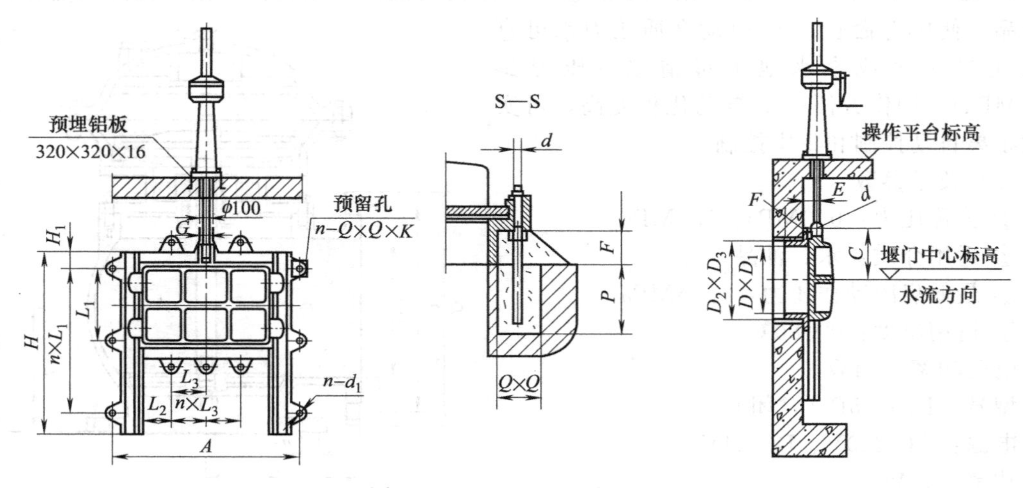


图 12-18　TY 型可调节堰门

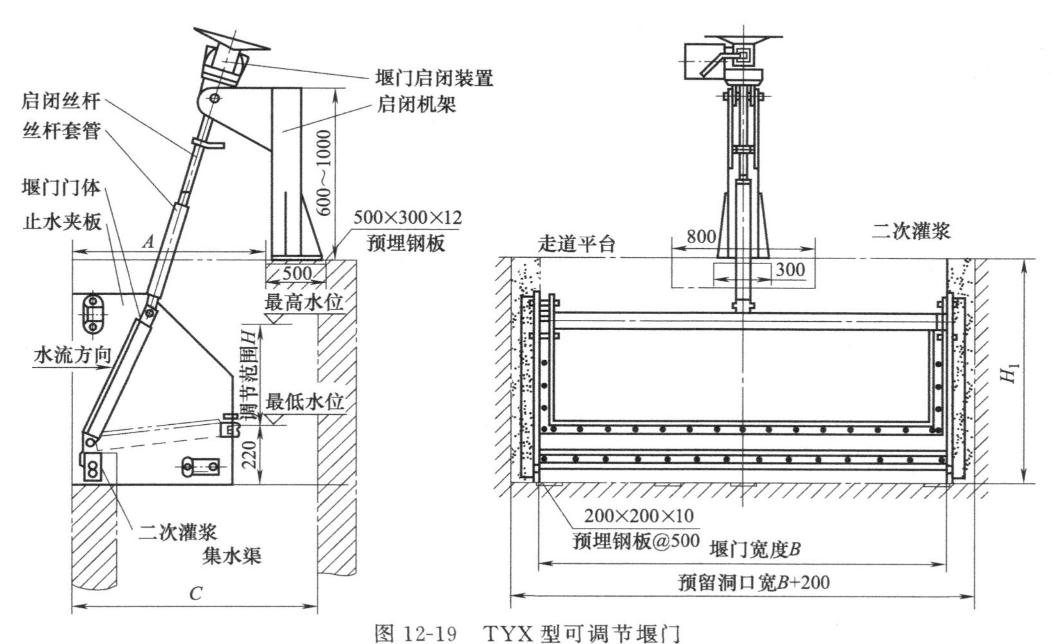


图 12-19　TYX 型可调节堰门

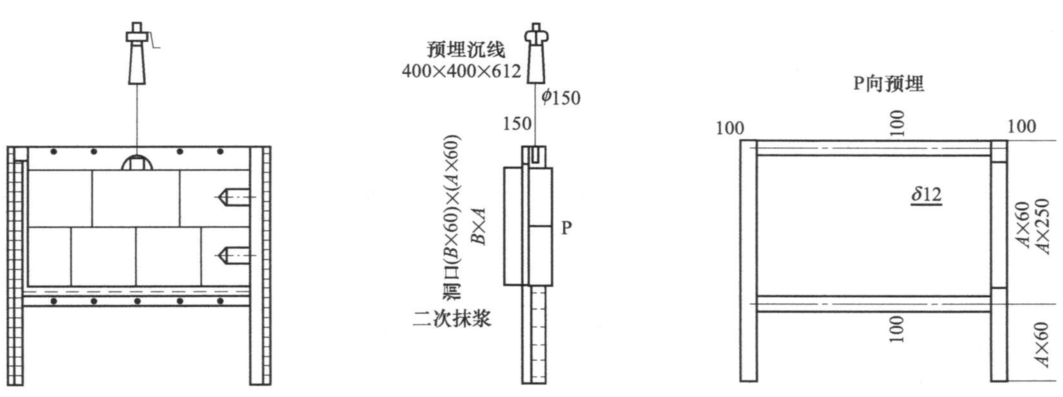


适用于$B\leqslant 2500$，采用单吊点启闭机(手动或电动)，可不设埋件采用膨胀螺栓固定

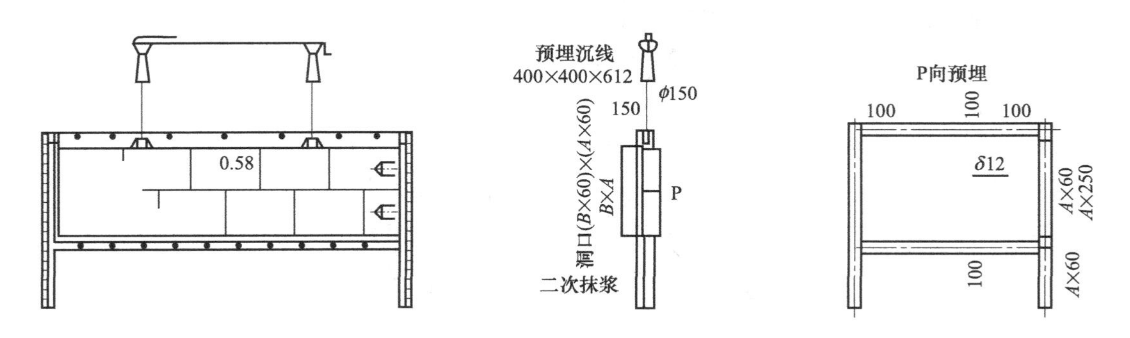


适用于$B\geqslant 2500$，采用双吊点启闭机(手动或电动)，固定不设埋件使用膨胀螺栓

图 12-20　TYG 型可调节堰门

生产厂家：扬州市天池给排水设备制造有限公司、宜兴泉溪环保有限公司。

# 12.10 闸门

## 12.10.1 ZMQY 型铸铁闸门

该产品广泛用于介质为水（原水、清水和污水），介质温度≤100℃，最大水头≤10m的管道口，交汇窑井、沉沙池、沉淀池、引水渠、泵站进水口和清水井等处，以实现流量和液面控制，是给排水及污水处理的重要设备之一。

该闸门主要由闸座、闸板、镶铜密封圈、可调楔块以及提升杆组成，闸门由启闭机实施启闭。具有密封性强，耐磨性好，安装方便，启闭灵活，寿命长等特点。

（1）型号说明

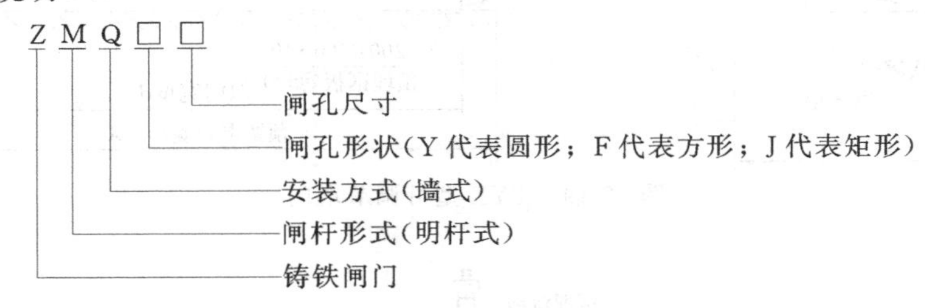


（2）性能规范，外形和安装尺寸　ZMQY 系列见图 12-21、表 12-21、表 12-22 。

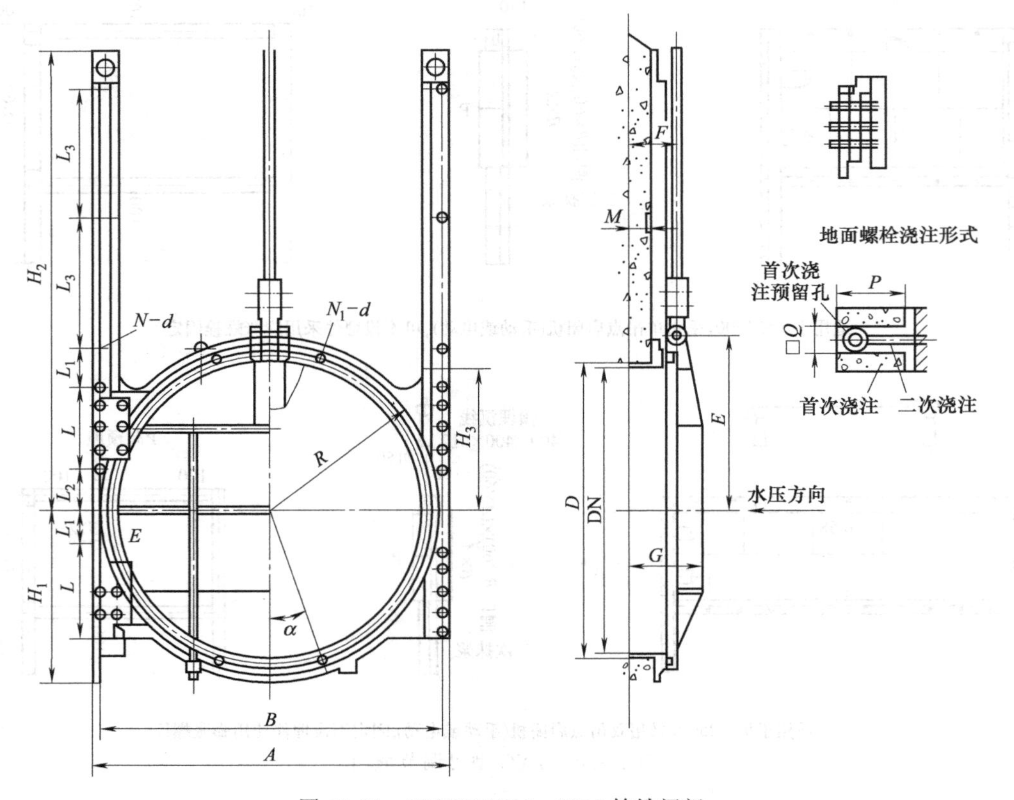


图 12-21　ZMQY 1200～2200 铸铁闸门

表 12-21　ZMQY 型闸门性能和使用条件

| 规格 | 最大工作水头 | | 工作介质 | 安装状态 | 正常水压状态 | 闸框距边壁距离/mm | 闸框距井底距离/mm |
|---|---|---|---|---|---|---|---|
| | 正向 | 反向 | | | | | |
| ZMQY600～2200 | 10m | ≤3m | 水或污水 | 铅垂状态 | 正面进水 | ≥300 | ≥150 |

表 12-22　ZMQY 型铸铁圆闸门外形和安装尺寸　　单位：mm

| 公称尺寸 DN | $A$ | $B$ | $D$ | $E$ | $F$ | $G$ | $H_1$ | $H_2$ | $H_3$ | $L$ | $L_1$ | $L_2$ | $L_3$ | $N_1$ | $R$ | α/(°) | $M$ | $N$ | $d$ | $P$ | □$Q$ | 重量/kg |
|---|---|---|---|---|---|---|---|---|---|---|---|---|---|---|---|---|---|---|---|---|---|---|
| 1200 | 1480 | 1390 | 1240 | 720 | 204 | 274 | 715 | 1955 | 610 | 340 | 170 | 265 | 500 | | | | 70 | 14 | M24 | 280 | 120 | 2482 |
| 1300 | 1580 | 1490 | 1340 | 770 | 204 | 289 | 765 | 2080 | 625 | 350 | 175 | 275 | 550 | | | | 70 | 14 | M24 | 280 | 120 | 2795 |
| 1400 | 1680 | 1590 | 1440 | 820 | 204 | 304 | 815 | 2205 | 670 | 380 | 190 | 255 | 600 | | | | 70 | 14 | M24 | 280 | 120 | 3054 |
| 1500 | 1800 | 1700 | 1540 | 880 | 224 | 339 | 875 | 2360 | 700 | 400 | 200 | 250 | 650 | 4 | 833 | 18 | 90 | 18 | M24 | 260 | 120 | 3513 |
| 1600 | 1900 | 1800 | 1640 | 940 | 224 | 342 | 925 | 2485 | 760 | 440 | 220 | 215 | 700 | 4 | 885 | 17.5 | 90 | 18 | M24 | 260 | 120 | 3858 |
| 1800 | 2100 | 2000 | 1840 | 1040 | 224 | 367 | 1025 | 2730 | 820 | 480 | 240 | 205 | 800 | 4 | 986 | 18 | 90 | 18 | M24 | 260 | 120 | 4460 |
| 2000 | 2320 | 2220 | 2040 | 1155 | 274 | 407 | 1135 | 3085 | 875 | 310 | 155 | 275 | 450 | 8 | 1090 | 10.5 | 110 | 22 | M24 | 240 | 120 | 5146 |
| 2200 | 2520 | 2420 | 2240 | 1265 | 274 | 429 | 1235 | 3335 | 925 | 330 | 165 | 275 | 500 | 8 | 1190 | 10.5 | 100 | 22 | M24 | 240 | 120 | 5806 |

注：重量值为参考值。不包含提升杆重量。

ZMQF 系列闸门的性能规范，外形和安装尺寸见图 12-22 、表 12-23、表 12-24。

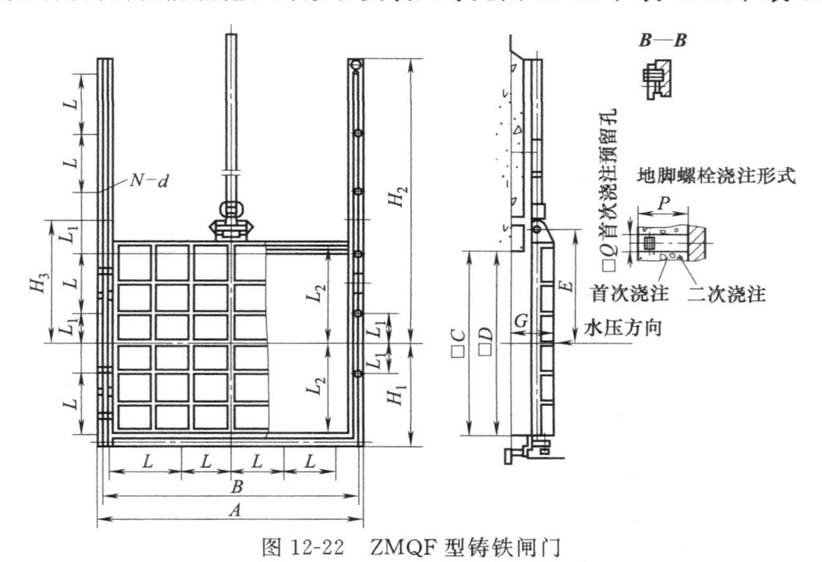


图 12-22　ZMQF 型铸铁闸门

表 12-23　ZMQF 型闸门性能和使用条件

| 规格 | 最大工作水头 | | 工作介质 | 安装状态 | 正常水压状态 | 闸框距边壁距离/mm | 闸框距井底距离/mm |
|---|---|---|---|---|---|---|---|
| | 正向 | 反向 | | | | | |
| ZMQF | 10m | ≤3m | 水或污水 | 铅垂状态 | 正面进水 | ≥300 | ≥150 |

表 12-24　ZMQF 型铸铁方闸门外形和安装尺寸　　单位：mm

| $D$ | $A$ | $B$ | $C$ | $E$ | $F$ | $G$ | $H_1$ | $H_2$ | $H_3$ | $L$ | $L_1$ | $L_2$ | $M$ | $N$ | $d$ | $P$ | $Q$ | 重量/kg |
|---|---|---|---|---|---|---|---|---|---|---|---|---|---|---|---|---|---|---|
| 1200×1200 | 1480 | 1390 | 1240 | 720 | 204 | 275 | 715 | 2050 | 825 | 400 | 200 | | 70 | 14 | M24 | 280 | 120 | 2692 |
| 1300×1300 | 1580 | 1490 | 1340 | 770 | 204 | 276 | 765 | 2200 | 875 | 430 | 215 | | 70 | 14 | M24 | 280 | 120 | 3038 |
| 1400×1400 | 1680 | 1590 | 1440 | 820 | 204 | 305 | 815 | 2350 | 925 | 470 | 235 | | 70 | 14 | M24 | 280 | 120 | 3394 |
| 1500×1500 | 1800 | 1700 | 1540 | 920 | 224 | 340 | 875 | 2525 | 985 | 500 | 250 | 835 | 90 | 14 | M24 | 260 | 120 | 3716 |
| 1600×1600 | 1900 | 1800 | 1540 | 970 | 224 | 342 | 925 | 2675 | 1035 | 530 | 265 | 885 | 90 | 14 | M24 | 260 | 120 | 4075 |
| 1700×1700 | 2000 | 1900 | 1640 | 1020 | 224 | 355 | 975 | 2825 | 1085 | 570 | 285 | 935 | 90 | 14 | M24 | 260 | 120 | 4430 |
| 1800×1800 | 2100 | 2000 | 1740 | 1090 | 224 | 365 | 1025 | 2975 | 1135 | 600 | 300 | 985 | 90 | 14 | M24 | 260 | 120 | 4778 |
| 2000×2000 | 2320 | 2220 | 1840 | 1210 | 274 | 405 | 1085 | 3150 | 1200 | 380 | 190 | 1040 | 110 | 22 | M24 | 240 | 120 | 5395 |
| 2200×2200 | 2520 | 2420 | 2040 | 1370 | 274 | 430 | 1235 | 3600 | 1350 | 440 | 220 | 1190 | 110 | 22 | M24 | 240 | 120 | 6116 |

注：重量值为参考值。不包含提升杆重量。

生产厂家：天津塘沽瓦特斯阀门有限公司、湖北洪城通用机械股份有限公司、株洲南方阀门股份有限公司。

## 12.10.2 PZM型不锈钢闸门

(1) 适用范围　主要用于城市给水排水、化工、防洪、水利等水工构筑物进、出水口，作流道切换或截断水流之用。可广泛用于自来水厂、污水处理厂、城市雨污水泵站、水利防汛等行业。

(2) 型号说明

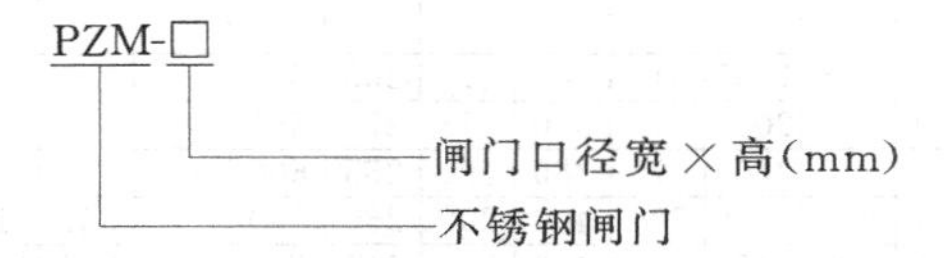


(3) 结构特点　不锈钢闸门主要由门体、支承板、密封装置等部件所组成。所以具有重量轻、耐蚀性好、使用寿命长、可双向承压受力条件及密封性能好等特点。

(4) 主要技术参数

① 设计工作压力0.1MPa；

② 渗漏量小于1～24L/(min·m)。

(5) 外形及安装尺寸　见图12-23、图12-24、表12-25。

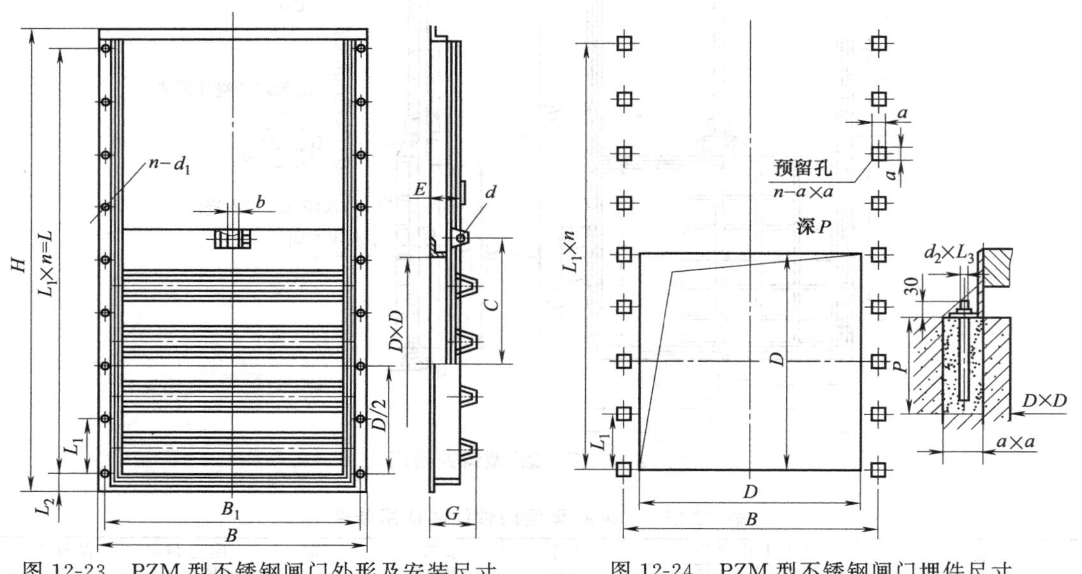


图12-23　PZM型不锈钢闸门外形及安装尺寸　　图12-24　PZM型不锈钢闸门埋件尺寸

表12-25　PZM型不锈钢闸门外形及安装

| 型号规格 | 口径/mm | 外形尺寸 | | | | | | | | | | | | | |
|---|---|---|---|---|---|---|---|---|---|---|---|---|---|---|---|
| | $D\times D$ | $B$ | $B_1$ | $C$ | $E$ | $G$ | $b$ | $d$ | $L$ | $L_1\times n$ | $L_2$ | $H$ | $n$-$d_1$ | $n$-$a\times a$ | $P$ | $d_2\times L_3$ |
| PZM-500 | 500×500 | 680 | 640 | 370 | 117 | 135 | 40 | $\phi$25 | 1000 | 250×4 | 90 | 1250 | 10-$\phi$14.5 | 10-120×120 | 250 | M12×200 |
| PZM-600 | 600×600 | 780 | 740 | 420 | 117 | 140 | 40 | $\phi$25 | 1200 | 300×4 | 90 | 1250 | 10-$\phi$14.5 | 10-120×120 | 250 | M12×200 |
| PZM-800 | 800×800 | 980 | 940 | 520 | 119 | 165 | 50 | $\phi$30 | 1600 | 200×8 | 90 | 1250 | 18-$\phi$14.5 | 18-120×120 | 250 | M12×200 |
| PZM-1000 | 1000×100 | 1180 | 1140 | 620 | 120 | 174 | 50 | $\phi$30 | 2000 | 250×8 | 90 | 1250 | 18-$\phi$14.5 | 18-120×120 | 250 | M12×200 |
| PZM-1200 | 1200×1200 | 1380 | 1340 | 730 | 129 | 194 | 50 | $\phi$40 | 2400 | 300×8 | 90 | 1250 | 18-$\phi$14.5 | 18-120×120 | 250 | M12×200 |
| PZM-1400 | 1400×1400 | 1580 | 1540 | 830 | 129 | 214 | 50 | $\phi$40 | 2800 | 350×8 | 90 | 1250 | 18-$\phi$14.5 | 18-120×120 | 250 | M12×200 |

生产厂家：江苏一环集团有限公司、宜兴泉溪环保有限公司。

## 12.11 电动装置

**SMC 系列阀门电动装置**

（1）适用范围　SMC 系列阀门电动装置是一种多回转型阀门电动装置，是引进美国里米托克（Limitorgue）技术产品。该产品已广泛用于石油、化工、水电、冶金、造船、轻工、食品等工业部门。

该系列产品可以单台控制，也可以集中控制，可现场操作，也可以远距离控制室控制。

该产品除户外型（基本型）外，还有防爆型、整体型、整体防爆型、高温高速型、耐辐射型、自动调节型、双速型、遥控型等。根据用户多方面要求而定。

（2）性能规格　SMC 系列阀门电动装置性能规格见表 12-26。

**表 12-26　SMC 系列阀门电动装置性能规格**

| 产　品<br>型　号 | 允许输出转矩<br>/(N·m) | 速　比<br>范　围 | 允许推力<br>/kN | 允许阀杆直径<br>/mm | 电动功率<br>/kW | 重量<br>/kg |
|---|---|---|---|---|---|---|
| SMC-04 | 110 | 18～90 | 35 | 26 | 0.2 | 40～45 |
| SMC-03 | 270 | 15～130 | 45 | 38 | 0.6 | 60～70 |
| SMC-00 | 500 | 11～148 | 90 | 50 | 0.6 | 100～110 |
| SMC-0 | 970 | 12～198 | 150 | 65 | 1.5 | 130～150 |
| SMC-1 | 1800 | 13～230 | 250 | 76 | 2.2 | 170～185 |
| SMC-2 | 2700 | 10～200 | 300 | 89 | 3.0 | 190～210 |
| SMC-3 | 5800 | 11～200 | 600 | 127 | 5.5 | 480～520 |
| SMC-4 | 10000 | 11～200 | 1000 | 127 | 7.5 | 650～720 |
| SMC-5 | 27000 | 61～230 | — | 159 | 17.0 | 900～1100 |

（3）技术参数　SMC 系列典型规格技术参数见表 12-27。

**表 12-27　SMC 系列典型规格技术参数**

| 项目<br>型号 | 输出转矩<br>/(N·m) | 输出转速<br>/(r/min) | 电机功率<br>/kW | 电机堵转电流<br>/A |
|---|---|---|---|---|
| SMC-04 | 110 | 20 | 0.2 | 8 |
| | | 35 | 0.3 | 10 |
| SMC-03 | 270 | 18 | 0.4 | 13 |
| | | 30 | 0.6 | 23 |
| SMC-00 | 500 | 24 | 1.1 | 25 |
| | | 42 | 1.5 | 31 |
| SMC-0 | 970 | 18 | 1.5 | 31 |
| | | 31 | 2.2 | 42 |
| SMC-1 | 1800 | 12 | 2.2 | 42 |
| | | 18 | 3.0 | 55 |
| SMC-2 | 2700 | 10 | 3.0 | 55 |
| | | 18 | 4.0 | 75 |
| SMC-3 | 5800 | 12 | 5.5 | 92 |
| | | 20 | 7.5 | 121 |
| SMC-4 | 10000 | 10 | 7.5 | 121 |
| | | 18 | 13.0 | 195 |
| SMC-5 | 2700 | 6 | 17.0 | 247 |

注：1. 表中所列为典型规格的技术参数，用户如选用其他参数，订货时请说明。

2. 表中电机堵转电流值为近似值。

(4) 外形尺寸　SMC-04 型和 SMC-03 型阀门电动装置外形尺寸见图 12-25、表 12-28。

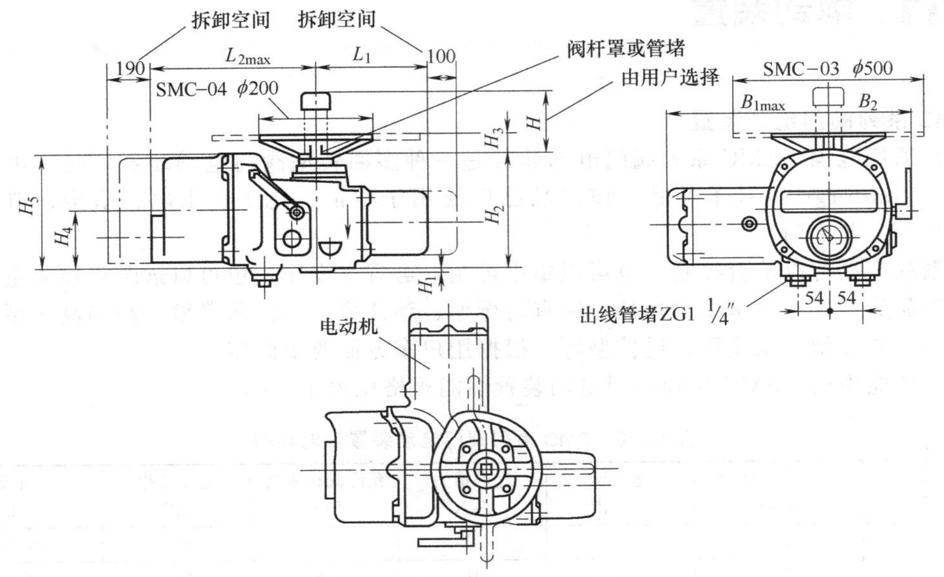


图 12-25　SMC-04 型和 SMC-03 型阀门电动装置外形尺寸

表 12-28　SMC-04 型和 SMC-03 型阀门电动装置外形尺寸

| 产品型号 | 外形尺寸/mm | | | | | | | | |
|---|---|---|---|---|---|---|---|---|---|
| | $L_1$ | $L_2$ | $B_1$ | $B_2$ | $H_1$ | $H_2$ | $H_3$ | $H_4$ | $H_5$ |
| SMC-04 | 185 | 346 | 243 | 140 | 3 | 212 | 35 | 108 | 213 |
| SMC-03 | 202 | 373 | 387 | 198 | 3 | 259 | 43 | 134 | 239 |

SMC-00 型、SMC-0～SMC-2 型阀门电动装置外形尺寸见图 12-26、表 12-29。

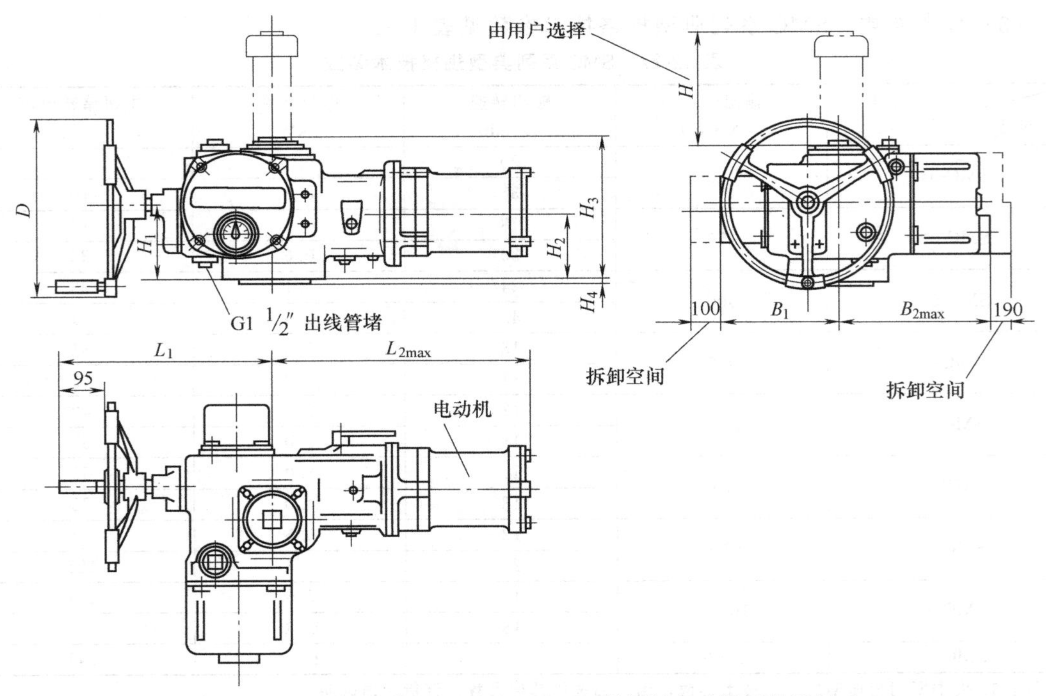


图 12-26　SMC-00 型、SMC-0～SMC-2 型阀门电动装置外形尺寸

**表 12-29　SMC-00 型、SMC-0～SMC-2 型阀门电动装置外形尺寸**

| 产品型号 | 外形尺寸/mm | | | | | | | | |
|---|---|---|---|---|---|---|---|---|---|
| | $L_1$ | $L_2$ | $B_1$ | $B_2$ | $H_1$ | $H_2$ | $H_3$ | $H_4$ | $D$ |
| SMC-00 | 392 | 519 | 251 | 364 | 123 | 115 | 253 | 4 | $\phi$305 |
| SMC-0 | 410 | 529 | 273 | 367 | 153 | 132 | 285 | 5 | $\phi$305 |
| SMC-1 | 429 | 623 | 304 | 393 | 168 | 148 | 310 | 5 | $\phi$305 |
| SMC-2 | 457 | 697 | 333 | 418 | 184 | 158 | 358 | 5 | $\phi$458 |

SMC-3～SMC-5 型阀门电动装置外形尺寸见图 12-27、表 12-30。

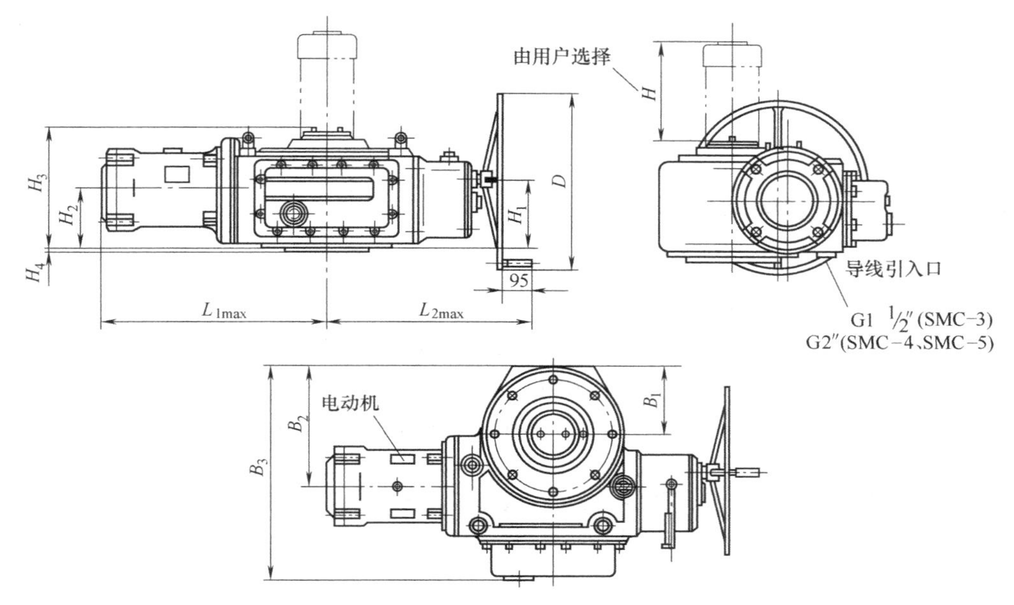


图 12-27　SMC-3～SMC-5 型阀门电动装置外形尺寸

**表 12-30　SMC-3～SMC-5 型阀门电动装置外形尺寸**

| 产品型号 | 外形尺寸/mm | | | | | | | | | |
|---|---|---|---|---|---|---|---|---|---|---|
| | $L_1$ | $L_2$ | $B_1$ | $B_2$ | $B_3$ | $H_1$ | $H_2$ | $H_3$ | $H_4$ | $D$ |
| SMC-3 | 838 | 540 | 204 | 350 | 724 | 272 | 207 | 400 | 5 | 610 |
| SMC-4 | 953 | 565 | 238 | 410 | 816 | 274 | 250 | 500 | 7.5 | 610 |
| SMC-5 | 807 | 955 | 324 | 456 | 1018 | 308 | 245 | 445 | — | 760 |

生产厂家：天津百利二通机械有限公司。

# 第13章 风机

## 13.1 罗茨鼓风机

### ZG 系列三叶罗茨鼓风机

(1) 产品简介及特点　ZG 系列罗茨鼓风机是自行设计研发的更新换代产品，该系列产品的特点主要有：转速高，效率高，体积小，重量轻，结构紧凑；采用空冷结构，单级压力 98kPa 不用冷却；叶轮采用先进结构，三叶叶型，面积利用系数高，叶轴一体结构，刚性好；特殊密封环，密封效果好。

(2) 产品性能　鼓风机：压力 9.8～98kPa，流量 0.6～113$m^3$/min，轴功率 0.7～167kW；真空泵：压力−9.8～−49kPa，流量 1.29～112.8$m^3$/min，轴功率 0.7～167kW；

(3) ZG-100 及 ZG-125 性能　见表 13-1。

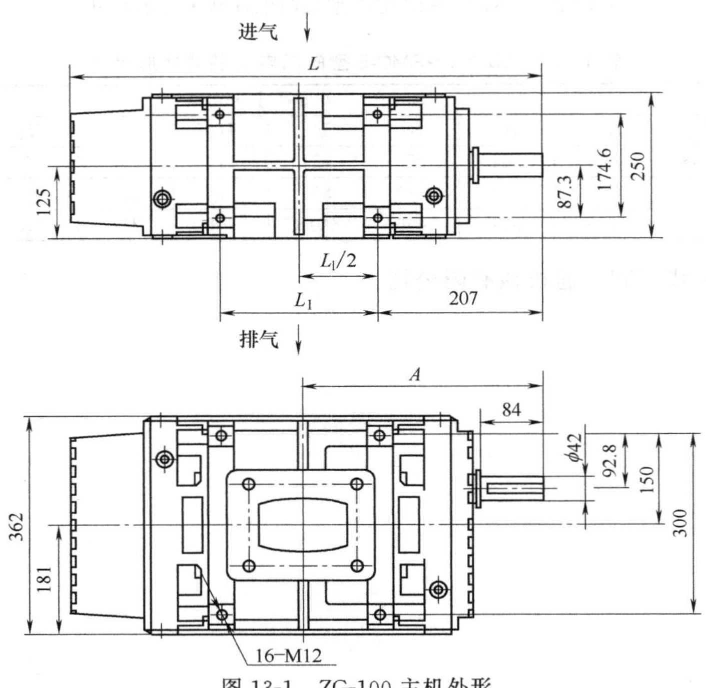


图 13-1　ZG-100 主机外形

**表 13-1　ZG-100 及 ZG-125 性能**

| 风机型号 | 转速/(r/min) | 理论流量/(m³/min) | 各排气压力下的进口流量 $Q_s$(m³/min)，轴功率 $L_a$(kW)及所配电机功率 $P_o$(kW) | | | | | | | | | | | | | | | | | | | | | | | | | | | | | | 电机极数 |
|---|---|---|---|---|---|---|---|---|---|---|---|---|---|---|---|---|---|---|---|---|---|---|---|---|---|---|---|---|---|---|---|---|---|
| | | | 9.8kPa | | | 19.6kPa | | | 29.4kPa | | | 39.2kPa | | | 49kPa | | | 58.8kPa | | | 68.6kPa | | | 78.4kPa | | | 88.2kPa | | | 98kPa | | | |
| | | | $Q_s$ | $L_a$ | $P_o$ | $Q_s$ | $L_a$ | $P_o$ | $Q_s$ | $L_a$ | $P_o$ | $Q_s$ | $L_a$ | $P_o$ | $Q_s$ | $L_a$ | $P_o$ | $Q_s$ | $L_a$ | $P_o$ | $Q_s$ | $L_a$ | $P_o$ | $Q_s$ | $L_a$ | $P_o$ | $Q_s$ | $L_a$ | $P_o$ | $Q_s$ | $L_a$ | $P_o$ | |
| ZG-100 | 2000 | 10.9 | 9.13 | 3.2 | 4 | 8.43 | 5.0 | 7.5 | 7.92 | 6.7 | 11 | 7.51 | 8.5 | 11 | 7.17 | 10.3 | 15 | 6.88 | 12.1 | 15 | 6.63 | 13.9 | 15 | 6.42 | 15.6 | 18.5 | 6.23 | 17.4 | 22 | | | | 4 |
| | 2300 | 12.5 | 10.8 | 3.7 | 5.5 | 10.1 | 5.8 | 7.5 | 9.61 | 7.8 | 11 | 9.21 | 9.9 | 15 | 8.87 | 11.9 | 15 | 8.59 | 14.0 | 18.5 | 8.34 | 16.0 | 18.5 | 8.13 | 18.0 | 22 | 7.94 | 20.1 | 30 | | | | 2 |
| | 2500 | 13.6 | 11.9 | 4.1 | 5.5 | 11.2 | 6.3 | 7.5 | 10.7 | 8.6 | 11 | 10.3 | 10.8 | 15 | 10.0 | 13.0 | 15 | 9.73 | 15.2 | 18.5 | 9.48 | 17.5 | 22 | 9.26 | 19.7 | 30 | 9.08 | 21.9 | 30 | 8.91 | 24.1 | 30 | 2 |
| | 2800 | 15.3 | 13.6 | 4.7 | 5.5 | 12.9 | 7.2 | 11 | 12.4 | 9.7 | 15 | 12.0 | 12.2 | 15 | 11.7 | 14.7 | 18.5 | 11.4 | 17.2 | 22 | 11.2 | 19.7 | 30 | 11.0 | 22.2 | 30 | 10.8 | 24.7 | 30 | 10.6 | 27.2 | 37 | 2 |
| | 3000 | 16.4 | 14.7 | 5.1 | 7.5 | 14.1 | 7.8 | 11 | 13.6 | 10.4 | 15 | 13.2 | 13.1 | 18.5 | 12.8 | 15.8 | 18.5 | 12.6 | 18.5 | 22 | 12.3 | 21.2 | 30 | 12.1 | 23.8 | 30 | 11.9 | 26.5 | 37 | 11.7 | 29.2 | 37 | 2 |
| | 3300 | 18.0 | 16.4 | 5.5 | 7.5 | 15.7 | 8.5 | 11 | 15.3 | 11.4 | 15 | 14.9 | 14.4 | 18.5 | 14.6 | 17.3 | 22 | 14.3 | 20.2 | 30 | 14.0 | 23.2 | 30 | 13.8 | 26.1 | 30 | 13.6 | 29.1 | 37 | 13.5 | 32.0 | 37 | 2 |
| | 3500 | 19.1 | 17.5 | 5.8 | 7.5 | 16.9 | 8.9 | 11 | 16.4 | 12.1 | 15 | 16.0 | 15.2 | 18.5 | 15.7 | 18.3 | 22 | 15.4 | 21.4 | 30 | 15.2 | 24.5 | 30 | 14.9 | 27.7 | 37 | 14.8 | 30.8 | 37 | 14.6 | 33.9 | 45 | 2 |
| | 3800 | 20.7 | 19.2 | 6.3 | 7.5 | 18.5 | 9.7 | 15 | 18.1 | 13.0 | 15 | 17.7 | 16.4 | 22 | 17.4 | 19.8 | 30 | 17.1 | 23.2 | 30 | 16.9 | 26.6 | 37 | 16.7 | 30.0 | 37 | 16.5 | 33.3 | 45 | 16.3 | 36.7 | 45 | 2 |
| | 4000 | 21.8 | 20.3 | 6.6 | 11 | 19.7 | 10.4 | 15 | 19.2 | 13.7 | 18.5 | 18.8 | 17.2 | 22 | 18.5 | 20.8 | 30 | 18.3 | 24.4 | 30 | 18.0 | 27.9 | 37 | 17.8 | 31.5 | 37 | 17.6 | 35.1 | 45 | 17.4 | 38.6 | 45 | 2 |
| ZG-125 | 1450 | 15.8 | 13.4 | 4.1 | 5.5 | 12.5 | 7.0 | 11 | 11.8 | 9.7 | 15 | 11.3 | 12.4 | 15 | 10.9 | 14.5 | 18.5 | 10.6 | 17.7 | 22 | 10.3 | 20.3 | 30 | 10.0 | 23.0 | 30 | 9.82 | 25.7 | 30 | 9.64 | 28.3 | 37 | 4 |
| | 1750 | 19.0 | 16.7 | 4.9 | 7.5 | 15.8 | 8.1 | 11 | 15.2 | 11.3 | 15 | 14.7 | 14.5 | 18.5 | 14.3 | 17.6 | 22 | 13.9 | 20.8 | 30 | 13.6 | 24.0 | 30 | 13.4 | 27.2 | 37 | 13.2 | 30.4 | 37 | 13.0 | 33.5 | 45 | 4 |
| | 2000 | 21.8 | 19.5 | 5.6 | 7.5 | 18.6 | 9.2 | 11 | 18.0 | 12.9 | 15 | 17.5 | 16.5 | 22 | 17.1 | 20.2 | 30 | 16.7 | 23.8 | 30 | 16.4 | 27.5 | 37 | 16.2 | 31.1 | 37 | 16.0 | 34.8 | 45 | 15.8 | 38.4 | 45 | 4 |
| | 2300 | 25.0 | 22.8 | 6.4 | 7.5 | 21.9 | 10.6 | 15 | 21.3 | 14.8 | 18.5 | 20.8 | 18.9 | 22 | 20.4 | 23.1 | 30 | 20.0 | 27.3 | 37 | 19.8 | 31.5 | 37 | 19.5 | 35.7 | 45 | 19.3 | 39.9 | 55 | 19.2 | 44.0 | 55 | 2 |
| | 2600 | 28.3 | 26.1 | 7.2 | 11 | 25.2 | 12.0 | 15 | 24.6 | 16.7 | 22 | 24.1 | 21.4 | 30 | 23.7 | 26.2 | 37 | 23.4 | 30.9 | 37 | 23.1 | 35.6 | 45 | 22.9 | 40.4 | 55 | 22.7 | 45.1 | 55 | 22.5 | 49.8 | 75 | 2 |
| | 2800 | 30.5 | 28.3 | 7.8 | 11 | 27.5 | 12.9 | 15 | 26.8 | 18.0 | 22 | 26.4 | 23.1 | 30 | 26.0 | 28.2 | 37 | 25.6 | 33.3 | 45 | 25.4 | 38.4 | 45 | 25.1 | 43.5 | 55 | 24.9 | 48.6 | 55 | 24.7 | 53.7 | 75 | 2 |
| | 3000 | 32.7 | 30.5 | 8.3 | 11 | 29.7 | 13.8 | 18. | 29.1 | 19.3 | 22 | 28.6 | 24.8 | 30 | 28.2 | 30.2 | 37 | 27.9 | 35.7 | 45 | 27.6 | 41.2 | 55 | 27.4 | 46.7 | 55 | 27.2 | 52.2 | 75 | 27.0 | 57.6 | 75 | 2 |

(4) ZG-100 及 ZG-125 主机外形 见图 13-1、图 13-2。

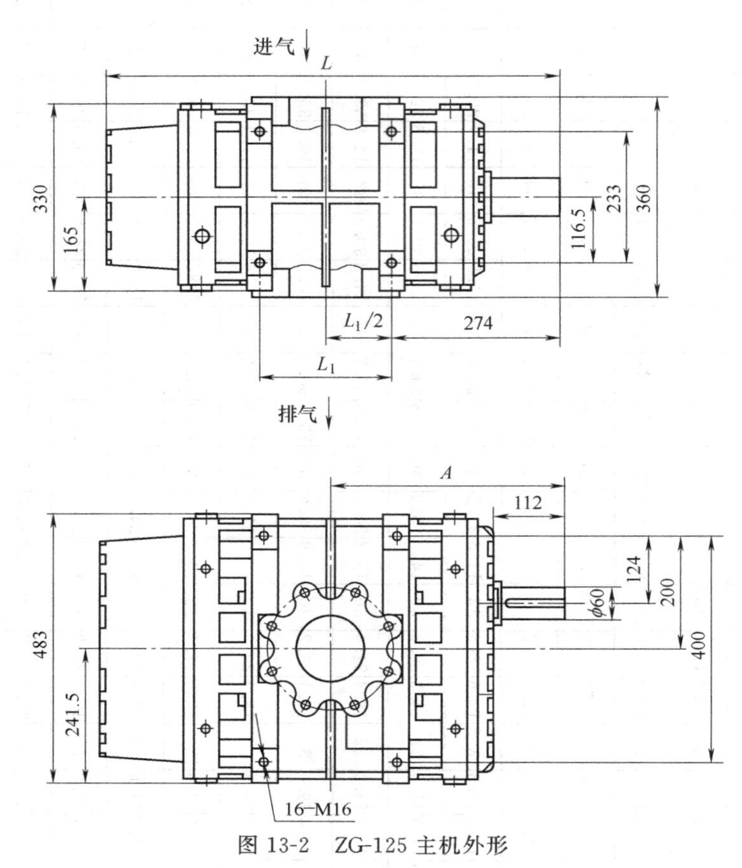


图 13-2 ZG-125 主机外形

生产厂家：山东省章丘鼓风机股份有限公司。

## 13.2 离心式鼓风机

### 13.2.1 “磁谷”磁悬浮离心式鼓风机

本磁悬浮离心式鼓风机采用了高速同步永磁电机的直驱结构，将离心叶轮和电机驱动一体化集成设计装配，省去了传统高速鼓风机的齿轮增速箱。结构紧凑、简单、体积小、重量轻，是未来新一代高速鼓风机的发展方向。

(1) 适用范围 “磁谷”磁悬浮离心式鼓风机适用于：市政城镇污水厂和工业污水厂、玻璃制造业、纺织业、钢铁业、纸浆和造纸业、酿造业、酵母发酵业、乳品加工业、煤气精洗脱硫、其他需要的行业。

(2) 型号说明

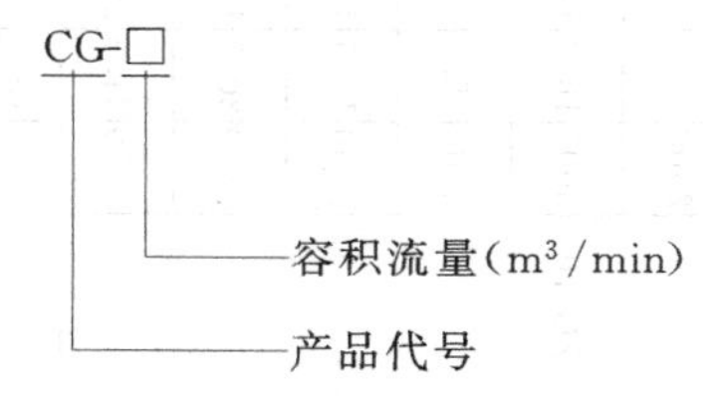

（3）结构及特点 “磁谷”磁悬浮离心式鼓风机原理见图 13-3，结构见图 13-4。“磁谷”磁悬浮离心式鼓风机的特点如下。

① 高效率。高效离心叶轮＋高效同步永磁电机驱动。

a. 与传统的容积式罗茨风机比可提高 40%；

b. 与传统的多级离心风机比可提高 20%；

c. 与传统的齿轮增速单级离心风机比可提高 14%。

② 低振动、低噪声。由于采用先进的磁悬浮轴承系统，转动部件与机械系统无接触，无机械摩擦，运转稳定，振动很小，整机噪声很低。

③ 无润滑油，无机械保养。由于采用先进的磁悬浮轴承技术，省去了传统风机所必需的复杂的齿轮变速箱及油性轴承，所以做到了无润滑油、无机械保养。

有效地降低了用户的维护成本，提高了曝气系统及整个污水处理厂运行的稳定性。

④ 易安装。磁悬浮离心鼓风机重量轻体积小，无需大型起吊设备，两名技术人员即可轻松完成安装工作。

⑤ 易维护。日常维护仅仅需要更换空气过滤布，方便简单。

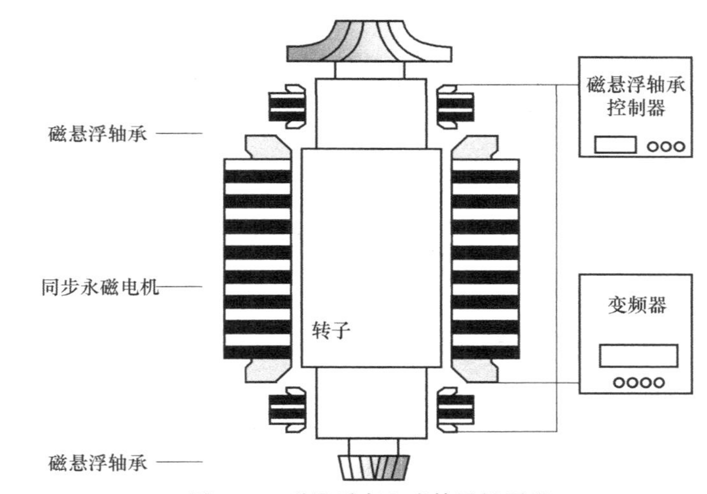


图 13-3 磁悬浮离心式鼓风机原理

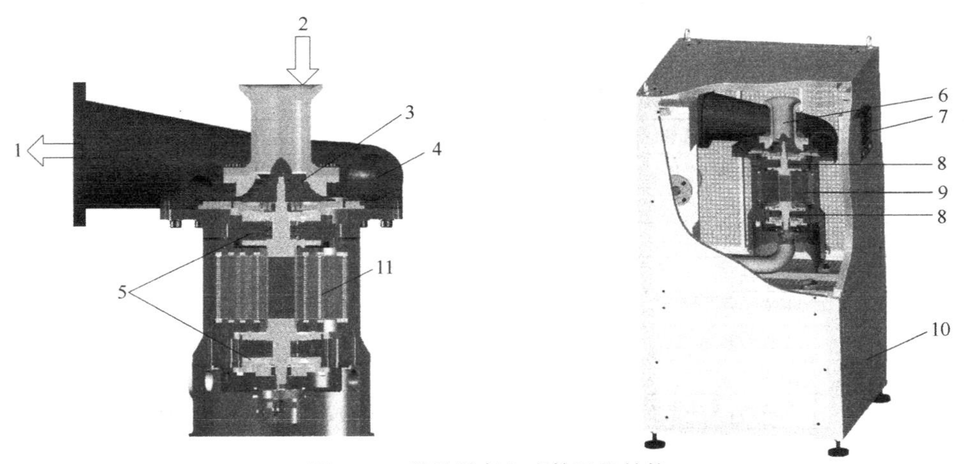


图 13-4 磁悬浮离心式鼓风机结构

1—出水；2—进气；3—叶轮；4—蜗壳；5—磁悬浮轴承；6—进气管；7—控制管；8—径向和轴向磁轴承；9—电机；10—电控柜；11—同步永磁电机

（4）产品性能特性　见图 13-5。

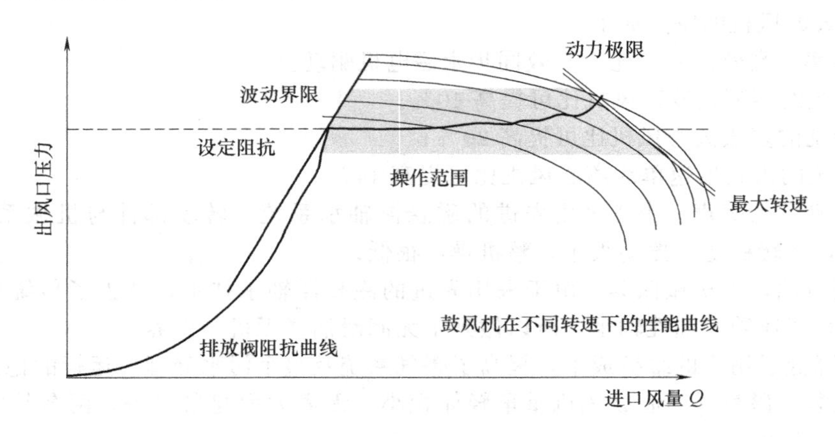


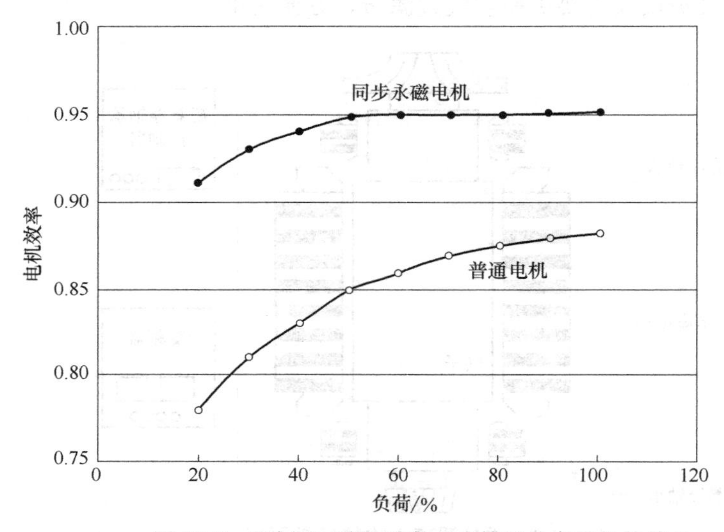


图 13-5　“磁谷”磁悬浮离心式鼓风机产品性能特性

“磁谷”磁悬浮离心式鼓风机与齿轮增速离心式鼓风机的技术性能比较，见表 13-2。

表 13-2　技术性能比较

| 项　　目 | CG 磁悬浮离心式鼓风机 | 齿轮增速离心式鼓风机 |
|---|---|---|
| 轴承类型 | 磁悬轴承类型 | 润滑轴承类型 |
| 齿轮增速箱 | 无 | 有 |
| 润滑油循环系统 | 无需 | 需要 |
| 轴承寿命 | 永久性 | 几年 |
| 机械损失 | 小于 1% | 动力传输 5%～12%与总功率成正比 |
| 电机 | 永磁同步电机(15000～40000r/min) | 永磁同步电机(15000～40000r/min) |
| 变频技术 | 采用 | 无 |
| 启动 | 软启动，无冲击电流 | 启动负荷高，启动电流为满负荷工作电流的 6～10 倍 |
| 系统总绝对效率/% | 67～75 | 58～69 |
| 风量控制 | 由变频器控制电机转速 | 机械方式带动调节进口导叶开度 |
| 噪声/dB(A) | 80～85 | 90～95 |
| 维护 | 每 3 年检查维护变频器 | 每 3 年检查维护轴承，润滑油循环系统，冷却系统等 |

产品系列及参数见表 13-3。

表 13-3　CG 系列磁悬浮离心式鼓风机产品参数

| 型号 | 流量/($m^3$/min) | 压力/MPa | 轴功率/kW | 转速/(r/min) | 输入电源 |
|---|---|---|---|---|---|
| CG-20 | 20 | 0.03～0.2 | 25 | 32000～36000 | 380V 50Hz |
| CG-40 | 40 | 0.03～0.2 | 50 | 30000～34000 | 380V 50Hz |
| CG-60 | 60 | 0.03～0.2 | 75 | 26000～32000 | 380V 50Hz |
| CG-80 | 80 | 0.03～0.2 | 95 | 22000～28000 | 380V 50Hz |
| CG-100 | 100 | 0.03～0.2 | 120 | 18000～36000 | 380V 50Hz |

注：1. 以上所有产品的参数工况为 1atm，20℃，湿度 65%，空气密度 1.2kg/$m^3$。
2. 以上型号并不代表所有产品，产品按供需方的技术协议设计制造。

生产厂家：南京磁谷科技有限公司。

### 13.2.2　琵乐磁悬浮鼓风机

（1）适用范围　城镇污水厂和工业污水厂、净水厂等水处理行业。

（2）设备特点

① 磁性轴承技术主轴自始至终运行在磁场中间，无任何接触，因此无摩擦，无需润滑，保证了风机运行的安全性和稳定性。磁性轴承技术见图 13-6。

② 叶轮和高效同步风机直接连接，转子单元在磁场中无接触运转，因此没有任何的易磨损部件，提高了风机的稳定性和使用寿命。

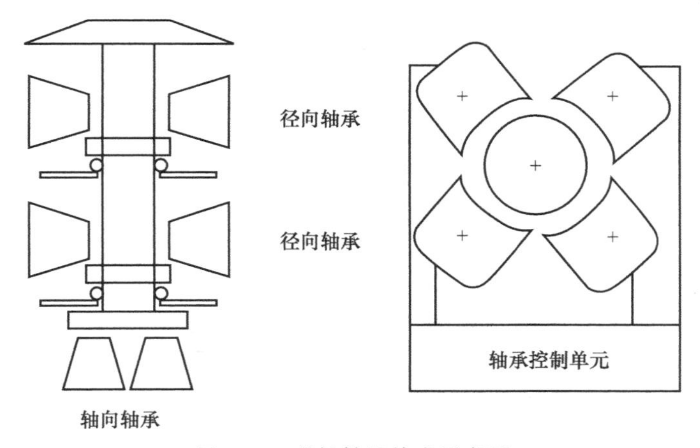


图 13-6　磁性轴承技术示意图

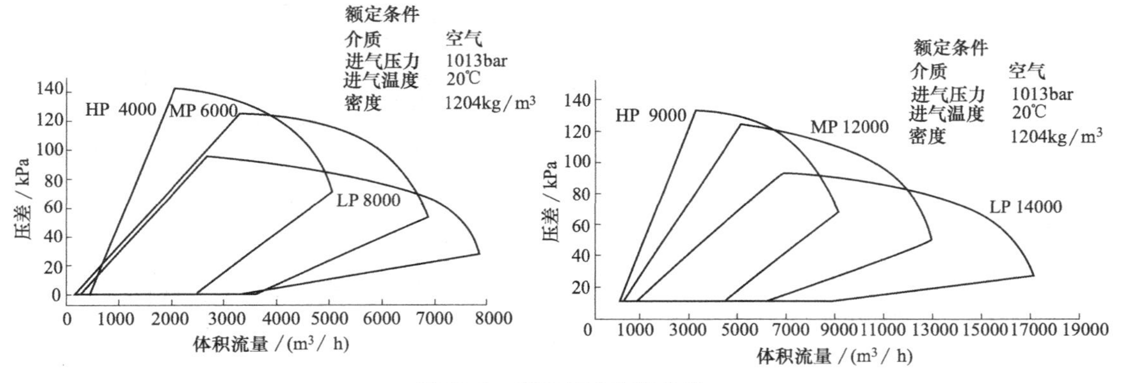


图 13-7　琵乐风机性能曲线

③ 变频器可精确调节风机所需的工况点，无需机械调节装置。风机的风量可在 15%～100%进行调节，效率最高可达 88%。

④ 操作人员可以通过风机装配的 S7-300 控制系统和触摸屏控制板轻松监控和调整全部运转参数。

⑤ 风机配有集成式进气消声器与消声机柜，保证风机运转噪声低于 80dB（A）。

（3）性能参数　见图 13-7，见表 13-4。

表 13-4　琵乐风机参数

| 产品型号 | HP4000 | MP6000 | LP8000 | HP9000 | MP12000 | LP14000 |
|---|---|---|---|---|---|---|
| 升压 | 45～140kPa | 35～100kPa | 25～80kPa | 65～130kPa | 35～100kPa | 25～80kPa |
| 噪声级 | ≤80 dB(A) | | | | | |
| 重量 | 1780kg | | | 3700kg | | |
| 管道连接 | 进气面：NW710×560<br>DIN 24193<br>受压面：$DN$200，$PN$10 | | | 进气面：NW900×670<br>DIN 24193<br>受压面：$DN$400，$PN$10 | | |
| 电源连接 | 380～690V | | | | | |
| 输入频率 | 50/60Hz | | | | | |
| 电机功率 | 150kW | | | 300 kW | | |
| I/O | 数字：Profibus DP 现场总线；<br>模拟：4～20mA DC 24V | | | | | |
| 准许吸入温度范围 | 最低：-25℃；最高：50℃ | | | | | |

（4）节能效果　见表 13-5。

表 13-5　节能效果

| 项目 | 容积式风机 | 琵乐水务风机 MP6000 型 |
|---|---|---|
| 效率/% | 65 | 84 |
| 压缩所需功率/kW | 120 | 120 |
| 所需运行功率/kW | 185 | 143 |
| 每日运转小时数/h | 20 | 20 |
| 年耗电量/(kW/h) | 1350.500 | 1043.900 |

生产厂家：琵乐风机贸易（上海）有限公司。

## 13.2.3　空气悬浮鼓风机

（1）产品介绍　空气悬浮鼓风机具有大功率高速直联电机和空气悬浮轴承两大核心技术。空气悬浮轴承主要包括径向轴承以及止推轴承等部件。这种轴承与传统的滚珠轴承不同，没有物理接触点，所以无需润滑油，能量损耗极低，效率极高。

（2）结构外形　见图 13-8。

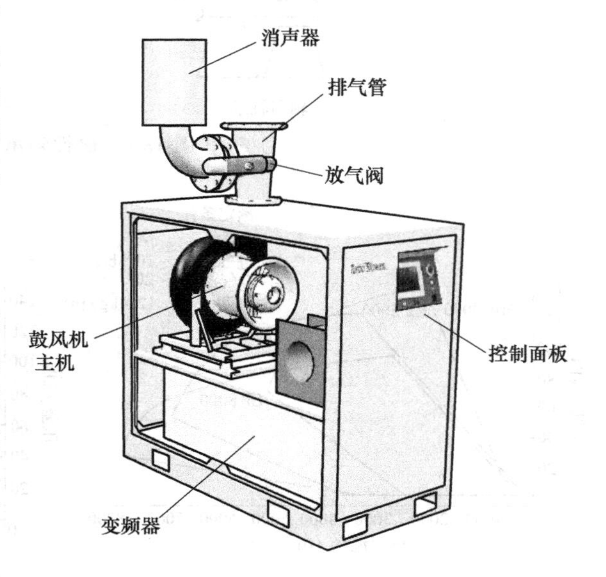

图 13-8　NEUROS 鼓风机结构示意图

（3）设备特点

① 节能。鼓风机设计采用超高速直联电机，效率高。与罗茨鼓风机相比可节能约 30%～40%；与传统多级离心鼓风机相比可节能约 15%～20%；与传统单级涡轮离心鼓风机相比可节能约 10%～15%。

② 低噪声。距机器 1m 处检测噪声 75～80dB。

③ 无振动。采用高速直联电机和空气

悬浮轴承技术，所以无需复杂的增速齿轮及油性轴承，有效地避免了机械接触和摩擦，从而达到了大幅度降低噪声及振动的目的。

④ 无润滑油。采用空气悬浮轴承技术，所以不需要复杂的增速齿轮及油性轴承，因此达到了无润滑油的技术要求，也省却了循环油泵等辅助系统提高了设备的可靠性，有效地减少了设备维护工作量。

⑤ 基本免维护保养。由于无需复杂的增速齿轮及油性轴承；高速电机无需使用联轴器；智能控制和关键部件如叶轮等采用高科技材料制作等设计，提高了设备的可靠性，降低了用户的维护成本。用户只需做好进风过滤器的清洗/更换等维护即可。

（4）型号规格　见表13-6，性能曲线见图13-9。

表13-6　NEUROS鼓风机型号规格

| 出口压力/($kgf/cm^2$) | NX 50 | NX 75 | NX 100 | NX 150 | NX 200 | NX 300 |
|---|---|---|---|---|---|---|
| | 50 hp | 75 hp | 100 hp | 150 hp | 200 hp | 300 hp |
| | 空气流量/($m^3/min$) | | | | | |
| 0.3 | 52 | 79 | 102 | 160 | 200 | 305 |
| 0.4 | 41 | 63 | 79 | 131 | 165 | 245 |
| 0.5 | 35 | 52 | 70 | 106 | 140 | 211 |
| 0.6 | 31 | 47 | 63 | 95 | 126 | 190 |
| 0.7 | 28 | 42 | 57 | 85 | 113 | 170 |
| 0.8 | 25 | 38 | 51 | 76 | 102 | 152 |
| 0.9 | 22 | 34 | 46 | 69 | 92 | 137 |
| 1.0 | 20 | 31 | 42 | 62 | 83 | 125 |
| 1.1 | 19 | 28 | 38 | 57 | 76 | 114 |
| 1.2 | 18 | 28 | 37 | 56 | 75 | 112 |
| 1.3 | 17 | 26 | 35 | 53 | 70 | 106 |
| 1.4 | 16 | 25 | 33 | 50 | 67 | 100 |
| 1.5 | 15 | 23 | 31 | 47 | 63 | 94 |

注：1. 流量范围为45%～100%。
2. 流量为+5%。
3. 空气流量为20℃，1.033$kgf/cm^2$，65%相对湿度时的数值。

生产厂家：韩国neuros。

### 13.2.4 GM型单级高速离心鼓风机

（1）适用范围　GM型单级高速离心鼓风机适用于化工、石油、冶炼、食品、污水处理、医药行业中气体的输送、循环，该机输出的气体纯净，没有油的污染。

（2）型号说明

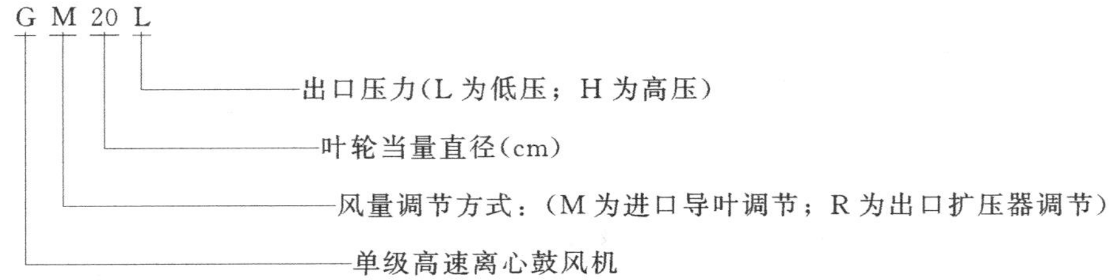


（3）结构及特点　GM型齿轮增速组装式离心鼓风机是高效节能型曝气鼓风机。它采用三元半开式混流型叶轮，比普通离心叶轮外径小30%～40%，一般鼠笼式电机即可满足要求。风量可通过进口导叶或蝶阀调节，机组效率曲线平坦，即使在非设计工况下运转也能取得良好的节能效果。

（4）性能及型号选定　GM型鼓风机性能曲线见图13-10，型号选定见图13-11。

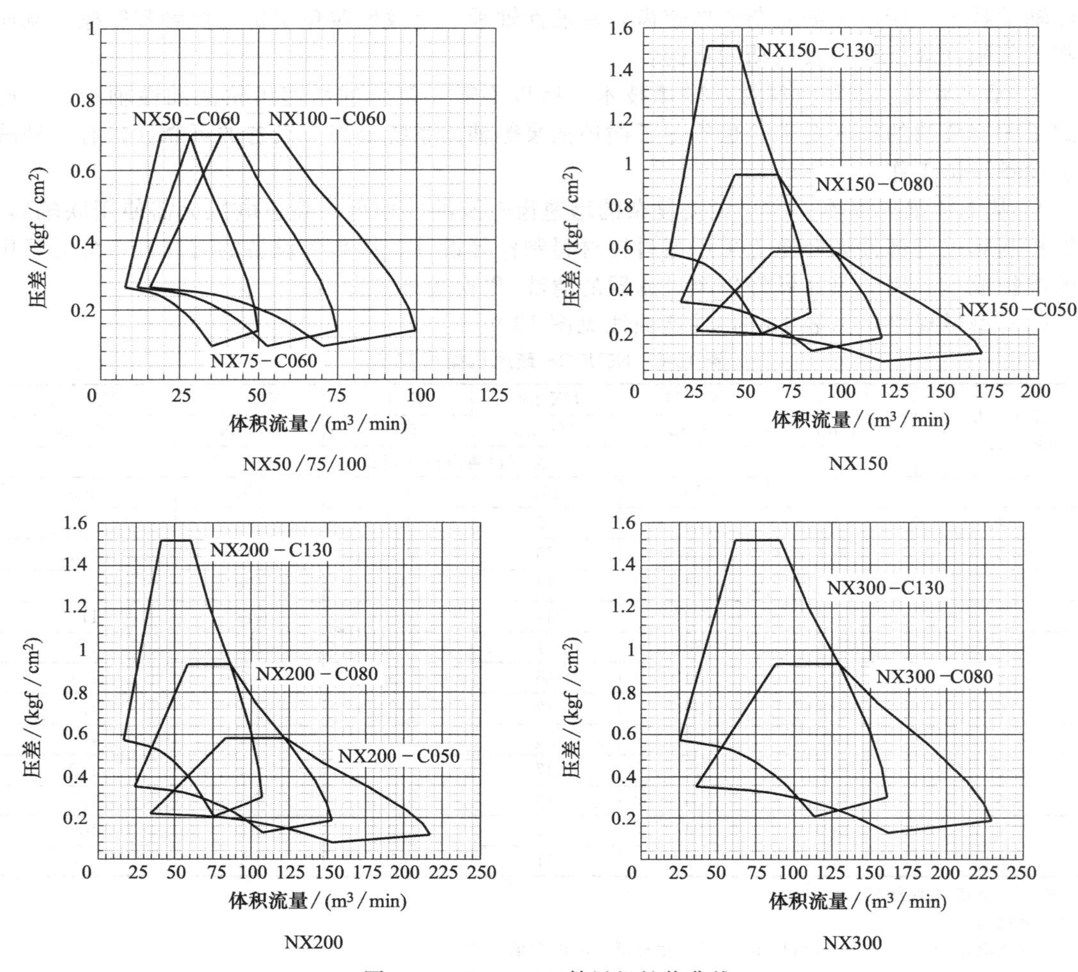


图 13-9　NEURОS 鼓风机性能曲线

（5）外形及安装尺寸　GM 型鼓风机外形尺寸见图 13-12 和表 13-7、表 13-8。

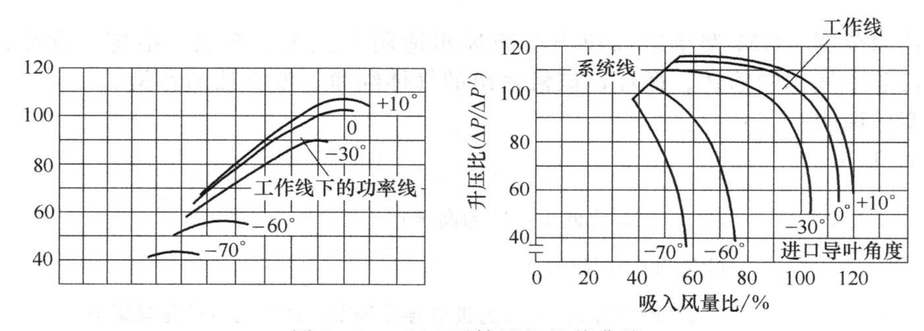


图 13-10　GM 型鼓风机性能曲线

**表 13-7　GM 型机组的参数及电机选择**

| 鼓风机型号 | 进口流量/(m³/min) | 进口压力/MPa | 进口温度/℃ | 排气压力/MPa | 轴功率/kW | 电机功率/kW | 电 机 型 号 |
|---|---|---|---|---|---|---|---|
| GR20L | 50 | 0.098 | 20 | 0.17 | 73 | 90 | Y280M-2 |
| GM20L | 100 | 0.098 | 20 | 0.17 | 134 | 160 | Y315L1-2 |
| GM25L | 180 | 0.098 | 20 | 0.17 | 232 | 280 | Y355M-2 |

续表

| 鼓风机型号 | 进口流量/($m^3$/min) | 进口压力/MPa | 进口温度/℃ | 排气压力/MPa | 轴功率/kW | 电机功率/kW | 电机型号 |
|---|---|---|---|---|---|---|---|
| GM35L | 300 | 0.098 | 20 | 0.17 | 374 | 440 | JK134-2 |
| GM45L | 500 | 0.098 | 20 | 0.17 | 620 | 800 | JK800-2 |
| GM55L | 700 | 0.098 | 20 | 0.17 | 863 | 1000 | YK1000-2/990 |
| GM65L | 1100 | 0.098 | 20 | 0.17 | 1351 | 1600 | YK1600-2/990 |
| GM75L | 1400 | 0.098 | 20 | 0.17 | 1750 | 2000 | YK2000-2/1180 |

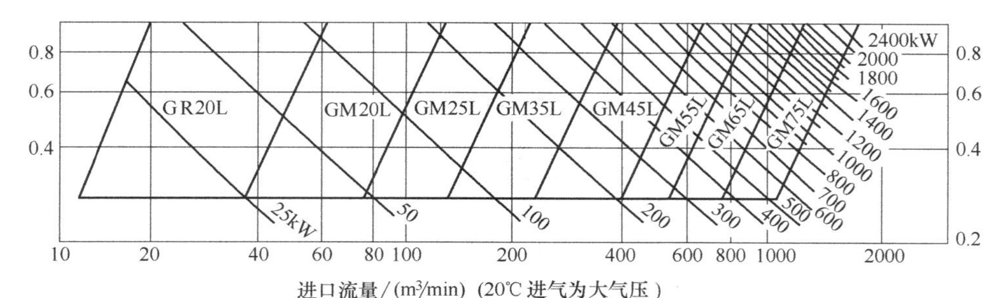


图 13-11　GM 型鼓风机型号选定线

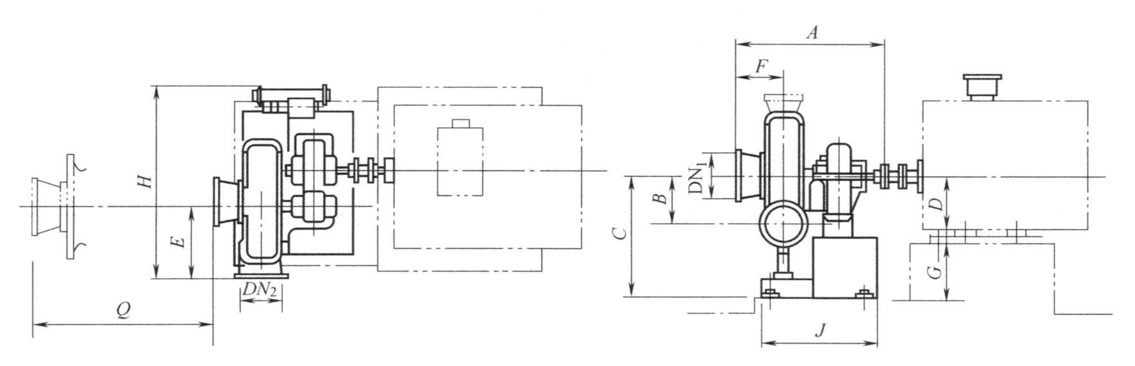


图 13-12　GM 型鼓风机外形尺寸

**表 13-8　GM 型鼓风机外形尺寸**

| 型号 | 外形尺寸/mm | | | | | | | | | | | | 重量/kg |
|---|---|---|---|---|---|---|---|---|---|---|---|---|---|
| | $A$ | $B$ | $C$ | $D$ | $E$ | $F$ | $G$ | $H$ | $J$ | $DN_1$ | $DN_2$ | $Q$ | |
| GR20 | 780 | 180 | 850 | 390 | 250 | 190 | 460 | 1175 | 700 | 125 | 150 | 180 | 900 |
| GR25 | 915 | 235 | 940 | 390 | 330 | 245 | 550 | 1220 | 800 | 175 | 200 | 230 | 1100 |
| GM20 | 818 | 190 | 850 | 390 | 300 | 210 | 460 | 1175 | 700 | 200 | 200 | 210 | 900 |
| GM25 | 945 | 250 | 940 | 390 | 395 | 278 | 550 | 1265 | 800 | 250 | 250 | 250 | 1100 |
| GM35 | 1178 | 325 | 1100 | 530 | 520 | 362 | 570 | 1512 | 925 | 300 | 300 | 310 | 1600 |
| GM45 | 1503 | 430 | 1400 | 650 | 680 | 472 | 750 | 1878 | 1150 | 400 | 400 | 390 | 2700 |
| GM55 | 1668 | 500 | 1050 | 500 | 800 | 551 | 550 | 1998 | 1250 | 500 | 500 | 440 | 3200 |
| GM65 | 2063 | 590 | 1200 | 600 | 940 | 651 | 600 | 233 | 1550 | 600 | 600 | 500 | 4600 |
| GM75 | 2257 | 695 | 1650 | 650 | 1100 | 776 | 700 | 2490 | 1700 | 700 | 700 | 570 | 6000 |

生产厂家：江苏金通灵风机股份有限公司。

## 13.2.5　D 型多级离心鼓风机

(1) 使用范围　D 型多级离心鼓风机，主要用于生化法处理污水时的鼓风曝气充氧及曝气沉砂池的曝气，也可用于滤池的气水反冲洗，还可用于输送无毒无腐蚀性气体的场合。

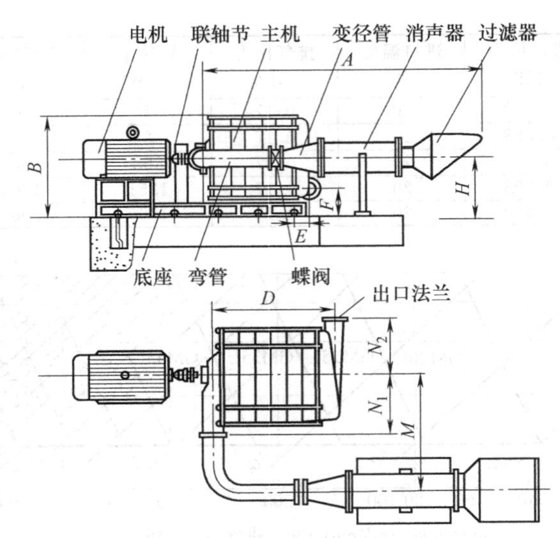


图 13-13　D 型多级离心鼓风机

（2）特点　该机运行平稳可靠、噪声小、振动小，进出风口方向任意选择，可在户外使用，易于保养维修，可在±40℃和相对湿度 20%～90%的环境下连续工作。

（3）主要技术参数　进口流量 20～400m³/min；出口升压 30000～70000Pa；电机输入电压 380V，6000V，10000V。

（4）规格及性能参数　见图 13-13、表 13-9。

表 13-9　D 型多级离心鼓风机主要性能参数

| 型号＼参数 | 进口容积流量 /(m³/min) | 升压 /Pa | 电动机 | | | | 主机质量 /kg | 出口法兰 GB/T 17241.6—2008 |
|---|---|---|---|---|---|---|---|---|
| | | | 型号 | 转速 /(r/min) | 功率 /kW | 电压 /V | | |
| D15-16<br>D20-61<br>D20-81 | 15<br>20<br>20 | 49000<br>49000<br>68600 | Y200L₁-2W<br>Y200L₁-2W<br>Y250M-2W | 2970<br>2970<br>2970 | 37<br>37<br>55 | 380<br>380<br>380 | 2800<br>2800<br>3500 | PN12<br>DN150 |
| D30-62<br>D30-82<br>D40-61<br>D45-61<br>D45-81<br>D55-71 | 30<br>30<br>40<br>45<br>45<br>55 | 49000<br>68600<br>49000<br>49000<br>68600<br>68600 | Y225M-2W<br>Y280S-2W<br>Y250M-2W<br>Y250M-2W<br>Y280S-2W<br>Y280M-2W | 2970<br>2970<br>2970<br>2970<br>2970<br>2970 | 45<br>75<br>55<br>55<br>75<br>90 | 380<br>380<br>380<br>380<br>380<br>380 | 3300<br>4300<br>3400<br>3400<br>5000<br>4600 | PN10<br>DN170 |
| D60-61<br>D60-81<br>D60-82<br>D80-61<br>D90-41<br>D90-61 | 60<br>60<br>60<br>80<br>90<br>90 | 49000<br>49000<br>68600<br>49000<br>30000<br>49000 | Y280S-2W<br>Y280M-2W<br>Y315S-2W<br>Y315S-2W<br>Y280S-2W<br>Y315M₁-2W | 2970<br>2970<br>2970<br>2970<br>2970<br>2980 | 75<br>90<br>110<br>110<br>75<br>132 | 380<br>380<br>380<br>380<br>380<br>380 | 3800<br>5000<br>4600<br>4700<br>3400<br>4800 | PN10<br>DN250 |
| D90-71<br>D100-71 | 90<br>100 | 68600<br>68600 | Y315M₂-2W<br>Y315L_A-2W | 2980<br>2980 | 160<br>175 | 380<br>380 | 5200<br>5400 | PN10<br>DN250 |
| D120-41<br>D120-61<br>D120-81<br>D150-51<br>D150-61<br>D150-61<br>D200-41 | 120<br>120<br>120<br>150<br>150<br>150<br>200 | 35000<br>49000<br>68600<br>49000<br>58800<br>58800<br>68600 | Y315M₁-2W<br>Y315L_A-2W<br>Y355M₁-2W<br>Y315ML₂-2W<br>Y355M₂-2W<br>YK400M₁-2<br>YK400L₁-2 | 2980<br>2980<br>2980<br>2980<br>2981<br>2974<br>2974 | 132<br>175<br>200<br>200<br>250<br>290<br>350 | 280<br>380<br>380<br>380<br>380<br>6000<br>6000 | 3980<br>4800<br>7600<br>5290<br>6200<br>6200<br>6900 | PN16<br>DN300 |

续表

| 型号 \ 参数 | 进口容积流量/($m^3$/min) | 升压/Pa | 电动机 | | | | 主机质量/kg | 出口法兰GB/T 17241.6—2008 |
|---|---|---|---|---|---|---|---|---|
| | | | 型号 | 转速/(r/min) | 功率/kW | 电压/V | | |
| D250-31 | 250 | 49000 | YK400$L_1$-2 | 2974 | 350 | 6000 | 5600 | PN16 *DN*300 |
| D250-41 | 250 | 49000 | YK400$L_2$-2 | 2974 | 440 | 6000 | 6400 | |
| D400-31 | 400 | 49000 | YK400$L_2$-2 | 2973 | 440 | 6000 | 7200 | PN10 *DN*500 |

生产厂家：唐山清源环保机械股份有限公司、上海帕爱鼓风机制造有限公司。

# 13.3 离心通风机

## 13.3.1 4-72型离心通风机

(1) 使用范围　4-72型离心通风机可作为一般通风换气用，输送空气和其他不自燃的、对人体无害的、对钢材无腐蚀性的气体。所含尘土及硬质颗粒物不大于150mg/$m^3$。气体温度不得超过80℃。

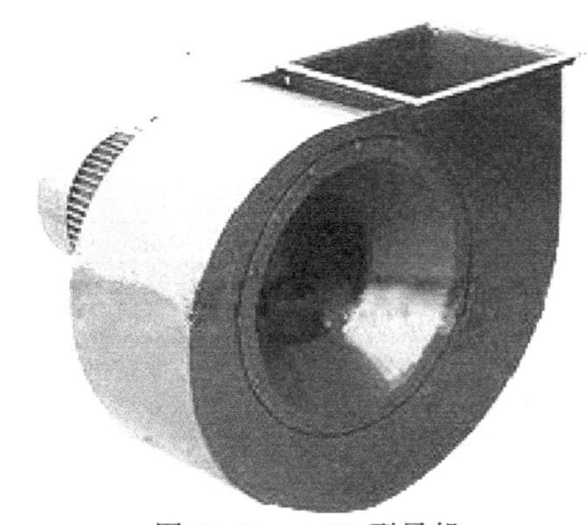

图 13-14　4-72型风机

(2) 4-72型风机形式　从电动机一侧正视，叶轮顺时针旋转，称为右旋风机，以“右”表示：叶轮逆时针旋转，称为左旋风机，以“左”表示。

风机的传动方式为A、B、C、D四种。4-72型风机中，No2.8～6采用A式传动，No6～12采用C、D式传动，No16～20采用B式传动。见图13-14。

(3) 4-72型风机结构　4-72型风机中N2.8A～N6A主要由叶轮、机壳、进风口等部分配直联电机而组成。No6～20除具有上述部分外，还有传动部分等。

① 叶轮由10个后倾的机翼形叶片、曲线形前盘和平板后盘组成。用钢板或铸铝合金制造，并经动、静平衡校正，空气性能良好，效率高、运转平稳。

② 机壳做成两种不同型式。No2.8～12机壳做成整体，不能拆开。No16～20的机壳制成三开式，除沿中分水平面分为两半外，上半部再沿中心线垂直分为两半，用螺栓连接。

③ 进风口制成整体，装于风机的侧面，与轴向平行的截面为曲线形状，能使气体顺利进入叶轮，且损失较小。

④ 传动部分由主轴、轴承箱、滚动轴承、皮带轮或联轴器组成。

(4) 性能与选择　4-72 No2.8～6A离心通风机的性能选用见表13-10。

表 13-10　4-72 No2.8～6A离心通风机的性能选用

| 机号(No) | 转速/(r/min) | 全压/Pa | 流量/($m^3$/h) | 电动机 | |
|---|---|---|---|---|---|
| | | | | 型号(B35) | 功率/kW |
| 2.8 | 2900 | 952～589 | 1130～2450 | Y90S-2 | 1.5 |
| 3.2 | 2900 | 1246～785 | 1975～3640 | Y90L-2 | 2.2 |
| | 1450 | 314～196 | 991～1910 | Y90S-4 | 1.1 |
| 3.6 | 2900 | 1619～1069 | 2930～5408 | Y100L-2 | 3 |
| | 1450 | 402～275 | 1470～2710 | Y90S-4 | 1.1 |

续表

| 机号(No) | 转速/(r/min) | 全压/Pa | 流量/($m^3$/h) | 电动机 | |
|---|---|---|---|---|---|
| | | | | 型号(B35) | 功率/kW |
| 4 | 2900 | 2001～1315 | 4020～7420 | Y132$S_1$-2 | 5.5 |
| | 1450 | 500～334 | 210～3710 | Y90S-4 | 1.1 |
| 4.5 | 2900 | 2531～1668 | 5730～10580 | Y132$S_2$-2 | 7.5 |
| | 1450 | 638～422 | 2860～5280 | Y90S-4 | 1.1 |
| 5 | 2900 | 3178～2197 | 7950～14720 | Y160$M_1$-2 | 15 |
| | 1450 | 795～549 | 3970～7350 | Y100$L_1$-4 | 2.2 |
| 5.5 | 1450 | 961～657 | 5310～9190 | Y100$L_2$-4 | 3 |
| | 960 | 422～284 | 3490～6500 | Y90L-6 | 1.1 |
| 6 | 1450 | 1138～785 | 6840～12720 | Y112M-4 | 4 |
| | 960 | 500～343 | 4520～8370 | Y1600L-6 | 1.1 |

4-72 No6～12D离心通风机性能见表13-11。

**表13-11 4-72 No6-12D离心通风机性能**

| 机号(No) | 配用电机 | | 流量/($m^3$/h) | 全压/Pa |
|---|---|---|---|---|
| | 型号(type) | 功率/kW | | |
| 6D | Y112M-4 | 4.0 | 6677～13353 | 1139～724 |
| | Y100L-6 | 1.5 | 4420～8841 | 498～317 |
| 8D | Y180M-4 | 18.5 | 15826～29344 | 2032～1490 |
| | Y132$M_2$-6 | 5.5 | 10478～19428 | 887～651 |
| 10D | Y250M-4 | 55 | 40441～56605 | 3202～2532 |
| | Y200$L_1$-6 | 18.5 | 26775～37476 | 1395～114 |
| 12D | Y280S-6 | 45 | 46267～64759 | 2013～1593 |
| | Y225S-8 | 18.5 | 35182～49244 | 1160～919 |

4-72 No6～12C离心通风机性能见表13-12。

**表13-12 4-72 No6～12C离心通风机性能**

| 机号(No) | 主轴转速/(r/min) | 配用电机 | | 流量/($m^3$/h) | 全压/Pa |
|---|---|---|---|---|---|
| | | 功率/kW | 电极数 | | |
| 6C | 2240 | 15 | ～4 | 10314～20628 | 2734～1733 |
| | 2000 | 11 | ～4 | 9209～18418 | 2176～1380 |
| | 1800 | 7.5 | ～4 | 8288～165756 | 1760～1116 |
| | 1600 | 5.5 | ～4 | 7367～14734 | 1389～881 |
| 6C | 1250 | 3～4 | | 5756～11511 | 846～537 |
| | 1120 | 2.2～4 | | 5157～10314 | 679～431 |
| | 900 | 1.5～4 | | 4144～8288 | 438～278 |
| | 800 | 1.1～4 | | 3684～7367 | 346～220 |
| 8C | 1800 | 30～2 | | 19646～25240 | 3143～3032 |
| | | 37～2 | | 28105～36427 | 2920～2302 |
| | 1600 | 22～2 | | 17463～22435 | 2478～2390 |
| | | 30～2 | | 24982～32380 | 2303～1816 |
| | 1250 | 11～4 | | 13649～25297 | 1507～1106 |
| | 1120 | 7.5～4 | | 12224～15705 | 1209～1166 |
| | | 11～4 | | 17487～22666 | 1124～887 |
| | 1000 | 5.5～4 | | 10914～14022 | 963～929 |
| | | 7.5～4 | | 15614～20237 | 895～707 |
| | 900 | 4～4 | | 9823～12620 | 779～752 |
| | | 5.5～4 | | 14052～18213 | 725～572 |
| | 800 | 3～4 | | 8732～16190 | 615～452 |
| | 710 | 2.2～4 | | 7749～11085 | 485～450 |

续表

| 机号(No) | 主轴转速/(r/min) | 配用电机 | | 流量/(m³/h) | 全压/Pa |
|---|---|---|---|---|---|
| | | 功率/kW | 电极数 | | |
| 10C | 1250 | 37～4 | | 34863～48797 | 2373～1877 |
| | 1120 | 30～4 | | 31237～43722 | 1902～1505 |
| | 1000 | 18.5～4 | | 27890～39038 | 1514～1199 |
| | 900 | 15～4 | | 25101～35134 | 1225～976 |
| | 800 | 11～4 | | 22312～31230 | 967～766 |
| | 710 | 7.5～4 | | 19802～27717 | 761～603 |
| | 630 | 5.5～4 | | 17571～24594 | 599～475 |
| | 560 | 4～4 | | 15618～21861 | 473～375 |
| 12C | 1120 | 75～4 | | 59378～75552 | 2746～2172 |
| | 1000 | 45～4 | | 48195～60397 | 2185～1969 |
| | | 55～4 | | 63953～67457 | |
| | 900 | 37～4 | | 43375～60712 | 1859～1729 |
| | 800 | 22～4 | | 38556～41973 | 1395～1376 |
| | | 30～4 | | 45397～53996 | 1321～1104 |
| | 710 | 185～4 | | 34218～47895 | 1097～869 |
| | 630 | 15～4 | | 303628～29381 | 863～684 |
| | 560 | 7.5～4 | | 26989～29381 | 682～673 |
| | | 11～4 | | 31774～37776 | 646～540 |
| | 500 | 7.5～4 | | 24907～33728 | 543～430 |

生产厂家：招远市远大电力节能设备厂。

### 13.3.2 B4-72型离心通风机

(1) 适用范围　大型离心通风机可作为一般工厂及大型建筑物的室内通风换气用，输送空气和其他不自然的、人体无害的和无腐性的气体。B4-72型风机可作为易燃挥发性气体的通风换气用。气体内不许有黏性物质，所含尘土及硬质颗粒物不大于150mg/m³。气体温度不得超过80℃。

B4-72型风机的性能与选用件及地基尺寸与4-72型一致，可按其样本选择。该风机结构基本与4-72型相同，No2.8-6A采用B35型带法兰盘与底脚的电动机，No6-12C、D电动机选用4-72型通风机与Y系列对应的YB系列，安装型式为B3。

(2) 型式及结构

① 型式

a. 风机叶轮的“左”和“右”旋。

b. 风机的出口位置，以机壳的出风口角度表示。

c. 风机的传动方式有A、B、C、D四种。

d. 风量范围844～221730m³/h；风压范围198～3100Pa；功率范围1.1～220kW。

② 结构。B4-72型风机中2.8#～6#主要由叶轮、机壳、进风口等部分配直联电机而组成。6#～20#除具有上述部分外，还有传动组等。

a. 叶轮由10个后倾的机翼型叶片、曲线型前盘和平板后盘组成。

b. 机壳做成两种不同型式。2.8#～12#机壳做成整体，不能拆开。16#～20#的机壳制成三开式，除沿中分水平面分两半外，上半部再沿中心线垂直分为两半，用螺栓连接。以上型式也可根据用户的要求进行改变。

c. 进风口整体制成，装于风机的侧面，与轴向平衡的截面为曲线形状，能使气体进入叶轮，且损失较小。

d. 传动组由主轴、轴承箱、滚动轴承、皮带轮或联轴器组成。

生产厂家：西安凯瑟鼓风机有限公司。

### 13.3.3 4-68 型系列离心通风机

(1) 适用范围　4-68 型离心通风机具有结构合理、流量大、噪声低、安装方便等优点。该风机适用于一般工厂及大型建筑物的室内通风换气。

图 13-15　4-68 型系列离心通风机

(2) 特点　效率高、噪声低、体积小、可靠性强、在特殊情况下风量大小可配用调节阀门进行控制。(可生产防爆式)。

(3) 用途　高层建筑、工矿企业、汽车涂装等通风换气。

(4) 规格　风机直径 $\phi$280～2000mm、风量 1130～200000$m^3$/h、风压 170～2500Pa A 式、C 式、E 式（双进风、单进风）、D 式。

(5) 组成及结构形式　见图 13-15。

① 通风机按气流进气方式分为单吸入和双吸入两种。单吸入式机号有 No. 2. 8、3. 15、3. 55、4、4. 5、5、6. 3、8、10、12. 5、16、20 共有 12 种，双吸入式机号有 No. 2-5、2-6、2-7、2-8、2-10、2-12. 5 共 6 种，系列总计 18 种。

② 每种风机又分为右旋转或左旋转两种型式。从电动机一端正视，叶轮按顺时针方向旋转，称为右旋转风机，以“右”表示；按逆时针方向旋转，称为左旋转风机，以“左”表示。

③ 风机的出风口角度“左”、“右”均可制成 0°、45°、90°、135°、180°、225°，共 6 种角度。

④ 风机的传动方式有 A、C、D、E 四种，No2. 8～5 采用 A 式，以电动机直联传动风机的叶轮、机壳直接固定在电动机轴和法兰盘上（电动机可用 B35 型）；No6. 3～12. 5 采用悬臂支承装置，又分为 C 式（皮带传动）和 D 式（联轴器传动）两种方式；No16～20 则为 C 式悬臂支承装置，皮带传动。双吸入式传动方式为 E 式传动。

该风机的 No2. 8～5 主要由叶轮、机壳、进风口等部分配直联电动机组成。No6. 3～20 除上述部分外还有传动部分。

a. 叶轮。由 12 片后倾机翼形叶片焊接于弧锥形的轮盖与平板形的轮盘中间，经动静平衡校正。

b. 机壳。采用先进的蜗线形状用钢板焊接而成的蜗形体，机壳作成两种不同形式，No2. 8～12. 5 机壳作为整体，不能拆开。No16～20 机壳作成二开式，沿中分水平面分开，用螺栓连接。

c. 进风口。作为收敛式流线型的整体结构，用螺栓固定在风机侧板处。

d. 传动组。由主轴、轴承箱、滚动轴承、皮带轮或联轴器等组成。主轴由优质钢制成，No6. 3～12. 5 四个机号单吸风机，轴承箱整体结构；No16～20 两个机号风机用两只并列轴承座；No2-5～2-12. 5 双吸风机为 E 式传动。

生产厂家：上海德惠特种风机厂、溧阳市江南风机制造有限公司。

### 13.3.4 HF-TH 型系列离心通风机

(1) 叶轮特点　效率高、噪声低、体积小、可靠性强、在特殊情况下风量大小可配用调

图 13-16 HF-TH 型系列离心通风机

节阀门进行控制。(可生产防爆式)

(2) 用途 高层建筑、工矿企业、汽车涂装等通风换气。

(3) 规格 风机直径 $\phi$400～2000mm、风量 2065～200000$m^3/h$、风压 420～3800Pa A 式、C 式、E 式(双进风、单进风)、D 式。

(4) 结构 HF-TH 风机结构上设有 A 式、C 式、D 式、E 式等传动方式。标准系列规格从 400～2000 共 15 个机号，机壳部出风口可制成 0°、45°、90°、135°、180°、270°，共 6 种。性能较好、结构紧凑、安装维护方便。见图 13-16。

① 叶轮。采用后倾扭曲叶片，由钢板焊接而成，具有高效、高压、低噪声等优点。结构上高转速时辅以加强筋以增加刚性。叶轮均进行动平衡校验，平衡精度≤5.6 级。

② 机壳。机壳采用钢板锁边或焊接结构，产品表面经喷涂或烘漆处理。

风机各传动方式的电机或轴承座支架经优化设计，外形美观、拆卸方便，质轻而结构牢固。

直径 $\phi$1400～2000 特殊场合使用时沿中分面可制成上下哈夫式结构，以供高度受限时拆装方便。

③ 集风器。具有喷嘴形曲线，为整体旋压成型，并与进口圈制成一体，方便用户管道连接。

④ 主轴。采用 45# 优质碳钢精密加工而成，在设计上有充分的安全性和抗疲劳性。

⑤ 轴承、轴承座。配用带座自动调心球轴承或滚子轴承，均为润滑脂润滑。

⑥ 台座。系列台座均用型钢焊接，配用弹簧减振器进行隔震设计，外形紧凑。

⑦ 三角带传动系统。风机配用三角带轮均为优质铸铁锥套带轮，方便维修和保养。三角带按所需要求可配置国产或进口胶带。

(5) 噪声 各性能曲线上所示的噪声级，均系指“A 计权”的声压级 LPA，其值是根据 GB 2888 和 GB 1236 标准在进口侧进行测定而得到的。

### 13.3.5 T4-72 型系列离心通风机

(1) 适用范围 高层建筑、工矿企业、汽车涂装等通风换气。

(2) 叶轮特点 效率高、噪声低、体积小、可靠性强、在特殊情况下风量大小可配用调节阀门进行控制(可生产防爆式)。

(3) 规格 风机直径 $\phi$300～2000mm、风量 2200～200000$m^3/h$、风压 190～2500Pa。见图 13-17。

生产厂家：上海德惠特种风机有限公司、南通天烨风机制造有限公司。

图 13-17 T4-72 型系列离心通风机

# 参 考 文 献


[1] 张大群. 世纪之交的中国水工业设备. 给水排水，1998（11）.
[2] 张大群. 中国水工业科技与产业：中国水工业机械设备发展现状与趋势. 北京：中国建筑工业出版社，2000.
[3] 聂梅生，张杰，张大群等主编. 水工业工程设计手册：水工业工程设备. 北京：中国建筑工业出版社，2000.
[4] 李金根，姚永宁. 给水排水手册：第9册. 北京：中国建筑工业出版社，2000.
[5] 张大群，王秀朵. DAT-IAT污水处理技术. 北京：化学工业出版社，2003.
[6] 张大群. 污水处理设备招投标技术文件编制与范例. 北京：机械工业出版社，2005.
[7] 张大群. 给水排水常用设备手册. 北京：机械工业出版社，2009.
[8] 杭世珺，张大群. 净水厂、污水厂工艺与设备手册. 北京：化学工业出版社. 2011.